Linguistische Arbeiten 224

Herausgegeben von Hans Altmann, Herbert E. Brekle, Hans Jürgen Heringer, Christian Rohrer, Heinz Vater und Otmar Werner

Ludwig M. Eichinger

Raum und Zeit im Verbwortschatz des Deutschen

Eine valenzgrammatische Studie

Max Niemeyer Verlag
Tübingen 1989

CIP-Titelaufnahme der Deutschen Bibliothek

Eichinger, Ludwig M. : Raum und Zeit im Verbwortschatz des Deutschen : eine valenzgrammatische Studie / Ludwig M. Eichinger. – Tübingen : Niemeyer, 1989
(Linguistische Arbeiten ; 224)
Zugl.: Bayreuth, Univ., Habil.-Schr., 1985/86 u. München, Univ., Habil.-Schr., 1987/88
NE: GT

ISBN 3-484-30224-0 ISSN 0344-6727

Printed in Germany.
Druck: Hieronymus Mühlberger GmbH, Augsburg.
Einband: F. W. Held, Rottenburg.

VORWORT

Die vorliegende Arbeit wurde im Wintersemester 1985/86 an der Universität Bayreuth (für "Deutsche Philologie") und im Wintersemester 1987/88 an der Ludwig-Maximilians-Universität München (für "Deutsch als Fremdsprache") als Habilitationsschrift angenommen. Für den Druck wurde sie überarbeitet und leicht gekürzt.

Ich möchte allen danken, die mir in irgendeiner Form bei der Entstehung dieser Arbeit behilflich waren. Mein ganz besonderer Dank gilt Prof. Dr. Hans-Werner Eroms (Passau), Prof. Dr. Robert Hinderling (Bayreuth) und Prof. Dr. Harald Weinrich (München).

München, Dezember 1988 Ludwig M.Eichinger

INHALTSVERZEICHNIS

VORWORT V

I. THEORETISCHE UND METHODISCHE VORÜBERLEGUNGEN 1

1. ZUR EINGRENZUNG DES THEMAS 1

2. RAUM, ZEIT UND SPRACHE 3

2.1. DER GENERELLE RAHMEN 3
2.2. BILDER VON RAUM UND ZEIT 4
2.3. DAS RAUMKONZEPT 8
2.4. ELEMENTE DER BESCHREIBUNG 12
2.5. DAS ZEITKONZEPT 19

3. BEWEGUNGSVERBEN UND LOKALE ZUSTANDSVERBEN 22

3.1. STELLUNG IN DER VERBSEMANTIK 22
3.2. BEWEGUNGSVERBEN ALS PROTOTYPISCHE VERBEN 23
3.3. EXEMPLIFIZIERUNG DER GRUPPEN 25
3.3.1. Bewegungsverben 25
3.3.2. Zustandsverben 36
3.4. KOMPLEXE VERBEN 37
3.5. ZUR BEWEGUNG IN DER ZEIT 44

4. LOKALE RELATIONEN UND VERBALE WORTBILDUNG 46

4.1. STRUKTUR UND BEDEUTUNG 46
4.2. DIE BESCHRÄNKUNG AUF RAUM UND ZEIT 49
4.3. DIFFERENZIERUNG DER BILDUNGSMITTEL 50

5. ZU VORGEHEN UND METHODE 57

5.1. BESCHREIBUNGSEBENEN 57
5.2. TERMINOLOGISCHE FESTLEGUNGEN 58
5.3. ZUM MATERIAL 59

6. HINWEISE ZUR FORSCHUNGSLAGE 60

II. RAUM UND ZEIT IN BEWEGUNGS- UND ZUSTANDSVERBEN IM HEUTIGEN DEUTSCH 67

1. AUFBAU 67

2. LOKALPARTIKELN IN DER VERBALEN WORTBILDUNG DES DEUTSCHEN 68

2.1. DEIKTISCHE PARTIKELN 69
2.1.1. Statische Partikeln 69

2.1.2. Dynamische Partikeln 75
2.2. DIMENSIONALE UND TOPOLOGISCHE RELATIONEN 78
2.2.1. Bildungstypen 78
2.2.2. Dargestellte Relationen 79

3. BEDEUTUNGSKONSTITUTION DER KOMPLEXEN VERBEN 82

3.1. KOMPOSITIONALITÄT UND ANALOGIE 82
3.2. KOGNITIVE BASIS UND BENENNUNGSKATEGORIEN 83
3.3. DETERMINATION UND SEMANTISCHE ABHÄNGIGKEIT 84
3.4. ZUM ERKLÄRUNGSWERT VON PARAPHRASEN 87
3.5. PRAKTISCHE FOLGEN 89

4. LOKALE PARTIKELVERBEN FÜR DREI AUSGEWÄHLTE RELATIONEN 92

4.1. ALLGEMEINES 92
4.1.1. Zur Auswahl 92
4.1.2. Das Problem der Basen 94
4.1.3. Relationen und Relationenmuster 96
4.2. AUF/AB 100
4.2.1. Allgemeines 100
4.2.2. Relationshälfte AUF 102
4.2.2.1. Verben mit *auf-* 102
a) dimensional 104
b) topologisch 120
4.2.2.2. Verben mit *hinauf-/herauf-* 134
a) allgemein 134
b) *hinauf-* 137
c) *herauf-* 140
d) Distribution 146
4.2.2.3. Weitere Bildungen 156
a) *oben-*, *droben-* 156
b) *drauf-* 159
c) *aufwärts-* 161
d) *empor-*, *hoch-* 163
4.2.2.4. Konkurrenzen 168
4.2.3. Relationshälfte AB 178
4.2.3.1. Verben mit *ab-* 178
4.2.3.2. Verben mit *herab-/hinab-* und *herunter-/hinunter-* 190
a) allgemein 190
b) Distribution 194
4.2.3.3. Verben mit *unter-* 200
4.2.3.4. Weitere Bildungen 214
4.3. VOR/HINTER 217
4.3.1.Allgemeines 217
4.3.2.Relationshälfte VOR 221
4.3.2.1. Verben mit *hervor-* 221
4.3.2.2. Verben mit *vor-* 227
4.3.2.3. Verben mit *vorne-* 235
4.3.2.4. Verben mit *davor-*. Verhältnis von davor- und vor- 236
4.3.2.5. Verben mit *voraus-* 242
4.3.2.6. Verben mit *vorwärts* 245
4.3.2.7. Verben mit *vorwärts-*, *voraus-* und *voran-* 247
4.3.3.Relationshälfte HINTER 251
4.3.3.1. Allgemeines 251
4.3.3.2. Verben mit *hinter-* 252
4.3.3.3. Verben mit *hinten-* und weiteren Partikeln 256
4.3.3.4. Verben mit *nach-/hinterdrein-/hintereinander-* 256
4.3.3.5. Verben mit *zurück-* 259

4.4. AUS/EIN 264
4.4.1. Allgemeines 264
4.4.2. Verben mit *aus-/ein-* 268
4.4.2.1. Übersicht 268
4.4.2.2. Zur Bedeutungsbeschreibung 271
4.4.2.3. Fortbewegungsverben 273
a) Grundlegendes 273
b) exemplarische Diskussion 277
c) Resumé 285
4.4.2.4. Verben des Beförderns 288
a) *aus-* 289
b) *einpacken/auspacken* 292
c) Differenzierung der Bildungen mit *aus-* 298
d) *ein-* 304
4.4.2.5. Folgen für das Raumkonzept 308
4.4.3. Verben mit *herein-/heraus-* und *hinein-/hinaus-* 312
4.4.3.1. Übersicht und Distribution 312
4.4.3.2. Funktionale Deutung 324
4.4.3.3. "Einsinnige" Fälle 329
4.4.3.4. Verhältnis zu *ein-/aus-* und *rein-/raus-* 332
4.4.4. Verben mit statischen Partikeln 335
4.5. ABSCHLIEßENDE BEMERKUNGEN 337

5. LOKALE UND TEMPORALE RELATIONEN 338

5.1. ALLGEMEINES 338
5.1.1. Zum Wandel des Zeitbegriffs 338
5.1.2. Zur sprachlichen Kodierung 341
5.1.3. Zeitbilder 343
5.2. AUSWIRKUNGEN IM BEREICH DER PARTIKELVERBEN 346
5.2.1. Allgemeine Vorüberlegungen 346
5.2.1.1. Temporale Partikelverben 346
5.2.1.2. Verben mit *vor-* und die Unterscheidung VORHER/VORAUS 347
5.2.1.3. Ambivalente Fälle 350
5.2.1.4. *nach-* und *vor-* 354
5.2.2. Zukunftsbezogene Verben mit komplexeren Partikeln 361
5.2.2.1. Verben mit *voraus-* 361
5.2.2.2. Verben mit *vorher-* 371
5.2.2.3. Zusammenfassung 375
5.2.2.4. Verben mit *vorwärts-* 376
5.2.2.5. Verben mit *voran-* 377
5.2.3. ZURÜCK und NACH 379
5.2.3.1. Verben mit *zurück-* 379
5.2.3.2. Verben mit *nach-* 381
5.2.4. Andere "lineare" Darstellungsweisen 385
5.2.4.1. Verben mit *durch-* 385
5.2.4.2. Verben mit *über-* 391
5.2.4.3. Verben mit *vorbei-/vorüber-* 393
5.2.4.4. Subjektive Modalisierungen 396
5.2.4.5. Zusammenfassung 398
5.2.5. Nicht-gerade Darstellungsweisen 399
5.2.5.1. Neigung der Zeitachse 399
5.2.5.2. Kreisbewegung 400
a) allgemein 400
b) *wieder-* 401
c) *um-, herum-* 402

LITERATUR 405

1. Quellen 405
1.1. Wörterbücher 405
1.2. Bücher und Zeitschriften 405
2. Wissenschaftliche Literatur 406

VERBREGISTER 417

Ich statuiere mit Kant nicht mehr als zwei Kategorien des Denkvermögens, nämlich Zaum und Reit - ich wollte sagen Raut und Zeim. (aus: Das größte Insekt ist der Elefant. Prof.Galettis gesammelte Kathedersprüche. München 1965, S.117)

I. THEORETISCHE UND METHODISCHE VORÜBERLEGUNGEN

1. ZUR EINGRENZUNG DES THEMAS

"Of space and time, there is no end - at least of discussion, theory, argument, and belief."(Čapek (1976, S.V)) - diese Einschätzung, die aus der Einleitung der Reihenherausgeber zu einem repräsentativen Sammelband **The Concepts of Space and Time** genommen ist, mag einen wahlweise hoffnungsfroh oder pessimistisch stimmen, sofern man sich zu diesem Thema äußern will. Hoffnungsfroh, denn offenbar gibt es hier immer wieder etwas zu sagen, aber auch pessimistisch, kann man doch nicht hoffen, auch nur alles Wichtige zu diesem Thema zu Kenntnis nehmen zu können.

Aus diesem Grund stellt sich diese Arbeit auch ein relativ eng beschränktes Thema. Es geht im folgenden ausschließlich darum, eine ausgewählte Gruppe komplexer Verben zu beschreiben, die schon an ihrer formalen Struktur erkennen lassen, daß sie in systematischer Weise bestimmte räumliche und zeitliche Verhältnisse sprachlich strukturieren.

Im ersten Teil dieser Arbeit soll daher (1) klargestellt werden, welche Fragen einer Raum- und Zeitdarstellung in diesem Zusammenhang interessant sein können, (2) warum die von uns ausgewählten Gruppen von Verben für die Diskussion solcher Fragen besonders ergiebig erscheinen und drittens dann auch, wie diese Verben bisher behandelt worden sind.

Im zweiten Teil wird dann ein Beschreibungsmodell für einen zentralen Bereich der verbalen Wortbildung des Deutschen entwickelt. Dabei soll das Beschreibungsmodell in hinreichender Ausführlichkeit vorgestellt und gleichzeitig auch eine Übersicht über diesen Teil des deutschen Wortschatzes gegeben werden. Die theoretischen Annahmen haben zur Folge, daß eine vollständige Beschreibung des gewählten Wortschatzausschnitts eine Darstellung auf verschiedenen sprachwissenschaftlichen Ebenen erfordert. Da sich das im Rahmen dieser Arbeit nicht vollständig durchführen läßt, wird durch eine unterschiedliche Tiefe und Schwerpunktsetzung in verschiedenen Partien versucht, die verschiedenen Aspekte einer solchen Untersuchung zu demonstrieren. Dabei steht manchmal ein gröberer Überblick im Sinne des grundlegenden Valenzkonzepts im Vordergrund, bisweilen wird aber auch der lexikalischen Ausdifferenzierung im einzelnen nachgegangen.

2. RAUM, ZEIT UND SPRACHE

2.1. DER GENERELLE RAHMEN

Die Geschichte der Raum- und Zeitvorstellungen läßt sich als eine Auseinandersetzung zwischen **relativistischen** und **absoluten Konzepten** verstehen (Vgl. dazu Čapek (1976, Vorwort); Miller/Johnson-Laird (1976, S.57/58)). Für ein mitteleuropäisches "Normalbewußtsein" gilt zwar ein absolutes Konzept, das sich im Gefolge Newtons entwickelte, und sich im räumlichen Koordinatensystem bzw. im Bild der unendlichen Gerade für die Zeit widerspiegelt, als der "natürliche" Normalfall. Die historische Bedingtheit dieser Sicht wird allerdings sofort erkennbar, wenn man sich vergegenwärtigt, daß es erstens auch in der "klassischen" europäischen Tradition andere Positionen gibt (Vgl. Miller/Johnson-Laird (1976, S.58)), zum zweiten in der modernen Mathematik und Physik Theorien entwickelt worden sind, die die Grenzen der traditionellen Vorstellung aufzeigen (vgl. Sklar (1977, S.11)) und daß drittens sprachwissenschaftliche Untersuchungen nahelegen, eher topologisch-relative Raumkonzepte für universal zu halten als absolute.[1]

Wie auch immer sich das Verhältnis von absoluten und relativistischen Raum- und Zeitvorstellungen innerhalb der wissenschaftlichen Diskussion darstellen mag, für uns ist daran ausschließlich interessant, in welcher Weise und Verteilung sich Reflexe der einen oder der anderen Vorstellung in der Verwendung der sprachlichen Mittel zeigen lassen, die Sprecher des Deutschen beim Sprechen und Schreiben über räumliche und zeitliche Verhältnisse benutzen. Welche Art von Raum- und Zeitbild sich hier finden läßt,[2] hat Folgen für die Form einer angemessenen, möglicherweise "natürlichen" Beschreibung, die ihrerseits dann die Unterschiede in den Bildern, die sich die Sprachen von der Welt machen, indizieren kann.[3]

---

1 Vgl. dazu etwa die Untersuchung der Raumdarstellung im Chinesischen, in afrikanischen und Indianersprachen, die Pinxten (1976, S.129-140; s.v.a.S.140) durchgeführt hat, aber auch zusammenfassend Miller/Johnson-Laird (1976, S.75ff und 375ff.).

2 Für die Bedeutung relativer Konzepte argumentieren auch psycholinguistische Arbeiten v.a. in der Nachfolge Piagets; man vgl. z.B. Kegel/Saile (1973; das folgende Zitat S.30), die die "Zuordnung von topologischen Relationen und räumlichen Präpositionen [...] bestätigt" finden.

3 Daß hierbei ein mitteleuropäisches System auf jeden Fall deutlich "euklidischer" aussieht, als das für Sprachen anderer Weltgegenden gilt, mögen die Ausführungen von Dreier (1981) zu den entsprechenden Strukturen im Navajo zeigen.

2.2. BILDER VON RAUM UND ZEIT

Für eine Beschreibung der sprachlichen Mittel einer Einzelsprache, die Raum und Zeit betreffen, gelten damit zweierlei Vorgaben. Zum einen ist nach den Konzeptualisierungen zu fragen, die den entsprechenden Ausdrucksweisen einer Einzelsprache zugrundeliegen (S. Heynick (1982), Pinxten (1976, S.124/125)), zum anderen ist aber auch der Universalität des Raum- und Zeitbezugs Rechnung zu tragen, um nicht gänzlich miteinander unverbundene Beschreibungen zu bekommen. D.h. aber auch, die sprachlichen Daten sind nicht daraufhin anzusehen, ob sie einem bestimmten wissenschaftlich-mathematischen Begriff von Raum oder Zeit entsprechen, sondern daraufhin, wie mit ihnen Sinn konstituiert wird, also ein entsprechendes sprachliches Handeln möglich ist.[4]

Bei der Art der alltagssprachlichen Konzeptualisierung lassen sich bestimmte Teilelemente herauslösen: bedeutsam ist vor allem, daß diese Art von Konzept gegenüber der Gleichförmigkeit des mathematisch-physikalischen Raums durch die physischen und psychischen Voraussetzungen des Menschen geprägt ist, die das Raumbild mit entsprechenden Gewichtungen versehen. Die wohl einflußreichste Darstellung dieser Art von Raumstrukturierung hat Karl Bühler in seiner **Sprachtheorie** von 1934 gegeben, wo er seine Überlegungen zur EGO-HIC-NUNC-Origo des "Zeigfeldes" und zum Körpertastbild anstellt. Als eine Art Weiterführung solcher Gedanken kann man auch Bollnows (1976, vgl.S.17/18) Charakterisierung des "erlebten Raumes" betrachten; wie die bei ihm gegebene Anwendung auf die entsprechenden sprachlichen Mittel (a.a.O.S.31-44) deutlich macht, sind die wesentlichen Merkmale des sprachlichen Raumes durch das Erleben des Menschen im Raum, d.h. auch dadurch geprägt, welche Stellung des Sprechers in bestimmten Raumzusammenhängen als normal zu gelten hat. Solche Überlegungen werden in dieser Arbeit aufgegriffen werden, ein wesentlicher Kritikpunkt bleibt aber trotzdem festzuhalten: aufgrund der psychologischen Orientierung, die sich im Hinblick auf die Situation der sprachlichen Interaktion als Sprecherorientierung darstellt, handelt es sich hierbei um sehr stark monologisch orientierte Ansätze. Das hat zwei Nachteile. Es kommt so erstens die prinzipiell dialogische Fundierung der Sprache nicht in den Blick und es werden zweitens, durch die Individualisierungstendenz, die solchen Konzepten innewohnt, Konventionen nicht als solche erkennbar, damit wird auch das relativ unterschiedliche Alter sprachlicher Erscheinungen wegerklärt und somit über Motivationsunterschiede bei den sprachlichen Mitteln hinweggegangen.

Ebenfalls deutlich monologisch, wenn auch nicht im selben Maße geschichts- und kulturfern sind weitere Ansätze, die kommunikative Raumstrategien (vgl. Hör-

---

4 Zur Sinnhaftigkeit vgl. Hörmann (1978, S.193ff.), auch v.Savigny (1974, S.63ff.)

mann (1978, S.311)) beschreiben. Solche Beobachtungen zum Verhältnis des Menschen zum ihn umgebenden strukturierten Raum stellt der Geograph D.Seamon an.

Er beschreibt Konventionen für die Bewegung im Raum, die für habituelle Bewegungsabläufe gelten; den Ursprung für die Steuerung dieser Konventionen nennt er das "body-subject" (Seamon (1980, S.164ff.)). Diese Instanz ist verantwortlich für die Ausgestaltung von "time-space-routines" (ebd.S.159), automatischen Handlungsabläufen, die man in Anlehnung an die Luhmannsche Ausdrucksweise als eine praktische Stufe der Reduktion von Komplexität bezeichnen könnte. Seamon (ebd. S.161/162) resumiert:

> If the geograph is to study the spaces, places and environments in which a person typically lives and dwells - his *lived-space*, as phenomenologists sometimes speak of it (Bollnow 1967) - he must recognize this space is first of all grounded in the body. Through body-subject, the person knows where he is in relation to the familiar objects, places, and environments which in sum constitute his everyday geographical world.

Das hier sichtbare Raumkonzept zeigt erkennbare Ähnlichkeiten mit Bühlers und Bollnows Überlegungen, konkretisiert aber in zwei Hinsichten. Denn, anschließend an die bereits vorgetragenen Überlegungen, wird auch bei ihm die physische Grundstruktur des Menschen als grundlegend für eine gemischt topologisch-dimensionale Raumstruktur angesehen. Konkreter wird das Konzept aber dadurch, daß einerseits die komplexitätsreduzierende Wirkung von Routinen erkannt und andrerseits die Aktivität des Subjekts stärker zur Geltung gebracht wird. Wenn so auch noch nicht auf den Handlungspartner, so wird doch auf die Handlungsumstände explizit eingegangen. Bemerkenswerterweise wird hierbei die Verbindung von Reduzierung des Komplexitätsdruck durch die Automatisierung rekurrenter Abläufe und der Historisierung der konventionellen Strukturen, "which may be a considerable obstacle in the face of useful progress or change" (ebd.S.159) ganz klar. In unserem Bereich entspricht dem die Erscheinung, daß manche raumzeitlich orientierenden Ausdrücke wörtlich genommen - d.h. als voll motivierte Bildungen verstanden - einen Bewußtseinszustand spiegeln, der heute nicht mehr geteilt wird; auch diese Routinen entlasten, werden aber z.T. als Träger falschen Bewußtseins kritisiert, so eines veralteten Weltbilds in den folgenden Beispielen:

(1)(1.1.) *Die Sonne geht auf.*
(1)(1.2.) *Der Horizont kippt ab (im Flugzeug).*

Letztlich ist aber auch in dem zuletzt vorgestellten Konzept die Agensorientierung u.d.h. in der sprachlichen Deutung die Sprecherorientierung offenkundig.

Um diese Beschreibungen der raumzeitlichen Strukturierung der grundsätzlich dialogischen Situation des Sprachgebrauchs (s. Hagège (1987)) anpassen zu können, bedarf es einer Art anthropologisch-funktionaler Interpretation. Die Art der Konzeptualisierung und auch die Art der eingesetzten sprachlichen Mittel wird damit nicht mehr nur mit den mehr oder minder universalen Vorgaben des biologischen Wesens Mensch, sondern mit Konstanten und Variablen einer anthropologisch-funktionalen Deutung in Verbindung gebracht. Die Sprechweisen über Räume und Zeiten sind damit als funktional bedingte, regeldeterminierte Abstraktionen über den lebensweltlichen Erfahrungen der jeweiligen kulturellen Gemeinschaft zu verstehen.[5] Erster Schritt in diese Richtung muß es sein, weder eine rein sprecherbezogene, wie etwa das oben geschilderte Modell von Bühler, noch auch eine rein "zuhörerbezogene" (vgl. v.Savigny (1974)) Interpretation zu versuchen, vielmehr kann der Anspruch einer angemessenen Repräsentation der raumzeitlichen sprachlichen Organisationsformen nur bei Berücksichtigung der prinzipiell dialogischen Natur der Sprache aufrechterhalten werden. Eine solche dialogisierende Position wäre ein äußerst aufwendiger und praktisch gar nicht zu realisierender Erklärungsversuch, wenn die Grundlegung der räumlichen und zeitlichen Orientierung im Dialog zur Folge hätte, daß bei jeder sprachlichen Handlung eigens wieder abgemacht werden müßte, welches räumliche Deutungssystem zu gelten habe. Ein solches Verständnis von Dialog, das die Erfahrungen der Sprecher und Hörer mit Kommunikation gänzlich außer acht läßt, ist allerdings auch eine unnötige Abstraktion: selbstverständlich sind bei der räumlich-zeitlichen Orientierung in der Kommunikation Konventionen, Abmachungen, Regelindeterminiertheiten und Verständnisversuche im Sinne analoger Muster (Hörmann (1978, S.196/197)) mit zu berücksichtigen. Man kann im Normalfall davon ausgehen, daß ein konventionelles Regelsystem existiert und akzeptiert ist, das in mehr oder minder starker Differenziertheit vorgibt, wie der Raum normalerweise zu gliedern ist. Dieses System von Konventionen[6] läßt sich als Generalisierung der Erfahrungen in der Sprecher- und Hörerrolle in normalen Sprechsituationen verstehen. Die Konventionalisierung hat zur Folge, daß dieses Modell implizit als Verständnisanweisung mitverstanden wird, solange nichts anderes abgemacht ist. Die sprachlichen Mittel, die, wie noch genauer zu zeigen sein wird, Elemente topologischer und dimensionaler Beschreibung ansprechen, sind somit als Anweisungen an den Hörer zu interpretieren (vgl. Weinrich (1976, S.11)), das damit aufgerufene Modell räumlicher Orientierung aufgrund seiner kulturellen und sprachlichen Kommunikationsfähigkeit zu verstehen.

Daß hiermit nicht eine Tautologie kommunikativ umformuliert wird, mag ein Beispiel erweisen. Die Partikeln *unter* und *über* scheinen ein relativ einfach zu beschreibendes Relationenpaar darzustellen, in einer abstrakten Systembeschreibung erscheinen die damit ausgedrückten Relationen auch als symmetrisch und leicht umkehrbar:

---

5 Von daher sind simple Widerspiegelungsmodelle wie z.B. das von Reiher (1974) zu kritisieren, vgl. auch Bondzio (1974, S.249-251).
6 Zu einer Diskussion des Konventions-Begriffes vgl. v.Savigny (1974, S.275ff.).

(1)
'x über y' 'y über x'

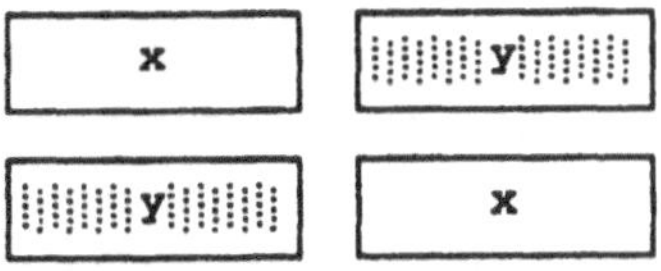

'y unter x' 'x unter y'

Die Regel für den Gebrauch dieser Relation in konkreten Situationen heißt nun: wende diese Beschreibung "sinnvoll" (vgl. Hörmann (1978, S.193ff.), v.Savigny (1974, S.63ff.)) an! Das hat generell zur Folge, daß solche Regeln prinzipiell als nur ungefähr geltend, "Weg-weisend" zu verstehen sind (vgl. Hörmann (1978, S.254) nach Wittgenstein (1969)); der Grad der Geltung dieser abstrakten Beschreibung hängt vom jeweiligen Zustands- bzw. Vorgangstyp ab, die jeweiligen Handlungen und Abläufe bestimmen, was kommunikativ Vordergrund und Hintergrund darstellt, so bestimmt sich auch die unterschiedliche Tiefe der Analyse der Mittel der Raumorientierung.

Eine solche Folge ist, daß diese Relation nicht in jedem Fall umkehrbar ist, bzw. daß Umkehrbarkeit fast als der markierte Fall für Ausnahmesituationen erscheint.

(2) (2.1.)

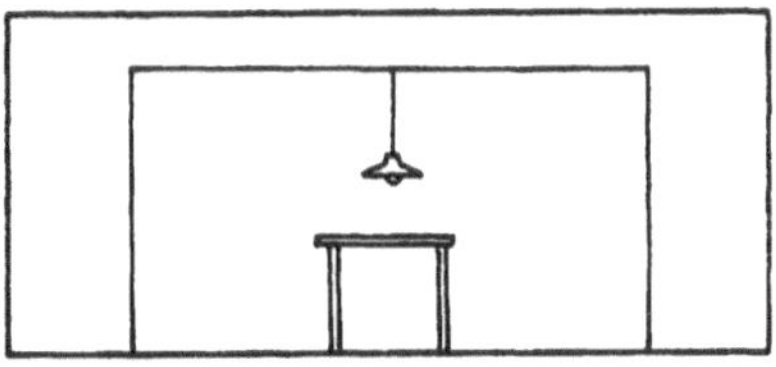

= 'Die Lampe ist über dem Tisch'
'Der Tisch ist unter der Lampe'

(2) (2.2.)

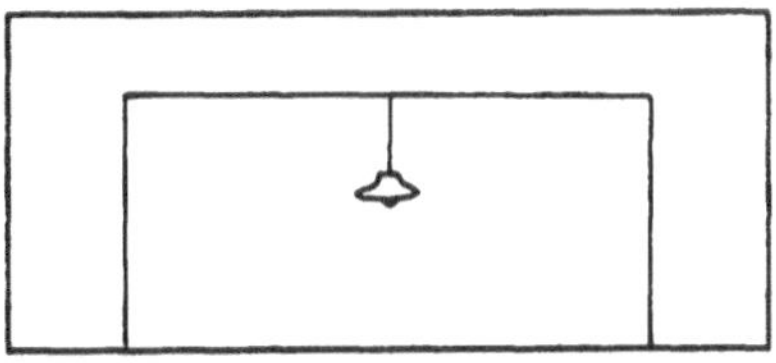

= 'Die Lampe ist unter der Decke'
*'Die Decke ist über der Lampe'

(2) (2.3.)

='Die (Tisch)decke ist über dem Tisch'
*'Der Tisch ist unter der Decke'

Die Folgerung, die man aus solchen Tatbeständen ziehen kann, ist, daß auch die sprachliche Darstellung von Situierung und Bewegung im Raum durch Lokalpartikeln verschiedenster Art eine Abstraktion darstellt, die im Prinzip nicht von zeitlichen oder sonstigen, üblicherweise "abstrakt" genannten Verwendungen zu trennen ist (vgl. Eroms (1981, S.150ff.)).

Allerdings handelt es sich hierbei um eine Vereinheitlichung der Metaebene, die um der Einlinigkeit der Beschreibung willen auf die Wiedergabe bestimmter sprachlicher Zusammenhänge verzichtet, die in einer Darstellung, die Anspruch auf Natürlichkeit erhebt, nicht vernachlässigt werden dürfen. Der Meta-Charakter dieser Abstraktion zeigt sich bei Reiter (1975), der die Bedeutung der uns interessierenden lokalen Partikeln auf Reihenfolge- und Hierarchiebeziehungen reduziert, dann aber den statischen Gebrauch der Präpositionen axiomatisch setzen muß (vgl. Hanßon (1982, S.142ff)). Das widerspricht der sprachlichen Intuition, für die direktionale Bestimmungen eine Dynamisierung von statischen Verhältnissen darstellen, und Bewegung im Raum den Bildbereich für temporale Abläufe. Wie das nun "wirklich" ist, braucht nicht beantwortet zu werden, wenn nur die sprachliche Symbolisierung einen solchen Zusammenhang herstellt. Und da das, wie wir sehen werden, so ist, sind sprachliche Elemente, die räumliche und zeitliche Verhältnisse symbolisieren, ausgezeichnet gegenüber denen, die andere "modale" Modifikationen beibringen, und räumliche nochmals vor zeitlichen.[7] Diese Annahmen sind ja auch die Grundlage für alle Versuche lokalistischer Theorien: die lokale Relation ist die einzige, auf die man möglicherweise alle anderen Beziehungen zurückführen kann (vgl. dazu Lyons (1977, S.718ff.); Hanßon (1982)).

Gerade auch diese letzten Überlegungen legen es nahe, noch einmal zu betonen, daß die Beschreibung der räumlich orientierenden sprachlichen Mittel in der relativ strikten Form abstrakter topologischer aber mehr noch dimensionaler Modelle eigentlich zu exakt ist. Dafür spricht, daß "fossile" Überbleibsel früherer Orientierungssysteme keine funktionalen Schwierigkeiten bereiten. Entsprechendes gilt für die unterschiedliche Bewertung im abstrakten Raum gleichwertiger Raumteile je nach den Vorgaben und Interessen des Sprechers. So bilden die abstrakten Beschreibungsmodelle einen Rahmen, innerhalb dessen sich die spezifischen "Verzerrungen" der sprachlichen Raumbilder in vergleichbarer Weise beschreiben lassen.

2.3. DAS RAUMKONZEPT

Wenn man sich klar ist, wie weit man mit diesem Instrument kommen kann, und daß weitere Beschreibungsmittel dazukommen müssen, wenn man eine natürliche Beschreibung der sprachlichen Behandlung des Raumes in dem von uns gewählten

---

7 Da nur am Rande zu unserem Thema gehörig, sei hier nur verwiesen auf die Diskussion der Subklassifikation von Angaben, die in der Valenzgrammatik geführt wird; s.z.B. Engelen (1975), Piitulainen (1980, S.234), Engel (1982, S.197/198), Askedahl (1984), Eisenberg (1986, S.211).

Sprachausschnitt zu Wege bringen will, läßt sich aus diesem sprachlichen Material ein Raumkonzept ermitteln, das Merkmale sowohl absoluter wie relativer Rauminterpretation zeigt.

Wir werden uns im praktischen Teil dieser Arbeit u.a.mit Verben wie *aufsteigen* beschäftigen, Sätze wie:

(3)(3.1.) *Der Nebel steigt aus dem Tal auf.*
(3)(3.2.) *Otto fährt mit dem Rad. Er steigt auf.*

können verdeutlichen, wie in (3.1.) eindeutig eine abstrakt dimensionale Bedeutung 'nach oben' realisiert ist - man könnte das vielleicht die adverbiale Bedeutung nennen. Dagegen hat (3.2.) eine relational-topologische Bedeutung 'auf etwas' - die präpositionale Bedeutung. Dabei scheint eine Beeinflussung der topologisch-präpositionalen durch die dimensional-adverbiale Bedeutung unabweisbar: *aufsteigen* kann man wohl nur auf etwas, wenn die Bewegung auch noch nach oben geht. Daß daneben regelmäßig zeitlich-aspektuelle Bedeutungselemente existieren - hier vor allem bei (3.1.) 'Beginn des Vorgangs' -, stützt unser raumzeitliches Gesamtkonzept.

Auch aus diesem Beispiel ergibt sich, daß ein räumliches Mischkonzept, das absolute und relative Elemente enthält, vonnöten ist, um die Eigenheiten der sprachlichen Kodierung in den von uns beschriebenen Verben erfassen zu können. Vor allem erklärt ein solches Mischkonzept die Vagheit, die sich bei manchen dieser Verben zeigt und erlaubt es zudem, die funktionale Differenzierung zwischen den verschiedenen Wortbildungstypen darzustellen.

Trotz der bereits genannten Kritikpunkte ist Bühlers Konzept der Origo des Zeigfeldes im EGO-HIC-NUNC (1934, S.102) ein geeigneter Ausgangspunkt für eine solche Beschreibung. Dabei ist aber im Sinne unserer Überlegungen zu einer dialogischen Fundierung zumindest ständig im Auge zu behalten, was geschieht, wenn mehrere solcherart "raumgreifende" Subjekte aufeinanderstoßen. Einen Ansatz dazu bietet Bühlers Vorstellung der "Deixis am Phantasma", die ja Fälle des Hineinversetzens in eine Handlung beschreiben kann. Auch diese Vorstellung ist natürlich vom Bild des handelnden Sprechers geprägt und nicht so sehr vom Rollenwechsel in der Kommunikation, der die ständige Relativierung der eigenen Position zur Folge hat. Auch hierbei bleib wahr, "daß die Steuerungs- und Änderungsabsicht, die unserer Meinung nach ja der sprachlichen Äußerung eines handelnden Sprechers als Intention zugrundeliegt, ihre 'illokutive Macht' nur wirksam werden lassen und ihren Zweck nur erreichen kann, wenn sie sozusagen einen archimedischen Punkt hat, an welchem sie ansetzen kann: *das Ich*" (Hörmann (1978, S.398)). Aber dieses Ich kann sich erinnern, um "Sinnkonstanz" zu garantieren, sein "Verstehen" stellt "die Konkretisierung eines allgemein schon vor der gehörten Äußerung vorhandenen Sinn-Horizontes" (ebd.S.394) dar. Es muß also schon ein einheitlicher Orientierungsrahmen da sein, der die Interpretation neuer Situationen erlaubt. Dabei konstruiert man nicht nur "Gegenstände im gegenwärtigen Raum, sondern auch 'Plätze im Aufbau der Rede' (Bühler S.121) und Plätze im Raum der Erinnerung und der Phantasie. Die in diesen Räumen Wege-weisenden Signale, die von einem gegenwärtigen oder vorgestellten Ich/Hier/Jetzt ausgehen, können ihre Funktion erfüllen, wenn Sprecher und Hörer 'ein hinreichendes Maß harmonischen Orientiertseins besitzen. Das Orientiertsein in einer Ordnung, worin das zu Zeigende seinen Platz hat.'(Bühler S.124)" (Hörmann (1978, S.402)). Sinn und damit gegenseitiges Verständnis wird dadurch erzeugt, daß man sich über die Anwendbarkeit bestimmter Systemeigenschaften auf die verschiedenen Situationseigenschaften einigt, bzw. daß man davon ausgehen kann, daß eine bereits vorliegende konventionelle Einigung akzeptiert wird (vgl. Luhmann (1971, v.a.S.72/73)). Bei der möglichen Verständigung über diese Punkte spielen die Erfahrungen der gemeinsamen Lebenswelt eine grundsätzliche Rolle. Dabei ist, sofern man zunächst innerhalb einer Sprache bleibt, im Moment unerheblich, mit welchen universalen Vorgaben man zu rechnen hat. Man hat aber die Aufgabe, neben den individuell getroffenen Regelungen in der Beschreibung bestimmte Sprechweisen als konventionell davon abzusetzen.

Neben den individuellen Voraussetzungen in ihrer dialogischen Verflechtung und den konventionellen Vorgaben ist zum dritten auf erkenntnis- und wahrnehmungstheoretische Konstanten achtzugeben. Denn räumliche Situierung ist ein unveräußerliches Merkmal aller Objekte und auch Vorgänge. Dieser Aspekt schlägt sich in Theorie vom absoluten Raum und entsprechenden philosophischen Deutungen nieder. Hierher gehört die vielzitierte Feststellung Kants in der **Kritik der reinen Vernunft**, daß "Raum und Zeit nur Formen der sinnlichen Anschauung" (II, S.30), nicht aber Kategorien der Erkenntnis seien.[8] Es scheint aber, als ließe sich daraus praktisch nicht allzuviel schließen, wie die Kritik von Helmholtz, die Whitrow (1980, S.178; vgl. auch ebd.S.270) zustimmend zitiert, nahelegt:

> Helmholtz pointed out that the latter [= Kants Lehre vom Raum/L.E.] can be divided into two parts: (i) space is a pure form of intuition; (ii) Euclidean geometry is the unique science of space and holds *a priori*. He argued that the second proposition is not a necessary consequence of the first and, in fact, he rejected it. However, he accepted the first proposition, although in his opinion nothing could be inferred from it beyond the fact that all things in the world have spatial extensions.

Erfreulicherweise hat aber auch nur diese generelle Aussage eigentlich Bedeutung für unser Thema. Denn gleichgültig in welcher Form Raum und Zeit als existent zu denken sind, der sprachlich handelnde Mensch setzt ihre Existenz voraus und interpretiert sie kognitiv nach seinen Handlungs- und Erlebensbedürfnissen bzw. -erfahrungen, die dann - wenn wir von unserem Thema, komplexen Wörtern sprechen - auch die onomasiologischen Kategorien für diesen Bereich be-

---

8 Vgl. dazu etwa Schopenhauers Zusammenstellung der notwendigen Attribute von Zeit und Raum in: Čapek (1976, S.XXXVI); Sklar (1977, S.82-86).

stimmen (vgl. Dokulil 1964). Das hat zwei Folgen: erstens können konkrete Situationen durch den Bezug auf beteiligte Objekte strukturiert werden, die allerdings nach räumlichen Objektklassen geordnet werden. Und zum zweiten legt sich aufgrund der biologisch-kommunikativen Grundlagen und der tendenziell agentischen Deutung der Situationen ein dimensionales Grundmuster über die verschiedenen Situationen, das wiederum von der Fundierung her ganz eng mit der deiktischen Hier-Nicht-Hier- Unterscheidung zusammenhängt (vgl. Bollnow (1976, S.44-62)).

Bei den komplexen Verben, die wir in dieser Arbeit behandeln wollen, spielen beide Arten der räumlichen Einordnung eine Rolle, wobei aber die objektbezogene topologische Situierung ebenfalls durch den Sprecherstandpunkt gefiltert auftritt u.d.h. im Prinzip auch der egozentrischen Orientierung unterliegt. Das konnte oben mit dem Beispiel *aufsteigen* schon angedeutet werden. Andrerseits überlagert die Topologie - z.B. bei Verben mit *vor-* - eine aus praktischen Gründen unauffällige Dimension.

Ähnliches scheint Wunderlich (1982, S.2ff.) vom "Raumerlebnis" und seinen Verarbeitungsweisen zu sagen, wenn er zusammenfassend von den lokalen Präpositionen schreibt:

> Die [...] Analyse der lokalen Präpositionen im Deutschen ist von einfachen topologischen Beziehungen ausgegangen. Sie hat dann die Orientierung eines Objektes in maximal sechs verschiedene Richtungen hinzugenommen (oben, unten, vorne, hinten, rechts, links) [...] (ebd. S.17).

Er nimmt zudem an, den meisten der gefundenen Relationen sei "universeller Status" (ebd.) zuzubilligen. Die Ergebnisse der Studie von Pinxten (1976) mögen dazu dienen, diese Aussage zu konkretisieren und gleichzeitig zu relativieren, vor allem was den dimensionalen Teil angeht. Wir haben in unserem Konzept vorgesehen, daß die von Wunderlich genannten Richtungen für das Deutsche als Reflex einer dimensionalen Struktur anzusehen sind - wobei auf die Überexaktheit bei genauer Anwendung dieses Modells bereits hingewiesen wurde. Des weiteren ist bei Wunderlich (1982, S.2 und passim) der Begriff der "Nachbarschaftsregion" eingeführt und geometrisch definiert. Wir wollen annehmen, daß es für einzelne Handlungs- und Ereignistypen unterschiedliche umfangreiche und möglicherweise auch gestaltete Umgebungen gibt, die als Handlungs- bzw. Ereignisrelevanzraum beschrieben werden können (s. Hörmann (1978, S.310ff)). Diese Erscheinung wird vor allem bei der Behandlung der EIN/AUS-Relation genauer zu besprechen sein. Generell sei nur darauf hingewiesen, daß die dialogische Konstitution einer Handlung bzw. eines Ereignisses notwendig mit seiner räumlichen und zeitlichen Delimitation verbunden ist. Diese Delimitation hat neben der "Außenabgrenzung" aber auch noch mit Reliefgebungs- und Fokussierungsoperationen zu tun. Solche Abgrenzungs- und Hervorhebungsoperationen sind Folgen einer kommunikativen Kooperation, die entsprechenden lokal orientierenden sprachlichen Ausdrücke gelten als adäquate Anweisungen, eine dem Sprecher analoge Selektion vorzunehmen, d.h. das Raumbild in entsprechender Weise annäherungsweise und in der für das sprachliche Handeln ausreichender Tiefe nachzubauen. Diese Interpretationsarbeit ist nur zu leisten, wenn häufig rekurrente Situationen durch Routinen gelöst werden können, bzw. wenn Routinen für bestimmte Situationsklassen vorliegen; so bleibt der individuelle Entscheidungsraum für die relevanten neuen Fälle, in denen mehr oder minder explizit vereinbart werden muß, welche Deutung gelten soll, auf welche ausgewählten Raumphänomene sie sich bezieht und welche Umgebung sie umfaßt. Die sprachliche Analyse hat aus der Verwendung bestimmter lokaler Beschreibungen die Art der Deutung zu rekonstruieren, am Glücken der Kommunikation die Gültigkeit der Deutung zu überprüfen, und möglicherweise die "Störstellen" aufzusuchen. Dabei ist allerdings auch hier der centre-periphery-Effekt dergestalt in Rechnung zu stellen, daß manche Deutungen so bruchlos ineinander übergehen, daß der Sprecher eine Deutung intendiert hat, der Hörer eine andere herausinterpretiert, und die Kommunikation trotzdem nicht leidet: eine Frage dieses Typs mag etwa die sein, ob man bei der oben zitierten "präpositionalen" Variante von *aufsteigen* Dimensionalität oder den Aspekt 'Ende der Handlung' annehmen will oder nicht.[9]

Letztlich sei noch auf die Bedeutung der Kategorien verwiesen, die es erlauben, die wesentlichen Elemente aus Bewegungen zu analysieren. Dabei steht die Kategorie "Weg" (s. Wunderlich (1982, S.7); Lyons (1977, S.699)) in enger Beziehung mit dem gerade diskutierten Relevanzraum, und gewinnt seine Bedeutung im Zusammenhang mit dem Ursprung und dem Ziel von Bewegungen. Die topologische Bezugnahme bietet die Möglichkeit, über beliebige dieser Teile, und beim Weg eben in verschiedener Modifikation, zu reden (vgl. z.B. Helbig/Buscha (1984, S.401-444); Eichinger (1980)).

2.4. ELEMENTE DER BESCHREIBUNG

Somit haben sich drei grundsätzliche Gruppen von Beschreibungselementen für das Raumkonzept, das sich in den komplexen Verben des Deutschen findet, ergeben:

(i) Merkmale einer topologischen und dimensionalen Orientierung
(ii) Merkmale einer dialogisierten EGO-HIC-NUNC-Orientierung
(iii) Merkmale konventionalisierter Raumdeutungen

9 Gerade dieses Beispiel wäre möglicherweise in der von Wildgen (1979) vorgeschlagenen katastrophentheoretischen Semantik augenfällig zu beschreiben. Allerdings scheint es mir derzeit noch schwierig, von den angesetzten Grundkatastrophen einen nicht zufälligen Weg zu den Handlungsdifferenzierungen, wie sie in den Basen unserer Verben ausgedrückt sind, zu schlagen.

Als Elemente einer einheitlichen Beschreibung sind diese Merkmalbündel in verschiedener Weise miteinander verknüpft zu betrachten. Die Merkmale von (iii) kann man dabei als die funktionale Vermittlungsinstanz, auch als Deutungshilfe in Zweifelsfällen betrachten.

Da wir uns zentral mit Verben folgenden Typs befassen wollen:

(4)(4.1.)	*aufsteigen*,	*heraufsteigen*,	*hinaufsteigen*
(4)(4.2.)	*absteigen*,	*herabsteigen*,	*hinabsteigen*
(4)(4.3.)	*vorstrecken*,	*hervorstrecken*	
(4)(4.4.)	*einlaufen*,	*hereinlaufen*,	*hineinlaufen*
(4)(4.5.)	*auslaufen*,	*herauslaufen*,	*hinauslaufen*

seien die Folgen dieser Elemente von Raumbeschreibung kurz daran verdeutlicht.

Wenn man die Merkmale nach (i) betrachtet, so ist bei (4.1.) - (4.3.) deutlich, daß einerseits Benennungen für die Vertikale und die eine Dimension der Horizontale ('vor') vorliegen, andrerseits die entsprechenden topologischen Bedeutungen der Kontaktaufnahme ('auf etwas', 'vor etwas') bzw. der Kontaktaufgabe ('"ab"/von etwas weg'); daß sich beide Faktoren zudem mischen können, wurde oben an *aufsteigen* schon gezeigt. *Aus-* und *ein-* sind Partikeln die ausschließlich topologisch verstehbar sind, an ihnen lassen sich zudem die Kategorien des Weges wie die des Relevanzraums in einfacher Weise ablesen. Die hier genannten Partikeln *auf-*, *ab-* und *vor-*, die die einzigen mit Dimensionsbezug sind, die das derzeitige Standardwerk, Kühnhold (1973, S.144f) nennt, sowie die Partikeln *her-* und *hin-*, lassen zudem Überlegungen mit Hinblick auf das Element (ii) unserer Beschreibung zu. *Her-* und *hin-* als eine Art dynamischer Entsprechung der statischen Deiktika *hier* und *dort* stellen fest, ob die jeweilige Bewegung vom Sprecher weg oder auf ihn zu geht bzw. ihr Ziel oder ihren Ursprung nicht beim Sprecher hat. Sie repräsentieren also das EGO-HIC-System. Warum gerade mit den genannten Dimensionspartikeln entsprechende Verben gebildet werden und mit den anderen nicht, läßt sich mit dem Bühlerschen Begriff des "Körpertastbildes" erklären: Bewegungen nach oben, nach vorne und nach unten sind von erheblichem praktischem Interesse, die nicht vertretene Richtung nach hinten ist praktisch weitaus weniger bedeutsam, die Bewegungen nach rechts und links, die die dritte Dimension betreffen, sind auch weniger natürlich und zudem voneinander nicht besonders deutlich geschieden. Allerdings ist man mit dieser Argumentation schon zum Teil im Bereich der Merkmale (iii): besonders deutlich ist ihre Wirkung bei den Bildungen mit den einfachen Partikeln: semantische Szenen und räumliche Struktur sind fast automatisch aneinander gebunden; so lassen sowohl bestimmte Szenenelemente die eindeutige Wahl der Raumpartikel zu: *steigen + Fahrrad = auf-*, *steigen + Auto = ein-*; als auch durch die Verben zumindest eine Auswahl von Szenen nahegelegt wird: *auslaufen = Schiff + Hafen*.

Die kurze Analyse dieser Beispiele legt es nahe, die Funktionalisierung der objektiven Elemente des Raumbilds im Hinblick auf die Bedürfnisse der an der Kommunikation beteiligten Personen für das wesentliche Merkmal dieser Art der Verarbeitung räumlicher Verhältnisse in Sprache zu halten. Unter diesem Gesichtspunkt, der die EGO-HIC-NUNC-Orientierung entpsychologisiert und an die kulturellen Erfahrungen bindet, kann man davon ausgehen, daß man in Bühlers (1934, S.102) "Origo des Zeigfeldes" im ICH-HIER-JETZT den Kern des räumlichen Orientierungssystems sehen kann, das in unseren Partikelverben sichtbar wird. Wesentlich für die räumliche Organisation ist also zunächst, daß sie prinzipiell vom Sprecher her strukturiert ist. "*Raum ist egozentrisch*", wie Wunderlich (1982, S.4) formuliert. Das hat zweierlei Folgen:

1) Der Mensch strukturiert sich seine Sprachlandschaft nach seinem Maß, d.h. vor allem entsprechend seinen physischen und sensorischen Gegebenheiten (vgl. Bühler (1934, S.127ff.); Lyons (1977, S.690/691); Eichinger (1980, S.20/21); Wunderlich (1982, S.4, 7/8); Mayerthaler (1980; 1981); Vennemann (1982)), d.h. der Mensch orientiert sich aufgrund seiner biologischen Ausstattung.

2) Der Mensch strukturiert die Sprachlandschaft nach seinem aktuellen oder typischen Standort, er thematisiert in verschiedener Weise seine Beziehungen innerhalb der Kommunikationssituation, d.h. er orientiert sich an seiner aktuellen oder typischen Rolle.

Als eine wichtige Folge von 1), die entsprechende Asymmetrien im System der komplexen Verben des Deutschen erklärt, sei hier nochmals auf die daher kommende unterschiedliche Wertung der verschiedenen Raumdimensionen eingegangen. Der Ausgangspunkt des prinzipiell dreidimensionalen (s. Wunderlich (1982, S.3/4)) Raumes ist das Ego des Menschen (s. Bühler (1934, S.102, 149); Wunderlich (1982, S.39)): gemäß ihrer Orientierung an dem im Mittelpunkt stehenden Menschen haben die drei Raumdimensionen, und auch davon abgeleitete zusätzliche Raumvektoren, unterschiedliche praktische Relevanz. Nach diesen Unterschieden richtet sich auch der psychologische Standort des Sprechers; den verschiedenen Dimensionen wird unterschiedliche Bedeutung beigemessen. Dabei ergibt sich die folgende Abstufung:

(5)

dim1	Vertikale
dim2	Horizontale *vorne-hinten*
dim3	Horizontale *rechts-links*

Die merkmalhaltigste Richtung, die durch die Erdanziehungskraft, die Schwierigkeit ihrer Überwindung usw. ausgezeichnet ist, ist die <dim1>; bei der Bedeutung, die die Bewegungsverben generell für das Raumsystem haben (vgl. Wunderlich

(1982, S.49f)), ist von daher zu erwarten, daß auch hier diese Dimension eine besondere Bedeutung hat: und tatsächlich zeigen die Bildungen aus diesem Bereich die größte Regelmäßigkeit von allen dem Dimensionsbereich zuzuordnenden Bildungen. Gänzlich aus diesem System fällt die <dim3>, hier existieren keine komplexen Lexeme. Das hat sicherlich damit zu tun, daß mit der Bewegung entlang der <dim3> kaum praktische Konsequenzen verbunden sind, und daß zudem die Gerichtetheit dieser Dimension rein konventionell ist (vgl. Lyons (1977, S.283, 691); Wunderlich (1982, S.14)). Einen anderen Grund hat es, wenn auch die Benennungen für die <dim2> einen nicht unproblematischen Status haben. Denn in dieser Dimension läuft die normale Bewegung ab, wie man an normalen Fortbewegungsverben wie *gehen* besonders deutlich sehen kann (s. Gerling/Orthen (1979, S.117)). Noch genauer, die völlig unmarkierte Fortbewegungsart des Menschen geht (ungefähr) entlang dieser Dimension nach vorne:

> Wir sehen nach vorne; aufgrund der Augenbewegungen haben wir ein Bündel von Wahrnehmungsrichtungen zur Verfügung; sie spannen ein Sichtfeld S als vorderen Sektor auf. Wir bewegen uns üblicherweise so, daß die Bewegungsrichtung im Sichtfeld verbleibt. Unsere Körperorganisation ist so, daß Frontseite, Sichtfeld und Bewegungsrichtung übereinstimmend einen Sektorraum vor uns auszeichnen. (Wunderlich (1982, S.13)).

Da so die kommunikative Ausrichtung des Menschen nach vorne die Bewegung von einem hinten gedachten Standpunkt des Sprechern nach vorne als den unmarkierten Fall auszeichnet, ist es überflüssig, die Bewegung nach vorne zusätzlich durch Raumpartikeln zu kennzeichnen. Die entsprechenden sprachlichen Mittel werden damit zum Teil funktionslos: **hinvor-* oder haben nur marginale Funktionen: *hinter-*, zum Teil werden sie für andere Funktionen frei; lediglich bei einer relativ geringen Zahl von Verben, wie z.B. *vorstrecken*, dienen sie dazu, den Richtungssinn prinzipiell nicht so festliegender Bewegungen zu vereindeutigen.

Wenn aber bei <dim2> eindeutig die Richtung 'nach vorne' als praktisch wichtigster und in der Folge auch positiv bewerteter Teil erscheint, so gibt es auch bei der oben schon besprochenen <dim1> eine entsprechende Asymmetrie, denn die Richtung 'nach oben' hat Gemeinsamkeiten mit 'nach vorne', die sie gegenüber 'nach unten' positiv abheben:

> In the up-down und front-back dimensions there is not only directionality, but polarity: what is above the ground and in front of us is, characteristically, visible to us and available for interaction; what is beneath the ground or behind us is not. (Lyons (1977, S.691)).

Auch Mayerthaler (1981, S.14 und 90) kennt eine entsprechende Markiertheitsabstufung nach dem Grad perzeptiver Zugänglichkeit. Damit ist die praktisch wichtigere und augenfälligere sicherlich die Richtung nach oben: die gedachte Normalposition des Menschen scheint ihn an die Kreuzung von Vertikale und Horizontale zu stellen, wobei im Prinzip eine Fortsetzung nach hinten und nach unten kaum vorgesehen ist. Damit ist auch, wie <dim2> von hinten nach vorne, <dim1> von unten nach oben gerichtet und der Sprecher sieht sich unten.[10]

Diese Befunde relativieren in der oben bereits angedeuteten Weise die Wirksamkeit der dimensionalen Orientierung, denn ihre sprachliche Nutzung ergibt ein asymmetrisches Bild: die Bereiche *vorne&oben* werden am positivsten eingeschätzt, die Bereiche *hinten&unten* am negativsten, wobei *hinten* nochmals eine deutlich geringere Rolle spielt als *unten*. Bei den Partikelverben spielt das sowohl für die Produktivität einzelner Muster wie für mögliche Idiomatisierungsrichtungen eine Rolle.

Von verschiedenen Autoren wurde in letzter Zeit diskutiert, was das für die dimensionale Struktur bedeutet, so führt J.Dervillez-Bastuji (1982, S.205) aus:

> L'espace postural se construit donc sur trois axes dotés chacun de propriétés anthropologiques spécifiques mais qui tous trois sont orientés, avec sélection d'une valeur positive - le haut, l'avant, le droit - et d'une valeur negative.

Da sich dieses Zitat im Zusammenhang der Stelle hauptsächlich auf eine Entwicklung im Rahmen des Erstsprachenerwerbs bezieht, ist zu betonen, daß es sich dabei nicht um eine später überwundene Frühstufe räumlicher Organisation handelt (vgl. auch Tracy (1983, S.138-140)), sondern um ein generell gültiges Prinzip. Nur auf dieser Grundlage sind ja auch die Markiertheitsgradierungen, die Mayerthaler vornimmt, sinnvoll und begründbar. Gleichzeitig legt aber der Bezug auf den ontogenetischen Status des Egozentrismus nahe, auch für den erwachsenen Sprecher einer Sprache davon auszugehen, daß reine Dimensionalität ein praktisch relativ uninteressantes Konzept ist. Vielmehr haben wir es beim sprachlichen Handeln durchaus mit Abkömmlingen der von Mayerthaler (1982, S.25) so genannten "Aktionsdinge" zu tun, für die, je nach Art der Aktion, bestimmte Deutungsregeln fest geworden sind.

Soweit bisher erkennbar ist, handelt es sich bei der Interpretation des Raumbilds im Sinne der Dimensionsstruktur um eine Abstraktion aus einer generalisierten topologischen Einordnung der Position des Menschen, die es erlaubt, dieses Orientierungssystem bruchlos auf alle möglichen Situationen anzuwenden.

Ein Folgeeffekt davon scheint zu sein, daß auch die verschiedenen sprachlichen Mittel für die topologischen Beschreibungen wie 'auf etwas', 'unter etwas', 'vor etwas', 'hinter etwas' ihrerseits häufig dimensional mitverstanden werden, wie das oben z.B. für *aufsteigen* schon angedeutet wurde. Verschärft könnte man sagen, daß dadurch die Möglichkeit geschaffen wird, auch Objekte strukturell wie Men-

---

10 Da <dim3> bei unserer Untersuchung keine Rolle spielt, braucht die Bevorzugung der rechten Seite (s. Lyons (1977, S.691) nicht genauer diskutiert zu werden.

schen zu betrachten. Diese Fragen werden vor allem bei den Bildungen mit *vor-* genauer zu besprechen sein.

Konnten wir bisher zeigen, daß, wie oben unter 1) aufgeführt, eine egozentrische Deutung des Raums zu einer entsprechenden Interpretation der Dreidimensionalität führt, so soll nun noch der zweite oben genannte Punkt angesprochen werden. Die sprachlichen Raumausdrücke kennen außer der genannten gemischt topologisch-dimensionalen Interpretation eine Beschreibung von Handlungs- und Ereignissituationen, die den Standpunkt des Sprechers zum Kriterium der Beschreibung nimmt. Es handelt sich hierbei um sprachliche Mittel, die in irgendeiner Weise eine Grenze zwischen dem Raumbereich, in dem sich der Sprecher befindet, und dem, in dem er sich nicht befindet, bezeichnet. Man ist dabei natürlich an die oben angeführten Überlegungen zum "Nahbereich" erinnert: auch hier gilt aber wie dort, daß es sich bei bei den so gezogenen Grenzen um Grenzen der praktischen Relevanz handelt.

Im Bereich der von uns behandelten Verben findet sich ein Paradebeispiel für diese Art der Unterscheidung in den Verben, die ein erstes Element haben, das die Partikeln *her-* oder *hin-* enthält. Wenn man die Position eines (generalisierten) Sprechers mit Bühler als EGO-HIC-NUNC oder ICH-HIER beschreibt, so läßt sich die Funktion dieser Verbpartikel genau mit der Verteilung von [+ICH-HIER] vs. [-ICH-HIER] beschreiben.

(6) (6.1.) [...] *mir kann man nicht so einfach durch die Türe etwas hereinstecken* [...] (Jonke 19)
(6) (6.2.) [...] *viele werden* [...] *manchmal wehmütig zum Eingang in den Briefschlitz hineinschielen* [...] (ebd. 23)

Man kann die Handlung in (6.1.) als eine Handlung auf das [+ICH-HIER] zu oder vom [-ICH-HIER] weg beschreiben, und die in (6.2.) genau umgekehrt.[11] In interessanter Weise beschäftigt sich H.Goeppert (1970) mit dem Verhältnis dieser deiktischen und der relationalen Untergliederung des Raumes. Dabei stellt sie unter Bezug auf Coseriu fest (a.a.o.S.16ff.), daß die Unterscheidung von *hier* und *dort* und also auch von *her* und *hin* subjektbedingt sei. Dagegen seien Bestimmungen wie *ich bin drinnen* subjektunabhängig, relational (ebd. S. 15). Das schließt aber nicht aus, daß man die Konstitution von Relationen wie AUS/EIN als eine Generalisierung bestimmter Ausformungen der deiktischen Unterscheidung verstehen kann. Vor allem auch die Definition von Innen- und Außenseiten kommt ohne den konventionalisierten Sprecherstandpunkt nicht aus: der Bezug auf die menschliche Praxis und die Beschreibung unter Bezug auf topologische Beziehungen, in die der Sprecher eingeht, erlauben ein kohärentes Funktionieren der dimensionalen, topologischen

11 Diesen Aspekt der Bühlerschen Klassifikation behandeln relativ ausführlich, aber wenig originell Howey (1966) und Horlitz (1976).

und deiktischen Elemente des Raumbildes.[12] Das heißt, auch die deiktischen Modelle müssen soweit konventionalisiert sein, daß sie eine generalisierende Verwendung erlauben:

> In order to ensure that the "journey" through deictic space (Lyons (1977) need not be lonesome endeavours, speaker and listener must share a conventionalized system of instructions, in other words, deictic egocentrism must be essentially intersubjective in order to work. (Tracy (1983, S.138)).

Wenn so Topologie als eine spezifizierte Form des generalisierten Egozentrismus verstanden werden kann, und andere Elemente des Egozentrismus die Dreidimensionalität des Raums stützen, ergibt sich ein Zusammenhang, den Pinxten (1976, S.132-134) folgendermaßen andeutet:

> The elementary projective space, then, in fact, consists in the regrouping of the topological relations (neighborhood, ordering, etc.) within the coordination system of points of view [...]
> - the topological relation of betweenness [...] restated from a certain point of view, results in the projective 'dimensions *left-right*.
> Similarly must be said:
> - the relation of betweenness from another point of view gives the projective dimension *above-below*.
> - finally, in a third possible point of view, this projective dimension is constituted: *front-behind*.

Wenn man auch diese Ausführungen etwas zu "dialogisieren" versucht, so sieht man, daß man eine Übereinkunft über die deiktische Grundunterscheidung durch die Diskussion topologischer Kriterien für die Abgrenzung finden kann, und die Dimensionalität eine modellierende Übereinkunft von relevanten Aktionsbereichen darstellt, die ihrerseits als Gereralisierungen von relativ zum Sprecherstandpunkt gewonnenen Beschreibungen verstanden werden können (vgl. auch Bollnow (1976, S.53 ff.)).

Als konstitutive Elemente des räumlichen Modells, das wir für die Beschreibung der komplexen Verben benutzten wollen, lassen sich also festhalten:

(i) Das deiktische System der HIER/DORT-Unterscheidung, das universal anwendbar, aber nur in der jeweiligen Konstellation verständlich ist. Diese Unterscheidung repräsentiert in Reinform den einen Aspekt der Egozentrizität des sprachlichen Raumbildes.

(ii) Ein topologisches System von Relationen wie Nachbarschaft, Reihenfolge, Enthaltensein usw. Das erstgenannte deiktische System läßt sich als agensorientierte Abstraktion aus als Relevanzbeziehungen interpretierten räumlichen Gegebenheiten topologischer Art ("Nahbereich") verstehen (vgl. auch Bollnow (1976, S.53ff.)).

---

12 Das macht nochmals deutlich, daß alle Beschreibungsversuche, die von einer "représentation unique" für alle Adverbien und Präpositionen und ihre "application spatiale" (Goeppert (1970, S.8, nach Pottier)), oder von Reihenfolge- und Hierarchiebeziehungen ausgehen, wie Reiter (1975), mehr die strukturelle Klarheit als eine erklärende Beschreibung zum Ziel haben.

(iii) Das dreidimensionale räumliche Koordinatensystem letztlich kann man als den Versuch ansehen, ein abstraktes handlungsorientierendes Muster über topologische und deiktische Interpretationen zu legen. Durch die Annahme eines nicht zufälligen Nullpunkts dieses Koordinatensystems - an diese Stelle ist ein prototypischer Sprecher-Hörer zu stellen - wird ebenfalls eine agensbezogene Interpretation favorisiert. Dem wirken allerdings in gewissen Ausmaß konkurrierende topologische Deutungen entgegen. Des weiteren müssen in der Kommunikation die interferierenden Orientierungssysteme der an der sprachlichen Handlung beteiligten Personen zu einem Ausgleich gebracht werden.

Neben dem Zusammenwirken der verschiedenen Interpretationstypen hilft dabei zweifellos mit, daß diese Interpretationstypen nicht mathematisch konsequent, sondern lediglich in einer Exaktheit genutzt werden, die Orientierung im jeweiligen Handlungsraum erlaubt (vgl. auch Wittgenstein (1969, S.332)).

2.5. DAS ZEITKONZEPT

Die Bemerkungen zu dem Zeitkonzept, das wir bei der Beschreibung der komplexen Verben, die mittels räumlicher Bilder zeitliche Verhältnisse darstellen, verwenden wollen, können an dieser Stelle aus zwei Gründen knapp ausfallen. Denn zum einen interessiert uns die Darstellung zeitlicher Verhältnisse nicht so generell, sondern nur, soweit sie sich in der angegebenen Weise räumlicher "Bilder" bedient, und zum zweiten hat das auch zur Folge, daß die hier einschlägigen Fragen vernünftigerweise erst nach der Behandlung der räumlichen Verhältnisse konkreter besprochen werden.

Daher hier nur einige Anmerkungen zum Problem der "Spatialisierung" der Zeit; daß eine solche Darstellung als Problem empfunden wird mag ein Zitat aus Luhmanns (1980, S.294/295) Semantik-Buch belegen, wo bedauert wird, daß unsere Sprache ihre Zeitsemantik als eine Bewegungssemantik realisiere:

> Wodurch aber ist gesichert, daß ein Denken und Handeln, das auf zunehmende Komplexität der Gesellschaft zu reagieren versucht, seine Zeitprobleme am Anschauungsmodell der Bewegung abarbeiten muß? Ist dies aus dem "Wesen" der Zeit heraus plausibel? Das stellt das Denken selbst in Frage, indem es auch Temporalität historisiert. Oder ist es nur Abhängigkeit von einer semantischen Tradition, die man nicht zugleich mit dem Registrieren neuer Probleme über Bord gehen lassen konnte? Dann müßte die Bemühung darauf gerichtet werden, eine adäquatere Begrifflichkeit für die Analyse von Zeit zu entwickeln.
>
> Vor allem kann die innere Reflexivität der Zeit nicht in Anlehnung an Bewegung [...] begriffen werden. Dabei geht es zunächst um den Bezug der Zeithorizonte Vergangenheit und Zukunft auf die Gegenwart; sodann um die Einsicht, daß diese Zeithorizonte für jede Gegenwart verschieden sind, zunächst rein chronologisch, dann auch in dem, was sie als in der Gegenwart relevante Vergangenheit bzw. Zukunft erscheinen lassen; und schließlich um die weitere Komplikation, daß in der Vergangenheit bzw. Zukunft jeder Gegenwart vergan-

gene bzw. zukünftige Gegenwarten [...] erscheinen, für die wiederum gilt, daß sie ihre eigenen Zeithorizonte gehabt hatten bzw. haben werden. Was man als Bewegung erfahren kann, gleitet nicht nur über die Diskontinuitäten und die Minimierbarkeiten der Punkte hinweg; es bringt auch die Horizontstruktur der Zeit in ihrer internen Selbstbespiegelung nicht zum Vorschein. Genau diese innere Reflexivität der Temporalisierung der Zeit selbst wird jedoch ausschlaggebende Struktur der Zeit, wenn man Komplexität temporalisieren, Elemente als Ereignisse fassen und eventuell als Ereignisse organisieren will; denn dann muß es auf den Wechsel der Zeitperspektiven von Ereignis zu Ereignis und auf die Erinnerung bzw. Antizipation dieses Wechsels selbst ankommen. Systeme mit temporalisierter Komplexität müßten infolgedessen Zeit auf der Basis wechselnder Ereigniszusammenhänge, nicht auf der Basis von Bewegungen konstituieren.

Nun mag einen manches an dieser Argumentation ziemlich sprachrelativistisch anmuten, man wird der Sprachkritik, die ausgesprochen wird, nicht unbedingt zustimmen wollen, es eher als notwendig denn als störend empfinden, daß in manchen sprachlichen Ausdrücken historische Bewußtseinsstrukturen festgeworden sind. Man wird auch seine Zweifel hegen am Sinn und möglichen Erfolg der vorgeschlagenen sozialtechnologischen Besserungsmaßnahmen. Daß die bewußte Bemühung um eine adäquate Begrifflichkeit für die Analyse von Zeit ein geeigneter Weg sein soll, um Sprachwandel in einem derart als natürlich empfundenen Bereich wie der Zeitdarstellung zu initiieren, mag füglich bezweifelt werden. Aber abgesehen von diesen Vorbehalten: Luhmann konstatiert einen mit dem Begriff der 'Neuzeit' verbundenen Umschwung im Zeitverständnis von einer kontinuierlichen zu einer diskontinuierlichen Vorstellung hin. Luhmann bezieht sich dabei auf Forschungen von Koselleck (vgl. Koselleck (1979)), dessen Begriff der "vergangenen Zukunft" in der oben zitierten Argumentation die entscheidende Anregung darstellt. Der damit verbundene Umschwung im Zeitverständnis, der sich im Hinblick auf die geschichtliche Zeit in dem Paradox formulieren ließe, daß man aus der Geschichte nur lernen könne, daß man aus der Geschichte nichts lernen könne, unterbricht die kontinuierliche Verbindung von Vergangenheit, Gegenwart und Zukunft. Diese neue Zeitauffassung ist nun eigentlich der Gegenpol zu einer absoluten Zeitauffassung, die sich analog zur dimensionalen Strukturierung des Raumes verstehen ließe, im Gegensatz zur dadurch abgebildeten Gleichförmigkeit des Zeitverlaufs haben jetzt die "Zeiträume" eine unterschiedliche Stellung zum Jetzt des Sprechers. Auch in Kosellecks (1979, S. 349) Formulierung vom Widerpart von "Erfahrungsraum" der Vergangenheit und dem "Erwartungshorizont" der Zukunft, die sich für jeden besprochenen Zeitpunkt jeweils unter Bezug auf den Sprecherstandpunkt und sein Verhältnis zur besprochenen Gegenwart konstituieren, wird das relative dieses Konzepts deutlich. Und auch Luhmann, dessen gleichmäßiges Sprechen von Horizonten etwas weniger deutlich ist, konstatiert, daß Zukunftsaussagen auf Ereigniszusammenhänge angewiesen sind, die als eine Art Topologie der Zeit interpretierbar sind (vgl. Weinrich (1984, S. 84/85)).

Für unser Thema ist daher die Frage von Bedeutung, wie absolute und relative Zeitvorstellungen mit absolut-dimensionalen und relativ-topologischen Spatialisierungen in Beziehung zu setzen sind.

Die Diskussion um die beiden Arten von Zeitverständnis spielt auch in der Mathematik und der naturwissenschaftlichen Wissenschaftstheorie eine wichtige Rolle. Ohne diese Diskussion im einzelnen beurteilen zu können, sei darauf verwiesen, daß z.B. die Auseinandersetzung zwischen Grünbaum (1973), der einen eher statisch-linearen Zeitbegriff vertritt und Čapek (1976) oder Whitrow (1980), die die Funktion des "becoming" für die Zeitdefinition betonen, genau um diesen Unterschied geht. Im Lichte der oben dargestellten - geisteswissenschaftlichen - Überlegungen zum modernen Zeitverständnis, sind vor allem die Ausführungen der zweiten Gruppe von Autoren interessant, die ähnliche Annahmen zum Zeitverlauf macht:

> Some physicists and philosophers [...] have claimed that support for the transitional nature of time is provided by quantum theory, for in quantum mechanics we find that past history of an individual system does not determine its future in any absolute way but merely the probability distribution of possible futures. In general there is no conceivable set of observations that can provide enough information about the past of a system to give us complete information as to it future (Whitrow (1980, S.348).

Ganz eindeutig findet sich hier dasselbe Bild vom unterschiedlichen Charakter der Vergangenheit und der Zukunft, wie wir es bei Koselleck und Luhmann gefunden haben. In der Auseinandersetzung mit der "statischen" Alternative werden zudem Exempel zitiert, die sich analog ein entsprechenden geisteswissenschaftlichen Argumentationen finden: so benutzen sowohl Weinrich (1984, S.83) wie Whitrow (1980, S.350) das Beispiel der Meteorologie als Exempel für eine "moderne" Art des Zukunftsbezugs. Whitrow wendet sich dabei gegen die Reduktion der Trias Vergangenheit, Gegenwart und Zukunft auf eine davor-danach-Beziehung (vgl. auch Dorfmüller-Karpusa (1983, S.9/10)). Das entspricht Überlegungen zu den Folgen des Egozentrismus für die Raumstruktur, wo auch auf die Ungleichmäßigkeiten der Räume geachtet wird. Von diesen Asymmetrien spricht auch Čapek (1976, S.XLVIII), wenn er eine Beziehung zwischen dem Zeitkonzept und unserer Erfahrung der Zeit als in ihr handelnder Subjekte herstellt. Wegen der Ungleichmäßigkeiten, die sich daraus ergeben, wirkt auch die Darstellung des <u>zeitlichen</u> Ablaufs im dimensionalen System als kontinuierlich sich fortsetzende Gerade, die im Sinne der Sprecherbewegung verläuft, als eine entpersönlichte Generalisierung topologischer Befunde mit Sprecher - d.h. Gegenwarts- - Bezug.

Damit haben wir auch für die Beschreibung der mit örtlichen Bildern arbeitenden komplexen Verben temporaler Bedeutung mit einem Nebeneinander absoluter und relativer Beschreibungsweisen zu rechnen - was wiederum den lokalen Bereich als Bildgeber besonders geeignet erscheinen läßt.

3. BEWEGUNGSVERBEN UND LOKALE ZUSTANDSVERBEN

3.1. STELLUNG IN DER VERBSEMANTIK

Im folgenden wird zu diskutieren sein, welchen Status Verben einer statischen oder dynamischen räumlichen Situierung im Verbwortschatz des Deutschen überhaupt haben. Schon ein Blick auf den typischen syntaktischen Status räumlicher Bestimmungen läßt Räumlichkeit als fast prototypische adverbale (vgl. Wolf (1982, S.52)) Kategorie erkennen. Die statische räumliche Bestimmung kann praktisch zu allen Verben treten, sofern nicht Aussagen vom Typ 1 + 1 = 2 zu treffen sind, und ein dynamisches Adverbiale erzwingt die Interpretation des Prädikats als Bewegungsverb, d.h. es ist syntaktisch Ergänzung (die entsprechenden Elemente werden daher z.B. in den **Grundzügen** als einzige zum engeren Prädikat gezählt); vgl.z.B. [...] *deshalb hat sie der Mann vermutlich aus dem Haus geprügelt vor neunzehn Jahr* [...] (Jonke 95).[13]

Diesen syntaktischen Affinitäten entsprechen semantisch-epistemologische Beschreibungen der verschiedensten Art; so stellt Reiher (1974, S.282) fest:

> Wir gehen aus von der materialistischen Erkenntnis, daß Raum und Zeit Seins- und Existenzformen der Materie sind, daß alle sich in der objektiven Realität vollziehenden Sachverhalte in Raum und Zeit vor sich gehen.

Schon spezieller, da vom Interesse einer natürlichen Fundierung der Wortarten getragen, äußert sich Kaznelson (1974, S.175):

> Die Merkmale, die Ereignisse kennzeichnen, sind Ort und Zeit ihres Verlaufs, ihre Dauer, Intensität, Stärke usw..

Nun sind gerade Ereignisse in diesem weiten Sinn die Domäne der Wortart Verb, sie sind die primäre Kategorie für den Ausdruck entsprechender Bedeutungen. Und das gilt nicht nur für den "Zeitwort"-Charakter dieser Wortart (vgl. Brinkmann (1971, S.198ff)), sondern für die unterschiedlichen Arten adverbialer Modifikation und ihre Integrationsmöglichkeiten in kompakte Wortbildungskonstruktionen (vgl. Eroms (1982a)). Mit dieser Formulierung soll vorläufig schon darauf hingewiesen werden, daß Adverbialität, also durchaus eine Art syntaktischer Kategorie, bei

13 Wie weit hierbei vom Verb her Tendenzen zur Lokativierung angelegt sind, bzw. welche Verben dafür gar nicht in Frage kommen, wird bei Itälä (1984) diskutiert.

diesen Wortbildungen eine Rolle spielt, ohne daß aufgrund der funktionalen Stellung der Wortbildungen eine entsprechende Beschreibung der Wortstruktur alle Fragen klären könnte. Vielmehr ist davon auszugehen, daß durch die Wortbildungen auch lokal geprägte Szenen aufgerufen werden, und daß das Wortbildungsmuster bestimmte Szenen-Elemente und Relationen vor anderen auszeichnet, und so auch analog weiterwirkt.

Am einfachsten sind die hierbei wirkenden verschiedenen Einflüsse zu erfassen, wenn man zunächst von Verben ausgeht - und das heißt dann im weiteren von komplexen Verben mit verbalen Basen -, die ihrerseits örtliche Zustände oder - wichtiger - Bewegungen bezeichnen, also die "primär lokativen Verben" (Itälä (1984)). Diese Untergruppe der Zustandsverben bezeichnet also Befindlichkeit im Raum. Bei Helbig (1983, S.83f) werden die hier gemeinten Verben als "lokal-relationale Zustandsverben" beschrieben. Die Ausgrenzung dieser Subgruppe erscheint unproblematisch, und die Unterteilung in Zustandsverben und Nichtzustandsverben in einem ersten Schritt einer Klassifikation des Verbwortschatzes scheint weithin Standard zu sein (vgl. Jansen (1977); Gerling/Orthen (1979, S.34ff.); Helbig (1983, S.79f.)).Unsere Bewegungsverben sind dann die räumlich bezogenen Subgruppen der Nicht-Zustandsverben, also der "Tätigkeitsverben" und der "Vorgangsverben" (Helbig (1983, S.79). Genauer wären mit Helbig (1983, S.86-89) hierbei folgende lokalen Subgruppen zu erkennen: unter den Vorgangsverben die "Verben der passiven Fortbewegung des Subjekts" (daneben z.T. "Verben der äußeren Zustandsveränderung"), von den Tätigkeitsverben die "Verben der aktiven Fortbewegung des Subjekts" und die "Verben des Beförderns bzw. Transportierens".

3.2. BEWEGUNGSVERBEN ALS PROTOTYPISCHE VERBEN

Helbig gibt in seiner Klassifikation keine Hinweise zur Stellung der einzelnen Gruppen im Rahmen der Wortart. Es scheint mir aber wichtig, festzuhalten, worauf schon Leisi (1975, S.46) hinweist:

> Bei einer großen Zahl, wohl bei der Hauptmasse der Verben, gehört es tatsächlich zu den Bedingungen, daß sich das Bezeichnete verändert. Und hiermit wiederum ist die häufigste Bedingung die **Bewegung**; sie regelt den Gebrauch der Tätigkeitswörter im engeren Sinne.

Damit wird von den Bewegungsverben behauptet, daß sie nicht nur zur Gruppe der dynamischen Verben gehörten, sondern zu ihrem Kernbereich, ja ihn geradezu ausmachten. Das macht es natürlich besonders vielversprechend, an solchen Verben, in die zudem durch Wortbildungsmittel die örtliche Bestimmung bereits inkorporiert ist, die Prinzipien der räumlichen Strukturierung zu untersuchen. Unschwer läßt sich diese Einschätzung zudem mit Markiertheitsüberlegungen wie Mayerthalers

(1982, S.25ff.) "hohe[m] Lied des Ding- und Tunwortes" in Verbindung bringen, wo das dynamische "Tunwort" als prototypischer Paradefall des Verbs eingeführt wird:

> Das Dingwort ist [...] (+statisch) und das Tunwort (-statisch) bzw. (+dynamisch). Bekanntlich gibt es neben dynamischen Verben auch stative/statische (-dynamische). Kürzer: das Verb kann (αdynamisch) sein. Das Merkmal (-dynamisch) deuten wir [...] als markierten Fall. (ebd. S.38)

Und aufgrund ihrer direkten Perzipierbarkeit stehen unter den Tunwörtern die Bewegungsverben an der Spitze. Dem entspricht auch, was Kaznelson (1974, S.215) über die universale Begründung von Wortarten schreibt:

> Bestimmte Klassen lexikalischer Bedeutungen, nämlich die Bedeutungen, die die sinnlich wahrnehmbaren Gegenstände und ihre äußeren Merkmale widerspiegeln, erscheinen regelmäßig als Primärbedeutungen der wichtigsten grammatischen Klassen, während die anderen in allen Sprachen sekundäre Formen bilden, die sich auf die Wörter kompliziert und widersprüchlich verteilen.

Bewegungsverben vermitteln nun Inhalte, die der primären Funktion der Wortart Verb entsprechen, bei denen kookkurrent räumlich-sichtbare und zeitliche Modifikation obligatorisch sind (vgl. auch Dervillez-Bastuij (1982, S.199)).

Diese herausgehobene Stellung der Bewegungsverben im Verbsystem führt dazu, daß sie für die Beschreibung der sprachlichen Integration räumlicher Verhältnisse als grundlegend gelten können.[14]

Formal entspricht diesen wortartkategorialen Besonderheiten, daß die Relation der räumlichen Situierung zum Argumentinventar dieser Prädikate gehört. Für unsere Fragestellung ist dann entscheidend, in welcher Weise und mit welchen inhaltlichen Folgen diese Relation in die entsprechenden verbalen Wortbildungen integriert wird. Denn da in den lokalen Partikeln, die die Erstelemente der verbalen Wortbildungen darstellen, lediglich die räumlichen Relationen ausgedrückt sind, bleibt die Anwendbarkeit dieser Relation den innerlexematischen und außerlexematischen Beziehungen des komplexen Verbs überlassen. D.h. die Konkretion des Verständnisses solcher Bildungen ist nur im Kontext des Gesamtverbs - mit seinen Verwendungsregularitäten - und aus dem paradigmatischen Kontext weiterer solcher Bildungen zu verstehen, die als Muster für analogisch durchgeführte Integrationsprozesse anzusehen sind.

Für einen Teilbereich, nämlich die Partikelverben mit *ab-* schildert schon Wellander (1911, S.10 & 15f) diese beiden Prozesse, nämlich die aus dem Zusammenwachsen syntaktischer Fügungen erklärbare Entstehung "primärer" und analogisch neugebildeter "sekundärer" Bildungen, und zwar unter direktem Bezug auf Hermann Pauls (1975, S.106ff.) Gedanken zur Analogie:

---

14 Die entsprechenden Zustandsverben erscheinen daneben schon viel marginaler - sie werden daher im folgenden auch eher beiläufig behandelt werden.

> Diese zusammensetzungen waren aber zunächst nur okkasionell, d.h. die verschiedenen für das syntaktische gefüge nötigen bestandteile wurden für den jedesmaligen gebrauch von neuem zusammengestellt. Die partikel und das verbum standen einander so frei gegenüber wie etwa das verbum und das objekt. Es konnten unter solchen umständen selbstverständlich nur verben der bewegung verwendet werden. Das einfache, das objekt regierende verbum drückte eine bewegung aus, deren richtung durch *ab* näher charakterisiert wurde. Auf dieser stufe ist man aber nicht stehen geblieben. Viele von diesen verbindungen von partikel und verbum sind durch den häufigen gebrauch allmählich usuell geworden, d.h. die beiden für den ausdruck des betreffenden gedankens nötigen glieder der verbindung werden nicht, jedes für sich, von neuem zusammengesucht und in das satzgefüge hineingepaßt, sondern die verbindung beider glieder in der beabsichtigten bedeutung ist durch früheren wiederholten gebrauch wohlbekannt, die ganze verbindung tritt auf einmal ins bewußtsein, und die beiden glieder werden nach dem durch die frühere anwendung gegebenen muster rein mechanisch in die als richtig empfundene konstruktion hineingefügt. Durch das häufige zusammentreten von partikel und verbum bei gleicher bedeutung aber mit verschiedenen objekten hat sich ein gefühl der zusammengehörigkeit der beiden entwickelt, das sich zuerst in der vereinheitlichung der bedeutung äußert (Wellander (1911, S.15)).

3.3. EXEMPLIFIZIERUNG DER GRUPPEN

Ohne uns damit im einzelnen schon auf die Verhältnisse von Simplex und Wortbildung festlegen zu wollen, sei zunächst an einigen Beispiellisten gezeigt, von welcher Art die Basisverben sind, die die einfachste Möglichkeit zur Integration lokaler Bestimmungen bieten, da hier sozusagen ein Sog von beiden Seiten her existiert: denn es fordert sowohl ein lokales Adverbiale die Vervollständigung durch ein Bewegungsverb, wie auch das Bewegungsverb ein lokales Adverbiale als Ergänzung fordert. Die Beispiele werden dabei zunächst nach den Kategorien Fortbewegungsverb (als Verben der Subjekt-Bewegung) und Beförderungsverb (als Verben der Objekt-Bewegung durch ein Subjekt) gegliedert.[15]

3.3.1. Bewegungsverben

(1) FORTBEWEGUNGSVERBEN **(Partikelkombinationen nach Duden-WB; * = *unter*-Bildungen)**

	auf	ab	vor	aus	ein	herauf	hinauf	herab	hinab	hervor	heraus	hinaus	herein	hinein
brausen	x	x												
bummeln														

15 Wir wollen uns also nicht wie Gerling/Orthen (1979) oder Krohn (1975) – dort eine Diskussion der früheren Literatur dazu – auf eines der Lieblingsgebiete der Merkmalssemantik, die Fortbewegungsverben, beschränken.

	auf	ab	vor	aus	ein	herauf	hinauf	herab	hinab	hervor	heraus	hinaus	herein	hinein
fahren	x	x	x	x	x	x	x	x*	*		x	x	x	x
fallen	x	x	x	x	?		?	x*	x*		x	x	x	x
fegen		x												
flattern	x													
fliegen	x	x		x	x		x	*	*		x	x	x	x
fliehen														
fließen		x		x	x			x	*		x	x		x
flitzen														
fluten					x									
galoppieren														
gehen	x	x	x	x	x		x	*	*		x	x		x
gleiten	x	x		x				x*	*		x		x	
hasten														
hechten		x												
hinken														
hoppeln														
hopsen	x													
hüpfen	x													
humpeln		x												
huschen														
irren		x												
klettern						x	x	x*	*		x	x	x	x
kommen	x	x	x	x	x	x	x	x*	*	x	x	x	x	x
krabbeln											x			x
kriechen				x		x	x	*	*	x	x	x	x	x
	auf	ab	vor	aus	ein	herauf	hinauf	herab	hinab	hervor	heraus	hinaus	herein	hinein

	auf	ab	vor	aus	ein	herauf	hinauf	herab	hinab	hervor	heraus	hinaus	herein	hinein
kullern														
kutschieren														
latschen		x												
laufen	x	x	x	x	x	x	x	x	*		x	x	x	x
marschieren	x	x		x	x							x		x
paddeln		x												
perlen		x												
pilgern														
poltern														
radeln														
rasen							x		*					
rattern														
reisen		x		x	x									
reiten	x	x	x	x	x		x		*		x	x	x	x
rennen		?	x			x	x	*	*		x	x	x	x
rieseln					x			x	*					
rinnen		x		x				x*	*					
robben														
rodeln														
rollen	x	x			x			x*	*					
rudern		x												
rutschen		x		x				*	*		x			x
sausen		x						x	*					
schleichen					x		x	*	*		x	x	x	x
schlendern														
schlittern														x
schlüpfen				x							x	x	x	x
	auf	ab	vor	aus	ein	herauf	hinauf	herab	hinab	hervor	heraus	hinaus	herein	hinein

	auf	ab	vor	aus	ein	herauf	hinauf	herab	hinab	hervor	heraus	hinaus	herein	hinein
schlurfen														
schnellen	x	x	x				x			x				
schreiten		x	x											
schweben	x				x			x						
schwimmen	x	x										x		
segeln		x						*						
sinken		x			x			x*	x					x
spazieren														x
springen	x	x	x	x	?	x	x	x*	*	x	x	x		x
sprinten														
sprudeln	x									x	x			
stapfen														
steigen	x	x		x	x	x	x	x*	x*		x	x	x	x
stieben	x													
stiefeln														
stolzieren														
streunen														
strömen		x		x	x			x		x	x	x	x	x
stürmen			x									x	x	x
stürzen		x			x	x	x	x*		x	x	x	x	x
tappen												x		x
taumeln														
traben		x												
trampeln														
trappen														
trödeln														
wackeln		x												
	auf	ab	vor	aus	ein	herauf	hinauf	herab	hinab	hervor	heraus	hinaus	herein	hinein

	auf	ab	vor	aus	ein	herauf	hinauf	herab	hinab	hervor	heraus	hinaus	herein	hinein
wandern		x		x	x									
wanken														
waten														
watscheln														
ziehen	x	x	x	x	x	x	x	*	x*		x	x	x	x
zittern		x												
zotteln		x												
	auf	ab	vor	aus	ein	herauf	hinauf	herab	hinab	hervor	heraus	hinaus	herein	hinein

Wir wollen nicht der Frage nachgehen, mit welchem Recht diese Simplicia von Gerling/Orthen (1979, S.146ff.) - von dort stammen die Beispiele, die nur die Streubreite dieser Kategorie andeuten sollen, nicht Anspruch auf Vollständigkeit erheben - zu den Bewegungsverben gerechnet werden, ob es nicht geratener wäre, Subgruppen nach dem Dynamikgrad zu erstellen. Vielmehr geht es uns hier darum, anhand dieser Verben und in Verbindung mit den im DUDEN-Wörterbuch belegten komplexen Bildungen lokalen Charakters zu diesen Basen zu diskutieren, welchen Status ein Terminus wie Bewegungsverb für unser Thema hat. Schon ein erster Blick über die Liste zeigt, daß dieser Terminus Verben unterschiedlichen semantischen Spezialisierungsgrades umfaßt; hier sind mindestens folgende Stufen zu erkennen (1) Bezeichnungen für grundlegende Fortbewegungstypen wie *gehen*, *fahren*, *fliegen*, *reiten*, *fließen*, *gleiten*, *rollen*, auch Verben wie *kommen* und (2) Bezeichnungen für in bestimmter Weise modifizierte Bewegungen unterschiedlicher Üblichkeit. Hierher würden gehören (2a) Verben, die sich auf eine Bewegungsdimension beziehen wie *klettern*, *steigen*, *fallen*, *sinken* - dies übrigens anscheinend nicht allzuhäufig - , welche, die sich (2b) in einigermaßen üblicher Weise auf Geschwindigkeitsmodifikationen beziehen, so wie *laufen*, *rasen*, *schleichen*, *stürzen*, dazu auch andere Kennzeichnungen der Intensitätsvariation wie *schnellen*, *kullern*, und (2c) solche, die übliche Modifikationen der Art und Weise der Fortbewegung betreffen, so *kriechen*, *marschieren*, *schreiten*, *schweben*, *springen*, *strömen*, *ziehen*, auch einzelne instrumentale Bildungen wie *paddeln*, *rudern*. Gerade an die letzte Gruppe schließen sich speziellere oder in irgendeiner Weise unüblichere Bildungen an, deren Bewegungsverbcharakter dafür gegenüber den allgemeineren Bildungen häufig eingeschränkt ist, zu denken ist hierbei an Bildungen wie *hoppeln*, *hopsen*, *humpeln*, *krabbeln*, *poltern*, *radeln* usw. Wenn man versucht, diese Teilung und Stufung auf die belegten Kombinationsmöglichkeiten zu beziehen, so lassen sich gewisse Korrelationen herstellen, sowohl im Allgemeinheitsgrad wie - bei den Verben der Gruppen (2) - nach der Art der Modifikation. Welche verbalen Basen zeigen nach den Aufzeichnungen des DUDEN-Wörterbuches die meisten Kombinationsmöglichkeiten? Wenn man die Verben zusammenstellt, bei denen alle ausgewählten Kombinationen lexikalisch verzeichnet sind, einschließlich derer die nur bei *vor-* und *hervor-*, und bei im oben angedeuteten Sinn markierten Kombinationen Lücken zeigen, so sind das die folgenden:

(1)(1.1.)

ALLE:	*kommen, springen*
[- hervor-]:	*fahren, laufen, ziehen*
[- hervor-; - vor-]:	*steigen*
[- hervor-; - herauf-]:	*fallen, gehen*

Wenn man sich darauf einigen kann - und darüber wird später noch zu diskutieren sein - , daß alle *hin-*Bildungen bei *kommen* Sonderfälle mit besonderer Idiomatisierung darstellen, wenn man sich darüberhinaus klar wird, daß die Bildungen mit *hervor-* und *vor-* nur mit großen Einschränkungen hier mitzurechnen sind, ergibt sich ein sehr einheitliches Bild einer Verbgruppe mittleren Abstraktionsgrades: der mittlere Abstraktionsgrad wird gerade noch dadurch verstärkt, daß das Paradeverb *gehen* eine Sondereinschränkung zeigt. Mittlerer Abstraktionsgrad scheint aber auch zu heißen, daß die hier einschlägigen verbalen Basen zumindest auch für menschliche Subjekte gebraucht werden können, und daß die markierteste Bewegungsrichtung AUF/AB eine bedeutsame Rolle spielt.

Deutlich wird das im Vergleich mit einer nächsten Gruppe von Verben, wo außer den genannten weitere Kombinationen fehlen:

(1)(1.2.)

[- auf-/ab-/vor-/ein-]:	*kriechen*
[- auf-/vor-/aus-/hervor-]:	*stürzen*
[- auf-/aus-/ein-/hervor-]:	*rennen*

Es handelt sich hier durchweg um einigermaßen übliche Verben mit modaler oder Intensitätsmodifikation; die Tatsache, daß im *hin-/her-*Bereich keinerlei Lükken bestehen, zeigt, daß sie zur jeweils individuellen Orientierung im Raum problemlos einsetzbar sind. Bemerkenswert ist allerdings, daß bei diesen spezielleren Bewegungen offenbar eine Orientierung in der Vertikalen und gemäß der Relation innen-außen kaum eine sinnvolle Verallgemeinerung darstellt.

Auch bei einer nächsten Gruppe, bei der fünf der hier genannten Möglichkeiten fehlen, wird die dimensionale Markiertheit der Basen deutlich:

(1)(1.3.)

[- auf-/vor-/herauf-/hinauf-/hervor-]:	***fließen, strömen***
[- vor-/ein-/herauf-/hinauf-/hervor-]:	***gleiten***

Der Bezug auf eine im Prinzip eher abwärtsgerichtete, allenfalls horizontale Bewegung wird hier vor allem durch die Lücken bei den Doppelpartikeln deutlich; daß vor allem *fließen, strömen* prinzipiell nach unten gehen, macht hier die Partikel *ab-* eindeutig zur topologischen Partikel mit der Bedeutung 'weg', dasselbe stimmt analog für *aufgleiten*. Die Lücke **eingleiten* läßt sich mit einem Punkt erklären, der bisher noch nicht angesprochen wurde. Man kann alle diese Verben auch danach betrachten, wie **ursprungs-** (SOURCE), **weg-** (PATH) oder zielorientiert (GOAL) sie sind. So ist *gleiten* offenbar extrem wegorientiert und verträgt daher die Kombination mit der Zielangabe *ein-* nicht.[16]

Zusätzliche Ergebnisse läßt auch noch die nächste Gruppe erkennen, wo noch eine Kombination weniger verzeichnet ist:

(1)(1.4.)

[- auf-/ab-/vor-/aus-/ein-/hervor-]:	*klettern*
[- auf-/ab-/vor-/aus-/herauf-/hervor-]:	*schleichen*
[- vor-/herauf-/hinauf-/herab-/hinab-/hervor]:	*marschieren*

Ist bei *klettern* auffällig, daß hier offenbar nur die individuell orientierenden Doppelpartikelbildungen für lexikonwürdig erachtet werden, während *marschieren* nur Einträge für die idiomatisierten Einfach-Bildungen kennt, ist bei *schleichen* deutlich, wie die Art der Modifikation eine generelle Interpretation für bestimmte abstraktere Relationen - hier *ein-* - ermöglicht. Eine 'Schleichend-Hineingelangen' ist offenbar sachlich weitaus interessanter als ein 'Schleichend-Herausgelangen', das keine Generalisierung in ein **ausschleichen* zur Folge hatte.

Ähnliches ließe sich nun von den mit weniger Kombinationen vertretenen Verben auch noch zeigen, offenkundig ist aber, daß Bewegungsverben nur insofern die idealen Basen für komplexe Bewegungsverben sind, als sie einen gewissen Abstraktionsgrad nicht unterschreiten: je spezieller die ausgedrückte Bewegung, desto schwerer offenbar die Integration der Bewegungsrichtung als eines generellen Merkmals, u.d.h. als Einfachpartikel. Zu betonen bleibt aber, daß die Verzeichnung der Doppelpartikelformen allenfalls als Indiz zu werten ist, da solche ad hoc durchaus zu den allermeisten oben aufgeführten auch sehr speziellen Modalisierungen von Bewegung bildbar sind, vgl.:

16 So auch Gerling/Orthen (1979, S.111/112), die zurecht konstatieren, daß bei den meisten Bewegungsverben diese unterschiedlichen Bewegungsteile verschieden akzentuiert werden können, d.h. eigentlich gleichzeitig enthalten sind; *fallen* gilt ihnen als zielorientiert, und *scheiden* nennen sie für die seltene ausschließliche Ursprungsorientierung.

(1)(1.5.)
Aber während es der kleinen schwarzen Eidechse jedesmal, wenn sie einen vornehmen Besucher hinausbegleitete, zumute war, als ob sie blitzschnell an einer großen schimmernden Mauer hinaufhuschen dürfte. (Musil 95)
[...] *er will mit Jürgen vom Handorfer Schwimmbad rauf-, ich soll mit Karin in deren Familienkahn von Nobiskrug die Werse runterpaddeln* [...] (Kinder 45).

Als vorläufiges Résume kann man festhalten, daß die verschiedenen Wortbildungsarten unterschiedliche Typen der Verdichtung der Konstituenten der Bewegungsszenen darstellen, so daß eben auch die Kategorie Bewegungsverb zu grob ist, um das Eingreifen der verbalen Wortbildung zu erklären.

(2) VERBEN DES BEFÖRDERNS (Partikelkombinationen nach Duden-WB; * = *unter*-Bildungen)

	auf	ab	vor	aus	ein	herauf	hinauf	herab	hinab	hervor	heraus	hinaus	herein	hinein
angeln										x				
befördern						x	x		*			x		x
blasen	x	x		x	x							x		x
bringen	x	?	x	x	x	x	x	*	*	?	x	x	x	x
buckeln	x													
drängen	x	x	?							x		x	x	x
drücken	x	x		x	x			x*	*		x	x		x
fahren	x	x	x	x	x	x	x	x*	*		x	x	x	x
fausten											x			
feuern											x	x		
fingern		?												
fischen	x	x		x							x			
fliegen	x	x		x	x						x			x
führen	?	x		x	x	x	x	x*	*		x	x	x	x
füllen	x	x			x									x
gießen	x	x		x	x			x*	*					x
hängen	x	x	x	x	x						x	x		x
heben	x	x		x	x	x	x	*			x	x		x
heften	x	x			x									
	auf	ab	vor	aus	ein	herauf	hinauf	herab	hinab	hervor	heraus	hinaus	herein	hinein

	auf	ab	vor	aus	ein	herauf	hinauf	herab	hinab	hervor	heraus	hinaus	herein	hinein
betzen	x			x										
hieven	x				x									
hissen	x													
holen	x	x			x	x		x*		x	x		x	
jagen	x	x							*			x		x
karren		x												
katapultier.											x	x		
kippen	x	x		x					*					
klauben	x	x		x						x	x			
klemmen		x			x									
knallen														
kutschieren														
laden	x	x		x	x									
legen	x	x	x	x	x		x		*			x	x	x
lehnen	x		x											
packen	x			x	x									x
passieren		x												
pfropfen	x				x									
pusten	x			?										
räumen		x		x	x									
rollen	?	x			x			*	*					
rudern		?												
rücken	x	x	x	x	x					x	x	x		
schaffen						x	x	x*	*		x	x	x	x
schaufeln	x			x	x									
scheuchen	x											x		
schicken		x	x	x	x	x	x	*	*		x		x	x
	auf	ab	vor	aus	ein	herauf	hinauf	herab	hinab	hervor	heraus	hinaus	herein	hinein

	auf	ab	vor	aus	ein	herauf	hinauf	herab	hinab	hervor	heraus	hinaus	herein	hinein
schieben		x	x		x		x		*		x	x	x	x
schießen	x	x		x	x	x	x	*			x			
schippen														
schleifen					x									
schmettern		x												
schöpfen		x		x	x						x			
schubsen														
schütten	x	x		x	x			*	*		x	x		x
seihen		x												
senden		x		x	x									
senken		x			x			x	x					
setzen	x	x	x	x	x	x	x	?*				x		x
sieben				x										
speien				x										
sprayen	x													
spritzen	x			x	x									
sprühen	x													
spucken				x										
staken														
stecken	x	?	x		x						x		x	x
stellen	x	x	x	?	x						x	x	x	x
stemmen	?			?	x									
stopfen					x									x
stoßen		x	x	x	x			x*	*	x	x	x	x	x
streuen	x			x	x									
stürzen					x			*	*					x
tauchen					x				*					
	auf	ab	vor	aus	ein	herauf	hinauf	herab	hinab	hervor	heraus	hinaus	herein	hinein

	auf	ab	vor	aus	ein	herauf	hinauf	herab	hinab	hervor	heraus	hinaus	herein	hinein
tragen	x	x	x	x	?	x	x		*		x	x	x	x
transportier		x												
träufeln					x									
treiben	x	x	x	x	x		x			x	x	x		x
tropfen														
wälzen		x												
werfen	x	x	x	x	x		x	*	*		x	x	x	x
zerren	x							*		x	x			x
ziehen	x	x	x	x	x	x	x	x*	x*	x	x	x	x	x
	auf	ab	vor	aus	ein	herauf	hinauf	herab	hinab	hervor	heraus	hinaus	herein	hinein

Im Prinzip gelten die oben gemachten Feststellungen zu den Typen und Unterscheidungsmerkmalen der Fortbewegungsverben auch für die Verben des Beförderns. Allerdings spielen durch die Existenz eines weiteren Mitspielers, des bewegten Objekts, auch andere Fragen, etwa die der Kausativität eine Rolle. Auch die Verben des Beförderns lassen sich nach ähnlichen Kriterien klassifizieren, wie das oben bei den Fortbewegungsverben ausgeführt wurde. Bemerkenswert ist vielleicht, daß die Verteilung der möglichen Bildungen hier deutlicher die Sprecherperspektive reflektiert, so daß für *holen* alle Bildungen mit *hin-* ausgeschlossen werden, während z.B. *schütten* offenbar mit der *her*-Interpretation kaum verträglich erscheint, eine Erscheinung, die sich dann z.B. bei *legen* und *treiben*, ähnlich auch bei *werfen* findet. Wenn man die Gruppe von Verben betrachtet, die hier mit den meisten Kombinationen verzeichnet sind - (2.1.) bietet eine zusammenfassende Auflistung dessen, was für die Fortbewegungsverben in (1.1.) - (1.5.) ausgeführt ist - so bietet sich auch hier die Interpretation des mittleren Abstrakheitsgrades an, wobei allerdings keine im selben Maße präferierte Bewegungsform wie oben *gehen* sichtbar wird.

(2)(2.1.)

bringen, ziehen
fahren, schicken
führen, setzen, tragen, werfen
heben, legen, stoßen, treiben
drücken
schieben, schütten, stellen
drängen, fliegen, gießen, holen, schießen usw.

Einige Punkte seien noch hervorgehoben, zum ersten , daß ab Zeile drei der Beispielaufzählung, die Orientierung der Bewegung im Bewegungssinn des Sprechers eine deutlich zunehmende Rolle spielt - außer dem oben bereits erwähnten *heben* - zum anderen, daß die letzte Zeile den Beginn stärker modalisierter Bewegungstypen allerdings noch großer Üblichkeit bezeichnet. Zum dritten sei noch einmal darauf hingewiesen, daß es sich vor allem bei den Doppelpartikelbildungen um ein Minimum des Gebrauchs handelt, das im DUDEN-Wörterbuch verzeichnet ist, wo solche Bildungen verzeichnet sind, ist der Bewegungsverbcharakter besonders deutlich, darüberhinaus sind aber hier im Rahmen dynamischer Deutbarkeit beliebig viele Beispiele auffindbar:

(2)(2.2.)
Die meisten waren rund und hellbraun und hießen einfach Sandkuchen, aber manchmal nahm sie auch den feinen Marmorstaub, den der Wind vom Felsen heruntergepustet hatte, und verwendete ihn für Marmorkuchen (Hacks 19).
[...] *wobei die einzelnen Stunden sekundenbruchteilig feinst gemahlen von den Straßenkreuzungsschloten in die Kellerbezirke abgesaugt werden, um abends zurück herausgeblasen nebelrauchförmig die Dämmerung zu verbreiten* [...]*?* (Jonke 99)

3.3.2. ZUSTANDSVERBEN

(3) ZUSTANDSVERBEN (Partikelkombinationen nach Duden-WB)

	auf-	ab-	vor-	aus-	ein-
biwakieren					
bleiben		x		x	
campen					
hängen			?	x	
haften					
hausen					
hocken					
knien	x				
lagern	x	x			
leben					
lehnen					
liegen	x	x	x	x	?
	auf-	ab-	vor-	aus-	ein-

	auf-	ab-	vor-	aus-	ein-
parken					
pennen					
prangen					
rasten					
ruhen	x				
schlafen					
sitzen	x				x
stecken					x
stehen		x	x	x	
weilen					
wohnen		?			
wurzeln					?
	auf-	ab-	vor-	aus-	ein-

Auf den ersten Blick sichtbar ist, daß sich bei den Zustandsverben geringere Möglichkeiten der räumlichen Einordnung bieten. Zum ersten sind, wenn überhaupt, nur topologische Varianten realisiert, zum zweiten besteht bei den Partikelverben offenbar die Tendenz, im Zweifelsfall als Bewegungsverben verstanden zu werden, man vgl. Fälle wie *aufhocken* oder *einlagern*, auch:

(3)(3.1.)
[...] *die Schultern hingen ihm vor und die Lippe herunter* [...] (Musil 84)

Im Rahmen dieser Beschränkungen scheinen einigermaßen regelmäßig zu funktionieren *auf-* 'auf etwas', *ab-* 'entfernt von', *aus-* 'außerhalb von', dagegen scheinen die Bildungen mit *ein-* 'innerhalb von' deutlich idiomatisiert. Zum obigen Bild paßt, daß Bildungen am ehesten von den neutralen Verben *stehen* und *liegen* verzeichnet werden.[17]

3.4. KOMPLEXE VERBEN

Mit der Skizze des Verhältnisses von Simplicia, die nur oder auch als Bewegungsverben verwendet werden, und komplexen Bewegungsverben mit einer gewissen Anzahl von Partikeln, wurde auch versucht, darzulegen, in welcher Weise bestimmte solcher als selbständige Verben vorkommender Basen als zentral für die Erklärung der in dieser Arbeit als Exempel genommenen Verben gelten können. Schon an den Beispiellisten ist erkennbar, daß entsprechende Bildungen zunächst in einer relativ einfachen Weise konstitutionell syntaktisch motiviert sind: allerdings zeigt schon das Nebeneinander verschiedener Wortbildungsmittel und die unterschiedliche Ausnützung der verschiedenen Muster, daß darüber hinaus der Ausbau nach analogischen Mustern, der holistisch Merkmale des Bildungsmusters auch über die konstitutionellen Merkmal hinaus transportiert, nicht ein akzidentielle und zufällige, sondern eine systematisch zu erfassende Rolle spielt.

Mehr oder minder nur die erste Seite dieser Aufgabe sieht z.B. Wunderlich (1983, S.452), wenn er die Wortbildungserscheinungen in diesem Bereich so beschreibt:

> (1) A local verb (position or movement verb) can take a local prefix.
> This lexical rule parallels the syntactic rule (2).
> (2) A local verb can take a local prepositional phrase.
> Is there any systematic relationship between these processes?
> A movement verb such as intransitive *gehen* ('go') or transitive ziehen ('pull, draw') has, in addition to its local meaning, several

---

17 Eine gewisse Erweiterung erfährt das Bild, wenn man die Bildungen v.a. mit *unter-* und *über-* einbezieht, was im praktischen Teil geschehen wird; Bildungen mit *oben-*, *unten-*, *innen-*, *außen-* werden offenbar als rein additiv verstehbar im DUDEN-Wörterbuch nicht verzeichnet.

idiomatic readings. One might now presume that prefixing with a local preposition or adverb preserves the local meaning, i.e. prevents idiomatizitation. But this is obviously not the case. A prefix verb such as intransitive *eingehen*, *ausgehen*, untergehen or transitive *aufziehen*, *abziehen*, *umziehen* may be just as polysemous as the simplex verb; moreover, in many cases it has only a non-local idiomatic meaning. There is, however, another productive process, which in most cases establishes the local meaning: the additional prefixing with *her-*, *hin-* or *r-* yielding such verbs as *hineingehen*, *heraufziehen*, *rausgehen* etc.

Man kann also drei Arten der Kodierung mit räumlichen Partikeln unterscheiden, nämlich syntaktische Fügungen mit den entsprechenden Präpositionalphrasen oder Adverbien, dann das, was Wunderlich Präfigierung nennt und als Hinzufügung eines Adverbs oder einer Präposition beschreibt, also das, was wir Partikelverben nennen würden, und drittens die Doppelpartikelverben, die so beschrieben werden, als träte zu den Partikelverben noch das Präfix *her-* und *hin-*. Es wird zudem eine Ähnlichkeit zwischen der ersten und der dritten Art festgestellt: in beiden Fällen würde die lokale Bedeutung gewahrt.[18] Dagegen bleibt die Beschreibung der zweiten Inkorporierungsart vage. Hier sind genauere Aussagen nötig und möglich; denn unter dem Blickwinkel, der betont, daß in allen diesen sprachlichen Formen dieselben Relationen realisiert seien, geht verloren, daß es sich dabei um den ebenso unbestreitbaren, wie aus demselben Grunde wenig erklärenden Tatbestand der konstitutionellen Ähnlichkeit handelt, interessant ist aber hier vielmehr, wie diese durchaus ähnlichen sprachlichen Mittel funktional unterschiedlich genutzt werden. Hier läßt sich auf jeden Fall eine Abstufung im Grad reiner Lokalität erkennen, wobei die syntaktische Fügung die expliziteste Umsetzung mit der zumindest potentiell deskriptivsten Benennung der betroffenen Lokalität darstellt. Schon die Bildungen mit den Doppelpartikeln mit *her-* und *hin-* sind demgegenüber verdichtende Benennungen von Gesamthandlungen, die die lokale Bestimmung nur noch in der generalisierenden, da eben auf viele passende Situationen passenden adverbialen Bestimmung enthalten, bestimmte Bewegungen nach Richtungstypen klassifizieren. Die Einfachpartikelbildungen dagegen stellen zwar formal meist Äquivalente zu lokalen Präpositionen dar, sie repräsentieren aber als Relationen nur zum Teil die präpositionale Bedeutung, zum Teil sind sie ebenfalls nur adverbial verstehbar, wobei sich im Vergleich zu den Doppelpartikelbildungen Züge von Abstraktion und Konkretion mischen. Abstraktion, insofern die Klassifikation nach Bewegungstypen deutlicher und zugleich einfacher, im Prinzip sprecherunab-

18 Auf die im obigen Zitat implizit gemachten Annahmen über das Verhältnis von Basis- und Wortbildungsbedeutung, über das Verhältnis von Polysemie des Basisverbs und des Gesamtverbs, soll nicht weiter eingegangen werden; es sei aber darauf verwiesen, daß es doch etwas ganz anderes ist, ob ich hierbei von *ausgehen* (zum Tanz) spreche oder z.B. von *untergehen* 'versinken', was die Art des Bezugs auf das Basisverb angeht.

hängig wird, Konkretion, insofern diese Bildungen häufig lediglich auf bestimmte Fälle der prinzipiell ausgedrückten Bewegungsrichtung anzuwenden sind.

(1)(1.1.)
[...] *kletterten wir über den Balkon ins Heim* (Kinder 81)

(1)(1.2.)
[...] *während du SIE wieder durch die Tür hinausrauschen siehst, durch welche vom Gang ein kurzer Desinfektionsluftzug hereinweht* [...] (Jonke 53)
Ins Geu kommen aber, was soviel bedeutet wie in ein fremdes Gebiet gehen, also hinausgrasen, war auf jeden Fall verpönt. (Brandstetter 118)

(1)(1.3.)
[...] *und beschrieb, wie ich in Freiburg den Zug bestieg, wie die Welt eines milchig späten Herbstes an mir vorbeizog, wie ich in Köln ausstieg und wieder einstieg* [...] (Kinder 208)
Bei schönem Wetter kam dieser Türhüter vor die Einfahrt; dann stand er dort wie ein bunter, weit sichtbarer Edelstein, in eine Häuserflucht eingesprengt [...] (Musil 91).

Diese Beispiele sollen den funktionalen Einsatz der jeweiligen Mittel vorläufig nur etwas illustrieren: bei der syntaktischen Fügung in (1.1.) wird eine Szene in allen beteiligten Abläufen, hier zudem gemäß dem zeitlichen Verlauf, unter referentieller Nennung der beteiligten Orte dargestellt; die Klassifizierung der Abläufe als Bewegungstypen ist stark in den Hintergrund gedrängt, die Markierung des Ziels als Innenraum durch die Präposition *in* ist relativ schwach, bei *über* ist zudem wahrscheinlicher, daß nur die Weg-Präposition 'via' gemeint ist, als die Präposition der Hindernisüberwindung 'über etwas hinweg'. Dagegen wird im ersten Beispiel von (1.2.) eine relativ bewegte Szene zunächst in Bewegungen zwischen Innen- und Außenräumen klassifiziert, wobei die Stellung des Sprechers – als Kranker im Krankenzimmer – gliedernd wirkt, das Tempo wird in den Basen der Verben geliefert, in den Vordergrund kommen die Bewegungsteile Weg: *durch die Tür* und Zielraum: 'nach dort außen', bzw. Ursprung: *vom Gang* und Zielraum: 'nach hier innen'. Dabei ist allerdings im zweiten Fall die Angabe des Zielraums durch die Betonung des Ursprungs etwas in den Hintergrund gerückt. In beiden Fällen wird durch die Benennung des Zielraums lediglich in der Verbpartikel die Zielraumangabe als klassifikatorisch für den Bewegungstyp verstanden. Das zweite Beispiel unter (1.2.) soll nur für beginnende Terminologisierungstendenzen auch bei diesen Bildungen stehen (vgl. dazu auch schon Reining (1916, S.69)).[19] Das erste Beispiel in (1.3.) mag dafür stehen, daß Partikelverben, hier übrigens typischerweise auch noch im Zusammenwirken mit einem "echten" Präfixverb, funktionale Zusammenhänge mit lokaler Fundierung erfassen, bei allen drei Verben geht es um ein *be-*,[20] *ein-*,

19 Spezialisierungen der Doppelpartikelverben mit *-ein-* und *-aus-* beschreibt ausführlicher auch Hinderling (1982).

20 Daß hierbei in *be-* nochmals eine höhere Grammatikalisierungsstufe erreicht ist, wo ursprünglich Lokales dadurch zum Zentrum einer Szene gemacht wird, daß es

aus-, d.h. um einen funktionalen Zusammenhang von räumlichen Tätigkeiten, die sich auf einen bestimmten Sachbereich beziehen, für den Sachbereich "Zugfahrt" wird - wie bei einigen ähnlichen Situationen - für diese funktional gemeinten Bewegungen das Verb *steigen* gewählt. Beim letzten Beispiel wird besonders deutlich, daß hier zunächst einmal das *ein-* das Verstehen steuert, daß wir dem Gesamtverb dann eher aufgrund des Kontextes als aufgrund der Kenntnis der Basis eine Bedeutung zuordnen.

Aus den hier angedeuteten Verhältnissen lassen sich zwei Folgerungen ziehen: zum einen müssen die erkennbaren Zusammenhänge und Kontinuitäten zwischen den genannten drei Ausdrucksformen in einer Beschreibung angemessen berücksichtigt werden. Zum anderen aber sind demgegenüber die funktionalen Unterschiede von gleicher Wichtigkeit. Daraus ergibt sich, daß die unterschiedliche Verdichtungsleistung der verschiedenen Arten verbaler Wortbildung zu beschreiben, aber andrerseits nur dann zu verstehen ist, wenn ihre konstitutionelle Grundlage in der durch Bewegungsprädikate aufgespannten und mit Relief versehenen Szene als Grundlage der Verdichtung erkannt ist. Sehr stark diesen zweiten Punkt betonen wortsyntaktische Arbeiten wie die oben zitierte Wunderlichs (vgl. dazu Höhle (1982), Reis (1983); auch Olsen (1986) und Günther (1987)). Allerdings finden sich dort kaum Hinweise auf die funktionalen und Bedeutungsdifferenzierungen zwischen Bildungen analoger Konstitution in den verschiedenen Typen. Wie man den oben zitierten Ausführungen Wunderlichs auch anmerkt, führt das besonders bei den Partikelverben zu erheblichen Schwierigkeiten. Relativ problemlos zu behandeln sind so die Doppelpartikelverben, stellen sie doch etwas dar, was Herbermann (1981) die komplexen Basen nennen würde, d.h. Bildungen geringen Idiomatisierungsgrades, hoher relativer Motivation, leicht aber dann auch stark syntaktisch funktionierende Typen der eigentlichen Präfixverben - nicht umsonst erfreuen sich die Verben mit *be-* einer besonderen Beliebtheit. Eine stärker semantische, genauer gesagt eigentlich eine verallgemeinert textuelle Betrachtung verlangen dagegen schon auf den ersten Blick die Partikelverben, die noch dazu in ihrer Struktur der Trennbarkeit so gut zum Deutschen als Klammersprache passen.[21] Nach der Herbermannschen Terminologie wären sie wohl eher den komplexen Lexemen zuzuordnen, d.h. nur mit einer "Bedeutungsindizierung" (Herbermann (1981, S.269ff.)) versehen, somit eher demotiviert. Herbermann hält diese Bedeutungsindizierung für kommunikativ irrelevant, da sie keine einfach nachvollziehbaren Schlüsse auf die Bedeutung erlaube.

---

zum Akkusativobjekt wird, läßt sich z.B. aus Günther (1987), der sich ausführlich auf Eroms (1980) beruft, herauslesen.

21 Vgl. Weinrich (1987); auch Šimečková (1984) weist ja ausdrücklich darauf hin, daß es völlig irrig ist, die Trennbarkeit als ein Element der Unbeständigkeit zu deuten, sondern daß vielmehr das Deutsche in der jetzt vorliegenden Weise einen für seine Struktur stabilen Zustand erreicht habe. Ähnliche Schlüsse könnte man aus Jean Fourquets Beschreibung des Deutschen ziehen.

Das scheint aber schon im Hinblick auf Gaugers (1971) Konzept der Durchsichtigkeit, Coserius (1977) Überlegungen dazu, was Wortbildungen überhaupt "bedeuten" aber auch im Hinblick etwa auf einige neuere Beiträge von Heringer (1984a,b), wo die Rolle des Kontextes betont wird, eine zu einfache Vorstellung. Freilich bleibt hier bei der Beschreibung im einzelnen genau abzuwägen, in welcher Form die hier zu einer Interpretation notwendigen Informationen gegeben werden können.[22]

Trotz der sich im einzelnen daraus ergebenden Schwierigkeiten ist davon auszugehen, daß nur eine Darstellung im Zusammenhang der verschiedenen Typen ein angemessenes Bild der Integration dieser räumlichen Verhältnisse erreicht. Die bisherigen Beschreibungsversuche mit umfassenderem Anspruch sind in dieser Hinsicht unzureichend. Als neuere Übersichten über die Wortbildung des Deutschen seien hierfür vor allem die Arbeiten von Kühnhold (1973) und Gersbach/Graf (1985) genannt; beide Werke beziehen sich im wesentlichen auf ein vergleichbares methodisches Inventar, sie benutzen das an der Innsbrucker Arbeitsstelle des IdS entwickelte Beschreibungssystem, von den uns interessierenden Bildungen sind die Partikelverben in beiden Fällen unter den Präfixbildungen erfaßt, die Doppelpartikelverben werden als verbale Komposita beschrieben, und somit nur bei Gersbach/Graf erfaßt, da das Erscheinen des Kompositabandes der "Deutschen Wortbildung" der Innsbrucker Arbeitsstelle noch aussteht. Im Lichte der bereits beobachteten Kontinuitäten zwischen den beiden Bildungstypen erscheint eine solche Unterteilung nicht unproblematisch.[23] Eine Verbindung der Bildungstypen unter dem semantischen Begriff von Richtung und Gegenrichtung versucht Henzen (1969). Er bietet eine ausführliche Materialsammlung und auch den Versuch einer Interpretation, die die Zusammenhänge zwischen den Bildungstypen klarmacht. Allerdings ist das Material zeitlich nicht eingegrenzt, und auch der eigentlich Lokales versprechende Titel wird recht frei interpretiert.

Wir wollen im folgenden versuchen, die Zusammenhänge und die Unterschiede der beiden uns hier interessierenden Typen aufzuzeigen. Da Wortbildung ein Mittel ist, die Leistung des Wortschatzes in wortartspezifischer Weise zu vergrößern, (vgl. Eichinger (1984)) ist dabei von der Funktion der Lexeme dieser Wortart im Satz auszugehen. So ist die oben geschilderte Kohärenz zwischen der syntaktischen Fügung und den Wortbildungsmitteln garantiert. Denn wenn man von der Darstellung räumlicher Verhältnisse in syntaktischen Fügungen mit Bewegungsverben ausgeht,

22 Ideen dazu liefert die sogenannte Stereotypensemantik; vgl. Putnam (1978; 1983), Rosch (1977), Schwarze (1982), eine Anwendung auf die Wortbildung des Deutschen versucht Fanselow (1981), vgl. aber auch die Kritik an seinem Vorgehen in Gersbach/Graf (1984, passim).

23 Zu den Partikelverben gibt es einige schon etwas ältere grundsätzliche Arbeiten, so Marchand (1971) und Fourquet (1974), auch Lipka (1972); eine neuere praktische Untersuchungen aus diesem Bereich, Mungan (1986), zeigt wenig klasssifikatorisches Interesse, äußert sich zudem auch nicht zu den Doppelpartikelverben.

so ist das Direktionale die Ergänzung, die am engsten ans Verb gebunden ist (vgl. Grundzüge, S.244/245), in die Wortbildung, die ein Bewegungsverb als Basis hat, ist in irgendeiner Form etwas integriert, was man als Entsprechung dieses Satzglieds betrachten kann – mit unterschiedlichen syntaktischen Folgen. Diese relativ einfache Form der Konstitution macht eben komplexe Verben mit Bewegungsverben als Basen zu einem – die Sache zunächst vereinfachenden – Paradefall. Nun ist er aber ebenso als Sonderfall zu kennzeichnen. Denn generell gilt, daß nicht die Basis ein komplexes Bewegungsverb bestimmt, sondern daß die Relation zwischen Verbalpartikel und Basis den Charakter als Bewegungsverb festlegt. Verschiedentlich (vgl. Bartsch (1972, S.123/124), Eroms (1981, S.216), Gerling/Orthen (1979, S.36), auch Bondzio (1974, S.250)) wurde nachgewiesen, daß man – schon deswegen, weil es als Basen auch Verben gibt, die nicht als Bewegungsverben interpretierbar sind, und weil es auch nichtverbale Basen gibt – nicht regelmäßig vom Verb ausgehen kann, sondern daß die in Frage stehenden Partikel eine lokale Relation eröffnen, die durch ein sinnkonstituierendes Basis-Element zum Bewegungsverb vervollständigt wird. Was eine sinnkonstituierende Konstituente sein kann, läßt sich über die Szenen, die durch Bewegungsverben evoziert werden, klären. Aus diesen Szenen kann nun, wie gesagt, im einfachsten Fall, ein verbal realisiertes Lexem als Basis genommen werden, das selbst ein Bewegungsverb darstellt. Es können aber daneben andere Szenenelemente eintreten: am freiesten vielleicht bei Basen, die sich als modal-instrumentale Elemente der jeweiligen Szenen interpretieren lassen:

(2)(2.1.)
[...] *und hat vergessen, das Laub vom Rechen der Turbine herauszuheuen* (Brandstetter 9)

(2)(2.2.)
[...] *und während er sich in das Gesicht dieser Frau hineindachte* [...] (Musil 22)

(2)(2.3.)
[...] *und nahm Fichte in Empfang, um ihn abzuservieren und nebenan in der Bibliothek zwischen allen andren philosophischen Systemen der Welt wieder einzureihen.* (Musil 87)

Solcherart lassen sich über semantisch-kategoriale Valenzstrukturen als die sprachlichen Repräsentanten bestimmter Szenen die Möglichkeiten für die Auswahl von Basen klären. Durch diese Art von Konstitution, die bestimmte Merkmale der Bewegung als Basis für ihre Bezeichnung nimmt, werden Modelle vorgegeben, die dann als solche analogisch weiterwirken, so daß eben ein direkter Zugriff auf Modales, Instrumentales, Objekte usw. möglich ist, ohne daß jeweils der gesamte syntaktische Zusammenhang klargemacht werden müßte (vgl. Plank (1981, S.40ff.), aber auch schon Hundsnurscher (1968)). Die Verbalpartikeln kann man dann als generalisierte Angaben über mögliche Lokalisierungen darstellen, die im Text entweder eben durch diesen Text individualisiert (so bei den Doppelpartikelverben) oder auf bestimmte Funktionsbereiche bezogen werden. Dieser Bezug hat auf jeden Fall eine Spezialisierung zur Folge, so daß zumindest, in dem einfachen Fall, daß die Basis ihrerseits ein verbaler Stamm ist, ein Sonderfall der im entsprechenden Simplex ausgedrückten Bewegung gemeint ist. Wir wollen also ein Konzept verfolgen, das beide Aspekte der Wortbildungsregeln erfaßt, ihre Auflösbarkeit in eine gestreckte syntaktische Formulierung, und gleichzeitig das holistische Weiterwirken der Muster und den so erfolgenden Ausbau von Subvarianten. Das erlaubt es zumindest auch, Verben, die formal nicht so leicht aufzulösen sind, die aber eine gewisse Bedeutungsindizierung leisten, an entsprechende analysierbare Muster anzuschließen. Die Ausbildung von archetypischen oder prototypischen Verben für Teilmuster läßt es außerdem zu, auch die analytische Beschreibung für die Wirkung von Modellprägungen sensibel zu machen, und die "Begriffsschemata" (Plank (1981, S.47)) entsprechend zu differenzieren.

Die von uns angesetzten Szenen bilden sich im allgemeinsten Falle als die Umgebung von möglichst archetypischen Bewegungsverben aus. Was wir zu beschreiben haben, sind also "Verbszenen" (Heringer (1984c)). Wir haben auch schon darauf hingewiesen, daß wir zudem nach dem Relief dieser Szenen zu suchen haben, als gewissen Normalanordnungen und Möglichkeiten der Umstrukturierung: beide Möglichkeiten bietet eine mehrstufige Valenzgrammatik (vgl. Wolf (1982)) mit ihrer lexikalisch-semantischen Sensitivität (s. v.Polenz (1985)) und der Abstufung der Mitspieler - üblicherweise in Ergänzungen und Angaben, allerdings mit erheblichen Unterschieden bei verschiedenen Grammatikern (vgl. z.B. Wolf (1982), Erben (1984), Engelen (1985/86), Weinrich (1985)). Wir werden im folgenden eine Valenz-Darstellung benutzen, die sich an das von Eroms (1981) entworfene Modell anlehnt, da es uns die Möglichkeit zu bieten scheint, in sprachnaher Weise einerseits den relationenstiftenden Charakter der Partikeln erkennen zu lassen, und andrerseits gleichzeitig die Art der syntaktischen Einbettung als Korrelat der Fokussierung in den Szenen erkennen läßt. Die Auswahl aus dem kategorialen Rahmen (vgl. dazu Fillmore (1977)) kann dann als eine geordnete Umthematisierungsoperation verstanden werden (vgl. Eroms (1981, S.115), auch Eichinger (1987)). Es werden an dieser Stelle mit dem Modell dann Prozeduren beschrieben, wo durch die Wortbildungsoperation das generelle Bewegungsverb verschwindet, und durch einen charakteristischen Mitspieler als Basis ersetzt wird. Dadurch ergeben sich Verschiebungen der anderen Mitspieler, sei es nur, daß nun ein anderes Lexem dieselben Ergänzungen hat, sei es, daß sich die Valenz des Verbs, bzw. auch seine Angabenkompatibilität (bzw. umgekehrt "Verbspezifik" vgl. Engelen (1975)) ändert. Zudem ist es durch den systematischen Einbezug archetypischer Verben möglich, eine Hierarchie der Muster zu erstellen (zu den Voraussetzungen dafür vgl. Eroms (1981, S.120/121 u. 210ff.)). Letztlich sei hervorgehoben, daß das Modell eine Unterscheidung von raumhaftem und punktuellem Raumbezug erlaubt, die das unterschiedliche Verhalten der verbalen Wortbildungen im Hinblick auf neben dem Verb vorkommende Richtungsbestimmungen auf einfache Weise zu erklären vermag (vgl. Eroms (1981, S.204ff.)).[24]

Genauer wird das Beschreibungsmodell zu Beginn des praktischen Teils erläutert werden.

3.5. ZUR BEWEGUNG IN DER ZEIT

Die Darstellung der Zeit wird abhängig von der Darstellung des Raumes betrachtet werden, denn das Untersuchungsziel in diesem Punkt ist es, darzustellen, welche räumlichen Bewegungsbilder für die Modellierung zeitlicher Verhältnisse genutzt werden. Damit wird die Darstellung der Zeit hier als abgeleitet betrachtet, allerdings nur insoweit, als die Bewegung im Raum notwendig immer zeitliche Veränderung einschließt. Ungeachtet dieser Abgrenzungsprobleme wird für unseren sprachlichen Bereich davon ausgegangen, daß die räumliche Einordnung der zeitlichen vorgeordnet ist. Wir sehen die Begründung für diese "Entscheidung" der Sprache in einem Unterschied der direkten Erfahr- und Erkennbarkeit (vgl. Mayerthaler (1981, S.14/15 u. 90-92)). Eine entsprechende Einschätzung aus erkenntnistheoretischer Sicht gibt Leist (1979, S.61f.), der die relationalen Grundzüge Raum, Zeit und Kausalität ansetzt und den grundlegenden Charakter der räumlichen Relationierung innerhalb dieses Rahmens folgendermaßen begründet:

> Dinge sind im räumlichen System vollständig individuierbar - deshalb ist ja eine bloße räumliche Sprache [...] denkbar. Ereignisse sind im zeitlichen System allein nicht vollständig individuierbar - deshalb ist eine nur zeitliche Sprache nicht denkbar. Von verschiedenen Ereignissen läßt sich folglich in einem geordneten Sinn sprechen, wenn ein räumliches System vorliegt und dazu eine Zeitskala, so daß Ereignisse raumzeitlich individuierbar sind. (ebd. S.102).

Aus sprachwissenschaftlicher Sicht hebt z.B. auch Kuryłowicz (1975, S.129) hervor, daß innerhalb der Bühlerschen Ich-Hier-Jetzt-Origo ebendiese Abstufung gelte. Zusammengehörigkeit von Raum und Zeit, aber auch eine entsprechende Reihung konstatiert auch Henzen (1969, S.27/28):

> Der *zeitliche* und *örtliche* Begriff können, wie die Sprachgeschichte mit der Psychologie und der erkenntnistheoretischen Analyse lehrt, in der Vorstellung des Sprechenden verschwimmen [...]. Naturgemäß betrifft die Verquickung vor allem die Bildungen mit Bewegungsbegriffen. Was sich vor etwas anderem her bewegt, begegnet dem Betrachter eben gewöhnlich früher. Damit kann ein ursprünglich örtlich gefaßtes Verhältnis in ein zeitliches umschlagen. Die zeitliche Kategorie ist denn auch genetisch aus der örtlichen übertragen, wie

---

24 Allerdings führt diese Scheidung auch dazu, daß an diesem Punkt graduierende Bezugnahmen auf Raumvektoren nötig sind, die natürlichsprachlich schlecht faßbar sind, so daß hier der Kürze halber und um einen angemessenen Grad an Allgemeinheit zu halten mit abstrakteren Elementen gearbeitet wird.

> überhaupt – wirklich sowohl wie philosophisch seit Aristoteles – die Zeit vom Raum her begriffen wird. [...] Denn das örtliche Denken ist allein sinnlich anschaulich, läßt die Opposition des Hier und Dort materiell deutlicher erkennen und die Zwischenstellen faßbarer gliedern.

Henzens zusätzlicher Hinweis, "die Entwicklung des Zeitbegriffs aus dem örtlichen" sei "im wesentlichen an das Phänomen der Veränderung geknüpft und somit in der Hauptsache vom Verbum – dem 'Zeit'wort – als eigentlichem Geschehenswort und dann von (Richtungs-)Adverbien getragen" (S.28/29) zeigt nochmals, warum der in der vorliegenden Arbeit gewählte Untersuchungsbereich für die Analyse der Kodierung räumlicher und zeitlicher Verhältnisse besonders naheliegt.

Für die sprachliche Seite soll hypothetisch davon ausgegangen sein, daß auch innerhalb der zeitlichen Darstellung eine selbständige Weiterentwicklung der aus dem lokalen Bereich übernommenen Muster eintreten kann, so daß uns eine reine Beschreibung dieser Art der Zeitdarstellung als "Metaphern", wie Hermann Paul (1975, S.96) in den **Prinzipien** dieses Problem darstellt, zu statische Vorgaben zu machen scheint. Da für die Interpretation der Zeit nur bestimmte Raumbilder eine Rolle spielen, kann man davon sprechen, es gehe hierbei analog zum erlebten Raum um erlebte Zeit. Wenn nun Bewegung das ist, was Raum und Zeit verbindet, und erkenntnistheoretisch auch nicht klar sein mag, wie die Begründungsrichtung zwischen Raum und Zeit als Elementen der Anschauung verlaufen soll, braucht uns hier nur die Frage zu berühren, wie dieses Problem sprachlich geregelt wird. Und dabei erweist sich die Raumerfahrung als grundlegend: die Bewegungsverben drükken aus, daß sich in Raum und Zeit etwas bewegt, reine zeitliche Bewegung wird davon sprachlich abgeleitet.

Genaueres wird sich erst sagen lassen, wenn die Prinzipien der Raumerfassung in dem von uns gewählten Teil des Verbwortschatzes besprochen sind.

4. LOKALE RELATIONEN UND VERBALE WORTBILDUNG

4.1. STRUKTUR UND BEDEUTUNG

Bewegungsverben bilden den Kernbereich des Verbwortschatzes, die Bildung komplexer Verben der von uns behandelten Typen bietet die Möglichkeit, neue Regisseure für diesen wichtigen Verbspielplatz zu finden, d.h. neue semantische Rahmen zu konstituieren.

Daß Bewegungsverben den Kern des Verbwortschatzes bilden, ist so zu verstehen, daß sie eine durch ihre agensorientierte und perzeptive Natürlichkeit aus den sonstigen Verben, die Ereignisbedeutungen repräsentieren, herausgehobene Gruppe darstellen. Diese Ausdrücke für Ereignisbedeutungen, die typischen Bedeutungen für die Wortart Verb, konstituieren über ihre Ergänzungen und die mögliche Verbindung mit verschiedenen adverbialen Modifikationen, den semantischen Rahmen, aus dem die Bildung komplexer Verben als "Verdichtungs"-Instanz ihr Inventar gewinnt. Bei den komplexen Bewegungsverben handelt es sich um solche, bei denen die Richtungsspezifikation mittels deiktischer oder referentieller Partikeln in das Lexem, das das Prädikat bilden soll, aufgenommen wird. Dazu muß die Verbpartikel eine adverbale Präpositionalphrase generalisieren und damit den speziellen Ausdruck des nominalen Kerns unnötig machen, da er entweder individuell aus dem Text zu rekonstruieren sein wird oder im Lexikon eine Gruppe möglicher Bezugselemente festgelegt ist, aus denen dann im Kontext lediglich eine beschränkte Auswahl zu treffen ist.

Wunderlich (1984, S.95) formuliert das folgendermaßen:

> [...] genügt es für die trennbare Verbbildung (oben als Inkorporierung beschrieben), daß das bestreffende lokale Objekt stereotypisch oder aus dem Verwendungskontext ergänzbar ist. Innerhalb von PP kann NP weggelassen werden; [...]
> (90) $[P^o - NP - V^o] \rightarrow [P^o - 0 - V^o] \rightarrow [_{V1}P^o + V^o]$
> Entsprechend lexikalisierte Verben unterliegen wiederum der Idiomatisierung.
> Der in (90) beschriebene Prozeß betrifft Bewegungsverben, noch eingeschränkter auch Positionsverben:
> (91) *auf dem Tisch liegen* — *aufliegen*
> *im Zuchthaus sitzen* — *einsitzen*
> *über die Kante stehen* — *überstehen*.

Wie allerdings schon die von Wunderlich gegebenen Beispiele zeigen, steckt mehr hinter diesen Bildungen, als eine pseudo-syntaktische Komposition; besonders deutlich zeigt sich das an dem stark idiomatisierten Fall von *einsitzen*. Die Anwendung von Wunderlichs Regel ergibt dabei:

[*im Zuchthaus* - *sitzen*] -> [*im* - 0 - *sitzen*] -> [$_{V1}$*in* + *sitzen*]

Bei dieser Analyse bleibt mehreres unklar: das wichtigste ist, daß sie den Eindruck erweckt, als sei hier, wie bei den anderen Beispielen ein beliebiges mögliches N in der PP gewählt; tatsächlich werden in diesem Zusammenhang nur Nomina wie *Gefängnis*, *Zuchthaus* der Bedeutung des Partikelverbs gerecht. Solange nicht beschrieben wird, wo und wie hier möglicherweise die angedeutete stereotypische Interpretation eingreift, bleibt unklar, welchen Status die konstitutionelle Beschreibung nach dieser Regel hat. Und dabei geht es noch nicht darum, daß auch das Nachordnen der Idiomatisierung nicht ganz unproblematisch ist. Denn auch aus den hier gegebenen Beispielen wird klar, daß die Partikelverben der geschilderten Art bestimmte räumliche Verhältnis funktional-klassifikatorisch behandeln, so daß bestimmte selektionale Einschränkungen für diese Art von Wortbildung konstitutiv sind; die genaue Richtung dieser Spezialisierung ist dann allerdings tatsächlich eine Frage einer möglicherweise stereotypensemantischen Interpretation unseres Weltwissens, wobei allerdings gewisse Tendenzen der Idiomatisierung innerhalb der Wortbildungsmuster vererbt werden können. So liefert die Beispielgegenüberstellung im obigen Zitat eigentlich zuviel an Information, sofern die Wortbildungsbedeutung beschrieben werden soll, die Regel andrerseits zu wenig, als sie die prinzipielle Funktionalisierung nicht beachtet. Auch wenn die Beispiele im Sinn eines textlinguistischen Nacheinanders zu verstehen wären - so wären sie ja denkbar - , sind hier wesentliche Idiomatisierungsunterschiede verdeckt. Denn wenn *überstehen* auch an direktesten motiviert ist, so dient es, wie etwa auch die Belege im WdG (3854) zeigen, doch dazu, eine Benennung für eine funktional gesehene Überlänge bereitzustellen, von *überstehenden Balken* oder auch von *überstehenden Zähnen* ist dort die Rede, und wenn das DUDEN-Wörterbuch zitiert, daß *das Geschoß einen Meter übersteht*, wird ebenfalls sichtbar, daß hier das überstehende Element fokussiert wird, während das, über das es hinaussteht [**über das es steht*], so weit in den Hintergrund tritt, daß es zwar als kürzeres funktionales Gegenstück erkennbar bleiben, aber gar nicht unbedingt genannt werden können muß. D.h. auch hier geht es hauptsächlich um ein *über-*, das *stehen* ist eher als Hinweis auf die Art der Funktionalisierung anzusehen.[25] Zu diskutieren wäre hier auch noch die Frage, ob auch solche Erscheinungen im Sinne einer Verfachsprachlichung zu interpretieren wären (vgl. Eroms (1987)). Ähnliches gilt für *aufliegen* - dieses Beispiel wird später noch ausführlich zu besprechen sein - vgl.:

25 Vgl. die Anmerkungen zu *stehen* 7 im WdG (3564), dem *überstehen* (ebd. 3566) zugeordnet wird.

(1)(1.1.)
Die aufgeworfene Böschung [...], *in deren Scharten die Gewehre auf-lagen*. (Werfel, zit.nach WdG 260)

Bemerkenswert scheint mir hier das Verhältnis zu einer gestreckten Form:

(1)(1.2.)
in deren Scharten die Gewehre auf ? lagen.
? auf deren Scharten die Gewehre lagen.

Auch hier geht es offenbar um die Bezeichnung eines funktionalisierten Oberflächenkontaktes. Bei *einsitzen* handelt es sich letztlich zudem um einen lexikalisieren Fall, wo praktisch keinerlei Variation bezüglich der betroffenen Örtlichkeit denkbar ist.

Wenn man den Nutzen dieser Wortbildungen in ihrer Abgrenzung von den verwandten Bildungsmitteln darstellen will, so ist schon jetzt erkennbar, daß sie durch eine Einbettung der ausgedrückten räumlichen Verhältnisse in funktionale Zusammenhänge ausgezeichnet sind, was sie gerade von den Doppelpartikelbildungen trennt und neben die eigentlichen Präfixbildungen stellt. Da es sich hierbei um einen wesentlichen Punkt für die Verwendung dieser Bildungen handelt, erscheint es künstlich, darauf zunächst gar nicht einzugehen. Eine Regel wie die oben zitierte kann damit weder über die "Wortbildungsbedeutung" noch gar über die "Wortbedeutung" (vgl. dazu Barz (1983)) hinreichende Aussagen machen, bei aller Notwendigkeit der durch eine solche Darstellung geleisteten konstitutionellen und wortartkategoriellen Interpretation wird gerade das Charakteristische der Bildungstypen nicht erfaßt.[26] Damit sind gerade die Lücken dieser Darstellung ein Argument für die These Planks (1981) von der "morphologischen (Ir-)regularität" der Wortbildungsprozeduren: den recht speziellen Bedingung für die einzelnen Wortbildungsmuster hätten auch entsprechend differenzierten Regelformulierungen zu entsprechen. Zu betonen ist dabei, daß durch eine solcherart differenzierte Darstellung das "Kompositionalitätsprinzip" nicht aufgehoben ist, sondern erst durch diese genaue Beschreibung eine höhere Aussagekraft gewinnt. So sind auf diese Weise Unterschiede zwischen verschiedenen Arten komplexer Wörter festzustellen, nämlich tatsächliche Neubildungen nach den gültigen Regeln, bereits existente Bildungen, die noch voll nach den gültigen Wortbildungsregeln analysierbar sind, und drittens lediglich durchsichtige Wörter, die allenfalls reanalysierbar sind (vgl. dazu Plank (1981, S.186)). Um das zu leisten, sind verschiedene linguistische Beschreibungsebenen heranzuziehen (vgl. dazu Dressler (1977)), so überlegt auch z.B. Wunderlich (1983, S.454), wie in einer paradigmatischen Gegenüberstellung der syntaktischen Fügung, der Partikelverben und der Doppelpartikelverben die Eigenheiten der ver-

---

26 Weniger wichtig sind daneben andere Punkte, so kommt man durch die obengenannten Regel auf keinen Fall zur Partikelform *ein-*, wenn man nicht historische Hilfskonstruktionen heranzieht; interessant wäre zudem zu sehen, wie die zu den hier gebrachten präpositonal-topologischen Fällen homonymen dimensional-adverbialen des Typs *aufheben* behandelt würden.

schiedenen Formen aufscheinen könnten. Allerdings wird hier beiläufig von einer zusätzlichen Möglichkeit gesprochen, die auch nicht genauer ausgeführt wird. Dagegen ist zu betonen, daß diese Angaben einen notwendigen Teil der Beschreibung dieser Bildungsmuster darstellen, d.h. es sind hier sowohl die syntagmatischen wie die paradigmatischen Verhältnisse, in denen sie vorkommen, zu beschreiben. Dabei ist bei den syntagmatischen Beziehungen nur zum Teil nach syntaktischen Entsprechungen, dagegen auch nach der jeweils realisierten Relation zu suchen. Gleichzeitig ist aber auch die Kohärenz der Beschreibung der komplexen Wörter zu sichern. Das spricht gegen eine Rücknahme des Beschreibungsbereichs der Wortbildungslehre auf ad-hoc-Bildungen, vielmehr für ein Konzept, das auch die Wirkung der Durchsichtigkeit und der lexikalischen Analogie in Rechnung stellt. Vorläufig sei hierzu nur auf das Unbehagen verwiesen, das einen bei manchen Paraphrasierungen von Kühnhold (1973) befällt. Dieses Unbehagen rührt zumindest zum Teil daher, daß statt auf eine ausgedrückte Relation und ihre semantische und funktionale Differenzierung auf den syntaktischen Ausdruck dieser Relation verwiesen wird.

4.2. DIE BESCHRÄNKUNG AUF RAUM UND ZEIT

Zwei Punkte sprechen im Gefolge dieser Überlegungen für die Beschränkung auf Bewegungsverben - in Raum und Zeit - mit einem vervollständigenden Blick auf lokale Zustandsverben.

Zum einen bot es sich an, durch diese Beschränkung auf einen Relationengruppe einen Beschreibungsfaktor konstant zu halten, um so größeres Gewicht auf die Darstellung der funktionalen Differenzierung legen zu können. Zum anderen wurde oben schon darauf hingewiesen, daß mit dieser Beschränkung ein typischer, ja der Kernbereich der Wortart Verb betroffen ist.

Damit ergeben sich von daher auch zwei Ziele der praktischen Darstellung, einerseits, wie man in der deutschen Sprache topologische, dimensionale und deiktische Elemente nutzt, um sich in den raum-zeitlichen Zusammenhängen zurechtzufinden, und andrerseits, welche Rolle die unterschiedlichen Arten von Wortbildung innerhalb eines solchen Orientierungssystems spielen. Genauer gesagt wird in dieser Arbeit die erste Frage im Rahmen der zweiten mitbehandelt werden.

Faktisch wird also ein als grundlegend anzusehender Teil der verbalen Wortbildung des Deutschen beschrieben werden. Besonderer Wert wird dabei auf die funktionale Differenzierung der verschiedenen Bildungsmittel zu legen sein. Praktisch heißt das, daß versucht werden wird, die spezifischen Leistungen von Bildungen mit Einfach- und mit Doppelpartikeln zu beschreiben. Wie oben schon dargestellt, sehen wir diese Bildungen in einer Reihe sprachlicher Mittel, die von (a) syntaktischen Fügungen, über (b) die Doppelpartikelverben, und (c) die Partikelverben, von den untrennbaren über die trennbaren, hin zu (d) den Präfixverben führen.[27] Erklärungswürdig ist dabei vielleicht die Einordnung der Bildungen mit Partikeln wie *hinauf-*,*herauf-* usw., die häufig (vgl. Fleischer (1982), Kühnhold (1973), DUDEN (1984),Gersbach/Graf (1985)) als Verbalkomposita geführt werden. In Anbetracht dessen, was die relative Bedeutung des Erstelements und des Zweitelements für den Charakter dieser Verben angeht - bei Komposita dominiert ja eindeutig das Zweitglied, zudem sind trennbare Komposita auch kaum vorgesehen - scheinen diese Bildungen von der Gesamtstruktur eher in der Nähe der Partikelverben zu stehen, was mit der Bezeichnung als Doppelpartikelverben betont werden soll. Diese Entscheidung fußt generell auf der Hypothese, daß nominale und verbale Wortbildung prinzipiell unterschiedlich funktionieren, so daß Domänen der Wortarten Substantiv und Adjektiv Komposition und Ableitung - mit jeweils diesem Schwerpunkt (vgl. Eichinger (1988)) - sind, während für die Verben verschiedene Abarten von Präfigierung einschlägig sind.[28]

4.3. DIFFERENZIERUNG DER BILDUNGSMITTEL

Zusammenfassend läßt sich der Untersuchungsbereich dieser Arbeit dann folgendermaßen beschreiben:

Komplexe Bewegungsverben können als exemplarische Fälle von Verben verstanden werden, indem sie das, was das Deutsche als Verbalität kennzeichnet, in ausgezeichneter Weise repräsentieren. Ihre Komplexität erlaubt es zudem, die Inkorporierung des räumlichen Bezugs der Bewegung in kompositioneller Weise, d.h. relativ unkompliziert von der Ausdrucksseite der Lexeme ausgehend zu interpretieren. Dabei wird der gewählte Ausschnitt aus dem deutschen Verbwortschatz als die einzelsprachliche Ausformung einer kulturell differenzierten universalen Anforderung an Sprachen beschrieben. Ohne dabei in die Frage um die "Weltansichten" (Humboldt 1836/1963, S.400) der einzelnen Sprachen allzusehr einsteigen zu wollen, soll hier doch diese im Hinblick auf die Universalität der sprachlichen Raumgestaltung vorsichtigere Formulierung gewählt werden. Es scheint auch vorläufig gar kein weiterer Erkenntnisgewinn damit verbunden zu sein, wenn man z.B. ein substantielles Universale "Dreidimensionalität" postulierte. Diese Hypothese trägt doch derzeit noch sehr stark die Gefahr in sich, daß ein an einer doch noch begrenzten Auswahl von Sprachen ermitteltes "Beschreibungsuniversale" zu einem Sachverhalt der Wirklichkeit gedeutet wird, so daß Beschreibungen mit diesem

27 Zu dieser terminologischen Festlegung vgl. Eroms (1982), Hinderling (1982).

28 Aufgrund der Argumentvererbungsargumentation kommt, wie mir scheint, auch die wortsyntaktische Diskussion zu ähnlichen Schlüssen (vgl. Olsen (1986), Günther (1987), Wunderlich (1986, S.245f.)).

Konzept zwar für alle Sprachen möglich wären, aber ein ganz unterschiedlich angemessenes Bild von der internen Struktur der einzelnen Sprachen gäben:

> Nichts ist gefährlicher, als wenn man eine fremde Sprache unter dem Prisma zwischenzeiliger Übersetzungen und Analysen betrachtet. Beim besten Willen kleidet man doch den fremden Körper in das eigene Gewand, zieht ihm wohl unversehens den linken Stiefel an den rechten Fuß und hat dann billig spotten und tadeln. (v.d.Gabelentz **(1891/1984, S.405)**).

Aus diesem Grund erscheint es mir methodisch problemloser, als Universalien für Sprachen allenfalls strukturelle Züge anzunehmen, die in der Grundform von Sprache, dem Dialog, verankert sind (vgl. Hagège (1987, S.70); vgl. auch Weinrich (1985a, S.208)). Das erlaubt es uns etwa, den Bezugspunkt EGO-HIC, allerdings in dialogisierter Weise, als grundlegend anzusehen, d.h. zumindest gehört das TU-IBI dazu:

> Die Bezeichnung seiner selbst und der anderen bei der Verständigung ist universell, ob sie nun durch ein Personalpronomen, eine Verbform oder auf andere Art und Weise vorgenommen wird. (Hagège **(1987,S.70)**

Davon abgeleitet kann man sicherlich auch bestimmte Notwendigkeiten der Raumorientierung als universell bezeichnen: es besteht allerdings dann keine Notwendigkeit, a priori die Existenz von Dreidimensionalität als Universale zu postulieren: zunächst gehört sie zu den Wahlmöglichkeiten, die den Sprachen in diesem Bereich für die Strukturierung zur Verfügung stehen, und damit im Prinzip zum Merkmal einer typologischen Differenzierung werden können. Darüber, wie häufig diese Möglichkeit gewählt wird, muß damit noch gar nichts gesagt werden.

Für das Deutsche erscheint es nun problemlos, neben der reinen deiktischen HIC vs. IBI - Unterscheidung die Existenz sowohl eines topologischen wie eines dreidimensionalen Deutungssystems anzunehmen. Wobei die Hinweise auf die epistemologische Priorität der Topologie vor der Dimensionalität sich ja vielleicht in einer Art implikativen Universale spiegeln könnten,das angibt, daß eine Sprache, die Benennungen hat, die ein dimensionales System spiegeln, auch topologisch fundierte hat, aber nicht umgekehrt.

Für die Darstellung des Systems und auch der Norm des Deutschen, wie sie hier versucht wird, ist dann eben interessant, die Charakteristika des Deutschen in diesem Bereich herauszufinden, also zu zeigen, was innerhalb der Voraussetzung, daß man im Prinzip mit jeder Sprache Alles ausdrücken kann, im Deutschen ausgedrückt werden muß. Daß gerade das typologisch interessant ist, mag schon daraus ersichtlich werden, daß immer schon die Art der Unterteilung in diesem Teil des Verbwortschatzes als deutsche Spezialität gilt. Typologisch gesprochen repräsentiert das Nebeneinander zweier durchsichtiger Bildungstypen in diesem Bereich die generelle Armut des deutschen Wortschatzes, d.h. andersrum formuliert, seine relativ hohe Motiviertheit im Vergleich zu den europäischen Nachbarsprachen.

Am deutlichsten repräsentiert ist dieser Faktor zweifellos in den **Doppelpartikelverben**, wie etwa *hinaufsteigen/heraufsteigen*:

hin- = [IBL_{dir}]
auf- = [$\text{TOPOL}_{oberfl.}$] & [VERT_{+}]

her- = [HIC_{dir}]/[IBL_{urspr}]
auf- = [$\text{TOPOL}_{oberfl.}$] & [VERT_{+}]

Wie aus dem folgenden Beispiel gut zu ersehen, ermöglicht diese Kombination von räumlichen Merkmalen – wobei im Moment die Bedeutung der Basis ausgeklammert wird – eine höchst explizite Beschreibung von räumlichen Verhältnissen, erzwingt vor allem auch jeweils die Einschätzung der zu schildernden Szene von der Beteiligtheit und Position des Sprechers her:

(1)(1.1.)
[...] *ob in letzter Zeit ein oder mehrere Zettel durch Ihren Briefschlitz in Ihre Wohnung hineingeworfen wurde* [...]

(1)(1.2.)
[...] *mir kann man nicht so einfach durch die Türe etwas hereinstecken* [...]
(beide Belege: Jonke 19)

Dabei wirkt die durch die Doppelpartikel in (1.1.) gegebene Information relativ redundant, der Satz wäre mit dem Prädikat *geworfen wurde* genauso korrekt; andrerseits wird durch das Partikelverb die Situation deutlicher als ein Fall von Postzustellung gekennzeichnet, das Handeln wird als eine zielgerichtet von außen nach innen gehende Handlung einer außen stehenden Person dargestellt. Vor allem durch die in der Präpositionalphrase angeschlossene Angabe des Wegs (*durch Ihren Briefschlitz*) werden aus unserem Weltwissen mögliche Szenen mit einer solchen Konstellation der Beteiligten abgerufen. Es wird also auch hier schon nahegelegt, nach typischen Umgebungen für eine Handlung HINEINWERFEN zu suchen. Das wäre nicht so bei der Formulierung:

(1)(1.1.)a)
[...] *ob ein Zettel durch Ihren Briefschlitz in ihre Wohnung geworfen wurde* [...]

Hier geht es um die Beschreibung derselben Szene als einer Handlung des WERFENS, ohne das Nahelegen einer funktionalen Interpretation der Handlung, und auch ohne eine so explizite Situierung der Personen. Interessant wird der Unterschied zum Beispiel dann, wenn die Angabe des Zielpunkts der Handlung weggelassen wird:

(1)(1.1.)b)
ob ein Zettel durch Ihren Briefschlitz hineingeworfen wurde

(1)(1.1.)c)
ob ein Zettel durch Ihren Briefschlitz geworfen wurde

Mit den beiden Konstruktionen werden ganz unterschiedliche Aspekte gewählt. Bei der Formulierung mit dem Partikelverb ist auf jeden Fall die Zielorientierung in das Prädikat mit aufgenommen, ihre zusätzliche Junktion in einer direktionalen Präpositionalphrase kann als optional gelten, völlig beliebig kann daneben auch noch die Angabe des Wegs auftreten. So ist auch (1.1.)d) noch eine sprachliche Realisation derselben Szene:

(1)(1.1.)d)
ob ein Zettel hineingeworfen wurde

Dagegen ist das Auftreten irgendeiner Richtungsbestimmung obligatorisch, wenn der Richtungsaspekt beim Simplex realisiert werden soll; dabei ist die Zielbestimmung erste Wahl; wenn diese vorhanden ist, können auch weitere Bestimmungen dazutreten. Aber erst die Szene ruft hier die Bewegungsbedeutung auf, direktionalisiert das nicht notwendig richtungsorientierte Prädikat *werfen*:[29]

(1)(1.1.)e)
ob ein Zettel geworfen wurde

Die Präfigierung mit Elementen wie *hinein-* dient also dazu, ein im Hintergrund stehendes ergänzbares Merkmal einer Szene in den Vordergrund zu rücken, konstitutiv in die Szene aufzunehmen. Eine Besonderheit des Deutschen ist es nun, daß diese Möglichkeit fest an die Notwendigkeit gekoppelt ist, die Sprecherperspektive, d.h. die Bewegungsrichtung in Bezug auf den Standort des Sprechers, anzugeben. Das belegt das Beispiel (1)(1.2.); auch hier ist der Satz reduzierbar bis:

(1)(1.2.)a)
man kann etwas hereinstecken

Allerdings erfordert hier auch das Simplex obligatorisch die Direktionalergänzung:

(1)(1.2.)b)
man kann etwas durch die Tür stecken
?man kann etwas in die Wohnung stecken[30]

Auch hier wird durch die Präfigierung ein Gesamtprädikat geschaffen, das den Handlungsabschluß im Ziel mit einschließt: das wird auch durch die Serialisierung

29 Vgl. dazu den Eintrag für *werfen* bei Engel/Schumacher (1978, S.298), wo allerdings durch die Belege für das Muster 01, also *x wirft y* der irreführende Eindruck erweckt wird, als handle es sich hierbei um eine spezialisierte oder metaphorisierte Verwendungsweise.

30 Die fragliche Akzeptabilität dieser Wendung hängt offenbar an genaueren selektionalen Bedingungen des Verbs: die Objekte, in die man etwas stecken kann, sind in der Größe beschränkt. Für diesen Fall scheinen die Angaben in Engel/Schumacher (1978, S.261) eine angemessene Erklärung zu liefern.

des Beispiels (1.2.) deutlich, die für das Simplex nicht als akzeptabel gelten dürfte:[31]

(1)(1.2.)c)
[...] *mir kann man nicht so einfach durch die Türe etwas stecken* [...]

Der normale Skopus von *etwas* wäre hier eben *durch die Tür stecken*, analog zu *hereinstecken*.

Zweierlei läßt sich aus der Diskussion dieses Beispiels entnehmen. Zum einen erfolgt die Produktion dieser Bildungen offenbar relativ "schematisch", wobei sich vor allem die Bedeutung der Doppelpartikel in einfacher Weise aus den Bedeutungen ihrer Teile konstituieren läßt. Daher verwundert es auch nicht, daß es kaum prinzipielle Beschränkungen für die Produktivität dieser Bildungen zu geben scheint. Es ist aber trotzdem nicht völlig beliebig, daß die Wörterbücher solche Bildungen selektiv und auch nicht völlig symmetrisch verzeichnen. Auch bei unserem Beispiel waren schon deutliche Unterschiede zwischen den Verwendungsbedingungen des Simplex mit einer entsprechenden Präpositionalphrase und dem Doppelpartikelverb erkennbar. Diese Unterschiede lassen sich auf eine gewisse Generalisierung in der Doppelpartikel und die damit verbundene Umstrukturierung der Szene, die das Verb aufruft, beschreiben. Gegenüber den Gebrauchsbedingungen des Simplex bedeutet die Aufnahme einer generellen Zielangabe aber eine Spezialisierung, so daß nur eine Auswahl aus den Situationen, die mit dem Simplex beschreibbar sind, die Bedingungen der "Finalisierung" des Doppelpartikelverbs erfüllen. Das heißt gleichzeitig für die verbale Basis, daß sie nur bestimmte Varianten des Basisverbs fortsetzt. Je üblicher, und damit lexikonwürdiger, nun solche Bildungen sind, desto stärker wird dieser Isolierungseffekt, d.h. desto genauer sind die Vorstellungen davon, auf welche Situationen ein solches Verb angewendet werden kann.

Dennoch bleibt ein grundsätzlicher Unterschied zu den **Partikelverben** wie *aufsteigen*:

auf- = [TOPOL$_{oberfl.}$]/+ [VERT$_{+}$]

Natürlich gehört auch hier die konstitutionelle Beschreibung, die angibt, daß die Partikel entweder die dimensionale oder die topologische Raumbeschreibung betrifft, zur Beschreibung des Wortbildungsmusters, damit ist aber die Spezifik und Funktion dieser Bildungen gerade nicht beschrieben. Der Zweck dieser Bildungen ist es, in einer relativ allgemeinen Bezeichnung für eine räumliche Bewegung eine relativ spezielle Handlung innerhalb eines bestimmten Handlungsrahmens zu meinen.

---

31 Auf jeden Fall bei der hier in Frage stehenden lokalen Bedeutung: *jmdm. etwas stecken* 'jmdm. vertraulich eine Information zukommen lassen' (vgl. WdG S.3561) ist ein anderer Fall.

Dabei werden vor allem auch bestimmte aspektuelle Merkmale der dargestellten Bewegungstypen genutzt.

(2)(2.1.)
"Ich fliege eben rasch aus", sagte Henriette. (Hacks 168)
(2)(2.2.)
Sie flog ein Stück in den Schornstein hinein. (ebd.)
(2)(2.3.)
[...] *Erzmutter jenes Geistes ist, aus dem schließlich Giftgase und Kampfflieger aufgestiegen sind.* (Musil 40)
(2)(2.4.)
Wenn aber in so stolzer Umgebung ein Bürgerlicher zu solcher Stellung aufsteigt. (Musil 92)
(2)(2.5.)
Er stieg ab, lehnte das Rad gegen einen Strauch [...] (Hacks 207))
(2)(2.6.)
Und allmählich, während ihr Mann weiter emporstieg [...] (Musil 98)
(2)(2.7.)
Da mußte der langsam die Hände hochheben [...] (Hacks 205)

Am klarsten zeigt sich die Besonderheit der Partikelverben im Nebeneinander von (2.1.) und (2.2.). Geht es bei (2.2.) um die zielorientierte Beschreibung einer konkreten räumlichen Situation, so ist für den Gebrauch des Verbs *ausfliegen* nicht allzuviel gesagt, wenn man die räumliche Bedeutung von *aus-* + *fliegen* zueinanderaddiert. Natürlich ist die räumliche Vorstellung eines Außen und eines Innen der Bildgeber für die Bedeutung dieses Verbs, das aber gerade nicht jedes beliebige fliegende Verlassen eines Innenraums benennt, sondern in formaler wie inhaltlicher Analogie zum eingebürgerten *Ausgehen* ein Hinaustreten in die gesellschaftliche Öffentlichkeit meint. (2.3.) und (2.4.) mögen als Beispiele dafür stehen, wie die dimensionale (2.3.) und die topologische (2.4.) Bedeutung bei diesen Verben miteinander abwechseln. Dabei ist also (2.4.) eher noch wie "normal-räumliches" *hinaufsteigen* mit direktionaler Ergänzung zu verstehen: allerdings ist gegenüber dem Doppelpartikelverb eindeutig eine Unbestimmtheit bezüglich der dimensionalen und topologischen Bedeutung von *auf-* erkennbar, die es erlaubt, auch hier von einem senkrechten Aufsteigen und von einer optionalen Zielangabe zu sprechen. Solcherart ist aber hier zurückgedrängt, was das rein dimensionale *aufsteigen* wie in (2.3.) kennzeichnet. Nämlich ein deutliche Fokussierung des Beginns der Handlung, verstärkt noch durch die Angabe des Ursprungsorts der Bewegung. Wie (2.5.) zeigt, verstärken antonymische Bildungen die dimensionale Deutung. Im Bereich der dimensionalen Bewegung existiert zudem eine bemerkenswerte paradigmatische Differenzierung (2.6.), (2.7.). Wenn wir einstweilen von der variierenden Funktion der Basis absehen, ist so eine graduell unterschiedliche funktionale Differenzierung der Kern dieses Wortbildungsmusters: im Rahmen diesen funktionalen Einsatzes ermöglicht es die Verbpartikel, in verschiedener Mischung dimensionale, topologische und aspektuelle Informationen zu vermitteln. Diese Bildungen sind deutlich weiter von der Syntax entfernt als die Doppelpartikelverben, wie schon die Möglichkeit analogischer ad-hoc-Bildungen zeigt.

Von den Doppelpartikelverben und den Partikelverben soll dann im praktischen Teil dieser Arbeit die Rede sein, und zwar von ihren Ähnlichkeiten, die vor allem die Nutzung des Raumbildes betreffen, wie auch von ihren Unterschieden, der funktionalen Ausdifferenzierung zwischen den beiden Bildungstypen.

5. ZU VORGEHEN UND METHODE

5.1. BESCHREIBUNGSEBENEN

Die beiden gerade geschilderten Arten komplexer Verben wurden als Untersuchungsobjekt dieser Arbeit gewählt, weil an ihnen gezeigt werden kann, wie verbale Wortbildung dazu genutzt wird, Prädikate zu konstituieren, die räumliche Bestimmungen in unterschiedlicher Funktion mit in sich aufnehmen, und die so neue oder umgewichtete Szenen konstituieren. Dabei liegt der große untersuchungstechnische Vorteil dieser Bildungen darin, daß sie sich durch ihre kompositionelle Auflösbarkeit mit der expliziteren syntaktischen Weise der Konstitution von Raumbeziehungen in Verbindung bringen lassen. Denn die Raumpartikeln verweisen in regelmäßiger Weise auf Präpositionen bzw. entsprechende adverbiale Fügungen. Gleichzeitig stehen sie aber als mehr oder minder fest zusammengewachsene Prädikate im Paradigma weiterer solcher Bildungen. Jedes solche Verb ist also eingebunden in seine systematischen syntagmatischen und paradigmatischen Beziehungen. Die Wahl der zwei Bildungstypen mit den so ähnlichen aber ungleichen Partikeln erlaubt es zudem, der Funktion verbaler Wortbildung noch etwas genauer nachzugehen. Auch hierbei spielt die Frage eine wesentliche Rolle, inwieweit die verschiedenen Typen unterschiedlich direkt durch das zugrundeliegende Raumsystem motiviert sind. Nicht alle behandelten Verben haben den gleichen abstraktiven und das heißt wohl in der Regel auch historischen Abstand zu der hier angenommenen Grundlegung in der von den Dialogteilnehmern her organisierten Räumlichkeit. Insofern dadurch gewisse Abhängigkeiten zwischen verschiedenen Verwendungen konstatiert werden können, fällt ein Strahl diachroner Erkenntnis auf das synchrone Puzzle (vgl. Eichinger (1982, S.61-64); auch Bayer (1975)). Man kann die historischen Bedingungen für die Norm des Gebrauchs dieser Wörter nicht vernachlässigen, will man das System nicht schief beschreiben (s. auch Eichinger (1984a)):

> Ich weiß jetzt nur etwa wie die Menschen dieses Wort gebrauchen. Aber das könnte auch ein Spiel sein, oder Formen des Anstands. Ich weiß nicht, warum sie so handeln, wie die *Sprache* in ihr Leben eingreift. Ist denn die Bedeutung wirklich nur der Gebrauch des Worts? Ist sie nicht die Art, wie dieser Gebrauch in das Leben eingreift? Aber ist dann sein Gebrauch nicht Teil unseres Lebens.

Idealerweise sollten also in der Beschreibung der Bedingungen des Gebrauchs die Bedingungen seiner Entstehung deutlich werden. Für die sprachwissenschaftliche Untersuchung in dieser Arbeit sollen diese Überlegungen zur Folge haben, daß der Gebrauch von möglichst vielen Aspekten einer linguistischen Untersuchung her überprüft werden soll. Dabei sind außer Fragen der Wortbildungslehre im engeren Sinne berührt Fragen der Verbsemantik, einer Präpositional- und Adverbialsemantik, der semantisch-kategorialen und syntaktischen Valenzanalyse, der Morphologie und bestimmter Bereiche der Textlinguistik.

5.2. TERMINOLOGISCHE FESTLEGUNGEN

Terminologisch will ich mich an die bei Eroms (1982, S.33) und Hinderling (1982, S.91) gemachten Vorschläge halten und von folgenden drei Gruppen sprechen:

1. Präfixverben
2. Partikelverben
3. Doppelpartikelverben

Dabei verstehen wir unter Präfixverben alle mit untrennbaren Partikeln - "eigentliche" Präfixe liegen ja nicht in unserem Untersuchungsbereich -, unter Partikelverben die mit trennbaren Einfachpartikeln und unter Doppelpartikelverben die mit *her-*, *hin-* bzw. *dr-* sowie der Dimensionsbezeichnung gebildeten Verben. Verben, die sowohl trennbar als auch nicht trennbar vorkommen, finden sich in unserem Objektbereich nur am Rande, so daß für sie - die Marchandschen Präpartikelverben - kein eigener Terminus eingeführt werden soll, da ja zudem die Zusammenfassung dieser jeweils zwei Verben nicht unproblematisch erscheint.

Wenn es auf eine Unterscheidung im einzelnen nicht ankommt, sprechen wir auch generell von Partikelverben.

Mit der Wortbildungsanalyse kann sich zudem unsere Untersuchung nicht erschöpfen, vielmehr ist sie zusätzlich in Beziehung zu setzen zu den Ergebnissen der Einschätzung der dimensionalen und sonst lokalen Strukturierung durch den Sprecher. Solche Gedanken sind etwa geeignet, die Frage zu beantworten, warum bei den Bezeichnungen für die Dimension HINTEN/VORNE die doch bisher immer als regelmäßig bezeichneten Bildungen mit Doppelpartikeln z.T. nicht existent sind und z.T. eine unerwartete Rolle spielen, wobei sich die Qualifizierung als unerwartet auf das Verhältnis von Bedeutung und konstitutioneller Struktur bezieht. Solche Gegebenheiten scheinen nahezulegen, daß wir es bei dem System der konstitutionellen Differenzierung mit einem sekundären System zu tun haben, das vom primären System der menschlichen Raumstrukturierung und Raumbewertung abhängig ist.

5.3. ZUM MATERIAL

An dieser Stelle soll auch noch etwas zur Art des untersuchten Materials gesagt werden. Die Verben und auch die Belege für diese Verben wurden im Regelfall dem Duden-Wörterbuch und dem Brockhaus-Wahrig entnommen, in Einzelfällen wurden auch Belege aus Klappenbach/Steinitz benutzt. Mater (1968) diente zur Vervollständigung des Materials, seine Verben wurden aber nur in unproblematischen Fällen zur Deutung herangezogen. Der Bezug auf das Wörterbuchmaterial erschien mir aus dem Grund für diese Arbeit als geeignet, weil es auch um Üblichkeitsurteile bezüglich Vorkommen, Häufigkeit und Idiomatisierungsart geht, für die die Aufnahme und Beschreibung in den großen Wörterbüchern immerhin gewisse intersubjektivierbare Hinweise liefern. An verschiedenen Stellen wird auch auf die Kompetenz des Autors - ggf. gestützt durch Befragung von Gewährsleuten - rekurriert; an vielen dieser Stellen erschien mir dieser Bezug unproblematisch, die problematischen Fälle sind als solche sicherlich kenntlich und damit diskutierbar. Es scheint mir aber, daß in einem gewissen Umfang Kompetenzurteile zur Bewertung von Belegen auf jeden Fall unvermeidlich sind, wie auch immer das Material zusammengesetzt ist.

Letztlich werden an vielen Stellen der Arbeit Belege aus einer Anzahl vor allem literarischer Texte beigebracht. Diese Belege haben zwei Funktionen: zum einen sollen sie die Wörterbuchangaben belegen, zum anderen aber auch darüber hinausgehende Verwendungen aufzeigen.

6. HINWEISE ZUR FORSCHUNGSLAGE

Linguistische Arbeiten, die sich unter speziellem Bezug auf objektsprachliche Bereiche mit der Frage der Kodierung des Raums und der davon abhängigen zeitlichen Verhältnisse beziehen, sind nicht zu häufig. Allerdings scheint sich die Art der hier gewählten Fragestellung, die ja eine nach der (möglicherweise universalen) Fundierung semantischer Kategorien ist, neuerdings eines größeren Interesses zu erfreuen. Ein Zeichen dafür scheint mir zu sein, daß sich Wunderlich in mehreren Arbeiten (1981; 1982; 1983; 1984) mit solchen Fragen beschäftigt, allerdings mehr mit dem Interesse der Integration der Ergebnisse in ein bestehendes Beschreibungsmodell als mit dem einer ins einzelne gehenden Beschreibung der entsprechenden Verhältnisse im Deutschen. Auch in diesen Zusammenhang gehört die Beschäftigung mit Fragen der Deixis insgesamt: als ein Beispiel dafür sei der Sammelband von Jarvella und Klein (1982) genannt.

In genereller Weise, und somit in den Grundlagen durchaus vergleichbar mit Ansätzen dieser Arbeit, behandelt auch Lyons in seinem Überblickswerk über die Semantik (1977) die Gegebenheiten lokaler und temporaler Deixis (S. 636-718) und zeigt sich insgesamt freundlich gegenüber neueren lokalistischen Ansätzen (S. 718-724).

Einen weitausgreifenden Ansatz verfolgt auch J.Dervillez-Bastuji (1982) in ihrer Arbeit "Structures des relations spatiales dans quelques langues naturelles. Introduction à une theorie semantique". Über eine Begründung von Oberflächen-/Tiefenstrukturbeziehungen, eine Semanalyse nach der Art von Greimas, die Diskussion des Werts der Thema-Rhema-Analyse und eine Behandlung der Bedeutung kontrastiven Vorgehens kommt sie letztlich im dritten Teil der Arbeit (S.193-410) zu dem in unserem Zusammenhang interessanten Thema "Langues Naturelles et Rélations Spatiales: Le Génerisable et le Spécifique". In der Diskussion über die Voraussetzungen räumlicher Strukturierung kommt sie zu einer Schlußfolgerung, die auch zu der in dieser Arbeit geführten Diskussion paßt.

> Mais l'essentiel est d'avoir compris que toutes les propriétés spatiales attribuées aux choses, leurs dimensions, leurs positions et leurs mouvements, procédent d'une expérience du monde dont les hommes sont les sujets et les acteurs. L'espace concerne la physique et la géométrie, mais aussi l'anthropologie et même la linguistique. (S. 195).

Unter Bezug auf v.a. französische Untersuchungen zum Erstspracherwerb wird der Aufbau des "espace postural" (S. 204ff.) nachgezeichnet, der weithin der von uns angenommenen natürlichen Dimensionsstruktur entspricht.

Der Zusammenhang dieser Feststellungen mit der späteren praktischen Analyse ist allerdings nicht ganz klar. Mit dem Vergleich von früherem Auftreten in der Erwerbsfolge beim Erstspracherwerb und größerer Unmarkiertheit trifft sie sich mit der Argumentation von Mayerthaler (1982, S.25ff.). In diesem Zusammenhang ist es überraschend, daß Bühlers Arbeiten überhaupt nicht erwähnt werden, ebensowenig die der amerikanischen Psycholinguistik. Zu diesem Umfeld sei auf die Diskussion der Erwerbsreihenfolge lokaler Partikeln in Paprotté (1979) verwiesen. Die dann bei Dervillez-Bastuji behandelten Punkte der räumlichen - und in einigen Einzelpunkten auch der zeitlichen - Strukturierung sind mit unserer Darstellung im großen und ganzen kompatibel, das von uns behandelte Problem wird aber speziell nicht behandelt, interessant für unseren Zusammenhang ist allerdings die Charakteristik der einzelnen Relationen (S.338ff.), die zumeist auf Überlegungen von Benveniste zurückgeht.

Immer noch bedeutsam für die Kodierung zeitlicher Verhältnisse in dem von uns gewählten Rahmen ist die Arbeit von Heger (1963), der sich um eine angemessene praktische Umsetzung des Bühlerschen Systems bemüht. Damit sei auch angedeutet, daß wir Bühlers (1934, v.a.S.142ff.) Konzeption für den adäquaten Ausgangspunkt für Überlegungen des hier angestellten Typs halten.

Wenn wir uns auf Untersuchungen zu unserem engeren Objektbereich beziehen, so ist festzustellen, daß sich am ehesten die Arbeit von Henzen (1969) in Objektbereich - was die räumliche Seite angeht - und Intention mit den Zielen und Vorgaben unserer Arbeit trifft. Dort geht es u.a. auch um Bewegungsverben unseres Typs, über die Zustandsverben wird allerdings nichts ausgesagt, was aus der Einschränkung auf die "Richtung" verständlich ist. Andererseits sind Partikelverben aufgenommen, die wir nicht mehr als lokal verstehen wollen, wobei dieses Ausgreifen eben aus Henzens inhaltbezogenem Standpunkt entspringt: so behandelt er Verben wie *ausessen* (S.157) mit, die wir nicht mehr unter die von uns betrachtete räumliche Unterteilung rechnen könnten. In dem die Untersuchung Henzens solcherart ausweitenden inhaltbezogenen Standpunkt liegt auch der Unterschied zu unserer Arbeit, in einem gewissen Sinn aber auch so etwas wie Gemeinsamkeit. Was bei Henzen inhaltbezogen angegangen wurde, soll bei uns als eine Frage der handlungstheoretisch-pragmatischen Fundierung wiederkehren, ähnlich ist in gewissem Umfang das Ziel, die Darstellung grundlegender, inhaltlich wirksamer Strukturen und der Versuch, ein erklärendes Modell zu liefern.

Was eine Gesamtübersicht über die Partikelverben im heutigen Deutsch angeht, so ist man hauptsächlich auf Kühnhold (1973) verwiesen. Allerdings sind dort einerseits die Doppelpartikelverben nicht behandelt, andererseits bemerkt man bald, daß das dort gewählte Klassifikationsverfahren mit seinen syntaktisch fundierten Paraphrasenmustern zumindest zu grob ist. Beispiele dafür werden im Laufe der Arbeit gebracht werden. Eine Paralleluntersuchung dazu stellt die Darstellung zu den Wortbildungserscheinungen in gesprochener Sprache dar, die Gersbach und Graf (1985) vorgelegt haben. Über Kühnhold hinaus wird bei ihnen auch der Bereich unserer Doppelpartikelverben behandelt, allerdings als verbale Komposition. Eine semantisch orientierte Übersicht über die Präfix- und Partikelverbbildung bietet letztlich die Arbeit von Mungan (1986). In ihr findet man die bisherigen Klassifikationsbemühungen übersichtlich zusammengestellt, die Kriterien, nach denen die Merkmale für die eigene semantische Untergliederung ausgewählt wurden, werden allerdings nicht klargestellt.

Überhaupt läßt sich als Hauptkritikpunkt an diesen drei Übersichtsarbeiten festhalten, daß in relativ simpler Übertragung von vor allem im Nominalbereich entwickelten Beschreibungsverfahren der Eigenheit verbalen Wortbildung nicht hinreichend Rechnung getragen wird. Bei Kühnhold und Gersbach/Graf wird die Bedeutung der verschiedenen verwendeten Beschreibungsebenen (Morphologie, Syntax, Semantik) und ihr gegenseitiges Verhältnis nicht reflektiert, Mungan klassifiziert zwar durchgehend semantisch, geht aber bei der Zuordnung von Merkmalen nur intuitiv vor. Allen drei Arbeiten ist des weiteren gemeinsam, daß die verbale Wortbildung nicht im Zusammenhang aller verwendeten Bildungsmittel beschrieben wird, sondern daß die einzelnen Bildungsmittel relativ unverbunden nebeneinanderstehen. Auch die eigentlich zu diesem Zweck vorhandenen funktionalen Teile bei Gersbach/Graf lassen keine systematische Korrelation zwischen den in funktionalen Gruppen zusammengefassten formalen Mitteln zu. Gefordert ist aber eine Analyse, die Form und Funktion gleichermaßen ernstnimmt und zudem den speziellen Bedingungen verbaler Wortbildung Rechnung trägt. Da aber in den genannten Arbeiten die Funktion der verbalen Wortbildung nicht hinreichend bedacht wird, hat die Beschreibung einen Grad an Komplexität, der sich aus der mangelnden Klärung des gegenseitigen Verhältnisses der verschiedenen Beschreibungsebenen herleiten läßt. Um nur in Stichworten anzudeuten, worum es dabei gehen könnte: verbale Wortbildung kann man als ein Mittel zur systematischen syntaktisch-semantischen Umorganisation betrachten. Die trennbaren Partikelverben sind in diesem Sinn der typische Fall verbaler Wortbildung, sie repräsentieren Umorganisationsprozesse auf der Basis der klassischen adverbalen Kategorien. Wenn man diese Ebene von semantischen Rahmenstrukturen und ihrer grammatischen Darstellung als oberste Unterteilungsebene wählt, kommt man zu einer deutlich übersichtlicheren, zudem mit Natürlichkeitsprinzipien verträglichen Darstellung. Im Ausbau der so zu ermittelnden Grundrelationen zeigen sich dann die Idiomatisierungsunterschiede. So scheint es, als könnte man z.B. bei den Partikelverben mit *auf-* und *ab-* von mindestens drei Grundbedeutungsgruppen ausgehen, in denen Kühnholds Untergruppen in einem systematischen Zusammenhang aufgehen könnten. Es handelt sich dabei um zwei lokale Varianten, nämlich einerseits eine dimensionale und andrerseits eine topologische, sowie eine aspektuelle Variante, die in unterschiedlicher Weise ausdifferenziert und nach Idiomatisierungsgrad gestuft sein kann. Bei *ab-* scheint damit auch die Menge von Grundgruppen bereits abgeschlossen zu sein, bei *auf-* tritt eine weitere, möglicherweise noch als lokal zu verstehende Gruppe, nämlich der Typ *aufmachen* mit *auf-* = 'offen' dazu. Erst innerhalb dieser Gruppen sind dann vor allem modale, objektsbezogene und zum Teil instrumentale Varianten zu unterscheiden, auf dieser und weiteren Ebenen haben dann auch etwa die Wortart der Basis (nur sie macht z.B. einen Unterschied zwischen *auf-*[8] und *auf-*[9] bei Kühnhold (1973, S.146)) und ähnliche Informationen eine systematische Rolle. Zudem sind bei einer solchen Behandlung, die die gesamte Strukturierungsleistung der Partikelverben im Auge behält, auch die Beziehungen zu Bildungen mit anderen Partikeln in die Beschreibung einzubeziehen. So ist es mehr als irreführend, wenn bei Kühnhold (1973, S.144/45) die topologische Variante von *ab-* mit "Entfernen" umschrieben wird, dagegen bei *auf-* mit "Zustandekommen bzw. Herstellung eines Kontaktes." Diese Tatbestände nehmen sich bei den anderen Partikeln entsprechend aus; daher sei hier nur noch skizzenhaft am Beispiel von *auf-* und *ab-* gezeigt, wie sich das Kühnholdsche System in einer solchen natürlichen Umorientierung ausnähme.

VERBEN MIT *AUF-* UND *AB-*		
DIMENSION	auf-[1] *aufsteigen* 'Aufwärtsbewegung'	ab-[3] *absteigen* 'Abwärtsbewegung'
TOPOLOGIE	auf-[2] *auflegen* 'Aufnahme von Kontakt' *sich aufstützen*	ab-[1] *abreisen* 'Aufgabe von Kontakt' ab-[5] *sich abstützen*
SONST.LOC.	auf-[3] *aufschließen* 'offen'	
ASPEKT		
Beginn	auf-[5] *aufblühen* ['nach oben; < '] auf-[8] *aufwachen*	ab-[4] *abflauen* ['nach unten; > ']
Abschluß	auf-[5] *aufessen, auffangen* ['+Kontakt']	ab-[5] *abfangen* ['-Kontakt']

	auf-[6] *auftauen* ['+Kontakt']	ab-[2] *abpolstern* ['-Kontakt; ganz']
	auf-[7], auf-[9] *aufbügeln, aufforsten* ['nach oben; positiv'] auf-[1] *aufquellen* ['nach oben; ganz']	ab-[2] *abnutzen* ['nach unten; negativ']

Diese grobe Übersicht zeigt, wie eine funktionale Einbettung, die die räumliche Orientierungsfunktion der Partikeln und die aspektuelle Orientierung der Partikelbildungen ernstnimmt, es erlaubt, auf eine einfache Weise die Ausbreitung und auch die lexikalische Einbettung dieses Bildungsmusters darzustellen. Dabei spielt übrigens keine Rolle, daß die Numerierung der Kühnholdschen und Graf/ Gersbachschen Untergruppen eine Häufigkeitsauflistung ist: die Art der Gruppenbildung ist von einer funktonalen Deutung her nicht nachvollziehbar. Wichtig erscheint mir, daß man auch die Art der aspektuellen Differenzierung mit den Merkmalen beschreiben kann, die von der räumlichen Gliederung abgeleitet sind. Das gilt von den beiden Arten der räumlichen Interpretation, von der positiven und negativen Bewertung, vom "gesamthaften" ['ganz'] Zugriff. Einzelnes wäre hier sicher diskussionswürdig: so muß man den Typ *aufessen* etwa wie 'bis auf den Grund essen' verstehen, um ihn problemlos so einzuordnen. Dabei sollte allerdings die Künstlichkeit der Paraphrase bei der ohnehin immer angenommenen Funktionalisierung im Rahmen des Partikelverbs nicht zu schwer wiegen. Da aber gerade die aspektuellen Varianten, die das betrifft, nicht im Untersuchungsbereich dieser Arbeit liegen, sei an dieser Stelle nicht weiter darauf eingegangen. Gezeigt werden sollte nur, daß Klassifikationen wie die von Kühnhold oder Gersbach und Graf nicht an der funktionalen Leistung der verbalen Wortbildung orientiert sind. Das führt sogar zu einer unnötig komplizierten Untergliederung. Wenn so die Unterteilung dem Objekt nicht in jedem Fall angemessen erscheint, hat das leider auch negative Folgen für die Bedeutung der statistischen Angaben in diesen Werken. Gersbach und Graf behandeln, wie bereits bemerkt, im Rahmen der verbalen Komposition - wie auch die Duden-Grammatik (1984, S.414/15) - auch die bei uns als Doppelpartikelverben bezeichneten Bildungen. Das scheint zumindest eine deutlich anderes Verständnis des Begriffs Komposition zu verlangen, als sie im nominalen Bereich üblich ist. Dem sollte man vielleicht doch auch terminologisch Rechnung tragen. Der Hauptgrund dafür scheint mir zu sein, daß durch eine Klassifikation als Komposition der Zusammenhang zu den anderen Typen verbaler Wortbildung, in Sonderheit zu den Partikelverben abgeschnitten wird. Dabei geht es bei beiden Typen um die gleichen Arten adverbaler Relationen; zudem sind diese beiden zentralen Möglichkeiten verbaler Wortbildung durch ihre Trennbarkeit in der Satzklammer gekennzeichnet. Dabei ist der "informationshaltigere" Teil der Satzklammer typischerweise von der Partikel besetzt, die somit den Prädikatstyp kennzeichnet. Der erste Klammerteil modifiziert diesen Typus: nur so sind Bildungen vom Typus *hinaufgabeln, hinaufleeren, hinausvespern* usw. (Gersbach/Graf (1985, S.496ff.)) denkbar.

Mit ähnlichen Mängeln ist auch Güler Müngans Versuch behaftet, eine durchgebhend semantische Klassifikation für die Präfix- und Partikelverben vorzulegen. Abgesehen von der gerade beim Verb mehr als sonst noch problematischen Ausblendung der Syntax, gibt auch die Auswahl und Verteilung der der Klassifikation begründenden Merkmale Anlaß zu Kritik. Das sei ebenfalls kurz anhand von *auf-* illustriert. Sie unterscheidet bei *auf-* (S.94ff.) sechs Subkategorien, die sicherlich nicht auf derselben Ebene liegen. Während die erste und die sechste Gruppe die dimensionale und die topologische Variante repräsentieren, wird z.B. die Gruppe 2 z.B. durch das Merkmal 'Dynamik' konstituiert. Sie ist auf keinen Fall disjunkt von der Gruppe 1 ('nach oben'), bildet allenfalls eine Untergruppe dazu. Es überrascht, daß das nicht wahrgenommen wird, wo im Vorspann der Gruppenauflistung, allerdings syntaktisch camoufliert, die grundlegende Unterscheidung angesprochen ist: "Bei den ersten 5 der 6 [...] Obergruppen überwiegt die adverbiale Funktion der Partikel *auf-*, nur bei der letzten Gruppe wird die präpositionale Bedeutung aktiviert." (S.94). Daß hierbei auch die Gruppe 5 mit der Bedeutung 'offen' bruchlos subsumiert wird, ist allerdings nicht unproblematisch. Erkennbar sind es davon abgesehen großenteils aspektuelle Merkmale, die die Gruppen außer 1, vielleicht 5, und 6 kennzeichnen. Ohne damit die Verdienste von Müngans Analyse im einzelnen schmälern zu wollen, ist ihre Art der Klassifikation für eine Gesamtdarstellung dieses Teils der verbalen Wortbildung nicht vielseitig genug.

Abschließend seien noch einige Arbeiten kleineren Umfangs und sachlich beschränkterer Zielsetzung angesprochen. Von den Beiträgen in Eichinger (Hg.)(1982) sind neben meinem eigenen Aufsatz, der eine Vorstudie zu dieser Arbeit darstellt, die Aufsätze von Eroms, Hinderling und Zintl von Bedeutung. Dabei ist der Aufsatz von Hinderling einschlägig für die Frage nach Status und Klassifikation der Doppelpartikelverben, der von Eroms für die syntaktische und semantische Einordnung der Partikelverben, wobei die Frage der Trennbarkeit mit ihren Folgen eine wichtige Rolle spielt, und der Beitrag von Zintl für die Übergänge zwischen Syntax und Wortbildung im Bereich der Doppelpartikelverben. Erwähnenswert wäre vielleicht auch noch der Aufsatz von A.Leden, der die Besonderheiten des deutschen Partikelverbsystems im Hinblick auf die Lernschwierigkeiten skandinavischer Deutschlerner analysiert.

Größere Arbeiten zu den Doppelpartikelverben scheinen nicht vorzuliegen: die Arbeit von Reining (1916) - nach deren Terminus "double prefix" (S.9) Hinderling (1982, S.81 Anm.2) den auch hier verwendeten Begriff Doppelpartikelverb bildet -

ist diachronisch ausgerichtet, und belegt eher Besonderheiten der Verwendung der verschiedenen Partikeltypen, statt daß sie sie beschreibt.

Auch zu den einzelnen behandelten (Einfach-)Partikelverben liegen nur z. T. größere Untersuchungen vor: so sind - um in der Reihenfolge unserer Untersuchung vorzugehen - die Verben mit *auf-* in recht ausführlicher Form in Kempcke (1966) behandelt, zu *ab-* gibt es keine größere Arbeit, die die Verhältnisse in der Gegenwartssprache schildert, allerdings für das Mittelhochdeutsche die methodisch ergiebige Arbeit von Wellander (1911). Verben mit *nieder-* und *unter-* behandelt - allerdings neben entsprechenden Bildungen in anderen Wortarten und entsprechend knapp - Abusamra (1971; 1973), solche mit *unter-* daneben auch Schanen (1977). Für die Partikeln der VOR/HINTER-Dimension sind keine einschlägigen Monographien zu vermelden, jedoch beschäftigt sich die kontrastiv angelegte Arbeit von Sprengel (1977) mit den Partikelverben, die die Richtung VOR und ihre adverbialen Modifikationen betreffen. *Aus-* ist in der Monographie von Hundsnurscher (1968) behandelt - der die Ergebnisse zusammenfassende Teil dieser Arbeit ist in Eichinger (Hg.)(1982) wiederabgedruckt -, für *ein-* fehlt eine entsprechende Behandlung. Die im zeitlichen Bereich genauer diskutierte Partikel *durch-* wird von Kjellman (1945) dargestellt, daneben in Eroms (1982); an Verwendungen dieser Partikel hat sich die für den Status der Partikel- und Doppelpartikelverben bedeutsame Diskussion zwischen Andresen/Bahr (1977), Engelen (1977), v. Polenz (1977; 1978), Šimečková (1978) und Trost (1979) entzündet. Daneben gibt es zu den *durch*-Verben noch einen längeren Aufsatz von Schanen (1979) sowie die Arbeit von Szabo (1983). Genereller mit dem Status von Präfix-, Partikel- und zum Teil auch Doppelpartikelverben beschäftigen sich die bekannten Arbeiten von Marchand (1971) und Fourquet (1972; 1974), auch die von Dittmer (1982), Saltveit (1973) und Simeckova (1974). Zum Teil solche allgemeineren Fragen, aber verbunden mit einem kontrastiven Ansatz, beschäftigen Bangerter (1973), Bornschier (1971), Lerner (1973), Lipka (1971), Nagy (1983), Simeckova (1982). Auf die Behandlung von Partikelverben in generativen Grammatiken beziehen sich Arai (1971), Kunsmann (1971), Lerot (1971) und Watanabe (1976). Trotz dieser doch nicht geringen Zahl neuerer einschlägiger Arbeiten muß man doch feststellen daß wichtige Teilbereiche der komplexen Verben des Deutschen, mit denen wir uns im folgenden beschäftigen wollen, noch nicht repräsentativ beschrieben sind. Für eine Diskussion der Beschreibung der Präpositionen, die sich an den verschiedensten Stellen mit unserem Thema berührt, sei auf Eroms (1981) verwiesen; auch die neueren Arbeiten von Desportes (1984) und Bouillon (1984) bringen für unser Thema nichts, was über die dort diskutierten Fragen hinausginge. Mit spezielleren Fragen als den bei uns behandelten beschäftigen sich Arbeiten wie Barz (1972) oder Herberg (1974), die eine lexikologisch orientierte Semanalyse der Lokaladverbien versuchen; sie werden daher in der weiteren Diskussion keine Rolle spielen.

II. RAUM UND ZEIT IN BEWEGUNGS- UND ZUSTANDSVERBEN IM HEUTIGEN DEUTSCH

1. AUFBAU

Im folgenden soll dargestellt werden, wie räumliche und zeitliche Verhältnisse in komplexen Verben des Deutschen ausgedrückt werden. Gleichzeitig soll dabei ein Modell zur Beschreibung solcher Verhältnisse vorgeschlagen und erprobt werden.

Das soll in drei Schritten geschehen:.

Im ersten Teil, den Punkten II.2. und II.3., sollen zunächst die in den Partikeln auftauchenden Arten lokaler Bedeutung einzeln und exemplarisch behandelt werden. Dabei geht es um die deiktischen ("Sprecherperspektive") sowie dimensionalen und relationalen Grundstrukturen. Anschließend wird genauer diskutiert, wie man sich die Integration dieser lokalen Relatoren in komplexe Verben vorstellen soll, welche Voraussetzungen die Kombinierbarkeit der Wortbildungselemente steuern, und welche Deutungsmodelle im weiteren dazu dienen sollen, diese Verhältnisse angemessen zu repräsentieren.

Im Anschluß an diese allgemeine Begründung für die sprachlichen Gegebenheiten im lokalen und temporalen Bereich soll zweitens der Einsatz der so gewonnenen sprachlichen Mittel in dem oben beschriebenen Teilbereich der verbalen Wortbildung untersucht werden. Bei der Behandlung der Verhältnisse des Deutschen bietet es sich hier besonders an, speziell auf die Bildungen einzugehen, deren Partikeln explizite Aussagen über die Stellung des Sprechers in Bezug auf den im Verb ausgedrückten Vorgang bzw. Zustand machen. Da diese Art der Strukturierung des Raums das Deutsche im Rahmen seiner Nachbarsprachen auszeichnet, ist darauf zu achten, was dieses "zusätzliche System in der Kommunikation" leistet (vgl.z.B. Eichinger (Hg.)(1982); Fillmore (1972); Vernay (1974)). Nach der Darstellung der in entsprechenden verbalen Wortbildungen ausgedrückten lokalen Relationen soll drittens versucht werden, die Ausdrucksweisen für temporale Beziehungen und Abläufe auf dem Hintergrund der Darstellung der räumlichen Verhältnisse zu interpretieren. Die räumliche Modifikation ist nicht nur perzeptiv und auch sprachlich direkter erfaßbar als die Zeit, die temporalen Relationen werden auch weithin nach Analogie passender räumlicher Verhältnisse interpretiert. Es wird darzustellen sein, was eine räumliche Struktur "passend" für eine temporale Interpretation macht, und welche Möglichkeiten hier in der verbalen Wortbildung des Deutschen realisiert sind.

2. LOKALPARTIKELN IN DER VERBALEN WORTBILDUNG DES DEUTSCHEN

Das System der lokalen Partikeln im Deutschen ist gekennzeichnet durch die Existenz von drei Typen von Partikeln. Die erste Gruppe sind die reinen Deiktika, die sich lediglich aus ihrem Bezug auf die jeweilige Position des Sprechers verstehen lassen (*hier-*, *da-*, *dort-*;, *her-*, *hin-*), die zweite die rein referentiellen Partikeln, die sich auf Raumdimensionen (*auf-*, *ab-*; *vor-*, *hinter-* usw.) oder topologische Relationen, die durch jeweils unterschiedliche Merkmale bestimmt sind (*aus-*, *ein-*, *über-*, *durch-* usw.) beziehen, und letztlich die dritte, die Partikeln umfaßt, die sich zumindest von der formalen Konstitution her als eine Kombination der ersten beiden Partikelgruppen darstellen (*heraus-*, *hinaus-* usw.). Sofern diese Partikeln in der einen oder anderen Weise selbständig auftreten, tun sie das in der Regel als adverbiale Konstruktionen oder als Elemente von adverbialen Konstruktionen; inhaltlich drücken sie Merkmalbedeutungen aus, die primär dazu dienen, bestimmte Handlungen und Vorgänge zu modifizieren. Vor allem bei der direktionalen Modifikation, die nach allgemeiner Ansicht am engsten an das Verb gebunden ist, besteht schon von daher ständig die Tendenz zur Verfestigung der Einheit Partikel + Verb, durch deren Eintreten das Ergebnis zum Gegenstand der Wortbildungslehre wird.[1]

Bevor wir nun an einer ausgewählten Anzahl von Dimensionen bzw. topologischen Relationen zeigen, wie die jeweiligen Partikeln dazu eingesetzt werden, die handlungs- und ereignisrelevanten räumlichen Verhältnisse darzustellen, sollen zunächst die einschlägigen Partikeln in ihrem Bezug zu Deixis und lokaler Referenz vorgestellt und diskutiert werden. Dabei soll vor allem klar werden, welche Folgen von den Partikeltypen her für die Bedeutung entsprechender verbaler Wortbildungen zu erwarten sind. Bei dem Kapitel über die deiktischen Partikeln werden, da uns diese Frage im weiteren nicht mehr beschäftigen wird, hier auch gleich kurz einige Anmerkungen zu den entsprechenden Partikelverben gemacht.

1 Die einschlägigen Stellungnahmen in den historischen Grammatiken und anderen älteren Arbeiten sind in Hundsnurscher (1968, S.1-7) kritisch gesichtet. Hundsnurscher kritisiert, daß die Partikelverben als Übergangstypen angesehen würden und stellt fest: "Offensichtlich hat sich die Sprache auf der "unfesten" Stufe fest eingerichtet und macht keine Anstalten, die "unfesten Zusammensetzungen" in "feste" umzuschmelzen." (S.7)[das ist letztlich auch das Ergebnis von Šimečková 1984]; unsere Doppelpartikelverben werden bei Hundsnurscher (1968, S.40) unter der unanalysierten Gruppe der Zusatzverben aufgeführt.

2.1. DEIKTISCHE PARTIKELN

Die rein deiktischen Lokalpartikeln sind nur im Hinblick auf die Sprecherperspektive zu verstehen. Es handelt sich dabei im statischen Bereich um die Partikeln *hier*, *da* und *dort*, im direktionalen Fall um *her*– und *hin*–.[2] Für uns stellt sich die Frage, wie der deiktische Charakter dieser Partikeln sich mit einer im Rahmen von Wortbildungen notwendigen Verallgemeinerung vereinbaren läßt.

2.1.1. Statische Partikeln

Zunächst zur Bedeutung der Partikeln. *Hier*, *da* und *dort* sind gemeinsam von ihrer Sprecherzentrierung her zu definieren. Informell könnte man *hier* und *da* gemeinsam durch Sprechernähe, *dort* durch Sprecherferne charakterisieren. Bei einer genaueren Betrachtung zeigen sich aber v. a. zwischen den zunächst ähnlichen *hier* und *da* bemerkenswerte Unterschiede. Der mit *hier* eingegrenzte Bereich kann, wenn er auch in jedem Fall die reale oder gedachte Umgebung des Sprechers bildet,[3] von unterschiedlichem Umfang sein und damit den mit *da* zu bezeichnenden Raum umfassen oder auch nicht (s.Modell 3 in Moilanen (1979b, S.194)). Sofern *hier* und *da* verschiedene Räume bezeichnen, ist *da* als ein allgemeineres Mittel einer generellen Nahdeixis verwendet; darauf deuten auch andere Verwendungen von *da*, etwa der existentiell lokalisierende Typ: *Es gibt da ein gutes Beispiel*.... *Hier* ist aber auf jeden Fall, wo der Sprecher – real oder vorgestellt – sich befindet. Auch Randfälle wie *Hier ist der neue Stefan Heym*,[4] wo zumindest ein Berührenkönnen des vorgestellten Objekts impliziert ist, sind so zu erklären. Allerdings kommt es hier an den Rändern zu Zusammenfällen: *Da ist der neue Stefan Heym*, bei denen der Unterschied im Einzelfall nicht mehr sehr deutlich sein mag. Den Gegensatz zu *hier* bildet aber eindeutig *dort*, das auf jeden Fall da ist, wo das Ich des Sprechers nicht ist.[5] Auch von diesem Gegenpol her zeigt sich die eigentümliche Zwischenstellung von *da*, das sprecherperspektivisch weniger strikt eingebunden ist. Daß *da* im Vergleich zu *dort* zur Nahdeixis gehört, zeigt auch die unterschiedlich scharfe Fokussierung, die durch die beiden Partikeln zu erreichen ist.[6] Ohne die Unter-

---

2 Soweit Probleme der Adverbialsematik betroffen sind, geht es hier um die bei Bartsch (1972. S.137–139) besprochenen "sogenannten "reinen" lokalen Adverbien", wobei die von uns im Moment angesprochene Gruppe u. a. in Fall 2 auf S. 138 exemplifiziert wird.

3 Dazu würde ich noch den von Wunderlich (1982, S.41) zitierten Randfall einer "Region, auf die gezeigt, in der berührt oder etwas präsentiert wird".nehmen.

4 Wunderlich (1982, S.41); das wäre eine Art pragmatischer Erklärung für das Phänomen, das Bühler (1934, S.129ff.) das Körpertastbild nennt.

5 Von anaphorischen Verwendungen wird hier nicht gesprochen.

6 Vgl. Moilanen (1979 b, S.195): "Während das Dem.-Adverb *da* als Werkzeug der <u>mono-zentrischen</u> Orientierung den Empfänger <u>zielgerichtet</u> orientiert, tut das

schiede im einzelnen weiter zu vertiefen, kann *hier* mit dem Standpunkt des Sprechers identifiziert werden, *dort* auf jeden Fall mit einem Raum, der nicht der Standpunkt des Sprechers ist, und *da*, obwohl jedenfalls dem Nahbereich des Sprechers zugehörig, spielt eine Zwischenrolle.

Welche Konsequenzen hat das, wenn diese Partikeln in verbale Wortbildungen eintreten? Wir gehen durchgehend davon aus, daß verbale Wortbildungen von entsprechenden syntaktischen Fügungen durch eine verallgemeinernde Bedeutungsverschiebung unterschieden sind. So ist es bei der großen praktischen Bedeutung der selbständigen lokalen Verwendung dieser Partikeln, die durch Situationsgebundenheit aufgrund der Deixis gekennzeichnet ist, nicht besonders überraschend, daß Wortbildungen dieses Typs eher selten sind. Die Wörterbücher belegen auf jeden Fall nicht mehr als die folgenden Bildungen:

(1)
(1.1.) *dabehalten, dableiben, dalassen, dasein*
(1.2.) *hierbehalten, hierbleiben, hierlassen, hiersein*
(1.3.) *dortbehalten, dortbleiben*, (*dortlassen*), (*dortsein*)

Ganz offenbar geht hier der bedeutungsmäßige Schnitt zwischen den Bildungen mit *hier* und *da*, die sich auf den Bereich beim Sprecher beziehen, und denen mit *dort*, die einen Raum meinen, in dem der Sprecher nicht ist. Wie unterscheiden sich aber die Bildungen mit *hier* und *da* voneinander, und, allgemeiner, warum und wie sind gerade diese komplexen Verben entstanden? Im Hinblick auf diesen zweiten Punkt fällt auf, daß es sich um recht allgemeine Verben der Befindlichkeit (*bleiben, sein*) bzw. entsprechende Bezeichnungen für Handlungen, die solche Zustände hervorrufen (*lassen, behalten*), handelt. Wie von hier aus ein Weg zu den Eigenheiten der entsprechenden Wortbildungen im Unterschied zu syntaktischen Fügungen führt, kann am besten ausgehend von dem, wie wir sehen werden, auch im Rahmen dieser Bildungen auffallenden Beispiel *da-/hier-/dortbehalten* erklärt werden. Auffällig sind schon das syntaktische Verhalten und die Verteilung der Bedeutungsvarianten des Simplex *behalten*. Engel/Schumacher (1978, S.139) geben für dieses Verb zwei Varianten an. Diejenige, die mit dem Inhalt der genannten komplexen Verben mit *behalten* als Basis verträglich ist, fordert keine Situativergänzung (E5).[7] Eine solche lokale Situativergänzung wäre aber syntaktisch gesehen die einfachste Möglichkeit, eine lokale Bestimmung in den Prädikatsbereich zu integrieren. Bei den sonst noch in (1) genannten Verben kommen jeweils auch Varianten der Basisver-

---

Dem.-Adverb *dort* als Orientierungsmittel der poly-zentrischen Orientierung dies mehr gegendhaft."

7 Deren zweite mit der Wertigkeit 01 (*Die Firma* (E0) *behält den Angestellten* (E1)) kann zwar inhaltlich mit der Bedeutung der obigen komplexen Verben in Beziehung gebracht werden, erfordert jedoch keine Situativergänzung (E5). Die andere angegebene Variante hat zwar eine solche Leerstelle, ist aber von der Bedeutung her nicht einschlägig (*Er* (E0) *behält den Urlaub* (E1) *in guter Erinnerung* (E5).

ben mit lokaler Ergänzung und einschlägiger Bedeutung vor.[8] Auch Gerling/Orthen (1979, S.152) geben in ihrer semantischen Merkmalanalyse von *bleiben* ein Merkmaltripel /+ZSD/, /+BEZ/, /+ORT/ an, wobei betont wird, daß "Ort (...) unmittelbar involviert" (ebendort) ist.[9] Auch die Beleglage im Duden-WB bestätigt den Unterschied: ist für *bleiben* (S.402/403), *lassen* (S.1634) und *sein* (S.2368/2369) die lokale Bedeutung entweder überhaupt dominierend oder zumindest eine auch vom Verwendungsumfang her wichtige Bedeutungsgruppe, so wird für *behalten* (S.327/328) die vorhandene lokale Bedeutung als eine Art Untergruppe der entsprechenden Bedeutung von *lassen* beschrieben. Die gegebenen Belege zeigen zudem, daß diese Verwendung fast von so etwas wie lexikalischen Solidaritäten getragen ist: *den Hut auf dem Kopf, den Schirm in der Hand b.* Sehr deutlich ist hier der Bezug zu der als erster im Duden-Eintrag genannten "abstrakten" Bedeutung "nicht hergeben wollen", wo der lokale Aspekt stark zurücktritt. Zur Bestätigung dieser Deutung sei auch einerseits auf Engelens (1975, S.45) Eintrag zu *behalten* verwiesen, andrerseits auf die nahe Verwandtschaft der restlokalen Verwendung von *behalten* zu Formen, die Engelen (1975, S.190/191) folgendermaßen beschreibt. Und zwar geht es dabei um den Satzbauplan von "Verben mit statischem Adverbiale und Akkusativobjekt", wobei die "lokale Größe [...] hier nicht konstitutives Satzglied, sondern Pertinenzgröße" ist: nahe an den lokalen Verwendungen von *behalten* steht insbesondere die erste Subgruppe dieses Satzbauplans:

> Das Subjekt ist belebt (GERN). Lokalgröße und Akkusativobjekt stehen nicht in einem Teil-Ganzes-Verhältnis zueinander. Beispiele: *Er hatte noch einen Koffer in Berlin. Er hatte nur noch hundert Mark in der Tasche.* (a.a.O.S.191)

Wenn also bei *behalten* lokale Ergänzungen vorliegen, so haben sie immer diesen Pertinenz- oder in anderen Fällen eine Art konkomitativen Charakter (*Wir haben die Flüchtlinge über Nacht in unserem Haus behalten* (Duden-WB S.328).). Gerade diese Bedeutungsnuancen scheinen es zu sein, die die notwendige inhaltliche Bindung für ein Selbständigwerden entsprechender Wortbildungen liefern können: sie liefern den Anstoß zu einer bestimmten Idiomatisierungsrichtung. Das läßt sich aus den Beschreibungen, die das Duden-WB dazu liefert, ablesen:

(1.1.1)	
dabehalten:	"hier-, dort-, bei sich behalten": *im Krankenhaus hat man ihn gleich dabehalten: nur daß Tante Elke eben geglaubt hatte, die Trauernden nicht noch zum Mittagessen dabehalten zu müssen.*
dableiben:	"an einem Ort bleiben, nicht fortgehen": *noch eine Weile d.*

8 *Bleiben* 05 *Er blieb im Bett. lassen* 015 *Er läßt die Bücher im Schrank. sein* 05 *In der Bibliothek sind viele Bücher.*

9 *Lassen* fällt nicht in den Untersuchungsbereich der Arbeit von Gerling/Orthen, zu *sein* ist keine einschlägige Variante angegeben. Bei Helbig/Schenkel ist nur *lassen* (S.264) verzeichnet.

dalassen:	"an einer bestimmten Stelle, einem Ort lassen, zurücklassen; nicht mit sich nehmen": *kann sie das Kind, ihr Gepäck (bis zum Abend) d.; es fiel ihm ein, daß er ja eine Zigarette d. könnte für den Mann; er hat keine Nachricht dagelassen; Willst du mir deinen Fang für fünfhundert d.*
dasein:	"anwesend, zugegen sein": *es ist niemand da; ich bin gleich wieder da.*
(1.2.1)	
hierbehalten:	"an diesem Ort (dem Standort des Sprechers) behalten": *kann ich das Buch ein paar Tage h.? er hat sein Gepäck bereits aufgege- aufgegeben. nur einen kleinen Koffer hat er hierbehalten.*
hierbleiben:	"an der Stelle, an dem Ort bleiben, wo der Sprecher sich befin det": *willst du nicht noch ein paar Tage, etwas h.*
hierlassen:	"an der Stelle, an dem Ort lassen, wo der Sprecher sich befindet": *kann ich meinen Schirm h., bis ich wieder komme. "Haben sie uns keinen Wagen hiergelassen? Wie sollen wir denn weg?"*
hiersein:	"anwesend, vorhanden sein": *er ist gestern noch hiergewesen; wann soll der Zug h.*

(1.3.1)	
dortbehalten:	"vgl. dabehalten"
dortbleiben:	"vgl. dableiben"

(nach Duden-WB S.474ff, S.559, S.1227, bei *dort-* sind nur diese beiden Bildungen verzeichnet)

Anscheinend bildet *behalten* durch das jeweils implizierte "bei sich", das ich oben pertinent oder konkomitativ genannt habe, den deutlichsten Ansatzpunkt zur Idiomatisierung, wobei einerseits die lokale Komponente durch die Partikel verstärkt wird, andrerseits aber die Bedeutung der Partikel im Verband des komplexen Verbs entkonkretisiert wird, wobei natürlich die beliebige Beziehbarkeit der Deiktika von Vorteil ist. Besonders bei den Bildungen mit *hier-*, die alles in allem noch am regelmäßigsten zu funktionieren scheinen, zeigt sich die stärkere inhaltliche Spezialisierung von *hierbehalten* gegenüber den anderen Verben. Der Bezug auf die Sprecherperspektive ist deutlich zurückgenommen. Folgern kann man daraus, daß die Tendenz zur semantischen Verselbständigung des Partikelverbs als ganzen um so größer ist, je weniger situations- und textgebunden sich die Partikel verstehen läßt.

Was somit den Anteil der verbalen Basis angeht, ist die Abgrenzung zur syntaktischen Fügung in den anderen Fällen, wo die Partikel tatsächlich als die Integration einer pronominalen lokalen Ergänzung verstanden werden kann, wesentlich schwieriger. Der Idiomatisierungsgrad ist geringer. Auch das belegt die Erläuterung der Bildungen mit *hier-* im Wörterbuch: an dieser Stelle wird eindeutig auf die Situierung beim Sprecher Bezug genommen. Wo liegt aber nun der Unterschied?

(1.1.2.)	(1)	*Es lohnt sich nicht, hier zu bleiben.*
	(2)	*Es lohnt sich nicht, hierzubleiben.*
(1.2.1.)	(3)	*Es lohnt sich nicht, den Koffer hier zu lassen.*
	(4)	*Es lohnt sich nicht, den Koffer hierzulassen.*

Der Unterschied ist in beiden Fällen, daß im jeweils ersten Beispiel (1) bzw. (3) die Art des Orts, im zweiten Fall, (2) und (4), dagegen die Gesamthandlung rhematisiert ist. Der entsprechende Bedeutungsunterschied läßt sich auch in Nachfolgesätzen, die jeweils über das Thema des Vorgängersatzes etwas Weiteres aussagen, verdeutlichen. So dürfte zu (1.1.2.)(3) ein Nachfolgesatz des folgenden Typs möglich sein:

(1.1.2.)(5) *Wir lassen ihn lieber bei den Nachbarn nebenan.*

Ein solcher Satz bezieht sich in dem Sinn auf den Vorgängersatz, daß er nicht zu einem Gesamtprädikat "an einem Ort lassen" eine Alternative nennt, sondern lediglich für den Ort. Im Partikelverb wird hingegen der Ort der Äußerung im *hier-* integriert. Dem entspricht, daß in b e i d e n Fällen ein Nachfolgesatz folgender Art denkbar ist:

(1.1.2.)(6) *Wir liefern ihn besser direkt bei unseren Freunden ab.*

Die obigen Bedeutungsangaben und Belege für die verschiedenen Verben zeigen aber auch, daß für *hier-*, sachlich also die Bezeichnung für den Raum beim Sprecher, die Nähe von selbständigem syntaktischem Gebrauch und Gebrauch als Verbalpartikel am größten ist, und zwar offenbar bei allen betroffenen Verben. Selbst beim demotiviertesten Fall *hierbehalten* taucht ja, wenn auch in Klammern, noch ein Hinweis auf die Sprecherperspektive auf. Anders ist das bei den anderen Partikeln; dabei würde ich den etwas undurchsichtigen Angaben zu den Bildungen mit *dort-* mißtrauen, und eher annehmen, daß, wenn ein solches Verb auftaucht, es analog zu den *hier-* Beispielen verstanden wird. Es mag immerhin sein, daß ein entsprechender Fall nicht so häufig auftritt, so daß man sich nicht ganz klar ist, was diese Bildungen bedeuten. Wesentlicher ist allerdings der Befund, der sich auf *da-* bezieht.

(1.1.2.)(7) *Es lohnt sich nicht, den Koffer da zu lassen.*
(1.1.2.)(8) *Es lohnt sich nicht, den Koffer dazulassen.*

In den verbalen Wortbildungen ist die Verwendungsweise dieser Partikel gegenüber dem selbständigen Gebrauch deutlich verändert. Die Orte, die durch das Präverb *da-* bezeichnet werden, sind nicht mehr im Nahbereich des Sprechers, sondern die für die jeweilige Situation gehörigen Bereiche. Das ist den obigen Beispielen problemlos zu entnehmen, ebenso wie konstruierten Sätzen, in denen man versucht, Antonyme zu bilden:

(1.1.2.) (9) *Dazubleiben ist besser als wegzugehen.*
(10) *Er hat nicht Alles mitgenommen, sondern etwas dagelassen.*
(11) *Ob er morgen da ist oder fort ist...*

Es geht also in allen Fällen nicht so sehr um Alternativen im Ort, sondern um gegenläufige Handlungen bzw. gegensätzliche Arten von Zuständen – wobei dieser letztere Fall, der von *sein*, der am wenigsten deutliche ist. Auch unsere Textfortsetzungsproben kommen zum selben Ergebnis. Sowohl (1.1.2.)(7) als auch (1.1.2.)(8) lassen einen Nachfolgesatz vom Typ (1.1.2.)(6) zu, nur bei (1.1.2.)(8) ist er aber die einzige Möglichkeit, d. h. das Gegenteil zu *dalassen* ist *mitnehmen* und nicht *woanders lassen*. Als Beleg dafür oder zumindest als Hinweis darauf kann man nehmen, daß alle anderen Bedeutungsangaben in dem oben abgedruckten Wörterbucheintrag viel zu ungenau sind, nur diese letzte den Bezug zum Handeln des Subjekts - und zwar zum Handeln in dieser bestimmten Alternative - herstellt. Bestätigend für diese Auffassung ist auch der Eintrag für *dalassen* in der DUDEN-Rechtschreibung (1980. S.192):

> da/las/sen: er hat seinen Mantel dagelassen; a b e r: er soll seinen Mantel da (an der bestimmten Stelle) lassen.

Es wird dann auch noch auf die Rechtschreibregel 205 verwiesen, die lautet:.

> Verbindungen mit einem Verb als zweitem Glied schreibt man in der Regel dann zusammen, wenn durch die Verbindung ein neuer Begriff entsteht, den die bloße Nebeneinanderstellung nicht ausdrückt. (a.a.O.S.62)

Beide Befunde zusammen stützen, selbst wenn sie für sich ungenau sein sollten, unsere Deutung.

Damit sind die hier untersuchten Partikeln als Verbalpartikeln anders eingesetzt als im selbständigen Gebrauch. Die Partikel *hier-* gilt lediglich für den Raum, in dem sich der Sprecher befindet, *dort-* entsprechend für den NICHT-ICH-Raum, dagegen bezeichnet *da-* das sich Befinden u.ä. in einem Raum, der ein Hier bezüglich eines jeweils definierten Bezugspunkts bezeichnet, bzw. unspezifiziert das Sich-Hier-Befinden als solches; vgl. nochmals:

(1.1.2.)	(12)	*Karl lebt in Berlin.* *Er will nicht hierbleiben.*
(1.1.3.)	(1)	*Karl lebt in Berlin.* *Er will nicht dortbleiben.*
(1.1.1.)	(1)	*Karl lebt in Berlin.* *Er will nicht dableiben.*

In dem Beispiel (1.1.2.)(12) bezeichnet *hier-* nur dann Berlin, wenn das auch der Ort ist, an dem der Satz geäußert wurde, oder umgekehrt, dieser Satz kann im anderen (Normal)fall mit *sondern dorthin zurückkehren* fortgesetzt werden. Im Beispiel (1.1.3.)(1) ist *dort-* vom Sprecher aus gesehen NICHT-ICH, das definiert ist als das HIER des Karl, im Satzzusammenhang muß das Berlin sein, eine Fortsetzung wäre also *sondern wieder wegziehen*. Der bei (1.1.2.)(12) angenommene Fortsetzungssatz ergibt hier keinen Sinn, während andrerseits die hier angenommene Fortsetzung bei (1.1.2.)(12) nur dann sinnvoll ist, wenn HIER mit Berlin identisch ist. Bei (1.1.1.)(1) sind beide Interpretationen denkbar, wenn auch die wohl näherliegt, die *da-* im Sinne von *hier-* versteht.

Die Funktion, die die deiktischen lokal-statischen Partikel *hier-*, *da-* und *dort-* in verbalen Wortbildungen haben, unterscheidet sich in typischer Weise von ihrer selbständigen adverbalen Verwendung. Behalten *hier-* und *dort-* ihre Eigenheiten als Gegenpole bezüglich der Sprecherperspektive bei und erlauben es somit, bei geeigneten Verben, zumeist textuell bedingt, die lokale Bestimmung mit in das Prädikat aufzunehmen, zeigt *da-* eine allgemeinere Bedeutung und bezeichnet den im jeweiligen Textzusammenhang passenden, gehörigen Ort. Es ergibt sich aber daraus ebenso, daß die so geschilderten semantischen "Verschiebungen" nicht ohne Bezug auf das Basislexem verstanden werden können. Es konnte aber gezeigt werden, daß die Wortbildungsprozedur, sofern ihr Effekt über eine Zusammenrückung eines Verbs mit seiner Lokalergänzung hinausgeht, auch nicht nur von den syntaktischen und semantischen Gegebenheiten des Basisverbs her erklärt werden kann, sondern daß sich so ein wortbildungstypisches Muster einer Lexemstruktur herausbildet.

2.1.2. Dynamische Partikeln

Nach diesen Überlegungen zu den Grundzügen des statischen Teils des Systems der Lokaldeiktika und zu ihrem Einsatz in der verbalen Wortbildung des Deutschen soll als nächstes auf die Funktion der für das Deutsche typischen Direktionspartikeln *her-* und *hin-* eingegangen werden. Diese Partikeln drücken aus, daß eine Bewegung auf das ICH-HIER (*her*) beziehungsweise auf das NICHT-ICH-DORT (*hin*) ausgerichtet ist. Wieweit diese "goal"-orientierte Definition in jedem Fall zutreffend ist bzw. unter welchen Bedingungen sie "path"- oder "source"-orientiert umzuformulieren wäre, wird bei den einzelnen Dimensionen und Relationen noch zu sehen sein (s. Lyons (1977, S.694 und 699)). Sie wird auf jeden Fall zunächst bestätigt, wenn man komplexe Verben nicht mit Doppelpartikeln, sondern nur mit den einfachen Partikeln *her-* oder *hin-* betrachtet.

Dabei ist allerdings auch hier die Abgrenzung von syntaktischer und Wortbildungsverwendung schwierig, so schreibt auch Horlitz (1976, S.92) im Hinblick auf die Partikelverben mit *hin-*, es gebe "Grenzfälle bei Aussagen über raumbezogene Tätigkeiten oder Vorgänge, bei denen die Disambiguierung nicht so einfach erscheint. So können etwa *vor jemanden hin + stellen* und *vor jemanden hinstellen* nebeneinander stehen. Für diese Verwendungen kann nur eine vage allgemeine Bestimmung gegeben werden: Wenn die Bedeutungen der Redeteile noch trennbar und als solche fixierbar sind, liegt die Reihung von Simplicien vor." Mit diesen zur Vorsicht mahnenden Äußerungen als Einleitung sei zunächst eine Liste entsprechender Bildungen aufgeführt.

(2)(2.1.)

BASIS	her	hin
begeben		x
brauchen		x
drängen		x
dürfen	x	x
eilen	x	x
fahren	x	x
finden	x	x
fliegen	x	x
fließen	x	x
gehen	x	x
gelangen		x
geraten		x
gleiten		x
kommen	x	x
können		x
laufen	x	x
marschieren	x	x
neigen		x
reisen	x	x
sausen		x
schleichen	x	x
schweben		x
schwimmen		x
segeln		x
sollen		x
springen		x
strömen	x	x
stürzen	x	x
wagen		x
wandern		x
wollen	x	x

(2.2.)

BASIS	her	hin
befördern		x
begleiten		x
bewegen		x
bringen	x	x
führen	x	x
hängen		x
langen	x	x
legen		x
leiten	x	x
lenken	x	x
machen		x
pflanzen		x
reichen	x	x
reißen		x
rennen		x
rücken	x	x
schaffen		x
schieben	x	x
schütten		x
setzen	x	x
stellen	x	x
tragen	x	x
treiben	x	x
tun		x
wenden		x
werfen	x	x
ziehen	x	x
holen	x	
jagen		x
kriegen	x	
schleppen	x	

(2.3.)

BASIS	her	hin
blicken	x	x
deuten		x
rufen	x	
schauen	x	x
sehen	x	x
sehnen	x	x
starren		x
winken	x	x
zeigen	x	x

(2.4.)

bekommen	x	x
bemühen	x	x
beordern	x	x
bestellen	x	x
bitten	x	
lassen	x	x
locken	x	x
rufen	x	x
schicken	x	x
steuern		x
zitieren		x

(2.5.)

gehören	x	
halten	x	x

Die Basen solcher verbaler Zusammensetzungen sind einerseits verschiedene Arten von Bewegungsverben (2.1.-2.3.), und zwar Fortbewegungsverben (2.1.), Verben des Beförderns (2.2.) und solche, die perzeptorische Vorgänge als Bewegungen fassen (2.3.). Dazu kommen eine Reihe von Verben, die man als Kausativa zu Bewegungsverben auffassen kann (2.4.), sowie einzelne Zustandsverben (2.5.), die in dem Ausdruck des Zustands erkennen lassen, daß er aus einer entsprechend gerichteten Bewegung entstanden ist. Die Partikelverben als ganze kann man als zielorientiert beschreiben, die Basen steuern unterschiedliche Modifikationen bezüglich des Weges bzw. allgemeiner der Art und Weise der Bewegung bei. Sofern *her* und *hin* syntaktisch selbständig auftreten, ist auf jeden Fall kein Unterschied zur Bedeutung der entsprechenden Verbpartikel erkennbar. Allerdings scheint die Funktion als Verbpartikel tatsächlich bei *her-* und *hin-* die hauptsächliche Verwendung darzustellen. Vom syntaktischen und textuellen Verhalten her lassen sich drei Funktionen dieser Partikeln erkennen, die sich jedoch z. T. wohl nicht streng voneinander trennen lassen. Einerseits macht die Partikel bei solchen Basen, die selbst schon eine Richtungsergänzung fordern, diese inhärente Direktionalität explizit, verstärkt sie so möglicherweise und orientiert sie am Sprecherstandpunkt, das ist etwa der Fall bei Verben wie *fahren* oder *bringen*. Bei Verben, die als Simplicia nicht bzw. nicht mit hoher Wahrscheinlichkeit direktional sind, werden dadurch Direktionalität und Sprecherperspektive gleichzeitig eingeführt; das ist etwa der Fall bei *dürfen, können*, aber auch solchen wie *tragen* oder *tun*. In beiden Fällen kann drittens das Partikelverb als pronominaler Ersatz für das Simplex + Richtungsergänzung verstanden werden, kann aber zugleich auch z. T. neben der Richtungsergänzung auftreten, wobei die Partikel ebenfalls in beiden Fällen Auswirkungen auf die mögliche Richtungsergänzung hat. So können neben den Partikelverben nur sehr dezidiert zielgerichtete Richtungsergänzungen auftreten:

Geh zu der Firma hin!
**Geh in die Stadt hin!*

Außerdem fällt auf, daß in der obigen Beispielliste die Bildungen mit *hin-* deutlich zahlreicher sind als die mit *her-*. Das hat sicher verschiedene Gründe: so sind ein Teil der Bildungen mit *her-* nur regional gültig, im Duden-WB wird das etwa für *hergehen* konstatiert. Ein wichtiger systematischer Grund scheint aber zu sein, daß manche Verben in unmarkierter Verwendung eine größere Affinität zu einer der beiden Bewegungsrichtungen zeigen, was bei der Beschreibung der verschiedenen Dimensionen genauer zu diskutieren sein wird. Für *hin-* und *her-* läßt sich das aber sicher für die folgenden Verben feststellen:

(3)

(3.1.) **Tendenz zu *her-***		(3.2.) **Tendenz zu *hin-***
holen		*fließen*
kriegen		*gehen*
kommen		*geraten*
locken		*hauen*
rufen		*machen*
winken		*marschieren*
ziehen		*pflanzen*
		steuern
		stoßen
		zitieren

Der Grad der Affinität ist bei den einzelnen Verben unterschiedlich stark, recht hoch in den Fällen, bei denen schon das Simplex in der Regel die durch die Partikel angegebene Bewegungsrichtung impliziert. Das zeigen z. B. Sätze mit entsprechenden Aufforderungen:

(3.1.1.)
Hol das Buch! – Hol das Buch her!
Komm! – Komm her!
Ruf ihn! – Ruf ihn her!

(3.2.1.)
Geh! – Geh hin!
Mach es an die Wand! – Mach es hin!
Zitier ihn zum Chef! – Zitier ihn hin!

Natürlich sind auch Fälle denkbar, in denen solche Verben mit umgekehrtem Richtungssinn vorkommen

(3.1.2.) *Der Chef hat angerufen. Wir sollen hinkommen.*

Solche Fälle sind aber als markiert zu betrachten, da hier nicht die Perspektive des aktuellen Sprechers zum Maßstab der deiktischen Einordnung gemacht wird. Zudem soll v.a. für die Beispiele (3.2.1.) nicht behauptet werden, die Fügungen mit und ohne Partikel seien bedeutungsgleich; bei denen vom Typ *geh!* wird beim Simplex stärker die Bewegung vom HIER weg, beim komplexen Verb die Zielrichtung betont.

Her- und *hin-* drücken als Verbpartikeln eine pronominale Richtungsbestimmung mit sehr starker Zielorientierung aus. Dabei kann diese Richtungsbestimmung eine nähere Definition einer bereits in der Basis vorhandenen Direktionalität sein, oder dem Verb erst auf diese Weise - wie das syntaktische Hinzutreten einer Richtungsergänzung - Direktionalität, aber dann in der diesen Partikeln eigenen zielgerichteten Form, verleihen. Neben textuell pronominalen Aufnahmen können solche Partikelverben auch eine geeignete referentielle Direktionalbestimmung in diesem Sinn verdeutlichen.

2.2. DIMENSIONALE UND TOPOLOGISCHE RELATIONEN

2.2.1. Bildungstypen

Bisher war von den deiktischen Elementen die Rede, die sich direkt an die HIER/NICHT-HIER-Dichotomie anschließen. Davor war schon generell konstatiert worden, daß diese allgemeinen deiktischen Operationen auf einer sprachlichen Deutung des dreidimensionalen Weltbilds beruhen, in dessen Zentrum sich der Sprecher jeweils befindet oder hineindenkt. Sowohl für die gedachten Achsen dieses Weltbilds, wie auch für weitere Relationen und Linien im Raum gibt es dann referentielle sprachliche Ausdrucksmittel, die eine Anwendung dieses mathematisierenden Modells auf die konkreten jeweiligen Situationen erlauben. Verbalpartikeln, die an der Ausgestaltung eines solchen Interpretationsmodells für räumliche - und anschließend auch zeitliche - Verhältnisse mitwirken, wären z. B.:

(4)

(4.1.)	(4.2.)	(4.3.)
auf - ab/unter	*vor - hinter*	*aus - ein*
oben - unten	*vorne - hinten*	*außen - innen*
aufwärts - abwärts	*vorwärts - rückwärts*	
hoch - nieder	*voraus - nach/zurück*	

Wie schon diese vorläufige Aufstellung zeigt, findet man zumindest im Kernbereich recht systematische Zusammenhänge. Wenn wir das noch etwas systematischer ausdifferenzieren, kommen wir etwa zu folgender Aufstellung, die die semantischen Verhältnisse bei diesen Partikeln andeuten soll:

(5.1.) direktionale Partikeln

EINFACH-PARTIKELN	HER	HIN	NEUTRAL	FLÄCHEN KONTAKT	GENERELLE RICHTUNG
auf- *ab-* *unter-*	*herauf-* *herab-* *herunter-*	*hinauf-* *hinab-* *hinunter-*	*rauf-* - *runter-*	*drauf-* - *darunter-*	*aufwärts-* *abwärts-* -
vor- *hinter-* *zurück-*	*hervor-* -	- -	- -	- -	*vorwärts-* *rückwärts-*
aus- *ein-*	*heraus-* *herein-*	*hinaus-* *hinein-*	*raus-* *rein-*		

(5.2.) statische Partikeln

oben- *unten-*	*heroben-* *herunten-*	*droben-* *drunten-*		*droben-* *drunter-*
vorne- *hinten-*				*davor-* *dahinter-*
außen- *innen-*	*heraußen* *herinnen*	*draußen-* *drinnen-*		*draußen-* *drinnen-*

Diese Tabelle zeigt, daß im Idealfall verbale Wortbildungen mit Einfachpartikeln, die sich auf die jeweilige Relation beziehen, mit Doppelpartikeln, bei denen die Dimensions/ Relationsbezeichnung mit den deiktischen-sprecherperspektivischen Partikeln verbunden wird, und möglicherweise mit gewissen Neutralformen gebildet werden. Beim direktionalen Gebrauch kommen noch Partikeln dazu, die sich auf die Richtung generell beziehen, bei den beiden Dimensionsbezeichnungen AUF/AB und VOR/HINTER zudem solche, die für andere Fälle als den Sprecherbezug vorgesehen sind, d.h. die ihre Orientierung von Objekten in der Situation nehmen.

2.2.2. Dargestellte Relationen

Wenn man versucht, die jeweils abgebildeten räumlichen Verhältnisse zu skizzieren und dabei beim - in der Wortbildung wichtigeren - direktionalen Bereich beginnt, so lassen sich über die Bildungen mit den Einfachpartikeln kaum so generelle Aussagen machen: auch bei Fällen, wo etwa die Partikeln *auf-* und *ab-* eine Aufwärts- oder Abwärtsbewegung ausdrücken, sind die Bildungen in einer Weise idiomatisiert, daß diese Angaben allein nicht sehr viel erklären. Wie sich diese Idiomatisierung auf Eigenheiten der zugrundeliegenden räumlichen Dimension bezieht, wird bei der Untersuchung der einzelnen Dimensionen und Relationen gezeigt werden. Eine Ausnahme von dieser Behauptung machen in gewissem Umfang Bildungen mit *vor-* und auch *hinter-*. Wenn man das semantisch beschreiben möchte, könnte man sagen, Bildungen mit *vor-* bedeuteten im Regelfall so etwas wie "hinvor", entsprechend solche mit *hinter-*, soweit es sie gibt, so etwas wie "hinhinter".

Gelegentlich stehen diese beiden Partikeln auch für semantische "her"-Varianten, so daß sie gleichzeitig semantisch als Ausgleichsformen anzusehen sind, bei denen die Häufigkeit der jeweiligen Verwendungen die Häufigkeit der entsprechenden Kommunikationsbedürfnisse widerspiegelt. Das Fehlen der Bildungen mit *hin-* und *her-* für diese Dimension wird in Punkt II.4.3. der Arbeit diskutiert werden. Bei den anderen beiden räumlichen Relationen, bei denen die Bildungen mit den Einfachpartikeln für speziellere Aufgaben dienen, bilden die Doppelpartikeln mit *hin-* und *her-* den systematischen Kernbereich der Raumaufteilung. Durch den referentiellen Teil der Doppelpartikel wird jeweils Richtung und Art der Bewegung angegeben, die deiktischen Elemente bezeichnen, ob die entsprechende Bewegung auf den Sprecher zu oder von ihm weg geht.

Desgleichen gibt es in beiden Fällen eine Neutralisierungsform, die die Bewegung im entsprechenden Richtungssinn ohne Bezug auf die Sprecherperspektive wiedergibt.

Gegenüber dem nicht dimensional fundierten Gegensatz von AUS und EIN, der vielmehr, wie wir sehen werden, sehr viel mit grundsätzlichen deiktischen Unterscheidungen zu tun hat, zeigen die Partikelsysteme für die Dimensionen AUF/AB und VOR/HINTER zwei zusätzliche Partikeltypen. Am unproblematischsten ist zweifellos, daß es in diesen Fällen eine Partikel gibt, die den Bewegungssinn als solchen bezeichnet. Es sei jedoch gleich hinzugefügt, daß Bildungen mit diesen Partikeln keine große Rolle spielen.

Im Unterschied zu den bisher behandelten kann man sich mit den folgenden Partikeltypen nur topologisch auf eine Bewegung in Richtung auf eine Ober-, Unter-, Vorder- oder Rückseite eines beteiligten Objekts beziehen. Dieses Objekt geht auch in der pronominalisierten Form *dr-* in die jeweiligen Partikeln ein.

Dabei sind diese Partikeln im Fall von AUF/AB gänzlich ohne Bezug auf den Sprecher zu definieren, bei VOR/HINTER spielt er allerdings auch hier eine gewisse Rolle, da bei Objekten mit nicht kanonischen Vorder- und Rückseiten vorne die dem Sprecher zugewandte und hinten die dem Sprecher abgewandte Seite ist.

Wesentlich einfacher - und aufgrund des deutlich adverbialen Charakters für die Wortbildung nicht so ergiebig - sind die Verhältnisse bei den statischen Partikeln. Die Einfachpartikeln bedeuten hier entweder die Lage an dem jeweiligen Ende der Dimension bzw. der entsprechenden Seite des Bezugsobjekts, auf den Sprecherstandpunkt wird dabei nicht Bezug genommen.

Die Bildungen mit den Doppelpartikeln sind nur im südostdeutschen Raum verbreitet, und sollen nur am Rande eine Rolle spielen; hier allerdings bilden sie ein sehr symmetrisches System. So bleiben neben den Einfachpartikeln durchgehend noch pronominale Formen.

Zusammenfassend kann man feststellen, daß einerseits der direktionale Bereich für unsere Untersuchung wichtiger ist als der statische, und daß sich innerhalb der verschiedenen behandelten räumlichen Verhältnisse wesentliche Unterschiede zeigen. Die einzige aufgeführte nicht-dimensionale Relation AUS/EIN zeigt das übersichtlichste und unkomplizierteste Bild.

Durch die mit ihr verbundene Grenzziehung wird der Raum eindeutig aufgeteilt, je nach Stellung des Sprechers zu der Trennungslinie von INNEN und AUSSEN tritt die passende sprecherbezogene Form ein. Soweit ebenso systematisch ist die Dimension AUF/AB, bei der allerdings die Verhältnisse durch den möglichen doppelten Bezug (dimensional und topologisch) zusätzlich kompliziert werden: im Bereich AB ist das an der formalen Verteilung zwischen *-unter-* und *-ab-*Formen zu sehen. Die deutlichsten Lücken, und das gerade im am bisher als systematischsten angesehenen Doppelpartikelbereich, finden sich bei der VOR/ HINTER-Relation. Die Erklärung für diesen auffälligen "Mangel" liegt in der Natürlichkeit der Bewegung entlang dieser Achse, die zumindest einen eigenen Ausdruck für "hinvor"-Bewegungen überflüssig macht.

3. BEDEUTUNGSKONSTITUTION DER KOMPLEXEN VERBEN

3.1. KOMPOSITIONALITÄT UND ANALOGIE

Schon die Tatsache, daß wir im Punkt 2. auf den grundlegenden Bedeutungsbeitrag der Partikel hingewiesen haben, zeigt, daß wir der Komplexität der untersuchten Benennungen in der Beschreibung ihrer Bedeutung Rechnung tragen wollen, daß wir also auch von der Existenz von Motiviertheit ausgehen.[10] Konkret heißt das, daß die Relation, die zwischen der Basis und der Partikel besteht, als grundlegend für die Bedeutung der komplexen Verben angesehen wird. Das ist aber nur die eine Seite des Problems. Schon bei den oben diskutierten Beispielen war offenkundig, daß weder eine morphologische Analyse der Konstitution allein, noch der Vergleich mit entsprechenden, d.h. bedeutungsmäßig verwandten, syntaktischen Konstruktionen die Bedeutung und Verwendung der Partikelverben erklären kann. Das gilt selbst schon für den Minimalfall, wo die Wortbildung aus aktuellem textlichen Anlaß dazu dient, ein Gesamtprädikat aus Verb und lokaler Bestimmung zu bilden. Vor allem bei den Bildungen mit *hin-* und *her-* wurde zudem sichtbar, daß gar keine eigentlich äquivalenten syntaktischen Ausdrucksweisen für denselben Sachverhalt bestehen, auf die sich die Wortbildungen stützen könnten, so daß vielmehr davon auszugehen ist, daß auch solche in unmittelbarer Nähe zu syntaktischen Fügungen entstandenen komplexen Verben als ein holistisches Muster aufgenommen werden und paradigmatisch weiterwirken. Wie hierzu das Beispiel der Bildungen mit der Basis *behalten* gezeigt hat, ist nicht die syntaktische Fügung der Anlaß zur Entstehung der Wortbildung, sondern der kognitive Zusammenhang, d.h. der Tatbestand, daß die ausgedrückten Verhältnisse als Exemplar einer Relation

10 Vgl. die zusammenfassende Diskussion in Bergenholtz/Mugdan (1979, S.162); für wie unproblematisch dieses Verhältnis weithin galt, kann ein Blick in die Arbeit von Kjellman (1945) zeigen. Vgl. die kritischen Bemerkungen zur Verwendung des Motivations-Begriffes in der modernen Linguistik bei Herbermann (1981, S.188-204). Jedoch wäre im Zusammenhang der Herbermannschen Diskussion nachzufragen, inwieweit die dort gewählte Form des Motivationsbegriffes, die sich auf de Saussure als Autorität bezieht, davon bedingt ist, daß Herbermann mit seiner Trennung zwischen Basen und Lexemen eine Unterteilung durch den Bereich der klassischen Wortbildungslehre zieht, die davon ausgehen muß, daß die direkte Ableitbarkeit der komplexen Basen mit der Bedeutung morphologisch und von der Struktur der Bedeutungsindizierung her ähnlicher komplexer Lexeme nichts zu tun hat. Nur deswegen, weil diese beiden Pole in Herbermanns Modell völlig getrennt werden, hat es bei ihm keinen Sinn, von Graden der Motivation, die dazwischenliegend gedacht werden könnten, zu sprechen.

erkannt oder interpretiert werden, die mittels solcher Partikelverben ausgedrückt werden kann. Mittels einer solchen Konzeption von analogischer Weiterbildung, die wohl im wesentlichen auf Gedanken Hermann Pauls zurückzuführen ist, und die in modifizierter Form von verschiedenen neueren Arbeiten zur Wortbildungslehre vertreten wird, (s. Ortner (1984, S.144/145)) ist eine Vielzahl von Erscheinungen beschreibbar, die morphologisch-konstitutionelle und auch syntaktisch orientierte Wortbildungsmodelle vor erhebliche Schwierigkeiten stellen. Das betrifft vor allem das Problem der kategorialen Einheitlichkeit der Basen. Der Typ *dabehalten* etwa, der von uns - unter Berücksichtigung seiner Besonderheiten - problemlos an die anderen Beispiele angeschlossen werden konnte, wäre in den beiden anderen Konzeptionen aufgrund seiner syntaktisch-semantisch unterschiedlichen Voraussetzungen auszuschließen, bzw. alternativ käme der beschriebene Unterschied nicht zum Vorschein. Dasselbe gilt bei den Verben mit *hin-* und *her-*, wo die Dynamisierung erst durch die Partikel geleistet wird, also Bildungen wie etwa *herwinken*.[11] Wir haben oben schon darauf hingewiesen, daß das von uns gewählte Relationenmodell es erlaubt, solche Verben auf der Basis von Musterbildungen zu erklären.

3.2. KOGNITIVE BASIS UND BENENNUNGSKATEGORIEN

Es soll hier davon ausgegangen werden, daß Wortbildungen, wie Dokulil das formuliert, Kombinationen von onomasiologischen Kategorien darstellen, die ihrerseits der sprachliche Reflex gnoseologisch-logischer Kategorien sind, also von Kategorien, die bei der Verarbeitung der Wirklichkeit im Bewußtsein entstehen und dann auch in konventionalisierter Form vorliegen (s. Dokulil (1968, S.207); Bayer (1975, S.206); Eichinger (1982, S.44ff)). Wortbildungen sind damit durch zweierlei charakterisiert: sie sind komplexe Einheiten der Benennung, d. h. sie operieren nach bestimmten konstitutionellen Prinzipien, sie sind in eine Reihe gleichartiger Bildungen eingebettet, durch ein Bildungsmuster gekennzeichnet, das für die Bedeutung verantwortlich ist. Unter diesem letzten Gesichtspunkt erscheint es eben nicht als richtig, Idiomatisierungstendenzen - etwa das Merkmal (beruflich) bei vielen nomina agentis auf *-er* - als unregelmäßige Akzidentien zu betrachten. Vielmehr - und das ist der Punkt, den Plank (1981) besonders deutlich macht - ist der Regeltyp für Wortbildungen im Prinzip durch die Existenz solcher semantisch-pragmatischer Bedingungen gekennzeichnet, was den Eindruck der Unregelmäßigkeit der Wortbildung hervorruft. Dabei sei allerdings angemerkt, daß dieses Konzept zunächst von der Analyse ausgeht, und sich mit der auch theoretisch nachgeordneten Synthese zunächst nicht beschäftigt. Wollte man sie einbeziehen, hätte man

11 Das Merkmal (+ Vektoriell) bei Eroms (1981, S.150); zu dieser Frage vgl. auch Bartsch (1972, S.123f.);s. auch Gerling/Orthen (1979, S.36), Eroms (1981, S.216).

über die Wahrscheinlichkeit des Auftretens bestimmter Typen zu sprechen; eine Aufgabe, die vor allem durch die dann nötige Abschätzung der Wirkung der pragmatischen Faktoren ziemlich erschwert wird. Der "Überhang" an Produktivität, den syntaktische Modelle generieren, hängt ja mit dem Problem der pragmatischen Ausdifferenzierung der Regeln zusammen. In Verschärfung von Dokulils Vorschlägen wird zudem davon ausgegangen, daß der zu behandelnde Bereich auch durch die ihm eigenen formalen Mittel eingegrenzt wird. Dabei gibt es natürlich Streitfälle, etwa ob die von uns als Doppelpartikelverben bezeichneten Bildungen nicht eigentlich verbale Komposita seien, oder überhaupt nur eine Art von Zusammenbildungen. Über diese Frage wird später noch zu sprechen sein. Wortbildungsregeln können dann, je nach der genauen Einordnung, wohl durchaus von verschiedener Art sein, bei den Doppelpartikelverben oft recht syntaktisch, aber dennoch scheint im wesentlichen richtig zu sein, daß die wortbildungsmäßig typischen, für ihre Gestaltung also auch auch "interessanten" Prozesse, auf Analogiebasis operieren.

Zu einem entsprechenden Schluß kommt auch M. Reis (1983, S.130) in ihrer Auseinandersetzung mit Höhles (1982) lexikalistisch-wortsyntaktischer Theorie:.

> Nahezu alles, was herkömmlicherweise Komposition und Derivation zugerechnet wird, wäre außerhalb des lexikalisch orientierten Wortbildungsmoduls zu beschreiben.

Und das hieße auch nach ihrer Meinung in einem analogischen Wortbildungsmodul (a.a.O.S.129). Allerdings scheint es mir nicht unproblematisch, die analogische Wortbildung als Gegensatz zu einer regelgeleiteten Wortbildung verstehen zu wollen: es geht wohl um Regeln, allerdings um "schwierigere" und solche anderer Art.

3.3. DETERMINATION UND SEMANTISCHE ABHÄNGIGKEIT

Wenn wir somit oben dargelegt haben, daß die Basen in den von uns beschriebenen Verben in einer Art Anwendung der Thema-Rhema-Gliederung ausgewählt würden, so ist das im Lichte des Gesamtmodells eine Redeweise, die sich auf die erläuternde Ebene der Paraphrasen bezieht, auf der sich die Auswahl des jeweiligen Elements, das ja in ein holistisch erfaßtes Muster eintritt, auf diese Weise beschreiben läßt.

Innerhalb des komplexen Wortes liegt eine Determinationsrelation vor, die allerdings eine inhaltlich sehr unspezifische Struktur darstellt, deren Folge sich intensional als konzeptuelle Charakterisierung beschreiben läßt (Seiler (1977, S.25)). Obwohl die Frage dieser Relation zumeist anhand von Fragen der nominalen Wortbildung diskutiert wird, läßt sie sich auf die Verhältnisse bei unseren Verben anwenden. Nach Trubetzkoy (1939, S.75) ist nämlich auch die Relation adverbaler

Bestimmungen zum Verb als eine Determinationsrelation zu fassen. Gerade in diesem Fall darf man aber nicht übersehen, daß Determination in der uns geläufigen Richtung Determinans-Determinatum ein - möglicherweise sprachtypologisch spezifisches - Darstellungsschema ist, dessen semantische Interpretation nicht in jedem Fall einfach parallel erfolgen kann. Die Erklärung nach Analogiemustern bietet die Möglichkeit, sowohl die Determinationsrelation ernstzunehmen, als auch ihre Relativität bezüglich der inhaltlichen Deutung zu erfassen. So muß man angesichts einer paradigmatischen Reihe *jmdn. hinausbefördern, hinauswerfen, hinausreden* usw. nicht annehmen, *hinauskomplimentieren* sei eine Art von 'komplimentieren', vielmehr können wir von der Wirksamkeit des Gesamtmusters ausgehen, wie das exemplarisch für einen Ausschnitt der *aus*-Verben von Plank (1981, S.43ff.) vorgeführt wird. Man kann dann feststellen, daß bei den Verben des "Hinausbeförderns" eine Untergruppe existiert, bei der sich die Basis auf die Modalitäten dieser Aktion bezieht (s. Hinderling (1982, S.84/85)). Die relationalen Grundlagen für die inhaltliche Deutung der von uns behandelten Bildungen lassen sich mit dem in I.3.4. bereits angedeuteten Konzept beschreiben. Es bezieht sich auf die Ausführungen, die Bondzio (1974) zur "Valenz zweiter Stufe" macht. In diesem Beitrag will Bondzio (1974, S. 245) "generelle Grundlagen für die valenztheoretische Erklärung und Beschreibung von Adverbialangaben" umreißen. Der Kern der Aussagen dazu ist, daß im Bereich der adverbialen Bestimmungen die inhaltliche Abhängigkeit umgekehrt zur Richtung der grammatischen Relationen, also auch der strukturellen Valenzen verläuft. In seinem logisch-semantischen Valenzkonzept ist also nicht eine Direktionalergänzung von einem Bewegungsverb abhängig, sondern vielmehr umgekehrt: eine lokale Adverbialbestimmung hat eine semantische Leerstelle, die sie als Ausgangspunkt oder Ziel einer Bewegung oder als statischen Raum für einen Zustand kennzeichnen kann (s. Bondzio (1974, S.247 und 249)).

> Jede Erscheinung in der Wirklichkeit ist also selbst, insofern als sie ein Ort ist, dem eine Relativität zukommt, relativ; sie ist potentiell ein Ort von etwas (einer anderen Erscheinung). Ihr tatsächlicher Gebrauch als Ortsbestimmung für eine andere Erscheinung hängt davon ab, ob sie als Orientierungspunkt geeignet ist. Diese Relativität kommt nun auch der Bedeutung des sprachlichen Ausdrucks zu, der eine solche Erscheinung (mit dieser potentiellen Eigenschaft) bezeichnet. Die Bedeutung besitzt eine Leerstelle für die Klasse von Größen, die sie potentiell angibt. (Bondzio (1974, S.250)).

Je nachdem, welche Art von Semem in diese Leerstelle eintritt, wird eine der Möglichkeiten räumlicher Relationierung gewählt und ggf. durch bestimmte Präpositionen näher bestimmt (Bondzio (1974, S.253)). Die minimalen Sememe für solche Eigenschaften von Bewegungen oder Zuständen sind nun tatsächlich die entsprechenden Deiktika, die durch referentielle Partikeln ergänzt werden können. Sofern nun die möglichen Besetzungen für die semantischen Leerstellen dieser Adverbialia bedeutungsmäßig in der Weise beschränkt sind, daß Eigenschaftsträger für lokale

Relationen eintreten müssen, sind in entsprechenden Wortbildungen, die sich ja nicht syntaktisch explizieren müssen, verschiedenste Elemente als Basen möglich. Sie müssen nur die Forderung erfüllen, in diesem Sinne lokal deutbar zu sein. Auf die zusätzliche Wirkung der Verbpartikeln als generalisierter Adverbialia zu verschiedenen Zustands-, Handlungs- und Ereignistypen sei hier nur hingewiesen. So ergibt sich auf jeden Fall aus dem Zusammenhang unserer Weltkenntnis, aus der Tatsache, daß die behandelten Partikeln semantische Mitspieler verlangen, die mit lokalen Relationen verträglich sind und aus den Vorgaben, die aus bereits realisierten Wortbildungen als Mustern kommen, wie solche, auch morphologisch nicht unmittelbar deutbaren Verben entstehen. Die Abbildung auf die übliche Determinationsstruktur verläuft dann auf dem Wege, "daß mit der grammatischen Realisierung [...] eine Umwandlung der Beziehungsrichtung erfolgt [...], ohne daß dadurch die tieferliegenden Valenzbeziehungen aufgehoben sind. [...] [es] bleibt also die Interpretation als Prädikat höherer Stufe zutreffend." (Bondzio (1974, S.253)). Die Annahmen dieses Konzepts erlauben es auch, zu erklären, warum es relativ leicht war, die einschlägigen lokalen Partikeln aufzuzählen, daß aber über die möglichen Basen keine so genauen Aussagen gemacht werden können, außer der, daß Bewegungs- und lokale Zustandsverben zum Inventar möglicher Basen gehören müssen. Entsprechend ist es nicht mehr nötig, anzunehmen, in Wortbildungen würden in einer Art syntaktischer Konstitution Lexeme miteinander kombiniert, vielmehr muß nur angenommen werden, daß ein sprachliches Zeichen zur Verfügung stehen muß, das es uns erlaubt, die gewünschte Modifikation der Bewegungs- und Zustandsleerstelle zum Ausdruck zu bringen (vgl. Reis (1983)). Wie gesagt, befinden wir uns damit nach wie vor auf analytischer Ebene, Voraussagen auf dieser Basis dürften relativ komplizierte Regelformulierungen bedingen. Der Effekt der Wortbildung bei den von uns untersuchten Verben ist dann, daß die der lokalen Bestimmung inhärente Hyperprädikation in ein Gesamtprädikat integriert wird, das seinerseits charakteristische syntaktische und semantische Besonderheiten zeigt, die sich auf diesen Integrationsprozeß beziehen lassen. Es sei aber noch einmal betont, daß hier nicht eine syntaktische Adverbialbestimmung notwendigen oder nichtnotwendigen Charakters in das Gesamtverb eingeht, was ja ein syntaktisches Konzept wäre, sondern daß Valenzträger konstituiert werden, die ihre Bedeutung aus der lokalen Bestimmung und ihrer Festlegung als direktional oder statisch durch die semantische Leerstellenbesetzung beziehen, wobei über den Bewegungs- und Zustandsaspekt hinaus die Leerstellenbesetzungen, d.h. die verbalen Basen die genauere Bestimmung der Bewegung oder des Zustandes übernehmen. Und das in Übereinstimmung mit den im Deutschen vorgegebenen Wortbildungsmustern. Da wir dabei Bildungen mit den genannten verbalen Basen als besonders typisch und sozusagen musterträchtig ansehen, ist auf diese Weise und - mit Bondzio gesprochen - über die Valenz erster Stufe, d. h. den semantischen Rahmen, der durch das Bezugsverb aufgespannt wird, dennoch auch die Möglichkeit geschaffen, die Wortbildungsmuster mit anderen - etwa syntaktischen - Weisen sprachlicher Kodierung in Verbindung zu setzen. Wie das im Rahmen eines "Basis-Valenzmodells" dargestellt werden soll, wurde ebenfalls schon in I.3.4. angedeutet und wird in II.4. weiter ausgeführt werden.

3.4. ZUM ERKLÄRUNGSWERT VON PARAPHRASEN

Das gerade geschilderte Modell erlaubt es also auch, bei den Doppelpartikelverben Nähe und Distanz zu den entsprechenden syntaktischen Ausdrucksweisen zu beschreiben.

Der "Kontaktbereich" zwischen den beiden sprachlichen Bereichen liegt da, wo die Wortbildung dazu genutzt wird, einen Namen für ein Gesamtprädikat zu liefern: dabei wird ja auch die Basis des komplexen Verbs mit einem selbständigen Bewegungs- oder Zustandsverb identisch sein. So etwas läßt sich etwa auch aus Erbens (1983, S.73) Ausführungen zu den Partikelverben herauslesen:

> (...) ist als eine wesentliche Leistung der Präfixe zuerst das Herstellen r ä u m l i c h e r oder z e i t l i c h e r Bezüge der Basisverbhandlung festzustellen(...) Wo Präfixe und Präpositionen in Form und Inhalt nahezu gleich sind, stellt die Präfigierung gegenüber der präpositionalen Fügung eine s p a r f o r m h a f t e Verdichtung der Aussage dar, z.B. *Taxis fahren vor (das Haus). Ich hänge die Decke vor (das Fenster). Es regnet durch (das Dach). Der Kognak schwappt über (den Rand).* (...) Oft ändert sich nicht die Anzahl, sondern nur die Art (bzw. grammatische Form) der syntaktisch verbundenen Ergänzungsbestimmungen: *Er sitzt vor einem Gremium. Er sitzt einem Gremium vor. (...) Er blickt um sich. Er blickt sich um.*

Diese Beispiele zeigen, was syntaktische Paraphrasen für die Erklärung der Wortbildungen leisten können und was nicht. Sie können erläutern, welche Art von Relation in einer Wortbildung steckt, sie können aber nicht eigentlich als deren Grundlage angesehen werden, da sonst, selbst in diesen recht einfachen Fällen, die Bedeutungseigenheit der Wortbildungen als eine zufällige Addition erscheint. Verdeckt wird diese Diskrepanz in dem Beispiel noch dadurch, daß in Klammern räumliche Bezugselemente genannt werden, die mit der Idiomatisierungsrichtung der Wortbildung verträglich sind, was aber in den syntaktischen Fügungen nicht so sein muß. Darum ist eben z.B. nicht jedes Vor-etwas-fahren eines Taxis gleichzeitig ein Vorfahren. Problemloser erklärt sich dieser Tatbestand, wenn man annimmt, daß in dem *vor* eine Generalisierung über mögliche Bezugselemente liegt, deren Auswahl über eine Basis geregelt wird, die das Merkmal Bewegung in einer Spezifizierung enthält, daß sie mit dem Wortbildungsmuster verträglich ist. Damit ist die Idiomatisierung von *vorfahren* auf eine Art offizielles Anliefern und Abholen von Gästen im Wortbildungsmuster über diese semantisch-pragmatischen Bedingungen zu spezifizieren. In diesem Zusammenhang hat die Paraphrase die Funktion, bestimmte Verwendungsbedingungen, z.B. die Beschränkung auf gewisse Arten räumlicher Bestimmungen zu erläutern. Damit ist auch der Streit über die genaue Form von Paraphrasen nicht mehr so erheblich, so lange wesentliche Verwendungsmerkmale damit beschrieben werden.[12] Besonders deutlich wird die Diskrepanz zwischen wortbildungsmäßiger Benennung und syntaktischer Explikation in dem obigen Beispiel von *vorsitzen*, wo kein Weg am Ansatz eines entsprechenden Wortbildungsmusters, dem analogisch gefolgt wird, vorbeiführt, da dieses Verbs ja nicht 'vorne sitzen' sondern 'präsidieren' bedeutet. Nun sind aber zweifellos die Verben mit referentiellen Einfachpartikeln im Sinne meiner Behandlungsweise ein einfacheres Beispiel als die von uns so genannten Doppelpartikelverben. Sie werden weder bei Erben (1983) noch bei Kühnhold (1973) erwähnt, gelten also offenbar nicht als "richtige" Wortbildungen, was sicherlich auch mit dem Brinkmannschen Verdikt zu tun hat, solche Bildungen würden zu Unrecht zusammengeschrieben, und man habe dagegen anzugehen. Da sich dieses Verdikt auf den deiktischen Charakter der Doppelpartikeln, also auf ihren ersten Teil, bezieht, können wir bei der Auseinandersetzung damit auf unsere obigen Ausführungen zu den deiktischen Partikeln und ihr Eingehen in Wortbildungen verweisen. Hier konnte in jedem Fall, selbst in dem der textlichen Pronominalisierung, aufgewiesen werden, daß mit der Verwendung als komplexes "zusammengeschriebenes" Verb Veränderungen der Verwendungsbedingungen verbunden sind. Es geht also auch hier mehr oder minder nur um dieselbe Relation, wie sie auch in der syntaktischen Fügung ausgedrückt ist, aber nicht um dasselbe sprachliche Mittel. Belegkräftig scheint mir dafür auch zu sein, daß selbst Fleischer (1969, S.283), der diese Bildungen immerhin behandelt, aber aufgrund der semantischen Selbständigkeit der Teile als Zusammensetzungen bezeichnet, zwei Tatsachen konstatiert, die an der durchgängigen Gültigkeit dieser Aussage zweifeln lassen. Zum ersten stellt er fest, daß sich "mit Hilfe dieser Elemente [...] die Möglichkeit" ergibt, "Verben eine Bedeutungskomponente der Richtung zu verleihen, die diese als Simplex nicht haben, vgl. *brüllen - heraus-, hineinbrüllen*", und zum anderen, daß "[m]anche der in diesen Verbindungen auftretenden Verben [...] als Simplicia nicht oder sehr selten" vorkommen, als Beispiel führt er u.a. *hinaus-/hereinkomplimentieren* auf. Da beide Bildungstypen nicht als irgendwie auffällig gelten können, ist nach einem Erklärungsmodell zu suchen, das in der Lage ist, dem Rechnung zu tragen, und gleichzeitig die Struktur solcher Bildungen angemessen zu beschreiben. In einem rein morphologischen Modell läßt sich dazu nicht allzuviel sagen. Wenn man allerdings davon ausgeht, daß in diesem Zusammenhang gesamthafte, paradigmatisch wirksame Wortbildungsmuster bestehen, die von der be-

12 In diesem Sinn wäre etwa auch Ortners (1984, S.151ff.) Feststellung von Unterschieden in der Paraphrasierung zwischen Kühnhold (1973), Wellmann (1978), Vögeding (1981) und Eichinger (1982) zu beantworten.

wegungskonstituierenden Funktion der Partikeln ausgehen, läßt sich auch erklären, daß als Basis entsprechender Verben nicht nur Zeichen auftreten können, die die Bewegung selbst, sondern ebenso solche, die kennzeichnende Modifikationen des Bewegungstyps nennen.

3.5. PRAKTISCHE FOLGEN

Daraus läßt sich nochmals ableiten, warum die Partikelverben besonders geeignet sind für die Untersuchung der Auswirkungen der räumlichen und zeitlichen Situierung sprachlichen Handelns (vgl. Bondzio (1974, S.452); Meinhardt/Welke (1974)). Denn sofern die Partikeln verschiedener Art, mit denen wir es hier zu tun haben, semantisch eine Generalisierung über mögliche individuelle situative Raum-Hyperprädikationen darstellen, die als solche in ein Wort integriert werden, das seinerseits prädikative Strukturen konstituiert, ist hier zu verfolgen, wie die kognitive Erfassung räumlicher Strukturen hoher Allgemeinheit sprachlich umgesetzt und im Rahmen wortbildungstypischer Idiomatisierung "weiterverarbeitet" wird. Da nun die Besonderheit der Wortbildungskonstruktionen gerade darin besteht, daß die existierenden Relationen sprachlich nicht explizit gemacht werden, kann man hier erkennen, wie die entsprechenden Verhältnisse der Wirklichkeit in onomasiologischen Strukturen aufgearbeitet sind. Man kann also davon ausgehen, daß die aus unserem Material ablesbare Deutung räumlicher Verhältnisse in ihrer Implizitheit sich auf stereotype Vorstellungen der Sprecher einer Sprachgemeinschaft bezieht, was sich etwa schon an dem einfachen Beispiel der Idiomatisierung von *vorsitzen* zeigen ließe. Aus der Besonderheit der so zu ermittelnden, formal impliziten Relationen folgt, daß auch in hochgradig motivierten Fällen bei der Beschreibung der Elemente der Wortbildungskonstruktionen andere Bedingungen als bei der Beschreibung der jeweiligen Morpheme und einfachen Wörter gelten. Bei der Kombination solcher Elemente in der Wortbildung wird durch die syntagmatische Verbindung nur mehr ein Teil der möglichen aktuellen Bedeutungen aktualisierbar und damit auch realisiert. Was das für die Basisverben zur Folge hat - Beschränkung auf bestimmte Varianten -, kann man ansatzweise bereits in den oben diskutierten Beispielen mit *hier-*, *da-*, *dort-*, *hin-* und *her-* sehen. Im folgenden wird der Kontext mehr als Umgebung für die Verbal p a r t i k e l n eine Rolle spielen, da es darum gehen soll, die Wirksamkeit und Differenzierung der Raumstrukturierung darzustellen. Deshalb wird, was die Basis angeht, zunächst von relativ archilexematischen Fällen für die entsprechenden Zustands- und Bewegungsverben ausgegangen. Wie oben in dem Zitat von Erben schon angesprochen wurde, kann man sich bei der Beschreibung der Verbpartikeln zunächst auf eine semantische Beschreibung der jeweils parallelen Präpositionen beziehen, die ja zum Teil homonym sind, und als sicher vorhersagbare Elemente eines möglichen Substituendums für die pronominaladverbiale Verwendung der Partikeln gelten können. Eine semantische Beschreibung der Präpositionen, die zunächst nicht auf bestimmte ihrer möglichen Verwendungen mehr Rücksicht zu nehmen hat als auf andere, kann bezüglich der Einzelverwendung relativ abstrakt ausfallen, so daß "bei der [...] Merkmalanalyse des präpositionalen Kernbestandes in der deutschen Gegenwartssprache dieser unter Aufnahme der besonders von BRØNDAL zum Prinzip erhobenen Neutralisierung von örtlichen, zeitlichen und 'abstrakten' Gebrauchsweisen dargestellt" (Eroms (1981, S.149)) werden kann. Dagegen handelt es sich, wie aus dem gesamten oben skizzierten Erklärungsrahmen ersichtlich wird, bei den Verbalpartikeln um die semantischen Entsprechung zu lokalen oder temporalen Präpositionalphrasen (vgl. Bartsch (1972, S.137-139; 111)). Deshalb kann bei der Analyse der mit ihnen gebildeten Partikelverben weder von inhärenten Merkmalen und satzsemantischen Beziehungen des Basisverbs noch von inhärenten Merkmalen von möglichen von der Präposition regierten Substantiven abgesehen werden (vgl. Eroms (1981, S.148ff.)). Der letzte Punkt ermöglicht es, bei verschiedenen Partikeln für dieselbe Bewegungsrichtung oder denselben Zustand vorkommende semantische Differenzierungen zu erklären. Wie schon mehrfach angedeutet, ist die Darstellung dieser semantischen Vernetzung für die Wortbildung auch deswegen von Belang, weil von ihr das Wirken einer wohlverstandenen Art von Analogie abhängig ist, die durchaus mit den Hundsnurscherschen "Modellprägungen" (Hundsnurscher (1968, S.168ff.)) verwandt ist. So befinden wir uns, was die Art der semantischen Analyse angeht, mit dieser Untersuchung eher auf der Ebene einer speziellen Adverbialsemantik (s. Eroms (1981, S.56ff.); Bartsch (1972, S.137ff.)). Spezielle Adverbialsemantik will dabei sagen, daß wir uns in zweierlei Hinsicht im Bereich der Subklassifikation lokaler und temporaler Beziehungen befinden. Zum einen wird die lokale Modifikation in die verschiedenen Raumdimensionen aufgelöst, und zum anderen wird innerhalb der jeweiligen Dimensionen nach dem funktionalen Einsatz der sich jeweils darauf beziehenden Partikeln differenziert. An dieser Doppelheit von einheitlicher Dimension und darin stattfindender funktionaler Differenzierung einerseits und andrerseits analoger funktionaler Verteilung der sprachlichen Mittel quer durch die verschiedenen Dimensionen zeigt sich, daß die einzelnen Verwendungen lokaler Partikeln in komplexen Verben nicht einen ungebrochenen Reflex der Verhältnisse in der Wirklichkeit darstellen, sondern daß ihre Familienähnlichkeit durch ein räumliches Abstraktionssystem, dessen Grundzüge oben geschildert wurden, gesichert ist. Wenn dieses räumliche System so durchaus eine Abstraktion darstellt, so kann dennoch gezeigt werden, daß dieses System und seine genaue sprachliche Ausgestaltung direkt von den Erfahrungen des menschlichen Handelns geprägt wird. Im folgenden soll gezeigt werden, welche sprachlichen Folgen dieser Bezug auf die lebenspraktische Erfahrung hat, und, wie aufgrund dieser Fundierung, die lokale gegenüber der temporalen Situierung primär ist (vgl. Mayerthaler (1981, S.19)). Wie wir oben schon gezeigt haben, sind aber Wortbildungen im Normalfall nicht einfach ein Reflex der adverbialen Verhältnisse, vielmehr wird durch die verschiedenen Wortbildungsmuster die Selektion der semantischen Leerstellen zweiter Stufe und möglicher Bezugsobjekte für die deiktischen oder präpositionalen Verweise in einer Weise gesteuert, die semantisch auf eine verschiedenartige und verschieden starke Idiomatisierung und Verwendungsspezialisierung hinausläuft. Mit der wachsenden Produktivität von Mustern steigt auch die Ablösung von der Fundierung in der Erfahrung. Die inhaltliche Differenzierung und das Entstehen von Familienähnlichkeiten werden in innersprachlich-funktionalen Zusammenhängen beschreibbar. Dennoch scheint es bei dem erkenntnistheoretisch grundlegenden Charakter räumlicher und zeitlicher Orientierung möglich zu sein, auch den Weg der Demotivierungsprozesse von der räumlichen oder zeitlichen Fundierung her zu erklären (vgl. Kummer (1975, S.179f.); Eichinger (1982, S.61ff); Fillmore (1977a)). Auch Erbens oben zitierte Erklärung von *vorsitzen* scheint ein Versuch in dieser Richtung zu sein, allerdings einer, bei dem die Diskrepanz der beiden formalen Ausdrücke für eine ähnliche Relation mit den inhaltlichen Unterschieden nicht auf eine sinnfällige Weise vermittelbar ist. Sofern in der "Präsidierensbedeutung" die praktische Basis noch mitverstanden wird, kann das auch als eine Art von Diachronie in der Synchronie verstanden werden.[13]

---

13 Daß er solche Zusammenhänge nicht für kommunikativ relevant hält, scheint mir eine der zu starken Vereinfachungen in Herbermanns (1981) Lexem-Begriff zu sein; vgl. auch Coseriu (1974, S.234ff).

4. LOKALE PARTIKELVERBEN FÜR DREI AUSGEWÄHLTE RELATIONEN

4.1. ALLGEMEINES

4.1.1. Zur Auswahl

In den bisherigen Kapiteln ist unter anderem begründet worden, warum sich komplexe Verben des von uns untersuchten Typs besonders dazu eignen, als Exempel für die Verarbeitung räumlicher und zeitlicher Verhältnisse in lexikalischen Strukturen des Deutschen behandelt zu werden. Es konnte nachgewiesen werden, daß (1), was die resultierende Wortart angeht, die behandelten Gruppen von Verben, v.a. Bewegungsverben, ein Paradebeispiel für Verben überhaupt darstellen, daß somit in Bildungen unseres Typs der Kernbereich der Wortart Verb betroffen ist. Das ist insofern von Bedeutung, als so räumliche und temporale Modifikation als unmittelbarste Determinantien typisch verbaler Handlungen anzusehen sind; damit ist eine Untersuchung, wie gerade diese zentralen Momente in ein verbales Lexem mit aufgenommen werden, auch zugleich eine Untersuchung zur Widerspiegelung der kognitiven Struktur in der Sprache. Dem entspricht recht genau, wenn Šimečková (1984, S.132) feststellt:

> Bei der sprachlichen Erfassung der Beziehungen zwischen Zuständen, Vorgängen, Tätigkeiten und Räumen oder zwischen Handlungen, den davon betroffenen Gegenständen und Räumen der außersprachlichen Wirklichkeit zieht das deutsche Verb, Träger der Merkmale "Zustand", "Vorgang", "Tätigkeit" und "Handlung", bestimmte Elemente in seinen Umkreis, die lokale oder direktionale Merkmale tragen und von denen die letzteren enge Verbindungen mit dem Verb eingehen.

Sofern aber aufgrund der Perzeption der Wirklichkeit Bewegungen und Handlungen als sekundär gegenüber örtlicher und zeitlicher Fixierung anzusehen sind, ist genauer zu untersuchen, wie verbale Wortbildungen dieses Typs, in der Kombination von Basen verschiedener Art mit unterschiedlichen Partikeltypen die räumlichen Gegebenheiten interpretieren. Wortbildung bedeutet unter solchen Voraussetzungen den Versuch, Relationen zu konstituieren, die sich auf Mengen spezieller Beziehungstypen anwenden lassen, d.h. aus den generell vorgegeben räumlichen Relationen wird durch die Partikeln eine bestimmte Anzahl ausgewählt, die, wie wir an den verschiedenen Partikelformen sehen können, sich nicht nur im Bezug auf bestimmte Raumachsen u. dergl. unterscheiden. Von daher ist auch klar, was in

Punkt II.3. angedeutet worden ist, daß die Partikeln nicht die Träger der Relation sind, sondern Modifikatoren einer bereits existenten Relation. Das hat zur Folge, daß man einerseits bei der Deutung von den Partikeln auszugehen hat, daß aber andrerseits die Partikeln nach zwei Seiten hin offen sind, wobei das Element, das eigentlich die Partikel zu einer Art adverbieller Bestimmung machen würde, in der verbalen Wortbildung als solcher nicht auftritt, so daß im Falle vorliegender Verben die entsprechenden Beschränkungen einerseits aus den Beziehungen zwischen Basis und Partikel, und andrerseits aus der lexikalisch-paradigmatischen Einbettung der gesamten Wortbildung zu erschließen sind. Dabei ist klar, daß die genaue Art der Bedeutung dieser komplexen Verben erst aus typischen Verwendungszusammenhängen rekonstruierbar ist: anders läßt sich nicht ermitteln, was etwa *vorfahren* bedeutet. Einfacher ist der Fall bei komplexen Verben, die als textuell bedingte Kondensierungen zu verstehen sind. Hier läßt sich die Klasse der möglichen Bezugselemente der Partikeln aus dem textuellen Zusammenhang ermitteln; es handelt sich dabei um Zusammenhänge vom Typ:

Sie hatten den Schirm im Haus gelassen. Beim Hinausgehen allerdings merkten sie, daß es bald regnen würde.

Da systematisch geregelt ist, welche Partikeln in welchem funktionalen Zusammenhang eingesetzt werden, ist es angebracht, die Untersuchung von den Partikeln her aufzuziehen.

Wie am Ende von Punkt II. 2.2. angedeutet, wollen wir uns im folgenden dabei auf die Partikeln zu drei räumlichen Relationen beschränken, die verkürzt als AUF/AB, VOR/HINTER und AUS/EIN benannt werden können.[1]

Die grundsätzliche Bedeutungsstruktur der verschiedenen Partikeltypen wurde dort schon beschrieben. Warum wurden diese Relationen ausgewählt? Für die ersten beiden, die "dimensionalen" Relationen, geht der Grund aus den Ausführungen im allgemeinen Teil dieser Arbeit hervor. AUF/AB und VOR/HINTER sind die lebenspraktisch bedeutendsten Dimensionen des dreidimensionalen Raumsystems, an das sich auch unsere Sprache hält. Für die AUF/AB-Dimension hat das, wie gesehen, zur Folge, daß das Partikelsystem voll ausdifferenziert ist. Es gibt Partikeln aller erwartbaren Typen: dimensionale und topologische Einfachpartikeln, solche mit Angabe der Sprecherperspektive und der dimensionalen Ausrichtung, dazu gebildete Neutralisierungsformen, Partikeln für den generellen Richtungssinn, dazu pronominaladverbiale topologische Partikeln. Dieser letzte Punkt ist weiters nicht überraschend, ist doch das pseudo-geometrische dreidimensionale System eine offenbar probate Möglichkeit, der ansonsten unhintergehbaren Relativität von Raumangaben

1 Gelegentlich werden im passenden Zusammenhang ohne sonst großen Unterschied die entsprechenden adverbialen Benennungen OBEN/UNTEN, VORNE/HINTEN und INNEN/AUSSEN als terminologische Kürzel verwendet.

zu entkommen. Zu fragen wird sein, wie diese Vielzahl von Partikeln in der verbalen Wortbildung genutzt wird.

Etwas anders ist die Lage bei der VOR/HINTER-Dimension: praktisch mindestens ebensowichtig wie die eben genannte, laufen auf ihr aber im Normalfall eine solche Menge von Bewegungstypen sozusagen unbemerkt ab, daß diese Richtung als die unmarkierte Bewegungsrichtung gelten kann, was sich in formaler Merkmallosigkeit widerspiegelt. Bemerkenswert ist dabei vor allem, daß die Doppelpartikeln, erste Anwärter für den Ausdruck der Bewegung ohne sonst große Idiomatisierung, hier kaum eine Rolle spielen.

Was letztlich die AUS/EIN-Relation betrifft, so ist sie die einzige nichtdimensionale Relation, die wir behandeln, und in diesem Sinn exemplarisch. Unter den verschiedenen Möglichkeiten solcher Relationen wurde AUS/EIN aus dem Grunde ausgewählt, weil durch sie der Raum tendenziell restlos aufgeteilt wird. Was nicht *drinnen* ist, ist *draußen* und vice versa: tertium non datur. Das ist eigentlich unpraktisch, denn man möchte doch auch über Situationen sprechen, an denen man nicht beteiligt ist; wir werden sehen, wie die Sprecher des Deutschen mit dieser Aufgabe fertigwerden.

4.1.2. Das Problem der Basen

Wie wir oben schon gesehen haben, war es relativ leicht, anzugeben, von welchen Partikeln hier die Rede sein soll, wesentlich weniger leicht ist zu sagen, um welche Arten von Basen es gehen soll. Da wir - v. a. bei den Einfachpartikelverben - darauf angewiesen sind, aus der Verwendung des gesamten Verbs und aus den internen Relationen der formal vorhandenen Elemente, auf mögliche Bezugsobjekte der Partikeln zu schließen, ist es methodisch erforderlich, zumindest die Variablen, bei denen das möglich ist, auf einem möglichst unmarkierten Niveau konstant zu halten, um ohne verzerrende Einflüsse von daher auf die Normalstruktur der entsprechenden Wortbildungsmuster zu kommen. Wir gehen davon aus, daß die Partikeln die Stellvertreter für generalisierte adverbiale Bestimmungen darstellen, die als Bewegungen oder räumliche Zustände zu interpretieren sind. Wie im ersten Teil dieser Arbeit dargelegt, sind solche Bezeichnungen für Bewegungen oder lokale Zustände auf natürliche, unmarkierte Weise in Verben ausgedrückt. Um die Neutralisierungsforderung, die wir uns gestellt haben, zu erfüllen, sind zunächst komplexe Verben mit verbalen Basen zu untersuchen, und zwar solche, an die bei den einzelnen räumlichen Dimensionen zwar leicht unterschiedliche, aber analoge Forderungen zu stellen sind. Am Beispiel der im folgenden als ersten behandelten Relation, der AUF/AB-Dimension, sei gezeigt, was damit gemeint ist.

Die Bedingungen für die Auswahl der als archilexematisch angesehenen Standardbeispiele ergeben sich:

1) aus der grundsätzlichen Unterscheidung in statische und direktionale Verben
2) aus verschiedenen Zuständen der Sprecherbeteiligung und
3) aus der jeweils behandelten Dimension bzw. räumlichen Relation.

Im Rahmen der Dimension AUF/AB heißt das:

- wir haben archetypische Bewegungs- bzw. Zustandsverben zu wählen: DIR vs. STAT. Das erfüllt die Anforderung 1).

Da die räumliche Strukturierung im Hinblick auf die Zentralstellung des Sprechers erklärbar ist, kommt bei allen Forderungen hinzu, daß Unmarkiertheit an Normalbewegungen und Normalhandlungen des Sprechers zu messen ist. Nach dem ersten Kriterium lassen sich die aufgrund aller drei Punkte ermittelten Verben in folgende Ordnung bringen:

(1)

(1.1.)	DIR	(1.2.)	STAT
	legen		*liegen*
	gehen		*stehen*[2]
	heben		
	steigen		

Die kategorialen und formalen Umgebungsbedingungen für diese Verben lassen sich folgendermaßen formulieren:

(1.3.)

	D I R	S T A T
AG/0+OBJ$_{aff}$+LOC	***legen*** V 016 *Der Schüler legt das Buch auf den Schrank*	***liegen*** V 0(5 *Das Buch liegt auf dem Schrank*
AG/EXP+LOC	***gehen*** V 0(6 *Der Schüler geht auf den Berg*	***stehen*** V 0(5 *Der Schüler steht auf dem Berg*
AG+OBJ$_{aff}$+LOC	***heben*** V 01(6 *Die Männer heben die Kiste auf den Wagen*	
AG+LOC	***steigen*** V 06 *Der Schüler steigt auf den Berg*	

- es sind Verben zu wählen, die in dem in der Tabelle geschilderten Sinne zweiwertig und dreiwertig sind.

2 S. Engel/Schumacher (1978, S.216)[*legen*]; Gerling/Orthen (1979, S. 178)[*gehen*]; Engel/Schumacher (1978, S.198),[*heben* Muster: 0 1(6)]; Gerling/Orthen (1979, S.270)[*steigen*]; Gerling/Orthen (1979, S.214)[*liegen*]; Gerling/Orthen (1979, S.275)[*stehen*].

Das sind einerseits solche Verben, die eine Bewegung [AGENS] bzw. einen Zustand [EXPERIENCER] des Sprechers ausdrücken, dann solche, in die zusätzlich ein Objekt [OBJ_{aff}] einbezogen ist, dessen räumliche Positionierung bzw. Bewegung im Raum in den Valenzrahmen des Verbs gehört. Diese Anforderungen ergeben sich aus dem oben genannten Punkt 2), sie sind durch unsere Auswahl abgedeckt:

(2)

(2.1.)	AG/EXP	(2.2.)	OBJ
	gehen		*legen*
	stehen		*liegen*
	steigen		*heben*

– letztlich sollen die ausgewählten Verben auch noch auf Besonderheiten der jeweiligen räumlichen Relation Bezug nehmen.

Für die AUF/AB-Richtung heißt das, daß es bei den Bewegungsverben welche gibt, die von der ausgedrückten Bewegung her als unmarkiert anzusehen sind, sich aber speziell auf Bewegungen bezüglich dieser Dimension beziehen: das wären unter unseren Beispielen die Verben *heben* und *steigen*. Bezüglich dieses Kriteriums ergibt sich die folgende Unterteilung:

(3)

(3.1.)	[+NEUTRAL]	(3.2)	[-NEUTRAL]
	legen		*heben*
	liegen		*steigen*
	gehen		
	stehen		

Die bisher gemachten Aussagen zu diesen archetypischen Verben beziehen sich auf ihr formales Verhalten, d. h. einerseits ihre syntaktische Valenz und andrerseits semantische Rollen, die sich den jeweiligen Ergänzungen zuordnen lassen. Diese Analysestufe macht aber noch nicht ganz deutlich, wie die festgestellten Befunde mit dem Konzept, das unsere Partikelverben mit der semantischen Relation, die von der lokalen Bestimmung ausgeht, verbindet, vereinbart werden soll. Das läßt sich nicht an den geschilderten strukturellen Verhältnissen zeigen, die die lokalen Bestimmungen gleichwertig mit kasuellen Bestimmungen behandeln, was andrerseits durchaus den distributionellen Gegebenheiten dieser Elemente entspricht. Wie oben aber schon festgestellt, sind die beiden Typen formal vergleichbarer Anschlüsse semantisch unterschiedlich herzuleiten. Semantisch sind nur die nichtadverbialen Bestimmungen dem Prädikat als Valenzträger unterzuordnen, die adverbialen Bestimmungen konstituieren eine eigene Hyperprädikation.

4.1.3. Relationen und Relationenmuster

Bondzios (1969; 1974) Formalisierungsvorschläge für die von ihm beschriebenen Sachverhalte erscheinen nicht sehr überzeugend, da sie in einer Weise ausgeführt sind, daß nicht klar ist, ob sie in einem sprachlich-kognitiven oder in einem rein kognitiven Raum operieren. Eindeutig auf die Verhältnisse der sprachlichen Sinnkonstitution bezieht sich dagegen die Darstellung der entsprechenden Verhältnisse in dem Basis-Valenzmodell von Eroms (1981). Eroms (1981, S.210ff.) nimmt wie Bartsch (1972, S.122ff.) an, Sätze mit lokalen Adverbialia seien aus der Verbindung zweier Propositionen zu verstehen, wobei die Verknüpfung der beiden Sachverhalte durch die Präposition geleistet würde. Ganz im Sinne unserer obigen Erläuterung ist dann der genauere Gehalt des Zustands- oder Bewegungsverbs "nur" eine Spezifikation von Zustand und Bewegung insgesamt. Am deutlichsten ist das an den statischen Adverbialia, in unserem Fall an den entsprechenden Zustandsverben zu sehen. Ihnen käme in dem Eromsschen Modell folgende Analyse zu:

(1.2.)(1) *Das Buch liegt auf dem Schrank.*

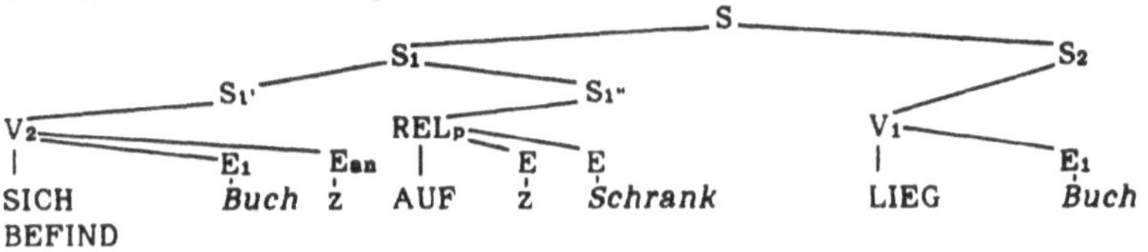

'Das Buch befindet sich liegend auf dem Schrank.'

(1.2.)(2) *Der Schüler steht auf dem Berg.*

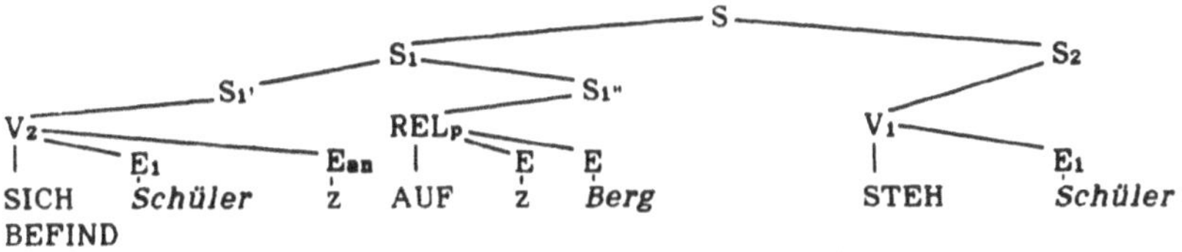

'Der Schüler befindet sich stehend auf dem Berg.'

In unserem Sinne interpretiert heißt das, *Berg* als ein möglicher Ort für räumliche Befindlichkeit, dessen in der aktuellen Kommunikation erwünschter Standort durch AUF näher spezifiziert wird, eröffnet eine semantische Leerstelle für die Angabe der Befindlichkeit; diese Befindlichkeit kann in verschiedenen Modifikationen ausgedrückt werden, deren Auswahl von der Verwendungssituation gesteuert wird bzw. z. T. innerlexikalisch geregelt ist, so daß etwa auch ein Buch "stehen" oder "liegen" kann. Diese grundsätzlichen semantischen Verhältnisse in ihrer gegenseitigen Relation legen es nochmals nahe, sich zunächst auf die die Relation näher charakterisierende Partikel zu beschränken und die Modifikation des BEFIND AN erst in einem zweiten Schritt in Betracht zu ziehen.

Dieselbe Folgerung würde ich auch für die direktionalen Bestimmungen ziehen, obwohl hier Eroms (1981) wie Bartsch (1972) gleichermaßen auf Schwierigkeiten hinweisen: in beiden Fällen wird betont, daß eine Gleichsetzung von Bewegungsverb und dem Auftreten von Direktionalergänzung nicht hinreichend sei:

> Wenn die direktionalen Präpositionen nur mit echten Bewegungsverben verbunden würden, könnte man eine Proform SICH BEWEG ansetzen und - ähnlich der Darstellung verbvalenter lokaler Präpositio-

> nalphrasen - durch ein spezifizierendes Zusatzprädikat die unterschiedlichen Bewegungsvorgänge (Laufen, Gehen, Fliegen und so weiter) erfassen. Da jedoch viele andere Verben die semantische Komponente (+Zielgerichtetheit) aufweisen, muß ein anderer Weg beschritten werden. Die Darstellung ist so zu wählen, daß sowohl der verbalen Valenz als auch dem Zusammenhang der Direktionalia mit den Lokalphrasen Rechnung getragen wird. Dem ersten Erfordernis läßt sich durch die Zweistelligkeit des Prädikats entsprechen, dem zweiten durch Ansatz einer Proform und einer Zusatzprädikation, die eine Lokalrelation darstellt. (Eroms (1981, S.216)).

Unter diesen Voraussetzungen wären unsere entsprechenden Beispiele folgendermaßen darzustellen:

(1.1.)(1)
Der Schüler geht/steigt auf den Berg.
Der Schüler legt das Buch auf den Schrank.
Die Männer heben die Kisten auf den Wagen.

a)

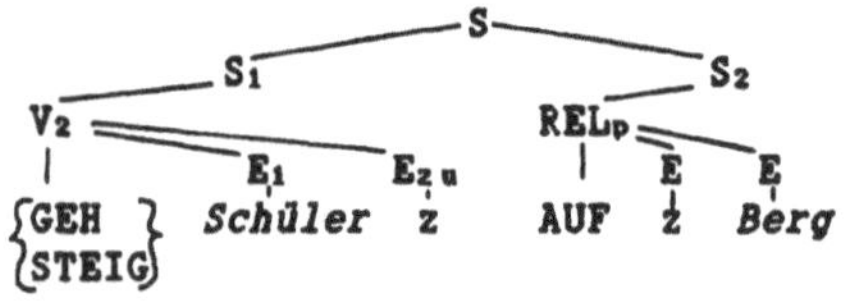

b)

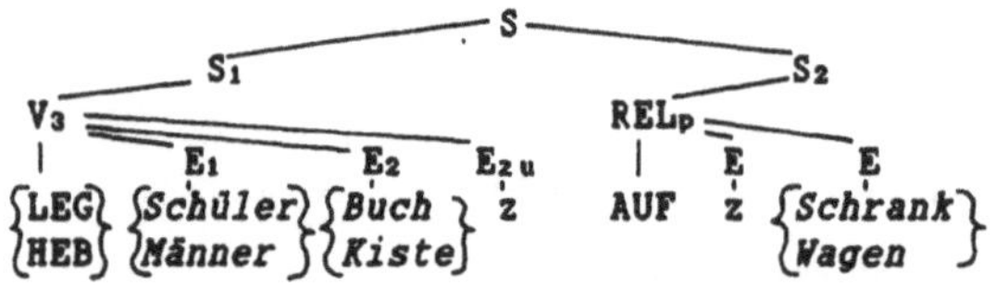

Diese Lösung ermöglicht zwar einerseits eine einheitliche Behandlung der verschiedensten Verben, die direktionale Ergänzungen zu sich nehmen können, und suggeriert einen engeren Zusammenhang der Direktionalergänzungen mit dem Prädikat, kann aber im Unterschied zu der Lösung im statischen Bereich nicht erklären, auf welche Weise die in den jeweiligen Verben enthaltenen Modifizierungen von Bewegung zustandekommen. Für den engeren Bereich der eigentlichen Bewegungsverben könnte man an eine bei den lokalen Verhältnissen weithin parallele Struktur denken:

c)

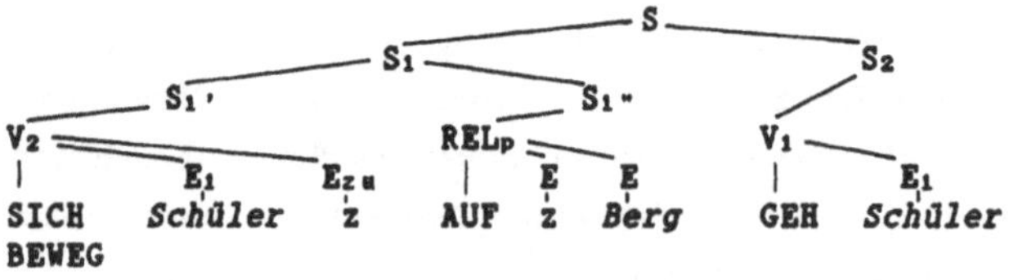

Ob sich auch für anderen Typen von Bildungen explizitere Formen finden lassen, die die inhaltliche Strukturierung ebenfalls als eine Art der Verdichtung erkennen lassen, soll bei der Behandlung der einzelnen Relationen und Partikeln überlegt werden.

4.2. AUF/AB

4.2.1. Allgemeines

Bei der AUF/AB-Dimension haben wir es in einem ersten Schritt mit folgenden Bildungen zu tun:.

(4)(4.1.) AUF

DIR/STAT: LEGEN/LIEGEN				
auflegen	*herauflegen* *hochlegen*	*hinauflegen*	*drauflegen*	*aufwärtslegen* *emporlegen* *hochlegen*
aufliegen *obenliegen*	*herobenliegen*	*drobenliegen*	*draufliegen* *drobenliegen*	

DIR/STAT: GEHEN/STEHEN				
aufgehen	*heraufgehen* *hochgehen*	*hinaufgehen*	*draufgehen*	*aufwärtsgehen* *emporgehen*
aufstehen *obenstehen*	*herobenstehen*	*drobenstehen*	*draufstehen* *drobenstehen*	

DIR: HEBEN				
aufheben *emporheben* *hochheben*	*heraufheben*	*hinaufheben*	*draufheben*	*aufwärtsheben*

DIR: STEIGEN				
aufsteigen *emporsteigen* *hochsteigen*	*heraufsteigen*	*hinaufsteigen*	*draufsteigen*	*aufwärtsst.*

(4)(4.2.) AB

DIR/STAT: LEGEN/LIEGEN				
ablegen *unterlegen* *untenliegen*	*herablegen* *herunterlegen* *heruntenliegen*	*hinablegen* *hinunterlegen* *druntenliegen*	*drunterlegen* *druntenliegen*	*abwärtslegen* *niederlegen*

DIR/STAT: GEHEN/STEHEN				
abgehen	*herabgehen*	*hinabgehen*		*abwärtsgehen*
untergehen	*heruntergehen*	*hinuntergehen*	*druntergehen*	*niedergehen*
untenstehen	*heruntensteh.*	*druntenstehen*	*druntenstehen*	

DIR: HEBEN				
abheben	*herabheben*	*hinabheben*		
unterheben	*herunterheben*	*hinunterheben*		

DIR: STEIGEN				
absteigen	*herabsteigen*	*hinabsteigen*		*abwärtssteig.*
herunterst.	*hinuntersteigen*	*drunterstelg.*		*niedersteigen*

Diese Tabelle bildet eher ein virtuelles System der Verben im Rahmen dieser Dimension ab als eine Aufstellung über tatsächlich vorkommende Lexeme. Dabei sind vorerst nur die unwahrscheinlichsten Bildungen weggelassen worden, es ist aber z.B. noch keine Rücksicht darauf genommen worden, daß v.a. im statischen Bereich die Doppelpartikeln mit Sprecherperspektive nur in südostdeutschen Varianten der deutschen Sprache auftauchen, daß andrerseits für Sprecher aus genau denselben Sprachräumen die Neutralisierungsformen mit *r-* nicht zu ihrer Norm gehören. Auch Fragen einer etwaigen stilistischen Variation wurden vorläufig außer acht gelassen.

Im folgenden soll nun so vorgegangen werden, daß zunächst Bildungen mit zur Richtungshälfte AUF gehörigen Partikeln betrachtet werden, im Anschluß daran solche, die zur AB-Hälfte dieser Dimension gehören. Dabei werden zunächst jeweils die direktionalen Bildungen und danach jeweils kurz die statischen Bildungen behandelt. Innerhalb dieser Gruppen wird nach dem morphologischen Befund vorgegangen, zunächst geht es um die Einfachpartikelverben, dann um die mit Doppelpartikeln und dann um den Rest, wobei bei den Verben zu AUF/AB und VOR/HINTER die doppelte Bezugsmöglichkeit eine besondere Rolle spielt.

Das Ausgehen vom morphologischen Befund ist folgendermaßen zu verstehen. Durch die Wahl archilexematischer Verben haben wir versucht, semantische Störungen von dieser Seite her auszuschalten. Damit wäre nun, bei einfacher adverbialer Fundierung u.d.h. voller Motiviertheit, zu erwarten, daß mögliche Bedeutungsunterschiede an den Partikeln bzw. - weniger naiv - am formal realisierten Wortbildungsmuster liegen. Soweit entsprechende Verben überhaupt lokale Bedeutung haben, wäre zu erwarten, daß in den komplexen Verben "Richtung/ Zustand" (einfache Dimensionspartikel), "Richtung + Sprecherperspektive HIER" (Doppelpartikel mit *her-*), "Richtung + Sprecherperspektive DORT" (Doppelpartikel mit *hin-*) sowie die "Richtungstendenz" (*aufwärts-* usw.) ausgedrückt würde. So gesehen scheint die Sprecherperspektive die systematisch variierende Komponente zu sein.

(5)(5.1.) DIR

Ø+Partikel	her+Partikel	hin+Partikel
(0)	0 ←	0 →

(5.2.) STAT

Ø+Partikel	her+Partikel	hin+Partikel
(HIER) (0) ▒	HIER 0 ▒	HIER 0 ▒

[0 = Sprecherstandort]

4.2.2. Relationshälfte AUF

4.2.2.1. Verben mit *auf-*

Wie aber ein Blick vor allem auf die Verben mit den Einfachpartikeln zeigt, ist die Lage im Bereich der Wortbildung nicht so einfach von der Morphologie bestimmt, es kommt vielmehr darauf an, welches Wortbildungsmuster durch die Wahl einer bestimmten Partikelform signalisiert wird.

Die Bildungen mit den Einfachpartikeln zeigen insgesamt zumindest eine semantische Spezialisierung gegenüber den entsprechenden Präpositionen bzw. adverbialen Fügungen (vgl. Lipka (1972, S.109-111); Wunderlich (1982, S.54)).

(6)	**Partikelverb**	**Adverbiale Fügung**
(6.1.)	*jmd. legt etw. auf*	*jmd. legt etw. nach oben* *jmd. legt etw. auf etw.*
(6.2.)	*etw. liegt (irgendwo) auf* *etw. liegt auf etw.*	*etw. liegt oben*
(6.3.)	*?jmd. geht auf*	*jmd. geht nach oben* *jmd. geht auf etw.*
(6.4.)	*jmd. steht auf*	*jmd. steht oben* *jmd. steht auf etw.*
(6.5.)	*jmd. hebt etw. auf*	*jmd. hebt etw. nach oben* *jmd. hebt etw. auf etw.*
(6.6.)	*jmd. steigt auf*	*jmd. steigt nach oben* *jmd. steigt auf etw.*

Schon diese Gegenüberstellung macht deutlich, daß, wo überhaupt beide Möglichkeiten vorhanden sind, die Abstände und Ähnlichkeiten zwischen den Wortbildungen und den entsprechenden syntaktischen Konstruktionen recht unterschiedlich sind. Die präpositionsähnlichen Partikeln in den Verbalableitungen können in keinem Fall gänzlich mit der entsprechenden Präpositionalphrase bzw. adverbialen Bestimmung gleichgesetzt werden. Noch im ähnlichsten Fall, so bei *aufsteigen* vs. *steigen auf*, zeigt das komplexe Wort gegenüber der syntaktischen Fügung eine semantische Spezifizierung, die der Grund dafür ist, daß in keinem Fall von Synonymie oder funktionaler Äquivalenz zwischen der Wortbildung und den präpositionalen Fügungen auszugehen ist. Die syntaktische Paraphrase kann allenfalls als Hinweis auf die realisierte Relation verstanden werden, sie kann aber nicht als Erklärungsgrundlage für die Wortbildungen dienen. Vielmehr werden durch verschiedene semantisch-pragmatische Beschränkungen eigene Wortbildungsmuster ausgebildet. So kommt es, daß unsere aus archetypischem Material zusammengesetzten Bildungen nicht zu einem parallelen Ergebnis führen.

Das hat zweierlei Gründe. Der erste liegt darin, daß die Partikel *auf-* als Realisation zweier grundsätzlicher lokaler Relationen gelten kann, und eben zwar der dimensionalen "nach oben" und der objektbezogenen "auf die Oberfläche", die, wie unsere Bedeutungsangaben zeigen, in einem umfassenderen Erklärungsmodell zwar voneinander abzuleiten sind, aber doch getrennte Ausprägungen von Wortbildungsmustern - auch syntaktischen Konstruktionen, aber das soll uns hier nicht bekümmern - zur Folge haben. Das betrifft unter unseren Beispielen die Abtrennung objektbezogenen *Auflegen-Aufliegens* gegenüber den restlichen Bildungen. Von diesen läßt sich zunächst *aufsteigen* absondern. Die verbleibenden drei Bildungen passen zwar insgesamt zusammen, unterscheiden sich dann aber doch noch darin, daß *aufgehen* hochidiomatisiert ist, *aufheben* eine spezielle Art der Deutung im Hinblick auf die relative Position des Sprechers und des gehobenen Objekts verlangt, und *aufstehen* sich auf eine im handelnden Subjekt intern ablaufende Bewegung bezieht. Diese Unterscheidungen lassen sich auch im prinzipiellen an der Einteilung bei Kempcke (1966) bestätigen. So faßt er alle verzeichneten Bildungen außer *auflegen* - *aufliegen* kommt bei ihm nicht vor - in seiner ersten von neun semantischen Gruppen "emporweisende Zielrichtung, nach oben", *auflegen* fällt bei ihm unter die Gruppe "4. Richtung nach unten, etw. auf etw." (a.a.O. S.276). Die anderen vier Verben finden sich alle in der allgemeinsten ersten Untergruppe seiner Obergruppe 1, die er folgendermaßen charakterisiert:

> la. Sie ist die größte Untergruppe dieser Bedeutungsrichtung und steht der Obergruppe I am nächsten. Ihre Verben drücken eine aufsteigende Richtung (in der Bewegung) aus, der Erdboden ist das räumliche Unten, ist der Ausgangspunkt, und das Subjekt der Handlung bewegt sich von ihm fort in die Höhe. Einige Verben bezeichnen die Aufgabe einer eingenommenen Ruhelage (aufstehen). Die Simplicia setzen sich aus Verben der Bewegung, lautmalenden Verben u.a. zusammen. Das handelnde Subjekt kann sich entweder selbst in die Höhe bewegen oder bewirken, daß etwas in die Höhe befördert wird (...) (a.a.O.S.276/277).

Diese Bestimmung umfaßt offenbar zwar durchgehend Verben, die in irgendeiner Form eine Bewegung nach oben darstellen, ist aber innerhalb dieser allgemeinsten waste-basket-Funktion viel zu wenig differenziert, um überhaupt erkennen zu lassen, nach welchen Wortbildungsmustern die hier vertretenen Verben gebildet sind. Sowohl die syntaktisch distributionellen, als auch die formalen, wie auch letztlich die rein semantischen Angaben reichen nicht zu einer einigermaßen genauen Beschreibung hin. Die Bestimmungen sind zudem zum Teil einfach widersprüchlich, man vergleiche nur, was alles über das Subjekt der Verben dieser Gruppe gesagt wird. Beim Vergleich mit den weiteren Untergruppen der Gruppe 1 bei Kempcke sieht es so aus, als sei alles, was nicht irgendeine Besonderheit zeigt, in diese Gruppe 1a aufgenommen worden. Wobei die Frage der notwendigen Bedingung für das Vorliegen einer Spezialisierung nicht leicht zu beantworten ist: so taucht etwa unser Verb *aufheben* außer in der Gruppe 1a auch in der Gruppe 1c auf. Sie wird folgendermaßen charakterisiert:.

> Auch bei diesen Verben ist die Richtung "empor" bestimmend. Etwas wird vom Erdboden (einzeln) aufgehoben, aufgenommen und emporgehoben. Dabei zeigt sich oft der Nebensinn des Ordnens, das Objekt wird entfernt (weil es unordentlich herumliegt.) *aufheben*: *Diederich hob die Scherben auf.* (a.a.O.S.280)

Soll das nun tatsächlich heißen, daß hier von der Existenz zweier Verben *aufheben* auszugehen ist? Es fällt schwer, dafür einen Grund zu sehen.[3]

a) **dimensional**

Nachdem wir in der Gegenüberstellung in (6) die Unzulänglichkeit einer syntaktischen Umschreibung für die Bedeutung und Strukturbeschreibung unserer Bildungen gesehen haben und am Beispiel von Kempcke andeutungsweise feststellen konnten, in welche Schwierigkeiten ein naiv morphologischer, semantisch rein intensionaler Ansatz führt, wollen wir nun versuchen, die Grundlagen der räumlichen Situierung und ihre Auswirkung auf die Verben mit den Einfachpartikeln genauer zu erfassen und so zu beweisen, daß sowohl eine genaue konstitutionelle Analyse, syntagmatische morphologische und syntaktische Untersuchungen, Fragen der paradigmatischen Einbettung und eigentlich pragmatische Beschreibungselemente dazugehören, um die Art dieser Wortbildungsmuster angemessen zu beschreiben. Um die Repräsentativität des Materials etwas zu verbreitern, sei auch noch auf die Einträge für unsere Standardverben, die das Duden-WB bringt, verwiesen: verzichtet sei dabei vorerst auf die Stichworte *auflegen* und *-liegen*, die eindeutig den Ober-

3 Bei einer größeren Anzahl von Kempckes Beispielen für seine Gruppen mit Bewegungsbedeutung ist fraglich, ob hier überhaupt noch von Bewegungsbezeichnungen gesprochen werden kann; wir wollen uns im folgenden auf konkret lokal verstehbare Verben beziehen, auf darüberhinausgehende Idiomatisierungen allenfalls verweisen.

flächentypus repräsentieren und daher erst nach den dimensionalen Bildungen behandelt werden sollen.

(6.3.)(1.1.)
aufgehen
"1. *aufsteigen, am Horizont erscheinen* (Ggs.: untergehen): der Mond, die Sonne ist aufgegangen, das Land der -den Sonne (*Japan*); ein neuer Morgen geht auf über dem Donautal(...)4. (vom Teig) *durch ein Treibmittel aufgetrieben werden*: der Hefeteig geht auf;" (S.212)
(6.3.)(1.2.)
"Können Sie diesen Mond nicht wegbringen?" [...] *"Warten Sie doch bis zum Abend", riet Onkel Titus, "dann wird er schon von alleine aufgehen."* (Hacks 49)
Aber wie er drehte, und ihr Gesicht im Dunkel über der Schulter aufging, sah es ihn böse an [...] (Musil 202)
(6.4.)(1.1.)
aufstehen
"1.a) *sich (von seinem Sitzplatz) erheben*: mühsam (von seinem Platz), vom Stuhl a. (...);b) *sich aus liegender Stellung aufrichten, auf die Füße stellen*: der Gestürzte stand mühsam auf." (S.229)
(6.4.)(1.2.)
[...] *der sich für die Ewigkeit auf eine Bank setzt, obgleich er ahnt, daß er sofort wieder aufstehen wird.* (Musil 19)
Dann muß ich mit dem rechten Fuß zuerst aufstehen [...] (Hacks 87)
(6.5.)(1.1.)
aufheben
"1.a) *(vom Boden) aufnehmen, hochheben*: einen Stein a.; etw. Heruntergefallenes wieder a.; Er hob mich vom Stuhl auf, als wäre ich eine Puppe (Jahnn, Geschichten 218); wir versuchten den hilflos Daliegenden aufzuheben (*wieder aufzurichten*)" (S.214)
(6.5.)(1.2.)
[...] *füllten den Sand hinein, den sie in der Kiesgrube aufgehoben hatten.* (Hacks 21)
Sie hoben die Flasche auf und entkorkten sie. (Hacks 193)
Auch irgendwelches Bakelit- und Plastikzeug, alte Steckdosen, Schalter und so weiter, gefielen uns und waren uns wert, sie aufzuheben und aufzuheben. (Brandstetter 80)
(6.6.)(1.1.)
aufsteigen
"1. *auf ein Fahrzeug steigen, ein Fahrzeug, ein Reittier besteigen* (Ggs.: absteigen 1a): auf das Fahrrad, den Traktor a.; er ist von rechts auf das Pferd aufgestiegen; jmdn a. lassen (*auf dem Rücksitz o.ä. eines (Motor)rades mitnehmen*)2. *bergan, auf einen Berg steigen; hinaufsteigen* (Ggs.: absteigen 1b): auf einen Berg, zum Gipfel a.;,3.a) *in die Höhe, aufwärts steigen, hochsteigen*: Rauch, die warme Luft steigt auf; Nebel steigt (aus den Wiesen) auf; der Saft steigt (in den Bäumen) auf; b) *sich fliegend in die Höhe bewegen*: ein Hubschrauber steigt a. (...) c) *an die Oberfläche steigen*: aus dem Meer a. (...) (S.229).
(6.6.)(1.2.)
Damit machte er sich an sein Fahrrad, um wieder aufzusteigen. (Mann 209)
Wenn man nicht aufpaßte, schien es wie "wabernde Lohe" aus den Erdhügeln aufzusteigen. (Musil 50)
Die Gegend wurde durchbraust von einem aufsteigenden Flugzeug [...] (Handke 56)

Für das syntaktische Verhalten dieser Verben ergibt sich aus diesen Belegen, daß für *aufgehen* und *aufstehen* durchgehend Einwertigkeit anzunehmen ist: offenbar ist zudem die Selektion für die möglichen Subjekte recht strikt. Für *aufheben* ist von Zweiwertigkeit mit fakultativer Richtungsergänzung auszugehen. Bei *aufsteigen* ist für die Variante 3 Einwertigkeit, für 3 c) wohl fakultative Zweiwertigkeit wie oben und für die Varianten 1. und 2. jeweils Zweiwertigkeit 06 anzunehmen. Bei allen Varianten sind relativ strikte Selektionsbeschränkungen festzustellen. Auf diese semantischen Bedingungen wird im folgenden noch näher einzugehen sein. Festzuhalten ist, daß *aufstehen* trotz seiner Basis als direktional zu klassifizieren ist, so daß im dimensionalen Bereich keine statischen Bildungen dieses Typs auftreten; nach Behandlung des Beispiels *aufliegen* werden wir zeigen können, warum das so ist.

Zunächst sollen aber die vier Verben in ihrem Verhalten betrachtet und nach ihrem Wortbildungstyp charakterisiert werden. Alle hier besprochenen Bildungen sind durch eine Bedeutungskomponente 'nach oben' gekennzeichnet, die durch die Basen in verschiedener Weise modifiziert wird. Bei *aufsteigen* haben wir ein Verb vor uns, das neben der dimensionalen auch die topologische Bedeutung zeigt und so gewisse Übergänge zwischen den beiden Gruppen deutlich machen kann. Zudem zeigen unsere Belege, daß sich für die Verben mit Einfachpartikeln die Hoffnung nicht erfüllt hat, über eine unmarkierte Besetzung der Basen auch komplexe Bezeichnungen für unmarkierte Bewegungstypen zu bekommen. Direkt vom Simplex her motiviert ist allenfalls *aufheben*, das seinerseits wieder Besonderheiten in Hinblick auf die Art der ausgedrückten Bewegung erkennen läßt. Auch die Varianten 4. von *aufgehen* und 3. von *aufsteigen* hingegen beziehen sich nicht auf die Simplicia mit Direktionalergänzung, sondern auf einwertige Handlungsbezeichnungen mit deutlicher semantischer Selektion für die mögliche Besetzung dieser Subjektsstelle. Andrerseits bestätigt dieser Befund natürlich unsere Erwartungen über den Einsatz der Einfachpartikeln zur räumlichen Strukturierung, nämlich daß Bildungen dieses Typs weithin spezialisiert und idiomatisiert sind, was mit Tendenzen zur formalen Demotivierung einhergeht.

Damit aber zu den einzelnen Bildungen: *Aufgehen*, *aufstehen* und *aufheben* repräsentieren drei - bei Einbezug des "Aufgehens von Teig" vier - verschiedene Subtypen der Bewegungsrelation 'nach oben'; angliedern lassen sich außerdem die im Duden-Eintrag als 3. genannten Varianten von *aufsteigen*. Diese Varianten und *aufgehen* stellen im Rahmen der Beschränkungen dieses idiomatisierten Typs das unmarkierte Muster dar, was die Relation zwischen Partikel und Basis angeht. An ihnen zeigt sich auch gleich, wie erst die Kombination von Ausgehen von der Relation, die durch die Partikel gestiftet wird, mit den syntagmatischen und paradigmatischen Beziehungen der gesamten Bildung die Einordnung des Typs erlaubt. Erst die Tatsache der Beschränkung der möglichen Subjekte auf *Sonne*, *Mond* und mit Objektsvertauschung solchen wie *Tag*, *Morgen* - *die Sonne geht auf* + *sie bringt den neuen Morgen herauf* = *der neue Morgen geht auf* - in Verbindung mit einem

Antonym *untergehen* zeigt, daß es sich um den personifiziert gefaßten, durch die genannten möglichen Subjekte eindeutig gekennzeichneten Bewegungsablauf handelt, der als eine "hinauf"- und "hinab"-Bewegung interpretiert wird, aber durch die Idiomatisierung in der Einfachpartikel von der Sprecherorientierung befreit ist. Das ist um so leichter, als es um eine Bewegung von einem typischen Unten (*Erde*) zu einem typischen Oben (*Himmel*) und wieder zurück geht. Daß in diesen Bildungen genau betrachtet ein Stück veralteten Weltbilds weiterlebt, oder besser gesagt, daß auch hier eine sprecherzentrierte Ausdrucksweise bevorzugt wird, braucht uns nicht zu interessieren, bemerkenswert ist für uns allerdings, daß gerade die morphologisch einfachste Bildung aus Einfachpartikel und unmarkiertestem Fortbewegungsverb nur in einem hochspezialisierten Fall dieses Bewegungstyps verwendet werden kann und zudem soweit idiomatisiert ist, daß das Bewußtsein für das dahinterstehende räumliche Bild in alltäglicher Kommunikation weithin geschwunden ist. Nicht umsonst ist der Belegsatz mit dem aufgehenden neuen Morgen, der das räumliche Bild deutlicher macht, aus einem literarischen Text, der somit ein normalerweise brachliegendes Potential dieser Bildung nützt (vgl. dazu Coseriu (1981, S.109ff)).

Sofern dieses Bedeutungselement aber in der Bildung enthalten ist, haben wir hier den Standardtyp für dieses Muster vor uns, wie er auch von Kempcke (1966, S.276) als grundlegend angenommen wird, wenn er schreibt, daß seine Verben "eine aufsteigende Richtung (in der Bewegung) aus(drückten)" und weiter: "der Erdboden ist das räumliche Unten, ist der Ausgangspunkt, und das Subjekt der Handlung bewegt sich von ihm fort in die Höhe." Die durch *aufgehen* geschilderte Bewegung gehört zu diesem Typ, wobei das Basisverb eine aktive Beteiligung des Subjekts nahelegt, die in der jetzt idiomatisierten Verwendung wohl kaum mehr empfunden wird, in der Entstehung aber als eine nicht unübliche Personifizierung von Naturvorgängen verstanden werden kann (vgl. Sasse (1978, S.225)). Für die alltagssprachliche Verwendung läßt sich aber wohl diese Komponente so nicht mehr herauslösen, vielmehr dient die Besetzung der Basis dazu, auch im Gegensatz zum genannten Antonym, die Spezialisierung auf die gemeinte Naturerscheinung auszudrücken. Noch unmarkierter, da im Zusammenhang von Motivation und Gebrauchsbedeutung paralleler, als Repräsentanten dieses Typs sind die entsprechenden Varianten von *aufsteigen*. Sie lassen sich nämlich auf eine vom menschlichen Fortbewegungsverb *steigen auf etwas* verschiedene, im Duden beim Simplex sogar an erster Stelle verzeichnete Variante dieses Verbs beziehen, die so nicht einmal mehr auf agentische Umdeutungen angewiesen ist, sondern ein PATIENS oder EXPERIENCER-Subjekt erlaubt, lexematisch als Antonym zu *sinken* zu sehen ist. Für *steigen* ist im Duden-WB (S.2497) vermerkt:

(6.6.)(2)
"1. *sich aufwärts, in die Höhe bewegen; hochsteigen* (2): der Nebel, der Ballon, das Flugzeug, der Drachen steigt; die Sonne steigt (*be-*

> *wegt sich scheinbar am Horizont aufwärts*) die Kinder lassen Drachen steigen (*lassen sie im Aufwind in die Höhe steigen*); Lerchen steigen in die Luft (*fliegen in die Höhe*); das Flugzeug steigt bis auf 10 000 Meter."

Sofern nun diese Bedeutungsvariante des "kontinuierlichen ohne ausgedrückten Anlaß nach oben sich Bewegens" in *aufsteigen* eingeht, hätten wir es hier, sollten sich weitere, womöglich unmarkierte Bildungen vom Typ *aufgehen*, z.B. *auffliegen*, als eine regelmäßige Möglichkeit nachweisen lassen, bei *aufsteigen* mit einer geringfügig anderen Variante zu tun. Denn es handelt sich nicht um die agentische Handlung, die bei diesem Lexem für die topologische Oberflächenbedeutung reserviert ist. Wie auch immer dieses Verhältnis genau sein mag, die Motiviertheit von *aufsteigen* scheint auf jeden Fall nahezulegen, daß semantisch markierte Basen weniger zur Idiomatisierung neigen als so allgemeine Bewegungsverben wie *gehen*. Bei *aufsteigen* stellt sich aber ein anderes Problem: wo liegt die Funktion des Partikelverbs, wenn das Simplex allein schon eine Bewegung 'nach oben' ausdrückt? Die Antwort darauf läßt sich in einem Hinweis, den Bondzio (1974, S.250) im Hinblick auf das obligatorische Auftreten von Direktionalbestimmungen gibt, finden. Er schreibt:

> Das sehr häufige aber keineswegs obligatorische Auftreten solcher Richtungsbestimmungen hat übrigens wahrscheinlich etwas mit der Aktionsart der mit solchen Sätzen ausgedrückten Vorgänge zu tun.

Das scheint bei unserem Beispiel zu stimmen. Dabei ist anscheinend die Tendenz sehr stark, das Beginnen, Einsetzen der "nach oben"-Bewegung als abgeschlossenen Vorgang zu benennen. Daß es sich hierbei nicht um einen singulären Fall handelt sondern um eine Funktion des Partikelverbs, die offenbar von bestimmten Bedingungen der in der Basis ausgedrückten Bewegung abhängig ist, zeigt der Vergleich mit *sinken–absinken*, auf den wir an der entsprechenden Stelle zurückkommen werden.

Hatten wir in den bisher besprochenen beiden Verben unterschiedliche Ausformungen des Basistyps vor uns, so gehört das im folgenden zu besprechende *aufstehen* zu einer strikt abgegrenzten Sondergruppe, die an die generelle Richtungsauszeichnung anschließbar ist, aber sowohl von der formalen Struktur wie von der Art der bezeichneten Bewegungen einen Sonderfall darstellt. Auffällig ist ja zunächst der formale Befund. Die Basis *stehen* ist hier durch die Interpretation des gesamten Worts, ausgehend von der Partikel *auf* als Bewegungsbezeichnung gefaßt bzw. als mit der Bezeichnung einer Bewegung verträglich aufgefaßt. Die Sonderbedeutung einer Veränderung der Körperhaltung von unten nach oben ist offensichtlich und auch in der obigen Definition von Kempcke als Sonderfall hervorgehoben. Allerdings wird dort nichts über die Verträglichkeit dieses Typs mit der grundsätzlichen Beschreibung gesagt: auch bei der Beschreibung der formalen Struktur fallen sie heraus, wenn man nicht annehmen will, daß sie in dem u.a. des Zitats stecken.

Klar ist auf jeden Fall, daß *aufstehen* als direktionale Bildung nicht mit einer morphologisch motivierenden syntaktischen Paraphrase in Verbindung gebracht werden kann. Das Simplex *stehen* ist ja ein statisches Verb. Gerade die Gruppe um *aufstehen*, also etwa die Verben *aufsitzen*, *aufhocken*, *aufknien* und weitere wie *auffahren*, *sich aufrappeln*, *sich aufrichten*, *aufschnellen*, *aufspringen* (nach Kempcke (1966, S.278)) sind ein gutes Beispiel dafür, daß die Erklärung von Wortbildungen das Konzept der analogischen Bildung nach vorgegebenen Mustern fordert. In diesem Fall scheint zudem ein bestimmtes Verb die Grundlage für das Muster zu bilden, ein Verb, das einer generellen Klassifikationsschicht von Handlungen angehört, und gegenüber dem die einzelnen Bildungen als in verschiedener Weise differenzierte Hyponyme zu verstehen sind (vgl. Pulman (1983, S.86ff.)). Dieses vorbildhafte Verb ist für *aufstehen*, *aufsitzen* usw. das bezüglich der erreichten Zielhaltung indefinite allgemeinere *sich aufrichten*.

(7)(7.1.)
[...] *sich aus den unglaublichsten und, physikalisch gesehen, unmöglichsten Lagen aufzurichten und ins Lot zu bringen* [...] (Brandstetter 38)
Und plötzlich hatte sich Graf Leinsdorf in den Polstern aufgerichtet [...] (Musil 176)
[...] *und als sie sich vom Tisch aufrichtete* [...] (Musil 181)

Diese Deutung paßt in den Rahmen einer handlungs- und perzeptionsbezogenen Begründung für die Darstellung der Raumstruktur in der Sprache, wie sie in dieser Arbeit vertreten wird. Erst der Blick auf die Verwendungskontexte, u.d.h. den Bereich in der Wirklichkeit, auf den ein komplexes Verb angewandt wird, expliziert die in der Wortbildung prinzipiell vage gehaltene Relation zwischen den beiden Elementen - hier *auf-* und *-richten* - in einer Weise, die den reihenhaften Ausbau des Musters erlaubt (vgl. Coseriu (1977, S.48-51)). Bestimmend für die Verwendung von *aufrichten* ist, daß es sich auf verschiedene Körperhaltungen des Menschen bezieht[4]. Archetypisch ist *sich aufrichten* im Rahmen dieser Bildungen, da es sich auf jeden Fall auf eine vertikalere Endposition bezieht als die jeweilige Ausgangsposition war, ohne gleichzeitig die Zielhaltung zu nennen. Hier besteht noch die Wahl zwischen verschiedenen praktischen Möglichkeiten: *er richtete sich zum Sitzen auf.* Damit ist nicht unbedingt eine Bewegung in die Vertikale gemeint, aber auf jeden Fall eine, die zu größerer Vertikalität, einer aufgerichteteren Haltung, führt. Damit läßt sich die Verbindung zu der perzeptionell begründeten "natürlichen" Raumstrukturierung herstellen. Der typische Mensch steht, ist also in Normalhaltung vertikal ausgerichtet, gleichzeitig ist das die "höchste" der üblicherweise eingenommenen Haltungen. Eine Mischung aus diesen beiden Faktoren erklärt die Bedeutung des Musters AUFRICHTEN. Dieses Verb läßt sich nur auf menschliche

---

4 Daneben kann man auch Dinge, z.B. ein Denkmal *aufrichten*; deshalb wird *sich* als Akkusativergänzung gewertet.

(dazu auch tierische) Haltungsmuster anwenden. AUF bringt die Komponente NACH OBEN bei, deren praktischer Endpunkt bei den Körperhaltungen das vertikale Stehen ist. Das verbindet diese mit anderen Verwendungen von *aufrichten*, die ebenfalls eine Bewegung in die Vertikale meinen. Bei den hyponymischen Bildungen vom Typ *aufsitzen* können wir sehen, wie dieses einfache Muster durch die Abstufung nach verschiedenen üblichen Körperhaltungen des Menschen modifiziert wird. In Anlehnung an das oben skizzierte Satz-Valenzmodell ließe sich das Muster *sich aufrichten* so darstellen:.

(7)(7.2.)

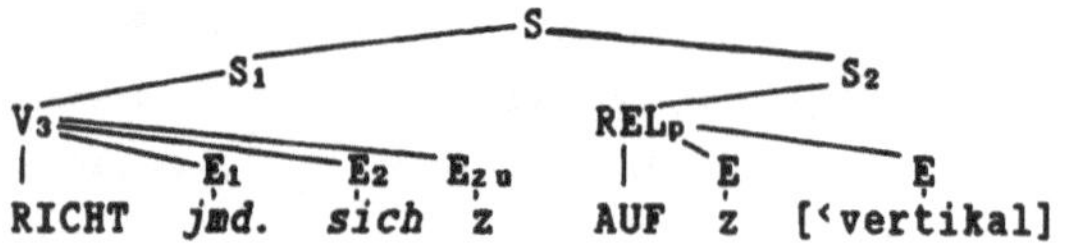

Durch eine Formulierung mit dem Verb *aufrichten* wird die Veränderung der Körperhaltung als eine Art UNTEN-OBEN-Bewegung interpretiert. Dabei ist LIEGEN als unterster, STEHEN als oberster Punkt anzusehen. Die verschiedenen Stadien auf der dadurch aufgespannten Vertikalitätsskala werden dann sprachlich wie entsprechende Orte behandelt. *Aufstehen* stellt in diesem Modell die Modifikation des Musters dar, bei dem in die Wortbildung statt der Bezeichnung für die Bewegung, wie bei *aufrichten* (vgl. Paul (1897, S.38 und 359)), die für den als eine Art Ort behandelten Zustand tritt:

(7)(7.3.)

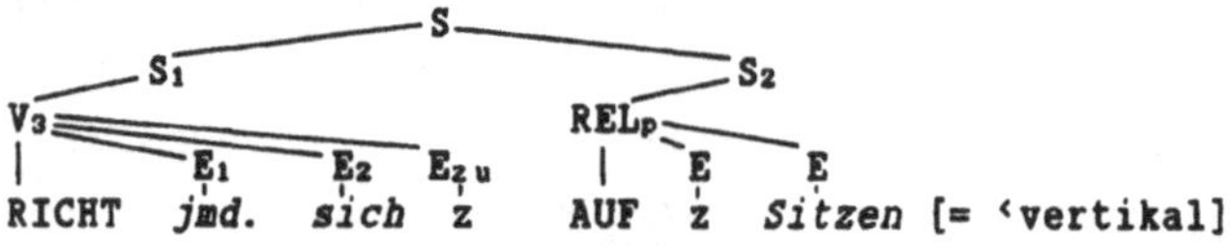

Aus dieser semantischen Grundstruktur lassen sich Formulierungen wie *jmd. setzt sich auf*, aber auch weniger verdichtete Varianten wie *jmd. richtet sich zum Sitzen auf* erläutern. Obwohl der Status der anzunehmenden REL schwierig ist, kann man es wohl vertreten, ihn als präpositionalen Relator REL_p einzuführen. AUF wird dann als 'oben bei' verstanden, was der der Präposition *auf* nahesteht. Entsprechend sind die anderen Bildungen wie *aufhocken*, *aufknien*, *aufbuckeln* u.ä. zu erklären. Bemerkenswert ist allerdings noch ein formaler Unterschied, der bisher unterschlagen wurde: *aufstehen* ist das einzige Verb dieser Gruppe, das das gemeinte Verhältnis insofern direkt abbildet, als tatsächlich der Relator *auf-* und das Zustandsverb *stehen* allein in der Oberfläche auftauchen, d.h. auch, daß dieses Verb als einziges nicht reflexiv verwendet wird. Man könnte das so deuten, daß in diesem Fall der für die Bewegungsrichtung unmarkierte Punkt erreicht wird; das ließe sich dadurch stützen, daß für die Gegenbewegung – allerdings wohl nur in süddeutschen Varianten des Deutschen – entsprechende Bildungen durchweg, wenn auch neben den reflexiven, existieren. Man kann das für ein Zeichen der ungleichen Bewertung des "nach oben" und des "nach unten" halten, so daß nach dieser Argumentation *niedersitzen/sich niedersetzen* als normaler gilt als *sich aufsetzen.*[5] Es gibt dann aber innerhalb des Musters, das wir von *sich aufrichten* her erklären wollen, zumindest noch einen zweiten Untertyp, der sich nicht auf den zu erreichenden Ort auf einer unten-oben-Skala bezieht, sondern auf Modalitäten der Bewegung. Es handelt sich um die Bildungen wie *auffahren, aufhasten, sich aufrappeln, aufschnellen, aufspringen,* aber weiters auch *aufschrecken.*

(7)(7.4.)
[...] *aber Se.Erlaucht fuhr auf* [...] (Musil 234)
Ich sah durch das viele Stürzen, Eingraben, Auf- und Herausrappeln verwegen aus [...] (Brandstetter 42)
Sie sprang auf und kletterte behende ein ganzes Stück nach oben. (Hacks 46)

Hier läßt sich gut zeigen, daß die Einordnung in ein Muster nicht von morphologischer Parallelität abhängig ist, daß allerdings das Funktionieren des Musters am leichtesten an Bildungen gezeigt werden kann, die in ihrer Konstitution Elemente enthalten, die sich als sprachliche Zeichen in die Leerstellen der semantischen Beschreibung einsetzen lassen. D.h. am leichtesten läßt sich das an Verben zeigen, deren Basen Lexemstatus haben, ohne daß das Bedingung für das Funktionieren des Musters wäre. Diese Verben sind auf das folgende - modale - Muster zurückzuführen:

(7)(7.5.)

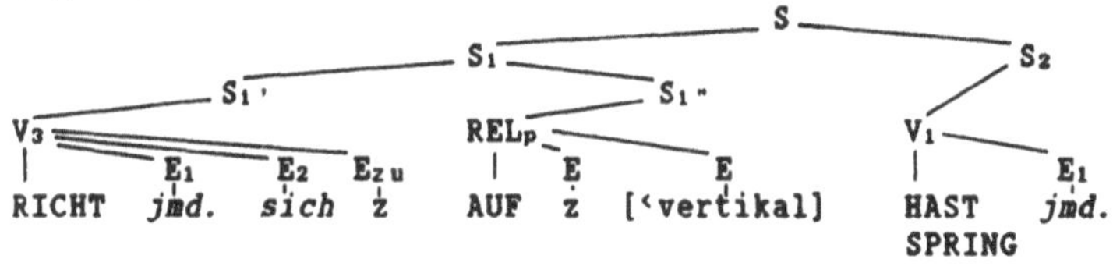

Hier ist in das Verb eine modale Modifikation des Musters SICH AUFRICHT mit aufgenommen; der "Vertikalitätsgrad", der erreicht wird, d.h. welcher Körperzustand als Ziel angenommen wird, hängt von der Art dieser Modifikation ab. Da es sich zumeist um beschleunigende Modifikationen handelt, ist kaum anzunehmen, daß hier irgendeine Zwischenposition wie Sitzen gemeint ist, vielmehr wird im Normalfall Stehen das Ziel sein, und aufgrund der Dynamik der Bewegung wird es auch dann oft noch weitergehen. Damit stehen diese Bildungen in der Nähe von Verben wie *auffliegen,* die wiederum, wie oben *aufsteigen,* eine externe Aufwärtsbewegung, allerdings mit anderen selektionalen Beschränkungen, beschreiben. Auf sie wird später zurückzukommen sein. Allerdings gibt es in dem gerade beschriebenen modalen Typ nicht bloß beschleunigende Varianten, wie etwa das Beispiel *sich aufrappeln*

5 *Aufsitzen* bedeutet nach Duden-WB dagegen "sich nicht hinlegen", ist also statisch.

"sich aus liegender, sitzender o.ä. Haltung mühsam aufrichten; aufstehen" (Duden-WB S.223) zeigt. Hier ist, wie die erste Hälfte der Bedeutungsparaphrase zeigt, eine Anwendung mit z.B. einem Zielpunkt Sitzen denkbar. An diesem Beispiel, wie etwa auch an *auffahren*, wird deutlich, wie eine analogische Deutung von Wortbildung nicht so sehr auf morphologische Regelmäßigkeit angewiesen ist, solange die Zeichenhaftigkeit der einzelnen Elemente im Zusammenhang des Bildungsmusters erwiesen werden kann. Ein Sub-Muster der modalen Untergruppe bildet sich in *aufschrecken* aus: denn SCHRECKEN ist nicht direkt als eine Modifikation der Bewegung des SICH AUFRICHTENs anzusehen, sondern enthält in sich eine Verursachenskomponente, die auch schon aus dem Zusammenhang mit einer zweiwertig-transitiven Variante *das Wild durch Schüsse aufscheuchen* (Duden-WB S.226) erhellt. Die Modifikation des Musters sähe dann so aus:

(7)(7.6.)

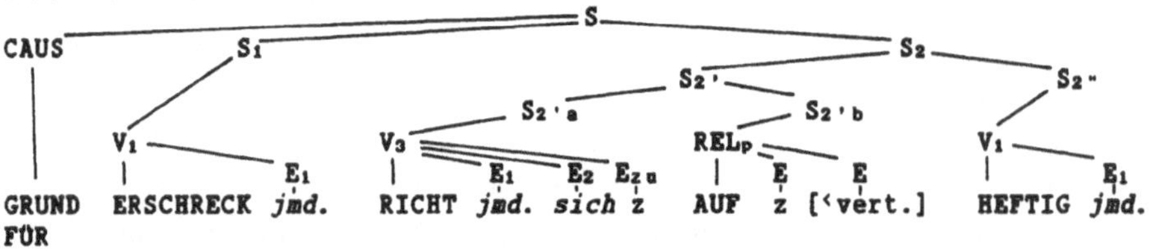

Die Proposition für unser Wortbildungsmuster lautet danach: 'daß jemand erschrickt, ist der Grund dafür, daß er sich heftig aufrichtet'. Bei der Paraphrase ist statt der semantischen Erläuterung für *aufrichten* bereits dieses Verb eingesetzt, da sowohl das Verständnis als auch die Bildung von Verben nach diesem Muster direkt an der Vorbildhaftigkeit dieses prototypischen Verbs hängt und nicht an einer genauen Aufschlüsselung der semantischen Grundlagen. Sofern auch für die Untergruppe 'sich heftig aufrichten' ein prototypisches Verb angenommen werden kann – die Bedeutungsparaphrasen im Duden-WB legen nahe, daß es *auf-/ hochfahren* sein könnte – wäre eine noch kompaktere Form der Proposition in Ordnung: 'daß jemand erschrickt, ist der Grund dafür, daß er auffährt'. In weiteren Verdichtungen scheint es dann allerdings bereits zur inhaltlichen Differenzierung im Rahmen verschiedener Ausdrucksmittel für ähnliche Relationen zu kommen: vgl. vor Schreck *auffahren* vs. *aufschrecken*. Auch aus diesem Grund scheint es sinnvoll, die kausale Modifikation auf das Verhältnis von zwei Sätzen zurückzuführen (Vgl. Eroms (1981, S.230ff.)). An dieser Untergruppe der Verben mit *auf-* hat sich deutlich gezeigt, wie die komplexen Verben, ausgehend von einem direktional-räumlichen Grundmuster, Benennungen schaffen, die verschiedene Aspekte der Verarbeitung solcher Handlungs- und Bewegungstypen in sprachlichen Kategorien fassen. Durch das morphologisch variable Wortbildungsmuster wird die Möglichkeit geschaffen, die verschiedenen Ausdrucksschwerpunkte in die entsprechenden Bildungen zu integrieren und doch mit Verständlichkeit rechnen zu können. Dabei werden die konstitutionellen Möglichkeiten auch in paradigmatischer Weise erweitert. Dazu schließen sich an Reihen von Bildungen weitere an, wobei die stärkste strukturierende Kraft von archetypischen oder als prototypisch angesehenen Verben ausgeht. Dabei ist es aber wesentlich, auf den Unterschied zwischen archetypischen und prototypischen Strukturmustern hinzuweisen. Während die Archilexeme als Supernyme der analog gebildeten Verben anzusehen sind, geht es auf der Ebene der Kohyponyme um die Festlegung besonders typischer Elemente innerhalb von gleichstufigen Lexemen. Die Ermittlung einer solchen prototypischen Funktion ist zweifellos wesentlich schwieriger, da sie nicht über den Nachweis von semantischer Merkmalsinklusion laufen kann, sondern nach einer Wichtigkeitsabstufung bestimmter Merkmale fragen muß (S. Rosch (1977), Putnam (1978), Schwarze (1982), Pulman (1983)).

Wir haben bisher, ausgehend von unseren Standardbeispielen *aufgehen, aufsteigen* und andrerseits *aufstehen* zwei Typen der Integration der Bezeichnung einer "aufwärts"-Bewegung in komplexe Verben mit der Partikel *auf-* kennengelernt. Das war einerseits der idiomatisierte Bezug auf eine sehr generelle Aufwärtsbewegung, z.T. verbunden mit der Funktion, Unterschiede der Aktionsart zu kennzeichnen, und andrerseits die als Aufwärtsbewegung gedeutete Veränderung der Körperhaltung. Bei beiden Mustern sind wir in die Nähe eines Typs gekommen, den wir mit dem Stichwort *auffliegen* gekennzeichnet haben. Er soll kurz behandelt und in einen systematischen Zusammenhang mit den anderen bisher behandelten Untergruppen gestellt werden, bevor wir mit *aufheben* zum letzten unserer dimensionsbezogenen Standardbeispiele kommen. Dabei geht es um Verben wie die folgenden:

(8)
(8.1.)(1.1.)
aufflattern, auffliegen, aufhüpfen, aufstreichen, auftauchen; aufblicken, aufblinzeln, aufgucken, aufschauen, aufsehen.
(8.1.)(1.2.)
[...] *weil es im Laufen ständig aufhüpfte* [...] (Handke 30/31)
[...] *von Millionen von aufschwebenden Leuchtinsekten* [...] (Jonke 149)
Aus dem Wasser tauchte ein riesiger hellblauer Walfisch auf, richtete sich empor und blinzelte [...] *über die Reling.* (Hacks 105)
Ich blickte auf. (Mann 62)
Alle würden aufschaun, wie wenn [...] *ein scharfer Schuß fällt!* (Musil 240)
(8.2.)(1.1.)
aufjagen, aufscheuchen, aufschrecken, aufstören.
(8.2.)(1.2.)
dieser Ekel, der mich würgt, mich aufjagt, mich schüttelt und wieder niederwirft (Mann 114)
aus den brennenden Büschen [...] *aufgescheucht* (Jonke 264)
Der Traum schreckte ihn zunächst auf [...] (Handke 86)
(8.3.)(1.1.)
aufbrausen, aufbrodeln, aufdampfen, auflodern, auflohen, aufranken, aufrauschen, aufschäumen, aufschießen, aufspritzen, aufsprudeln, aufsprühen, aufwallen, aufwogen, aufzüngeln.

(8.3.)(1.2.)
[...] *oder das Aufschäumen zu übersehen* [...] (Merkel 331)
[...] *und da raffte es die Wassermassen empor, es quoll auf und donnerte und schäumte gurgelnd Tiefengut empor* [...] (ebd.)
(8.4.)(1.1.)
aufschleudern, auftreiben, aufwehen; aufbiegen, aufbinden, auffüttern, aufhöhen, aufkaden, aufkrempeln, aufschürzen, aufschütten, aufstecken, aufstellen, auftürmen, aufwerfen; aufhissen, aufziehen; aufzwirbeln.
(8.4.)(1.2.)
[...] *damit der Staub nicht nur aufgewirbelt, sondern beseitigt wird.* (Brigitte 154)
[...] *die Dächer aufgebogen wie bei Pagoden.* (Handke 60)
Ein Weißhaariger mit Hosenträgern und aufgekrempelten Hemdsärmeln (Handke 24)
viele Wolken hatten sich aufgetürmt (Stifter 46)

Die unter (8.1.) und (8.3.) genannten Verben sind jeweils einwertige Bewegungsverben, die in der realisierten Relation mit dem oben diskutierten Fall von *aufsteigen* gleichzusetzen sind, nur beziehen sie sich durchweg auf agentische Subjekte; in anderer, schwerer zu erklärender Weise haben sie auch etwas vom Typ *aufstehen* an sich, nämlich den Aspekt der Bewegung von einer in eine andere normale Lage, von *aufsteigen* zudem das Merkmal der Aspektverschiebung auf den Anfang des Geschehens, das sich, in anderen *auf*-Bildungen wie *aufleuchten*, 'kurz zu leuchten beginnen', verselbständigt hat. Da mit diesen Bildungen aber der lokale Bereich verlassen ist, wollen wir uns mit ihnen nicht weiter beschäftigen. Noch eine Anmerkung zu "agentisch": im strengeren Sinn AGENS sind natürlich nur die Subjekte der Verben unter (8.1.), die der Verben unter (8.3.) beziehen sich im wesentlichen auf Naturerscheinungen, mit denen etwas geschieht, eine Art EXPERIENCER also. Die Darstellung in dieser sprachlichen Form läßt das Geschehen aber auf jeden Fall als agentischer strukturiert erscheinen als das bei *aufsteigen* der Fall war. Die Bildungen in (8.2.) und (8.4.) sind dagegen zweiwertige Verben, die für bestimmte Typen von Subjekten ausdrücken, daß sie bewirken, daß das jeweilige Objekt sich 'nach oben' bewegt. Dabei spielen Verben des Verursachens von Ereignissen und Handlungen, wie sie in (8.1.) und (8.3.) aufgelistet sind, eine bedeutsame Rolle.

Unter (8.1.) haben wir zwei Gruppen von Verben sowie zwei Einzelfälle. Die erste Gruppe, die sich salopp gesagt, auf das "Starten" von Vögeln bezieht, kann man entweder als eine entidiomatisierte Variante zu *aufgehen* oder eine agentisierte Variante zu *aufsteigen* ansehen. D.h. die Bewegung nach oben, die dargestellt wird, ist einerseits agentisch strukturiert und entspricht der Normalbewegung der Subjekte, andrerseits ist die Klasse möglicher Subjekte sehr stark eingeengt, die Verwendung dieser Verben ist hochspezialisiert, z.T. wohl sogar fachsprachlich. Aus diesem Grund ist wohl keine große Produktivität zu erwarten. Das neutralste Verb dieser Gruppe ist *auffliegen*, das etwa als 'sich fliegend auf normale Fortbewegungshöhe bewegen' zu beschreiben wäre. Dazu kommt aber als essentielles

Merkmal die inchoative Aktionsart. *Aufflattern* ist infolgedessen mit derselben inchoativen Spezifikation 'flatternd auffliegen', *aufstreichen* 'streichend, im Strich auffliegen'(vgl. Duden-WB S.2520 & 2523; Gerling/Orthen (1979, S.171)). Bei den beiden Einzelfällen *aufhüpfen* und *auftauchen* wird beidesmal der Handlungsansatz betont; bei *aufhüpfen*, das ja keine andere Bewegung bezeichnen kann als *hüpfen* allein auch schon, wird daneben deutlich, daß die Betonung des bewußten Ansetzens und des Richtungssinnes der Handlung beim komplexen Verb im Gegensatz zum Simplex dazu dient, die Handlung als ein funktionalisiert kennzuzeichnen. *Aufhüpfen* ist nicht die neutrale Benennung für eine bestimmte menschliche Bewegungsart, sondern die Darstellung dessen, was man tut, wenn man sich etwa sehr freut, oder wenn das Hüpfen sonst aus irgendeinem Grund mit besonderem Bewußtsein gemacht wird; beide Fälle sind im Duden-WB (S.215) belegt: *die Kinder hüpften auf vor Freude* und *der verletzte Jungvogel versucht ein paar mal aufzuhüpfen*. Bei *auftauchen* ruft die Partikel überhaupt erst eine direktionale Interpretation - mit dem aktionalen Nebensinn - hervor. Dimensionale und Oberflächenbedeutung sind sich hier sehr nahe: 'sich nach oben, über die Wasseroberfläche bewegen'. Das *über/auf die Wasseroberfläche* kann oberflächenbezogen verstanden werden, ist aber gleichzeitig nur der sachliche Ausdruck für die der Situation entsprechende Normalhöhe, die bei der positiven Bewertung dieses Richtungsendes immer im Oben liegt. Die unter (8.1.) dann noch genannten Verben gehören zusammen, bezeichnen fast dieselbe Handlung und sind eigentlich auch keine rechten Bewegungsverben, wenn man von der Art der Basis ausgeht. Tatsächlich wird aber die in ihnen ausgedrückte Veränderung der Blickrichtung wie eine normale Bewegung kodiert. Damit sind diese Verben im Prinzip von den zuletzt behandelten wie *auffliegen* gar nicht so verschieden. Eine erklärende Paraphrase analog den bisher behandelten Mustern würde lauten 'sich mit dem Blick nach oben auf Normalblickebene bewegen'. Ob gegenüber *aufblicken*, das dieser Paraphrase zugrundegelegt wurde, in *aufgucken, -schauen, -sehen* überhaupt Modifikationen des Musters zu erkennen sind, ist fraglich. Es scheint vielmehr, als ginge es hier bei einigermaßen gleicher Bedeutung um stilistische oder regionale Präferenzen für die eine oder andere Form. Lediglich bei *aufblinzeln* ist eine deutliche modale Differenzierung zu erkennen 'blinzelnd aufschauen'. Aber auch diese Bildungen werden einerseits inchoativ verstanden, andrerseits wird der Bewegungssinn eher als 'von einer tieferen Lage in Normalhöhe' als einfach 'nach oben' interpretiert. Diese Tendenz wirkt, wie wir bei *aufheben* sehen werden, auch bei weiteren Bildungen. Die Bildungen, von denen hier die Rede ist, beschreiben ein funktionalisiertes Ändern des Blickwinkels: offenbar am geläufigsten ist ihr Gebrauch, wenn das Aufschauen als Unterbrechung z.B. einer Schreibarbeit gedeutet wird. Nach oben schauen heißt dann sich von der Arbeit abwenden. Bei den in (8.2.) genannten zweiwertigen Bildungen drücken aus, daß jemand eine Bewegung, wie sie Verben vom Typ *auffliegen* bezeichnen, veranlaßt.

Dabei drücken *aufjagen* und *aufscheuchen* solche Handlungen direkt aus, die beiden anderen Verben erlauben es, das kausale Muster noch zu erkennen. *Aufjagen* ist damit: 'jmdn. aus einer als unten zu bezeichnenden (liegenden, versteckten usw.) Lage nach oben (etwa: in Laufhaltung) jagen.' *Aufscheuchen* läßt sich als eine Abart dieses Musters mit finaler Modifikation verstehen 'aufjagen zum Zwecke des Verscheuchens', wobei wir das Problem, wie das *ver-* von *verscheuchen* verschwindet, außer acht lassen wollen. *Aufstören* und *aufschrecken* würden wir, wie schon oben beim einwertigen Muster von *aufschrecken* dargestellt, als kausale Modifikation des erreichten Zustands verstehen, was zur Folge hat, daß diese Modifikation in dem Fall, wo die Verursachung bereits an anderer Stelle im Muster steckt ('jagen'), als instrumental zu verstehen ist:

(8.2.)(2)

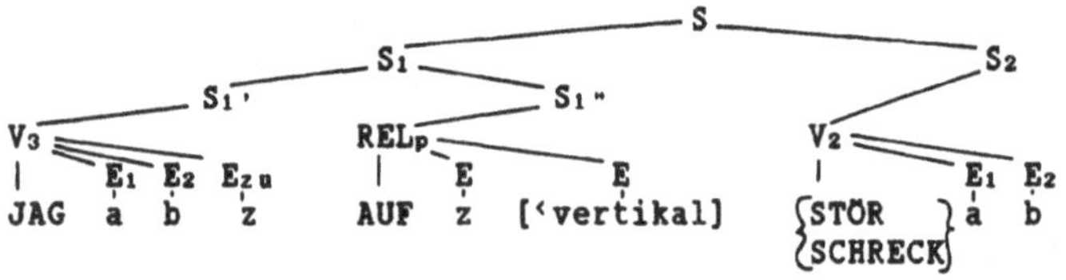

Die weiteren Verben sollen nicht mehr so ausführlich behandelt werden. Durch die Verben in (8.3.) wird die 'Nach-oben'-Bewegung bestimmter Naturerscheinungen (Flüssigkeiten, Feuer) nach der Art der Bewegung modifiziert. Die ersten drei unter (8.4.) genannten Verben stehen zu denen in (8.3.) wie die in (8.2.) zu den Hauptgruppen von (8.1.). Daneben finden sich in (8.4.) weitere Belege und Kleingruppen, die sich analog als Modifikationen der nach-oben-Bewegung beschreiben lassen. Nur die Höherbewegung im Hinblick auf den Ausgangszustand drücken die Verben *aufbiegen, aufbinden, aufzwirbeln, aufstecken, aufstellen* aus; deutlich ist aber die funktionale Intentionalisierung: *aufbinden* etwa ist nicht einfach *hinaufbinden*, sondern bezeichnet eine solche Handlung mit gärtnerischem Ziel. Ansonsten sei noch auf *aufkrempeln, aufschürzen, aufhissen, aufziehen* verwiesen, die für feste Sachbereiche (Kleidung, Fahnen) die Aufwärtsbewegung innerhalb eines festliegenden auf-ab-"Weges" bezeichnen. Das Nebeneinander von *aufschütten, auftürmen* und *aufwerfen*, die zu einer Gruppe gehören, zeigt wieder einmal die Flexibilität der Wortbildungsmuster gegenüber dem morphologischen Befund. Die restlichen Bildungen variieren alle ein Muster "etwas durch etwas höher machen", mit jeweils unterschiedlicher Akzentsetzung durch die Basisauswahl.

Wenn wir letztlich *aufheben* betrachten, würden wir aufgrund unserer bisherigen Erfahrungen in etwa folgende Voraussagen zur Bedeutung dieses und verwandter Verben machen: es sollten auf jeden Fall folgende Merkmale enthalten sein: 'Bewegung nach oben', 'Bezug auf den Ausgangspunkt', 'möglicherweise Bezug auf eine Normalhöhe oder -stellung', 'Ansätze funktionaler Einbettung in einer spezialisierten Verwendung, zu der die Basis beiträgt'. Wie die Beispiele in

(6.5.)(1.2.), die oben beschriebenen syntaktischen Verhältnisse und die zitierten Belege aus dem Duden-WB zeigen, handelt es sich zudem um ein zweiwertiges, transitives Verb, d.h. es geht um die Bewegung eines Objekts, die allerdings ihre genaue lokale Deutung doch aus einer sprecherzentrierten Perspektive erhält. Wir werden im folgenden sehen, daß alle gemachten Voraussagen für dieses Muster zutreffen, was auch ein Beleg für die Möglichkeit einer regelhaften Erklärung der lokalen Bildungen mit (dimensionalem) *auf-* ist. Daß es sich bei der vorliegenden Bedeutung von *aufheben* um eine Systematisierung innerhalb der Wortbildung handelt, zeigt ein Vergleich mit selbständigen Verwendungen der Basis. *Aufheben* hat mit selbständigem Gebrauch von *heben auf* nichts zu tun da in dem komplexen Verb nicht der Zielpunkt der Handlung, wie in Präpositonalfügungen mit lokalem *auf*, sondern der Ausgangspunkt fokussiert wird. Damit ist *aufheben*, wenn man die Verbbeschreibung in Engel/Schumacher (1978, S.197/198) zugrundelegt, mit einer Variante von *heben* in Beziehung zu setzen, die morphosyntaktisch auf keinen Fall mit *auf* konstruiert wird, also nicht mit dem Typ:

(6.5.)(2) *heben* 01(6 *Die Arbeiter heben die Kiste auf den Wagen.*

sondern mit

(6.5.)(3) *heben* 016 *Der Vater hebt das Kind aus dem Bett.*

Doch das ist nur die eine Seite der Bedeutung des Partikelverbs: trotz Betonung des Ausgangspunkts wird die ausgedrückte Bewegung - auch durch die Partikel *auf* - als eine Aufwärtsbewegung ausgewiesen. Damit paßt auch dieses Verb in das schon häufiger aufgezeigte semantische Muster, daß die Bewegung dieses Verbs aus einer als (›vertikal) ausgezeichneten Stellung nach (‹vertikal) verläuft. Den maximalen Punkt der angenommenen Vertikalbewegung, würde man in einer "Normalhebehöhe" sehen, die genaue Bedeutung des Verbs ist damit pragmatisch geregelt: etwas wird aus einer tieferen, nicht als normal zu bezeichnenden Lage in Richtung auf und höchstens bis in Normalhebehöhe gebracht. Illustrieren läßt sich das vielleicht an Satz (6.5.)(2), wobei auch die Zusammenhänge und Unterschiede zur Oberflächenkontaktkonstruktion angedeutet werden können. Sachlich spielt eine Handlung AUFHEB innerhalb der in diesem Satz geschilderten Handlung durchaus eine Rolle. Denn natürlich müssen die Arbeiter die Kiste *aufheben*, wenn sie sie *auf den Wagen heben* wollen, dennoch bedeutet das Eine nicht das Andere. Aufheben ist ein sachlicher Teil des Auf-den-Wagen-Hebens, der sich folgendermaßen schildern läßt. Bei *aufheben* würde man annehmen, daß die Arbeiter die Kiste aus einer niedrigeren Höhe auf Normalhöhe bringen würden, wobei der Ansatz dieser zum Normalziel führenden Handlung besonders betont ist. Was als normale Höhe anzusehen ist, ist von den Handlungsbedürfnissen des Menschen geprägt. Wenn die geschilderte Voraussetzung nicht gegeben ist, würde man im selben Fall vielleicht eher von *anheben* sprechen, wo auf jeden Fall kein festes Ziel vorgegeben ist. *Auf-* weist also auch in diesem Fall auf eine Aufwärtsbewegung hin, die durch eine pragmatisch definierte Normalhaltung terminiert ist. Bei der syntaktischen Fügung *auf den Wagen heben* ist das nicht notwendig der Fall: hier geht es primär um Oberflächenkontakt; dimensional kann es in verschiedenen Ebenen weitergehen (vgl. Engel/ Schumacher (1978, S.129); Plank (1981, S.46–49)), s.z.B.:

(6.5.)(4)
Schnell hob er die Insel vom Boden des Zimmers auf und packte sie in die Tasche. (Hacks 159)
[...] *Soliman gehörte Rachel und war ein in der Sonne leuchtender, entzückend bunter Scherben, den sie für sich aufhob.* (Musil 221)

Ob es auch hier Abstufungen gibt, werden wir im Zusammenhang der Verben *auflegen* und *aufliegen* untersuchen. Für *aufheben* haben sich bisher somit alle Voraussagen bestätigen lassen, bis auf die funktionale Einbettung. Es wird sich im Zusammenhang mit weiteren Bildungen dieses Musters zeigen lassen, daß auch dieser Faktor zutrifft und sich in einer bestimmten Idiomatisierungsrichtung äußert. Auf sie – im Sinne von "ordnen" – wurde oben im Zusammenhang mit Kempckes Klassifizierung bereits hingewiesen. Die semantische Struktur von *aufheben*, das man tatsächlich als Archetyp der Gruppe ansehen kann, kann man infolgedessen so darstellen:

(6.5.)(5)

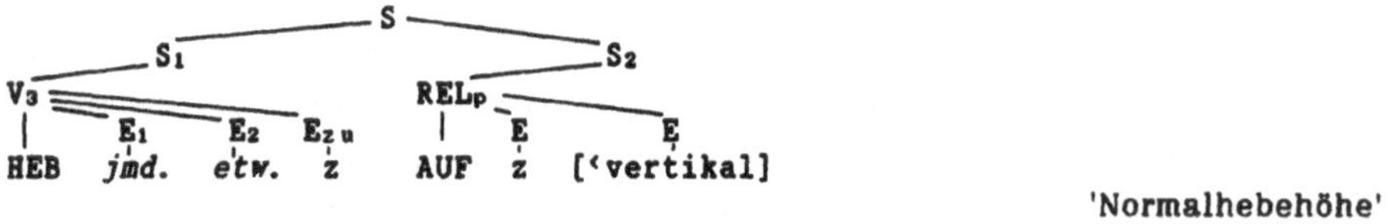

Aufgrund der offenbar ziemlich regelmäßigen Verbindung der Ursprungsorientierung mit den Verben mit *auf-* könnte man auch überlegen, ob man nicht vielleicht eine noch explizitere Struktur annehmen sollte, die die Kombination von Ursprungsbetonung und Zielausdruck nicht als eine Art nachträglicher Modifikation darstellt, wie wir das bisher getan haben, sondern in der die Funktion der Partikel *auf-* als eine Kombination einer VON-mit einer ZU-Komponente erscheint:

(6.5.)(6)

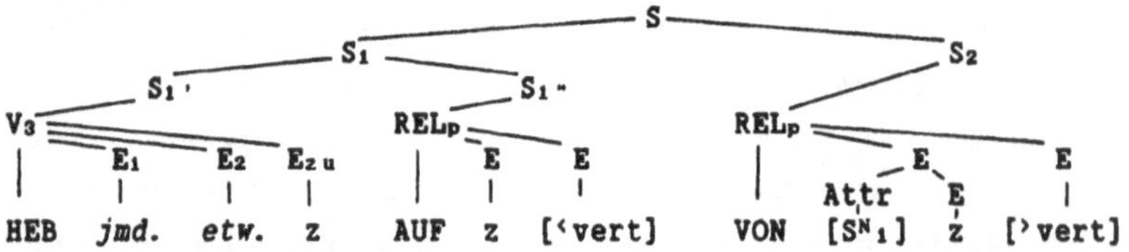

Unter diesen Voraussetzungen wäre dann ganz deutlich erkennbar, wie in der Partikel *auf-* Bedeutungselemente zusammengefaßt sind, die die syntaktische Fügung nicht in entsprechender Weise zu kombinieren vermag und daß diese Kombination der Bildung entsprechender Benennungseinheiten dient, deren Anwendbarkeit an der Kompatibilität der Situation mit der durch das Muster vorgegebenen Deutung hängt.

Es gibt allerdings auch ein Argument, das gegen eine solcherart explizite Darstellung spricht: man verläßt mit dieser Darstellung die Ebene der Zeichen und begibt sich sozusagen ins Merkmalesische, was für unser Konzept insofern nicht günstig ist, als wir davon ausgehen, daß es die Zeichenebene ist, auf der die analogischen Wortbildungsregeln operieren. Eine in diesem Sinn lexikalische Lösung würde davon ausgehen, daß in den zentralen Bereichen eines Wortbildungsmusters diese Modifikation durch die Basis nahegelegt wird[6]. Außerhalb des Kernbereichs, an den Rändern, kann diese Modifikation entweder verschwinden, oder aber durch die Wirkung des Musters oder lexikalisch paradigmatische Verhältnisse aufrechtgehalten werden. Stützend käme dazu, daß das Dazutreten ursprungsorientierter Phrasen auch bei den komplexen Verben problemlos möglich ist. Aus diesem Grund bleiben wir bei den "unexpliziteren" lexikalischen Strukturen stehen. Zum Muster *aufheben* gehören z.B. die folgenden Verben:

(6.5.)(7.1.)
auffischen, aufhieven, aufholen, aufklauben, aufnehmen, aufraffen, aufsammeln, aufseilen
(6.5.)(7.2.)
[...] *faßt eine Perle auf* [...] (Brigitte 120)
[...] *sickern nicht mehr ein und lassen sich mit einem saugfähigen Papier einfach aufnehmen.* (Brigitte 150)

Zu den modalen und instrumentalen Modifikationen, die die einzelnen Bildungen auszeichnen, soll nichts mehr gesagt werden, hingewiesen sei nur noch einmal darauf, daß offenbar von dem Untermuster *aufheben, aufklauben, aufnehmen, aufsammeln* eine Idiomatisierung in Richtung 'aufräumen, ordnen' ausgeht, wie sie sich in verschiedener Handlungsmodifikation in folgenden Verben findet:

(6.5.)(8.1.)
aufkehren, auflecken, auftrocknen, auftunken, auftupfen
(6.5.)(8.2.)
[...] wieviel Zeit ich [...] *mit dem sinnlosen Aufwischen des Küchenbodens verbringe.* (Brigitte 195)

Durch die Annahme dieser Verbindung wird eine Erklärung für die Tatsache geliefert, die Kempcke zur Ansetzung einer eigenen solchen Gruppe führt, ohne daß bei ihm ihr seiner Meinung nach durchgehend lokaler Charakter glaubhaft gemacht werden könnte.

Damit hätten wir, ausgehend von unseren Standardbeispielen, und durch systematische Erweiterung an den entsprechenden Stellen, einen Überblick über die Funktion der dimensionalen Bildungen mit der Verbpartikel *auf-* gewonnen. An einzelnen Stellen wurde bereits auf die Übergänge zur Oberflächenbedeutung von Bildungen mit derselben Partikel hingewiesen. Sowohl diese Übergänge, wie die Ei-

6 Für *heben* bestätigen die Einträge im Duden-WB (S.1168) diesen Eindruck.

genheiten der oberflächenbezogenen Verben sollen im nächsten Abschnitt behandelt werden.

Vorher kann aber zusammenfassend über die bisherigen Verben gesagt werden, daß sie tatsächlich alle als Realisation eines einheitlichen Begriffsschemas, wie Plank (1981, S.47) das nennt, angesehen werden können. Die Unterschiede können als Modifikationen dieses Schemas angesehen werden. Eine Formulierung dafür könnte folgendermaßen lauten:

> sich (AGENS) oder etwas (EXPERIENCER, PATIENS) durch eine geeignete Tätigkeit (MODUS) bzw. einen geeigneten Grund (CAUS) oder durch geeignete Hilfsmittel (MITTEL oder INSTRUMENT) (von unten) nach oben bewegen.

Diese Formulierung, die sich auf einen entsprechenden Vorschlag zu den Oberflächenkontaktverben mit *auf-*, den Plank (a.a.O.) macht, stützt, bezieht sich in unserer oben diskutierten Weise auf die lexikalisierte Form von Bedeutungseinheiten. Die grundsätzlichen Beschränkungen der Selektion, die einen Großteil der Wortbildungsmuster kennzeichnen, sind dadurch natürlich nicht erfaßt, sie bleiben aber alle innerhalb des so umrissenen Rahmens, wie unsere obigen Ausführungen zeigen.

b) **topologisch**

Zum Zwecke des Vergleichs können wir am Beginn der Behandlung der Verben mit Oberflächenkontaktbdeutung zitieren, wie Plank (a.a.O.) dieses Muster zusammenfaßt:

> etwas (PATIENS) durch eine geeignete Tätigkeit (MODUS) oder durch geeignete Hilfsmittel (MITTEL oder INSTRUMENT) auf der Oberfläche von etwas (ORT) anbringen.

Die einzelnen Untergruppen erklären sich aus der Thematisierung einer der beteiligten Relationen. Außer daß wir in diesem Zusammenhang nicht von Thematisierung sprechen würden, sondern von Modifikationen des Determinatum, scheint diese Beschreibung mit dem vereinbar, was unsere Klassifikation ergibt. Allerdings sind durch die Angabe der zugrundeliegenden Proposition nicht alle Eigenheiten dieser Wortbildungen geklärt. Vor allem ist auch die Stellung im System der räumlichen Orientierung nicht berücksichtigt. Dabei ist zu überprüfen, ob eine Beziehung zu den bisher betrachteten dimensionalen Bildungen mit *auf-* besteht, und welcher Art sie gegebenenfalls ist. Immerhin ist aber Planks Beschreibung mit einer solchen Fragestellung insgesamt verträglicher als die Kempckes (1966, S.288ff.). Bei ihm werden die Verben dieses Typs als "Obergruppe 4: Richtung nach unten" (a.a.O. S.299) gefaßt, obwohl es auch bei ihm, zumindest in den Kernbereichen, um ein 'obendrauf' geht. Da bei diesen Bildungen auf jeden Fall auf die Bedeutung der Präposition *auf* zurückgegriffen wird, ist es leichter, eine Verbindung zu den entsprechenden syntaktischen Ausdrucksweisen herzustellen. Ihre Motivationsbeziehungen erscheinen - bei verbaler Basis - eindeutiger. Daher ist von der Behandlung der Standardverben ein systematischerer Nutzen zu erwarten, d.h. solche Bildungen sollten nichts anderes als die Normalidiomatisierung des Typs zeigen (s. Kühnhold (1973, S.817: *auf-*[2])). Die Standardfälle sollen nun wiederum zuerst behandelt werden, es handelt sich um die restlichen Varianten von ***aufsteigen*** sowie um das direktional-statische Paar ***auflegen*** - ***aufliegen***. *Aufsteigen* (Varianten 1. und 2.) ist ein typisches Beispiel dafür, daß in dieser Gruppe die Bedeutung 'Kontakt mit einer Oberfläche' typischerweise zugleich als 'Kontakt mit der Oberseite' realisiert ist. Wie schon die genannten Antonyme mit *ab-* andeuten, fallen in beiden Varianten die topologische und die Dimensionsbedeutung mehr oder minder zusammen. Besonders deutlich ist das bei der Variante 2.: "Aufstieg auf einen Berg bzw. zum Gipfel" sind das Paradebeispiel für Handlungen, die die Aufnahme eines Oberflächenkontakts bezeichnen, der sich nur auf eine 'oben' befindliche Fläche, einen entsprechenden Punkt o.ä. beziehen kann. Hier wird die Übereinstimmung der durch ***aufsteigen*** bezeichneten beiden Bedeutungen durch die Beschränkung in der Selektion beschreibbar. Dadurch ergibt sich, daß selbst in diesem Fall die syntaktische Paraphrase nicht mit der Bedeutung der Wortbildung übereinstimmt. Denn zwar ist ein "Aufsteigen" ein "Steigen auf etwas", aber umgekehrt gilt diese Implikation nicht: nicht jedes "auf etwas steigen" ist ein "aufsteigen". Viel mehr als über die syntaktische Paraphrase ist die Eigenart des komplexen Verbs durch paradigmatische Beziehungen gekennzeichnet: *aufsteigen* und *absteigen* mit den entsprechenden Nomina *Aufstieg* und *Abstieg* bezeichnen eine ganz bestimmte, als eine Einheit gedachte Handlung, eben: auf einen Berg hinauf bzw. wieder herunter. *Steigen auf* kann dagegen unter Bezug auf alle möglichen Objekte gebraucht werden, der Richtungssinn ist dabei nicht erheblich, wie ein Beispiel *Er steigt vom Tisch auf den Stuhl und dann auf den Boden.* zeigt. Was bleibt, ist nicht der Bezug auf das "oben", aber immerhin der auf die Oberseite. Auch die andere noch zu diskutierende Variante von *aufsteigen* wird auf einen Bereich angewendet, bei dem die Bewegung nach oben und Bewegung in Richtung einer Oberseite zusammenfallen. So kann man vor allem bei Pferden und anderen Reittieren von *auf-* und *absteigen* reden. Von daher wird es dann auf das Besteigen einspuriger Fahrzeuge übertragen.

> (9)(9.1.)
> *"Warum?" fragte das Leben und stieg ab. [...] Damit machte er sich an sein Fahrrad, um wieder aufzusteigen.* (Mann 209)

Daß aber auch bei diesen Verwendungen noch das Bewußtsein des Höhenunterschiedes da ist, läßt sich klarmachen, wenn man sich überlegt, bei welcher Art von Fahrzeugen man *aufsteigen* und nicht *einsteigen* würde. Wie wir den obigen Beispielen entnehmen, läßt uns das Duden-WB (S.229) auf Fahrräder, Motorräder und Traktoren *aufsteigen*, auch bei einem Lkw könnte man wohl davon reden, aber nur, wenn man sich auf der Ladefläche mitnehmen läßt, sonst müßte man schon *einstei-*

gen. All das sind die Fälle, wo sich noch eine Art "Bewegung nach oben + Oberseitenkontakt" erkennen läßt. Auch Kempcke (1966, S.279) hebt diese Gruppe als Untergruppe 1c heraus und bringt sie damit zwar in Verbindung mit der Dimensionalbedeutung, vermag aber andrerseits nicht den Bezug zur topologischen Bedeutung herzustellen, die er als "Richtung nach unten" (S.288) kennzeichnet, während er zu 1c feststellt:

> Diese Beispiele müssen von 1a abgehoben werden, weil sie nicht nur die Richtung in die Höhe bezeichnen, sondern außerdem angeben, daß sich in der Höhe eine Fläche (ein Punkt) befindet, auf die sich das betreffende Subjekt der Handlung begibt. Von der Untergruppe 4a unterscheiden sich die Verben durch die Richtung "empor".

Hier übersieht Kempcke über die Betonung der Unterschiede in der Dimensionsbezogenheit die wesentliche Gemeinsamkeit, die in der Komponente "Erlangung von Oberflächenkontakt" liegt; das im anderen Fall als Richtung nach unten fassen zu wollen, ist ebenso irrig, wie eine ausschließliche Ausrichtung nach oben zu postulieren. Das soll bei *auflegen* ausführlicher diskutiert werden. Allerdings sei hier schon darauf hingewiesen, daß wir die dimensionale Bedeutung "nach oben" auch für diesen anderen Typ für fundierend ansehen. Die besondere Deutlichkeit dieser Komponente bei *aufsteigen* kommt daher, daß diese Bewegungsrichtung auch im Basisverb bereits enthalten ist. Die lexematische Differenzierung liegt darin, daß bei den hier besprochenen Verwendungen die Präfigierung mit *auf-* als eine Generalisierung über eine bestimmte Menge von möglichen Adverbialia mit der direktionalen Präposition *auf* verstanden werden kann. Das hat sich oben im Verhältnis von Wortbildung und syntaktischer Paraphrase schon gezeigt. Eine Abbildung der hier realisierten Relation könnte folgendermaßen aussehen:

(9)(9.2.)

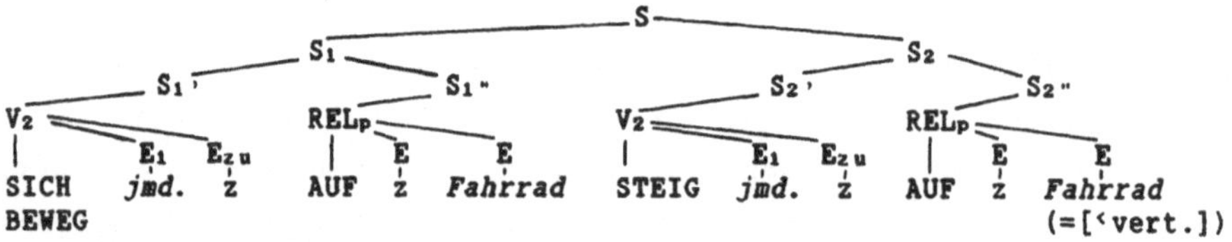

Damit wäre der Satz *jmd. steigt auf das Fahrrad auf* erklärt als: 'jmd. bewegt sich auf das Fahrrad, indem er (von unten) nach oben steigt'. Diese Grundlegung erklärt auch, warum hier neben der Partikel auch die homophone Präposition auftritt. Die Doppelheit der in das komplexe Verb eingegangenen Bedeutung würde dadurch noch deutlicher gemacht. Andererseits ist aber erkennbar, daß auch beide Bedeutungsmomente - je nach Basis in unterschiedlicher Relation - in der Partikel stecken, wie folgende Textstücke zeigen:

(9)(9.3.)
a) *Er stieg auf das Motorrad: *noch beim Steigen auf es ließ er den Motor an./ *noch beim darauf Steigen...*

b) *Er stieg auf das Motorrad: noch beim Aufsteigen ließ der den Motor an.*
Es stieg wirklich auf, es blamierte sich nicht, indem ihm das Aufsteigen mißlang. (Mann 210)
[...] *und stieg wieder aufs Rad.* [...] *mißlang ihm das Aufsteigen ebensowenig wie vorhin.* (Mann 211)

Hier liegt ein Gesamtname für das Rhema des ersten Satzes vor, und in der Partikel in dieser idiomatisierten Form, die nur auf entsprechende Handlungstypen anwendbar ist, sind dimensionale und Oberflächenbedeutung nebeneinander realisiert. Das wird im Falle von *aufsteigen* auch konstitutionell deutlich, da sich die dimensionale Beziehung von der Bedeutung der Basis her erklären läßt. Es gibt aber andere Fälle, die das Muster holistisch aufnehmen, ohne daß entsprechende konstitutionelle Merkmale gegeben wären. Das Duden-WB verzeichnet etwa noch die folgenden Bildungen:

(9.4.)(1)
aufgrätschen, aufhocken, aufknien, aufschwimmen, aufsitzen
(9.4.)(2)
[...] *sich hinten aufzuschwingen und mitzufahren* [...] (Mann 210)
[...] *und keine Wohltat konnte größer und keine Freude heller sein, als wenn man irgendwo aufsitzen und mitfahren* [...] *durfte.*
(Brandstetter a19)

Im Vergleich zu *aufsteigen* sind modale (*aufschwimmen*) oder finale Modifikationen zu erkennen. *Aufschwimmen* braucht hier nicht näher erläutert zu werden, repräsentiert es doch einen Typ, den wir oben schon mehrfach kennengelernt haben: "sich durch schwimmen auf etwas (hinauf) bewegen". Das finale Muster der anderen Bildungen wäre so zu beschreiben:

(9.4.)(3) *jmd. hockt auf*

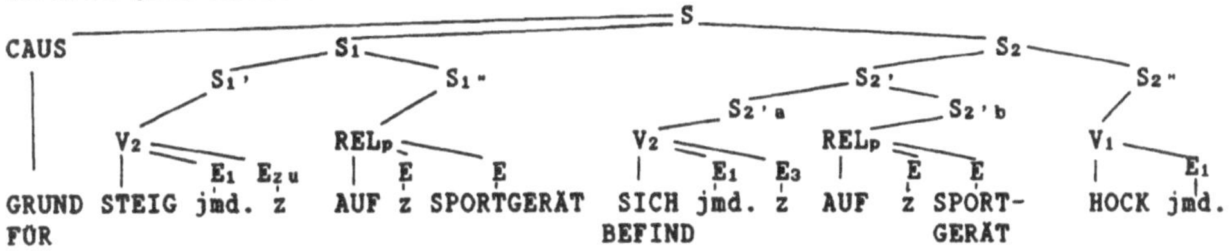

Wir lassen dieses Muster nach dem Vorbild von *-steigen* gehen, um zu sichern, daß die Aufwärtsbewegung mitkodiert wird; die Kennzeichnung des generalisierten Nomens der zugrundezulegenden adverbialen Bestimmung als "Sportgerät" zeigt die Idiomatisierungsrichtung. Zugleich wird daran auch deutlich, daß selbst diese Angabe nicht hinreicht, der Besonderheit der entsprechenden Bildungen Rechnung zu tragen. Es reicht nicht aus, um die Verwendungsbedingungen für dieses Verb zu erfüllen, daß man am Schluß der damit beschriebenen Handlung auf dem Barren hockt, sondern es gehört notwendig dazu, daß das im Zusammenhang bestimmter turnerischer Übungen geschieht, so daß – extensional gesprochen – auch nicht alles, was man umgangssprachlich "Hocken" nennen würde, in dieser Situation genügen würde. Diese Einschränkung, so speziell sie scheint, ist aber wiederum nichts anderes, als das, was sich schon bei den meisten bisher behandelten Bildungen gefunden hat, und was wir als Funktionalisierung der beschriebenen Handlungen für bestimmte Sachbereiche beschrieben haben. So auch z.B. mit "bautechnischer" Spezialisierung:

> (9.5.)
> *Die einfache runde Apsis mit drei aufgesetzten Apsidiolen gehört zu den schönsten Werken romanischer Architektur in der Bretagne.*
> (Bretagne 99)

Von diesen Fällen, die eine Übergangszone zwischen den dimensionalen und "Oberflächenbildungen" markieren, wollen wir nun zum Kernbereich der Verben übergehen, die Oberflächenkontakt markieren. Diesen Kernbereich benennen von unseren Standardbeispielen die oben ausgeklammerten Verben *auflegen* und *aufliegen*. Durch die Kombination der Partikel *auf-* mit einer Basis, die eine Art der Bewegung ausdrückt, die auf jeden Fall nicht prinzipiell dimensional orientiert ist, sollte der dimensionale Aspekt der Bedeutung entsprechender Verben gegenüber den bisher behandelten Beispielen zurücktreten, es sollte im wesentlichen nur die Bedeutung der Präposition *auf* realisiert werden. Das hat jedoch nicht zur Folge, daß diese Verben weniger spezialisiert oder idiomatisiert wären.

Diesen Befund spiegelt in etwa auch der Eintrag für die entsprechenden Wörter im Duden-WB (S. 218 & 219), und zwar recht deutlich in den Beispielen, unvollständig aber, was die Bedeutungsangaben betrifft:

> (10)
> (10.1.)
> **auflegen**(...) 1. a) *auf etw. legen*; eine neue Tischdecke a.;ein Gedeck a. (*beim Tischdecken hinlegen*); eine Schallplatte a. (*zum Abspielen auf den Teller des Plattenspielers legen*);wir müssen noch mehr Briketts a. (*auf das Feuer legen, nachlegen*); Make-up a. (*auf das Gesicht auftragen*); Wenn sie lächelte, bemerkte man, daß sie zuviel Puder aufgelegt hatte (Simmel, Affäre 166); er legte den Hörer auf (*legte nach beendetem Telefongespräch den Hörer auf die Gabel des Telefonapparates*); man legte dem Kranken kalte Kompressen auf; dem Pferd den Sattel a.; (...)
> (10.2.)
> **aufliegen**(...) 1. a) *auf etw. liegen*: die Bretter liegen auf Querbalken auf; der Deckel liegt nicht richtig auf; Der Tisch war festlich gedeckt, ein prachtvolles Damasttischtuch lag auf (Katia Mann, Memoiren 64). (...)

Bei diesen beiden Verben wird eindeutig die topologische Bedeutung von *auf-* realisiert; allerdings ist eine Bedeutungsangabe 'auf etwas legen'/'auf etwas liegen' verkürzend, wenn sie auch der intuitiven Durchsichtigkeit dieser Bildungen Rechnung trägt. So sähe auch eine Darstellung der grundlegenden Relationen folgendermaßen aus:

(10.1.)(1) *jmd. legt etw. auf*

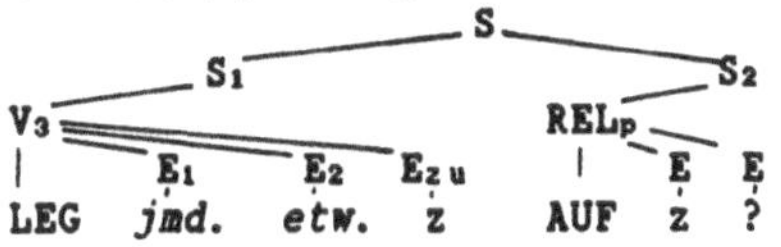

(10.2.)(1) *etw. liegt (irgendwo) auf*

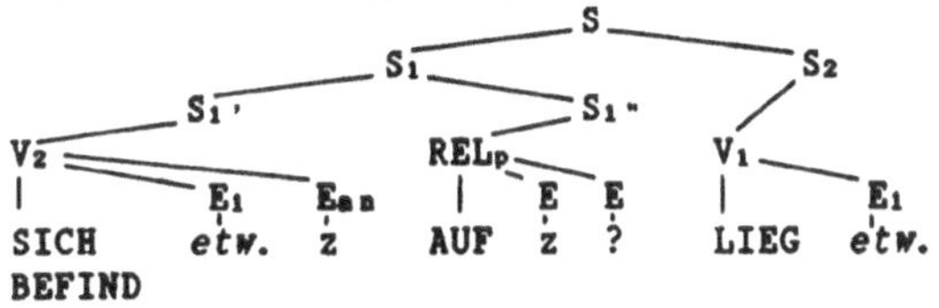

Schon die unausgefüllten Stellen für Nomina in den Präpositionalphrasen einer syntaktischen Paraphrase zeigen, daß auch in diesen Fällen die Angabe der Relation allein nicht hinreicht. Anstelle dieser Fragezeichen hat die Angabe der entsprechenden Selektionsbeschränkungen zu treten. Zudem ist auch hier der zusätzlichen Funktionalisierung der ausgedrückten Handlung bzw. des ausgedrückten Zustands Rechnung zu tragen. Auch die zusätzlichen Bemerkungen zu den einzelnen Belegen, die im Duden-WB gemacht werden, haben wohl die Funktion, diese Diskrepanz klarzumachen. Positiv gewendet kann man somit die ersten Bedeutungsparaphrasen im Duden-WB bzw. auch die Angaben in unseren semantischen Valenzbäumen als Angabe der "Bedeutungsindizierung" (Herbermann 1981, S.71), vielleicht auch der Wortbildungsbedeutung im Sinne Coserius (1977, S.49ff.) verstehen, als Explikation des sprachüblichen Verhältnisses zwischen einem LEGEN und einem AUF. Tatsächlich sind aber nur recht spezielle Fälle dieser Relation gemeint, die zudem mit den beteiligten Lexemen in freier Form nicht realisiert werden können; z. T. handelt es sich bei den Belegen für diese Verben kaum mehr um ein 'legen' und auch das 'auf' ist stark funktional differenziert. Das geht auch aus den Zusatzangaben im Duden-WB deutlich hervor. Theoretisch gesprochen haben wir es mit den Gebrauchsweisen zu tun, bei denen sich die Verwendung holistisch auf das ganze Wortbildungsmuster bezieht, konstitutionell allenfalls eine assoziative Bezugnahme möglich ist. Man kann die Unterschiede zwischen der Verwendung der Wortbildung und morphologisch entsprechender syntaktischer Konstruktionen in der Gegenüberstellung noch einmal deutlich machen:

(10.3.)

	Wortbildung	präpositionale Fügung
(1)	*eine neue Tischdecke auflegen*	*eine neue Tischdecke auf den Tisch legen*
(2)	*ein Gedeck auflegen*	*?ein Gedeck auf den Tisch legen*
(3)	*eine Schallplatte auflegen*	*eine Schallplatte auf den Plattenteller legen*
(4)	*Briketts auflegen*	*Briketts auf das Feuer legen* *Briketts in den Ofen legen*
(5)	*Make-up auflegen*	**Make-up auf das Gesicht legen*
(6)	*den Hörer auflegen*	*den Hörer auf die Gabel legen*
(7)	*dem Kranken kalte Kompressen auflegen*	**kalte Kompressen auf den Kranken legen*
	kalte Kompressen auflegen	*kalte Kompressen auf die Wunde legen*
(8)	*dem Pferd den Sattel auflegen*	*dem Pferd den Sattel auf den Rücken legen*
	den Sattel auflegen	*den Sattel auf das Pferd legen*

Wenn man in den Syntagmen mit den Simplicia und den dazugehörigen Präpositionalphrasen die jeweilige PP, die ja in den obigen Beispielen ein notwendiges Element des Sachzusammenhangs, den die Partikelverben voraussetzen, bezeichnet, durch eine beliebige Direktionalbestimmung, etwa *auf das Bett* ersetzt, wird klar, wobei es beim Partikelverb - bei der Schaffung einer Benennung - eigentlich geht. Die Bedeutung des Partikelverbs ist nicht nur 'etwas auf etwas legen', sondern etwas so Kompliziertes wie 'ein Objekt in dem ihm eigenen funktionalen Rahmen im Zusammenhang mit der von ihm (üblicherweise) ausgeübten Funktion in die ihm angemessene Lage bringen, die sich als ein Sonderfall einer Oberflächenlage beschreiben läßt'. Die funktionsbezogene Beschreibung gehört unbedingt zur Bedeutungsangabe dieses Typs von Partikelverben. Die zwischen den einzelnen Verwendungen bestehenden Unterschiede im Idiomatisierungsgrad lassen sich innerhalb dieser funktionalen Beschreibung aus den Besonderheiten der einzelnen Rahmen und der damit verbundenen typischen Vorstellungen erklären. Damit ist der in diesen Fällen gegenüber der Verwendung des Simplex zweifellos vorhandene "Valenzabbau", den Kühnhold (1973, S.188) konstatiert, nur ein Symptom für die Bedeutungsveränderung und kann erst im Rahmen der funktionalen Einbettung angemessen beschrieben werden. Zudem zeigen Beispiele wie (10.3.) (2), (5) und (8), daß hier mit der Feststellung von Valenzabbau gegenüber dem Simplex nicht mehr viel erklärt ist: von *legen* im eigentlichen Sinne ist hier nicht die Rede[7].

Nur in der doppelten Darstellung einerseits der Durchsichtigkeit dieser Verben und andrerseits ihrer funktionalen Einbettung als eines wesentlichen Merkmals ihrer Bedeutung kann man zu einer angemessenen Beschreibung von Motivation und Bedeutung dieser Verben gelangen. Das sei an den einzelnen Belegen demonstriert.

---

7 Was nicht im Widerspruch dazu steht, daß es auch syntaktische Idiotismen wie im Fall von *Briketts auf das Feuer legen* gibt.

Leicht läßt sich zeigen, daß die Diskrepanz in der Bedeutung von Simplex plus PP und entsprechendem Partikelverb daran liegt, daß das letzere notwendig in einen Handlungsrahmen eingebettet und damit auch in der Deutung von den mit diesem Rahmen verbundenen Stereotypen abhängig wird. Das Element der Funktionalisierung der ausgedrückten Handlung prägt also das entsprechende Wortbildungsmuster, das dann dafür von konstitutionellen Merkmalen etwa des LEGENs abstrahieren kann. So erklärt sich, warum wir das Partikelverb in (10.3.)(1) unmittelbar als Bestandteil eines Rahmens "Essen und Tischsitten" verstehen: "auflegen einer Tischdecke" ist das zum Schutz und zur Zierde übliche "Überstreifen" des Tischtuchs, während man auf eine Aufforderung *Leg die Tischdecke auf den Tisch !* hin nicht damit beginnen würde, den Tisch zu decken: viel eher würde man in diesem Fall das zusammengefaltete Tischtuch irgendwo als solches auf den Tisch legen. Dem selben semantischen Rahmen und gesellschaftlichen Handlungsmuster gehört (10.3.)(2) an, nur ist in diesem Falle die Sache insofern verschärft, als hier noch weiter von der konstitutionellen Motivation des komplexen Verbs abgerückt wird: es geht hier nicht um ein "Legen". Das Analogon zur Aufforderung, die Tischdecke auf den Tisch zu <u>legen</u> würde wohl heißen, ein Gedeck auf den Tisch zu <u>stellen</u> – bei aller Unüblichkeit einer solchen Aufforderung überhaupt. Eine syntaktische Paraphrase mit *legen* hat also in diesem Fall kaum eine sprachliche Realität. Andrerseits ist, wenn nur die "Rahmen"bedingungen stimmen, das Muster variabel. Das mag unser oben angegebenes Beispiel mit *auf das Bett* erweisen. Jemand, der gerne im Bett frühstückt, mag nach entsprechenden Vorbereitungen durchaus ironisch äußern, er habe zu diesem Zwecke *eine Tischdecke und die Gedecke aufgelegt*. Wichtig ist offenbar nur die Verträglichkeit mit dem Handlungsrahmen "Tischsitten". Auch alle anderen unter (10.3.) gegebenen Beispiele bestätigen die funktionale Einbettung des Partikelverbs als seine eigentliche Charakteristik. Wenn ich so aufgefordert werde, *eine Platte aufzulegen*, genügt es nicht, *sie auf den Plattenteller zu legen*, die Aufforderung schließt notwendig mit ein, daß ich zusätzlich den Plattenspieler auch noch in Aktion versetze. Bei der syntaktischen Fügung ist diese Konsequenz nicht mit eingeschlossen, vielmehr wird durch sie eine Teilaktion im Rahmen der Handlung Plattenauflegen dargestellt. Ganz ähnlich ist das Verhältnis in (10.3.)(6), nur wird hier zwar tatsächlich dieselbe Handlung bezeichnet, nur einmal als eine Handlung im Rahmen Telefonieren, im Fall der syntaktischen Fügung dagegen als eine Tätigkeit, die prinzipiell in verschiedenen Rahmen auftreten kann. So kann man etwa zum Reinigen des Telefons den Hörer von der Gabel nehmen und ihn wieder *auf die Gabel legen*. Zur idiomatisierten Bedeutung des komplexen Verbs dagegen vgl. die Implikationen einer Äußerung wie: *Er hat aufgelegt.*, wo die Tätigkeit eindeutig in ihrer Funktion innerhalb des Rahmens Telefonieren verstanden wird. Bei den restlichen oben aufgeführten Bildungen ist die Distanz zwischen Wortbildung und syntaktischer Fügung eher noch größer. Besonders deutlich ist das in

(10.3.)(5), wo eine Paraphrase mit *legen* nicht zur Bedeutung des komplexen Verbs führt. Die Art der Idiomatisierung der Beispiele (10.3.)(7) und (8) zeigt sich in besonders deutlicher Weise im unterschiedlichen Charakter der "Zielangaben" in den Sätzen mit der Wortbildung und mit der syntaktischen Fügung. Hier wird deutlich, daß ***auflegen***, mit dem jeweiligen Objekt (*Kompresse*, *Sattel*) einen Namen für eine Handlung bildet, die an einem EXPERIENCER ausgeführt wird, während in der syntaktischen Fügung die entsprechende Tätigkeit mehr (*Kompresse*) oder minder (*Sattel*) handlungsadäquat geschildert wird. Die Diskussion der einzelnen Belege hat gezeigt, daß der Grad und die Art der Idiomatisierung desselben Verbs je nach Einbettung in verschiedene Handlungsrahmen variieren können. Wir werden im weiteren noch sehen, wie diese Arten der Idiomatisierung für den Ausbau des Wortbildungsmusters genutzt werden. Entsprechende Gegenbewegungen werden häufig mit Verben mit der Partikel *ab-* ausgedrückt, und, wie bei den dargelegten Bedeutungsverhältnissen nicht anders zu vermuten ist, spielt auch hier ein sehr allgemeines Verb, nämlich ***abnehmen***, eine wichtige Rolle (vgl. Engel/Schumacher (1978, S.118)). Gerade die Verben mit den allgemeinen Basen prägen das idiomatisierte Muster. Das ist auch in Einklang mit Planks (1981, S.47) Analyse, der durch verschiedene Arten der "Thematisierung" die unterschiedliche Ausbildung der Subtypen dieses als einheitlich gesehenen Musters erklärt:

> a. MODUS-Thematisierung (dann verbale Basis):
> ***aufnähen, aufprägen, aufbrennen, aufmontieren, auftragen ...***
> b. MITTEL-/INSTRUMENT-Thematisierung (verbale, aber auch substantivische Basis):
> ***aufkleistern, aufkleben, aufbinden, aufnieten, aufkitten, aufnageln, aufgabeln, aufspießen, aufpinseln, aufhämmern ...***
> c. ORT-Thematisierung (substantivische Basis):
> ***aufbahren, auftischen, aufhalsen, aufbocken, aufgleisen, aufhucken, aufspießen. aufgabeln...***
> d. PATIENS-Thematisierung (substantivische Basis):
> ***aufstuhlen, aufbürden, auflasten (eher unproduktiv)***
> (a.a.O.S.47).

Diese Unterteilung wäre ohne größere Schwierigkeiten auf unsere Darstellungsweise abzubilden: wir würden dabei von der Vorbildhaftigkeit von ***auflegen*** ausgehen, das wir für die unmarkierteste Möglichkeit halten, das "anbringen auf" sprachlich darzustellen. Für eine paraphrastische Realisierung ist dabei allerdings hinderlich, daß in den Untergruppen semantische Modifikationen realisiert sind, die der Idiomatisierung von ***auflegen***, wie sie oben geschildert ist, widersprechen. Hier stellt sich die Frage, ob man dafür in der Darstellung nicht eine unidiomatisierte lexematische Form wählen sollte. Wir würden an sich aber lieber annehmen, daß AUF und LEGEN auch bei andersartiger Idiomatisierung durch die Wirkung der Basis bzw. eines anderen Untermusters die nötige Bedeutungsindizierung liefern; wozu auf jeden Fall gehört, daß die Deutung als "Oberflächenmuster" vorgegeben wird. Damit wäre auch in unserer Baumdarstellung die Wirkung der Analogie symbolisiert, die am Gesamtmuster ansetzt. Relativ problemlos ist der Bezug auf *auflegen* bei den Verben der Gruppe c. des Zitats, man könnte sie geradezu als den AUFLEGEN-Typ bezeichnen. die Basis benennt jeweils den Ort, auf den etwas gelegt wird und indiziert damit gleichzeitig den zugehörigen Rahmen. d.h. die Richtung der Idiomatisierung. Wir haben also eine Darstellung wie in (10.1.)(1.), die jeweilige Basis tritt an die dort mit dem Fragezeichen markierte Stelle:

(10.1.)(1a) *eine Grabplatte. auf welcher der Heilige* [...] *aufgebahrt liegt* (Bretagne 152)
(10.1.)(1b) *man bahrt jmdn. auf*

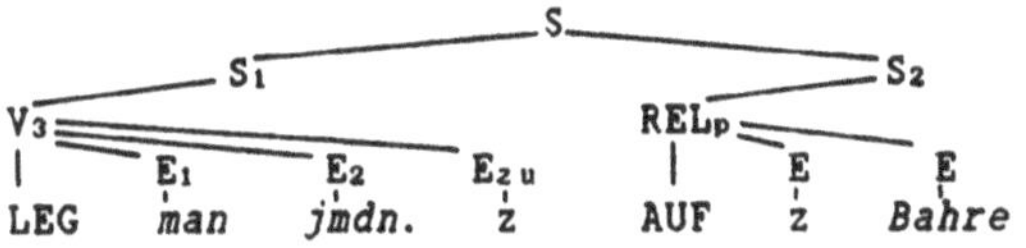

Die "oberflächlich" lexematische Unverträglichkeit kommt also aus den Besonderheiten der Idiomatisierungsrichtung insbesondere in den Modellen a. b. und d. von Planks Thematisierungsgruppen: hier lassen sich als größere Gruppen solche des "Auftragens". des "Befestigens" und des "Aufladens von etwas Beschwerlichem" herausstellen. Die letzten beiden sind mit der möglichen Idiomatisierung von *auflegen* nicht verträglich. Unter diesen Voraussetzungen wären die verschiedenen von Plank vorgesehenen Muster etwa folgendermaßen zu symbolisieren:

(11)
(11.1.a) [...] *die mit Hilfe von aufgegossenem Wasser zu quellen begannen* [...] (Bretagne 21)
Die Schüsselflittern werden schuppenförmig [...] *aufgenäht.* (Brigitte 120)
(11.1.b) *jmd. montiert etw. auf*

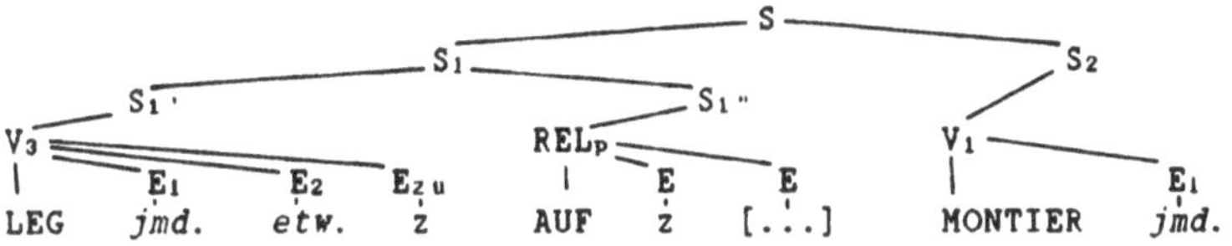

(11.2.a) [...] *24 bunte Bilder zum* [...] *Aufkleben.* (Brigitte 132)
(11.2.b) *jmd. gabelt etw. auf*

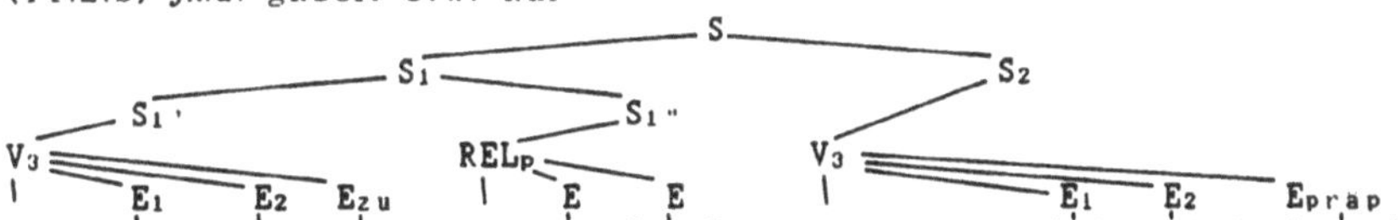

(11.3.a) [...] *ein ganzes Menü auftischen* [...] (Brigitte 158)
(11.3.b) *jmd gabelt etw. auf* (2) (11.4.) *jmd. lastet jmdm etw. auf*[8]

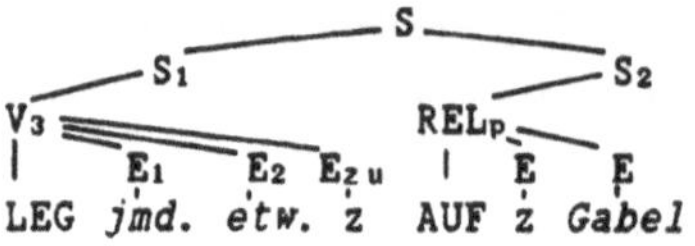

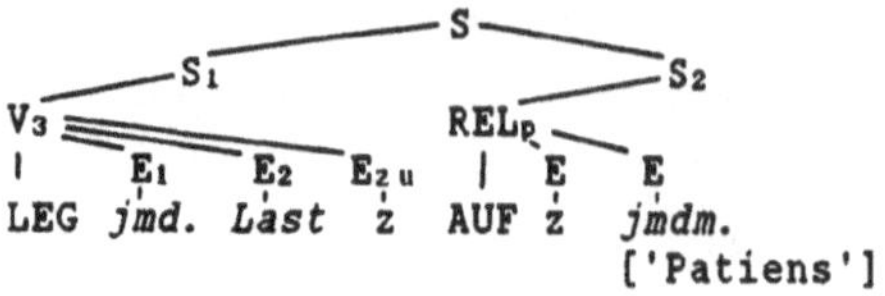

Von den oben genannten größeren semantischen Gruppen, die außer der Gruppe c. auftreten, sind in a. und b. beide einigermaßen gleichmäßig vertreten:

(11.5.)

AUFTRAGEN
a. *aufbringen, aufmalen, aufprägen aufschmelzen, aufschmieren, aufspritzen, aufsprühen, aufstreichen, aufstreuen*
b. *aufdampfen, aufkupfern, aufschrumpfen, aufsprayen, aufstempeln, aufwalzen*

BEFESTIGEN
aufbrennen, aufflicken, aufheften, aufklopfen, aufmontieren, aufschlagen, aufschweißen, ***aufsteppen, aufsticken***
aufkleben, aufkleistern, aufleimen, aufschnallen

Diese Aufteilung der entsprechenden Belege aus dem Duden-WB zeigt, daß die Trennlinie zwischen den beiden Gruppen nicht eindeutig zu ziehen ist, damit auch, daß die relational-strukturell gewonnenen Gruppen Ähnlichkeiten in der Bedeutungsstruktur haben. So kann z.B. *auflegen* selbst die Variante 'auftragen' entwikkeln, andrerseits gehen die 'auftragen' - und die 'befestigen'-Variante bruchlos ineinander über (etwa: *aufschmelzen, aufwalzen*). Zu diesen beiden Varianten kommt als dritte Gruppe noch die 'aufladen'-Bedeutung, mit durchaus üblichen Bildungen, aber anscheinend nicht sehr großer Produktivität. Dabei scheinen entsprechende Bildungen nach b. eher selten zu sein:

(11.6)

AUFLADEN
a. *aufladen, auflagern, aufpacken, aufsetzen*
b. *aufgabeln, aufhalsen*

8 Die Angabe PATIENS, d.h. die Beschränkung auf Elemente, die zumindest (+ belebt) sind, soll sichern, daß die lokale AUF-Relation in Form einer Dativergänzung realisiert wird; meines Erachtens spielt das auch für andere Muster eine Rolle: *er lädt mir den schweren Rucksack auf* mit modaler Modifikation:

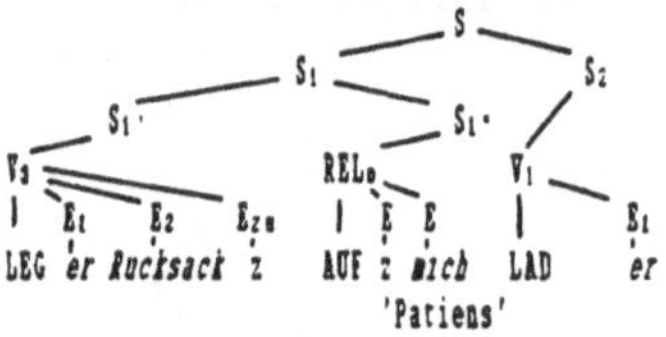

Gleicherweise ist an unserer Symbolisierung abzulesen, daß in einem Satz mit dem komplexen Verb mit *auf-* nur dann noch eine direktionale Bestimmung auftreten kann, wenn in unserer Relation dafür eine unspezifizierte Stelle offensteht, wie hier in den ersten beiden Mustern.

Als eine Art metaphorischen Gebrauchs dieser 'aufladen'-Bedeutung kann man die Verwendung der Verben nach d. betrachten.

Obwohl sich Plank (1981, S.46ff.) auf Kempckes (1966) Klassifikation bezieht, sagt er nichts dazu, daß die Gruppe von Verben, die er in seiner Analyse heraushebt, bei Kempcke (a.a.O.S.288) die Hauptgruppe seiner Obergruppe 4 darstellt, die dieser durch 'Richtung nach unten' beschreibt. Vielmehr nennt Plank (1981, S.46) selbst unter anderen Typen von *auf-* Verben eine Gruppe mit der Bedeutung "'(von oben kommend) in Kontakt mit einer Oberfläche geraten' (*aufklatschen, auftreffen*)"; diese Verben stellen bei Kempcke (1966, S.290) die Untergruppe 4c. dar. Auch diese Gruppe von Verben hat, was bei beiden Autoren nicht festgestellt wird, mit den bisher behandelten Verben die Oberflächenbedeutung gemeinsam. Natürlich handelt es sich hierbei insofern um einen anderen Typ von Verben als bei den letztbehandelten, als sie einwertig sind und somit Ereignisse bezeichnen. Für die Art der lokalen Bedeutung aber ist dieser Unterschied unerheblich. Wichtig ist, ob sich von der Bedeutung dieser Verben, die ja von prototypischen Bildungen wie *auffallen* her tatsächlich eine nach unten gerichtete Bewegung bezeichnen, noch eine Verbindungslinie zu der bisherigen Darstellung lokaler Bildungen mit *auf-* ziehen läßt. Diese Verbindung scheint sich mir tatsächlich herstellen zu lassen. Wir waren bei der Oberflächenbedeutung von Bildungen ausgegangen, die, wie *aufsteigen*, eine deutliche Vermischung von dimensionaler und Oberflächenbedeutung zeigen, der Kernbereich der topologischen Verwendung, den wir mit *auflegen* und weiteren Verben exemplifiziert haben, zeigt zumindest in manchen Fällen - etwa Typ *aufladen* - eine Präferenz, die angezielte Oberfläche im unmarkierten Fall auch noch als "oben" zu verstehen, und sei es zumindest noch das Oben eines mit vertikaler Ausdehnung vorgestellten Objekts. Durch die Wahl entsprechender Basen, bzw. den entsprechenden Ausbau des Musters, ist davon bei den Verben um *auffallen* nicht sehr viel mehr geblieben, als daß es sich im Normalfall bei der Zielfläche um eine als Oberseite klassifizierte Fläche handelt, bei einer weiteren Gruppe von Verben (*auf ein anderes Auto auffahren*) bleibt dann letztlich nur noch der Oberflächenkontakt, gleich auf welcher Seite, übrig. Gleichzeitig haben dann die Bildungen der letzten beiden Stufen die Tendenz, wiederum aktionsartspezifizierend verstanden zu werden, indem sie punktuell den Augenblick des Eintritts des Ereignisses fokussieren, was auch durch syntaktische Anschlußregularitäten bestärkt wird:

(11.7.)
Die Uhr fällt zu/auf den Boden.
Die Uhr fällt auf dem/den Boden auf.

Offenbar dient hier das Partikelverb dazu, den Blick auf das Erreichen des Endzustands, auf den Augenblick des Treffens der Oberfläche zu richten.

Nachdem wir so für die direktionalen Partikelverben mit *auf-* geklärt haben, in welcher Weise sie sich auf die prinzipiellen Raummerkmale beziehen, und wie

Modifikationen der Wortbildungstypen zur Differenzierung dieser Struktur beitragen, sei das Bild noch durch die Behandlung der statischen Bildung *aufliegen* vervollständigt. Auf Bildungen mit *auf-* wird außerdem noch bei der Darstellung der Konkurrenzverhältnisse für diese Dimension zurückzukommen sein. *Aufliegen* kann als statisches Pendant zu *auflegen* verstanden werden, zumindest was die ausgedrückte Relation betrifft.

(10.4.) *Die Bretter liegen auf Querbalken auf.*

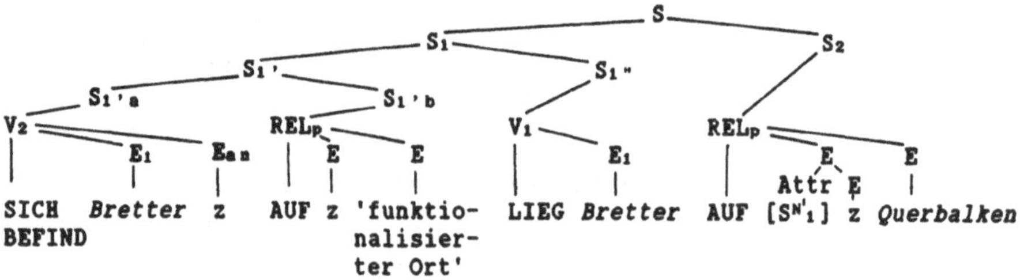

Anstatt einer undifferenzierten Leerstelle haben wir in diesem Fall zur Abkürzung des Verfahrens das eingetragen, worin uns schon bei den direktionalen Bildungen die Besonderheit dieser komplexen Verben zu liegen schien, nämlich, daß es sich um eine Ortsbestimmung handelt, die im Hinblick auf die jeweils ausgedrückte Handlung funktionalisiert ist, in diesem Fall also ein funktionalisiertes "auf etwas liegen". Paraphrasierend wäre das etwa so zu fassen: "die Bretter befinden sich liegend in funktionalem Zusammenhang auf einer durch diese Funktion bestimmten Stelle. Dieses Aufliegen geschieht auf einem Querbalken". An der Unförmigkeit dieser Umschreibung wird die verdichtende und Benennungen schaffende Kraft der Wortbildung besonders deutlich. Daß es sich um diesen Typ von Benennungsbildung handelt, zeigt auch hier der Vergleich mit syntaktischen Paraphrasen:

(10.4.)

	Wortbildung	**präpositionale Fügung**
(1)	*daß die Bretter auf Querbalken aufliegen.*	*daß die Bretter auf Querbalken liegen.*
(2)	*daß der Deckel nicht richtig aufliegt.*	*daß der Deckel nicht richtig auf dem Rand liegt.*
(3)	*daß ein Damasttischtuch auflag.*	*daß ein Damasttischtuch auf dem Tisch lag.*

Nicht besonders behandeln brauchen wir dabei den Fall (10.4.)(3), der genau das statische Gegenstück zum direktionalen Fall (10.3.)(1) bildet; bei ihm ist daher auch keine so komplizierte Darstellung vonnöten: durch die Idiomatisierung läßt sich die Spezialisierung auf das Decken des Tisches unmittelbar darstellen. Das erhellt schon daraus, daß nicht noch *auf dem Tisch* hinzufügbar ist, wenn nicht in irgendwelcher kontrastivierender Absicht:

(10.4.)(4)
Auf dem Tisch lag ein Damasttischtuch auf und auch auf einem improvisierten Gestell aus Kisten und Brettern.

Damit ist *aufliegen* analog zu *auflegen* so darzustellen:.

(10.4.)(5)

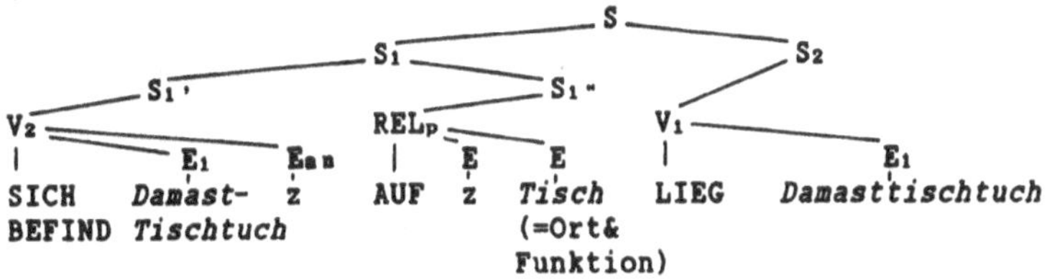

In den anderen Fällen aber, und das ist eher der Normalfall, betrifft die Spezialisierung nicht so sehr mögliche Objekte als das Ziel der Handlung, ungeachtet der einzelnen beteiligten Objekte. Dem versucht die obige Darstellung Rechnung zu tragen, bietet sie doch die Voraussetzung, bei Annahme der lexikalisierten Form *aufliegen* zu erklären, warum dieses Verb normalerweise eine Lokalergänzung braucht, die nur - aber das ist bei anderen Verben auch üblich - durch bestimmte modale Bestimmungen ersetzt werden kann. Das ist oben in Beispiel (10.4.) (2) der Fall.

Damit gibt unsere in dem ersten Stammbaum gegebene Darstellung die typische Idiomatisierungsrichtung für dieses Verb wieder: es geht nicht so sehr um eine Einschränkung der in einer anzunehmenden Lokalergänzung vorkommenden Objekte, sondern vielmehr um eine geradezu terminologisierte Spezifikation der Funktion des beschriebenen Kontakts. Gemeinsam mit den direktionalen Fällen ist, daß sich auch diese Spezifikation als eine funktionale Einbettung erklären läßt. Während nämlich eine syntaktische Fügung *liegen auf* eine eher zufällige Berührung meint, handelt es sich bei *aufliegen* um eine strukturell bestimmte Art des Oberflächenkontakts. Wenn also *das Brett auf einem Tisch aufliegt,* dann liegt es einerseits nicht ganz auf dem Tisch, sondern normalerweise mit einer Stelle, etwa einem Ende, das andere Ende und womöglich weitere Punkte liegen woanders auf, und das Ganze dient dazu, eine Konstruktion herzustellen, mit der man etwas machen kann, etwa daraufsteigen, um die Decke des Zimmers zu streichen. Wenn dagegen *das Brett auf dem Tisch liegt,* dann liegt es mehr oder minder ganz und zumindest ohne direkte Verwertungsabsicht dort - seine Lage wird sprachlich nicht funktional interpretiert. Genau dasselbe Verhältnis besteht zwischen den Paaren von Ausdrücken in (10.4.) (1) und (2), wo das Partikelverb immer den funktionalisierten Kontakt ausdrückt, die syntaktische Fügung dagegen einfach Oberflächenkontakt. Für die Bedeutungserklärung der Verben vom Typ *aufliegen,* reicht es nicht aus, festzustellen, daß *auf-* in diesen Fällen "ersetzbar durch darauf" (Kühnhold (1973, S.187)) sei. Wie wir gesehen haben, reicht diese Erklärung für keine Gruppe der Verben mit *auf-* und topologischer Kontaktbedeutung hin. Mit der Behandlung des Beispiels *aufliegen*[9] soll die Behandlung der Einfachpartikelverben mit *auf-* zunächst abgeschlossen sein (vgl. aber Kühnhold (1973, S.170)). Im Kontrast mit den anderen Bildungen zur selben Dimension wird nochmals darauf zurückzukommen sein. Da sie uns in der weiteren Behandlung unseres Themas, bei dem wir im Anschluß zu den Doppelpartikelverben kommen, voranbringt, sei abschließend Kühnholds (1973, S.174) generelle Äußerung über das Verhältnis von Doppelpartikel- und Einfachpartikelverben zitiert:

> Keine große Rolle zu spielen scheinen Konkurrenzen zwischen *auf-* und *hinauf-* (evtl. *aufsteigen = hinaufsteigen*, wobei *hinauf-* aber ein Ziel voraussetzt) und *auf-* und *herauf-* (etwa: *etw. aufkrempeln = etw. heraufkrempeln*). Es fällt auf, daß *hinauf-* in dieser Gruppe meist dann an der Stelle des zu erwartenden *auf-* eintritt, wenn *auf-* beim gleichen Grundverb einer anderen Funktionsgruppe angehört (...)

Die letzte Überlegung Kühnholds weist den richtigen Weg, wenn man die Idiomatisierung von Doppelpartikelverben erklären will. Bevor aber von diesen Sonderfällen zu reden sein wird, soll zunächst einiges Generelle zu den Doppelpartikelverben gesagt werden.

4.2.2.2. Verben mit *hinauf-/herauf-*

a) allgemein

Wir haben es im folgenden mit den Verben mit den Partikeln *herauf-/hinauf-*, *rauf-* und *drauf-* zu tun. Im Gegensatz zu den eben behandelten Bildungen mit *auf-*, die, selbst wenn sie der Nische "Aufwärtsbewegung" angehören, bedeutungsmäßige Spezialisierung zeigen, können Bildungen mit *herauf-/hinauf-* zu einem großen Teil einfach von der Funktion der Partikel als Richtungsangabe, ohne Unterschied zum selbständigen adverbalen Gebrauch, verstanden werden.

> (12)
> *Und sie begannen alle drei, auf die Reling hinaufzuklettern* [...] (Hacks 9)
> [...] *krabbelte der König mit großer Geschicklichkeit an der Eimerkette herauf* [...] (Hacks 124)

Dabei erklärt sich aus der oben diskutierten Funktion von *hin-* und *her-*, die man verkürzend als "Terminierung einer Richtung" benennen könnte, daß auch in den Partikelverben die im zweiten Teil der Doppelpartikel ausgedrückte Richtung nicht als eine abstrakte Bewegungsrichtung zu fassen ist, sondern als eine, die in Beziehung zur Position des Sprechers relativ zur Handlung definiert ist. Das zeigen sowohl die Zusammenstellungen in (4.1.) und (4.2.) als auch weitere parallele Paare von Verben:

---

9 Vgl. Kühnhold (1973, S.187); ähnliche Verben, wie *aufsitzen* gehören eher zu *aufklatschen*, *auffallen* usw.

(12)(12.1.)

H E R -	H I N -
heraufarbeiten	*hinaufarbeiten*
heraufblicken	*hinaufblicken*
heraufbringen	*hinaufbringen*
herauffahren	*hinauffahren*
herauffliegen	*hinauffliegen*
heraufflitzen	*hinaufflitzen*
heraufführen	*hinaufführen*
heraufhelfen	*hinaufhelfen*
heraufholen	*hinaufholen*
heraufhüpfen	*hinaufhüpfen*
heraufklettern	*hinaufklettern*
heraufkommen	*hinaufkommen*
heraufkönnen	*hinaufkönnen*
herauflangen	*hinauflangen*
herauflassen	*hinauflassen*
herauflaufen	*hinauflaufen*
heraufmarschieren	*hinaufmarschieren*
heraufnehmen	*hinaufnehmen*
heraufpumpen	*hinaufpumpen*
heraufreichen	*hinaufreichen*

u.a.m. (Brockhaus-Wahrig, S.485ff.)

(12.2.)

aufblicken, auffahren, auffliegen, aufhelfen, aufhüpfen, aufkönnen, auflaufen, aufnehmen

Die in (12.1.) aufgezählten Verben kann man folgendermaßen umschreiben:

(12.1.)

(1) BEWEGUNG$_{verb}$ + NACH OBEN$_{auf}$ + IN RICHTUNG ICH-HIER$_{her}$

(2) BEWEGUNG$_{verb}$ + NACH OBEN$_{auf}$ + IN RICHTUNG NICHT-ICH-HIER$_{hin}$

Wir wollen auch in diesem Fall von unseren Standardverben ausgehen, anschließend weitere Beispiele und in Sonderheit die Konkurrenzen mit den Einfachpartikelverben besprechen:

(12.1.)(3)

heraufgehen	*hinaufgehen*
herauflegen	*hinauflegen*
heraufheben	*hinaufheben*
heraufsteigen	*hinaufsteigen*

Wenn man die Belege dieser Verben in den Wörterbüchern betrachtet, kommt man zu folgendem Ergebnis:

(12.1.)(4)

	HERAUF	HINAUF
gehen		von (hier)unten nach (dort) oben gehen: *wir werden zu Fuß h.; halte dich beim H. am Geländer fest.*
		nach(dort)oben gehen: *die Treppe h; zur Wohnung, auf das Podium h.*

legen	von(dort)unten nach (hier) oben legen: *kann man das Gespräch auf meinen Apparat h.*	jmdn. oder etw. von (hier) unten nehmen u. nach (dort) oben legen: *die Tasche ins Gepäcknetz h.; ich leg mich doch besser ins obere Bett hinauf*
		nach (dort) oben legen: *den Koffer (auf den Schrank) h.*
heben	von (dort) unten nach (hier) oben legen: *heb das Kind zu mir herauf*	von (hier) unten nach (dort) oben heben: *würden Sie mir bitte den Koffer ins Gepäcknetz h.; einen Turner zum Reck h.*
	von einer (unterhalb des Sprechenden gelegenen) Stelle nach oben heben	nach (dort) oben heben: *etw. auf etw. h.*
steig	von (dort) unten nach (hier) oben steigen: *er stieg zu mir h.*	von (hier) unten nach (dort) oben steigen: *er holte sich einen Stuhl, stieg hinauf und...; einen Berg h.; (die Treppen) zur Wohnung h.; als er die Leiter hinaufgestiegen war*
	von einer (unterhalb des Sprechenden gelegenen) Stelle nach oben steigen, gehen oder klettern: *den Berg, die Treppe h.*	nach (dort) oben steigen, gehen od. klettern: *zum, auf den Gipfel h.; den Berg h.*

Man kann dieser Aufstellung Verschiedenes entnehmen. Zum ersten wird aus den Bedeutungsparaphrasen deutlich, daß beide hier dokumentierten Wörterbücher den Unterschied in der Sprecherperspektive interpretieren, allerdings wird ebenso deutlich, daß sie diesen Bedeutungsunterschied für mehr oder minder fakultativ halten; anscheinend kann unter nicht näher spezifizierten Bedingungen sowohl die eine wie die andere Form zur Neutralform für eine Bewegung nach oben gemacht werden. Was nun die dimensionale Komponente angeht, so sind offenbar auch beide Wörterbücher der Meinung, daß diese Partikelverben nur dimensionsbezogen zu verstehen seien. So haben wir das oben in den Paraphrasemustern bereits angedeutet. Auffällig ist ferner, daß im Duden-WB einige der Bildungen mit *herauf-* gar nicht vertreten sind, und daß bei genauerer Betrachtung der Bedeutungsparaphrasen der verzeichneten Bildungen eigentlich nicht von der sprecherperspektivischen Gegenposition zu den Bildungen mit *hinauf-* ausgegangen wird. Denn einerseits wird nicht die Richtung der Bewegung auf den Sprecher zu als Bedeutungsmerkmal dieser Bildungen beschrieben, sondern allenfalls die "Höherbefindlichkeit" des Sprechers gegenüber dem Ausgangspunkt der Handlung. Das klingt schon fast nach einer nicht so stark spezialisierten "aufheben"- bzw. "aufsteigen"-Bedeutung. Für *hinauf-* wird allerdings auch im Duden-WB angenommen, daß die Bewegung im Sinne der Bewegungsrichtung des Sprechers geht – allerdings auch mehr in dieser Formulierung, als in der, daß sie vom Standpunkt des Sprechers ausginge. Die Paraphrasen des Duden-WB laufen auf eine Darstellung hinaus, die mehr einen herkunftsbezogenen (*herauf-*) und einen zielbezogenen (*hinauf-*) Typ unterscheidet, als einen, der auf den Sprecher zu bzw. von ihm weg geht. Zusammen mit der generellen Feststellung, daß *rauf-* als Ausgleichsform für diese beiden Bildungen gelten könne, die sich im Duden-WB findet, ergibt sich hier ein anderes Bild als im

Brockhaus-Wahrig, der jeweils die beiden Enden der Sprecherperspektive (wenn auch als fakultativ) aufführt. Bemerkenswert ist vielleicht letztlich auch noch, daß beide Wörterbücher für die Bildungen, deren Basen die unmarkierte Bewegung ausdrücken, keine oder keine problemlos lokal verstehbaren Bildungen mit *herauf-* verzeichnen. Dazu paßt wohl letztlich auch die unterschiedliche Art der Ziel- bzw. Wegorientierung bei den Bildungen mit *herauf-* und mit *hinauf-*.

b) ***hinauf-***

Ohne uns einer der beiden Wörterbuchdeutungen anzuschließen, wollen wir versuchen, den dort vorfindlichen Erkenntnisstand, gefiltert durch unsere eigene Kompetenz, auf die jeweiligen Relationsmuster abzubilden:

(13)
(13.1.a) *Henriette ging wieder hinauf* [...] (Hacks 72)
(13.1.b) *jmd. geht auf das Podium hinauf.*

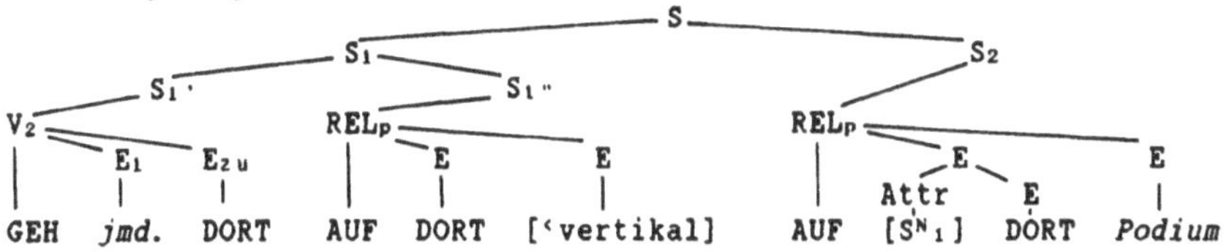

Diese Darstellung entspricht der Bedeutungsangabe im Duden-WB, die davon ausgeht, daß kein Bezug auf den Ausgangspunkt nötig ist, sondern daß eine Bewegung "nach dort oben" automatisch einen Ausgangspunkt weiter unten, wahrscheinlich sogar "hier unten" impliziert. Diese Maximalbesetzung bringt die Paraphrase bei Brockhaus-Wahrig; entsprechend müßte eine genau auf diese Verhältnisse abstellende Symbolisierung folgende Form haben:

(13.2.)

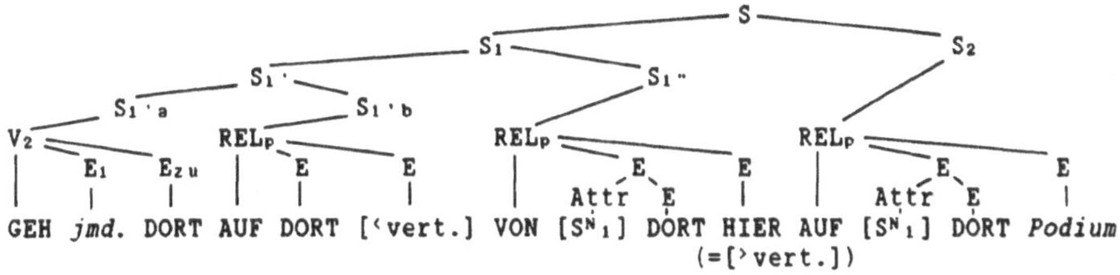

Nochmals anders stellt sich die ausgedrückte Relation dar, wenn man die Klammerungen ernstnimmt und die sprecherbezogenen Markierungen wegläßt (davon wird jetzt nur die ausführlichere **Brockhaus-Wahrig-Variante dargestellt)**:

(13.3.)

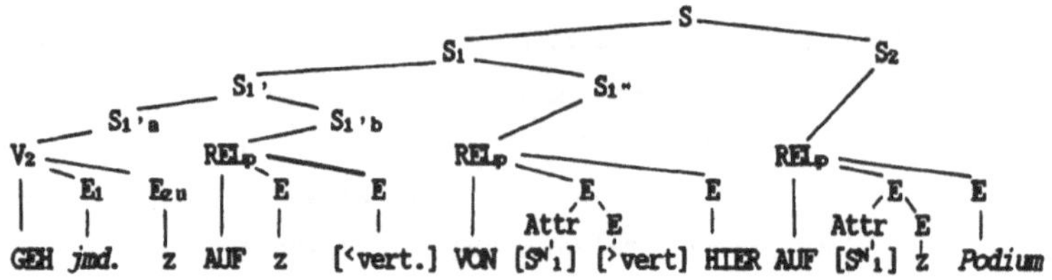

Gleichzeitig gibt es aber gerade hier keine sprachlichen Hinweise darauf, daß die Bezeichnung des Ausgangspunkts tatsächlich eine Rolle spielen würde: vielmehr deutet die sprachliche Kodierung darauf hin, daß die Normalverwendung solcher Verben von einer Situation ausgeht, bei der klar ist, was "oben" und was ggf. "unten" ist, ohne daß das jeweils im Gegenteil klargemacht werden müßte. Ein Indiz dafür ist die Art der Beispiele, die in den Wörterbüchern gebracht werden: *Podium*, *Gepäcknetz* usw. bezeichnen Elemente, die in unmarkierten Handlungsrahmen als "oben" gelten. Wenn wir das akzeptieren, u.d.h. die Duden-WB-Paraphrase für wahrscheinlicher halten, haben wir als ausgedrückte Relation für den Fall, daß die Sprecherbezogenheit nicht als markiert gewertet wird, einen Baum wie oben, bei dem dann nur $S_{1''}$ fehlt, u.d.h. wir haben eine Relation wie bei *aufgehen*, nur ohne die Idiomatisierung dieses Bilds. Das Zurücktreten der Sprecherperspektive hat also die Ausbildung einer Neutralform zur Folge: auch formal wird das in der in neuerer Zeit entstehenden Neutralform *rauf-* deutlich. Welche Möglichkeiten hier tatsächlich realisiert sind, soll am Beispiel der Bildungen mit *hinaus-/heraus-* gezeigt werden, wo die Verhältnisse noch etwas komplexer sind (s.u.4.4.3.).

Vorerst aber zurück zu *hinaufgehen*: außer den durch die Doppelpartikel ausgedrückten relationalen Bestandteilen der Bedeutung des komplexen Verbs haben wir oben auch schon die Integrationsmöglichkeit für eine zusätzliche Direktionalergänzung mit *auf* (E_{auf}) miterklärt. Es wird klar, daß es sich im Prinzip um denselben Fall handelt wie *aufsteigen auf* – nur ohne die Spezialisierung der Anwendungsbedingungen. Es ist eine Bewegung auf etwas ("Oberfläche"), die gleichzeitig als eine Bewegung nach oben ("Dimension") zu verstehen ist. Im Kontrast dazu seien jetzt auch noch die weiteren in den Wörterbüchern belegten Verwendungstypen in entsprechender Weise dokumentiert:.

(13.4.) *jmd. geht zur Wohnung hinauf*

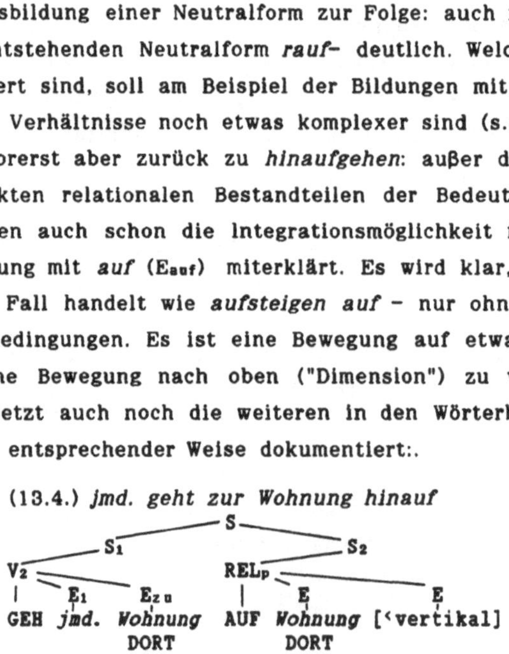

Hier haben wir zwei Bezeichnungen für die punktuelle Zielangabe, das DORT, das Ziel der Bewegung ist, wird als *Wohnung* spezifiziert; bei den Bildungen mit *herauf-* wird das noch etwas deutlicher werden. Es handelt sich hier um eine typische Verteilung zwischen den Wortbildungs- und den syntaktischen Aufgaben in diesem Bereich. Die in der Oberfläche als E_{zu} auftretende Ergänzung spezifiziert eine Relation, die als Typ in die Wortbildung mit aufgenommen ist.

Nochmals eine andere Art der sprachlichen Ausgestaltung des Handlungsrahmens *hinaufgehen* zeigt der Beleg:

(13.5.a) *Die beiden Menschen, die darin eine breite, belebte Straße hinaufgingen* [...] (Musil 10)

(13.5.b) *jmd. geht die Treppe hinauf*

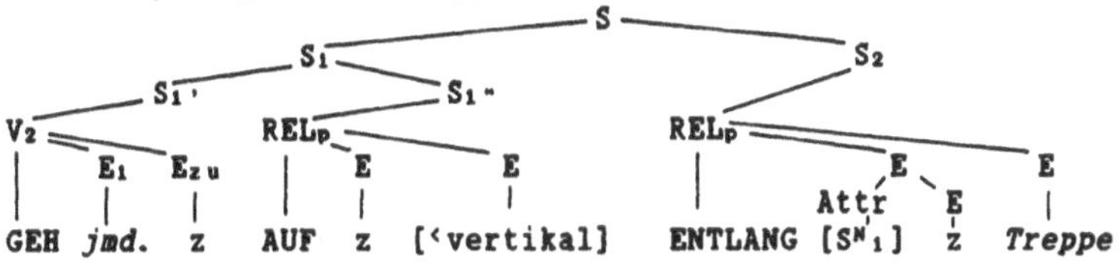

In Form eines adverbialen Akkusativs wird hier eine lokale Bestimmung in die syntaktische Ausgestaltung mit aufgenommen, die sich im Unterschied zu allem, was wir bisher in diesem Rahmen besprochen haben, auf den Weg (PATH) bezieht. Solche den Weg der ausgedrückten Bewegung modifizierenden Adverbialia stehen ganz in der Nähe modaler Modifikation. Sie sind als adverbiale Akkusative betrachten, die eine "pseudomodale" Modifikation der Verbalhandlung ermöglichen und damit zu jener Gruppe von Adverbialia gehören, die ansonsten weitere Mitspieler fordernde Verben ersatzweise syntaktisch "sättigen" können. Nahegelegt wird eine solche Deutung auch durch die Nähe von Wortbildungen wie *treppensteigen*, *bergwandern*, letztlich durch feste Wendungen des Musters *die Treppe auf und ab gehen*.

Etwaige Spezialisierungs- und Idiomatisierungstendenzen dieser Verben im lokalen Bereich stützen sich auf kanonische oben-unten-Situationen, in denen der Handelnde zumindest nicht oben ist. Das zeigt auch ein Überblick über die in den Beispielen überdurchschnittlich häufigen Sachbereiche. Eine möglicherweise lexikalisierte Form von *hinaufgehen*, wie sie vielleicht in einem Beleg wie *halte dich beim Hinaufgehen am Geländer fest* vorliegt, wäre dann auf folgende Relation zu beziehen:

(13.6.)

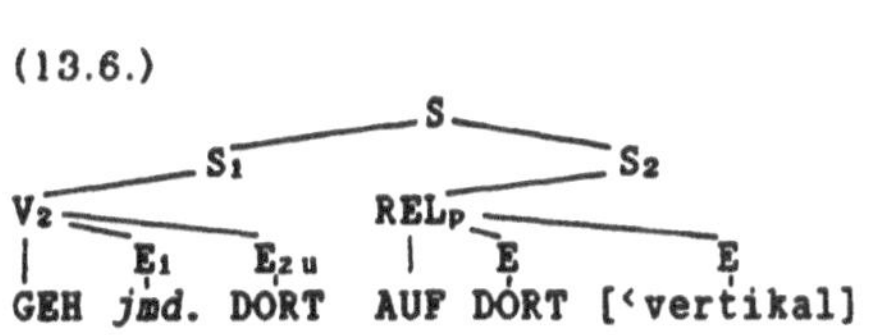

Offenbar muß hier das Merkmal [‹vertikal] über das Bisherige hinaus festliegen, so daß das Verb keine Ergänzung der Richtung, des Ziels oder zumindest der Modalität (des "Wegs") braucht. Eine solche Spezialisierung scheint aber allenfalls in Anfängen zu erkennen zu sein: das eben zitierte Beispiel für *hinaufgehen* und das Duden-Beispiel für *hinaufheben* legen aber gewisse Tendenzen in dieser Richtung nahe, in beiden Fällen liegt eine Fokussierung auf den Akt des Nach-oben-Bewegens vor. Bis auf die Tatsache, daß bei *hinaufheben* und *hinauflegen* noch das bewegte Objekt in die Betrachtung einzubeziehen ist, sind damit die relationalen Verhältnisse bei den Bildungen mit *hinauf-* soweit geklärt.

c) ***herauf-***

Wenn wir im Anschluß daran versuchen, die Standard-Bildungen mit *herauf-* in ähnlicher Weise zu analysieren, bietet sich uns kein so einheitliches Bild. Das kommt schon daher, daß zumindest die befragten Wörterbücher nicht für alle vier Fälle auch Bildungen mit *herauf-* verbuchen. Man kann verschiedene Faktoren nennen, die dabei eine Rolle spielen, und sie wurden zum Teil schon bei der Behandlung der Bildungen mit *hin-* und *her-* angesprochen. So bevorzugen Bildungen, die eine Handlung des Sprechers ausdrücken, die Benennung im Handlungssinn des Sprechers. Zum anderen gibt es, wie oben schon festgestellt, Präferenzen bestimmter Bildungen für einen bestimmten Richtungssinn. Wir haben selbst zu solchen Verben oben *gehen* gezählt, dem mit *her*-Präferenz in vielen Fällen *kommen* entspricht.[10] Auf jeden Fall sind aber für *gehen* und *legen* keine normal-lokalen Bildungen verzeichnet; s.aber:

> (14)(14.0.)
> *Das ist der See, Großvater, den ich im Heraufgehen genannt habe* [...]. (Stifter 39)

Bleiben somit für die Analyse die beiden ohnehin eher auf Handlungen entlang der AUF/AB-Achse bezogenen Verben *heben* und *steigen*. Da im Duden-WB kein Beleg für *heraufheben* verzeichnet ist, sondern nur die Bedeutungsparaphrase, wollen wir uns zunächst auf *steigen* als Beispiel beziehen, wo beide Wörterbücher den Gebrauch mit Beispielen belegen.[11] Wir sehen überdies bei einem Blick auf die Spalte der *hinauf*-Verben, daß dort bei *steigen* alle drei von uns gefundenen Verwendungsformen belegt sind. Dagegen nennt das Duden-WB für *heraufsteigen* nur die "modalisierende" Verwendung mit dem adverbialen Akkusativ, der Brockhaus-Wahrig nur die mit Zielangabe mit *zu*. Die Verwendung mit der Richtungsangabe mit einer räumlich holistischen Präposition ist nicht belegt. Sowohl dieser Befund, als auch seine Korrelation mit den unterschiedlichen Paraphrasen in den beiden Wörterbüchern ist typisch. Die normale, den erreichten Zielbereich angebende Direktionalergänzung gilt zumindest nicht als üblich; die punktuelle Zielergänzung, die ganz eindeutig als auf ein HIER zugehend verstanden werden kann, wird nur dort belegt, wo eine entsprechende Bedeutung auch in der Paraphrase angesetzt ist; im anderen Fall sind nur auf den Verlauf bezogene Beispiele genannt, deren lokale

10 Für *kommen* verzeichnet aber auch das sonst striktere Duden-WB beide Bildungen.

11 Abgesehen von der Üblichkeit bestimmter Bildungen und dem bei *hinauf-* schon angedeuteten Valenzunterschied sind offenbar die aus dem Beispiel *steigen* zu gewinnenden Ergebnisse problemlos auf die anderen Basen zu übertragen.

Struktur für bestimmte Bewegungen nicht-menschlicher Subjekte noch deutlicher dokumentiert ist:

(14)
heraufsteigen:
"2. etwas steigt herauf, bewegt sich von (dort) unten
nach (hier) oben: *heiße Dämpfe stiegen aus dem Krater herauf.*"
(Brockhaus/Wahrig, S.494).
"Ü. *Klänge, Nebelwolken steigen vom Tal herauf*"
(Duden-WB S.1196).

Weitaus stärker als beim Verständnis als Fortbewegungsverb, das oben in der Tabelle dokumentiert ist, wird hier auf den Ausgangspunkt des Geschehens geblickt, die auch von den syntaktischen Erfordernissen des Verbs eigentlich vorgegebene Zielausrichtung tritt demgegenüber deutlich zurück. Auffällig ist die ausführliche Charakteristik des Ausgangspunkts im Duden-WB, wo es nicht einfach "(dort) unten" heißt, sondern "von einer (unterhalb des Sprechenden gelegenen) Stelle"; zur Zielrichtung dagegen heißt es einfach "nach oben". Wiederum soll die Neutralisierung durch die Klammerung vorläufig außer acht bleiben. Wie stimmt das Alles nun zu unserer Gesamtdeutung: wir hatten oben schon gesagt, daß wir *her-* und *hin-* vorläufig zielorientiert als "auf das HIER zu" bzw. "auf das DORT zu" fassen würden. Für *her-* und *hin-* als Einfachpartikel war diese Deutung offenbar auch angemessen. Hier zeigt sich aber, daß wir zurecht die Einschränkung gemacht hatten, diese Definitionen könnten auch ursprungsorientiert umzuformulieren sein. Das scheint für *herauf-* der Fall zu sein. In einem deutlich so zu interpretierenden Beispiel sähe das so aus:

(14.1.) *der Nebel steigt vom Tal herauf*

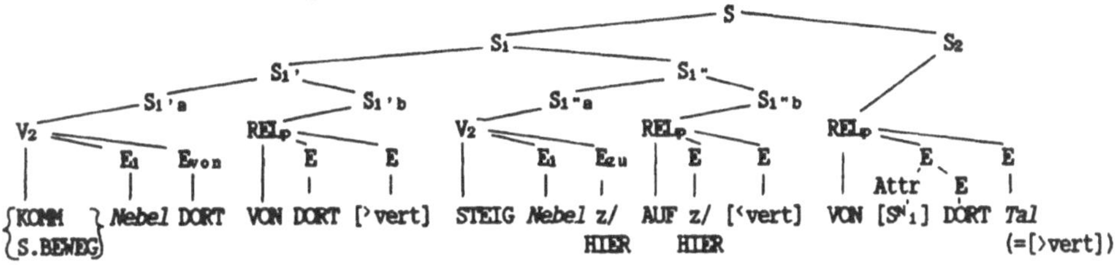

Ambivalent ist in dieser Sicht bereits der modalisierende Typ von Belegen, der in seiner Relation in irgendeiner Form Ursprung, Ziel und Weg enthalten sollte:

(14.2.) *jmd. steigt die Treppe herauf*

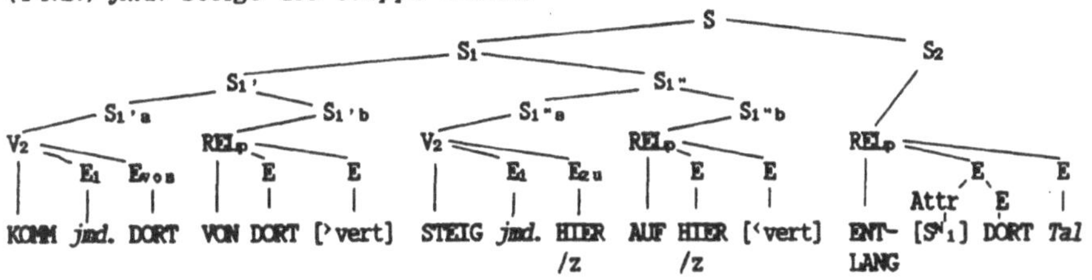

Wenn wir nun die beiden Bäume zusammenfassen, so enthalten diese Verben auf jeden Fall ein Element, das entweder Ausgangs- oder Ausgangs- und Zielorientierung gemischt repräsentiert (*her-*), ferner ein Element, das die Richtung der Bewegung spezifiziert (*auf-*), und eine Basis, die für die Art der Bewegung zuständig ist. Ob Zielort und Sprecherperspektive miteinander verbunden sind, wird unterschiedlich eingeschätzt (vgl. die Variation zwischen HIER und z in den Bäumen). Rein ausgangsorientiert, wie im ersten Beispiel wäre als Paraphrase anzusetzen: "jmd. bewegt sich von dort, das weiter unten liegt, nach oben (bzw. nach hier, das weiter oben ist) steigend". Ausgangsorientiert wird das dadurch, daß sich in der syntaktischen Verwendung das Direktionale auf die 'von dort'-Perspektive bezieht. Sofern der modalisierende Typ *die Treppe heraufsteigen* tatsächlich bezüglich der SOURCE- oder GOAL-Orientierung ambig ist, so zeigt sich das daran, daß einerseits dieselbe Paraphrase anzusetzen ist wie oben, d.h. es gehen die gleichen Relationen in das komplexe Verb ein, Bezug genommen wird aber auf beide zusammen. Die holistische Aufnahme des Wortbildungsmusters ermöglicht eine für die Deutung von Bewegungen im Raum interessante Vagheit in der unentschiedenen Bezugnahme auf die Relationen.

Beim letzten Typ von Verwendungen, wie er im Brockhaus-Wahrig belegt ist, scheint nun die Zielorientierung stärker durchzubrechen, so daß man letztlich analog wie oben bei *hinauf-* symbolisieren kann:

(14.3.) *er steigt zu mir herauf.*

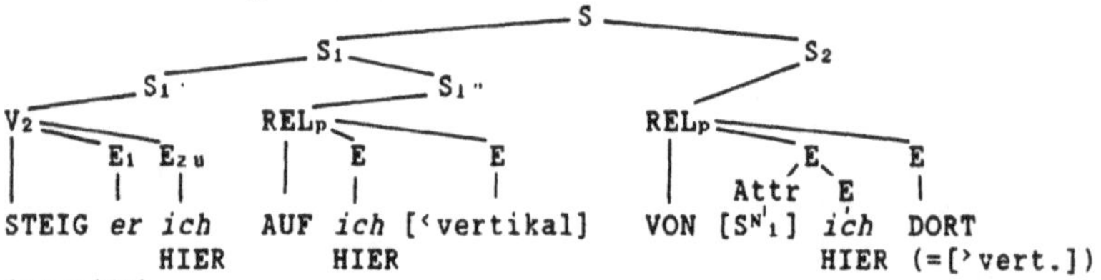

(14.3.)(1)
In der großen Hammermühle, die du mir im Heraufgehen gezeigt hast [...] (Stifter 36)
[...] *Worte kamen aus dem Inneren herauf* [...] (Musil 157)
Er kam herauf und baggerte weiter. (Hacks 126)

Im Gegensatz zu den Bildungen mit *hinauf-*, wo wir die Angabe des Ursprungs für verzichtbar gehalten haben, scheint sie hier auf jeden Fall dazuzugehören. Das ist der Reflex des Faktors Inchoativität, der diese Bildungen wie manche mit *auf-* auszeichnet. Daß es sich hierbei um dasselbe Phänomen handelt, wird dadurch bestätigt, daß es analoge Bildungen wie etwa die vom *aufsteigenden / heraufsteigenden Nebel* gibt. Dennoch behält auch in diesen Parallelen das Doppelpartikelverb doch stärker die dimensionale Bewegung als Ganze im Auge und ist somit immer auch ein Gegenpol zu Bildungen mit *hinauf-*.[12] Vorläufig läßt sich feststellen, daß

12 Auch hier ist durch die Klammerung die völlige Neutralisierung auf reinen Dimensionsbezug: "climb up" nahegelegt. Da in diesem Rahmen die Partikeln *hin-*

zwar Bildungen mit *hinauf-* und *herauf-* im Prinzip gegenläufige Bewegungen bezeichnen, daß aber im Normalfall die Richtung HIN als die natürlichere, somit ihre Bezeichnung als die unmarkiertere zu gelten hat (vgl. Eichinger (1980)). Aus allgemeinen Markiertheitsannahmen läßt auch erklären, daß gerade bei der markierten Form die Tendenz zur Bedeutungsisolierung besteht. Dennoch kann man aus der bisherigen Darstellung, die sich ja im wesentlichen auf die Fortbewegungsverben unter unseren Standardbeispielen bezogen hat, nicht zu weitreichende Schlüsse ziehen, ist doch je nach Muster u.d.h. auch je nach durch die Basis angedeutetem Handlungsrahmen, mit einer Modifikation dieser Ergebnisse zu rechnen. So provozieren zwar gerade die Fortbewegungsverben eine räumliche Darstellung im Bewegungssinne des Handelnden. Schon bei *legen* und *heben* ist das aber etwas anders: die entsprechenden Bildungen mit *herauf-* erscheinen mir wesentlich zielorientierter, als das die Duden-Paraphrase wiedergibt. Bei passender Situation (erhöhte Terrasse, jemand steht mit Kind davor, Sprecher steht auf der Terrasse) scheint mir neben der "zu mir"-Formulierung durchaus auch folgende richtungsorientierte Aufforderung möglich zu sein: *Heb das Kind auf die Terrasse herauf!*

(14.4)

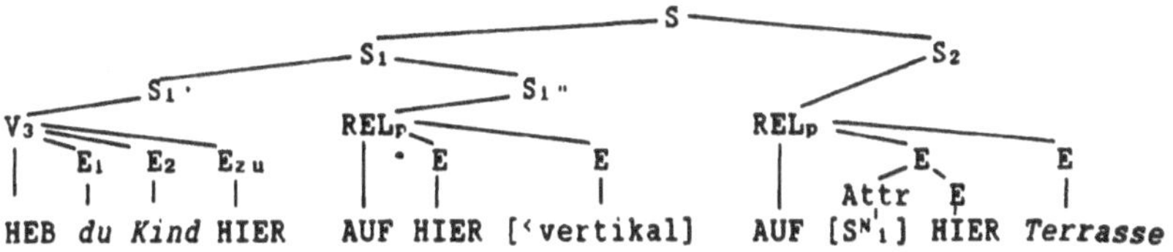

(14.4.)(1)

[...] *den gesamten Akt ihm sofort heraufzubringen* [...] (Jonke 52)

Also bis auf die Sprecherstellung (HIER vs. DORT als Zielpunkt) völlig analog zur entsprechenden Formulierung mit *hinaufheben* (vgl. Baum (13.2.). Auch hier muß der Ausgangspunkt mit seinem Merkmal (‹vertikal) nicht eigens auftauchen, sondern ist durch das AUF impliziert. Daß es sich hierbei um den normalen nicht punktuellen Raumbezug handelt, der von der vektoriellen Zielangabe *zu mir* abzusetzen ist (s. Eroms (1981, S.219ff)), zeigt ein möglicher Satz: *Heb das Kind zu mir auf die Terrasse herauf!*, der eine Explikation des HIER durch *ich* nach dem im vorletzten Baum geschilderten Muster verlangt. Was heißt das im Hinblick auf die in den Wörterbüchern gegebenen Beschreibungen dieser Wörter? Die beiden von uns befragten Werke reagieren offenbar unterschiedlich auf die geschilderte differenzierte Situation. Der Brockhaus-Wahrig beschreibt bei *hinauf-* und *herauf-* die systematische Gegenbewegung, die sich auch konstitutionell "errechnen" läßt, Modifizierungen werden durch die Auswahl der Belege angedeutet. Dagegen versucht das

---

und *her-* nur mehr die Funktion haben, gegenüber den Einfachpartikeln Nicht-Idiomatisierung anzuzeigen, sind sie dann funktional voneinander nicht mehr unterscheidbar: dabei kommt ein anderes System heraus, das im Zusammenhang mit den Doppelpartikelverben bei AUS/EIN besprochen werden wird.

Duden-WB eine unmittelbare Bewertung, die es bei *herauf-* durchgehend zur ursprungsorientierten Paraphrase bringt. Die damit angedeutete Konsequenz, etwa auch die im Brockhaus-Wahrig verzeichneten "Ziel"-Belege in Richtung auf "Ursprung" umdeuten zu müssen, erscheint unnatürlich. Zwar verzeichnet das Duden-WB deutlich weniger *herauf-*Bildungen u.d.h. wohl, es würde Bildungen, die noch direkt konstitutionell zu verstehen sind, nicht für lexikonwürdig halten, damit für alle verzeichneten Lexikalisierung im beschriebenen Sinn annehmen. Schon die obigen Beispiele zeigen, daß auch so keine strikte Grenze zu ziehen ist. Insgesamt sind offenbar beide Antworten zu undifferenziert: wie schon die bisherige Beispielanalyse zeigt, sind Untergruppen festzustellen, die der einen oder der anderen Deutung näherstehen. Es scheint aber nicht ganz unproblematisch, die systematischen Gegenbewegungs-Beziehungen im Lexikon so völlig aufzulösen, wie das das Duden-WB tut. Das belegen auch die verschiedensten in (9.1.) verzeichneten Paare von Verben. Es gibt aber tatsächlich verschiedene Gruppen zu unterscheiden: die Bildungen, die am eindeutigsten in Richtung Ursprungsorientierung zu deuten sind, haben sich schon von den Beispielen her als Verwandte einer Gruppe zu erkennen gegeben, die wir bei den Bildungen mit *auf-* in dimensionaler Bedeutung schon kennengelernt haben: es sind dies gewisse nach oben gehende Bewegungen im Zusammenhang mit bestimmten Naturereignisse u. dergleichen; hierzu finden sich:

(14.5.)
heraufdämmern, heraufkommen, heraufkriechen, heraufquellen, heraufsprudeln
(14.5.)(1)
[...] *donnerte er die Perspektive herauf.* (Musil 49)
[...] *kannst du matt herauf- und herniederglitzernd ein* [...] *Fortblinken* [...] *bemerken.* (Jonke 7)
Wachsgelb kam er jedesmal aus dieser sauerstoffarmen Hölle herauf. (Brandstetter a115)
[...] *und der Fußboden Spalten hatte, durch die Erde heraufquoll.* (Musil 163)

Alle anderen Beispiele sind aber doch im wesentlichen zielorientiert zu deuten und sind damit ein Beleg für die ungehinderte Produktivität dieses Musters im Gegensatz von *hinauf-* und *herauf-*. Es gibt sogar einige Verben, die die Zielorientierung auf das HIER zu als unmarkierte Verwendung haben, es sind das insbesondere die Verben *heraufkommen* für die Fortbewegungsverben und *heraufholen* für die Verben des Beförderns. Das scheinen mir auch die Musterverben zu sein, die das Verständnis der anderen Bildungen prägen. Sofern diese beiden Verben - abgesehen von Verwendungen nach der Deixis am Phantasma - eine Bewegung auf das HIER zu bedeuten, werden auch sonstige Verben in der Regel so verstanden. Die im einzelnen möglichen Modifikationen - wobei die modale offenbar nur die Fortbewegungsverben betrifft - wurden oben an den Beispielen vorgestellt. Wenn wir somit ein Beispiel haben wie: *das befreundete Paar ist in den dritten Stock heraufgezo-*

gen (Brockhaus-Wahrig, S.484), stellt sich das als Ausprägung des folgenden Wortbildungsmusters dar:

(14.6.)

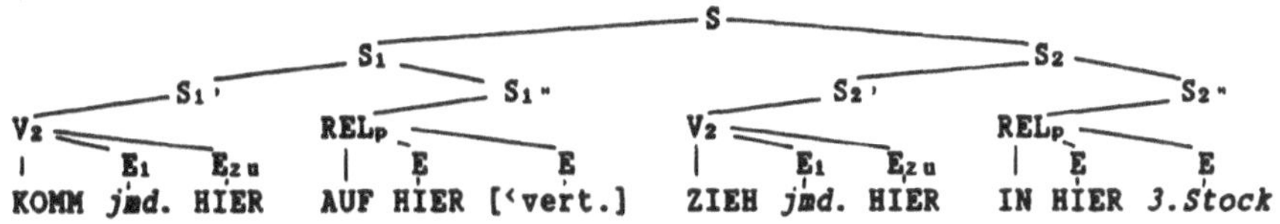

Analoges geschieht mit den Verben des Beförderns: *setz die Vase wieder hier auf die Fensterbank herauf* (Brockhaus-Wahrig, S.484).

(14.7.)

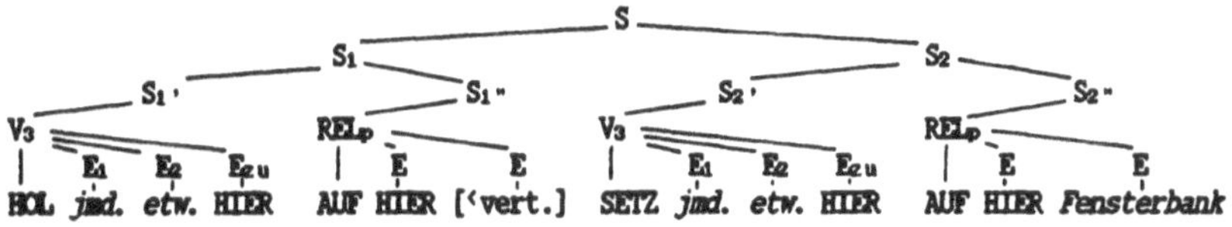

Die Verben *kommen* und *holen* sind auch geeignet, in die oben genannten modifizierenden Muster eingesetzt zu werden. Nun ist aber vielleicht die Frage des Musters, das durch so ein archetypisches Verb angesprochen wird, nicht so erheblich, wenn genausogut angenommen werden könnte, daß jede einzelne Bildung jeweils eine Zusammensetzung aus Verb und Adverbiale darstellt. Durch verschiedene Eigenheiten wird aber diese syntaktische Regelmäßigkeit in einer Weise durchbrochen, daß es geboten erscheint, auch bereits für diese Fälle die Wirkung analogischer Muster anzunehmen. Es sind das all die Punkte, die genannt wurden, um nachzuweisen, warum die Bildungen mit *herauf-* gewisse Besonderheiten zeigen. Des weiteren kommt dazu, und das würde auch für die Bildungen mit *hinauf-* gelten, daß es rein syntaktisch immer Schwierigkeiten bereitet, Bildungen anderer formaler aber gleicher inhaltlicher Struktur unter ein Muster zu bekommen; so ein Fall wäre z.B. schon *sich hinauf-/heraufarbeiten*; für *herauf-* wäre folgende Beschreibung anzusetzen:

(14.8) *er hat sich an die Oberfläche heraufgearbeitet.*

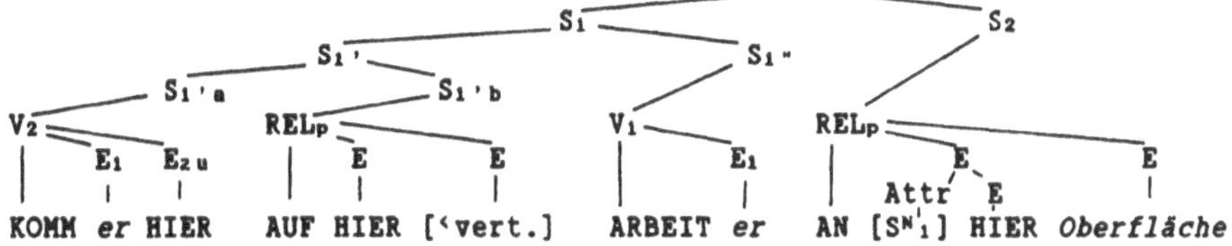

Für die entsprechende Struktur mit *hinauf-* wäre statt KOMM GEH und statt HIER DORT zu setzen, ansonsten käme man zum selben Ergebnis. Das heißt, daß die Partikel Zielorientierung und Dimensionsbezug vorgibt, und daß, soweit die Basis ein Bewegungsverb ist, modale Modifikationen des grundlegenden Bewegungstyps realisiert werden. Daneben treten Modifikationen des Mittels/Instruments auf, sofern die Basis ein geeignetes Mittel zur Erreichung des Bewegungsziels angibt. Es kann nur mehr pragmatisch entschieden werden, welche Art von Handlungen als geeignete Mittel in diesem Sinn gelten können. An unserem Beispiel ist vielleicht noch interessant, daß bei ihm ein Idiomatisierungsmuster "gesellschaftlichen Aufstieg (mühevoll) schaffen" entstanden ist, so daß die Entwicklung über den lokalen Bereich hinausgeht. Von den in den Lexika verzeichneten Bildungen gehören in diesem Zusammenhang Bildungen wie *sich herauf-/hinaufbemühen, sich hinaufdienen, hinauffallen, sich hinauftasten, sich hinaufwagen*. Insgesamt ist durch dieses Muster die Grundlage für eine Vielzahl möglicher ad-hoc-Bildungen geschaffen worden nach dem Typus: was ist alles ein denkbares Mittel, um gesellschaftlich nach oben zu kommen? Da kann man sich *hinaufmogeln, hinaufsaufen* oder auch nur *hinaufkämpfen*, womöglich auch *hinaufbestechen* und *hinaufboxen*. Eine andere Sondergruppe haben wir oben schon angedeutet, jene, die sich auf bestimmte Naturerscheinungen bezieht. Da es sich bei den Subjekten für diese Ereignisse nicht um AGENS-Bezeichnungen handelt, ist das Muster nach einem Verb strukturiert, das dieser Besonderheit Rechnung trägt, aber ansonsten KOMM entspricht. Schon bei den Bildungen mit *auf-* hatten wir festgestellt, daß STEIG offenbar die prototypische Bezeichnung für dieses Untermuster darstellt. Auch hier gibt es unter den oben genannten Beispielen zumindest ein Verb, dessen konstitutionelle Gegebenheiten nur als eine modifizierende Auswahl aus dem entsprechenden Handlungsrahmen zu erklären sind, nämlich *heraufdämmern*.

(14.9) *Der Tag dämmert herauf.*

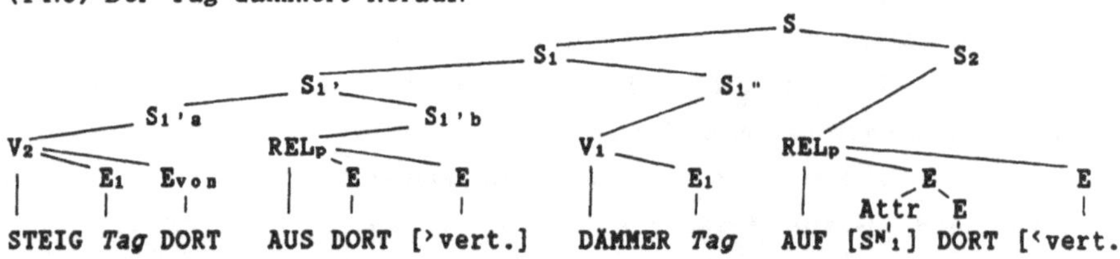

Also "der Tag steigt dämmernd (mit der Dämmerung) von dort unten nach oben". Analogisch sind letztlich wohl auch am besten die Fälle zu erklären, die sprachlich so strukturiert werden, daß sie nur die eine der Partikeln zulassen, oder bei denen zumindest eine Verwendung als besonders markiert gilt (etwa dadurch, daß sie eine Versetzung der Sprecherposition verlangt). Das wäre nach Ausweis der Wörterbücher der Fall von *hinaufgehen*, bei dem syntaktisch gar nicht ersichtlich ist, weshalb hier die Bildung mit *herauf-* obsolet sein sollte.

d) **Distribution**

Um noch Genaueres zur Distribution herauszubekommen, sollen als nächstes die Verteilungen, wie sie die Angaben in den Wörterbüchern erkennen lassen, in einer Übersicht dargestellt werden:

(15)(15.1.)

BASIS	BELEGT BEI B/W HIN	B/W HER	D HIN	D HER
arbeiten	+	+	+	+
s.bemühen	+	+	+	+
dürfen	+	+	+	+
eilen	+	+	+	+
fahren	+	+	+	+
klettern	+	+	+	+
können	+	+	+	+
kommen	+	+	+	+
kriechen	+	+	+	+
laufen	+	+	+	+
müssen	+	+	+	+
rennen	+	+	+	+
rufen	+	+	+	+
schauen	+	+	+	+
schießen	+	+	+	+
sehen	+	+	+	+
springen	+	+	+	+
steigen	+	+	+	+
stürzen	+	+	+	+
ziehen	+	+	+	+
humpeln	+	+	0	0
wehen	+	+	0	0
winken	+	+	0	0

BASIS	BELEGT BEI B/W HIN	B/W HER	D HIN	D HER
blicken	+	-	+	-
dienen	+	-	+	-
fallen	+	-	+	-
geben	+	-	+	-
jagen	+	-	+	-
s.schwing.	+	-	+	-
s.tasten	+	-	+	-
wachsen	+	-	+	-
weisen	+	-	+	-
drängen	+	-	0	0
klimmen	0	0	+	-
langen	+	-	0	0
lauschen	+	-	0	0
rollen	+	-	0	0
schweben	+	-	0	0
zeigen	+	-	0	0

BASIS	BELEGT BEI B/W HIN	B/W HER	D HIN	D HER
s.begeben	+	+	+	-
s.bewegen	+	+	+	-
finden	+	+	+	-
fliegen	+	+	+	-
gelangen	+	+	+	-
rasen	+	+	+	-
reiten	+	+	+	-
schleich.	+	+	+	-
schleppen	+	+	+	-
starren	+	+	+	-
wagen	+	+	+	-

BASIS	BELEGT BEI B/W HIN	B/W HER	D HIN	D HER
schallen	-	+	-	+
steigen	-	+	-	+
tönen	-	+	-	+
klingen	-	+	0	0
krabbeln	-	+	0	0
quellen	-	+	0	0
sprudeln	-	+	0	0
dämmern	0	0	-	+
dringen	+	+	-	+
wollen	+	+	-	+

Bevor wir versuchen wollen, den sich hier zeigenden Befund zu interpretieren, seien auch die entsprechenden Ergebnisse zu den Verben des Beförderns zusammengestellt:

(15)(15.2.)

BASIS	BELEGT BEI B/W HIN	B/W HER	D HIN	D HER
befördern	+	+	+	+
bemühen	+	+	+	+
bitten	+	+	+	+
bringen	+	+	+	+
führen	+	+	+	+
heben	+	+	+	+
lassen	+	+	+	+
reichen	+	+	+	+
schaffen	+	+	+	+
schicken	+	+	+	+
schießen	+	+	+	+
tragen	+	+	+	+
ziehen	+	+	+	+
rollen	+	+	0	0
setzen	+	+	0	0
wehen	+	+	0	0
zerren	+	+	0	0

BASIS	BELEGT BEI B/W HIN	B/W HER	D HIN	D HER
begleiten	+	-	+	-
geleiten	+	-	+	-
nehmen	+	-	+	-
tun	+	-	+	-
bewegen	+	-	0	0
drängen	+	-	0	0
jagen	+	-	0	0
kurbeln	+	-	0	0
schleudern	+	-	0	0
schrauben	+	-	0	0
wuchten	+	-	0	0

BASIS	BELEGT BEI B/W HIN	B/W HER	D HIN	D HER
geben	+	+	+	-
helfen	+	+	+	-
langen	+	+	+	-
legen	+	+	+	-
schieben	+	+	+	-
schleppen	+	+	+	-
treiben	+	+	+	-
werfen	+	+	+	-

BASIS	BELEGT BEI B/W HIN	B/W HER	D HIN	D HER
holen	-	+	-	+
biegen	-	+	0	0
fahren	0	0	-	+
klappen	-	+	0	0
locken	-	+	+	+
pumpen	-	+	+	+

Bei einer ersten Übersicht über die in den beiden Wörterbüchern verzeichneten Bildungen ergibt sich ein Befund, der nach unseren bisherigen Feststellungen nicht überrascht. Im Duden-WB, wo auch schon die oben diskutierten Bedeutungsumschreibungen nahegelegt haben, daß nur Bildungen verzeichnet sind, die nicht als problemlose Parallelbildungen betrachtet werden können, sind infolgedessen auch deutlich weniger Bildungen verzeichnet, und, was in diesem Zusammenhang noch typischer ist, wesentlich mehr nur mit *hinauf-*, während der Brockhaus-Wahrig beide Bildungen nennt. Bei Brockhaus-Wahrig wird durch die Paraphrasen Parallelität der Bildungen nahegelegt. Bemerkenswert ist insgesamt auch hier die Prädominanz der Bildungen mit *hin-* gegenüber denen mit *her-*, was unserer schon mehrfach angesprochenen Deutung entspricht, daß Handlungen, wenn nichts anderes erfordert ist, in ihrem normalen Richtungssinn ausgezeichnet werden. Und offenbar sind Handlungen in den meisten Fällen so geartet, daß sie im Sinn des Sprechenden verstanden werden; Fälle wie *kommen* sind die markierten Fälle von Handlungen, wobei für die Unmarkiertheit des anderen Typs von Bewegung auch spricht, daß sogar die "Gegenbewegung" *kommen* in das Normalmuster integriert wird. Für *kommen* sind infolgedessen oben auch beide Möglichkeiten angegeben. Für unsere Frage, ob die Doppelpartikeln noch sprecherperspektivebezogen zu verstehen sind, oder nur mehr oder minder abgeschwächt, ist nun interessant zu wissen, wie die Basen für die Bildungen mit den verschiedenen Partikeln aussehen.

Bei den F o r t b e w e g u n g s v e r b e n lassen sich folgende Verteilungstendenzen erkennen. Am deutlichsten sind die Beschränkungen für die Basen von Bildungen mit *herauf-*: die typischen Bewegungen, die ausgedrückt werden, sind die von Naturerscheinungen, die wir oben mit *aufsteigen* erläutert haben:

(15.1.)(1)
(a) *dämmern, dringen, klingen, quellen, schallen, sprudeln, steigen, tönen*
(b) [...] *hört man durch den Draht zurück heraufwimmern.* (Jonke 54)

Es geht um optisch oder akustisch wahrnehmbare Aufwärtsbewegungen. Dazu kommen dann noch Modalisierungen von *kommen*

(15.1.)(2) *wollen.*

Daß hier nur *wollen* auftritt, kann damit erklärt werden, daß sich nur diese Modalität auf die entsprechende Bedeutung von *kommen* "auf jmd. zu bewegen" bezieht, während andere Modalverben sich zumindest auch auf die andere Variante von *kommen*, nämlich das potentiale "gelangen", beziehen. Die gesamten restlichen Verben heben sich zwar durch ihren Bezug auf menschliche Fortbewegung von der bisher geschilderten Gruppe ab, die Unterscheidung der dort belegten Verbindungstypen ist aber sehr viel schwerer zu erklären. Es sind allerdings durchweg semantische Gruppen erkennbar, die mit bestimmten Modifikationen quer durch die drei Verbindungstypen belegt sind. Für die Verben, die mit *hinauf-* und *herauf-* belegt sind, wären das die folgenden.

(15.1.)(3)
HINAUF/HERAUF

I	II	III	IV	V
s.arbeiten	*dürfen*	*eilen*	*fahren*	*rufen*
s.bemühen	*können*	*laufen*	*humpeln*	*schauen*
kommen	*müssen*	*rennen*	*klettern*	*sehen*
		stürzen	*kriechen*	*winken*
		schießen	*springen*	
			steigen	

Ausgehen läßt sich von Gruppe IV, wo verschiedene Fortbewegungsarten ausgedrückt sind, die aber durchweg relativ übliche Modifikationen der menschlichen Fortbewegung bezeichnen. Bemerkenswert ist, daß nach beiden Wörterbüchern *gehen* nicht zu dieser Gruppe von Basen gehört. Eine Art Nebengruppe stellt III dar, die hier genannten Basen modifizieren die Bewegungsart nach Geschwindigkeit, und zwar in allen Fällen so, daß die Bewegung als eine mehr oder minder beschleunigte ausgedrückt wird. Nur eine Modifikation des normalen Bewegungsmusters stellt auch der Typ V dar, wo optische Kontaktaufnahme als Bewegung gedeutet wird.

(15.1.)(3a)
Wir standen einmal davor, blickten hinauf [...] (Brandstetter 110/11)
[...] *und sah lachend und kopfschüttelnd zu mir herauf.* (Brandstetter 72)

Alle entsprechenden komplexen Verben wären nach unserer Darstellungsweise bezüglich der semantischen Relationen ähnlich zu erfassen.

Offenbar geht es in allen diesen Fällen um eine Modifikation, die ein inhärentes Bedeutungsmerkmal von Fortbewegungsverben betrifft.

(15.1.)(4) *Hinauffahren/ hinaufeilen/ hinaufrufen*

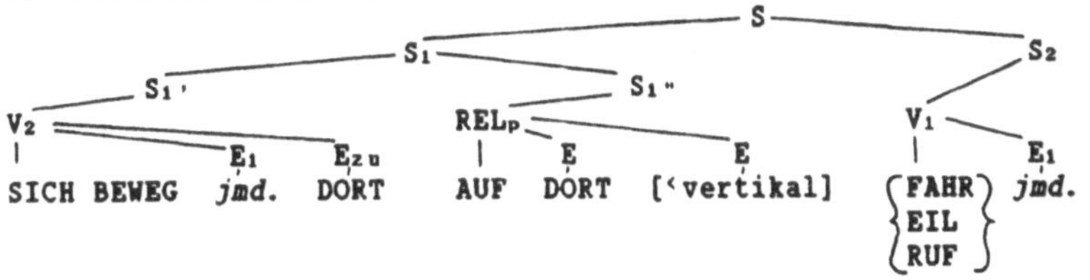

Demgegenüber haben wir es beim Typ I mit einer zusätzlichen modalen Modifikation eines Bewegungsablaufs zu tun, der – bei *kommen* von 'gelangen' ausgehend – in verschiedener Weise das Mühevolle dieses Irgendwohingelangens beschreibt. In den ausgedrückten Relationen wird so kein allzugroßer Unterschied sichtbar, dient ja diese Art von Wortbildung dazu, eigentlich statische Basen zu "dynamisieren". Dazu werden sie an passender Stelle in den entsprechenden Rahmen eingepaßt.

(15.1.)(5)

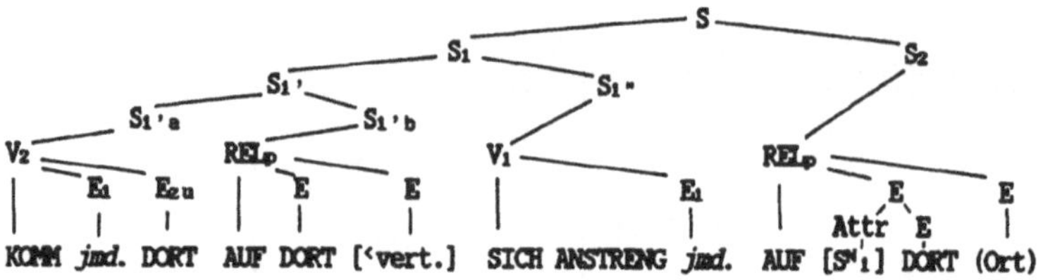

Die restlichen Bildungen würde ich als eine nochmalige Modifikation dieses Typs ansehen. Die dabei entstehende ziemlich komplizierte gestreckte Struktur mag vielleicht auch verdeutlichen, wie wenig sinnvoll es ist, anzunehmen, jedes einzelne komplexe Verb werde jeweils auf solcher Basis rekonstruiert. Wesentlich vernünftiger scheint die Annahme einer analogisch-holistischen Erfassung der wesentlichen Merkmale des Wortbildungstyps, die das Verständnis entsprechender Bildungen sichert. Läßt sich der in dem Baum dargestellte Typ paraphrasieren als "jmd. kommt dadurch an einen Ort dort oben, daß er sich anstrengt", so lauten entsprechende Paraphrasen für den weiter modifizierten Typ "jmd. kommt dadurch an einen Ort dort oben, daß er arbeitet/sich bemüht". Eine gewisse Redundanz zeigt, daß solche Paraphrasen tatsächlich nur als Hilfsmittel zu verwenden sind, die gewisse Strukturen deutlich machen: hier können sie verdeutlichen, daß es sich um stark den Zielpunkt betonende Bildungen handelt.

(15.1.)(6)

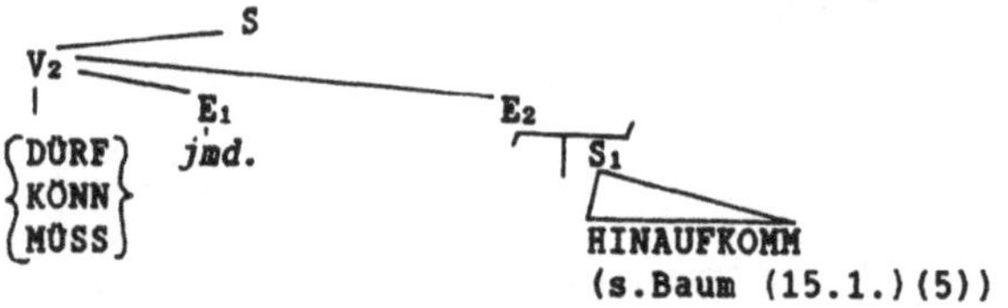

Die unter II genannten modalen Bildungen würde ich als weitere Abwandlungen dieses Musters HERAUF/HINAUFKOMM ansehen, etwa nach oben angeführtem Typ. Die Frage nach der Signifikanz der Arten von Basen für die Verbindung mit den verschiedenen Partikeln kann nun allerdings erst im Kontrast zu den Basen bei den anderen Partikelvariationen beantwortet werden. Zunächst also zu den Basen, die nur in Partikelverben mit *hinauf-* belegt sind.

(15.1.)(7)
HINAUF

I	II	III	IV	V
s.dienen *fallen*		*drängen* *jagen*	*gehen* *klimmen* *rollen* *schweben* *s.schwingen* *s.tasten*	*blicken* *langen* *lauschen* *weisen* *zeigen*

Abgesehen davon, daß hier deutlich weniger Verben belegt und davon, daß keine modalen Basen dieser Distribution verzeichnet sind, handelt es sich bei den hier angegebenen Verben offenbar um ganz ähnliche semantische Gruppen wie oben. Mit der Ausnahme von *gehen* scheint der Unterschied so beschreibbar zu sein, daß es sich hier um weniger übliche oder weniger typische Bewegungen der jeweiligen Art handelt, was im einzelnen zur Folge hat, daß nur die unmarkierte Bewegungsrichtung im Partikelverb realisiert wird. Bei den oben als Fortbewegungsverben gekennzeichneten Basen unter IV wird das dadurch deutlich, daß hier sehr spezielle Bewegungstypen (*klimmen, s. schwingen, s. tasten*) genannt werden, oder solche, die nicht-menschliche Subjekte zulassen oder fordern (*rollen, schweben*). Zur besonderen Rolle von *gehen* wurde oben etwas gesagt. Bei den "uneigentlichen" Bewegungen in V ist der Unterschied nicht so offensichtlich, allenfalls *lauschen* kann als seltener gelten. Die Untergruppe *langen, weisen, zeigen*, der oben nichts entspricht, und die sich auf eine Tätigkeit mit den Händen bezieht, mag aus diesem Grund - wie in IV *s. tasten* - eher im Sinne der Handlungsbewegung interpretiert werden, d.h. im Zweifelsfall wird sich der Sprecher in den Handelnden hineinversetzen. Semantisch-pragmatisch erklärbar ist auch die Auswahl der Basen in I: die nur übertragen-lokal verstehbaren beiden Bildungen sind ebenfalls sehr stark subjektorientiert: zudem würden entsprechende Bildungen mit *herauf-* möglicherweise nahelegen, der Sprecher habe den als oben empfundenen gesellschaftlichen Status auf ähnliche, nicht als tadelsfrei geltende, Weise erlangt.

Ein Blick auf die Verben, die in den beiden Wörterbüchern unterschiedlich - teils mit HINAUF/HERAUF, teils nur mit HINAUF - verzeichnet sind, bestätigt die bisherige Deutung:

(15.1.)(8)
HINAUF/HERAUF (B/W) vs. HINAUF (Duden)

I	II	III	IV	V
gelangen	*wagen* *finden*	*rasen* *schleichen* *s.schleppen*	*s.begeben* *s.bewegen* *fliegen* *reiten*	*starren*

Untypisch für diese Gruppe scheinen mir die echten Zweifelsfälle zu sein wie etwa *fliegen, reiten* und *rasen*, bei denen es schwer fallen wird, zu entscheiden, warum sich die Wörterbücher zu unterschiedlichen Einträgen entschlossen haben. Ähnliches gilt auch von *schleichen, sich schleppen* und *starren*, wo die Frage eigentlich lautet, für wie speziell sie anzusehen sind. Die bezeichnenden Verben dieser Gruppe sind aber *sich begeben, sich bewegen* und *gelangen*: an diesen relativ archetypischen Bezeichnungen wird der Deutungsunterschied besonders sichtbar. Wenn nur Bildungen mit *hinauf-* vorgesehen sind, so sind sie in eine Reihe mit *gehen* gestellt u.d.h. eigentlich nur im unmarkierten Bewegungssinne so gebräuchlich, daß eine entsprechende Wortbildung anzunehmen ist; im anderen Falle wird einfach von der Möglichkeit ausgegangen, im Prinzip zu jedem "normalen" Fortbewegungsverb gegenläufige Bildungen annehmen zu können. S.z.B. auch:

(15.9.)
Sie trabte ins Badezimmer hinauf [...] (Hacks 15)
[...] *schlurften* [...] *Leni Schrader und Mechthild Heidentäufer den staubigen Weg hinauf* (Hacks 143)
Also mußte sie sich ganz auf den Ast hinaufwälzen [...] (Hacks 64)

Die bisher festgestellten Befunde zu den Bildungen mit *hinauf-* und *herauf-* lassen die Folgerung zu, daß wir uns im Bereich der Doppelpartikelverben an einem Punkt befinden, wo innerhalb des Deutschen zwei Subsysteme zusammenstoßen und anscheinend einen gewissen Sprachwandel in Gang bringen.[13] Damit erweist sich sowohl die Darstellung von Brockhaus-Wahrig, die relativ uneingeschränkte Umkehrbarkeit annimmt, als auch die des Duden- WB, die diese praktisch in keinem Fall anerkennt, als zu undifferenziert. Tatsächlich sind mehrere Sachverhalte zu unterscheiden. Es gibt offenbar bestimmte Bewegungen, bei denen eine Umkehrung des Sprecherstandpunkts nur schwer möglich erscheint: das betrifft einerseits die oben aufgeführten, nur mit *herauf-* belegten Bildungen ebenso wie die nur mit *hinauf-* verzeichneten. Offenbar sind aber bei diesem zweiten Fall die Auswahlkriterien nicht so klar, da eine Vielzahl von Bewegungen im Sinne des Sprechers als unmarkierter anzusehen ist als im Gegensinne: bei deutlich weniger Bewegungen ist hierbei allerdings von Ausschließlichkeit auszugehen, wie sie die Wörterbücher etwa bei dem archetypischen Fall *gehen* ansetzen. Bei den prinzipiell gegenläufig darstellbaren Bewegungen ist wiederum zwischen zwei Dingen zu unterscheiden - diesem Punkt tragen die zitierten Wörterbücher nicht ausreichend Rechnung -: Gegenläufigkeit in diesem Sinn kann nämlich zweierlei heißen, einerseits Wechsel des Sprecherstandpunkts und andrerseits Zielorientiertheit vs. Ursprungsorientiertheit, wobei die zielorientierte Ausdrucksweise eine Variante besitzen kann, die den Weg betont. Die Brockhaus-Wahrig-Darstellung hebt zu einseitig auf den ersten, die des Duden auf den zweiten Gegensatz ab, obwohl eine genauere Untersuchung zeigt, daß beide Möglichkeiten vorzusehen sind.

Was wir bisher anhand der Fortbewegungsverben diskutiert haben, gilt - mutatis mutandis - auch für die Verben des Transportierens, die wir oben aufgelistet haben. Bei ihnen ergibt sich nach den Wörterbuchangaben folgende Verteilung:

13 Vgl. Hirsch (1980, S.123): "künstlich eingeführte Unterscheidungen (...hinauf/herauf...) ".

(15.2.)(1)
HINAUF/HERAUF

I	II	III
befördern	*bemühen*	*schießen*
bringen	*bitten*	
heben	*führen*	
reichen		
rollen		
schaffen		
schicken		
setzen		
tragen		
weben		
zerren		
ziehen		

(2)
HINAUF

I	II	III
bewegen	*begleiten*	*kurbeln*
jagen	*drängen*	*schleudern*
tun	*geleiten*	*schrauben*
wuchten		

(3)
HINAUF/HERAUF vs. HINAUF

I	II
geben	*helfen*
langen	*treiben*
legen	
schieben	
schleppen	
werfen	

(4)
HERAUF

I	II	III	IV
fahren	*locken*	*pumpen*	*biegen*
holen			*klappen*

(15.2.)(5)
[...] *auf welche man dir* [...] *nicht alles hinaufbinden kann.* (Jonke 47)
[...] *den ersten Stock des Gebäudes dich hinaufgeleitet in ein* [...] *Zimmer* [...] (Jonke 89)
[...] *der Wind* [...] *wird* [...] *zurück hinaufreflektiert* [...] (Jonke 151)
[...] *zu noch nicht hinaufgesetzten Preisen.* (Musil 190)
[...] *ein unglaublich schwerer Gegenstand muß draufgefallen oder hinaufgeworfen worden sein.* (Jonke 17)

Wie nicht anders zu erwarten ist, wenn die Bewegung nicht das Subjekt selbst betrifft, ist hier keine deutliche Gruppe von Verben erkennbar, die eindeutig auf *herauf-* festzulegen wären, außer dem prototypischen Verb für solche Handlungen, nämlich *holen*.

(15.2.)(4.1.)
[...] *und er bewußtlos heraufgeholt werden mußte.* (Brandstetter a116)

Da *holen* keine Bedeutungsvariation zeigt, wie wir sie oben für *kommen*, das entsprechende Fortbewegungsverb, festgestellt haben, gibt es keine Alternanz in der auf die Sprecherperspektive bezogenen Partikel. Überhaupt ist der Bereich der Verben des Beförderns bezüglich der Basen einfacher strukturiert, als sich das oben dargestellt hatte. Die große Menge der Bildungen findet sich jeweils unter I, der Gruppe, die Modifikationen der Art und Weise der Bewegung in verschiedenen Basisverben ausdrückt, dazu gibt es jeweils (III) einige Verben, bei denen eher ein instrumentales Verhältnis anzunehmen ist und Kausativa (II), die verschiedene Arten der Veranlassung einer Fortbewegung beschreiben. Die beim letzten Typ angesetzte Gruppe IV ist eigentlich eine Art Gruppe Ia, denn es handelt sich um Basen, die eine bestimmte Art der Bewegung, sozusagen eine Bewegung innerhalb des Objekts, abbilden.

Die somit angenommen drei genaueren Modifikationen der Bewegungstypen lassen sich auf folgende relationale Verhältnisse zurückführen:

(15.2.)(5) *hinauf-/heraufbefördern*

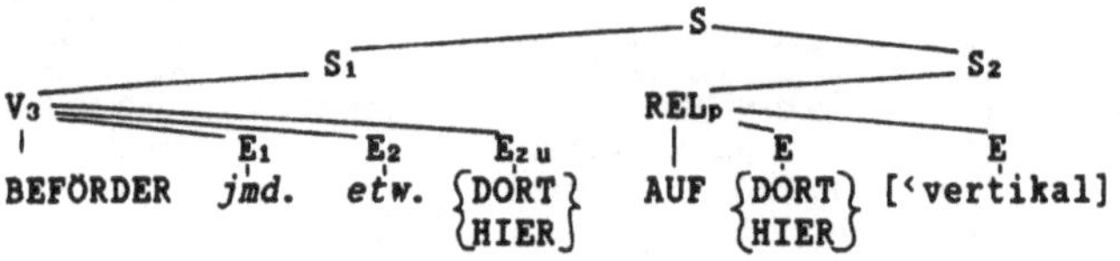

Nachdem wir annehmen, daß zur Bildung neuer solcher Verben nicht unbedingt jeweils die einzelne syntaktische Auflösung vonnöten ist, können die anderen Verben nach demselben Schema, nur mit BRINGEN, HEBEN usw. an der Stelle von BEFÖRDER eingesetzt werden: *befördern* repräsentiert hier womöglich das archetypische Muster, in der Basis enthaltene weitere Modifikationen, soweit sie im normalmodalen Bereich für Bewegungen vom Typ *befördern* gehören, können so direkt integriert werden.

Damit ergibt sich für III derselbe Relationstyp, lediglich mit instrumentaler Modifikation, die dann als Basis in das Verb übernommen wird. Ein typischer Fall dafür ist das Beispiel *hinaufkurbeln*:

(15.2.)(6)

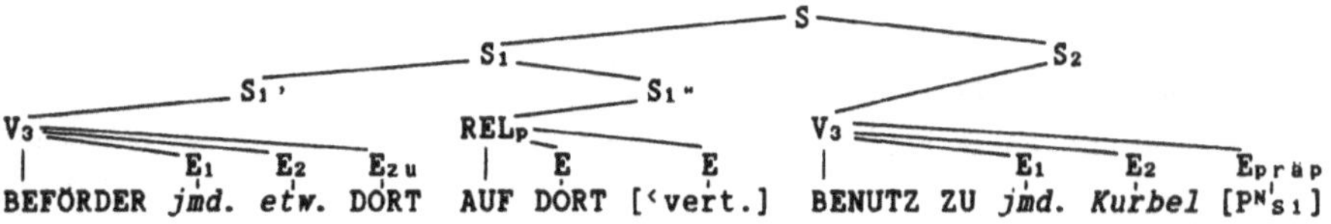

Auch die Basis *schießen* scheint hierher zu gehören, da das die einfachste Weise ist, die Direktionalität dieses Verbs auf der Grundlage eines Musters BEFÖRDER zu erklären.

Die dritte angenommene Gruppe ist dann von etwas anderem Typ: hier wird eigentlich nicht so sehr direkt etwas bewegt, sondern eine Bewegung im Sinne der oben geschilderten Fortbewegungsverben ausgelöst. Das wird auch daran schon sichtbar, daß es hierbei homonyme Fortbewegungs- und kausative Bewegungsverben gibt. An *hinauf-/heraufbitten* kann die relationale Struktur aufgezeigt werden:

(15.2.)(7)

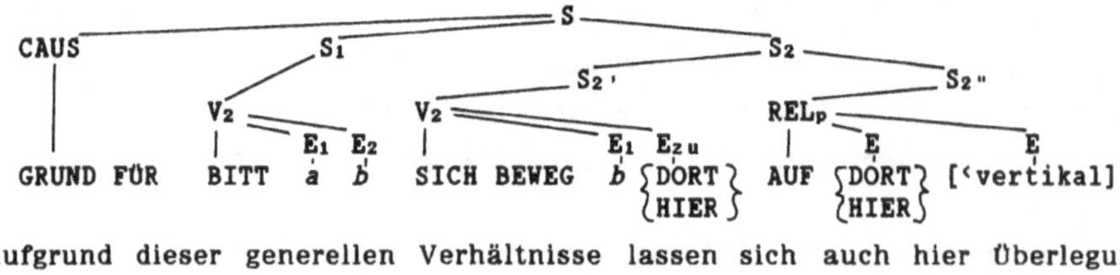

Aufgrund dieser generellen Verhältnisse lassen sich auch hier Überlegungen zur Verteilung der einzelnen Partikeln anstellen. Wodurch unterscheiden sich die Verben, bei denen beide Partikeln möglich sind, von den anderen, und wie die wieder untereinander?

Am wenigsten läßt sich zu den Verben, bei denen beide Partikeln möglich sind, sagen: es handelt sich um Basen der drei geschilderten Gruppen, die umkehrbare Bewegungen abbilden, wobei auch hier diese Grenze fließend ist, wenn man sich die einzelnen Verben betrachtet, wo die Wörterbücher zwischen HINAUF/HERAUF und HINAUF schwanken. Deutlicher ist die Abgrenzung zum HINAUF-Typ allein: auch hier sind bemerkenswerterweise wieder die unmarkiertesten Basen für diese Art von Bewegung aufgeführt, nämlich *bewegen* und *tun*, deren unmarkierte Verwendung durch *hin-* gekennzeichnet ist; ansonsten haben wir sehr stark in der Bewegungsrichtung orientierte Handlungen wie *jagen* und *wuchten*, auch alle Fälle unter III. Auch die Kausativa in II sind in diesem Fall gut abgrenzbar: das kennzeichnende Lexem für diese gesamte Gruppe ist wohl *begleiten*: die Bewegung des Verursachers verläuft in gleicher Richtung wie die ausgelöste Bewegung, damit wäre eine Beschreibung dieser Bewegung als *herauf-* im Normalfall unnatürlich. Aus diesen beiden behandelten Gruppen ergibt sich auch, wie die Zweifelsfälle der dritten Liste zu gewichten sind: in diesem Fall scheinen mir Seltenheit (*hinaufgeben*) oder Gerichtetheit (*schieben* u.a.) nahezulegen, außer etwa bei *schleppen*, nur eine Verbindung mit *hinauf-* als in dem Sinne unmarkiert anzusehen, daß eine entsprechende Bildung lexikonwürdig sein könnte.[14] Das gilt auch für II *helfen* und *treiben*, die zum gerade geschilderten "begleit"-Typ zu gehören scheinen.

Mit diesen Überlegungen wollen wir zum Ende der Behandlung der Doppelpartikelverben mit *herauf-* und *hinauf-* kommen. Es konnte aufgrund der Darstellung der jeweiligen Verhältnisse zwischen der Partikel und den Basen gezeigt werden, daß auch für diese häufig als lediglich additiv angesehenen Bildungen eine syntaktische Herleitung nicht in jedem Fall genügt, da sonst systematische Zusammenhänge zerrissen werden, die durch die Konstitution von Wortbildungsmustern geschaffen werden. Da wir uns bemühen, im Rahmen des Basis-Valenzmodells die Verdichtungsleistung dieses lexikalischen Mittels im Vergleich zur ausgedrückten Information darzustellen, konnten wir auch zeigen, daß es äußerst uneffizient wäre, in jedem Fall auf die vollständige Analyse zurückzugehen, daß es hingegen wesentlich effektiver erscheint, sich auf das Gesamtmuster und mögliche Modifikationen zu beziehen.

Die Motivation dieser Bildungen ist aber auf jeden Fall wesentlich unproblematischer als bei den vorher behandelten Verben mit *auf-*. Auch in unserer semantischen Valenzdarstellung der Relationen wurde das deutlich, und zwar dadurch, daß bei den Verben mit Einfachpartikeln immer die Tatsache der Spezialisierung und Idiomatisierung in Rechnung zu stellen war, die dort in systematischer Weise als Funktionalisierung der ausgedrückten Handlung zu beschreiben war, während für die Bildungen mit Doppelpartikeln eine Darstellung ausreicht, die den lokalen

14 Natürlich kann die markierte Bildung ad hoc gebraucht werden.

Relationen Rechnung trägt. Allenfalls in der Interpretation der sprecherbezogenen Elemente *her-* und *hin-* war gewissen Tendenzen des Sprachwandels nachzugehen. Durch die Beschreibung von Ursprung, Ziel und Weg der Bewegung, sowie die unterschiedliche Schwerpunktsetzung auf diese Bewegungsabschnitte können die Übergänge erfaßt werden. Wir haben auch schon festgestellt, daß sich nur im jeweiligen Textzusammenhang klären läßt, welche Variante zu wählen ist: gegenwartssprachlich systematisch ist also von Vagheit der Bedeutung dieser Verben auszugehen, ein Tatbestand, den die konsultierten Wörterbücher nicht hinreichend - wenn auch in unterschiedlicher Weise - spiegeln.

Sofern aber die Vagheiten in der Bedeutung dieser komplexen Verben direkt an dem Verständnis der Partikeln, insbesondere ihres sprecherbezogenen Bestandteils, festgemacht werden können, kann man von semantischer Normalität dieser Bildungen insofern sprechen, als sie als voll motiviert anzusehen sind.

4.2.2.3. Weitere Bildungen

a) ***Oben-*, *droben-***

Entsprechend ist das bei den statischen Bildungen mit *heroben-* und *droben-*. Es soll dabei nicht verkannt werden, daß die Form *heroben* schon als selbständige Partikel nur regional begrenzte Geltung hat, und daß so auch ihre Verwendung in verbalen Wortbildungen eher selten ist. Wo sie allerdings auftritt, wird sie durchaus systematisch im Sinne der Differenzierung nach der Sprecherperspektive eingesetzt. Eine gewisse Vermischung tritt nur dadurch ein, daß *droben-* in Konkurrenz mit bezüglich der Sprecherperspektive prinzipiell unmarkiertem *oben-* steht. Sofern wir als Basis ein lokales Zustandsverb annehmen, sind entsprechende Bildungen voll motiviert, sie entsprechen so weitgehend der syntaktischen Fügung, daß ihr Wortbildungsstatus weitaus fraglicher ist als der der direktionalen Bildungen. Ausgehend von unseren Standardverben wären folgende Bildungen anzunehmen:

(16)
(16.1.)
obenliegen, herobenliegen, drobenliegen; draufliegen.
(16.2.)
obenstehen, herobenstehen, drobenstehen; draufstehen.
dazu vielleicht noch:
(16.3.)
obensein, herobensein, drobensein; draufsein.

Schon aus der Form der hier auftretenden Partikeln wird klar, daß wir uns im statischen Bereich mit anderen Erscheinungen beschäftigen als im direktionalen. Im Gegensatz zu den präpositionsähnlichen Partikeln dort haben wir es hier mit adverbialen bzw. pronominaladverbialen Partikeln zu tun. Sofern es da überhaupt Wortbildungen von entsprechender Festigkeit gibt, liegt bei ihnen auf jeden Fall kaum Spezialisierung oder Idiomatisierung vor, so daß sich, wie gesagt, die Frage nach dem Wortbildungsstatus solcher Konstruktionen verstärkt stellt. So verzeichnen auch die Wörterbücher keine solchen Bildungen. Es ist zu fragen, ob einer solchen Zusammenfügung eine eigene semantische Identität zukommt. Dabei haben wir es eigentlich noch mit zwei Fällen zu tun, den dimensional bezogenen Partikeln *oben-*, *heroben-* und *droben-* und andrerseits dem Pronominaladverb *drauf-*. Während die Bedeutung der Konstruktionen mit *heroben-/droben-/oben-* nach obigem Muster darzustellen wäre,

(16.4.)
(1) [ZUSTAND$_{verb}$ + OBEN$_{oben}$ + HIER$_{her}$]
(2) [ZUSTAND$_{verb}$ + OBEN$_{oben}$ + DORT$_{d(a)r}$]

bezieht sich *drauf-* wieder auf den Oberflächenkontakt bezüglich eines pronominal angesprochenen Elements. In beiden Fällen haben aber denkbare Bildungen aus Doppelpartikel und Zustandsverb ganz die Bedeutung, die sich aus dem Basisverb und der in II.2.2.2. skizzierten Bedeutung der Partikel ergibt. Eine Verwendung als einheitliches Verb kann nach dem Geschilderten allenfalls in den Fällen vorliegen, wo aufgrund der situativen oder kontextuellen Zusammenhänge der Höhenunterschied und die Stellung des Sprechers dazu die entscheidende Rolle spielen und nicht der Bezug auf die konkrete Situierung dieses Höhenunterschieds. In dieser Verwendung wäre von einer Art Abstraktion von den konkreten Bedingungen des Höhenunterschieds auszugehen. Als gedachte Position des Sprechers wird offenbar eine neutrale Stellung zwischen dem Oben- und dem Unten-Ende angenommen. Damit ist sowohl OBEN wie UNTEN eine NICHT-HIER-Position und als solche unabhängig von der jeweiligen Situation festgelegt. Daher ist es auch wahrscheinlich, daß in solchen Zusammenhängen eher die *dr-*Form gewählt wird als die mit *her-*.

(16.5.)
Wenn sie einmal drobensind, wollen sie nicht mehr herunterkommen.

Bei *her-* ist allenfalls denkbar, daß der derzeitige Sprecherstandpunkt als Typ verallgemeinert wird.

(16.6.)
?*Wenn sie einmal herobensind, wollen sie nicht mehr herunterkommen.*

Da aber offenbar die situierende Wirkung dieser Partikeln sehr stark empfunden wird, sind solche Verwendungen kaum akzeptabel. Zusätzlich kann relativ leicht auf solche Abstraktionen verzichtet werden, weil *oben-* als sprecherunmarkierte Form - im Gegensatz zum direktionalen *auf-* - durchaus als Neutralform verwendet wird. Das geht hin bis zu terminologisierten Wendungen wie:

(16.7.)
obenliegende Nockenwellen = '(oben) im Zylinderkopf, nicht (unten) im Motorblock liegende Nockenwellen'.

Wenn so der Sprecher auf jeden Fall in eine Neutralposition zwischen OBEN und UNTEN gebracht wird, ist auch leicht erklärlich, warum sich die Gebrauchsbereiche von *oben* und *droben* überlappen können. Ein "oben" befindliches Objekt kann häufig auch als 'dort oben = droben' verstanden werden:

(16.8.)
Wenn du erst oben-/drobenstehst, weißt du, warum du dich so geplagt hast.

Die in diesem allenfalls textuell begründbaren Wortbildungsmuster vorkommenden Verben lassen sich insgesamt als Bildungen aus Verb und lokaler Adverbialbestimmung ausmachen:.

(16.8.)(1) *obenstehen*

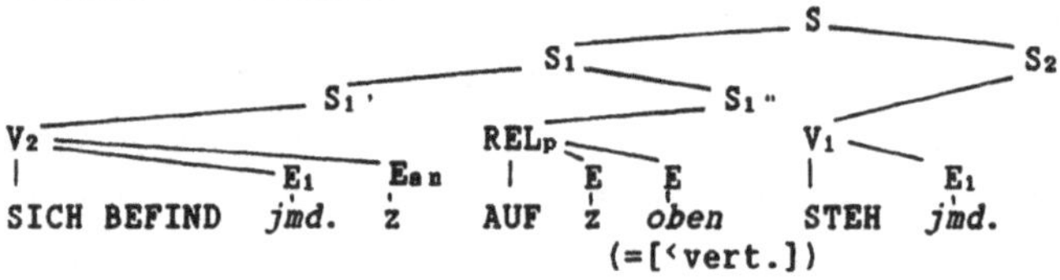

An dieser Darstellung sind keinerlei Stellen zu erkennen, an denen ein Unterschied zur syntaktischen Fügung festgemacht werden könnte: wie gesagt, ist allenfalls eine textuell bedingte ad-hoc-Komposition denkbar; neben typischerweise partizipialen terminologisierten Ausdrücken. Die vorgeschlagene Darstellung gibt auch die Möglichkeit, weitere Verwendungsvarianten entsprechend einzubauen:

(16.8.)(2) *auf dem Tisch oben stehen*

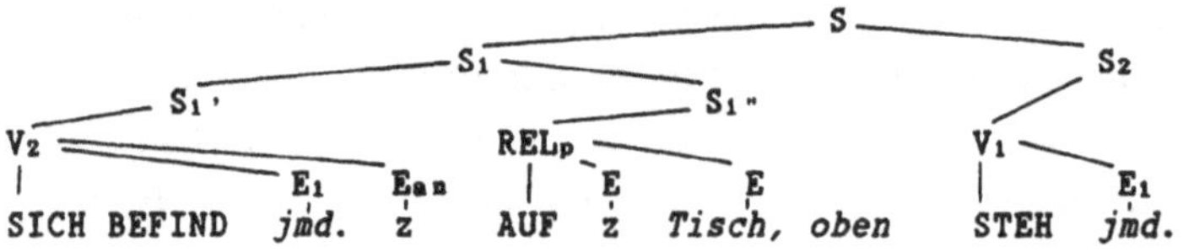

(16.8.)(3) *(auf dem Tisch) obenstehen*

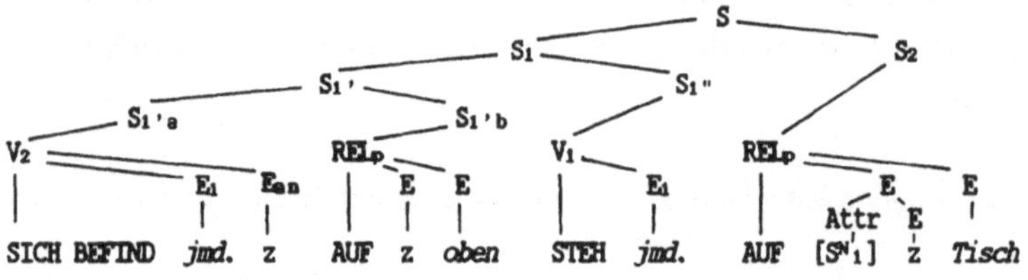

Die entsprechenden Modifikationen für *her-* und *hin-* brauchen nicht eigens vorgeführt zu werden; in diesem Fall sind an den entsprechenden Stellen statt z HIER und DORT einzusetzen. Deutlich wird der semantische Unterschied: im Fall der Wortbildung wird ein "obenstehen", d.h. eine Aussage bezüglich der Befindlichkeit auf der Vertikalen, durch eine Oberflächenbestimmung fakultativ konkretisiert, im Fall der syntaktischen Konstruktion wird in einer Art Präpostposition die Oberflächenkontaktbezeichnung *auf* als eine Oberseitenbezeichnung vereindeutigt. Soweit also solche Bildungen vorkommen, sind damit an ihnen ähnliche Erscheinungen zu entdecken, wie bei den bisher behandelten Bildungen, nämlich, daß Dimensions- und Oberflächenbedeutung womöglich miteinander kombiniert werden.

b) ***drauf-***

Eindeutig der Oberflächenbedeutung ist das pronominaladverbiale *drauf-* zuzurechnen, das in statischen wie in direktionalen Bildungen auftritt:

(17)
(17.1.)
draufstellen, drauflegen;
draufstehen, draufliegen.
(17.1a.)
[...] *mit daraufgestellten langgezogenen Häuserzeilen* [...] (Jonke 110)

Hier zeigt sich der Unterschied zu den Bildungen mit *auf-* deutlich: ein aus dem Kontext oder der Situation zu entnehmendes Objekt, auf das sich die Bewegung bzw. der Zustand bezieht, wird mitpronominalisiert, eine funktionelle Spezifizierung, wie sie für die Einfachpartikelverben typisch war, fehlt. Auch weitere Verben mit *darauf-* haben die Bedeutung, die sich an den archetypischen Fällen in (17.1.) zeigt.

(17.2.)
darauffallen, daraufhauen, daraufladen, daraufschlagen, daraufschreiben, drauftreten.

Z.B. wäre die in *daraufschlagen* ausgedrückte Relation dann folgendermaßen zu skizzieren:

(17.2.)(1)

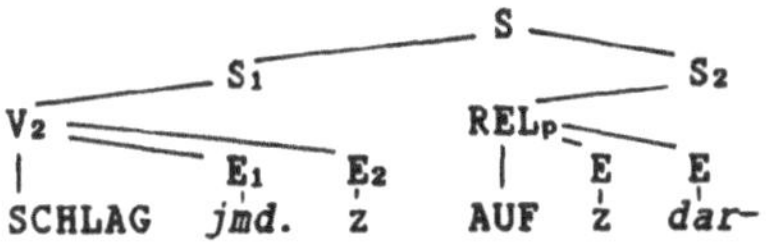

An den unterschiedlichen Bildungen mit dem Einfluß der unterschiedlichen Basen bzw. der dadurch ausgedrückten Handlungen oder Zustände kann auch deutlich gemacht werden, daß es von solchen Unterschieden abhängt, wieweit eine solche Bildung einfach als "Oberflächenkontakt, prinzipiell von jeder Seite" oder als "Oberseitenkontakt", also mit einem dimensionalen Anklang, verstanden wird. Von den obengenannten Verben sind wohl die Basen *-fall-*, *-lad-* und *-tret-* so geartet, daß sie eine Bewegung in Richtung auf die OBEN-Seite eines Objekts bezeichnen. Inhärent ist das natürlich eine Abwärtsbewegung, dennoch scheint Kempckes entsprechende Einordnung dieser Bildungen unter dieser Rubrik den geschilderten systematischen Zusammenhängen nicht Rechnung zu tragen. Bei *-hau-*, *-schlag-* und *-schreib-* dagegen steht eher der Bezug auf eine Oberfläche, gleich ob das eine Oberseite, Seiten- oder Unterfläche ist, im Vordergrund. Entsprechendes würde auch für denkbare statische Fälle gelten; die Wörterbücher der deutschen Gegenwartssprache verzeichnen allerdings nur direktionale Verben.

Vielleicht bietet es sich an, im Anschluß daran noch eine abschließende Bemerkung zum Wortbildungsstatus solcher Einheiten zu machen. Bei all diesen Verben ist wohl keine Verwendung denkbar, die nicht deiktisch, bzw. im Text anaphorisch wäre: offenbar läßt das demonstrative *d(a)r–* keine andere Deutung zu. Das wäre sicher vor allem für syntaktisch orientierte Wortbildungslehren ein Grund, diesen Typ komplexer Konstruktionen nicht als etwas Eigenes, sondern als eigentlich syntaktische Fügung anzusehen. Bei Herbermann (1981) würde dieser Typ wohl unter die Bildung von Basen gerechnet, was in der Extension dem Bereich der üblicherweise vollmotiviert genannten Bildungen entspricht. Eine solche Position steht der hier vertretenen näher als eine rein syntaktische.

Die Berechtigung, auch solche Fälle in der Wortbildung zu behandeln, würde ich aus dem funktionellen Einsatz solcher komplexen Verben in Texten nehmen:

(17.3.)
Zum Heimtransport verstauten sie den Käfig in dem Lastwagen auf all den anderen Sachen. Sie konnten ihn noch leicht draufsetzen, aber ihn darauf befestigen, das war die Kunst.

In diesem kurzen Text haben wir zwei Verbalbelege eingebaut, die in unserem Zusammenhang klärend wirken können; ist der Unterschied in der Schreibung zwischen *draufsetzen* und *drauf befestigen* eine Zufälligkeit der Orthographie oder spiegelt er einen inhaltlichen Unterschied wider? Tatsächlich scheint in diesem Fall die Grenze zwischen Syntax und Wortbildung an dieser Stelle zu verlaufen. Die Handlung, die durch *draufsetzen* und ähnliche Verben ausgedrückt wird, kann als eine einheitliche Handlung verstanden werden; das scheint daher zu kommen, daß auch in diesem Fall inhärente Inhaltsmerkmale der Basis in der Partikel aufgenommen und ggf. verstärkt werden. Bei den Basen der entsprechenden Verben ist die Bewegung "auf etwas drauf" immer schon mitverstanden. Anders ist das in den durch *befestigen* angedeuteten Beispielen: solche Basen sind nicht mit einer so eindeutigen Raumvorstellung verbunden, d. h. die Auswahl möglicher aktueller Handlungsweisen, auf die ein solches Verb zutrifft, ist größer. Hinweise auf eine solche Tendenz geben auch die Valenzen der Basisverben. Bei der Begründung der Auswahl der in dieser Arbeit als Standardverben betrachteten Beispiele, wurde schon darauf hingewiesen, daß *setzen* eine Direktionalergänzung verlangt. Bei *befestigen* kann es sich bei einer Direktionalbestimmung allenfalls um eine fakultative Ergänzung handeln.

(17.3.)(1) E_1 *befestig* E_2 (E_{dir})

Daß es sich hierbei um eine fakultative Ergänzung handelt, hat auch zur Folge, daß die Wahlfreiheit beim möglichen präpositionalen Anschluß, u.d.h. bei der möglichen ausgedrückten Richtung größer ist:

(17.3.)
(2) *setzen auf*

(3) *befestigen auf/an/unter*

Auch mögliche Handlungsanweisungen zeigen, daß BEFESTIG eher allein als eine Handlung aufgefaßt werden kann, während bei SETZ immer dazugesagt werden muß, wohin:

(17.3.)
(4) **Setz den Stein*!
(5) *Befestige den Stein*!

Diese Allgemeinheit des Handlungsmusters BEFESTIGEN läßt auch seine Ausrichtung auf alle möglichen Kontaktflächen zu, dagegen ist SETZEN (AUF) eine in dieser Hinsicht spezialisiertere Handlung, insofern sie sich normalerweise auf die Oberseite bezieht, die hier behandelte Wortbildung kann als Verstärkung dieser Spezialisierung verstanden werden. Daß die ganze Frage eine der Spezialisierung ist, zeigt auch ein Vergleich von *befestigen* mit in anderer Hinsicht spezialisierten Verben: man kann dazu etwa ein Verb wählen, das einen Spezialfall von Befestigen, wie er in den im obigen Text geschilderten Zusammenhang paßt, darstellt. Ein solches Verb könnte etwa *draufbinden* lauten und müßte als ein Objekt der Wortbildungslehre angesehen werden. Denn auch hier haben wir - wie bei *draufsetzen* - eine einheitliche Handlungsvorstellung, beim Basisverb in der einschlägigen Bedeutung auch dasselbe Valenzmuster:

(17.3.)(6) E_1 *bind* E_2 (E_{dir})

Die in diesen Fällen zum Ausdruck kommende Gesamtbedeutung, die sich auch in der Möglichkeit der textuellen Thematisierung in einem Wort zeigt, kann man als Merkmal der Zugehörigkeit zur Wortbildung nehmen.[15]

c) ***aufwärts-***

Unproblematischer in dieser Hinsicht sind die jetzt noch zu besprechenden Bildungen mit *aufwärts-*, *empor-* und *hoch-*. Denn im Regelfall besteht hier keine direkte Beziehung zu einer nichtdeiktischen Präpositionalphrase, da in diesen Verben die Richtung ohne Blick auf den Zielpunkt - den ja normalerweise die Präpositionalfügung zum Ausdruck bringt - dargestellt wird. Aus dieser Art der Richtungsorientierung folgt gleichzeitig, daß bei diesen Partikeln nur die generelle Raumorientierung und nicht der Oberflächenbezug eine Rolle spielen kann.

(18.)
(18.1.) *aufwärtsgehen*
(18.2.) [...] *sich übers Bett und die darin liegende Gestalt gekrümmt aufwärtsstreckend* [...] (Jonke 30)

Wenn man die Partikel *aufwärts* für sich betrachtet, so gibt sie die generelle Richtung von unten nach oben - also ungefähr entlang der vertikalen Dimension - ohne Bezug auf einen speziellen Relations- oder den Anfangs- oder Endpunkt

15 Das ist die Anwendung der Porzigschen Erkenntnisse zur Bildung und Funktion von Abstrakta auf unseren Fall.

wieder: mit "nach oben" wird diese Bedeutung etwa im Duden-WB (S.232) etwas vage umschrieben. Offenbar sind aber die meisten der in Verben ausgedrückten Bewegungen nicht von der Art, daß ein kommunikatives Bedürfnis bestünde, lediglich ihre Richtung auszudrücken, ohne sich auf Ausgang und vor allem Ziel der Bewegung zu beziehen. So entspricht denn der semantischen Merkmallosigkeit der Verben mit dieser Partikel, was Bewegungselemente angeht, ein durchweg metaphorischer, und somit in unterschiedlichem Maße lexikalisierter Gebrauch der Partikelverben. Das gilt auch für das oben allein aufgeführte *aufwärtsgehen*, das wohl zumeist im Sinn von "besser werden, Fortschritte machen" (Duden-WB S.232) verwendet wird. Gerade bei diesem Verb aber scheint die durch die Partikel eingebrachte Modifikation der Bewegungsrichtung für den Menschen von einer Bedeutung zu sein, die es erlaubt, eine häufige kontrastive Verwendung hier mit aufzunehmen, die es ermöglicht, dieses Verb auch in rein direktionalen Zusammenhängen zu nennen:

(18.1.)(1) *Ich mag es gar nicht, wenn ich immer aufwärtsgehen muß.*

Nicht von ungefähr ist dieses Verb, zusammen mit einem ebenso denkbaren Antonym *abwärtsgehen*, auf ähnliche räumliche Situationen anwendbar und wohl auch beschränkt, wie wir sie oben bei *aufsteigen/absteigen* kennengelernt haben.

Es scheint sich hier also genereller um den Ausdruck typischer Abweichungen von der Normalbewegungsdimension – der Horizontalen – in Richtung auf die Vertikale hin zu handeln, denen natürlich bestimmte Bodenformationen, Hügel, Berge oder sonstige Erhebungen entsprechen, soweit sie gehend bewältigt werden. Sollte es tatsächlich so sein, daß diese Verwendung auf die Verbindung mit *gehen* beschränkt ist, ließe sich das gut im Hinblick auf eine handlungsorientierte Deutung des sprachlichen Raumsystems, wie sie oben versucht wurde, interpretieren. *Gehen* ist das merkmalloseste Verb im Bereich der Verben für die menschliche Fortbewegung (**s. Hundsnurscher (1971, S.84ff.)**; **Krohn (1975, S.55ff.)**), es kann gerade wegen seiner relativen Merkmallosigkeit bezüglich der verschiedenen denkbaren Variablen dieser Bewegung adverbial modifiziert werden. Dadurch wird eine der inhärenten Modifikationsskalen für das "Gehen" aktiviert und als in verschiedenem Grad realisiert dargestellt. So ließen sich z.B. auch scheinbar redundante Verwendungen wie *zu Fuß gehen* sinnvoll erklären: auch konstitutive inhärente Merkmale können, wenn die kommunikative Notwendigkeit besteht, auf diese Art und Weise explizit gemacht werden (vgl. Engel/Schumacher (1978, S.187); Gerling/Orthen (1979, S.177 & S.117ff.)). Diese Art kommunikativer Notwendigkeit ist zunächst wohl häufig der Wunsch nach Verdeutlichung, da gerade archetypische Verben wie *gehen* dazu tendieren, allgemeinere Überbedeutungen anzunehmen. Die Verdeutlichung *zu Fuß* scheint bei *gehen* insbesondere nötig zu sein gegenüber der Bedeutung "*sich irgendwohin begeben*" (WdG S.1496), die in Wendungen wie *ins Büro/in die Stadt gehen* vorliegt, die durchaus noch nicht ausschließen, daß man dazu z.B.

das Auto benutzt; von solchen Oppositionen ausgehend, ist diese Modifikation ziemlich fest mit dem Basisverb verbunden, was auch die Terminologisierung des dazugehörigen nomen agentis *Fußgänger* zeigt. So gesehen ist eine Bedeutungserklärung, die lediglich auf die Durchsichtigkeit der Bildung Bezug nimmt - "*jmd. der zu Fuß geht*" (WdG S.1436)- unvollständig, da sie die Spezialisierung "*zu Fuß gehender Verkehrsteilnehmer*" (Duden-WB S.926) nicht darstellt. Was hier am Exempel des scheinbar tautologischen *zu Fuß gehen* dargestellt wurde, kann auch als Grund für das Festwerden einer verbalen Zusammensetzung wie *aufwärtsgehen* angenommen werden. In diesem Verb wird eine relativ häufige und wichtige, da mit Anstrengung verbundene, Abweichung von der horizontalen "Normalgeh-Achse" in Richtung schräg oben ausgedrückt, der analog eine entsprechende "abwärts"-Bewegung entspricht. Die relative Unabhängigkeit der Deutung dieser Bewegung von den genauen räumlichen Gegebenheiten - wenn sozusagen nur der Neigungswinkel stimmt - läßt es möglich erscheinen, im Sinne einer solchen Gesamtbewegung die Existenz dieses Kompositums anzunehmen. Gemäß der obigen Erklärung von *zu Fuß gehen* wäre ausserdem noch zu erwarten, daß *aufwärts-* und *abwärts-* zu Verben treten könnten, die ihrerseits schon eine Bewegung entlang der ggf. auch geneigten OBEN/UNTEN-Achse ausdrücken, ohne völlig auf einen Bewegungssinn festgelegt zu sein.

(18.1.)(2)
(a) *aufwärtssteigen/abwärtssteigen* (z. B. auf einer Leiter)
(b) *aufwärtsklettern/abwärtsklettern*
Unzählige [...] *Weinstöcke haben sich über den Boden der Ebene geflochten, an deren Ende die Stöcke die Luft durchstoßen, aufwärtsklettern und sich ins Licht hineinbinden wie der aufwärtsgewölbte Boden eines riesigen Korbes* [...] (Jonke 68)
(c) [...] *mit dem leichten Unterschied, daß deren Lippen leicht asymmetrisch schräg rechts aufwärtsgewulstet gewesen waren* [...] (Jonke 63)

d) ***empor-, hoch-***

(19)
(19.1.)
emporbäumen, emporblicken, emproblühen, emporbringen, emporbrodeln, empordrängen, empordringen, emporfahren, emporflattern, emporfliegen, emporführen, emporgehen, emporhalten, emporhelfen u.a.m.
(19.2.)
hocharbeiten, hochbinden, hochbocken, hochbringen, hochdrehen, hochdrücken, hochfedern, hochgehen, hochhalten, hochhieven, hochklappen, hochklettern, hochkommen, hochkrempeln, hochnehmen, hochrappeln u.a.m.
(19.1.a)
Eine der Straßen, die von der Quaigasse aus ziemlich steil zur mittleren Stadt emporführen (Mann 153)
[...] *sie* [...] *hob mich empor* [...] (Stifter 22)
[...] *hatten die Kragen ihrer Mäntel emporgeklappt.* (Mann 189)
[...] *einem sich langsam emporreckenden Heer unförmiger Felsblöcke* [...] (Bretagne 23)

[...] *tauchte ein riesiger hellblauer Walfisch auf, richtete sich empor* [...] (Hacks 105)
[...] *bis bei einem machtvollen Crescendo der Vorhang emporrollte* [...] (Mann 118)
[...] *der Mond* [...] *stieg langsam empor zur schwärzlichen Decke des Himmels.* (Hacks 49)
[...] *strebt ein* [...] *Glockenturm empor* [...] (Bretagne 249)
[...] *man glaubt sich sanft emporgetragen* [...] (Bretagne 9)
(19.2.a)
[...] *Obwohl du dich* [...] *hochgearbeitet hattest* [...] (Jonke 71)
[...] *die dort nistenden Vogelschwärme, welche hochflatternd* [...] (Jonke 24)
[...] *daß mir* [...] *ein diesbezüglicher Gedanke hochkäme* [...] (Jonke 48)
[...] *weil sie aus der tiefstgelegenen Klarheit des* [...] *Vergessens hochgestiegen ist* (Jonke 41)
[...] *von einem kräftig hochstürzenden Schattenwasserfall* [...] (Jonke 130)
ein hochgezogenes Heck (Brigitte 230)

Im Gegensatz zu den Beschränkungen bei den Bildungen mit *aufwärts* als Verbalpartikel gibt es eine erhebliche Menge direktionaler Verben mit *empor-* und *hoch-*. Zudem wird hier, um die Bedeutung dieser Partikeln als semantischer Valenzträger für entsprechende Bewegungen zu klassifizieren, nicht nur eine generelle Bewegung ausgedrückt, sondern auch die Tatsache, daß die Bewegung eine gewisse Normalhöhe überschreitet und so in einen Bereich relativer Höhe eindringt (vgl. Bierwisch (1970, S.286ff.); Bartsch/Vennemann (1972, S.47-60)). Somit sind solche Bildungen wieder eher unter Bezug auf Ursprung und Ziel und weniger im Hinblick auf den Weg zu interpretieren. Verben dieses Typs ließen sich in unserer Relationendarstellung folgendermaßen erfassen:

(19)(19.3.) *hochheben*

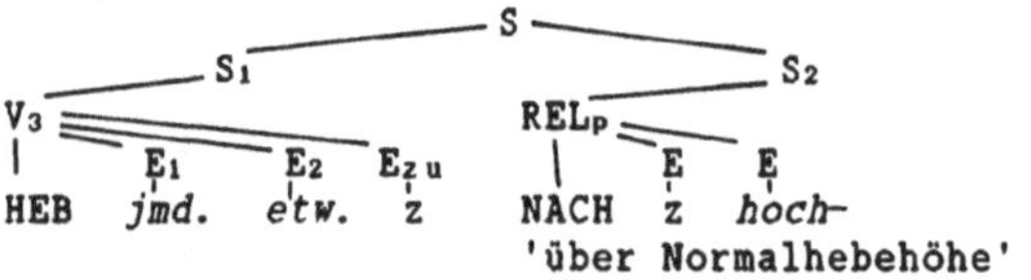

Deutlich sind bei dieser Darstellung Ähnlichkeiten, aber auch Unterschiede zu entsprechenden Bildungen mit *auf-*. Wenn wir unsere obige Darstellung zu *aufheben* (s.o.S.118) vergleichen, so sehen wir eine weitgehende Parallelität in der ausgedrückten Relation insoweit, als sie sich direktional auf eine Aufwärtsbewegung bezieht; der Unterschied ist aber auch gleich deutlich, schon der Eintrag der Partikel *hoch-* in unseren Relationenbaum zeigt, daß hier ein auf (+vertikal) liegendes Ziel gemeint ist. Dagegen war oben bei *auf-* die Partikel als Relator anzusehen, u.d.h. sie gab einen (zweifellos nach oben weisenden) Richtungssinn an; zudem hatte die Frage der Ursprungsorientiertheit diskutiert zu werden. Da aber auch die Bildung mit *auf-* nicht den reinen Richtungssinn angab, war - da weiter zum Zielpunkt nichts angegeben wird - die jeweilige Normalhebehöhe als Endpunkt der Bewegung in Richtung höherer Vertikalität anzunehmen. Bei *hoch-* ist nun tatsächlich ein Bereich angezielt, der als 'hoch' gelten kann, d.h. der über Normalhöhe liegt. Durch diese etwas umständliche Beschreibung mittels des Adjektivs *hoch* soll angedeutet werden, daß hier ein Zusammenhang mit der Frage der sogenannten "relativen Adjektive" herzustellen ist (vgl. Bartsch/ Vennemann (1972)). Ein *hohes Gebäude* ist eben nicht ein Gebäude, das hoch ist, sondern ein Gebäude, das in Hinblick auf die normalerweise von Gebäuden zu erwartenden Höhe als über der Norm liegend zu bezeichnen ist. Durch den Bezug auf diese Zusammenhänge wird der Verweis auf solche Kategorien wie "Normalhebehöhe" seines ad-hoc-Charakters beraubt. Bevor wir aber auf weitere Beispiele für diesen Zusammenhang eingehen und uns dann noch weiteren Oppositionen zuwenden, ist zunächst noch etwas genauer auszuführen, welche Folgen ein Darstellungsunterschied wie der eben geschilderte für die Art der dargestellten räumlichen Verhältnisse hat. Auch dazu kann nochmals auf (6.5.)(4) zurückverwiesen werden: die im dortigen Argumentationszusammenhang als "Aufheben" bezeichnete Bewegung kann man unter einem anderen Gesichtspunkt durchaus auch als "Hochheben" bezeichnen. Das heißt, der bewegte Gegenstand kann zweimal dieselbe Raumveränderung mitmachen, die Funktion der identischen Veränderung der Position eines Gegenstandes im Raum ist aber voneinander geschieden. Die "Rahmen"-Bedingungen für die unterschiedliche funktionale Einbettung lassen sich wie folgt beschreiben. Von *aufheben* würde man typischerweise dann sprechen, wenn und weil man mit dem gehobenen Objekt etwas tun will, von der intendierten Handlung her handelt es sich um einen Handlungsabschnitt; dagegen stellt *hochheben* eine abgeschlossene Handlung dar, die man in höchstmöglicher Abstraktion als 'heben über die normale Lage' beschreiben kann. Solche Handlungen haben auch ihre typischen Funktionen: so würde man etwas hochheben, um darunter nachzuschauen, dieses Nachschauen wäre aber eine Folgehandlung. Da somit von Hause aus *aufheben* eher ein Name für eine Tätigkeit und *hochheben* einer für eine Handlung ist, ist es vielleicht auch nicht verwunderlich, daß an der Tätigkeit *aufheben* das Deuten als Handlung zu einer als "aufräumen, ordnen" idiomatisierten Form führt (vgl. Kempcke (1966, S.280)). In lokaler Bedeutung wären Kontexte folgenden Typs bezeichnend für die unterschiedliche Funktion der beiden Bildungen:

(19.4.)
(1) *Er hob das Kästchen auf und stellte es auf den Tisch.*
(2) *Er hob das Kästchen hoch, um nachzusehen, ob etwas am Boden eingraviert war.*

Bei aller Nähe der beiden Bedeutungen zueinander wird im Prinzip doch danach differenziert, ob ggf. sachlich der gleiche Ablauf dazu dient, etwas mittels Heben in eine der jeweiligen Situation angemessene Normalhöhe zu bringen (*auf-*), oder dazu, etwas mittels Heben nach oben von seiner Normallage zu entfernen (*hoch-*).

Daraus erklären sich auch die Bedeutungsveränderungen, wenn man die obigen Beispiele sozusagen umdreht:

(19.4.)
(3) *Er hob das Kästchen auf, um nachzusehen, ob etwas am Boden eingraviert war.*
(4) *Er hob das Kästchen hoch und stellte es auf den Tisch.*

Im Gegensatz zu (2), wo das Kästchen kurzzeitig aus seiner Normallage entfernt wird, muß man bei (3) davon ausgehen, daß ein auf den Boden gefallenes Objekt eben nicht von seinem Normalplatz aufgehoben wird. Aus demselben Grund ist die Deutung eines Satzes wie (4) etwas schwierig: auf den Tisch stellen ist nicht im engeren Rahmen der Handlungen, auf die hin *hochheben* funktionalisiert ist. Denn Tische in ihrer erwartbaren Normalhöhe würde man kaum als Gegenstände ansehen, deren Oberfläche die Bedingung, über Normalhebehöhe für normale Kästchen zu sein, erfüllen würde. Ganz deutlich wird an diesen Beispielen die starke kontextuelle und pragmatische Steuerung der Verwendungsbedingungen für diese Verben, die sich aber systematisch im Konzept der Normalhebehöhe erfassen lassen.

Bevor wir in der Argumentation fortfahren, soll kurz noch versucht werden, das Verhältnis zwischen *hoch-* und *empor-* zu klären. Die Verben mit diesen Partikeln sind sich recht ähnlich, und so ist auch ein Unterschied zwischen ihnen nicht leicht zu beschreiben. Das kommt wohl daher, daß da, wo tatsächlich parallele Bildungen vorkommen, der Bedeutungsunterschied in einem engen Sinn von Bedeutung tatsächlich relativ gering ist, die merkliche Verschiedenheit in den Verwendungsbedingungen im weiteren Sinn ihren Grund hat. *Empor-* wirkt nämlich durchgehend recht altertümlich und so ist es heute in seinem Auftreten an bestimmte Stilschichten und Textsorten gebunden, oder zeigt zumindest eine starke Affinität zu bestimmten Textsorten. Begrifflich wird durch *empor-* - im Unterschied zu *hoch-* - die Richtung in ihrem Verlauf stärker betont, ohne jedoch, wie *aufwärts-* vom erreichten Ziel völlig abzusehen. Das läßt sich an einem konstruierten Satz zeigen, in dem beide Verben vorkommen können:

(19.5.)
(1) *Breitner hält die Meisterschale hoch/empor.*

Zwei Punkte lassen sich in dieser Gegenüberstellung festhalten. Sofern das Verb mit *empor-* gewählt wird, ist das Bild einer Bewegung "nach oben" ganz deutlich. Außerdem kann dieser Satz in unironischer Verwendung nur bei der Beschreibung von Situationen verwendet werden, zu denen ein solcher Akt rituell gehört - in unserem Beispiel etwa eine Fußballmeisterschaftsfeier - und auch dann nur, wenn man gewillt ist, den jeweiligen Ritus ernsthaft zu schildern. Wählt man dagegen die Form mit *hoch-*, ergibt sich für beide Punkte eine Änderung. Gegenüber einer Richtungsbeschreibung geht es eher um das angesteuerte - in diesem Fall erreichte - Ziel, das allerdings aufgrund des Bedeutungsmerkmals "über Normalhöhe", die Art, wie es erreicht wird, noch erkennen läßt. Für die Frage nach Auftretensbeschränkungen, die textsortenspezifisch sind, gilt, daß keine der oben genannten entsprechende Einschränkung besteht: *hochhalten* ist die normale Benennung für alle möglichen Fälle eines "über normal Haltens". Damit ist es auch in dem von uns konstruierten Kontext einer Meisterschaftsfeier anwendbar, auf den rituellen Aspekt der geschilderten Bewegung in diesem Rahmen wird dann aber, bewußt oder unbewußt, keine Rücksicht genommen. Die Zuständigkeit dieses Verbs für alle möglichen räumlich entsprechenden Situationen läßt sich unschwer zeigen, wenn wir unsere "Meisterschalen-Geschichte" etwas weiterspinnen.

(19.5.)
(2) *In seiner Begeisterung stürzte sich das Publikum auf ihn. Er fiel hin. Aber entschlossen hielt er die Schale hoch, damit sie nicht schmutzig wurde.*

Empor- wäre hier wohl nur mehr ironisch oder in arg hymnischer Sportberichterstattung denkbar.

Der in diesem Beispiel erkennbare Bezug auf einen Zielbereich bringt Bildungen mit *hoch-* in Konkurrenz zu entsprechenden Verben mit *rauf-*, der umgangssprachlichen Neutralisierungsform für die sprecherperspektivisch bestimmten Verben mit *herauf-/hinauf-* (vgl. Duden-Zweifelsfälle S.362; Eichinger (1980, S.24/25)). Das ist nicht überraschend, tritt doch *rauf-* an den Stellen auf, wo die Einfachpartikeln mit *auf-* nicht in der Lage sind, die "einfache" direktionale Bedeutung auszudrücken, und das sind, wie oben festgestellt, die meisten Fälle. So stehen dann nebeneinander

(19.6.)

(1)	*hochbringen*	(2)	*raufbringen*
	hochdrücken		*raufdrücken*
	hochgehen		*raufgehen*
	hochhieven		*raufhieven*
	hochklappen		*raufklappen*

Bis auf die letzten beiden Beispiele, die Sonderfälle darstellen, bei denen zudem auch Bildungen mit *auf-* möglich sind, ist hier die zweite wichtige Variante der Bildungen mit *hoch-* beschrieben, nämlich die, die einfach eine Bewegung "nach oben" auf ein Ziel zu meint, und zwar ohne Aussagen zu Normalität oder Nichtnormalität der angesteuerten oben befindlichen Position. Schon in der Umschreibung wird die Identität der Bedeutungsangabe mit der von Bildungen mit *herauf-/hinauf-* unter Neutralisierung der Sprecherperspektive deutlich. Von der regionalen Verteilung der sprecherperspektivisch markierten Formen her ist es somit nicht überraschend, daß etliche der entsprechenden Bildungen eher als norddeutsch gelten – dem entspricht, daß das Duden-WB einen großen Teil dieser Bildungen als umgangssprachlich kennzeichnet. Eine Auflistung der entsprechenden, im Duden-WB (S. 1261-1267) verzeichneten Bildungen zeigt, daß es sich durchgehend um Verben mit

Basen handelt, die bei *herauf-/hinauf-* in der einen oder anderen Form schon vorgekommen sind:

(19.6.)(3)
sich hocharbeiten, hochbringen, sich hochdienen, hochdrehen, hochfahren, hochgehen, hochholen, hochkommen, hochkurbeln, hochnehmen, hochreichen, hochsteigen, hochtragen, hochtreiben, hochwuchten, hochziehen.

Man muß nicht im einzelnen belegen, daß zu all diesen Bildungen Parallelen mit *rauf-* bildbar sind. So erweisen sich diese Bildungen sowohl systematisch, wie auch offenbar für regional spezifizierte Sprechergruppen der deutschen Sprache als eine Alternative zum *hinauf-/herauf-*System. In letzterem, das offenbar das bezüglich der lokalen Partikeln differenzierteste System darstellt, ist allerdings die zu Beginn geschilderte Bedeutung der Bildungen mit *hoch-* die "normalere", bringt sie doch eine weitere Differenzierung, wenn auch ihr praktischer Nutzen im einzelnen oft gering sein mag. Offenbar steht dieser Typ von Bildungen weithin in Alternanz zu Bildungen mit *auf-*. Das zeigt sich, wenn wir die entsprechenden - dimensionalen - *auf-* Verben, die wir oben (II.4.2.2.1.) verzeichnet haben, daraufhin ansehen: zu einer Vielzahl solcher Bildungen gibt es welche mit *hoch-*, die in dem oben beschriebenen Verhältnis von "auf Normalhöhe" und "über Normalhöhe" zueinander stehen. Das belegen auch die im Duden-WB (a.a.O.) verzeichneten Bildungen:

(19.6.)(4)
hochbiegen, hochbinden, hochblicken, hochbocken, hochfahren (3.a.), hochfliegen, hochgucken, hochhalten, hochheben, hochhieven, hochhüpfen, hochjagen, hochklettern, hochkommen, hochkrempeln, hochlegen, hochnehmen ('hochheben'), *hochpäppeln, hochragen, hochranken, hochrecken, hochrutschen, hochscheuchen, hochschichten, hochschnellen, hochschürzen, hochspringen, hochspülen, hochstecken, hochstemmen, hochstrecken, hochtürmen, hochwirbeln, hochwölben, hochzwirbeln.*

Der Vergleich mit den behandelten Verben mit *auf-* zeigt eine weitgehende Parallelität der Bildungen, nur jeweils bei der Bildung mit *auf-* die Funktionalisierung auf einen Zielzustand, der als der Normalzustand der intendierten Handlung interpretiert wird, während bei den Bildungen mit *hoch-* möglicherweise dieselbe Bewegung als objektive Höherbewegung im Sinne des Erreichens einer über einer situationellen Normalebene liegenden Position interpretiert wird.

4.2.2.4. Konkurrenzen

Bisher wurde dargelegt, wo wir die Gemeinsamkeiten und Unterschiede der auf die AUF-Richtung bezogenen Partikelverben mit *auf-*, *rauf-* (als Neutralisierungsform für *hinauf-/herauf-*), *hoch-* und *empor-* sehen. Das Gemeinsame an diesen Partikeln, das die Voraussetzung für solche Konkurrenzen ist, liegt zweifellos darin, daß in den mit ihnen gebildeten Verben jeweils Bewegungsvorgänge ausgedrückt bzw. modifiziert werden, die eine Tätigkeit des Höherbewegens bezeichnen, ohne gleichzeitig den Bezug zur Sprecherperspektive herzustellen. Die Unterschiede liegen dann in den bereits angedeuteten, hier noch einmal zusammenzufassenden Faktoren:

Empor- und *hoch-* (in der zuletzt behandelten Variante) miteinander trennt von *auf-* in den entsprechenden Verben die bei ihnen vorhandene Bedeutungskomponente "über Normalhöhe", wo bei *auf-* "auf Normalhöhe" eintritt. Im einzelnen mag diese Unterscheidung je nach Art der in der Basis ausgedrückten Bewegung noch unterschiedlich sein, zudem kommen weitere - etwa textsortenmäßige oder stilistische - Beschränkungen dazu. So ist *emporfahren* nur in biblischen Wendungen wie *In den Himmel empor-/auffahren* Konkurrenz zu *auffahren*, während *auffahren*, *hochfahren* und *emporfahren* andrerseits Konkurrenzbildungen in der oben diskutierten Bedeutung von *auffahren* "sich plötzlich (aus liegender Stellung) aufrichten" sind. Trotz extensionaler Konkurrenz ist aber der Aspektunterschied zwischen "woher" (*auf-*) und "wohin" (*hoch-*, *empor-*), der parallel zu dem angegebenen Bedeutungsunterschied läuft, nicht zu verkennen. Daß die Bildungen mit *empor-* dabei als eher gehoben oder veraltet zu werten sind, zeigt sich daran, daß ihre Verwendung umso unwahrscheinlicher wird, je umgangssprachlicher die Themen und die Ausdrucksweise sind. Bei den Bildungen mit *hoch-* und auch denen mit *empor-* ist letztlich noch eine weitere - z. T. als umgangssprachlich bzw. norddeutsch regional zu kennzeichnende - Gruppe abzuheben, deren Bildungen in Konkurrenz mit *rauf-* stehen, und so, soweit sie gebildet werden, additive Bedeutung haben.

Diese Konkurrenz- und Oppositionsverhältnisse lassen sich in der Gegenüberstellung der Belege aus dem Duden-WB nochmals konkretisieren:

(20.)

BASIS	a	h1	e1	h2	e2	he	hi
s.arbeit				x	x	x	x
bäumen	x						
biegen	x	x					
binden	x	x					x
blicken	x	x	x				
blinzeln	x						
bocken	x	x					
bringen				x		x	x
brodeln	x						
dämmern	x						
s.dienen				x	x		x
drehen	x			x			
dringen			x				
fahren	x	x	x	x	x	x	x
flackern	x		x				
fliegen	x		x				
gehen	x	x	x	x	x		x
gucken		x					
halten		x	x				
heben	x	x	x			x	x
helfen	x				x		x
hieven	x	x					
holen	x			x		x	
hüpfen	x	x					
jagen	x	x					
kämmen	x	x					
s.kämpfen					x		
klappen	x	x					
klettern		x	x			x	x
klimmen			x				
kommen		x	x	x	x	x	x
krempeln	x	x					
kriechen		x	x	x			

BASIS	a	h1	e1	h2	e2	he	hi
kurbeln				x			
laufen				x		x	x
legen		x					x
lodern	x		x				
lohen	x						
nehmen	x	x		x			x
päppeln	x	x					
pressen				x			
pumpen				x		x	
quellen	x		x				
ragen	x	x	x				
ranken	x	x	x				
rappeln	x						
rauschen	x						
recken	x	x	x				
reichen				x		x	x
reißen		x	x		x		
richten					x		
rutschen		x					
schauen	x				x	x	x
scheuchen	x	x	x				
schichten	x						
schicken						x	x
schieben					x		
schießen	x	x	x			x	x
schlagen	x	x	x				
schlängeln		x	x				
schleichen					x		x
schleudern	x	x	x				
schnellen	x	x	x				
schrecken	x						
schürzen	x						
schweben	x	x	x				

BASIS	a	h1	e1	h2	e2	he	hi [16]
schwingen	x	x	x		x		x
sehen	x	x	x			x	x
seilen	s						
springen	x	x	x	x	x	x	x
sprudeln	x						
sprühen	x						
spülen	x	x					
stapeln	x	x					
stecken	x	x					
steigen	x	x		x	x	x	x
stemmen		x					
stieben	x		x				
stoßen					x		
streben					x		
strecken	x	x					
streifen				x			
stürzen						x	x
tauchen	x		x				
tragen			x	x	x	x	x
treiben	x		x	x	x		x
türmen	x	x					
wachsen			x				x
wallen	x						
wehen	x						
werfen	x	x					
winden	x	x					
wirbeln	x	x	x				
wölben	x	x	x				
wogen	x		x				
wuchten		x		x			
zeigen					x		
ziehen	x		x	x	x	x	x
zwirbeln	x	x					

Unter *hoch1* ist die Variante *hochheben* 'über Normalhöhe heben' gemeint, unter *hoch2* die Variante *hochbringen* 'hinaufbringen'; entsprechend ist die Unterscheidung von *empor1* und *empor2* zu verstehen. Unangesehen mancher Zufälligkeiten in der Beleglage (vgl. dazu generell Mugdan (1984)), lassen sich doch Tendenzen in der funktionalen Verteilung der verschiedenen Wortbildungsmuster erkennen. Es gibt zwei typische Konstellationen, die offenbar einen grundsätzlichen Unterschied wiederspiegeln. Die eine Gruppe sind Verben wo *auf-* und *hoch-*1 mit denselben Basen verbunden werden, die andere Verben, bei denen *hoch-*2 und *herauf-/hinauf-* (im folgenden als RAUF verkürzt) an dieselbe Basis treten. Beide Gruppen können durch die entsprechende Variante von *empor-* ergänzt werden. Die Basen der ersten Gruppe sollen unter (20.1.), die der zweiten unter (20.2.) zusammengestellt werden.

16 a = *auf-*; h1/2 = *hoch-*1/2; e1/2 = *empor-*1/2; he = *herauf-*; hi = *hinauf*.

(20.1.) AUF/HOCH1/(EMPOR1)-Kombinationen
biegen, binden, bocken, fahren, fliegen, heben, hieven, hüpfen, jagen, kämmen, klappen, krempeln, nehmen, päppeln, ragen, ranken, recken, schauen, scheuchen, schichten, schießen, schlagen, schleudern, schnellen, schrecken, schürzen, springen, spülen, stapeln, stecken, steigen, türmen, werfen, winden, wirbeln, wölben, zwirbeln
(1) AUF/HOCH1/EMPOR1
blicken, fahren, fliegen, heben, ragen, ranken, recken, scheuchen, schießen, schlagen, schleudern, schnellen, springen, wirbeln, wölben
(2) AUF/ 0 /EMPOR1
flackern, flammen, lodern, quellen, schweben, schwingen, sehen, stieben, tauchen, treiben, ziehen
(3) 0 /HOCH1/EMPOR1
halten, klettern, kommen, kriechen, reißen, strecken
(4) AUF/ 0 / 0
bäumen, blinzeln, brodeln, dämmern, drehen, flattern, helfen, holen, lohen, rappeln, rauschen, seilen, sprudeln, sprühen, wallen, wehen
(5) 0 /HOCH1/ 0
gucken, legen, richten, rutschen, stemmen, wuchten
(6) 0 / 0 /EMPOR1
dringen, klimmen, wachsen
(20.2.) HOCH2/RAUF/(EMPOR2)-Kombinationen
s.arbeiten, bringen, s.dienen, fahren, gehen, holen, kommen, laufen, nehmen, reichen, springen, steigen, tragen, treiben, ziehen
(1) HOCH2/RAUF/EMPOR2
s.arbeiten, s.dienen, fahren, gehen, kommen, springen, steigen, tragen, treiben, ziehen
(2) 0 /RAUF/EMPOR2
helfen, schauen, schieben, schleichen, schwingen
(3) HOCH2/ 0 / 0
drehen, kriechen, kurbeln, pressen, pumpen, streifen
(4) 0 / 0 / EMPOR2
s.kämpfen, reißen, richten, stoßen, streben, zeigen
(5) 0 /RAUF/ 0
blicken, fliegen, klettern, legen, schießen, stürzen, wachsen, werfen

Man muß sich aber davor hüten, Zufälligkeiten der Wörterbuchverzeichnung für systematische Beschränkungen der Sprache zu halten. Um es am Beispiel zu verdeutlichen: es ist eigentlich nicht einzusehen, warum es parallel zu den nur mit *hoch-* belegten Bildungen in (20.2.)(3) nicht auch Bildungen mit *rauf-* geben sollte. Das Entsprechende gilt umgekehrt für den größten Teil der Verben unter (5).

Unter diesem Vorbehalt und bei entsprechend vorsichtiger Interpretation kann man aus der Verteilung Schlüsse ziehen, die zu unseren bisherigen Ausführungen passen.

Das läßt sich - da hier die Verhältnisse am differenziertesten sind - am besten an den Bildungen des ersten Typs "über Normalhöhe" zeigen, die unter (20.1.) aufgeführt sind. Die unter (20.1.) genannten Oppositionspaare für *hoch-* und *auf-* zeigen im Normalfall den oben an *aufheben/hochheben* exemplifizierten Bedeutungsunterschied. Dort wurde ausgeführt, daß in diesem Wortbildungsmuster die ausgedrückte Höherbewegung als funktional bezüglich des jeweiligen Zwecks dargestellt wird. Damit wird der erreichte höhere Endpunkt zum normalen Ziel der ausgeführten Handlung und somit zur Normalhöhe der jeweiligen Situation erklärt. Damit verbunden ist die Betonung des Wegkommens von einer tieferen Ausgangslage, was die Zielorientierung solcher Bildungen "abdämpft". Bei den entsprechenden Bildungen mit *hoch-* hingegen ist besonders hervorgehoben, daß das Ziel der Handlung "in der Höhe" u. d.h. im Regelfall "über normal" angesiedelt ist. Wir haben das oben am Beispiel von *-heben* bereits vorgeführt; ebensogut ginge es beim Typ *aufbiegen, aufbinden*, der auch oben schon geschildert wurde: *hochbiegen, hochbinden* legt dagegen bei diesen Handlungen den Schwerpunkt darauf, daß als Ergebnis das von der Handlung betroffene Objekt über sein als Normallage angesehenes Ausgangslevel nach oben hinausragt. Bei *ragen* selbst, das wir hier zur Erklärung benutzt haben, kann der diesem Verb auch als Simplex schon inhärente Zustandstyp, der als Ergebnis einer Bewegung gesehen wird, einerseits als solcher Zustand "normal" ausgedrückt: *aufragen* (s.v.a.das erste Beispiel in (20.3.)(1)), oder in seiner Besonderheit als "mehr als normal in die Höhe" verdeutlicht werden: *hochragen*.

(20.3.)(1)
Nur etwa 800 Menschen bewohnen diese flache, nur bis 8m ü.NN aufragende Insel. (Bretagne 150)
[...] *liegt zwischen steil aufragenden Klostergebäuden* [...] (Bretagne 261)

Es ist allerdings sichtbar, daß diese Unterscheidung oft praktisch nicht sehr deutlich oder auch nicht sehr wichtig ist. So ist sie etwa bei einem Beispiel wie *aufbocken/hochbocken* schon nicht mehr leicht nachvollziehbar; und zwar wohl deshalb, weil für den Sprecher die Relevanz der Ausgangs-/ Ziel-Unterscheidung bzw. der Festlegung einer Normalposition nicht einsichtig ist. Die praktischen Voraussetzungen dafür, *aufbocken* als "auf Normalhöhe im Sinn der Basis bringen" zu verstehen, sind bei der typischen Verwendung dieses Verbs schlecht:

(20.3.)(2.1.) *Ein Auto aufbocken/hochbocken.*

Die Stellung auf den Hebeböcken weicht so dezidiert von der funktionalen Normalstellung eines Autos ab, daß offenbar eine Normalebene im Bezug auf die Böcke nicht gedacht wird. Es bleibt daher nur übrig, *aufbocken* und *hochbocken* gleichermaßen als 'über Normalhöhe bewegen' zu verstehen. Dabei scheint *aufbocken* üblicher zu sein als *hochbocken*. Bei der Erklärung dieser Verwendung ist ein Blick auf das Verhältnis von formaler und inhaltlicher Struktur der beiden Bildungen von Nutzen. Eigentlich wäre nach unseren prinzipiellen Ausführungen anzunehmen:

(20.3.)(2.2.)
aufbocken: 'mittels Böcken vom Boden auf bewegen'
hochbocken: 'mittels Böcken in die Höhe bewegen'.

Da nun aber beide Verben im Sinn von "in die Höhe" verstanden werden, liegt es nahe, anzunehmen, daß das dazu beigetragen hat, aus *aufbocken* ein anderes Muster herauszulesen:

(20.3.)(2.3.) *aufbocken*: 'auf Böcke hinaufbewegen'

Eine solcherart präpositionale Auflösung führt problemlos zu der jetzt gültigen Bedeutung. Sowohl der Zusammenfall der beiden Bedeutungen wie auch die zuletzt angesprochene Umdeutung scheinen auch der Duden-Paraphrase zugrundezuliegen. Die Einträge für *aufbocken* (S.205) und *hochbocken* (S.1262) zeigen deutlich die Auswirkungen der semantischen und pragmatischen Faktoren, die wir gerade geschildert haben. *Hochbocken* wird weiter nicht erklärt, man wird unmittelbar auf *aufbocken* verwiesen. Dessen Bedeutung wird dann erläutert als "ein Fahrzeug mit Hilfe einer besonderen Vorrichtung auf ein Gestell, auf einen Bock heben". Ganz eindeutig liegt die geschilderte Umdeutung vor, statt "aufheben auf Böcke" wird paraphrasiert "hochheben auf Böcke"; der Zusammenfall der beiden Muster wird durch das präpositionale Muster erläutert. Das geht auch noch weiter. Obwohl offenbar eine ziemlich regelmäßige Opposition zwischen den Verben mit *auf-* und *hoch-* besteht, werden im Duden-WB durchgehend beide Verben mit "nach oben" paraphrasiert. Daß in der Wörterbuchdarstellung von gestörten Verhältnissen innerhalb dieses Systemausschnitts ausgegangen wird, ist auch an den gegenseitigen Verweisen zwischen den einschlägigen Verbpaaren zu erkennen. Neben dem bereits gebrachten Beispiel mag als Erläuterung ausreichen, daß bei *aufbinden* als semantische Erklärung auf *hochbinden* verwiesen wird, bei *aufblicken* z. B. aber nicht auf *hochblicken*, sondern auf *aufschauen*, dafür ist bei *hochblicken* auf *aufblicken* Bezug genommen. Dieser Befund scheint dafür zu sprechen, daß die beiden Bildungen jeweils für äquivalent gehalten werden, daß eine Bezugnahme auf die jeweils andere als Rekurs auf das üblichere Verb anzusehen ist. Das ist wiederum der Grund dafür, daß diese Bezugnahme in beiden Richtungen verlaufen kann. Allerdings scheint diese weitreichende Gleichsetzung den Idiomatisierungstendenzen, die das Muster mit *auf-* prägen, nicht hinreichend Rechnung zu tragen.

Sofern noch Parallelbildungen mit *empor-* dazutreten, läßt sich ihr Auftreten mit den von uns gemachten Aussagen zu dieser Partikel vereinbaren. Denn einerseits verstärkt diese Partikel tatsächlich die 'nach oben'-Bewegung, wofür die Verbindung mit "dynamischen" Basen wie *scheuchen*, *schießen*, *schlagen*, *schleudern*, *schnellen*, *springen*, *wirbeln* spricht, z.B.:

(20.3.)(3.1.)
Über dem Giebel der einfachen Fassade strebt ein von zwei achteckigen Seitentürmchen flankierter Glockenturm empor. (Bretagne 249)

Gleichzeitig ist durch die Betonung der Ziel<u>richtung</u> die Ausrichtung auf den Ziel<u>punkt</u> zurückgenommen, andrerseits ist *empor-* stilistisch als gehoben oder veraltet markiert, was in den anderen in (20.1.)(1) genannten Fällen dazu genutzt zu werden scheint, "feierliche" oder "pathetische" Varianten zu Bewegungstypen zu bilden, die neutraler mit *hoch-* realisiert würden.

(20.3.)(3.2.)
[...] *steigen wir durch die Rue du Petit Fort zur Porte du Jerzual hoch* [...] (Bretagne 222)
[...] *und stieg langsam empor zur schwärzlichen Decke des Himmels.* (Hacks 49)
Die Gegend wurde durchbraust von einem aufsteigenden Flugzeug [...] (Handke 56)

Wegen des Verhältnisses von Zielrichtung und Zielpunkt treffen sich Bildungen mit *auf-* und *empor-* bei Verben, die sich auf Naturerscheinungen beziehen, die nach oben gehen, aber dort kein richtiges Ziel haben. Daß auch hier *empor-* gehobener wirkt, kommt noch dazu.

Bei den Bildungen mit *hoch-* und *empor-* liegen die Bedeutungen von *hoch-*1 und *hoch-*2 sehr nahe beisammen, *empor-* dient hier dagegen zur Verdeutlichung des "nach oben" [= Richtung] im Gegensatz zum "hinauf" [= Ziel]. Dieser Typ wurde oben anhand von *-halten* bereits diskutiert.[17]

(20.3.)(3.3.)
[...] *worauf zahllose Papierfetzchen von der Tischoberfläche hochflattern, die zu munteren Zitronenfaltern verwandelt durchs Bürofenster in die gleißende Hitze des Nachmittags hinausflattern.* (Jonke 53)
Im Dunkel des Vorzimmers waren ihre Augen wie ein schwarzer Schmetterling gewesen, als sie zum erstenmal an ihm emporflatterten. (Musil 95)

Auch die Auswahl der Basen, die nur zusammen mit je einer Partikel vorkommen, läßt sich im großen und ganzen nach dem entworfenen Muster erklären. Zu den entsprechenden Bildungen mit *auf-* und mit *empor-*. (auch *rauf-*) gehören die nicht so üblichen Basen des "Naturerscheinungstyps": bei ihnen sind die *auf-*Verben häufig lexikalisiert, vgl. *aufwachsen* gegen *emporwachsen*:

(20.3.)(3.4.)
[...] *sie [= die Pechbrennerknaben] wachsen in dem Walde auf,* [...] (Stifter 43)
[...] *grub er mit der Hand Kartoffeln aus, die unter den emporwachsenden Reben waren* [...] (ebd.)

vgl. aber auch:

(20.3.)(3.5.)
[...] *weshalb bei Eintritt jeglicher Dämmerung der Garten von Millionen von aufschwebenden Leuchtinsekten* [...] *zu erstrahlen begann* [...] (Jonke 149)

Analoges gilt etwa von *blinzeln*, das ja an sich in die Reihe *schauen, sehen, blicken* gehört, aber eine – unüblichere – Modifikation ausdrückt, die offenbar nur in der lexikalisierten Form auf dieses Handlungsmuster "aufschauen" abbildbar ist. Auch *aufholen* und *aufseilen* sind als fachsprachliche Ausdrücke lexikalisiert. Bei *empor-* spiegelt die Verbindung mit *dringen* wiederum die starke Richtungs-Bedeu-

---

17 Zum Fehlen von *auf-* in diesen Fällen vgl. auch die Konkurrenz von entsprechenden Bildungen nach anderen Mustern: *aufhalten, aufreißen* nach dem Typ 'offen'.

tung der Partikel, die mit bestimmten Verwendungstendenzen von *herauf-* zu vergleichen ist. Bei *klimmen* spielt sicherlich die Gehobenheit die entscheidende Rolle, ist ja auch diese Basis für sich schon stilistisch markiert. Die nur mit *hoch-* belegten Verben stehen ganz nahe an *hoch*-2, allerdings mit besonderer Betonung des Höhenaspekts gegenüber dem relationalen oben-unten. Dafür scheinen insbesondere *stemmen* und *wuchten* zu sprechen. Entsprechend ist auch *hochrutschen* ein *Hinaufrutschen* ohne konkret genanntes Ziel, aber mit Betonung der Richtung. Illustrativ ist in diesem Zusammenhang der Fall *hochlegen* - *die Beine hochlegen* -, der zwar nahe an *hinauflegen* steht, aber über das Ziel nur sagt, daß es über der Normalhöhe für Beine zu liegen hat.

Sind wir bisher im wesentlichen von der Konkurrenz zwischen *auf-* und *hoch-* ausgegangen, so bringt die Verbindung der Merkmale [ZIELBEREICHSORIENTIERT, NEUTRALFORM BEZÜGLICH DER SPRECHERPERSPEKTIVE und AUFWÄRTSBEWEGUNG] *hoch-* und in geringerem Umfang auch *empor-* in Konkurrenz zu Bildungen mit *rauf-*. Die entsprechenden Distributionstypen wurden in (20.2.) zusammengestellt. Die Konkurrenz zwischen diesen Bildungen ist möglich, da sie sich auf Situationen beziehen lassen, in denen festliegt, wo oben und unten ist. Es besteht eine Tendenz zur Absolutsetzung der Oben-Unten-Unterscheidung, bei der die Sprecherperspektive ausgeblendet wird. Dabei wird angenommen, daß die Position des Sprechers an keinem der beiden Pole ist, sondern sich in neutraler Mittelposition befindet. Unter dieser Voraussetzung können auch die Doppelpartikel ohne Rücksicht auf die Position des Sprechers angewendet werden. Das hat zur Folge, daß in diesem von der norddeutschen Umgangssprache ausgehenden System kaum ein Unterschied zwischen *hoch-* und *rauf-* zu erkennen ist: allenfalls lassen sich graduelle Unterschiede in der Zielorientiertheit ausmachen. *Rauf-* beschreibt tendenziell eine Bewegung, die direkt auf ein Objekt zielt, während *hoch-* es als ein Objekt beschreibt, das ein Exempel für 'oben' ist. Die damit möglichen Übergänge zeigen Fälle wie *aufklappen* - *hochklappen* - *raufklappen*. Während *aufklappen* 'nach oben klappen' bedeutet und *raufklappen* 'in Richtung auf ein oben gelegenes Handlungsziel klappen', schwankt *hochklappen* zwischen den beiden Deutungen.

Ansonsten bestätigen die in (20.2.) zusammengestellten Bildungen Bekanntes. Zum ersten tauchen gerade die üblichsten Fortbewegungsverben in dieser Gruppe auf. Homonyme in den unter (20.1.) aufgeführten Gruppen (*aufgehen, auffahren, aufspringen*) sind entweder stark idiomatisiert (*gehen*) oder beziehen sich auf die Veränderung der Körperhaltung vom Typ *aufstehen* (*fahren, springen*, auch *kommen, können* usw.). Das entspricht den Beobachtungen, die wir bei *aufwärts-* gemacht haben: offenbar herrscht kaum ein kommunikativer Bedarf, bei normalen Fortbewegungsverben die generelle Richtung auf Dimensionsbasis anzugeben, ohne diese Handlung zielbezogen zu formulieren. Dasselbe gilt offenbar auch für die Bildungen vom Typ *sich hoch-/raufarbeiten* usw., wobei bei beiden bisher genannten Typen die – stilistisch markierte – Möglichkeit besteht, im Rahmen dieses Konzepts den Richtungssinn durch eine entsprechende Bildung mit *empor–* stärker hervorzuheben. Wie *tragen, treiben* und *ziehen* zeigen, könnten entsprechende Überlegungen auch für allgemeine Verben des Beförderns gelten. Die Kombinationsbeschränkungen in (20.2.)(2), (3) und (5) lassen sich nicht semantisch erklären. Hier ist nur generell auf die Vorbild-Wirkung einzelner sprachüblicher Bildungen hinzuweisen. Etwas anders ist das bei (20.2.)(4) *empor–*: auch hier bleibt zwar die direkte Zielorientierung, die dimensionale Bewegungstendenz wird aber deutlich verstärkt, so daß auf diesem "Weg"-Aspekt mehr Gewicht ruht. Zu den Bildungen mit *empor–* sei letztlich noch angemerkt, daß sich im Duden-WB an dieser Stelle (S. 684/685) überproportional viele literarische Belege finden, was darauf hindeutet, daß diese Bildungen stilistisch markiert sind. Sofern man eine solche stilistische Markierung als eine Art beginnender Demotivierung auffassen kann, ist auch anzunehmen, daß solche Verben aus diesem Grund in relativ größerer Anzahl ins Wörterbuch aufgenommen werden als die regelmäßigen Bildungen mit Richtungspartikeln. Ein Hinweis auf die vorliegende Verwendungsspezialisierung ist auch, daß Bildungen mit *empor–* vielen alltäglichen Kommunikationsbedürfnissen nicht genügen:

(20.4.)
Steig da auf den Baum!
Steig da rauf!
Steig da hoch!
**Steig da empor!*

Die vergleichende Diskussion der Funktion der verschiedenen Verbpartikeln im Bereich von AUF "Bewegung nach oben, auf etwas" bzw. auch "Zustand oben, auf etwas" hat gezeigt, daß die Raumorientierung im System der verbalen Wortbildung des Deutschen am eindeutigsten durch die *herauf–/hinauf–* bzw. *(heroben–)/oben–/droben–*Bildungen geleistet wird. In Bildungen mit diesen Partikeln werden Richtung bzw. Ort und Stellung des Sprechers gleichzeitig ausgedrückt. Allerdings ist das System dieser Partikeln z.T. gewissen Änderungstendenzen unterworfen. Auf jeden Fall wird aber durch diese Bildungen am regelmäßigsten auf die den Raum strukturierenden Dimensionen Bezug genommen: und zudem wird, zumindest soweit das sprecherperspektivische System funktioniert, die dimensionale Orientierung eindeutig auf die konkrete Konstellation bezogen. Bildungen mit diesen Doppelpartikeln, die im Rahmen der europäischen Nachbarsprachen eine Besonderheit des Deutschen darstellen,(vgl. Eichinger (1980); Leden (1982)) werden für die statische Seite in *oben–* (unter anderen Bedingungen auch in *droben–*) neutralisiert. Im direktionalen Gebrauch tritt zumindest umgangssprachlich in regional unterschiedlichem Maße *rauf–* als eine Art Neutralisierungsform ein, dazu in gewissem Umfang, leicht in der Bedeutung differenziert und ebenfalls in der regionalen Geltung beschränkt, *hoch–*. Eine solche Neutralisierungsform entspricht in der deutschen Sprache einem vorhandenen Bedarf, da keine der sonst angesprochenen präpositionalen oder adverbialen Formen in der Lage ist, dasselbe auszudrücken wie die Verben mit *hinauf-/herauf-*, bloß ohne Angabe der Sprecherperspektive.

Vor allem die in den europäischen Nachbarsprachen entsprechend genutzten einfachen Partikeln vom Typ *auf-* zeigen immer ein gewisses Maß an Idiomatisierung. Die regelmäßige Richtung dieser Idiomatisierung ließ sich bei allen diesen Bildungen als Funktionalisierung der ausgedrückten Bewegung im Hinblick auf die im Zusammenhang des Gesamtverbs bezeichneten Sachverhalte fassen. Daneben war bei diesen Bildungen der Unterscheidung in (adverbiale) dimensionale und (präpositionale) topologische Verben nachzugehen. Es wurde versucht zu zeigen, daß und wie auch diese beiden Varianten miteinander in Beziehung stehen. Gerade bei diesen Verben ließ sich die Bedeutung analogisch-holistisch arbeitender Erklärungskonzepte, die eine konstitutionelle Beschreibung ergänzen müssen, zeigen. In einem semantischen Valenzmodell wurde dabei der jeweilige Relationenrahmen dargestellt, aus dem sich die jeweiligen Muster, gruppiert um archilexematische oder prototypische Verben, erklären lassen. Dabei ist nicht davon auszugehen, daß diese Analyseprozedur bei jedem Verb jedesmal vorgenommen wird, sondern daß wir in der Lage sind, die Muster anhand ihrer Vorbilder und regelmäßiger Modifikationstypen zu beherrschen. Um das zu gewährleisten, war auch vorzusehen, daß im Relationenmuster regelmäßige Idiomatisierungsrichtungen erkennbar gemacht werden, und daß letztlich das syntaktische Verhalten natürlich aus diesen Relationsvorgaben abgeleitet werden kann.

Dieses Darstellungsmodell erklärt auch, warum die Modifikation, die in *aufwärts-* ausgedrückt ist, kaum in verbale Wortbildungen eingeht. Vergleichbares gilt für die Modifikation in statischen Partikeln, die infolgedessen auch nur am Rande behandelt wurden.

Abschließend wurden dafür die Bildungen mit weiteren dynamischen Partikeln, nämlich *hoch-* und *empor-* in den funktionalen Vergleich mit einbezogen. Dabei waren zwei Großgruppen zu erkennen, die durch die Beteiligung der Bildungen mit *auf-* bzw. *rauf-* gekennzeichnet sind, und die die raumhaft dimensionale Orientierung, gegenüber der punktuellen Orientierung entlang der Dimensionsachse repräsentieren: Bildungen mit *hoch-* und *empor-* sind an beiden Gruppen beteiligt. Durch eine Untersuchung der in beiden Gruppen gewählten Basen konnten Differenzierungsprinzipien ermittelt und gezeigt werden, wie bei den Bildungen mit *hoch-* die Übergänge zwischen den beiden Gruppen verlaufen. Dabei verhindern aber die stilistischen und regionalen Beschränkungen der verschiedenen Bildungen, daß die beiden Gruppen beim einzelnen Sprecher ein Gesamtsystem darstellen würden. Vielmehr wird eher das eigentliche System durch einzelne Anleihen aus der anderen Hälfte erweitert.

4.2.3. Relationshälfte AB

Wir können davon ausgehen, daß wir bei der Untersuchung der die AB-Hälfte der Vertikalen betreffenden Partikelverben ganz ähnliche Feststellungen machen werden, wie wir sie für die AUF-Hälfte konstatiert haben. Von vorneherein gibt es allerdings zwei Faktoren, die eine gewisse Änderung in den Ergebnissen erwarten lassen. Der erste, generellere Faktor ist, daß die Richtung 'nach unten' im Vergleich zu der 'nach oben' markiert und psychologisch negativer bewertet - auch praktisch nicht so wichtig - ist. Der zweite, das Partikelsystem direkt betreffende, ist, daß es bei aller Parallelität durch die Existenz von zwei Typen von Partikeln kompliziert wird, die sich auf diese Dimensionshälfte beziehen, und zwar Partikeln, die zu *ab-* gehören, und solche, die zu *unter-* zu stellen sind. Formal kann man sagen, daß *unter-* sich auf die entsprechende Präposition beziehen läßt, während *ab-* in der hier vorliegenden Bedeutung keine Parallele als selbständiges Morphem hat. Hierdurch ist schon vorgezeichnet, daß auch die dimensionale und topologische Funktion anders verteilt sein werden.

4.2.3.1. Verben mit *ab-*

Wenn wir die entsprechend den oben diskutierten Grundsätzen ausgewählten "Archi"-Verben betrachten, sind Parallelen zwischen den Bildungen mit *ab-* und denen mit *auf-* unverkennbar.

(1)

**jmd.liegt ab*	
jmd.geht ab	**jmd. geht v. etw. runter*
**jmd.steht ab*	
jmd.hebt etw.ab	*jmd.hebt etw.v. etw.runter*
jmd.steigt(v.etw.)ab	*jmd.steigt v.etw.runter*
jmd.legt etw.ab	*jmd.legt etw.v.etw.runter*

Entsprechendes gilt für *auf-* und *unter-*, was die Oberflächenkontaktbedeutung angeht:

(2)

etw. unterlegen	*etw. unter etw. legen*
etwas unterliegt	*etw. liegt unter*
jmd. geht unter	*jmd. geht unter etw.*
jmd. steht unter	*jmd. steht unter etw.*

Die Verwendungsbedingungen für die Bildungen mit *ab-* und *unter-* und die mit *auf-* in den entsprechenden Varianten sind recht ähnlich. Intern wird so differenziert, daß *ab-* nur in dimensionaler Bedeutung vorkommt, während *unter-* die Oberflächenbedeutung, in diesem Fall eine 'Unterseitenbedeutung', abdeckt.[18] Auch

18 S. auch Kühnhold (1973, S.175); so stellt außerdem auch Wellander (1911, S.106) für die Ausbildung dieser Opposition in mhd. Zeit fest: "Öfter ist aber *ûf* massgebend gewesen. *Ab* bezeichnet also in solchen fällen als gegensatz zu *ûf* eine nach unten geneigte richtung, und die vorstellung von dieser richtung tritt in

für *ab-* gilt, daß alle (lokal-dimensionalen) Verben mit dieser Partikel idiomatisiert sind, bzw Spezialisierungen der Bedeutung zeigen. Um anzudeuten, welche Größenordnung der Präfixbildungen mit *ab-* überhaupt hiermit angesprochen ist, sei auf Kühnhold (1973, S.175) verwiesen, nach der beim Präfix *ab-* die Bedeutung "Abwärtsbewegung" nur "4,3 % seines Gesamtbestands" ausmacht, während die andere lokale Funktion dieses Präfixes, nämlich "Entfernen" (z.B. in *abfahren*) in 61,2 % der *ab*-Verben auftritt.[19]

Von den Ausgangsverben ist am eindeutigsten *absteigen* mit einer Paraphrase "nach unten" in Verbindung zu bringen. Die anderen, soweit vorhanden, sind weitaus stärker idiomatisiert.

(1.1.)
abgehen
"1.a) *sich gehend entfernen, einen Schauplatz verlassen*: Eduard macht eine verzweifelte Geste und geht ab (Remarque, Obelisk 124); die beiden gingen ganz friedlich ab; Theater:... geht über den Korridor nach links ab." (Duden-WB S.44).
absteigen
"1.(Ggs.: aufsteigen) a) *von etw. heruntersteigen*: vom Rad, vom Pferd a.; b) *nach unten, abwärts steigen*: ins Tal a. (...)" (a.a.O.S. 70).
abheben
"1.a) *anheben u. entfernen, ab-, herunternehmen*: den Deckel, die Scheibenwischer, den Hörer a.; Karten (von einem Kartenspiel) a. (...)" (a.a.O.S.48).
ablegen
"1.a) *(ein Kleidungsstück o.ä.) ausziehen, von sich tun*: Mantel und Hut a.; sie legte die Schürze ab; (...) 2. *an einen Ort legen*: eine Last, den Hörer a. (...)" (a.a.O.S.53).

Die Verhältnisse verdeutlichen sich schon, wenn man versucht, Antonyme zu diesen Bildungen zu finden: regelmäßig im Sinn der Dimensionsbeziehung und der gesamten Bildung ist lediglich *absteigen* vs. *aufsteigen*. Man bemerkt auch schon an den Belegen, daß die kategorialen Einschränkungen für mögliche Objekte der ausgedrückten Bewegung sehr ähnlich sind. Dagegen ist *abgehen* gegen *auftreten* zu stellen: wenn hier auch die Dimensionalität in gewissem Maße erhalten erscheint, so sind die entsprechenden Bildungen, wie auch die Differenzierung in der Basis zeigt, stark idiomatisiert. Die auch bei den bisherigen Beispielen schon erkennbare Beimischung der "weg"-Bedeutung gewinnt die Oberhand bei *abheben*, das am ehesten einen Gegenpol zu *auflegen* bildet.

---

den vordergrund, je mehr die ursprüngliche vorstellung eines entfernens von einem bestimmten gegenstande zurück tritt." Wir werden sehen, daß diese Trennung auch heute nicht in allen Fällen eindeutig ist.

19 Vgl. Kühnhold (1973, S.211ff.); bei dieser Nische läßt sich auch eher ein Bezug zum selbständigen *ab* herstellen. Auch Wellander (1911) behandelt diese Bedeutungsgruppe (S.10-100) als Hauptvariante, die Bildungen mit *ab-* in 'abwärts'-Bedeutung als eine zwar einheitliche, aber kleine und von jener ersteren abgeleitete Gruppe von Verben (S.101-108): "Die grundbedeutung der partikel *ab*, mhd. *ab(e)*, ist im deutschen, wie in den verwandten sprachen, von - weg." (S.6).

(1.1.)(1)
Als im Flur dann das Telefon läutete, hob er nicht ab (Handke 88)

Von der oben gegebenen Charakterisierung von *aufheben* her mag es zumindest nicht verwundern, daß es nicht die Gegenbildung zu *abheben* bildet: *abheben* steht, bei aller Idiomatisierung, näher an *herabheben* als *aufheben* an *heraufheben*, oder anders, *abheben* ist, seiner Basis und Partikel entsprechend, ein "heben von", während *aufheben* wie gesagt, kein "heben auf" ist. *Aufheben* scheint vielmehr als Gegenpol zu *ablegen* zu passen, woran man sehen kann, daß die Partikel *ab-*, in ihrer Mischung von "abwärts"- und "weg"-Bedeutung, die Bewegungstypen, wie sie sich in den Basen ausdrücken, auch anders systematisiert als *auf-*, so daß sich insbesondere das Verhältnis von *legen* und *heben* u.d.h. logischerweise das Verhältnis von her und hin umkehrt.

(1.1.)(2)
[...] *um die Erlaubnis bat, seine Jacke abzulegen.* (Mann 1064)

Im Hinblick auf unsere Standardbeispiele finden wir auf jeden Fall bestätigt, was Kühnhold (1973, S. 176/177) zur der dimensionalen Bedeutung von *ab-* feststellt: am ehesten kann sich diese Bedeutung halten, wenn sie durch eine Gegenbildung mit *auf-* gestützt wird. Für *absteigen* läßt sich diese Entsprechung in unserem relationalen Schema zeigen:

(1.1.)(3) *jmd. steigt vom Fahrrad ab*

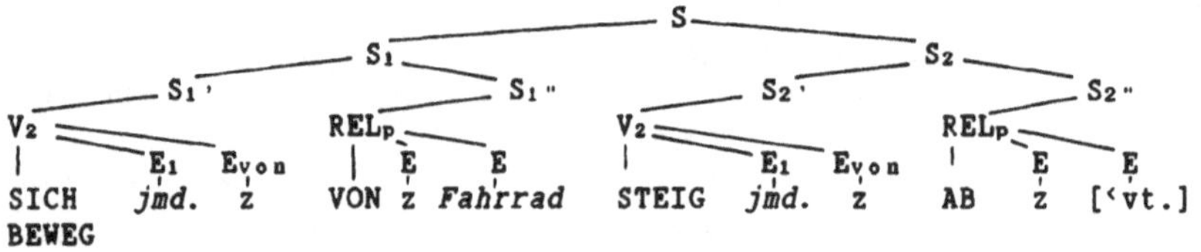

Auch hier findet sich also diese Mischung von dimensionaler und Kontaktbedeutung. Außerdem ist in gleicher Weise die Möglichkeit einer zusätzlichen direktionalen Bestimmung vorzusehen. Da *absteigen* ebenso wie *aufsteigen* bezüglich bestimmter Objekte funktionalisiert ist, hat, wenn diese Bestimmung nicht explizit auftritt, an dieser Stelle die entsprechende Subkategorisierungsangabe ihren Platz. Ein ähnliches Verhältnis wie zwischen *auf-* und *absteigen* liegt bei einigen weiteren Paaren vor.

(1.2.)(1)

absitzen	*aufsitzen*
abspringen	*aufspringen*
abladen	*aufladen*
abrunden	*aufrunden*

(1.2.)(2)
Und eines Tages ist das stürmische Bedürfnis da: Aussteigen! Abspringen! (Musil 32)
[...] *die Wägen, welche abgeladen unter dem Schoppendache ineinander geschoben standen* [...] (Stifter 37)

Von diesen Beispielpaaren ist *auf-/absitzen* dem Fall *auf-/absteigen* bis in die Selektionsbeschränkungen hinein recht ähnlich:

> (1.3.)(1)
> ***absitzen***
> "2.(...) a) *von einem Reittier steigen*: er saß (vom Pferd) ab; abgesessen! (*Reitkommando*); b) *von einem Fahrzeug absteigen, abspringen*: die Jungen sitzen (von ihren Rädern) ab (...)" (Duden-WB, S. 67).
>
> (1.3.)(2)
> ***aufsitzen***
> "1.a) *sich auf ein Reittier setzen* (ist) (Ggs.:.absitzen): die Reiter saßen auf und ritten davon; aufgesessen (*Reiterkommando*); b) *als Mitfahrer auf ein Fahrzeug aufsteigen* (ist): (auf dem Rücksitz des Motorrads) a.; ich ließ meinen Bruder hinter mir a. (...)" (S.228).

Wie eine Gegenüberstellung mit den entsprechenden Einträgen von *auf-/ absteigen* zeigt, sind hier aber, bei aller generellen Parallelität, die Bedingungen vielleicht noch spezieller, so daß die Objekte, auf die man *auf-* bzw. von denen man *absitzen* kann, eher noch beschränkter sind. Zudem scheint die Duden-Paraphrase anzudeuten, daß die Symmetrie der Bedeutung zwischen *auf-* und *absitzen* nicht durchgehend gewahrt sei. Sichtbar ist das vor allem bei der Beschreibung der zweiten angegebenen Bedeutung, wo *absitzen* als allgemein verwendbar beschrieben wird, während *aufsitzen* auf die entsprechende Handlung eines Beifahrers beschränkt wird. Allerdings bin ich nicht ganz sicher, ob dieser Paraphrasierungsunterschied tatsächlich einen Verwendungsunterschied spiegelt, oder lediglich eine allgemeine Unsicherheit beim Gebrauch dieser offenbar nicht sehr geläufigen Verben. Für die relationale Darstellung von *aufsitzen* sei auf die oben gegebene Darstellung von *aufhocken* verwiesen, zu dem übrigens auch ein sportsprachliches *abhocken* belegt wäre. Natürlich wäre auch *absitzen* analog zu verstehen, also in etwa in einer Form "daß jemand von bestimmten Fahrzeugen steigt, ist der Grund dafür, daß er nicht (mehr) darauf sitzt", wobei einen die "Merkwürdigkeit" dieser Paraphrase nicht zu erstaunen braucht, da in der satzförmigen Ausformulierung die Thema-Rhema-Struktur umgekehrt verläuft wie die Benennungsintention der Wortbildung. Gerade die Einbettung in die lexikalisch-paradigmatischen Zusammenhänge ermöglicht es aber, dieses Muster holistisch aufzugreifen. Konkret hieße das: es gibt eine Reihe von parallelen Bildungen mit *auf-* und *ab-*, bei denen die *auf-*Verben jeweils die Einnahme einer Stelle im Raum in einer bestimmten Position bezeichnen. Im Sinne des paradigmatischen Gegensatzes zwischen *auf-* und *ab-* werden Verben mit *ab-* gebildet, die das Verlassen dieser Position bezeichnen. Auch die genannten Prozentzahlen für die entsprechende Bedeutungsgruppe der *auf-* und *ab-*Verben legen eine solche Abhängigkeit nahe. Von den oben gebrachten Beispielen scheint diese Erklärung vor allem auch für *auf-/abladen* und *auf-/abrunden* sinnvoll. Hierdurch wird erklärbar, warum die *auf-* und *ab-*Bildungen gleichermaßen die oben bereits beschriebene Mischung von topologischer und Dimensionsbedeutung zeigen. Die beschriebenen praktischen Verhältnisse haben zur Folge, daß je nach Basis die Anteile der beiden Bedeutungselemente variieren können.

Was *auf-* und *abladen* angeht, so wurde für *aufladen* oben schon darauf hingewiesen, daß die Bewegung entlang der Vertikale für eine so bezeichnete Bewegung als akzidentiell zu betrachten ist, in der tatsächlichen Verwendung geht es um eine bestimmte Art der Kontaktaufnahme und entsprechend bei *abladen* der Kontaktaufgabe. *Aufladen* ist im Sinn von 'auf den Wagen heben/laden' zu verstehen, mit denselben höhenmäßigen (Nicht-)Implikationen wie eine solche syntaktische Fügung, und *abladen* analog als die entsprechende Gegenbewegung. Bemerkenswerterweise wird bei diesen beiden Verben im Duden-WB ein Unterschied in der Paraphrasierung vorgenommen, der *abladen* dimensionsbezogener erscheinen läßt als *aufladen*. Bei dem steht nämlich "*(Ladegut) auf ein Transportmittel laden* (Ggs.: abladen)" (S.127), bei *abladen* jedoch "*eine Ladung, eine Fracht von einem Transportmittel laden,* <u>*herunternehmen*</u> (Ggs.: aufladen)" (S.52). Es ist unklar, auf was sich dieser Beschreibungsunterschied bezieht. Die Annahme eines solchen Unterschieds wird aber auch noch dadurch nahegelegt, daß bei *abladen* alle möglichen metaphorischen Verwendungen in einem einzigen Eintrag mit aufgenommen sind, während bei *aufladen* dafür ein eigener b)-Eintrag mit eigener Paraphrase vorgesehen ist.

Abrunden und *aufrunden* stehen als Beispiel für eine Bildung, die ihre Richtungsbedeutung in einem lokal vorgestellten Bereich erhalten hat. Nach Auskunft der Wörterbücher handelt es sich hierbei möglicherweise sogar um eine Ummotivation des *ab-* mit sekundärer lokaler Ausdifferenzierung in *auf-* und *ab-*.

> (1.3.)(3)
> *abrunden*
> "3. *eine Zahl durch Abziehen oder Hinzufügen auf die nächste runde Zahl bringen* (häufig bes. in der Technik als Ggs. zu aufrunden im Sinne von "nach unten abrunden" gebraucht)" (Duden-WB S. 60)
> "*etw. rund, glatt machen*: (...) e. Zahl, Geldsumme, den Preis (nach oben, unten...) a." (WdG S.50)
> (1.3.)(4)
> *aufrunden*
> "*nach oben abrunden* (Ggs. abrunden 3)" (Duden-WB S.224)
> "(*nach oben abrunden*)" (WdG S.271).

Hier konkurrieren zwei Muster miteinander. mir scheint, wo das möglich ist, in der Gegenwartssprache die Richtungsinterpretation in Bezug auf die "höhere" (*auf-*) bzw. "niedrigere" (*ab-*) Zahl gewählt zu werden. Daneben stünde dann eine nicht solcherart lokal verstehbare Bedeutung in Verwendungen wie *auf Zehner abrunden*. Den lokalen Gebrauch als fachsprachlich zu bezeichnen, wie das der Duden macht, oder ihn als eigene Verwendung gar nicht zu erwähnen, wie das im WdG geschieht, scheint nicht angemessen zu sein.

Das letzte der oben genannten Beispiele, *abspringen*, gehört in den Zusammenhang von *steigen*, bringt ihm gegenüber eben eine intensivierte Bewegungsart zum Ausdruck, und läßt sich so, wenn auch in anderer Weise, ebenso wie *auf-/absitzen/-hocken* als eine Modifikation des Musters *aufsteigen* verstehen. Aus dieser Erklärung läßt sich entnehmen, daß auch hier nicht von einer Art syntaktischer Rekonstruktion auszugehen ist, sondern von der Ausdifferenzierung eines Musters; auch wenn sich die Art der in diesem Fall eingetretenen Modifikation sprachlich leicht paraphrasieren läßt: "springend auf-/ absteigen". Eine weitere Differenzierung dieses offenbar recht gut ausgebauten Musters kann man auch in einigen -sportsprachlichen- Verben erkennen, die aufgrund der ausgedrückten Handlung allerdings nur für *ab-* vorliegen.

(1.4.)
(1) *abgehen*
(2) *abbücken, abflanken, abhocken, abschwingen* (Duden-WB S.39-65)

Als das Muster prägendes Verb kann *abgehen* angesehen werden, das seinerseits als eine fachsprachlich spezifizierende Bildung zum Typ *absteigen* verstanden werden kann, die ganzen anderen genannten Verben gehören zu einem einheitlichen Modifikationstyp, der genauere Aussagen zur Art und Weise dieses Bewegungsablaufs macht.

Um abschließend noch einmal auf unsere Standardverben zurückzukommen, so findet sich bei den weiteren Bildungen Lokales nur in Randverwendungen. *Abgehen* (*von der Bühne*) und *abheben* (*Spielkarten*) sind Beispiele für verschiedenartige Idiomatisierungen, die zwar von der 'abwärts'-Bedeutung ausgehen, in ihrem jetzigen Gebrauch aber nicht mehr darauf zu beziehen sind. Zeichen der Idiomatisierung ist auch die oben geschilderte Lage bei den möglichen Antonymen. Zu *ablegen* ist noch zu bemerken, daß die oben letztgenannte Variante, die als Gegensatz zu *auflegen* verstanden werden kann, durchaus in ein Muster passen würde, das weitgehende 'weg'-Bedeutung mit etwas 'abwärts'-Bedeutung verbindet.

(1.5.)
(1) *absetzen, abstellen*
(2)
Er [...] *machte ein paar Schrauben und Spiralen ab* [...] (Hacks 53)
[...] *den Teufel hinter sich abzuwerfen.* (Bretagne 151)
[...] *er hielt auch alle paar Schritte inne, um seine Tasche mit dem übersetzten Manuskript in die andere Hand zu wechseln oder gar abzustellen.* (Handke 83)

Eine weitere Gruppe von *ab*-Bildungen bezeichnet eine Abwärtsbewegung im Zusammenhang mit Basen, die auch schon als selbständige Verben normalerweise oder überhaupt nur eine Abwärtsbewegung meinen, so daß entsprechende Bildungen mit *auf-* entweder gar nicht möglich, oder zumindest markiert sind.

(2)(2.1.)
abducken, abfallen, abgleiten, abrutschen, absacken, absaufen, absenken, absinken, abstürzen, abteufen. (Duden-WB S.39-66)

(2)(2.2.)
Der Weg war gelb von den abgefallenen Lärchennadeln. (Handke 20)
[...] *seine Gedanken glitten an der Aufgabe, die er sich gestellt hatte, wie Schnee ab.* (Musil 61)
[...] *Schlaflosigkeit, in welcher du* [...] *absickerst* [...] (Jonke 38)
In den milden Wintern sinkt die Temperatur im Mittel nicht unter 7° bis 6° C ab. (Bretagne 12)
[...] *um niemanden in den nächsten einem unterkommenden Stadtkeller abstürzen zu lassen* [...] (Jonke 88)

In einem weiteren Sinn gehören auch noch die folgenden Bildungen zu dieser Gruppe:

(2)(2.3.)
abfließen, abperlen, abströmen, abtropfen. (Duden-WB ebd.)
(2)(2.4.)
[...] *wie wenn eine große Welle aus unzähligen kleinen Grübchen und Gräben wieder über den Sand abrinnt.* (Musil 183)

In den hier aufgezählten Bildungen sind recht verschiedene Verteilungen der Elemente 'Art der Bewegung', 'weg' und 'abwärts' realisiert. Das läßt sich am besten von der Art der Basis her aufschlüsseln; das steht nicht im Widerspruch zu unserer Feststellung, daß die Basis "nur" die von der Partikel geforderte Bewegung spezifiziert, die Art der Partikel – bei Homonymie – läßt sich ja dann nur aus dem realisierten Wortbildungsmuster erkennen, und dem kann man sich am ehesten mit paraphrasierbaren Basen nähern, die, wie wir bisher schon gesehen haben, häufig auch als Archetypen gelten können, von denen aus sich die Muster weiter ausbreiten. Wir haben oben schon angegeben, daß die Basen mehr oder minder ausschließlich auf Abwärtsbewegungen zu beziehen seien. Es ist jetzt zu fragen, welche Folge für den Bedeutungsbeitrag von Basis und Partikel im komplexen Verb das hat. Wie zu erwarten, ist die Bedeutung von *ab-* am deutlichsten in den Fällen 'abwärts', bei denen die Basis nicht notwendig eine Abwärtsbewegung meint, wo aber – aufgrund unserer Vorstellung von der Welt – das die wahrscheinlichste Bewegungsrichtung darstellt. Solche Fälle wären *gleiten, rutschen, perlen, tropfen.* Bildungen mit denselben Basen aber anderen Partikeln wie *ausgleiten, ausrutschen* zeigen, daß im Zweifelsfall die in der Basis ausgedrückten Bewegungen als Abwärtsbewegungen verstanden werden. Dasselbe zeigt sich in einer Verwendung wie *die Brille rutscht.* Eine Verb wie *hochrutschen* (Duden-WB S.1265) mit der Bedeutung 'nach oben rutschen' ist demgegenüber markiert, ist nicht vom Simplex impliziert, wie eine entsprechende Umformung des Dudenschen Belegsatzes zeigt:

(3.1.)
(1) *Der Unterrock rutscht hoch.*
(2) *Der Unterrock rutscht.*

Ohne weiteren Kontext würde der Beleg (2) in der Bedeutung von "hinunter" verstanden werden. Die hier besprochenen Verben stellen eine Bewegung dar, die im Prinzip vom Sprecher wegführt, wobei diese 'weg'-Bewegung normalerweise gleichzeitig eine Abwärtsbewegung darstellt. Daß es sich hierbei um eine entsprechende

Deutung der Realität handelt, zeigen etwa die unter (2.2.) ausgesonderten Verben: obwohl sachlich auch hier eine 'abwärts'-Neigung Voraussetzung dafür ist, daß etwas *fließt* oder *strömt*, so scheint dieser Aspekt bei diesen Verben recht schwach zu sein. Entsprechend lassen die zugehörigen Bildungen mit *ab-* zwei Deutungen zu:

(3.2.)(1)
abfließen
"1.a) *herab-, herunterfließen*: an etw. a. wie das Wasser von der Gans; b) *sich fließend entfernen, wegfließen*: Aus der angesetzten Kanüle floß Eiter ab (...); der Regen ist nicht abgeflossen (...); 2. *sich leeren*: die Wanne fließt so schlecht ab. "(Duden-WB S.43).
(3.2.)(2)
abströmen
"1. *von etw. herabströmen, herabfließen*: abströmender Regen; 2. *strömend wegfließen* (Ggs.: anströmen) endlich strömt das Wasser ab (...)" (Duden-WB S.72).

Die hier jeweils als zweite aufgeführte 'weg'-Bedeutung, die bei den ausgedrückten Verhältnissen offenbar eines kontinuierlichen Wasserstroms/flusses bedarf, ist aus diesem Grund bei den anderen beiden genannten Verben nicht vorhanden.

In den bisher nicht besprochenen Basen in (3) dominiert dagegen eindeutig die 'weg'-Bewegung. Man kann also, wenn man die Bildungen insgesamt betrachtet, von einer variierenden Verteilung der Bedeutungsbestandteile 'weg' und 'nach unten' ausgehen. Wenn man diese Deutung akzeptiert, hat das lexikalisch interessante Folgen. Dadurch wird es möglich, eine Gesamtbedeutung 'lokal verstehbares *ab-*' anzusetzen, die beide genannten Bedeutungsnischen umfaßt, und die nicht nur ein theoretisches Konstrukt ist, sondern sprachliche Realität besitzt. Die Annahme einer solchen "Überbedeutung" ermöglicht die Erklärung der Variation der beiden damit umfaßten Bedeutungskomponenten. Diese Vagheit zeigt sich an der Bedeutungsdifferenz zwischen einschlägigen Simplicia und Partikelverben mit *ab-*:

(3.3.)(1)

ducken *stürzen*		*(sich)abducken* *abstürzen*

Die Simplicia in diesen Beispielen sind jeweils Vertreter der Gruppe der Verben der Haltungsveränderung, mit denen wir es bei AUF schon mehrfach zu tun hatten. Sie gehören also zu Verben wie *sich hinsetzen, hinlegen* u.ä., wobei sie - wie diese - eine interne 'abwärts'- Bewegung ausdrücken.

(3.3.)(2)

sich ducken	"sich kleiner machen"
stürzen	"heftig und unfreiwillig aus der (normalen) Vertikale in die Horizontale kommen"

Die Partikelverben enthalten demgegenüber zwei zusätzliche Bedeutungselemente: das 'nach unten' wird verstärkt und über die normalerweise angenommene inhärente Bewegung hinaus ausgedehnt, was dazu führt, daß eine 'weg'-Komponente dazukommt. Sie führt dazu, daß *abducken* als eine Art Ausweichen verstanden wird, *abstürzen* als ein Stürzen, bei dem Weg und v.a. Zielort stärker betont sind als der eigentliche Vorgang. Dieser Befund wird auch durch die Einträge in den Wörterbüchern bestätigt. *Abducken* kennen sowohl das Duden-WB (S.39) als auch das WdG (S.11) nur als boxsportlichen Fachausdruck; v.a. die Bedeutungsangabe im Duden-WB läßt aber deutlich erkennen, daß mehr als einfach 'Ducken' gemeint ist: "*dem Schlag eines Gegners durch Beugen des Kopfes halb nach vorn u. durch Neigen der Knie ausweichen*". Wenn wir diese enzyklopädische Erläuterung zur Boxtechnik in eine Bedeutungsangabe umzusetzen versuchen, kommt so etwas wie 'besonders tief ducken, um einem Schlag auszuweichen' heraus. Das WdG, das zunächst doch einfach auf "*sich (...) durch Ducken schützen*" zurückgreift, erweist durch die folgenden Beispiele das Unzureichende dieser Beschreibung: "das Abducken unter die Gürtellinie ist verboten". Noch deutlicher ist die entsprechende Bedeutungsveränderung bei *stürzen/abstürzen*.

(3.3.)(3)
Otto stürzt.
**Der Drachen stürzt.*

(3.3.)(4)
Otto stürzt ab.
Der Drachen stürzt ab.

Dabei haben die Sätze unter (3.3.)(3) die unter (3.3.)(2) angegebene Bedeutung für *stürzen*. Damit ist auch die Ungrammatikalität des zweiten Beleges zu erklären. Nur Menschen und Tiere und andere Dinge, etwa Bäume nur, wenn sie personalisiert betrachtet werden, haben die Fähigkeit, daß an ihnen eine solche inhärente Bewegung geschieht. Ganz anders bei (3.3.)(4): hier geht es um die Abwärtsbewegung eines Gegenstands im Raum, dessen Normalzustand als Ausgangspunkt der Bewegung genommen wird, und von dem ausgesagt wird, daß er irgendwo tief hinunterfällt. Diese Sätze entsprechen also Paraphrasen mit Zielangaben.

(3.3.)(5)
Otto stürzt in die Schlucht.
Der Drachen stürzt zu Boden.

Ganz offenbar wird hier auch, daß die Durchsichtigkeit solcher Wörter im Hinblick auf die Bedeutung der Basis in aller Vorsicht zu interpretieren ist. Die Sätze in (3.3.)(4) implizieren nicht die in (3.3.)(3.). In *abstürzen* ist *ab-* eine Pronominalform für eine direktionale Phrase, die 'abwärts' und 'weg vom gehörigen Standpunkt/Weg' bedeutet. Formal hat die Präfigierung eine Valenzreduktion gegenüber dem Simplex zur Folge. In (5) sind solche Sätze samt der geforderten Richtungsergänzung aufgeführt. Dagegen stellt die Verwendung des Simplex gemäß (3) formal eine Valenzreduktion im Vergleich zur Verwendung des Simplex in Grundbedeutung dar, die eintreten kann, wenn die Art des Richtungsziels unerheblich ist. D.h. es ist das die Valenzreduktion vom Typ *Otto ißt*, die eintritt, wenn nicht wichtig ist, was er ißt, sondern nur eine Aussage über seine Tätigkeit allgemein gemacht werden soll. In unserem Fall ist dieser Verlust eines Mitspielers verbunden mit der

Entwicklung der bei diesen Verben systematisierten Bedeutungsvariante der inhärenten Bewegung, die sich auf die normale Körperhaltung und ihr unfreiwilliges und heftiges Verlassen bezieht. Daraus wird einerseits klar, daß der "verlorene" Richtungsmitspieler hier insoweit noch eine Rolle spielt, als er als Zielangabe und nicht als Herkunftsangabe verstanden werden, semantisch, als er die Bewegungsebene des Stürzenden bezeichnen muß: "*zu Boden fallen*" paraphrasiert das Duden-WB (S.2535). Die Verhältnisse bei diesem Verb stellen sich damit letztlich so dar:

(3.3.)(6)

stürzen$_{V06}$
jmd.stürzt ins Meer/aus dem Fenster
E_0 E_{dir}
'aus mehr oder weniger großer Höhe
jäh in die Tiefe fallen'

abstürzen$_{V0}$	**stürzen**$_{V0}$
Otto stürzt ab.	*Otto stürzt*
E_0	E_0
'aus großer Höhe herunterstürzen, in die Tiefe stürzen'	'mit Wucht hinfallen, zu Boden fallen'

Auch die weiteren oben unter (3) aufgeführten Verben verhalten sich analog:

(3.4.)

(1) *absinken, absacken, absaufen*	(1') *sinken*
(2) *absenken, abteufen*	(2') *senken*
(3) *abfallen*	(3') *fallen*

Bei *sinken/absinken*, das am nächsten an den gerade diskutierten Fällen steht, kann man feststellen, daß die in diesem Verb ausgedrückte Bewegung wesentlich weniger zielorientiert ist, als etwa *stürzen*. Vielmehr wird hier das Gewicht auf die Darstellung des Weges einer Bewegung gelegt: es wird ausgedrückt, daß sie nach unten geht, und daß sie in Geschwindigkeit und Art in bestimmter Weise modifiziert ist:

> *(sich durch sein geringes Gewicht bzw. durch den Auftrieb abgebremst) langsam senkrecht nach unter bewegen* (Duden-WB S.2403)

Es geht also auf jeden Fall durch ein als permeabel, aber auch als bremsend angesehenes Element nach unten, ob die Modifikation 'senkrecht' wirklich konstitutiv ist, ist nicht sicher. Welche Funktion kann hier die Präfixbildung mit *ab-* haben? Das Duden-WB (S.67 & 2403) bringt für die einschlägigen Varianten von *sinken* und für *absinken* die folgenden Belege:

> (3.4.)(1.1.)
> *sinken*
> a) *etw. sinkt (langsam, schnell)*: der Ballon, das Flugzeug sinkt allmählich, mit großer Geschwindigkeit: das Boot sank: die Sonne sinkt; das sinkende Schiff verlassen; sie beobachteten die sinkende Sonne.

b) *auf den Grund des Meeres, auf den Boden, in die Tiefe sinken*; die Sonne sinkt hinter den Horizont; langsam sinken die Blätter, die Schneeflocken zur Erde.
absinken
a) *das Boot sank in Sekundenschnelle ab*
b) *die Küste ist jährlich um einige Zentimeter abgesunken; der Wasserspiegel ist abgesunken.*

Wenn man die Belege vergleicht, kann die weitere Betonung der Abwärtsbewegung durch die Partikel allenfalls als ein geringfügiger Nebeneffekt angesehen werden, die Partikelbildung hat in der Hauptsache die Funktion, Gerichtetheit in den Vorgang direkt mit aufzunehmen, d.h. die 'weg'-Komponente der lokalen Bedeutung von *ab-* ist dominierend. Beide im Duden-WB (S.67) angegebenen - oben mit a) und b) benannten - Varianten von *absinken*, lassen sich unter dieser Bedeutung fassen: "*in die Tiefe, auf Grund sinken*" und "*sich (allmählich) senken (u. dadurch niedriger werden)*". Kann somit durch das Simplex einerseits die Bewegung als solche (=a)), andrerseits mit Direktionalergänzung (=b)) ebenfalls die Handlung, aber mit ihrem Ziel - aber mit allen möglichen Zielen - ausdrücken, so wird formal gesehen durch die Präfigierung mit *ab-* diese Leerstelle aufgehoben und in das Verballexem mit aufgenommen. Somit wird in der Präfigierung das Sinken terminiert, es wird als eine Bewegung dargestellt, die von einer Ausgangshöhe, die gern als Normalhöhe betrachtet wird, zu einen tieferen führt, die den Zielpunkt darstellt. Das Prinzip der Idiomatisierung verläuft also ganz analog zu den Bildungen mit *auf-* (etwa vom Typ *auffliegen*): auch hier geht es um den Bezug auf eine Normalhöhe, und, was bisher noch nicht erwähnt wurde, auch hier wird im Partikelverb der inchoative Aspekt betont: neben dem Ansteuern eines tieferliegenden Punktes geht es um den Beginn der Handlung in einem höherliegenden Punkt. Auch die Verwendung der Partikelverben mit *ab-* ist zudem auf ganz bestimmte Handlungsrahmen beschränkt: was *absinken* kann, ist relativ strikt begrenzt und auf jeden Fall weniger, als was *sinken* kann. So ist eine Variante von *absinken* fast mit 'untergehen (von Schiffen u.ä.)' gleichzusetzen, was auch dadurch belegt wird, daß das dadurch konstituierte Muster sich in den weiteren in (3.4.)(1) genannten Bildungen, *absacken* und *absaufen*, widerspiegelt. Gerade diese beiden Bildungen, mit deren Basen allein man nicht sehr viel anfangen kann, zeigen wieder einmal, warum zur Erklärung der hier vorliegenden Verhältnisse auch von einer analogischen Konstitution von Wortbildungen unter gesamthafter Aufnahme der wesentlichen Merkmale auszugehen ist. Das schließt natürlich, wie schon mehrfach gezeigt, nicht aus, daß an den Archetypen wie *absinken* der relationale Rahmen deutlich gemacht werden kann.

(3.4.)(1.2.) *absinken*

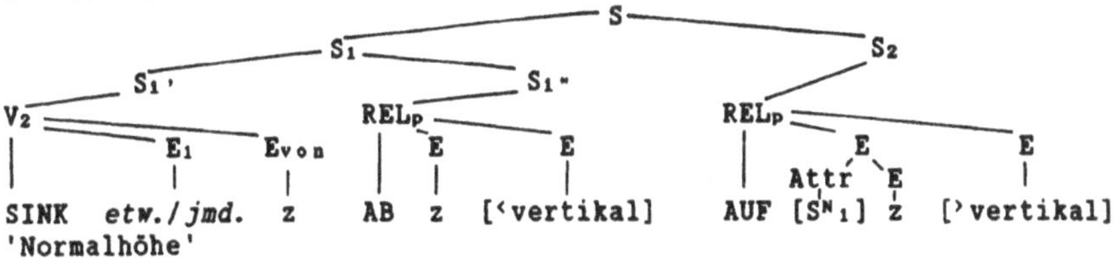

Die generell negativere Bewertung von *ab–*, d.h. der unteren Hälfte der Vertikale, zeigt sich daran, daß in jedem Fall der Ausgangspunkt, der also nicht UNTEN ist, als der Normalzustand gewertet zu werden scheint, während bei *auf–* in dieser Hinsicht beide Möglichkeiten realisiert sind. Die oben belegte b)–Variante einer flächenhaften Tieferlegung ist relational ebenso darzustellen, die Selektion betrifft die möglichen Subjekte. Außer *absinken* zeigt auch *absacken* diese Variante. Im Gesamtzusammenhang der Bildungen mit *ab–* kommen wir damit in die Nähe von Bildungen mit kausaler Modifikation:

(3.5.)
(1) *abflachen*
(2) a) *abdachen, abplatten, abtragen.*
(2) b)
[...] *gingen wir über eine sanftere Abdachung* [...] (Stifter 62)
[...] *wurde die Rampe wieder abgetragen.* (Bretagne 21)

Letztlich haben wir oben unter (3.4.)(3) *abfallen* genannt, das in zweierlei Weise in diesen Zusammenhang gehört; anschließend an die gerade genannten Verben in Fügungen wie *ein steil abfallender Hang*, und – homonym – als Element einer anderen Gruppe, in der die konstitutionelle Motivation dieser Bildung deutlicher wird: *abfallen* steht für manche Spezialfälle von 'herabfallen': *der Putz fällt ab.* Zu diesem Muster gibt es auch den modifizierten Typ *abbröckeln, abplatzen,* in dem genauere Begleitumstände bzw. Ursachen des "Herabfallens" genannt werden.

Bei dieser skizzenhaften Darstellung lokaler, und dabei in erster Linie dimensionsbezogener, Verben mit *ab–*[20] haben sich deutliche Parallelen zu den Bildungen mit *auf–*, aber auch spezifische Unterschiede gezeigt. Gleich ist den beiden Bildungstypen die Tendenz und weithin auch die Art der Idiomatisierung: das zeigt sich am deutlichsten an den Fällen, wo ein Paar solcher Bildungen in der gleichen Funktion einander gegenübersteht. Aber auch bei sonstigen einander entsprechenden Bildungen zeigt sich eine weitgehende Analogie, bis hin zur aspektuellen Modifikation der jeweiligen Bildungen. Unter entsprechenden Bildungen verstehen wir hierbei solche, die als Basen Lexeme haben, die typische "aufwärts"–(*auf–*) bzw. "abwärts"–(*ab–*) Bewegungen ausdrücken und so auf die Kombination mit einer der beiden Partikeln beschränkt sind. Eine Differenzierung hat sich daraus ergeben,

---

20 Die Darstellung ist im einzelnen nicht vollständig, man könnte etwa noch anführen *abkippen* zu *abladen* bzw. *abstürzen/abklappen* zu *aufklappen/hochklappen, absatteln* zu *satteln/aufsatteln.*

daß die geringere Wichtigkeit des *ab-* in manchen Fällen Folgen für die Deutung (Typ: ***absinken***) hat. Kennzeichnend war für die Bildungen mit *ab-* insbesondere die variierende Mischung von 'abwärts'- und 'weg'-Bedeutung, die in manchen Fällen einen Vergleich mit der 'aufwärts'- und der 'Oberflächen'-Bedeutung von *auf-* erlaubt (s. *auf-/abladen*). Allerdings gibt es hier einen wesentlichen Unterschied: bei der 'weg'-Bedeutung handelt es sich nicht so sehr um eine 'Oberflächenkontaktverlust'-Bedeutung, als um eine allgemeine Bedeutung des Entfernens, die unabhängig davon eine abstraktere Hauptbedeutung der lokalen Partikel *ab-* darstellt. So sind die Bildungen mit dimensionalem *ab-* weniger wichtig als die entsprechenden Bildungen mit *auf-*.

Systematisch realisieren aber Bildungen mit *ab-* ein Begriffsmuster, das ganz dem bei dimensionalem *auf-* festgestellten entspricht:

> sich (AGENS) oder etwas (EXPERIENCER, PATIENS) durch eine geeignete Tätigkeit (MODUS) bzw. einen geeigneten Grund (CAUS) oder durch geeignete Hilfsmittel (MITTEL oder INSTRUMENT) (von oben) nach unten bewegen.

4.2.3.2. Verben mit *herab-/hinab-* und *herunter-/hinunter-*

a) **allgemein**

Die Doppelpartikelverben haben in allen Fällen dimensionale Bedeutung, und so folgen auch Partikelverben mit *herab-* und *hinab-* durchweg den oben im Zusammenhang von *herauf-* und *hinauf-* festgestellten Gesetzmäßigkeiten. Da es sich bei der Partikel *ab-* in der dimensionalen Verwendung um eine ausschließlich direktional verstehbare Form handelt, bereitet eine Erklärung im Rahmen dieser Bildungen im Prinzip keine Schwierigkeiten.

(4)(4. 1.)

herabblicken	*hinabblicken*	*herabholen*	*hinabholen*
herabeilen	*hinabeilen*	*herabklettern*	*hinabklettern*
herabfahren	*hinabfahren*	*herabkommen*	*hinabkommen*
herabfallen	*hinabfallen*	*herablassen*	*hinablassen*
herabfließen	*hinabfließen*	*herablaufen*	*hinablaufen*
herabführen	*hinabführen*	*herabreichen*	*hinabreichen*
herabgießen	*hinabgießen*	*herabsausen*	*hinabsausen*
herabhelfen	*hinabhelfen*	*herabschaffen*	*hinabschaffen*

u.a.m.

(4)(4.2.)
abfahren *(mit Skiern)*, ***abfallen*** *(Putz von der Mauer)*, ***abfließen*** *(wie Wasser von der Gans)*, ***ablaufen*** *(der Regen läuft vom Schirm ab)*

Die in (4.1.) aufgezählten Verben sind sämtlich regelmäßig paraphrasierbar als:

(4.1.)(1)
[BEWEGUNG$_{verb}$ + NACH UNTEN$_{ab}$ + IN RICHTUNG ICH-HIER$_{her}$]
[BEWEGUNG$_{verb}$ + NACH UNTEN$_{ab}$ + IN RICHTUNG NICHT-ICH-HIER$_{hin}$]

Dagegen bestätigt die Gegenüberstellung von (4.1.) und (4.2.), daß Bildungen mit *ab-* im Vergleich zu entsprechenden Verben mit den Doppelpartikeln erstens extrem selten sind und dann zweitens eine weitaus spezialisiertere Bedeutung zeigen. Von Konkurrenzbildungen in einem strengeren Sinn kann also auch hier nicht gesprochen werden. Ohne dazu die Verben in (4.2.) noch im einzelnen zu diskutieren – ihre Spezialisierung ist offensichtlich und in ihrer Art durch die Kontextangaben in Klammern verdeutlicht – soll zur Illustration noch einmal auf die oben diskutierten Verben, bei denen *ab* in vager Bedeutung auftrat, eingegangen werden. Auch zu deren Basen gibt es, wie am Beispiel von *sinken* schon angedeutet, formal entsprechende Bildungen mit den Doppelpartikeln:

(4.3.)

herabducken		*hinabducken*
herabgleiten		*hinabgleiten*
herabrutschen		*hinabrutschen*
herabstürzen		*hinabstürzen*

Dabei ist durchgehend zu bemerken, daß bei den Doppelpartikelverben im Vergleich zu denen mit den einfachen Partikeln die 'abwärts'-Bedeutung allein realisiert ist, was auch zu der fraglichen Akzeptabilität von *herabducken/hinabducken* beiträgt, und die Betonung des Vorgangs gegenüber dem Abschluß der Handlung bei *herabsinken/hinabsinken* bzw. *absinken* zur Folge hat.

Bisher haben wir die systematischen Beziehungen, die Antonymie zwischen *herab-* und *hinab-* skizziert. Verben mit diesen Partikeln stehen aber auch in einer paradigmatischen Relation zu Verben, die mit den Partikeln *herunter-* und *hinunter-* gebildet sind. Von den Bildungen, die mit der Form *unter* zu tun haben, wird insgesamt im folgenden noch zu reden sein, auf die Bildungen mit den Doppelpartikeln soll aber aus dem Grund vorausgegriffen werden, da die angesprochene paradigmatische Konkurrenz offenbar wesentliche Auswirkungen auf die stilistische Einschätzung und damit die Produktivität der Bildungen mit *herab-* und *hinab-* hat. Zum Beleg dafür, daß diese Konkurrenzen sich in dieser Form auswirken, sei zunächst ein Ausschnitt der einschlägigen Belege aus dem Duden-WB (S.119f., 1214ff.,1239 u.1254f.) aufgeführt.

Da die Paraphrasierungsverhältnisse zwischen dem Duden-WB und dem Brockhaus-Wahrig hier gänzlich analog zu den oben bei *herauf-/hinauf-* besprochenen sind, und sich dort die Paraphrase wie die Auswahl des Duden-WB als die "vorsichtigere" Wahl erwiesen hat, von der infolgedessen auch eher empirisch Kritisches zu erwarten ist, soll im folgenden die Verteilung der Verben mit *herab-* und *hinab-* anhand der Belege im Duden-WB diskutiert werden.

(5)

BASEN	HER--AB	HIN--AB	HER--UNTER	HIN--UNTER
bammeln			x	
baumeln	x		x	
befördern				x
begeben				x
begleiten				x
bekommen			x	
bemühen			x	x
beugen			x	x
bitten			x	x
blicken	x	x	x	x
brechen			x	
brennen	x		x	
bringen			x	x
bröckeln			x	
drücken	x		x	x
dürfen			x	x
eilen	x			x
fahren	x		x	x
fallen	x	x	x	x
finden				x
flehen	x			
fliegen			x	x
fließen	x			x
führen	x		x	x
geben			x	
gehen			x	x
gelangen				x
geleiten				x
gießen				x
gleiten	x		x	x
hängen	x		x	
hageln	x			
heben			x	
helfen	x		x	x
holen	x		x	

BASEN	HER--AB	HIN--AB	HER--UNTER	HIN--UNTER
jagen				x
kippen				x
klappen			x	
klettern	x		x	x
kommen	x		x	x
können			x	x
krempeln			x	
kriechen			x	x
kriegen			x	
kurbeln			x	x
langen			x	x
lassen	x		x	x
laufen	x			x
legen				x
lenken				x
müssen			x	x
nehmen			x	x
prasseln			x	
purzeln			x	x
rasen				x
regnen	x			
reichen	x		x	x
reißen		x	x	x
reiten				x
rennen			x	x
rieseln	x			x
rinnen	x		x	x
rollen	x		x	x
rufen	x		x	x
rutschen			x	x
sausen	x			x
schaffen	x		x	x
schauen	x		x	x
schicken	x		x	x
schieben				x

BASEN	HER--AB	HIN--AB	HER--UNTER	HIN--UNTER
schießen	x		x	x
schlagen	x		x	
schleichen			x	x
schleppen				x
schmeißen			x	x
schrauben	x		x	
schütten			x	x
schweben	x			
schwingen	x		x	x
segeln			x	
sehen	x	x	x	x
sein			x	x
senken	x	x		
sinken	x	x	x	
sollen			x	x
springen	x		x	
spülen				x
steigen	x	x	x	x
stolpern				x
stoßen	x		x	x
streifen			x	
strömen	x			
stürzen	x		x	x
tauchen			x	x
tragen			x	x
treiben				x
tropfen	x		x	
wagen				x
werfen			x	x
wollen			x	x
würgen				x
zeigen				x
zerren			x	
ziehen	x	x	x	x

Im einzelnen ergeben sich folgende Kombinationstypen:

(5.1.)(1)

I. HERAB/HINAB/HERUNTER/HINUNTER
blicken, fallen, sehen, steigen, ziehen

II. HERAB/0/HERUNTER/HINUNTER
drücken, fahren, führen, gleiten, helfen, klettern, kommen, lassen, reichen, rinnen, rollen, rufen, schaffen, schauen, schicken, schießen, schwingen, stoßen, stürzen

III. 0/0/HERUNTER/HINUNTER
bemühen, beugen, bitten, bringen, dürfen, fliegen, gehen, gießen, können, kriechen, kurbeln, langen, müssen, nehmen, purzeln, rennen, rutschen, schleichen, schmeißen, schütten, sein, sollen, tragen, werfen, wollen

IV. 0/HINAB/HERUNTER/HINUNTER
reißen

V. HERAB/0/HERUNTER/0
baumeln, brennen, hängen, holen, schlagen, springen, tropfen

VI. HERAB/0/0/HINUNTER
eilen, laufen, rieseln, sausen

VII. HERAB/HINAB/0/0
senken

VIII. HERAB/0/0/0
fleben, hageln, regnen, schweben, strömen

IX. 0/0/HERUNTER/0
bammeln, bekommen, brechen, bröckeln, geben, heben, klappen, krempeln, kriegen, prasseln, segeln, streifen, zerren

X. 0/0/0/HINUNTER
befördern, begeben, begleiten, finden, gelangen, geleiten, jagen, kippen, legen, lenken, rasen, reiten, schieben, schleppen, spülen, stolpern, tauchen, treiben, wagen, würgen, zeigen

XI. HERAB/HINAB/HERUNTER/0
sinken

(5.1.)(2) Beispiele zu (5.1.)(1)

I. [...] *blickte angestrengt die Straße hinab.* (Hacks 99)
[...] *blicken wir hinunter auf den großen zerbrochenen "Grand Menhir"* (Bretagne 115)
[...] *mit tiefen Löchern von den herabfallenden Tropfen* (Stifter 19)
[...] *der von einem Maurergerüst herunterfällt* [...] (Jonke 86)
[...] *steigt man über eine großartige Renaissancetreppe* [...] *zur Kapelle hinab.* (Bretagne 250)
Onkel Titus stieg die Treppe hinunter [...] (Hacks 120)
[...] *den fernen blaulichen Wald* [...] *an dem die Gewitter und Wolkenbrüche hinabziehen* [...] (Stifter 19)
[...] *mit ihrem tief heruntergezogenen* [...] *Dach* [...] (Bretagne 123)
Als besonders gefährlich galten Gewitter, die zur Donau hinunterzogen [...] (Brandstetter. 73)

II. *diese den Strom hinabdrückend beschwerenden Flußaufbauten* (Jonke 111)
Als ich zuletzt hinunterkletterte [...] (Brandstetter 73)
Von seinem Wagen herabgekommen [...] (Musil 10)
Im Bachbett der Musik kamen Schlangen und Schlingen herunter. (Musil 146)
(!) *Preußen, das Österreich von diesem Platz hinabgestoßen hatte* (Musil 88)
ein weißes Gewirre herabgestürzter Bäume (Stifter 39)
[ihn] vom obersten Stockwerk das Gerüst hinunterzustürzen. (Musil 71)
(!) [...] *stürzte den einen zwei Treppen hinab* (ebd.)

III. *Also gingen sie vorsichtig hinunter in Frau Philipps Wohnzimmer.* (Hacks 72)
(!) [...] *kurbelte das Fenster herab* [...] (Handke 23)
Lachend rennt er nach Lindau hinunter. (Kinder 151)
[...] *warfen sie die Gläser in den Friedhof hinunter.* (Brandstetter 115)

V. *mit dem herabhängenden Bartmoose* (Stifter 47)
[...] *die Schultern hingen ihm vor und die Lippe herunter.* (Musil 84)

VII. *Aber wenn man sie hört, dann senkt sich das etwa so herab wie die Ruhe eines Schneefalls.* (Musil 119)

VIII. *aus dessen* [...] *Geäst verwelkte Schattenblätter auf die Köpfe herabschweben.* (Jonke 43)

X. *Als Ulrich Bonadea hinunterbegleitet hatte* [...] (Musil 128)

XI. *ohne daß man entweder zu einem dumpfen* [...] *Brüten hinabsinkt* [...] (Musil 186)

(5.1.3.) ad-hoc-Fälle

Kalter Wind, der die Straße herabblies (Musil 211)
[...] *auf 10 Grad herabgekühlt.* (Brigitte 184)
Drohend starren die Pechnasen auf den Eindringling herab. (Bretagne 72)
dessen weiße, spärliche Koteletten auf seine graue Reisejoppe hinabflatterten (Mann 128)
[...] *unter dem die langen Haare auf den Nacken hinabwallten* (Bretagne 20)
[...] *haben Ihre eigenen Ansprüche weitgehend heruntergeschraubt* (Brigitte 179)

[...] ***restlos zur absoluten Widerstandslosigkeit heruntergedoktert von einer sogenannten Medizin*** [...] (Jonke 55)
Sie kletterte heraus und schwamm die Treppe hinunter. (Hacks 17)

Wenn man die hier ermittelte Verteilung den Verhältnissen bei *herauf-/ hinauf-* gegenüberstellt, ergibt sich, wenn man einfach die *her-/hin-*Belegung betrachtet, und vorläufig *ab-* und *unter-* nicht unterscheidet, daß sich die Verteilung weithin entspricht. Am deutlichsten ist die Entsprechung wohl, wo sie zwar analog, aber gegenläufig ist, nämlich bei den Bildungen, die nur *her-* erlauben. Dabei werden für die jeweilige Dimensionshälfte typische, nicht umkehrbare, Bewegungen gewählt, so daß die einzige belegte Übereinstimmung in einer Basis bei dem Sonderfall *heraufklappen/herabklappen* besteht. Hier hat *her-* vermutlich nichts mehr mit der Sprecherperspektive zu tun hat, sondern repräsentiert die aus der norddeutschen Umgangssprache stammende Ausgleichsform. Dagegen ist vor allem der Bestand an Basen, die mit *hin-* und *her-* verzeichnet sind, weithin derselbe ist; Übereinstimmung herrscht etwa bei folgenden Basen:

(5. 2.)
s.bemühen, bitten, bringen, dürfen, eilen, fahren, führen, klettern, kommen, können, kriechen, lassen, laufen, müssen, reichen, rennen, rufen, schaffen, schauen, schicken, schießen, sehen, steigen, stürzen, tragen, zeigen.

Weniger deutlich ist die Übereinstimmung bei den Bildungen, die nur mit *hin-* belegt sind, zwar handelt es sich auch hier, soweit sie gemeinsam belegt sind, um dieselben Lexeme als Basen, doch sind von den bei *auf-* nur mit *hin-* verzeichneten Basen hier einige bei *her-/hin-* zu finden; dazu gehören:

(5.3.)
blicken, fallen, gehen, helfen, kurbeln, langen, nehmen, schwingen, fliegen, schleichen, werfen

Andrerseits sind bei *auf-* wie *ab-* mit *her-* und *hin-* belegt:

(5.4.)
s.begeben, begleiten, finden, gelangen, gleiten, jagen, legen, rasen, reiten, schieben, schleppen, treiben, wagen.

b) ***Distribution***

Wenn man wie oben bei *herauf-/hinauf-* die Basen bei den verschiedenen Verteilungstypen betrachtet, bestätigt sich der Eindruck einer - von sachlichen Unterschieden abgesehen - weithin analogen Strukturierung. Am deutlichsten ist das bei den Verben nur mit *her-*. Auch bei *-ab-/-unter-* bilden Bezeichnungen für in die entsprechende Richtung gehende Naturvorgänge den Kernbereich der entsprechenden Basen:

(5.5.)
flehen, hageln, regnen, schweben, strömen; bröckeln, prasseln, segeln, tropfen

Hier zeigt sich auch ein Unterschied zwischen den Bildungen mit *-ab-* und denen mit *-unter-*, der in Betrachtung der weiteren Bildungen nicht als zufällig gelten kann. Nach Ausweis des Wörterbuchs ist *herab-* unter diesen Bedingungen praktisch völlig auf die Verbindung mit Basen des gerade genannten Typs beschränkt. Dagegen findet sich im selben Fall bei *herunter-* auch eine größere Anzahl anderer Basen, so werden z.B. alle Verben des Beförderns in diesem Fall mit *herunter-* gebildet, außer *herabflehen*. Diese Verteilung legt es nahe, *herab-* als stilistisch markiert anzusehen, als im Zweifelsfall gehobener oder altertümlicher. Damit scheint auch die Produktivität dieses Bildungsmusters erlahmt zu sein: es handelt sich vielfach um lexikalisch feste Verbindungen. Dagegen tritt *herunter-* im stilistisch unmarkierten Normalfall bzw. bei Neubildungen ein.[21] Obwohl das im einzelnen schwer zu belegen ist, scheint eine solche Differenzierung auch bei den Bildungen vorzuliegen, wo *herab-/herunter-* die einzige Möglichkeit darstellen, ein Partikelverb zu bilden. Es ist vielleicht bemerkenswert, daß hierher auch das archetypische Verbum des Beförderns auf den Sprecher zu, *holen*, gehört. Zu dessen Typ kann man in dieser Gruppe auch noch *schlagen* rechnen, sowie unter den nur mit *herunter-* verbindbaren Basen *bekommen*, *brechen*, *heben*, *kriegen* und *zerren*.

Eine weitere signifikante Gruppe innerhalb der Gruppen von Verben, die entweder mit *herab-* und *herunter-* oder nur mit *herunter-* belegt sind, stellen verschiedene Möglichkeiten eines "nach unten ragen" dar:

(5.6.) *baumeln*, *hängen*, *bammeln*[22]

Wenn man im Anschluß daran die Basen im *-ab-/-unter-*Bereich untersucht, also die Verben, die in irgendeiner Form sowohl mit *her-* wie auch mit *hin-* verbunden werden, zeigt sich wiederum neben deutlichen Parallelen ein signifikanter Unterschied, der die Verhältnisse in den Gruppen III und IV bei AUF betrifft:

(5.7.)
HERAB/HINAB/HERUNTER/HINUNTER (s. (5.1.) I., II., III., IV., VI., VII., XI.)

I	II	IIIa	IIIb/IVb	IVa	V
s. bemühen	*dürfen*	*eilen*	*fallen*	*fahren*	*blicken*
kommen	*können*	*fliegen*	*gleiten*	*gehen*	*sehen*
	müssen	*laufen*	*purzeln*	*klettern*	*rufen*
	sollen	*rennen*	*rieseln*	*kriechen*	*schauen*
	wollen	*sausen*	*rinnen*	*schleichen*	
		schießen	*rollen*	*s. schwingen*	
			rutschen		
			sinken		

21 Dieser Deutung entspricht auch, daß bei Bildungen mit *herab-* im Duden-WB häufig das Merkmal "(geh[oben])" erscheint.

22 Dazu kommen dann weitere Einzelfälle, bei denen z. T. der Grund für die Beschränkung auf *her-* nicht ganz klar ist (*springen*, *geben*), oder bei denen man von einer Neutralisierungsform mit *her-* ausgehen muß (*klagen*, *krempeln*, *streifen*); bei *brennen* scheint ein lexikalisierter Fall vorzuliegen.

Gegenüber der entsprechenden Aufstellung bei *herauf-/hinauf-* fallen zwei Dinge auf: zum ersten die Existenz einer Gruppe IIIb/IVb, und zum anderen die Tatsache, daß hier *gehen* gleich behandelt wird wie andere "normale" Fortbewegungsverben auch. Beide Unterschiede hängen im Prinzip mit derselben Sache zusammen. Wenn wir zunächst die Gruppen III und IV - bis auf das noch zu behandelnde *gehen* - betrachten, so sehen wir hier einerseits unter IVa im wesentlichen dieselben Basen, die normale Modifikationen der Fortbewegung ausdrücken, wie oben in der entsprechenden Gruppe IV (S.149); die Gruppe IIIa enthält hier wie dort (III; S.149) eine größere Gruppe von Verben, die eine beschleunigte Fortbewegung ausdrücken. Daneben steht aber nun eine größere Anzahl von Verben, deren Inhalt man als Modifikation normaler Fortbewegung in Richtung "abwärts" beschreiben kann; ihnen ist also die in *-ab-/-unter-* angesprochene Bewegungsrichtung ohnehin schon inhärent. Es handelt sich zudem weithin um Verben, die als Subjekte nicht (unbedingt) Menschen, d.h. handlungsfähige Wesen verlangen. Damit stehen Fälle wie *rieseln* oder *rinnen* ganz nahe an den Basen, die normalerweise nur mit *her-* konstruiert werden. Zum Unterschied zu ihnen, wird hier aber angenommen, sie seien von beiden Seiten - d. h. der Ausgangs- und der Zielperspektive - zu betrachten. Das scheint generell darauf hinzudeuten, daß die Versetzung in den Richtungssinn bei *-ab-/-unter-* nicht so selbstverständlich ist wie bei *-auf-*. Dem entspricht die Tatsache, daß eine Vielzahl von Basen, die bei *-auf-* nur mit *hin-* belegt waren, hier mit *hin-* und *her-* gebucht werden. Mögen dabei auch Verzeichnungszufälle eine Rolle spielen, ein so signifikanter Fall wie *gehen* - oder auch die oben angesprochenen Beschränkungen bei *geben* und *springen* - scheint mir aber doch in diese Richtung zu weisen. In unserem theoretischen Rahmen läßt sich das auch aus zwei natürlichen Gegebenheiten interpretieren, zum einen stehen wir zwar systematisch im Zweifelsfall weder "oben" noch "unten", es geht aber doch nach unten nicht weiter, so daß eher eine Stellung "unten" normal ist, und zum zweiten geht eine Vielzahl von natürlichen Bewegungen (vgl. IIIb/IVb) im Sinne der Erdanziehung/Schwerkraft. So kann man sich als erdgebundenes Ziel der Bewegung verstehen. Diesem Faktor würde ich auch die "Umordnung" von *wollen* zu den anderen Modalverben hin zurechnen - sofern die oben skizzierte Sonderstellung etwas zu bedeuten hat. Auch hier ist zudem nicht für alle Bildungen einheitlich von Ziel- oder Ursprungsdeutung auszugehen, wie das die uniformen Wörterbuchparaphrasen nahelegen, vielmehr ist bei den Verben, die nur mit *her-*Kombinationeen belegt sind, eher von einer ursprungsorientierten Paraphrase auszugehen, als bei denen, wo das *her-* in einer *hin-/her-*Opposition steht: bei dieser Konstellation ist in der Regel von echter Gegenläufigkeit auszugehen.

Somit kann man annehmen, daß sich in klaren Fällen einer solchen Unterscheidung die nur mit *her-* und die mit *her-/hin-* vorkommenden Verben auf verschiedene relationale Verhältnisse beziehen.

(5.8.)(1) *hinabgehen*

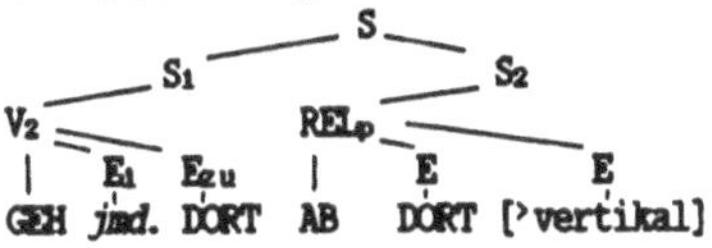

(5.8.)(2) *herabgehen*

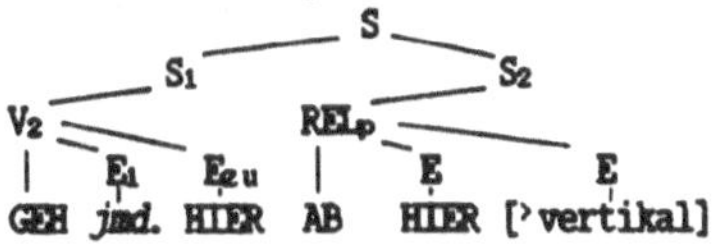

Bei ursprungsorientierten Fällen (=nur *her-*) hätte eine Darstellung dann folgendermaßen auszusehen:

(5.8.)(3) *herabschweben*

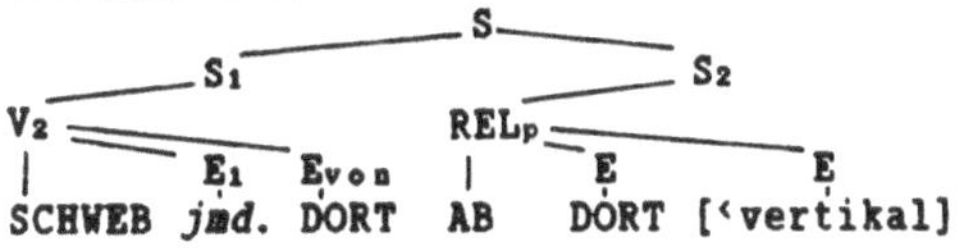

Bei ambivalenten Verben oder Kontexten kann man über die genaue Grundlage des Verständnisses geteilter Meinung sein; mögliche unterschiedliche Strukturen spiegeln die Ambivalenzen der Bedeutung:

(5.8.)(4) *etwas rieselt (auf den Boden) herab*

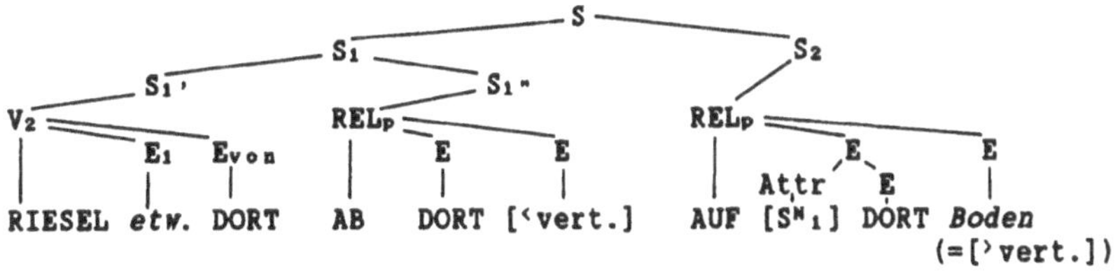

oder:

(5.8.)(5)

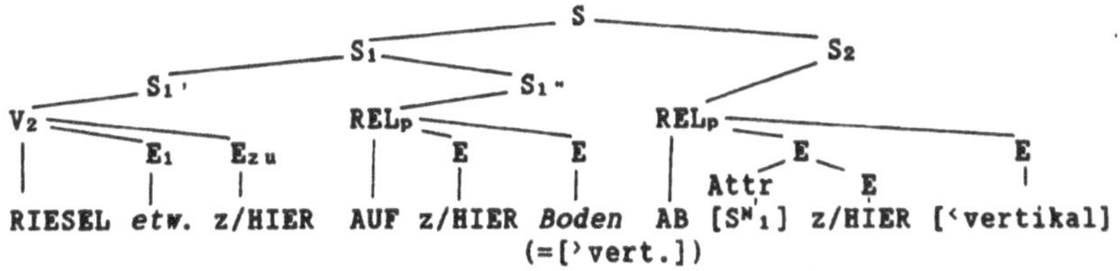

Bei der ersten Variante [(5.8.)(1) und (2)] ist es leichter, die semantische Einheit herauszulösen, die dann das Verb vorstellt, so daß in Zweifelsfällen eher die ursprungsorientierte Variante gewählt werden dürfte; daß dabei hier die Zielbestimmung als eine nächste Überprädikation auftaucht, ist insofern unerheblich, als sich diese Struktur ja ändern muß, wenn das gesamte unter S_1 Zusammengefaßte als ein eigenes Lexem realisiert wird. Es paßt auch in diesem Fall zu der Deutung, die wir oben bei den Partikelverben mit *ab-* zur Funktion dieser Partikel gegeben haben, wenn die Basis auch schon - in verschiedenem Umfang - eine Abwärtsbewegung ausdrückte.

Die zweite Möglichkeit repräsentiert in einsichtiger Weise den Zusammenhang von solchen verbalen Wortbildungen mit bestimmten Attributen in adverbialen Bestimmungen, wobei in dieser Form bei den hier gewählten Beispielen auch Angaben in entsprechenden Sätzen von einer solchen näheren Bestimmung betroffen sein können. Es geht dabei um folgendes Phänomen:

(5.9.)
Der Schnee rieselt auf die Erde herab.
(5.9.)
(1) *wenn der Schnee auf die Erde herab rieselt*
(2) *wenn der Schnee auf die Erde herabrieselt*
(3) *wenn der Schnee nicht auf die Erde herab rieselt/ herabrieselt*
(4) *wenn der Schnee auf die Erde herab nicht rieselt, sondern stürzt.*
(5) *wenn der Schnee auf die Erde nicht herabrieselt, sondern stürzt.*

und:

(5.10.)
Der Schnee rieselt vom Himmel herab.
(5.10.)
(1) *wenn der Schnee vom Himmel herab rieselt*
(2) *wenn der Schnee vom Himmel herabrieselt*
(3) *wenn der Schnee nicht vom Himmel herab rieselt/herabrieselt*
(4) *wenn der Schnee vom Himmel herab nicht rieselt, sondern stürzt.*
(5) *wenn der Schnee vom Himmel nicht herabrieselt, sondern herabstürzt.*

Während die erste Beispielreihe zeigt, daß die zielbezogene Ergänzung mit beiden Varianten verträglich ist, entstehen bei dem ursprungsorientierten Fall (5.10.) bei der syntaktischen Fügung tautologische Ausdrücke. Die Wortbildung nimmt die Handlung als ganze mit ihren verschiedenen Komponenten auf, so daß man sich auf beide Aspekte gleichermaßen beziehen kann. Wenn man unter diesem Gesichtspunkt nochmals anzugeben versucht, was die Bildungen mit *herab-* von denen mit *herunter-* unterscheidet, so scheint bei *herab-* der Weg als Abwärtsbewegung in den Vordergrund gestellt zu werden, während *herunter-* eher eine abgeschlossene Bewegung von einem Punkt oben (zu einem Punkt unten) ausdrückt. Allerdings sind diese Unterschiede nur sehr schwer zu überprüfen.

Auf jeden Fall erlauben aber unsere bisherigen Überlegungen, zu erklären, warum gerade die so verzeichneten Bildungen nur mit *her-* verbunden werden, und warum die Anzahl der mit *hin-* und *her-* gleichermaßen verbindbaren Basen deutlich größer ist. Die generellen Bedingungen des AUF/AB-Verhältnisses lassen es auch nicht überraschend erscheinen, daß nur recht wenige Basen nur mit *hin-* kombiniert werden:

(5.11.)
HINAB/HINUNTER

I	II	III	IV	V
s.begeben	*wagen*	*jagen*	*reiten*	*zeigen*
gelangen	*finden*	*rasen*	*stolpern*	

Entsprechende Basen waren auch bei *auf-* mit dieser Kombinationsbeschränkung verzeichnet, semantisch stellen sie nicht so übliche Varianten zu im Prinzip auch in der *hin-/her-*Kombination belegten Bewegungstypen dar. Wenn man auch hier *-ab-* und *-unter-* auseinanderhält, sieht man, daß Bildungen mit *hinab-* selten sind. Es handelt sich durchgehend um lexikalisierte Formen, die als gehobener, stilistisch markierter eingestuft werden als die entsprechenden Bildungen mit *hinunter-*. Daß *hinab-* auch im Vergleich zu *herab-* deutlich zurücktritt, kann man damit in Zusammenhang bringen, daß die *her-*Formen in ihrer Verwendung als Neutralformen vom Typ *rauf-* eine Domäne haben, die für die *hin-*Bildungen nicht existiert. Das ist bei *ab-* besonders naheliegend, da es hier keine Kurzform mit *r-* gibt.

Um abschließend noch einen Blick auf die Verhältnisse bei den einschlägigen Verben des Beförderns zu werfen, seien auch hier die wesentlichen Basengruppen aufgelistet. Und zwar zunächst für die Bildungen mit *hin-* und *her-*. Zu den Bildungen nur mit *her-* wurde oben schon etwas gesagt.

(5.12.)(1)
HERAB/HERUNTER/HINAB/HINUNTER
(versch. her-/hin-Kombinationen

I	Ia	II	III
bringen	*gießen*	*bitten*	*kurbeln*
drücken	*reißen*	*führen*	
langen	*schmeißen*	*helfen*	
nehmen	*schütten*	*lassen*	
reichen	*senken*		
schaffen	*stoßen*		
schicken	*werfen*		
schießen			
tragen			
ziehen			

Auch hier gibt es eine größere Gruppe von Verben, bei denen schon die Basis eine nach unten gerichtete Bewegung ausdrückt. Auffällig ist vielleicht, daß ein Verb wie *heben* für diese Bewegungsrichtung als ein spezieller Fall von "holen" angesehen wird und so unter die Gruppe der nur mit *her-* verbindbaren Basen fällt. Das reziproke Verhältnis zu AUF kennzeichnet auch, daß *helfen*, das dort nur mit *hin-* belegt war, hier bei *her-* auftaucht. So bezeichnen im Prinzip *-auf-* und *-ab-* gegenläufige Bewegungen, praktische Besonderheiten von Bewegungen in der jeweiligen Richtung und sprachlich festgewordene Formen (*herab-/hinab-*) verstellen diese prinzipielle Symmetrie. Die Unterschiede bei den Verben des Beförderns sind aber offenbar geringer als bei den Fortbewegungsverben, was sicher damit zu tun hat, daß Bewegung von Objekten willkürlicher stattfinden kann, als eigene Fortbewegung, für die die oben skizzierten dimensionalen Beschränkungen stärker gelten. Zum Abschluß noch die Verteilung der Basen nur mit *hinab-/ hinunter-*:

(5.12.)(2)
HINAB/HINUNTER

I	IA	II	III
legen *lenken* *schieben* *schleppen*	*spülen* *tauchen* *würgen*	*befördern* *begleiten* *geleiten* *jagen* *treiben*	*kippen*

Auch diese Aufstellung verändert das Bild nicht wesentlich, die Übereinstimmung mit den entsprechenden Listen auf S.147ff. ist groß. Außer zufälligen Lücken (*bewegen*) und eindeutig auf die jeweilige Richtung bezogenen Fällen (hier Ia, dort etwa *wuchten*), ist *helfen* bei *-ab-* nur mit *her-* belegt. Auch *geben*, das bei *auf-* zu dieser Gruppe gehört, ist hier nur mit *her-* belegt. Fraglich ist, ob man Verben vom Typ *würgen* noch als lokal betrachten soll.

Im Prinzip verläuft die Funktionsverteilung bei der AB-Hälfte der Vertikalen ebenso wie bei der AUF-Hälfte. Ziel-, Ursprungs-, Richtungsbezogenheit, die Differenzierung in verschiedene Bedeutungsnischen wird mit den jeweils analogen Mitteln geleistet. Das gilt auch für die Einfachpartikeln, wobei allerdings bei AB zusätzlich dem Nebeneinander von *ab-* und *unter-* Rechnung zu tragen ist. Dabei nimmt die Partikel *ab-* bezüglich der Orientierung in der AUF/AB-Dimension eine Randstellung ein. Verstärkt wird dieser Eindruck noch dadurch, daß auch die mit demselben formalen Mittel gebildeten Doppelpartikeln, die sich ja notwendig auf die Dimension beziehen, ebenfalls in ihrem Bereich als stilistisch markiert zu gelten haben und hinter den entsprechenden Bildungen mit *-unter-* zurückstehen. Die Doppelpartikelverben mit *herunter-/hinunter-* sind der eigentlich systematische Widerpart zu den Bildungen mit *herauf-/hinauf-*; so verwundert es nicht, daß bei ihnen analoge Bildungen mit analogen Bedeutungen herauskommen.

4.2.3.3. Verben mit *unter-*

Bleibt noch, die weiteren Partikeln für die AB-Hälfte unserer Relation zu untersuchen, und zuvorderst die, die mit *unter* bzw. *unten* zusammenhängen:

(6)
(6.1.)
unterbinden, unterbreiten, unterducken, unterfahren, unterfassen, unterfertigen, unterfliegen, unterführen, unterfüttern, untergehen, unterhöhlen, unterkellern, unterlegen, unterliegen, untermalen, untermauern, unterqueren, unterschieben, unterschreiben, untersetzen, untersinken, unterspülen, unterstehen, unterstellen, unterstopfen, unterstreichen, unterstreuen, untertauchen, untertunneln, unterzeichnen, unterziehen. (Duden-WB S. 2703-2713)

(6.2.)
herunterblicken *hinunterblicken*
herunterbringen *hinunterbringen* usw. (s.o.)
(6.3.)
runterblicken, runterbrausen, runterbringen, u.v.a.
(6.4.)
daruntergehen, darunterlegen, darunterschreiben, daruntersetzen, darunterstellen
(6.5.)
(dr)untenbleiben
(6.6.)
heruntenbleiben *druntenbleiben*
(6. 7.)
darunterbleiben, darunterheben

Auch mit dieser Auflistung befinden wir uns auf der System- und Normebene; die regional und textsortenspezifisch beschränkte Verwendungen verschiedener dieser Formen scheinen als Elemente der Rede für das derzeitige Ziel dieser Untersuchung nicht wichtig zu sein. Unter dieser Vorannahme bestätigt sich, daß die Richtungs- und Ortsangaben bei der Richtung "nach unten" denselben Strukturierungsmustern folgen wie bei der Richtung "nach oben". Ein auffälliger Unterschied besteht allerdings bei der Verteilung der Bedeutung auf die Verben mit Einfachpartikeln. Hier steht ja einem *auf-* bei "nach oben" ein *ab-* und ein *unter-* bei "nach unten" gegenüber, wobei es bei *unter-* zusätzlich noch trennbare und nicht-trennbare Bildungen gibt; zwischen ihnen wurde oben noch nicht unterschieden (vgl. Schanen (1977)). Die Konkurrenz von *auf-* und *ab-* wurde oben schon diskutiert: sofern direkte Entsprechungen bestehen, ist die dimensionale Bedeutung von *auf-* betroffen, und überhaupt ist *ab-* bei gleicher Basis nur dimensional zu verstehen, nimmt allenfalls von seiner Hauptbedeutung 'weg' stärker aspektuelle Ursprungsorientiertheit an. Dagegen ist *unter-* auf die topologische, d.h. eine 'unter etwas'-Bedeutung, beschränkt, und steht in dieser Hinsicht in Opposition zu *auf-*, in der gleichen Funktion aber z.T. auch zu anderen Bildungen, etwa mit *über-*. Als zugrundeliegendes Begriffsschema wäre anzusetzen:

> sich (AGENS/EXPERIENCER) oder etwas (PATIENS) durch eine geeignete Tätigkeit (MODUS) oder durch geeignete Hilfsmittel (MITTEL oder INSTRUMENT) auf der Unterseite bzw. unterhalb von etw. anbringen.

Bei *unter-* ist noch viel klarer als bei *auf-*, daß die Kontakt-Bedeutung nicht unbeeinflußt von der Dimensionsbedeutung zu verstehen ist. Denn da hier die Bedeutung 'Kontaktaufgabe' als Hauptfunktion von *ab-* auch formal abgetrennt ist, ist *unter-* allein Gegensatz zu *auf-* 'Oberseitenkontakt' bzw. *über-* 'oberhalb'. Das zeigt auch die Beschreibung in Kühnhold (1973, S.248):

> In 113 Stichwörtern (= 82.5 % seines Gesamtbestands) bezeichnet das Präfix *unter-* eine Lokalisierung unterhalb von etw. anderem bzw. eine Unterlegenheit. Ersatzprobe: "darunter".

(6.8.) Beispiele
[...] *diesen Sr.Majestät* [...] *zu unterbreiten* (Musil 182)
[...] *war die Sonne untergegangen.* (Stifter 40)
Beim Eintritt in den [...] *Innenhof wird das erstgenannte Gebäude unterquert.* (Bretagne 82)
[...] *der Andacht ein festes Gerüst von Gedanken und Überzeugungen unterschiebt.* (Musil 186)
[...] *von meinem Vater unterschrieben* [...] (Brandstetter 21)
[...] *wo die Sonne untersinkt* [...] (Stifter 38)
Gleich beim Eingang stellten sich auch die auf den Autobus Wartenden unter, wenn das Wetter schlecht war. (Brandstetter a48)
[...] *wie eine Anzahl von Menhiren im Wasser untertaucht.* (Bretagne 118)
[...] *so waren sie von den Vorständen alpiner Genossenschaften unterzeichnet* [...] (Musil 225)

Wie Kühnholds Vorschlag für die Ersatzprobe klarmacht, bilden komplexe Verben mit dieser Partikel den Bezug auf etwas ab, worunter man sich oder etwas bewegt bzw. dann ist. Wie Kühnholds entsprechende Anmerkung zeigt, neigen auch diese Bildungen zur Idiomatisierung, sind dabei aber von ihrer lokalen Grundlage aus verständlich. Etwas unglücklich ist es allerdings, daß diese Bedeutung direkt unter die lokale Bedeutung mit aufgenommen wird. Sowohl bei Abusamra (1974, S.150) als auch bei Schanen (1977, S.79/80) werden die beiden Funktionen unterschieden, wobei bei Abusamra keine weiteren Angaben zu ihrem gegenseitigen Verhältnis gemacht werden, während Schanen von einer abstrakten Bedeutung der Partikel ausgeht, die sich dann in verschiedenen Bedeutungsvarianten ausdifferenziert. Ähnlich sieht das Eroms (1981, S.152/153):

> *Über* wird gegen *unten* durch [+gegen] bei der Kategorie (Höhe/Rang) differenziert, wobei lokale und "abstrakte" Bedeutungen erfaßt werden. (...) Der bei lokalen Bedeutungen üblicherweise angesetzte Bezug auf die Vertikale ist ein "Sekundärmerkmal", das sich automatisch ergibt.

Allerdings stellt Eroms an anderer Stelle auch fest, daß unter bestimmten Bedingungen die Sekundärmerkmale zur Erklärung gewisser Verwendungen herangezogen werden müssen (a.a.O.S.182). Das ist der Fall, wenn eine abstraktere Bedeutung durch ein Wortbildungsmuster realisiert wird, das literal auf eine lokale Grundlage beziehbar ist, z.B. *unterstellen* in *Ihm wurde der ganze Einkauf unterstellt.* Auch eine Erklärung als Komprimierung, aus der die entsprechende gestreckte Struktur rekonstruiert wird, kann wohl nicht darauf verzichten, in diesem Fall auf das Bewegungsverb *stellen*, in anderen auf sonstige Rahmenelemente, die durch Bewegungsverben gesetzt werden, Bezug zu nehmen. Die von einer abstrakten Beschreibung der Präpositionen her als Sekundärmerkmale betrachtbaren Elemente müssen innerhalb der verbalen Wortbildung zur Beschreibung des jeweils realisierten Wortbildungsmusters herangezogen werden (vgl. Eroms (1981, S.172)).

Wie auch immer man die Stellung der lokalen Bedeutung gegenüber anderen Bedeutungsvarianten sehen mag, auf jeden Fall ist relativ strikt zu beschränken, was man tatsächlich als lokal betrachten will. Zu weit ist diese Kategorie z.B. bei Kühnhold gefaßt, wenn sie dazu dienen soll, weitere Verwendungen zu erklären. Dort (a.a.O.S.249–250) werden nämlich alle möglichen "übertragenen" Verwendungen mitgezählt. Lokal in einem strikteren Sinn sind ihre Gruppen:

1. *untergehen*	11. *unterhöhlen*
6. *unterackern*	12. *unterschreiben*
8. *unterfliegen*	13. *unterstehen/unterstellen*
9. *unterfüttern*	

Unsere oben als Beispiel aufgeführten Bildungen lassen sich im wesentlichen in diesen Gruppen unterbringen. Allerdings ist der genaue Umfang der einzelnen Gruppen unklar, die verschiedenen Typen sind semantisch nicht einheitlich: so steht z.B. in der Gruppe 1. neben *untergehen, untersinken* auch *unterkommen, unterkriechen, unterschlüpfen*, die andere Valenzverhältnisse zeigen, und über deren lokale Bedeutung man wohl streiten könnte. Erklärender wäre es, das als eine abstraktere Bedeutung mit lokaler Bildebene zu betrachten. Bei Abusamra (1971; 1974) werden dagegen die Verben zum "Ausdruck einer lokalen Beziehung" (1974, S.150) von den abstrakteren Bedeutungen "'Unter einem Normwert bleibend'" (ebd.S. 149) und "'Unterordnung'" (ebd.S.150) unterschieden. Wenn auch hier die Bedeutungsgruppe "sich eine Unterkunft verschaffen" (a.a.O. S.150) ebenfalls als lokal verstanden wird, und *unten* 'unter' mit *unten* 'zwischen' (s. Eroms (1981, S.152f. und 163f.)) als nebeneinanderstehende Untergruppen behandelt werden, d.h. also wenn auch innerhalb der Obergruppe "lokale Beziehung" noch genauer differenziert und die Grenze enger gezogen werden sollte, so läßt sich bei den verbleibenden Bedeutungsgruppen für *unten* doch eine genauere semantische Differenzierung erkennen:

> Die Bewegung unter einem/einen unbewegten Gegenstand bezeichnen folgende Verben mit den Merkmalen (+f,+tr): *unterlaufen, -fertigen, -schreiben, -zeichnen, -streichen, -malen, -siegeln, -bauen, -fahren, -fangen, -mauern, -führen, -tunneln, -legen, -kellern, -keilen.* Sn hat das Merkmal (Hum), Sa (-Anim). Bei *unterlaufen* haben Sn und Sa (+Anim).
> *Untertreten* und *-stehen* sind intransitiv, *unterstellen* hat die Merkmale (-f, +itr).
> Ein in Bewegung befindliches Objekt haben bei sich: *unterbreiten, untergraben, unterlegen, unterschieben, unterschlagen, untersetzen, unterstecken, unterpflügen, unterziehen.* Sie sind (-f, +Itr).
> Das Präfix *unter-* drückt zusammen mit dem jeweiligen Basisverb aus, daß der durch das Objekt bezeichnete Gegenstand von unten her durch einen anderen Gegenstand gestützt wird. Die Verben sind (-f, +tr), Sn und Sa haben das Merkmal (Hum). Bei *unterhalten* ist Sa (-Anim). Dazu Gehören: *unterfassen, unterhaken, unternehmen.*
> Die Beschädigung eines Objekts durch eine Flüssigkeit bezeichnen die Verben *untergräben, -höhlen, -spülen, -waschen.* Sie sind (-f, +tr).
> Die Verben *untersinken, -tauchen* geben an, daß sich das Subjekt unter die Wasseroberfläche bewegt. *Untersinken* ist (-f, -tr), *untertauchen* (-f, +tr). (a.a.O. S.150)

Die beiden bisherigen Behandlungen zeigen die Ergebnisse und Mängel einer sich im wesentlichen auf syntaktische (Kühnhold) oder semantische (Abusamra) Kriterien stützende Unterteilung. Unter diesen Umständen wird die Einheit der durch *unter-* hervorgerufenen Bewegungsbezeichnungen dadurch verwischt, daß eigentlich von den Basen ausgegangen wird, statt daß die Basen als innerhalb eines Relationenrahmens mögliche Modifikationen verstanden würden.

Im Vergleich zu Abusamra und Kühnhold steht die Arbeit von Schanen (1977) in einem jüngeren Diskussionszusammenhang. So schreibt er zu den methodischen Problemen des Einbezugs verschiedener Beschreibungsebenen:

> Dès lors qu'on a affaire à des ensembles de signifiants complexes, dont on peut dégager les composantes ou les constituants par des procédés opératoires comme la substitution, la suppression, etc., il est clair qu'il faut envisager entre le plan de la chaine et le plan du "sens" au moins un autre niveau: celui de la syntaxe. (...) La perspective syntaxique est indispensable et ne saurait par ailleurs se limiter à une simple classification obtenue par l'analyse de la seule distribution des éléments en chaine de surface. Pour rendre compte du fonctionnement de UNTER en relation avec un verbe, ou comme constituant d'une base verbale complexe, il ne suffit pas d'avoir établi par commutation que dans un cas l'élément fait partie d'une classe dans laquelle on trouve également BE, ENT, VER, ÜBER', UM'... et que dans l'autre cas, sa classe paradigmatique comporte aussi AB, AUF, AUS, EIN, 'ÜBER,...ZU'SAMMEN...(tous ces éléments fonctionnent par exemple en relation avec stehen). Il faut encore, comme nous le disions ici même à propos de UM, dégager les différentes qualités syntaxiques de UNTER, c'est-à-dire:
> a) établir les divers types de groupes fonctionnels dans lesquels il peut figurer, et
> b) analyser les différentes fonctions ou relations qu'il peut entretenir avec l'unité verbale simple (ou la base translatée; cf. unter'jochen...) et avec les autres groupes fonctionnels de l'énoncé.
> (Schanen (1977, S.59)).

Von diesen Voraussetzungen kommt er zu einer Gesamtdarstellung der Funktion der Partikel UNTER in trennbaren und untrennbaren komplexen Verben. Auch bei dieser Gesamtdarstellung, vor allem bei den trennbaren Verben, spielt die lokale Bedeutung eine erhebliche Rolle. Folgende Gruppen werden unterschieden:

A im Sinn des Richtungsadverbs
- a) *untergehen, untertauchen, untersinken*
- b) nicht lokal: *unterkriegen*

B im Sinn einer Präpositionalphrase mit Auslassung des Nomens
- a) *unterbreiten, unterlegen, unterbinden, unterschieben, untersetzen, unterstellen, unterstecken, unterschlagen*
- b) *unterkommen, unterkriechen, unterschlüpfen, untertreten, unterliegen, unterstehen, unterstellen, unterbringen*
- c) *unterfassen, unternehmen, unterhaken*
- d) = *unter₂*
- e) *unterpflügen, untergraben, untereggen, unterscharren, unterwühlen*

Auch bei den nicht-trennbaren von uns sogenannten Präfixverben finden sich einige lokale Subgruppen, zunächst schon die mit nicht-verbaler Basis:

unterjochen, unterkeilen, untertunneln, unterkellern, unterfertigen

dann auch etliche mit verbaler Basis:

1) *untergraben, unterhöhlen, unterspülen, unterwaschen, unterminieren*
2) *untertauchen, unterfliegen, unterlaufen, unterführen, unterfahren, unterqueren*
3) *unterarbeiten, unterbauen, unterschneiden, unterschreiben, unterzeichnen, unterstempeln, unterkreuzen, untersiegeln, unterstreichen, unterfüttern, unterlegen*

Letztlich findet sich noch ein einzelnes *unterlaufen* in der Subgruppe VON UNTEN HER ANFASSEN.

Bemerkenswert über die genaue Gruppierung hinaus ist hier, daß im Gegensatz zu den vorher behandelten Ansätzen die Bedeutung der Unterscheidung von trennbaren und nicht-trennbaren Verben gesehen und in der Beschreibung berücksichtigt wird (vgl. Eroms (1982); Schanen (1979); Marcq (1972); Fourquet (1972) und (1974); Saltveit (1973)).

Speziell den Zusammenhang von Partikeln, die sowohl in festen Präfixbildungen wie in unfesten Partikelbildungen vorkommen, behandelt die Arbeit von Šimečkovà (1984); an konkreten Ergebnissen zu *unter-* ergibt sich dabei kaum etwas, was über die gerade referierte Beschreibung von Schanen hinausginge. Bedeutsam ist allerdings, daß sie im Prinzip die festen und die unfesten Bildungen zusammen behandelt, ihre syntaktische Verschiedenheit über eine "Dekonkretisierung" im semantischen Bereich erklärt (S.154ff.), wobei allerdings weitere interferierende Einflüsse angenommen werden.

Wenn man sich im Anschluß an diese Ergebnisse der Forschung zwei beliebige solche Verben, etwa *unterlegen* und *unterliegen* ansieht, kommt man zu folgendem Befund:

(6.1.)
(1) *Der Regisseur legt ein Bierfilz unter den Tischfuß.*
(2) *Der Regisseur legt ein Bierfilz unter.*
(3) *Der Regisseur legt den Tisch unter.*
(4) *?Der Regisseur legt schwülstige Musik unter eine Szene.*
(5) *Der Regisseur unterlegt einer Szene schwülstige Musik.*
(6) *Der Regisseur unterlegt eine Szene mit schwülstiger Musik.*

Die Veränderung der syntaktischen und semantischen Verhältnisse bei diesen beiden Beispielen, die ja in einem abstrakten Sinn auf dieselbe lokale Relation zurückgehen, ist offenkundig, und, wie ein Vergleich mit Schanen (1977, S.65 und 72) zeigt, auch typisch. Die trennbaren Verben spezialisieren sich innerhalb der lokalen Bedeutung, wie die Objektvertauschung von (2) zu (3) deutlich zeigt, während sich die untrennbaren Bildungen delokalisieren, mit Effekten, die durchaus Parallelen bei "echten" Präfixverben haben (s. Eroms (1980, S. 55ff.); Günther (1987)). Obwohl auch Kühnhold (1973, S. 251) diesen Unterschied feststellt, ordnet sie beide Typen von Verben unter dieselbe Gruppe ein.

Nach den Kategorien der Trennbarkeit lassen sich unsere Beispiele folgendermaßen sortieren; folgende (trennbaren) Partikelverben sind verzeichnet:

(7)(7.1.)

únterbinden
unter etw. binden
únterbreiten
unter jmd.ausbreiten
únterducken
unter die Oberfläche ducken
únterfassen
von unten her fassen,
unter dem Arm fassen
úntergehen
unter dem Horizont, der Wasseroberfläche verschwinden
únterlegen
unter jmd./etw.legen
únterliegen
unter jmd./etw.liegen

únterschieben
unter jmd./etw.schieben
úntersetzen
unter etw.setzen
úntersinken
unter die Oberfläche sinken
únterstehen
unter etw.(Schützendem) stehen
únterstellen
unter etw.(Schützendes) stellen
únterstopfen
unter etw.stopfen
únterstreuen
unter etw.streuen
úntertauchen
unter die Oberfläche tauchen
jmdn. unter die Oberfl.tauchen

Dem stehen folgende (untrennbaren) Präfixverben gegenüber:.

(7)(7.2.)

unterbaúen
"*mit einem Unterbau versehen, von unten her stützen*"
unterfáhren
"1.a) (Bauw.) *einen Tunnel o.ä. unter einem Gebäude hindurchführen* b) (Bergbau) *einen Grubenbau unter einer Lagerstätte od. einem anderen Grubenbau anlegen, bauen.* 2. *mit einem Fahrzeug unter etw. hindurchfahren.*"
unterfángen
"2. (Bauw.) *(ein Bauteil, Bauwerk) zur Sicherung gegen Absinken o.ä. mit etw. Stützendem unterlegen.*"
unterfertigen
"*unterschreiben*"
unterfliegen
"*(mit einem Flugzeug) unter etw. hindurchfliegen.*"
unterführen
"*eine Straße, einen Tunnel o.ä. unter etw. hindurchbauen, hindurchführen.*"
unterhöhlen
"*bewirken, daß etw. unter seiner Oberfläche (nach und nach) ausgehöhlt wird.*"
unterkellern
"*mit einem Keller versehen.*"
unterláufen
"*sich so unter einen hochgesprungenen Gegner bewegen, daß er behindert u. zu Fall gebracht wird.*"

unterlégen
"die Unterseite von etw. mit etw. aus einem (stabileren) Material versehen" und "etw., bes. einen Text, Film nachträglich als Untermalung mit (anderer) Musik, mit einem (anderen) Text versehen"
untermáuern
"mit Grundmauern versehen; mit stabilen Mauern von unten her befestigen, stützen. "
unterschreiben
"seinen Namen (...) unter etw. setzen"
unterspülen
"(vom Wasser) unterhöhlen"
untertiteln
"mit einem Untertitel versehen"
untertunneln
"einen Tunnel unter etw. hindurchführen"
unterzeichnen
"dienstlich, in amtlichem Auftrag unterschreiben"
(alle nach Duden-WB S. 2703-2713).

Deutlich wird hier, daß die trennbaren Verben in einem ähnlichen Verhältnis zu möglichen syntaktischen Paraphrasen stehen, wie das oben für die Bildungen mit *auf-* zu konstatieren war. Es geht auch hier bei der in der Wortbildung ausgedrückten um einen Spezialfall der mit dem syntaktischen Ausdruck gemeinten Handlung. Für die funktionale Differenzierung sind die Fälle besonders interessant, wo verschiedene Typen mit der selben Basis realisiert sind, wie etwa bei *auftauchen - abtauchen - untertauchen*. In lokalem Verständnis zeigen alle drei Bildungen ähnliche Spezialisierung, die Richtungsangabe wird aber differenziert in der Weise eingesetzt, daß *auf-* als Opposition für die dimensionale Bedeutung von *ab-* ebenso benutzt wird, wie für die Oberflächenbedeutung von *unter-*. Ähnliches gilt,wenn auch logischerweise ohne *auf-*Pendant, für *absinken/untersinken*.

Daß sich auch Idiomatisierungen in Opposition zu entsprechenden Bildungen mit *auf-* finden, zeigt das Beispiel *aufgehen/untergehen*, die sich exakt auf denselben Sachbereich beziehen. Bemerkenswert ist auch, daß als Subjekt - bei einwertigen Verben - bzw. als Akkusativergänzung das OBJEKT, das unter etwas anderes bewegt wird, eintritt (außer *unterfassen*), demgegenüber ist bei den prinzipiell zweiwertigen Präfixverben als Akkusativobjekt das Ziel der ausgedrückten Bewegung vorgesehen. Die festen Bildungen sind zudem auch durchweg stärker idiomatisiert. Es lassen sich aber einige wichtige Bildungsgruppen erkennen. Der am direktesten motivierte Typ, der als Basis Bewegungsverben hat: *unterfliegen, unterfahren*, zeigt deutlich diesen Unterschied zu den trennbaren Bildungen: er zeigt durchweg eine Bedeutungsvariante 'unten durch'. Von diesem Muster geht ein Weg über ein Verb wie *unterführen* zu den das Bauwesen betreffenden Verben, die alle eine von unten her greifende Sicherheitsmaßnahme meinen: *unterbauen, unterfangen, unterlegen*, dann auch mit substantivischer Basis *untermauern*. Dieses letzte Beispiel führt weiter zum Typ *unterkellern, untertunneln*, wo die unterhalb eines anderen Objekts erzeugte Raumstruktur als Benennung für das Mittel zu einer

Handlung in die Basis aufgenommen wird. Beim *Unterschreiben* wird das 'Schreiben unter etw.' als ein 'Schreiben seines Namens unter Schriftstücke' spezialisiert, nach diesem Musterverb sind mit semantischer Differenzierung *unterfertigen*, *unterzeichnen* und *untertiteln* gebildet, wobei jeweils andere Möglichkeiten der Basis-Modifikation gewählt werden. Interessant ist noch der Typ *unterspülen*, in dem ein "von unten heraus spülen" thematisiert wird, wie man deutlich an der zu *unterhöhlen* gegebenen Paraphrase (mit *aushöhlen*) sieht.

Aus dieser Diskussion ergeben sich folgende Gruppen von Verben:

(7.1.)

(1.1)	(1.2.)	(1.3.)
unterducken	*untergehen*	*unterliegen*
untertauchen	*untersinken*	*unterstehen*
unterbinden	*untersetzen*	
unterbreiten	*unterstellen*	
unterlegen	*unterstopfen*	
unterschieben	*unterstreuen*	
unterfassen		

(7.2.)

(1.1.)		
unterfahren		
unterfliegen		
unterlaufen		
(2.1.)		
unterführen		
(3.1.)	(3.2.)	(3.3.)
unterbauen	*untermauern*	*unterkellern*
unterfangen	*untertunneln*	
unterlegen		
(4.1.)	(4.2.)	
unterspülen	*unterhöhlen*	
(5.1.)	(5.2.)	
unterschreiben	*untertiteln*	
unterfertigen		
unterzeichnen		

In unserem Valenzkonzept stellt sich Einheitlichkeit und Differenzierung dieser Muster folgendermaßen dar:

(7.1.)(1.3.)(1)

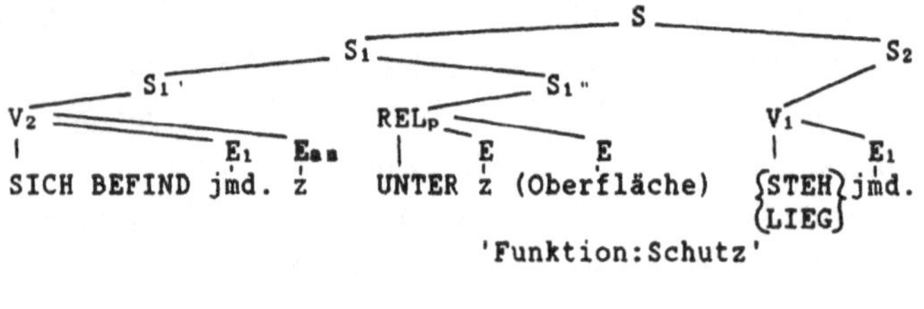

(7.1.)(1.1.)(1)

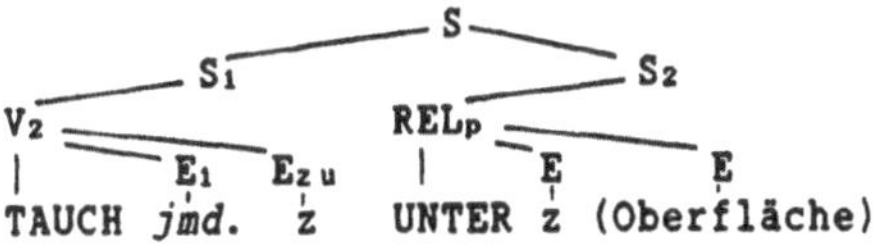

(1.2.)(1)

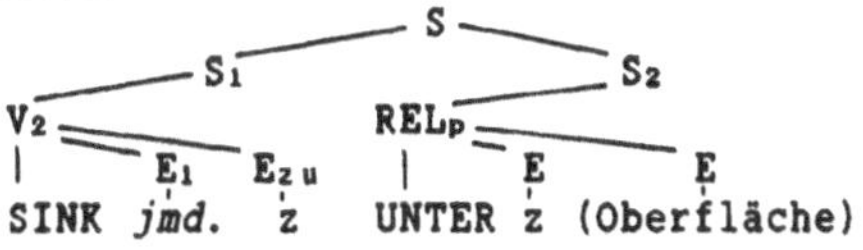

Der Unterschied zwischen (1.1.)(1) und (1.2.)(1) läßt sich auf dieser Darstellungsebene nicht ermitteln, es ist der Unterschied zwischen Handlung und Vorgang; d.h. bei der Angabe des archetypischen Musters gehören auch solche Angaben dazu. Da wir in unserer Darstellung soweit möglich natürlichsprachliche Ausdrücke wählen, nehmen wir aber an, daß diese Information durch den entsprechenden Lexikoneintrag geliefert wird.

Zu (1.1.)(1) läßt sich auch noch das entsprechende Kausativum *untertauchen* stellen:

(7.1.)(1.1.)(2)

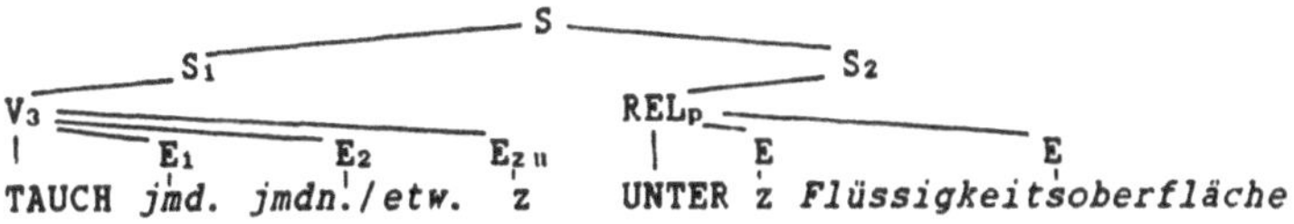

War in den bisherigen Fällen bis auf (1.3.) die von uns als durchgehend angenommene Funktionalisierung der ausgedrückten Vorgänge und Handlungen noch nicht so deutlich, so ändert sich das bei den folgenden Bildungen. Die Typen (1.1.) und (1.2.) fallen aber auch nicht aus den Annahmen unseres Beschreibungsrahmens, ist bei ihnen doch, wie wir das sowohl bei *auf-* wie auch bei *ab-* schon kennengelernt haben, der aspektuelle Charakter besonders deutlich.

(7.1.)(2.1.)

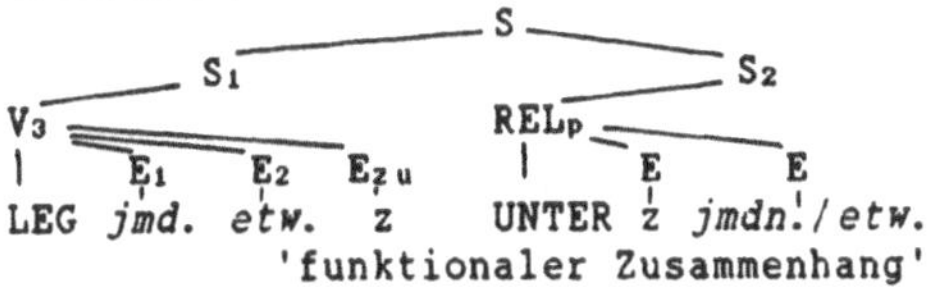

Wir sehen hier *unterlegen* als den archetypischen Fall an: infolgedessen wird auch nur generell auf "funktionale Einbettung" verwiesen, die dann je nach dem Sachbereich, auf den sich das einzelne Verb bezieht, spezifiziert wird.

(7.1.)(3.1.)

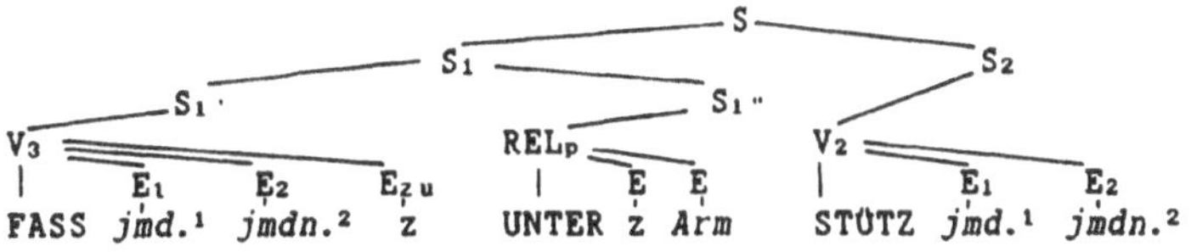

Das anscheinend singuläre *unterfassen* zeigt dagegen ganz deutlich die funktionale Spezifizierung in zwei Punkten: das von der Partikel abhängige Substantiv

Arm ist eindeutig festgelegt; die Funktion dieser "lokalen" Handlung ist ebenso fest lexikalisiert: 'stützen'. Aufgrund dieser Tatsache stellt sich die Frage, ob solche Bildungen im Hinblick auf ihre Motivation überhaupt in einer Wortbildungslehre zu behandeln seien. Unsere Ableitung zeigt aber schon, daß die Idiomatisierung nur aufgrund einer relationalen Analyse, die an der konstitutionellen Struktur ansetzt, erklärt werden kann. Wir sehen uns hierin einig mit Šimečková (1984, S.134), für die sich dieses Problem im Zusammenhang mit der Beschreibung semantischer Unterschiede zwischen den trennbaren und den nicht-trennbaren Bildungen stellt:

> Dekonkretisierte und idiomatisierte lexikalische Einheiten werden in den bisherigen Untersuchungen an den Rand der semantischen Analyse gestellt. Diesen Weg können wir nicht gehen, weil es notwendig ist zu ermitteln, ob und inwieweit bei den K_BV die herkömmlich angenommene Isomorphie der festen Form und der "abstrakten Bedeutung" zur Geltung kommt.

Da auch wir feste und unfeste Bildungen nach demselben relationalen System behandeln, können wir darauf verzichten, einen entsprechenden Bedeutungsschnitt zwischen den trennbaren und den festen Formen anzunehmen, wir können vielmehr davon ausgehen, daß die beobachtbaren semantischen Unterschiede zwar in Richtung einer dekonkretisierteren Bedeutung für das untrennbare Verb gehen, daß das aber im einzelnen zu untersuchen und auf der Basis dieses einheitlichen Modells darzustellen ist. So verweist auch Šimečková (1984, S.155) darauf, daß letztlich die syntaktischen Unterschiede das Entscheidende seien:

> Wir finden daher Bereiche mit zufälliger Korrelation abstrakter Bedeutung und fester Form (vor allem bei den Verben mit *unter-*), aber andrerseits ganze Untergruppen (K_BV mit *um-*),in denen das abstrakte Merkmal mit der unfesten Form korreliert. (ebendort)

Ohne uns länger dabei aufhalten zu wollen, ob bestimmte Korrelationen wirklich "zufällig" und nur das sind, sei über Simecková hinausgehend noch betont, daß der syntaktische Unterschied eine funktionale Interpretation ermöglicht, die als eine Funktion von Trennbarkeit bzw. Nicht-Trennbarkeit ansetzt, daß so Fokussierungsunterschiede durch die unterschiedliche Anordnung der Mitspieler zustandekommen. Ohne diesen Schluß direkt zu ziehen, bestätigt ihn Šimečková durch den Befund ihrer Untersuchung der kategorialen Merkmale vor allem der akkusativischen Mitspieler bei den verschiedenen Verben (vgl.a.a.O. S.148/149).

Da wir uns aber nur mit den lokal deutbaren Varianten bzw. Verwendungen beschäftigen wollen, spielen die Fragen der Idiomatisierung nur am Rand eine Rolle, allerdings scheint es deutlich, daß sich an einer angemessenen relationalen Beschreibung z.T. die Grundlagen der Idiomatisierung ablesen lassen.

Damit zu den weiteren Untergruppen:

(7.2.)(1.1.) *unterfahren, unterfliegen, unterlaufen*

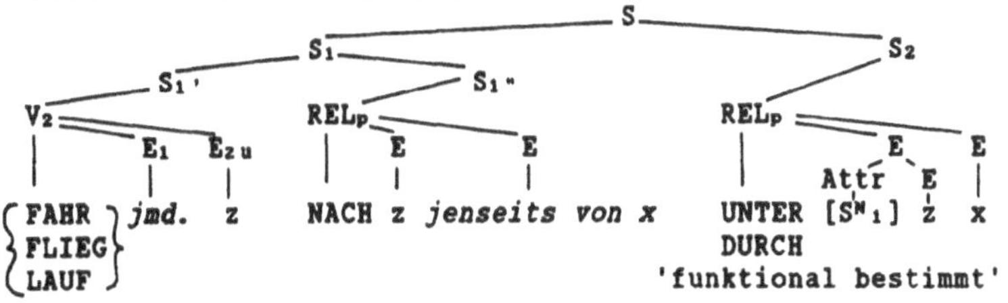

Hier wird der WEG fokussiert, nicht wie bisher das ZIEL: die auszuwählenden Objekte, unter denen der entsprechende Weg durchführt, werden durch die Sachzusammenhänge bestimmt. Sehr stark idiomatisiert ist dabei der sportsprachliche Terminus *unterláufen*, der möglicherweise auch zielorientiert zu beschreiben wäre.

(7.2.)(2.1.) *unterführen*

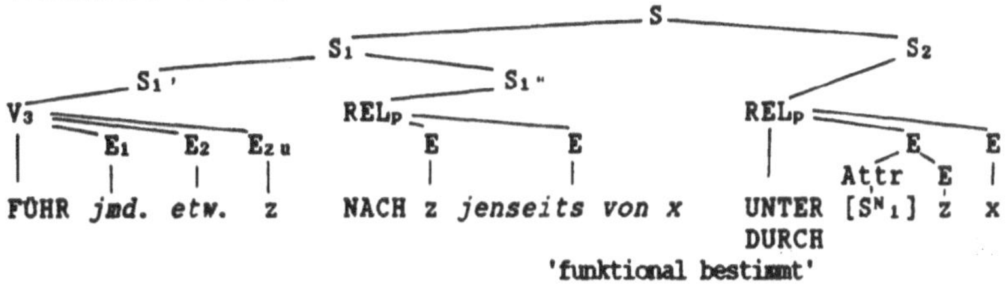

Dieses Muster ist bis auf die Wertigkeit der Verben ganz dem letzten ähnlich.

(7.2.)(3.1.)(1) *unterbauen, unterlegen, unterfangen*

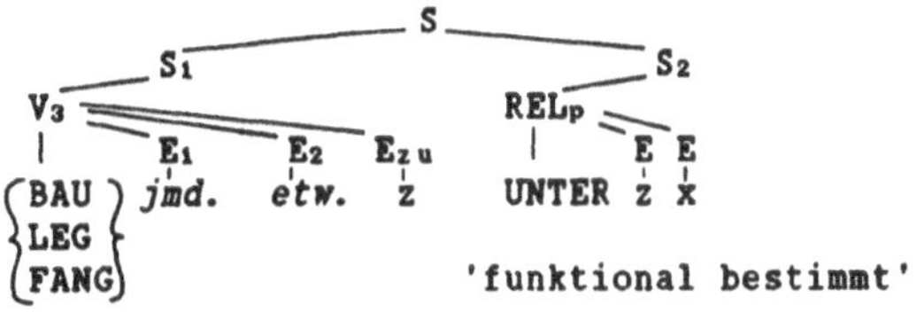

Hier wird wieder die Zielrichtung angegeben: die Funktionalisierung und semantische Zuordnung dieses im wesentlichen "ornativen" (vgl. Šimečková (1984, S.1616))Typs erfolgt wieder durch den einbezogenen Sachbereich. Das Beispiel *untermauern* bildet z.B. zusammen mit *unterbauen, unterfangen* einen "bautechnischen" Sachbereich terminologisch in folgender Weise ab:

(7.2.)(3.2.)(1)

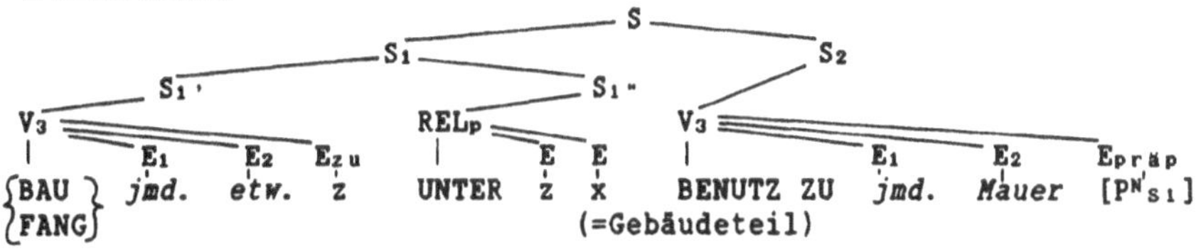

Durch unterschiedliche Bezugnahme ergeben sich hieraus die drei genannten Verben, deren modale Unterschiede in den verschiedenen Basen aufgehoben sind, instrumentales *Untermauern* steht neben modal unterschiedenem *Unterbauen* und *unterfangen*. Dabei kann man umgangssprachlich *unterbauen* als Musterverb ansehen. Direkt anschließbar ist auch noch die dritte Untergruppe:

(7.2.)(3.3.)(1) *untertunneln, unterkellern* .

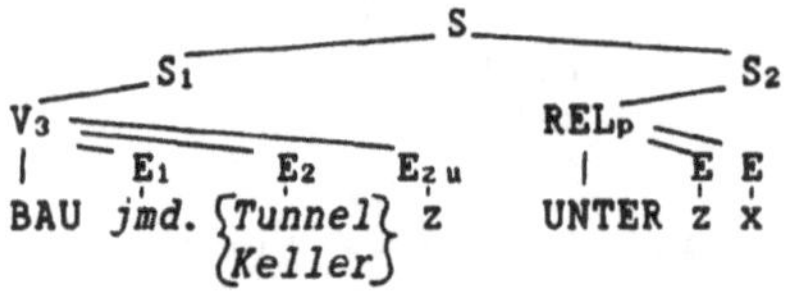

Dieses Wortbildungsmuster, das zu einer Basis führt, die sich im Relationenmuster auf die E_2 bezieht, läßt sich, wie man im Vergleich der letzten beiden Bäume sieht, unschwer in ein gesamtes Muster für diesen "bautechnischen" Typ einbetten.

Nah verwandt, aber vom Handlungstyp und daher von der Art der realisierten lokalen Relation doch verschieden, ist das folgende Muster.

(7.2.)(4.1.)(1) *unterspülen*

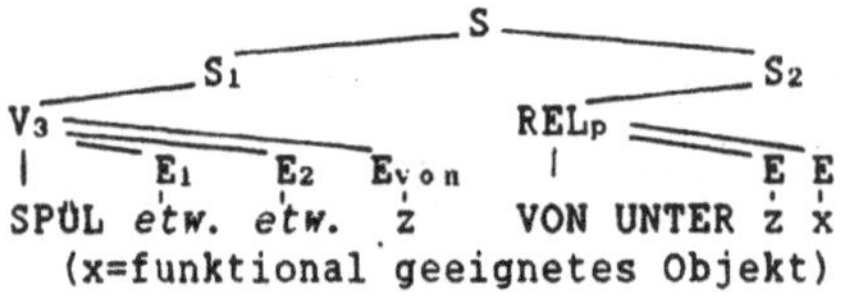

Entsprechend würde ich *unterhöhlen*, das sich mir inhaltlich auf eine Handlung dieses Typ zu beziehen scheint, als eine kausale Modifikation dieses Musters ansehen, die folgendermaßen zu symbolisieren wäre:

(7.2.)(4.2.)(1)

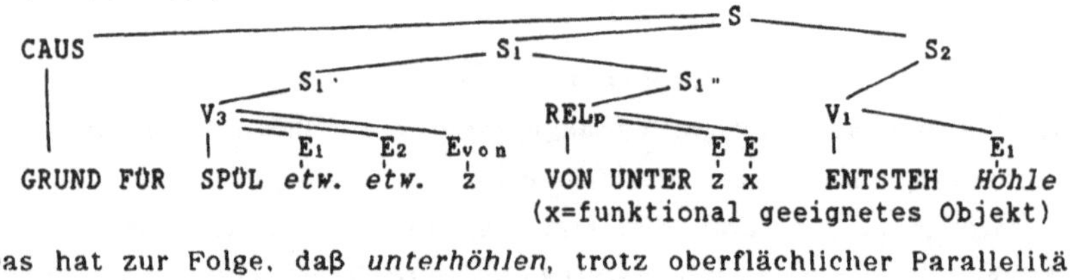

Das hat zur Folge, daß *unterhöhlen*, trotz oberflächlicher Parallelität mit *unterkellern, -tunneln* zwar zu einem verwandten aber doch unterschiedenen Muster gehört.

Bei der Gruppe (7.2.)(5) ist die Spezialisierung so weit fortgeschritten, daß ihre Richtung bereits in der relationalen Darstellung aufscheint. Die einzelnen Verben repräsentieren dann modale (*schreiben, zeichnen*) bzw. kausale (*fertig-*) Modifikationen des Musters.

(7.2.)(5.1.)(1)

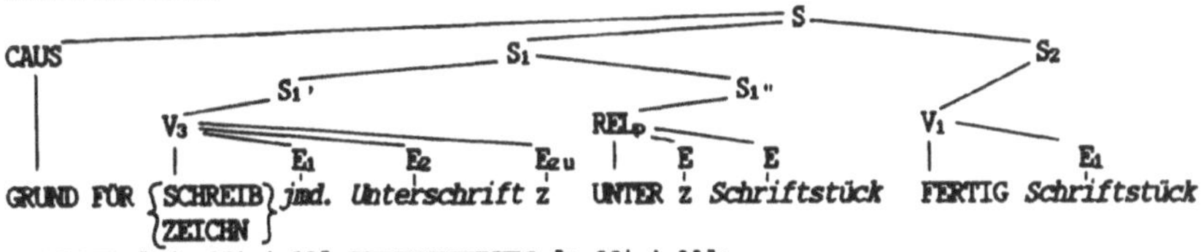

<SCHREIB:[+/-offiziell];ZEICHN&FERTIG:[+offiziell]>

Dazu sei bemerkt, daß es hier paradigmatisch um modale Varianten voneinander geht, ohne daß damit behauptet würde, selbständig auftretendes *Zeichnen* habe diese Bedeutung: dennoch hängt der Bedeutungsunterschied an diesem sprachlichen Zeichen, dessen relationale Rolle nur so zu fassen ist.

Bei der Betrachtung dieser Verhältnisse ergibt sich, daß die Bildungen mit *unter-* gegenüber entsprechenden mit *auf-* stärker im Hinblick auf die Bezugnahme auf die topologische Relation differenzieren: es gibt Bildungen, die auf sie als Ursprung, als Wegcharakteristik und als Ziel Bezug nehmen. Von daher kompliziert sich auch die Aufstellung eines einheitlichen Begriffsschemas:

> sich/jmd. oder etw. (AGENS/EXPERIENCER/PATIENS) durch eine geeignete Tätigkeit (MODUS) bzw. einen geeigneten Grund (CAUS) oder durch geeignete Hilfsmittel (MITTEL oder INSTRUMENT) unter etw. hinein, unter etwas hindurch oder unter etw. hervor bewegen.

Die Komplexität dieses Musters hängt nicht zuletzt damit zusammen, daß Bildungen mit *unter-* nicht durchwegs mit Bildungen mit *auf-* in Opposition stehen, sondern z.T. auch mit *über-*: *unterkellern, untertunneln – überdachen, überbrücken* und *unterfahren, unterfliegen – überfahren, überfliegen*; es ist ersichtlich, daß in diesen Fällen weniger ein Unterseitenkontakt als ein 'oberhalb – unterhalb' – Gegensatz gemeint ist. Auch diese topologische Relation wird aber nicht unabhängig von der dimensionalen Unterteilung gesehen (vgl. Hanßon (1982, S.17ff.)).

Wenn man dazu die Frage der Trennbarkeit in Beziehung setzt,ergibt sich, daß sich so die festen Bildungen großenteils auf eine 'oberhalb/unterhalb'-Unterscheidung beziehen, dagegen die trennbaren auf Kontakt an der Unterseite. Beispiele wie

(9)

unterbinden		*aufbinden*
unterlegen		*auflegen*
unterliegen		*aufliegen*
untertauchen		*auftauchen*

zeigen, daß hier Relationen vorliegen, wie wir sie von *auf-* her kennen, typischerweise mit derselben Art von Mischung aus dimensionaler, topologischer und aspektueller Bedeutung.

4.2.3.4. Weitere Bildungen

Zu den weiteren Bildungen läßt sich kurz folgendes sagen. Doppelpartikeln mit *herunter-/ hinunter-* treten mit derselben Regelmäßigkeit auf wie Bildungen mit *herauf-/ hinauf-* und haben auch exakt die Gegenbedeutung; gegenüber den im Prinzip synonymen Verben mit *herab-/hinab-* sind Bildungen mit *-unter-* regelmäßiger produktiv und stilistisch unmarkierter. Ein problemloses Entsprechungsverhältnis besteht auch zwischen Bildungen mit *runter-* und mit *rauf-*. Das gleiche gilt für *drunter-* und *drauf-*, die sich in entsprechender Weise auf die Ober- bzw. Unterseite eines Objekts beziehen, ferner gleichen sich auch die *oben/ droben-* und *unten/ drunten*-Varianten.

(9)(9.1.)
Angesichts der hohen Kreuze wirkt er darunterliegende Figurensockel etwas zu klein. (Bretagne 190)

Alle diese Bildungen teilen miteinander ihre Marginalität und ihren prekären Wortbildungsstatus ebenso wie die oben angesprochenen relationalen Beschränkungen.

Zu den übrigen Bildungen, die sich auf die AB-Hälfte der AUF/AB-Dimension beziehen, sollen einige Anmerkungen genügen. Für *abwärts-* gilt hierbei ganz entsprechend, was oben zu *aufwärts-* festgestellt wurde. Lokal verstehbar könnten hier Bildungen sein wie

(9.2.) a) *abwärtsgehen, abwärtsklettern.*
(9.2.) b)
[...] *ihn* [= den Fluß] [...] *zubetoniert hatten, abwärtsverbannt in die endlosen Kellergewölbe ihrer internationalen Zusammenarbeitslosigkeit* [...] (Jonke 112)
[...] *daß alles* [...] *überspitzt und abwärtsgerichtet wäre.* (Musil 52)

Gibt das Duden-WB (S.75) zwar durchgehend an, daß nur idiomatisierte Varianten als ein Wort verstanden würden, so legt doch ein bei Mater (1968, S.25) verzeichneter Beleg *abwärtsklettern* nahe, daß auch bestimmte Abwärtsbewegungen als einheitlich verstanden werden können. Insgesamt ist der Bedarf an einem solchen Bildungstyp aber sicher nicht besonders groß.

Eine Art Entsprechung zu *hoch-* könnte man in *nieder-* sehen; das gilt sowohl, was die Vielzahl der belegten Verben als auch die Doppelheit der Funktion betrifft. Es seien hier nur einige Belege genannt:

(9.3.) a)
niederbeugen, niederbiegen, niederblasen, niederblicken, niederboxen, niederbrausen, niederbrechen, niederbrennen, niederbücken, niederdonnern u.a.m.
(9.3.) b) Beispiele
[...] *das Knie, das boshaft das Kreuz niederdrückt.* (Bretagne 190)
[...] *bis er die Brombeeren bedeckt hatte, bis sie niedergehalten wurden,* [...] (Stifter 44)
Auf dieses Pflaster kniete er nieder [...] (ebd.)

Auf diesen Stein wankte ich zu, und ließ mich auf ihn nieder. (Stifter 22)
Dort ließ sie mich nieder [...] (ebd.)
[...] *und Kiefer von Hirsch und Eber als Beigaben niederlegte.* (Bretagne 19)
[...] *die ihren Geliebten niedergeschossen hat* [...] (Musil S.254)
Sektionschef Tuzzi hatte die Augen zu einem Stäubchen auf seiner Hose niedergeschlagen [...] (Musil 197)
Wenn ich durchs Schlüsselloch linse, sehe ich ihn mit geschlossenen Augen bedeutsam den Kopf auf- und niedersenken. (Kinder 28)
[...] *bevor er sich zum Frühstück niedersetzte* [...] (Musil S77)
Zuletzt geschah ein Schlag, als ob er das ganze Haus aus seinen Fugen heben und niederstürzen wollte [...] (Stifter 68)
niedergetretenes Gras (Musil 113)

Eine Aufstellung miteinander konkurrierender Formen zeigt folgendes Bild (nach Duden-WB S.34ff, S.1193f., S.1214ff., S.1239, S. 1254f., S.1883ff.).

(9.4.)

nieder-	ab-	her-			hin-		nieder-	ab-	her-			hin-	
		-nieder-	-ab-	-unter-	-ab-	-unter-			-nieder-	-ab-	-unter-	-ab-	-unter-
beugen			x	x		x	kauern						
donnern							knien						
ducken	x						legen						x
fahren	x		x	x	x	x	prasseln		x		x		
fallen	x	x	x	x	x	x	regnen			x			
gehen	x	x		x		x	schweben		x	x			
gleiten	x		x	x		x	setzen	x					
halten							sinken	x	x	x	x	x	
hängen	x	x	x	x			steigen	x	x	x	x	x	x
hauen	x						ziehen			x	x		

Daß *nieder-* und *hoch-* doch nicht völlig analog funktionieren, zeigt eine Analyse der paradigmatischen Einbettung dieser beiden Partikeln. *Nieder-* ist stilistisch markierter als *hoch-*; so fehlen Bildungen zu ganz normalen Bewegungsverben wie etwa *gehen*, das ja hier nur in der Bedeutung des 'Niedergehens' des Regens auftritt, *laufen* usw. Dafür besetzt *nieder* die Funktion der Abwärtsmarkierung in inhärenten Bewegungen wie in *niedersitzen*, *niederlegen*, *niederknien* usw. und steht in dieser Funktion in Konkurrenz mit *hin-* und in Opposition mit *auf-*. Die generelle Bedeutung von *nieder-*, wie man sie aus den Verben entnehmen kann, erinnert zudem in ihrer Richtungsorientiertheit eindeutig mehr an *empor-*. Die *empor-* entsprechende, stark stilistisch markierte Position, hat in diesem Bereich jedoch *hernieder* eingenommen, bei dessen Bedeutung die Orientierung nach Sprecherperspektive kaum eine Rolle spielt. Zu den Formen mit *herab-/ hinab-/ herunter-/ hinunter-* ist über das bereits Besprochene hinaus nichts weiter zu bemerken. Wie man sieht, spielen die Verben mit der Einfachpartikel *ab-* tatsächlich eine marginale Rolle, die oben noch nicht besprochenen Beispiele, die in (9.3.)

auftauchen, stammen zudem sämtliche aus Fachsprachen, etwa *abhauen* aus der Sprache des Bergbaus.

Ohne das sich bietende Bild noch vertiefen zu wollen, bleibt doch als gesamter Eindruck, daß das Raumsystem im AB-Teil der AUF/AB-Dimension, was die Ausgestaltung durch Partikel angeht, ein weniger übersichtliches Bild bietet als die AUF-Hälfte.

4.3. VOR/HINTER

4.3.1. Allgemeines

Die sprachliche Darstellung von Bewegungen (und Zuständen) auf der VOR/HINTER-Dimension ist dadurch gekennzeichnet, daß diese Achse der normalen Bewegungsrichtung des Menschen entspricht. Damit sind VOR und HINTER, im Gegensatz zu dem "objektiveren" AUF/AB-Gegensatz (vgl. Goeppert (1970, S.21ff); Bollnow (1976)) notwendig auf den Sprecher bezogen, in diesem Sinn subjektiv (vgl. Hanßon (1982, S.188/89)).

> La différence entre 'devant' – 'derrière' et 'au-dessus' – 'au-dessous' se résume en ceci que le choix entre 'dévant' et 'derrière' est déterminé par la place ocupée par le spectateur: s'il change de place par rapport aux objets considéreés, ce qui était devant peut devenir 'derrière' et inversement, alors que le choix entre 'au-dessus' et 'au-dessous' n'est pas déterminé par la place occupée par le spectateur et en reste indépendant. (Hjelmslev (1935, S.133)).

Mit Bezug auf die Präpositionen ist hier das VOR und HINTER eines Objekts gemeint. Eine entsprechende Auffassung findet sich bei Eroms (1981, S.208–210). Generell gilt diese Aussage aber auch für die adverbiale Bestimmung 'nach vorne/hinten': Verbalpartikeln dieser Bedeutung beziehen sich auf die Normalbewegungs- und -orientierungsrichtung des Sprechers und seine Normalbewegungsebene, eine ungefähre Waagerechte: Eine horizontale Bewegung in den Bereich des Gesichtsfeldes hinein kann als die natürlichste Bewegung gelten (vgl. Lyons (1977, S.691); Mayerthaler (1981, S.12; S.88–91)). Diese Unmarkiertheit findet ihre Entsprechung in formaler Merkmallosigkeit: schon oben war auf die Defizienz bei den entsprechenden Partikeln hinzuweisen. Für die Partikelverben sind folgende drei Punkte von Bedeutung:

> 1) VOR/HINTER kann dimensional verstanden und damit auf den Sprecher direkt bezogen werden: *vor dem Sprecher* 'in seinem Gesichtsfeld'; *hinter dem Sprecher* 'im symmetrischen Gegenstück des Gesichtsfeldes, im Rücken des Sprechers'.
> 2) VOR/HINTER kann topologisch auf Objekte im Gesichtsfeld – auch im vorgestellten Gesichtsfeld – des Sprechers bezogen sein. Die Einschätzung als VOR oder HINTER hängt dabei ebenfalls von der Stellung des Sprechers ab, in bestimmten Fallen auch von der kanonischen Orientierung von Bezugsobjekten.
> 3) Die Unmarkiertheit der Bewegung im Sinne der Dimension 'nach vorne' laßt eine möglichst merkmallose Kodierung erwarten; insofern sich dieser Bewegungssinn häufig "von selbst versteht", werden formal dafür zur Verfügung stehende Mittel – in unserem Zusammenhang z. B. Doppelpartikeln – funktional anders eingesetzt.

Der Vergleichbarkeit der Ausführungen halber soll auch in diesem Bereich von archetypischen Bezugsverben ausgegangen, daran anschließend auf weitere Beispiele eingegangen werden. Dabei können wir uns weitgehend auf das beziehen, was bei der AUF/AB-Dimension gesagt worden ist: aufgrund der dort dargelegten Argumentation betrachten wir auch hier zunächst die Paare:

(1) *legen* *liegen*
(2) *gehen* *stehen*

Die normalen Verben für die menschliche Fortbewegung betreffen in unmarkierter Verwendung die Richtung nach vorne; so ist eine eigene Betonung dieser Bewegungsrichtung immer als markiert anzusehen. Um auch bei den Verben mit Objektsorientierung nicht durch mögliche dimensionale Besonderheiten von *legen* verwirrt zu werden, sollen hier als möglichst merkmallose Verben zur Bezeichnung einer solchen Handlung noch

(3) *tun* und *sein*

mit betrachtet werden. Damit ist zunächst von folgendem Inventar auszugehen:

(4)(4.1.) VOR

DIR/STAT: LEGEN/LIEGEN						
VOR	HERVOR	HINVOR	DAVOR			
vorlegen	*hervorlegen*	*vorlegen*	*davorlegen*			
VORNE	HERVORNE	HINVORNE	DAVOR			
vorneliegen	-	*vorneliegen*	*davorliegen*			
DIR/STAT: GEHEN/STEHEN						
VOR	HERVOR	HINVOR	DAVOR	VORWÄRTS	VORAN	VORAUS
vorgehen	*hervorgehen*	*vorgehen*	*davorgehen*	*vorwärtsgehen*	*vorangehen*	*vorausgehen*
VORNE	HERVORNE	HINVORNE	DAVOR			
vornestehen	-	*vornestehen*	*davorstehen*			
DIR/STAT: TUN/SEIN						
VOR	HERVOR	HINVOR	DAVOR			
vortun	*hervortun*	*vortun*	*davortun*			
VORNE	HERVORNE	HINVORNE	DAVOR			
vorsein	-	*vornesein*	*davorsein*			

(4)(4.2.) HINTER

DIR/STAT: LEGEN/LIEGEN					
HINTER	HERHINTER	HINHINTER	DAHINTER	ZURÜCK	
hinterlegen	-	*hinterlegen*	*dahinterlegen*	*zurücklegen*	
HINTEN	HERHINTEN	HINHINTEN	DAHINTER		
hintenliegen	-	*hintenliegen*	*dahinterliegen*		
DIR/STAT: GEHEN/STEHEN					
HINTER	HERHINTER	HINHINTER	DAHINTER	ZURÜCK	RÜCKWÄRTS
hintergehen	-	*hintergehen*	*dahintergehen*	*zurückgehen*	*rückwärtsgehen*
HINTEN	HERHINTEN	HINHINTEN	DAHINTER		
hintenstehen	-	*hintenstehen*	*dahinterstehen*		
DIR/STAT: TUN/SEIN					
HINTER	HERHINTER	HINHINTER	DAHINTER	ZURÜCK	
hintertun	-	*hintertun*	*dahintertun*	*zurücktun*	
HINTEN	HERHINTEN	HINHINTEN	DAHINTER		
hintensein	-	*hintensein*	*dahintersein*		

Im Vergleich mit AUF/AB gibt es Lücken vor allem im Bereich der Bildungen mit Angabe der Sprecherperspektive. Sie haben für die Gliederung des Raumes zwei Folgen:

> 1) Die Bildungen mit den Doppelpartikeln können nicht in derselben Weise zur systematischen Raumgliederung genutzt werden wie bei der Vertikalen.
> 2) Die Bildungen mit den einfachen Partikeln, und da vor allem *vor-*, haben im Rahmen dieses Systemausschnittes einen regelmäßigeren Status als die entsprechenden Partikeln für die AUF/AB-Dimension, also *auf-*, *ab-* und *unter-*.

Diese beiden Punkte und ihre Voraussetzungen sollen zunächst anhand der Richtungshälfte 'nach vorne' diskutiert werden. Die als erster Punkt oben genannte Einschränkung in der Bildbarkeit und im Gebrauch von Formen mit Ausdruck der Sprecherperspektive ist schon beim selbständigen Gebrauch der entsprechenden Partikeln erkennbar; eine Form wie *hervor* ist auch selbständig von fraglicher Akzeptabilität, und **hinvor* kommt eben nicht vor. Diese auffallende Unvollständigkeit hängt mit der doppelten praktischen Funktion dieser Partikeln für die Raumbeschreibung und der damit wechselnden möglichen Stellung des Sprechers zusammen. Die Besonderheit von *vorne* läßt sich mit Wunderlich (1982, S.13) folgendermaßen beschreiben - und davon lassen sich die Beschränkungen auch der anderen Partikeln herleiten:

> Wir sehen nach vorne; aufgrund der Augenbewegungen haben wir ein Bündel von Wehrnehmungsrichtungen zur Verfügung; sie spannen ein Sichtfeld S als vorderen Sektor auf. Wir bewegen uns üblicherweise so, daß die Bewegungsrichtung im Sichtfeld verbleibt. Unsere Körperorganisation ist so, daß Frontseite, Sichtfeld und Bewegungsrichtung übereinstimmend einen Sektorraum vor uns auszeichnen. Dadurch ist nun der gesamte horizontale Raum R^0 um uns zu jeder Zeit in vier Sektoren zerlegbar: alles in unserem Sichtfeld (= R^v); alles in unserem Rücken (der Schatten des Sichtfeldes bezüglich unseres Körpers =R^r) (...)

Durch die physische Ausstattung des Menschen ist prädestiniert, daß die normale Bewegung 'nach vorne' verläuft (vgl. Lyons (1977, S.691); Mayerthaler (1981, S.12)) und daß sich somit der Mensch - in ihrem Ursprung stehend - in den Handlungssinn hineindenkt. So ist der großen Mehrzahl solcher Verben im nicht besonders gekennzeichneten Fall die Bewegung nach vorne inhärent (vgl. Mayerthaler (1981, S.88/89)). So *geht* man z.B. in der Regel nach vorne ('*hin- vor*'), so daß die Markierung durch eine zusätzliche Partikel redundant erscheint. Was die Sprecherperspektive angeht, ist der entgegengesetzte Fall markiert und sollte deshalb als merkmalhaft erscheinen (*hervor*). Jedoch wird sich zeigen, daß auch mit dieser Partikel speziellere Verhältnisse beschrieben werden. Gerade hier spielt der oben genannte zweite Punkt herein, daß vorne und hinten einerseits im Hinblick auf den Sprecherstandort, andrerseits unter Bezug auf ein Objekt im Gesichtfeld der Kommunikationspartner definiert werden kann (vgl. Wunderlich (1982, S.14)). Als *vorne* wird dabei die dem Sprecher zugewandte, als *hinten* die vom Sprecher abgewandte Seite benannt (vgl. Eroms (1981, S.154); Moilanen (1979a)).

Zusätzlich wird dieses Bezugssystem dadurch kompliziert, daß bei manchen Gegenständen zusätzlich zur deiktischen Orientierung eine intrinsische Ausrichtung angenommen werden muß (s. Eroms 1981, S.177ff); auch Wunderlich (1981, 1982)).

Entsprechendes stellt auch Goeppert (1970, S.60) fest:

vor$_1$	c.dat	Statik in bezug auf die eine Seite einer gerichteten Grenze.
(...)		(Auch "vorn'.)
[x		"Sie wartet vor dem Theater."
		"Sie wartet vorn."[1]
	c.acc.	Positive Dynamik, deren Endpunkt ein Punkt vor etwas ist, also bezogen auf die eine Seite einer gerichteten Grenze.
[x <---		"Sie trat vor den Spiegel."
vor$_2$, *vorwärts*		Negative Dynamik in bezug auf die eine Seite einer gerichteten Grenze.
(...)		Der Blickpunkt ist ingressiv.
[x ---> B		"Fritz stürmte vor." "Er ist gut vorwärts gekommen."

Allerdings bleibt in dieser Terminologie und theoretischen Behandlung unklar, woher einerseits die "gerichtete Grenze" ihre Gerichtetheit hat, andererseits, was die verschiedenen Fälle miteinander zu tun haben. Der Bezug auf ausschließliche Beispiele kanonischer Orientierung für *vor*$_1$ verfälscht insofern, als dadurch auf künstliche Weise die Bedeutung des Sprecherstandpunkts beseitigt wird. Und selbst bei *vor*$_2$ bleibt die Bedeutung des unvorbereitet eingeführten "B" unklar: auch hier ist einfach die Grenze gerichtet. Auch die terminologische Fassung von positiver und negativer Dynamik suggeriert Zusammenhänge, die so nicht existieren. Unter diesen Voraussetzungen ist es kaum möglich, diese verschiedenen Bezugnahmen in ein kohärentes lokales Deutungsschema einzufügen.

1 Vgl. aber dynamische Verwendungen mit Dativ: *Sie geht vor dem Theater hin und her.*

4.3.2. Relationshälfte VOR

4.3.2.1. Verben mit *hervor-*

Aufgrund der verschiedenen Ausdrucksmöglichkeiten sind bei VOR/HINTER die Funktionen der verschiedenen von uns behandelten Wortbildungstypen deutlich anders verteilt als bei AUF/AB. Am augenfälligsten sind die Unterschiede bei den Doppelpartikelverben. Sie sind hier nicht die systematische Möglichkeit, sich präzise auf die jeweilige Situation zu beziehen. In ihrer Beschränkung – es gibt ja nur welche mit *hervor-* – sind sie aber die beste Möglichkeit, die Besonderheiten der Bezeichnungen für die VOR/HINTER-Relation zu beleuchten. Deshalb sei mit diesen Bildungen begonnen und erst im Anschluß daran auf die Verben mit Einfachpartikel eingegangen.

Da *hervor-* etwa in *hervorkommen*, insofern es sich auf das Erscheinen 'vor' einem Objekt bezieht, nicht nur ein 'sich-auf-den-Sprecher-zu-Bewegen' bedeutet, sondern auch das 'Erscheinen im Gesichtsfeld aus einer verborgenen Situation heraus', hat diese Partikel weitgehend ihre Bedeutung als Gegensatz zu einem denkbaren **hinvor* verloren. Zumeist dienen Bildungen mit *hervor-* dazu, bestimmte Fälle des im Blickfeld Erscheinens, also eine Art von '*herauskommen*' auszudrücken; ein Blick über die im Duden-WB (S.1216ff.) belegten Bildungen bestätigt diese Feststellung:

(5)(5.1.)
hervorangeln, hervorblicken, hervorbrechen, hervordrängen, hervordringen, hervorgucken, hervorholen, hervorkehren, hervorklauben, hervorkommen, hervorkramen, hervorkriechen, hervorleuchten, hervorlocken, hervorlugen, hervorquellen, hervorragen, hervorrücken, hervorrufen, hervorschauen, hervorscheinen, hervorschießen, hervorschimmern, hervorschnellen, hervorspringen, hervorsprudeln, hervorstechen, hervorstehen, hervorstoßen, hervorstrecken, hervorströmen, hervorstürzen, hervortrauen, hervortreiben, hervortreten, hervortun, hervorwagen, hervorzerren, hervorziehen.

Als die das jeweilige Wortbildungsmuster konstituierenden Verben kann man *hervorkommen* – für die Fortbewegungsverben – und *hervorholen* – für die Verben des Beförderns – ansehen.

(5.1.)(1) a)
Draußen im Garten schlüpfte ein Vogel, däumlingshaft, in den finsteren, menschhohen Eibenkegel und kam aus dem Dickicht nicht wieder hervor. (Handke 14)
Wie oft brennt Freude ab, und es kommt ein unzerstörbarer Kern von Trauer hervor. (Musil 241)

(5.1.)(1) b) *jmd. kommt aus dem Haus hervor*

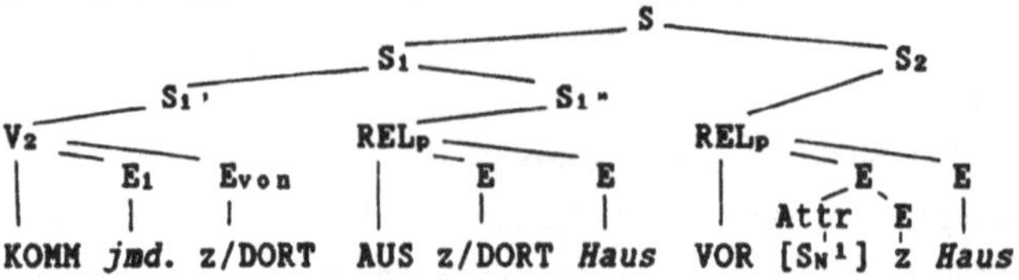

bzw. in der oben normalerweise als zu aufwendig betrachteten voll gestreckten Paraphrase, die aber die direktionale Bedeutung systematischer erfaßt:

(5.1.)(2)

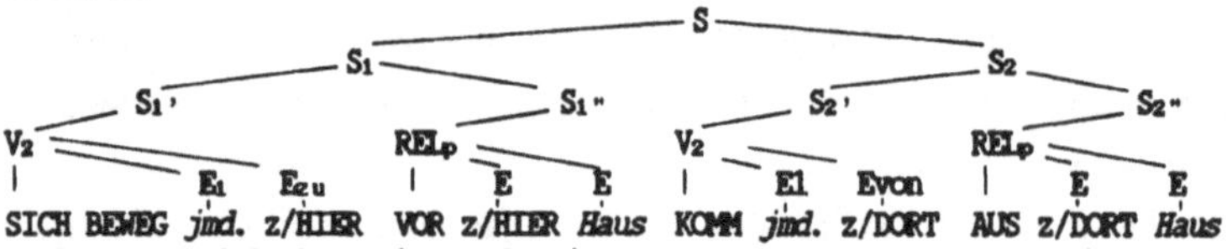

'es bewegt sich jmd. (von dort) aus dem Haus kommend (nach hier) vor das Haus.'

Von dieser basisstrukturellen Darstellung wäre mittels einer Art von Topikalisierungsoperationen, wie sie in ähnlichen Fällen von Eroms (1980, S.55ff.; 1981, S.334f.) vorgeschlagen werden, zur "kompakten" Wortbildung zu gelangen:

(5.1.)(2')

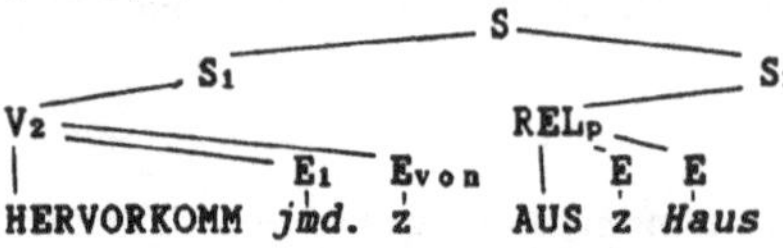

Auch hier hat die Integration in eine Wortbildung semantische Konsequenzen. Wie schon öfter, liegt auch in diesem Fall die Besonderheit in einer aspektuellen Verschiebung: und wie oben bei manchen Bildungen mit *auf-* geht es auch hier um eine regelmäßige ingressiv-inchoative Modifikation. Die Hauptfunktion dürfte aber bei diesen Fällen nicht die Betonung des Aspekts, sondern eine syntaktisch-semantische Umstrukturierung, eine "Umfokussierung", die den Ausdruck von Relationen erlaubt, die mit der Konstruktionsweise des Simplex nicht vereinbar sind.

(5.1.)(3) *jmd. kommt hinter/unter/zwischen (Obj) hervor*

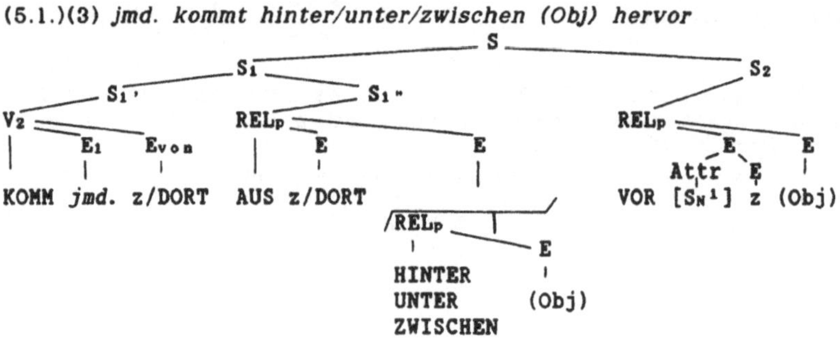

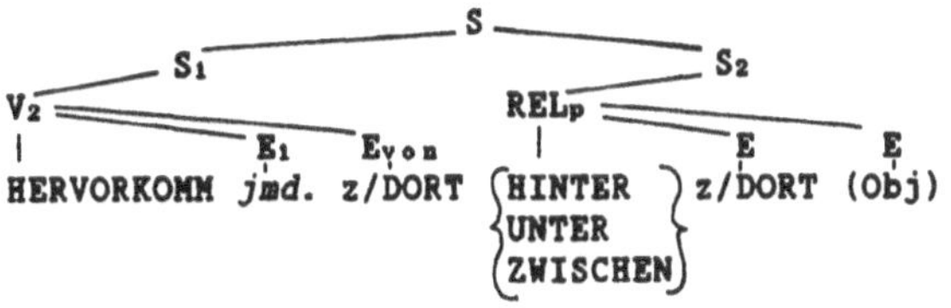

Die Art der relationalen Beschreibung zeigt auch, daß es sinnvoll ist, die direktionalen Relationen von den statischen abzuleiten. Außerdem wird sichtbar, welch hoher Grad an Kompaktheit in einzelnen Bildungen erreicht wird. Wir gehen gerade aus diesem Grunde davon aus, daß der Vorteil von Wortbildungen wie den gerade analysierten darin liegt, daß ihr relativ einfaches "komprimiertes" Muster als Ganzes erfaßt wird und so unmittelbar eine analogische Weiterbildung erlaubt, ohne daß jedesmal die gesamte relationale Grundstruktur aufgerufen werden müßte. Das ist der sprachliche Ausdruck dafür, daß sich die Benennungsstruktur von komplexen Neuwörtern direkter auf die Zusammenhänge der Wirklichkeit bezieht als syntaktische Paraphrasen.

Die anderen an das Muster *hervorkommen* anzuschließenden Verben lassen sich als regelmäßige Modifikationen des Grundmusters ansehen. Die Untergliederung, die sich so ergibt, ist in der folgenden Übersicht angedeutet:

(5.1.)(4.1.)

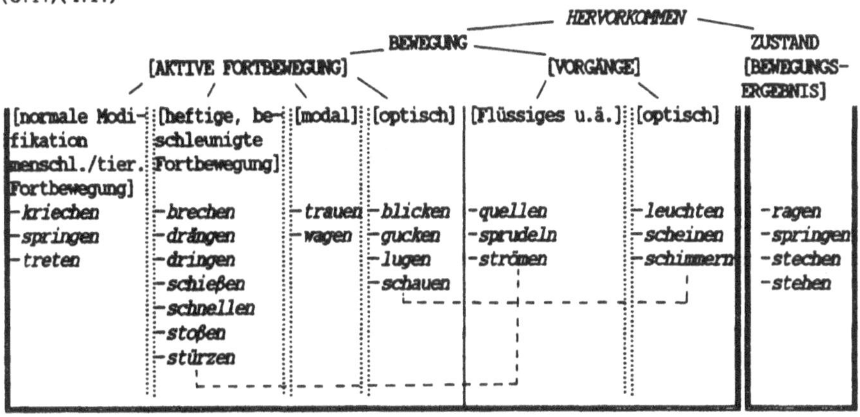

(5.1.)(4.2.) Beispiele

[...] *kam* [...] *ein Igel* [...] *aus dem Gebüsch hervorgetrippelt* (Hacks 19)

[...] *huschten aus dem Gebüsch vielleicht ein paar rasch davonspringende Katzen hervor.* (Musil 238)

[...] *hat DER WALDBRAND begonnen, jetzt aus fernen Hügeln schon hervorflackernd* [...] (Jonke 24)

[...] *eines Triumphbogens, unter dem eine kleine Quelle hervorsprudelt.* (Bretagne 247)

Hervorstechendes Merkmal dieser Gräber sind ihre die Landschaft beherrschenden hervortretenden Hügel. (Bretagne 28)

Entsprechendes ließe sich mit dem Musterverb *hervorholen* für die Verben des Beförderns zeigen:

(5.1.)(5.1.)
Er hatte die Untersuchung hervorgeholt, die er vor Wochen [...] mitten abgebrochen hatte [...] (Musil 111)
(5.1.)(5.2.) *jmd.holt etw.aus der Tasche hervor*

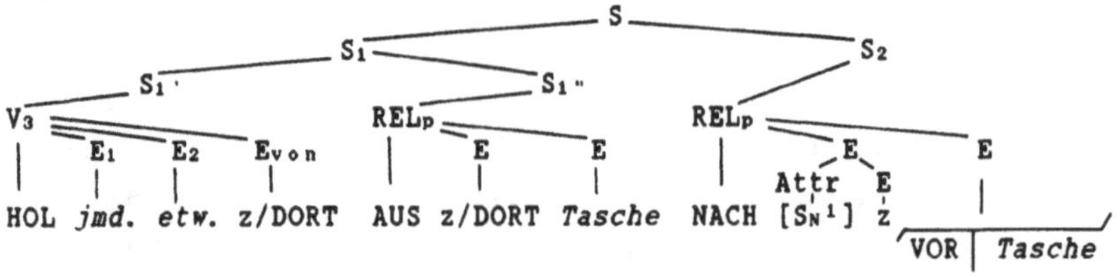

Die gewählte Symbolisierung und das Ausgehen von KOMMEN und HOLEN als archilexematischen Besetzungen des vorliegenden Musters erlauben es, zu erklären, warum die Ingressivität, d. h. das 'Ausgehen von DORT' bei der Bedeutung des Wortbildungsmusters eine Rolle spielt. Ansonsten sind die Verben des Beförderns nicht im selben Grade in Subtypen klassifiziert wie die Verben der Fortbewegung, so daß sich eine Aufstellung wie in (5.1.)(4) erübrigt.[2]

(5.1.)(5.3.) Beispiele
Sie zieht unter der "Hör Zu" ein Foto hervor [...] (Kinder 6)
Da fühlte er etwas Hartes in ihrer oder seiner Tasche; er zerrte es hervor. (Musil 74)
[...] *eine Person, die sich verzweifelt irgendwie zu artikulieren versucht, aber alles immer nur abgewürgt hervorgurgelt* [...] (Jonke 28)

Auch die Bedeutungsangaben im Duden-WB bestärken uns darin, diese Bildungen als Komprimierung eines recht komplexen Relationenmusters zu beschreiben. Dort wird die Bedeutung der *hervor*-Verben immer durch das entsprechende *heraus*-Verb erläutert, so steht z.B. bei *hervorkommen*: "hinter, unter, zwischen etw. herauskommen" (a.a.O.S.1216).

Nun gibt es aber auch einzelne Fälle, bei denen die Bedeutung 'nach hier vorne' stärker ist als bisher generell angenommen, und zwar sind das vor allem die Verben, bei denen schon die Bedeutung der Basis eine Bewegung im Sinne dieser Richtung nahelegt oder verstärkt. Im Duden-WB finden sich entsprechende Bedeutungsangaben für folgende Verben:

---

2 Vgl. den entsprechenden Befund für *hinauf-/herauf*; s. auch die Ausführungen von Schröder (1978, S.358): "Anders zu betrachten sind im Deutschen Verben der horizontalen Bewegung mit dem Verbzusatz *hervor-*. Dieser Zusatz hilft, eine Lücke im System der deutschen Präpositionen zu schließen, steht doch für das Adverbial '+out' zur Wiedergabe der mit '+out −vol +sid' näher zu charakterisierenden Verhältnisse im Unterschied zu dem eigentlichen Lokaladverbiale und dem direktionalen lediglich die Präposition *von* zur Verfügung. Die *hervor*-Verben ermöglichen es, den Ausgang einer Ortsveränderung von einem Bereich aus wiederzugeben. Dabei kann der Platz der Ausgangslage genauer bezeichnet werden, als es mit *von* möglich wäre."

(5.2.)
hervordrängen, hervorrücken, hervorrufen, hervorschießen, hervorschnellen, hervorspringen, hervorstürzen, hervortreten, hervorwagen[3]

Wenn wir nun wiederum von den möglichen Zufälligkeiten der Wörterbuchverzeichnung absehen, so lassen sich auch hier wieder Aussagen zu den Kodierungspräferenzen machen.

Die große Menge der hier verzeichneten Verben drücken eine beschleunigte Art der Bewegung aus, und zwar die Beschleunigung einer Bewegungsart, die in gewissem Umfang eine Zielorientierung impliziert. Für diese Gruppe von Verben kann man möglicherweise ein Schwanken zwischen der oben angegebenen und der "normalen" zielorientierten Analyse annehmen – im gesamthaften Wortbildungsmuster muß vielleicht nicht einmal eine eindeutige Entscheidung darüber gefällt werden, welche der beiden Interpretationen zutrifft:

(5.2.)(1) *jmd. stürzt aus (Obj) hervor*

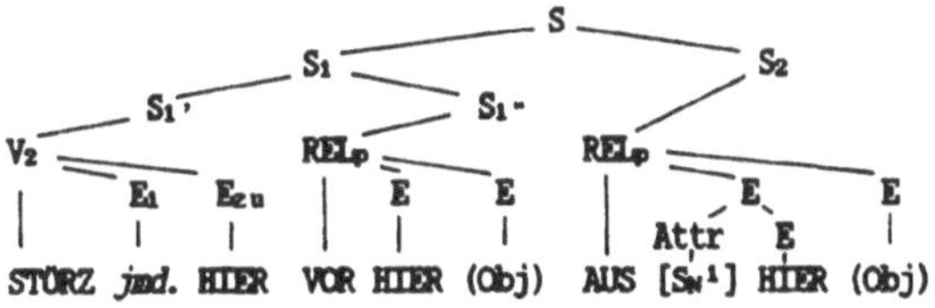

In vielen Fällen scheint sich jedenfalls die Hierarchie von Ursprungs- und Zielangabe nicht auflösen lassen, diese Vagheit gehört zu dem Muster. Dafür sprechen auch die Paraphrasen für rein ursprungsorientierte ((5.3.)) und "gemischte" ((5.4.)) Belege im Duden-WB.

(5.3.)
hervorgucken 'hinter, unter, zwischen etw. herausgucken' (S.1216)
(5.4.)
hervordrängen 'aus dem Hintergrund, aus Verborgenem nach vorn (zum Sprechenden) drängen.' (ebendort)

In (5.3.) liegt der Normalfall dieser Bildungen vor, bei ihm wird signalisiert, daß ein Hindernis, das als Bezugsobjekt durch eine Präpositionalphrase angeschlossen wird, plötzlich überwunden wird, und zwar so, daß diese Handlung in den Gesichtskreis des Sprechers führt. Dagegen tritt in den Fällen nach (5.4.) eine direktionale Bedeutung, die in direkter Weise auf die konstitutionellen Bestandteile *her* + *vor* beziehen läßt, interferierend zu der beschriebenen '*heraus*'-Variante, ohne daß dieses Verständnis völlig verschwinden würde. Die Priorität der Ursprungsorientierung für dieses Muster wird auch dadurch bestätigt, daß man neue oder ungewöhnlichere Bildungen eher in diesem Sinne verstehen würde; das zeigt sich, wenn man Verben zu unseren "Standardbasen" bildet:

(5.5.) *hervorgehen, hervorlegen, hervorstehen, hervortun*

3 Die Verben, die Ergebnisse einer Bewegung als Zustände bezeichnen (*hervorragen*), sollen außer Betracht bleiben.

Hervorstehen ist ein Sonderfall, der noch zu behandeln sein wird, und hat 'vorne'-Bedeutung, die anderen drei sind aber am ehesten mit ‚Hindernis'- Bedeutung zu verstehen. Die Tatsache, daß von diesen drei Verben das Duden-WB *hervorlegen* überhaupt nicht verzeichnet, für *hervorgehen* nur übertragene Bedeutungen angibt (S.1216) und auch für lokal verstehbares *hervortun* nur einen literarischen Beleg: "Da sah Jaakob, wie sie hervortat aus ihrem Kasten Kleider, Hemd und Kittel (Th. Mann, Joseph 206)" (S.1217), daneben zwei abstraktere Varianten kennt, zeigt die geringe Regelmäßigkeit dieser Bildungen in Hinsicht auf die dimensionalräumliche Ausgestaltung, mit Hinblick auf die beteiligten Basen eine stark eingeschränkte Produktivität. Dem entspricht die v.a. an den Bildungen in (5.2.) deutlich werdende Idiomatisierung von Bildungen mit dieser Partikel, sofern sie den Bedingungen für die doppelte Bedeutung 'vorne' + 'Hindernis' nicht genügen. Das ist ein deutlicher Unterschied zu den entsprechenden Verben, die sich auf die AUF/AB-Dimension beziehen, wo selbst bei Vorliegen idiomatisierter Varianten daneben die voll motivierte lokale homonyme Variante möglich ist. Dagegen liegen für diese Verben mit *hervor-* semantische Einschränkungen für die Produktivität des Musters vor, die z.T. Plötzlichkeit bzw. erhöhte Geschwindigkeit der in der Basis ausgedrückten Bewegung als Bedingung fordern, andrerseits einen Ausgangspunkt voraussetzen, der im Prinzip ein Drinnen- und Dahintersein präsupponiert.

Die mögliche oder nicht mögliche Konkurrenz mit Bildungen mit *heraus-* zeigt besonders deutlich den oben angesprochenen subjektiven Charakter von Partikelverben mit VOR (vgl. Lyons (1977, S.720)). Bezug auf den Sprecher bzw. eine unterschiedliche Art von Bezug auf ein Objekt relativ zum Standort des Sprechers erklärt auch, daß bei manchen Handlungen das Herauskommen aus einem Objekt, das den Bezugspunkt darstellt, als wesentlicher angesehen wird als die sich daraus ergebende, bezüglich dieses Objekts als 'vor' beschreibbare Position.

Wie wir an Paaren wie *hervorschauen/herausschauen* sehen können, handelt es sich dabei nicht nur um theoretisch anzunehmende Möglichkeiten der Überschneidung; die beiden Verben zeigen tatsächlich parallele Verwendungen. In gewissem Umfang ist das auch in den entsprechenden Einträgen des Duden-WB reflektiert:

(5.6.)
hervorblicken "hinter, unter, zwischen etw. nach draußen blicken" (Duden-WB S.1216)
herausblicken "aus dem Inneren nach außen (zum Sprechenden) blicken" (ebd. S.1197)
hervorquellen "unter, zwischen etwas herausquellen" (ebd.S.1216)
herausquellen "quellend herausdringen" (ebd.S.1200)

Diese Beispiele zeigen, daß Bildungen mit diesen beiden Partikeln bedeutungsmäßig sehr eng zusammenliegen. Dem Unterschied in der Paraphrase zwischen *nach außen* bzw. *nach draußen* ist dabei keine große Bedeutung beizumessen. Allenfalls dient dieser Paraphraseversuch dazu, noch klarer zu machen, daß hier bei *hervor-*

die Richtung auf den Sprecher zu extrem zurückgenommen ist. Im Gegensatz dazu ist diese Bedeutungskomponente in *herausblicken* noch enthalten. Bei der Tendenz zur Nivellierung dieses Unterschieds aber ist dann kaum mehr eine nennenswerte Differenz erkennbar. Noch deutlicher ist der funktionale Zusammenfall der beiden Bildungstypen im zweiten Beispiel, wo kein agentisches Subjekt anzusetzen ist - Verwendungen mit Personen als Subjekt sind hier als Übertragung zu rechnen -; in diesem Fall wird ja tatsächlich auch im Duden das eine Verb zur Erklärung des anderen hergenommen und zwar genau in der Weise, wie wir oben die Ableitungszusammenhänge angenommen haben: 'hervor' wird als eine Art 'heraus' gedeutet und nicht umgekehrt.

Da also beim VORNE-Teil der VOR/HINTER-Dimension die Doppelpartikel nicht zu einer systematischen Raumbeschreibung im Sinn von *vor+hin/her* genutzt werden, gestaltet sich auch das Verhältnis zu den restlichen Bildungsmitteln bei VOR/HINTER anders als bei AUF/AB. Im Unterschied zu den Befunden bei dieser Relation beziehen sich die Doppelpartikelverben hier weder auf die dimensionale Orientierung, noch dann natürlich auch in diesem Sinn direkt auf die Sprecherperspektive: zu diesem *her-* gibt es kein *hin-*.

4.3.2.2. Verben mit *vor-*

Die im bisherigen schon ausgeführten Besonderheiten der VOR/HINTER-Relation, v.a. die Natürlichkeit der Bewegung 'nach vorne', sind auch dafür verantwortlich, daß Bildungen mit *vor-* nicht im selben Maß wie etwa Verben mit *auf-* und *ab-* idiomatisiert oder lokal spezialisiert sind.[4] Gewisse Bedeutungsbesonderheiten liegen aber normalerweise auch bei diesen Bildungen vor, so daß die entsprechenden Wortbildungsmuster durch reihenhafte Modifikation gegenüber der konstitutionellen Strukturbedeutung gekennzeichnet sind. Das hat nun zusammen mit den bereits gemachten Feststellungen zu *hervor-* die Folge, daß bei VOR keine systematische Möglichkeit besteht, mit Mitteln der verbalen Wortbildung Lexeme zu konstituieren, die lediglich die Bewegung in Richtung 'nach vorne' ausdrücken - ohne sonstige inhaltliche Modifikation. Somit bleibt es im Zweifelsfall bei der syntaktischen Ausdrucksmöglichkeit, d.h. beim adverbalen Ausdruck mit *nach/von vorne*, vgl. *vorfallen*[5] - *nach vorne fallen*.

---

4 Daher auch die relative Häufigkeit der Verben mit dieser Bedeutung innerhalb dieses Bildungsmusters: "In 194 Stichwörtern (77,6 % seines Gesamtbestands) signalisiert das Präfix *vor-*, daß sich etw. vor etw. anderem befindet bzw. 'nach vorn', 'hervor' bewegt. Ersatzprobe: 'davor', 'nach vorn', 'hervor' Aus der Prozentzahl geht hervor, daß dies die Hauptfunktion des Präfixes *vor-* ist." (Kühnhold (1973, S.231)).

5 Im Duden-WB S.2813 als Variante 2 a verzeichnet, allerdings in ziemlich speziellen Verwendungen: *den Riegel vorfallen hören, eine vorgefallene Haarsträhne*, bzw. als Variante 3. med. fachsprachlich 'prolabieren'.

Ansonsten lassen sich die wesentlichen beiden Bedeutungsgruppen der lokal verstehbaren Verben mit *vor-* schon an unseren Standardbeispielen erkennen:

(6)
(6.1.) *vorgehen, vorlegen, vortun*
(6.1.)

(1)	*vorgehen*	*nach vorne gehen*	'hinvor'
(2)	*vorlegen*	*nach vorne legen*	'hinvor'
		davor legen	'vor x'
(3)	*vortun*	*nach vorne tun*	'hinvor'
		davor tun	'vor x'

Dabei ließen sich die Unterschiede relational folgendermaßen fassen:

(6.1.)(1-3)(1) 'hinvor'

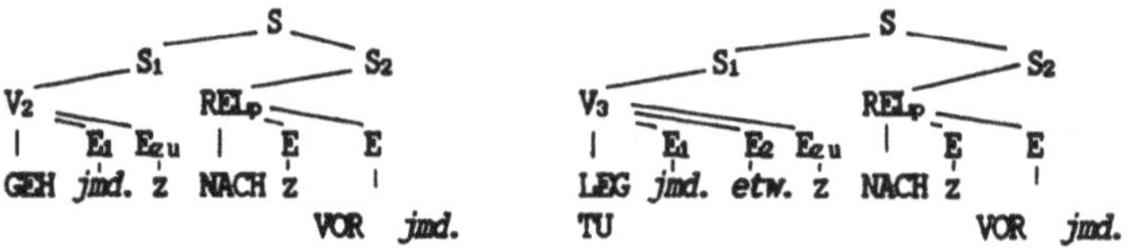

(6.1.)(1-3)(2) 'vor x'

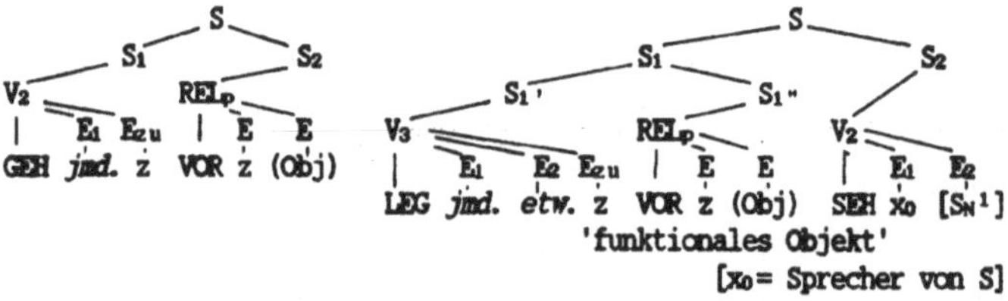

D.h. von möglichen Untergliederungen innerhalb dieser Gruppen und ambivalent deutbaren Fällen abgesehen sind s p r e c h e r b e z o g e n e, also dimensionale, und o b j e k t b e z o g e n e, also topologische Verbvarianten anzunehmen. Daß natürlich auch die topologische Bezugsnahme in einem gewissen Sinn sprecherbezogen ist, und damit im Prinzip die dimensionale Gliederung als dominierend gedacht werden kann, zeigt die Art, wie diese "deiktischen" Partikeln bei Eroms (1981, S.209) erklärt werden.

(6.2.) 'nach vorne'
(1.1.)
vorbringen, vorfahren, vorfallen (medizinisch: 'prolabieren' (!)) , *vorgeben, vorgehen, vorgreifen, vorgucken, s. vorlegen, s. vorlehnen, vornehmen, vorprellen, vorpreschen, vorrücken, vorschieben, vorsetzen, vorspringen, vorstellen, vorstoßen, vorstrecken, vorstürmen, s. vortasten, vortragen, vortreten, vorverlegen, s. vorwagen, vorwerfen, vorwölben, vorziehen; vorkragen, vorspringen, vorstehen.*
(1.2.)
[...] *und dringe von Hof zu Hof immer weiter vor* [...] (Handke 25/26)
[...] *der unscheinbare, kahlköpfige Mann, leicht vorgeneigt* [...] (Musil 84)
[...] *von einer zwecklosen Gewalt gemeinsam vor- und zurückgerissen werden, links und rechts gerissen werden* [...] (Musil 143)
[...] *als glitte das eine Bein der Welt immer zurück, wenn sich das andere vorschiebt.* (Musil 27)
[...] *schloß sich eine stopplige Savanne an, in welche die Betonbahn einer einstigen Militärstraße vorstieß* [...] (Handke 57/58)

[...] *darüber kragt eine Brüstung vor* [...] (Bretagne 179)
(6.3.) 'vor x'
(1.1.)
vorblenden, vorfahren, vorfallen, vorhalten, vorhängen, vorlegen, vorrücken, vorschieben, vorspannen, vorstecken, vorstellen, vorwerfen, vorziehen; vorblicken, vorgucken, vorquellen, vorsehen, vortreten. ('hinter x vor': vgl. *hervor-*.) (Duden-WB, S.2810ff.)
(1.2.) Beispiele
Der ging erst und band sich eine Gummischürze vor. (Hacks 17)
Dem großen Altar ist ein kleiner vorgebaut worden. (Bretagne 247)
Ursprünglich ein romanischer Bau, wurde die Gotik nur als Dekor vorgeblendet. (Bretagne 149)
[...]<*Insel*>, *die der Pointe du Raz vorgelagert ist.* (Bretagne 150)
Den drei Bögen sind korinthische Halbsäulen vorgesetzt [...] (Bretagne 185)

Der Unterschied sei zunächst einmal an unseren Standardverben dargelegt: Der Unterschied der Orientierung des *vor-* auf die Person des Sprechers bzw. auf ein im Gesichtsfeld befindliches oder kanonisch *vor-* und rückseitig orientiertes Objekt erklärt die möglichen Doppelbedeutungen. Daß eine solche Möglichkeit bei *vorgehen* nicht gegeben ist, liegt am bei dieser Art von Handlung unmittelbaren Vorherrschen der ICH-HIER-JETZT-Orientierung, die bei situationellem Bezug auf eine andere Person als den Sprecher durch "Deixis am Phantasma" (s. Bühler (1934, S.121ff.)) gesichert wird.

(6.4.) a)

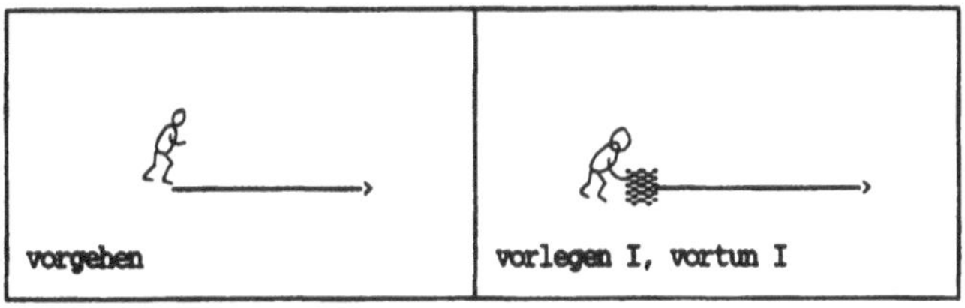

b)

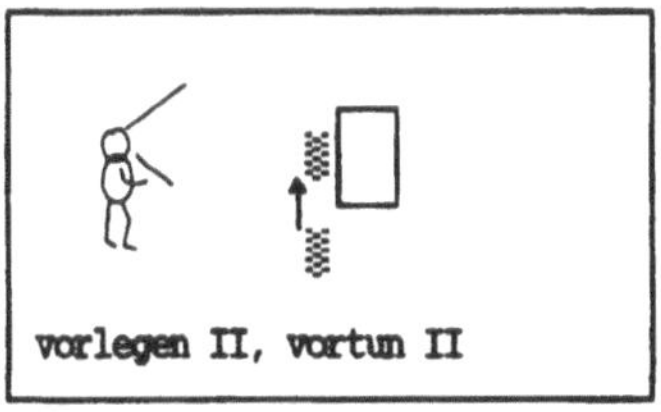

An dieser Skizze lassen sich mehrere Dinge ablesen. "Normal" im Sinne einer Addition von Bewegungsverb und Richtungspartikel sind eher die Varianten nach (6.4.) a) zu verstehen. Fälle gemäß (6.4.) b) sind eher spezialisiert und idiomatisiert. So sind auch bei ihnen nur bestimmte Objekte möglich, vor die etwas, und die vor etwas gelegt oder getan werden. Das zeigen auch die Wörterbucheinträge.

(6.4.)(1)
vorlegen II "4. *etw. zur Sicherung, Befestigung vor etw. legen, anbringen*: leg einen Stein vor, damit das Auto nicht wegrollt!; eine Kette einen Riegel v. (die Türe mit einer Sicherheitskette, einem Riegel verschließen)"(Duden-WB S.2817).

Entsprechend lassen sich die Beispiele in (6.3.) verstehen, und es wäre somit ein Erklärungsmodell gegeben, das es erlaubt, für die Partikel VOR eine einheitliche Bedeutungsgrundlage anzunehmen. Bemerkenswert an dieser - der objektbezogenen - Variante ist auch, daß die Idiomatisierungsart und z.T. auch der Idiomatisierungsbereich den bei *auf-* vorgefundenen Verhältnissen entsprechen. Das wäre ein Hinweis darauf, daß die verschiedenen lokalen Partikelverben als Realisationen einer einheitlichen Art von sprachlicher Kodierung von Wirklichkeit angesehen werden können. Wir haben in Auseinandersetzung mit Erbens Erklärungsvorschlägen schon darauf hingewiesen, daß *vor-* eine Generalisierung über mögliche Bezugselemente enthält. Nicht alle relational entsprechenden räumlichen Verhältnisse können mit entsprechenden Partikelverben dargestellt werden. Unter diesem Gesichtspunkt kann man zwei Idiomatisierungstendenzen erkennen:

1) Es gibt Bildungen, die einen funktionalisierten "flächendeckenden" Vorderseitenkontakt beschreiben
2) welche, die das 'Vorlegen' von irgendwelchen Sicherheitsvorrichtungen bezeichnen - wobei 'Sicherung' die durchgehende Funktionalisierung wäre.

Typisch und somit musterbildend wären die Verben *vorhängen* für den ersten und *vorlegen* für den zweiten Typ.

Zum ersten Muster gehören etwa:

(6.3.)(2) *vorblenden, vorhängen, vorziehen*

Wichtig ist hierbei der Bezug auf die angenommenen inhärenten Vorderseiten von Objekten (vgl. Eroms (1981); Bennett (1975, S.81-84)). Signifikant für diese Gruppe ist die funktionalisierende Bedeutungsbeschreibung, die das Duden-WB (S. 2815) für *vorhängen* gibt:"*etw. vor etw. anbringen, befestigen, indem man es davorhängt*: eine Decke vorhängen."

(6.3.)(2')

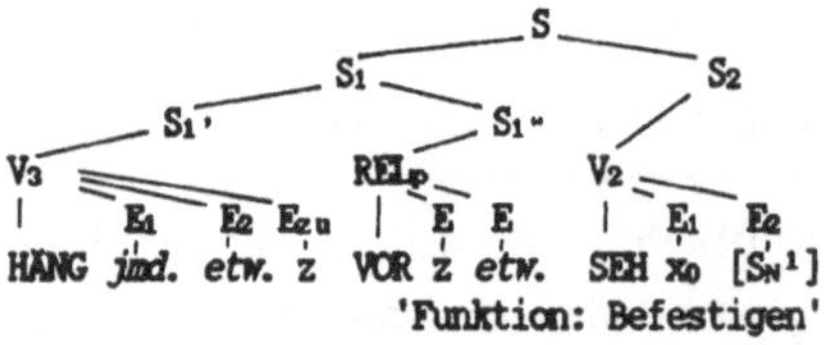

Die zusätzliche Anmerkung ,Befestigen' dient hierbei dazu, kenntlich zu machen, daß Bildungen dieses Typs idiomatisiert oder spezialisiert sind, so daß eine entsprechende syntaktische Paraphrase zwar die realisierte Relation, nicht aber die Bedeutung eines Verbs wiedergeben kann.

(6.3.) (3)	
etwas vorhängen	*etwas vor etwas hängen*
etwas vorblenden	*?etwas vor etwas blenden*
etwas vorziehen	*etwas vor etwas ziehen*

Vielmehr handelt es sich durchweg um genau bestimmte Spezialfälle der in der Paraphrase ausgedrückten Handlung. Diese Verben enthalten zwei Bedeutungskomponenten von *vor*, zum einen die Komponente des 'vor etwas', die in bestimmten Situationen - wo etwas weder vom Sprecher aus noch kanonisch als *vor* betrachtet werden kann - mittels Deixis am Phantasma gewahrt werden kann, zum anderen die Komponente der Oberflächenbedeckung, eines weitgehenden Oberflächenkontakts, eines 'außen drauf anbringen'. Das korrespondiert in diesem Fall mit der bei *vor-* z.T. zu beobachtenden Konkurrenz zu *aus-*. Dieser Bedeutungsmischung im Partikelverb entspricht auch ein Auseinanderklaffen zwischen der Bedeutung des komplexen Verbs und der seiner syntaktischen Entsprechung.

Die Bedeutung 'vor etwas anbringen' ist ununterscheidbar vereint mit einer Bedeutung 'über einer ungefähr vertikalen Oberfläche anbringen'.[6] Jedoch kann auch die Präposition *vor* schon diese Variante ausdrücken, was damit zusammenhängt, daß der Bezugspunkt einer solchen sprachlichen Beschreibung eine Situation ist, wie sie in (6.4.) dargestellt ist.[7]

Entsprechendes gilt für die andere Subgruppe mit der funktionalen Bedeutung 'Sicherung', wie sie in folgenden Verben vorliegt:

(6.3.)(4)
vorfallen, vorlegen, vorrücken, vorschieben, vorstellen, vorwerfen.

und in weiteren Fällen mit eher idiosynkratischer Spezialisierung:

(6.3.)(5) *vorfahren, vorhalten, vorspannen, vorstecken*

Wie wir aber bei der Bedeutungsbeschreibung von *vorhängen* gesehen haben, ist die in diesem motivierten Verb ausgedrückte Relation 'da + vor + HANDLUNG/GESCHEHEN' relational grundlegend für die Bedeutung aller dieser *vor*-Verben. Deshalb wird auf genauere Charakterisika dieser Bildungen in der Abgrenzung von Bildungen mit *davor-* nochmals eingegangen werden.

Ein interessantes Licht auf die ambivalenten Verhältnisse bei *vor-* werfen Fortbewegungsverben, die in diese oder die subjektbezogene (vgl. Bennett (1975,

6 Es handelt sich hierbei um eine Untergruppe des Punkts 1.5.1.1.2. bei Kühnhold (1973, S.231), die dort durch das Stichwort *etwas vorbinden* gekennzeichnet ist; es scheint mir nicht ausreichend, diesen Typ ununterschieden mit *vortreten* zusammenzustellen; vgl. auch die extrem morphologische Interpretation in folgender Aussage: "Dabei kann die Dativergänzung eine ursprüngliche Präpositionalfügung vertreten: ich sitze vor einem Gremium ich sitze einem Gremium vor usw." (S.231); Kühnholds (1973, S.234) statistische Feststellungen zur Abnahme dieser Bildungen sprechen für eine zunehmende bedeutungsmäßige Spezialisierung der verbleibenden Bildungen.

7 Vgl. Duden-WB S.2808: "*vor (...) auf die Vorderseite von, auf die dem Betrachter oder dem Bezugspunkt zugewandte Seite von*".

S.6/7)) Gruppe (6.2.) gehören könnten, also eine vage Bedeutung zeigen, wie etwa *vortreten*. Hier variiert die Mischung der Bedeutung von 'davor'- und 'nach vorne' -treten, je nachdem, ob eine entsprechende Handlung objektbezogen oder real oder "phantasmatisch" sprecherbezogen gedeutet wird. Beim 'Vortreten' geht man zwar in Normalbewegungsrichtung 'nach vorne', aber 'vortreten' ist gleichermaßen ein 'Heraustreten', z. B. aus einer Reihe, in Hinsicht auf diesen Bezugspunkt also ein 'Davortreten'. Statische Verben dieses Typs scheint es nicht zu geben (vgl. aber Kühnhold (1973, S.231)). So sind diese Verben der Beleg dafür, daß tatsächlich nicht eindeutig festliegt, und somit im Zweifelsfall in der Situation abgemacht werden muß, welche räumliche Deutung für eine bestimmte Handlung als angemessen gelten kann. Andererseits kann die Verwendung eines solchen ambivalenten Verbs auch dazu dienen, wenn es nicht darauf ankommt, die Frage der genauen Interpretation in der Schwebe zu lassen.

(6.3.)(6)		
vorblicken	*hervorblicken*	*nach vorne blicken*
vorgucken	*hervorgucken*	*nach vorne gucken*
vorquellen	*hervorquellen*	*?nach vorne quellen*
vorsehen	*hervorsehen*	*nach vorne sehen*
vortreten	*hervortreten*	*nach vorne treten*

Diese Bildungen stehen, wie die Gegenüberstellung in (6.3.)(6) zeigt, teils in Opposition mit *hervor-* , teils mit 'hinvor'- Paraphrasen, die die Handlung im Sinne ihres Verlaufs, d. h. vom Subjekt her schildern.

Die Verben in (6.2.) bedeuten demgegenüber eindeutig Bewegungen 'nach vorne'. Sofern die Basen dieser Verben Bewegungstypen kennzeichnen, die beliebig in alle (horizontalen) Richtungen verlaufen können, werden sie somit durch *vor-* auf 'hinvor' ausgerichtet. Das steht ganz im Einklang mit den Ausführungen Bollnows (1976, S.50ff.) über die Frage, wie die VOR/HINTEN-Relation ausgezeichnet wird: als typische Handlungs- und Bewegungsrichtung des Menschen. Sofern aber die Verben normalerweise selbst schon eine Bewegung in diese Richtung bezeichnen, dient das Präfix der Verstärkung und Verdeutlichung einer in der Basis bereits angelegten Vorwärtsbewegung. Bei dieser Konstellation liegt nahe, daß sich idiomatisierte Formen ausbilden. Beispiel für die erste Möglichkeit, die Ausrichtung einer im Prinzip ungerichteten Bewegung, wären wohl:

(6.2.)(2)
vorbringen, vorfallen, vorgeben, vorgreifen, s. vorlegen, s. vorlehnen, vornehmen, vorrücken, vorsetzen, vorstellen, vortragen, vorverlegen, vorwerfen, vorziehen

Hier werden Bewegungen, die im Prinzip in verschiedene Richtungen gehen können, durch die Präfigierung mit *vor-* nach vorne ausgerichtet. Diese Voraussetzungen erfüllen großenteils - außer den Haltungsverben *s.vorlegen* und *s.vorlehnen* - Verben des Beförderns, die Bewegungen in verschiedene Richtungen meinen können.

Die Verben des zweiten Typs - mit Verstärkung des Richtungssinnes und ggf. Idiomatisierung - sehen dagegen typischerweise anders aus:

(6.2.)(3)
vorfahren, vorgehen, vorgucken, vorprellen, vorpreschen, vorschieben, vorspringen, vorstoßen, vorstrecken, vorstürmen, s.vortasten, vortreten, s.vorwagen, vorwölben; vorkragen, vorspringen, vorstehen.

Hier haben wir im einen Fall, der am nächsten am gerade behandelten ersten Typ steht, davon auszugehen, daß Fortbewegungsverben wie *gehen, fahren* und auch einige Verben des Beförderns wie *schieben*, bei denen die Vorstellung einer Bewegung nach vorne nicht sehr stark ist, in Kombination mit der Richtungspartikel einen Handlungsnamen bilden, in dem die Vorwärtsbewegung als ein funktionalisiertes Element herausgehoben ist: die damit verbundene Idiomatisierung haben wir am Beispiel von *vorfahren*, wo sie besonders deutlich ist, bereits vorgeführt. Im anderen Fall repräsentieren die Basen Handlungstypen, bei denen die Bewegung nach vorne ohnehin schon betont ist - *vorprellen, vorpreschen* oder als Verb des Beförderns *vorstoßen* -; durch den Einbezug in das komplexe Verb wird die Bewegung weiter dynamisiert und intensiviert.

Am Nebeneinander von *vorschieben* und *vorstoßen* zeigt sich, warum es sich bei den beiden Gruppen um Untergruppen eines Musters handelt: *vorschieben* ist die weniger dynamische, infolgedessen auch funktional anders eingesetzte Variante einer Handlung, die bei etwas mehr Dynamik auch ein 'stoßen' sein könnte.

Nach diesen Ausführungen sieht eine Übersichtsdarstellung zur Funktion der Partikel *vor-* folgendermaßen aus.

(6.5.)

	HINVOR1	HINVOR2	HERVOR	HERAUS
vorgehen *vorlaufen* usw.	S(precherstandort) 	hinten vorne S/(S) 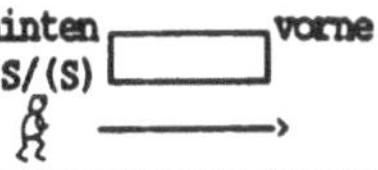	 S	
vorkommen			WIE ZEILE 1	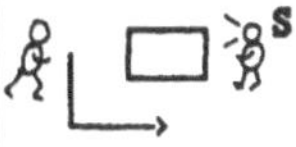 S
vorbringen *vorlegen* usw.	WIE ZEILE 1 MIT ZUSÄTZLICHEM BEWEGTEM OBJEKT			
vorholen			hinten vorne 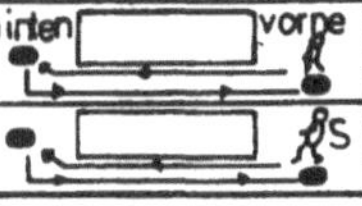 S	WIE ZEILE 2 MIT ZUSÄTZLICHEM BEWEGTEM OBJEKT

	HINVOR1	HINVOR2	HERVOR	HERAUS
vorrücken	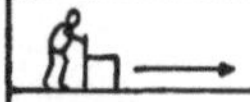 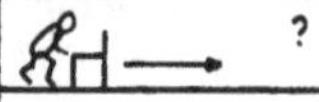		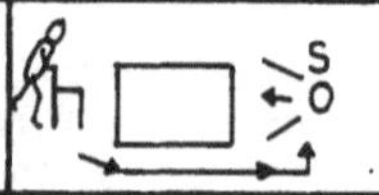	
vorspringen				

Verwendungen nach HINVOR 1 realisieren die Bedeutung 'in Normalbewegungsrichtung'; dagegen zeigt sich *vor-* in Situationen, die nach HINVOR 2 und HERVOR interpretiert werden können, als Realisierung einer echten lokalen Neutralform für den Bezug auf Objekte, sei sie vom Sprecherstandpunkt oder von kanonischen Strukturierungen dieser Objekte gesteuert. Komplizierter ist der Fall bei der Bewegung von Objekten, die selbst eine inhärente Orientierung besitzen. Im Nebeneinander von *bringen*, *holen* und *rücken* deutet sich aber an, daß es von Merkmalen des Bewegungstyps abhängen kann, mit welcher Wahrscheinlichkeit die deiktische oder die intrinsische Orientierung als Bezugspunkt gewählt wird (vgl. Wunderlich (1981, S.282/83 & 288/89)). Generell läßt sich sagen, daß je nach Situation ein Ausgleich zwischen den beiden von Wunderlich (1981, S.284 u. 285) postulierten Prinzipien gesucht wird:

> If a movement with respect to the speaker's (and/or hearer's) position is involved, then the deictic perspective is preferred.
> If an object with a prominent internal or user-perspective is involved, then the intrinsic perspective is preferred.

Ein typisches Beispiel für den letzten Fall scheint mir das Vorrücken eines Stuhls zu sein, das man wohl nur im intrinsischen Sinne verstehen kann, wobei, wie man sieht, in manchen Verwendungen beide Aspekte zusammenfallen können (s. Helbig/Schenkel (1980, S.338 und 348)). Die Partikel kann in diesen Fällen eben gleichzeitig als intrinsisch und deiktisch entweder im Sinn von HINVOR 1 oder HERVOR verstanden werden. Es läßt sich ebenfalls aus der Tabelle ablesen, daß - ähnlich wie oben bei *sinken* und *absinken* besprochen - manche Basen <u>einen</u> Bewegungssinn implizieren oder zumindest nahelegen. *Kommen* und *holen* sind die offensichtlichsten Beispiele dafür, sie implizieren immer schon die *her-*Richtung. Das belegen auch die entsprechenden Angaben im Duden-WB zu *vorkommen*; *vorholen* ist nicht verzeichnet:

> (6.5.)(1)
> "4. *nach vorn kommen*: der Schüler mußte (an die Tafel) v. 5. *zum Vorschein kommen*: komm aus deinem Versteck vor; hinter dem Vorhang vor."(S.2816)

Solche Verben gehören also zum HERVOR-Typ und bei denen überrascht es nicht, wenn man auch eine Variante mit HERAUS findet (s.Variante 5.). Das alleinige Vorherrschen der HERAUS-Bedeutung mit entsprechend idiomatisierter Bedeutung belegt *vorspringen* - mit dem Antonym *zurückspringen* oder *zurücktreten*.

(6.5.)(2)
der Erker springt an der Fassade zu weit vor (Duden-WB S.2821)
(6.5.)(3)
der mittlere, etwas zurückspringende/tretende Teil der Fassade (ebd. S.2668/69).

Das Antonymenpaar *vor-* und *zurück-* dient hier dazu, das Abweichen von einer Vertikalen im Sinn von 'heraus' bzw. 'hinein' auszudrücken. Von der Durchsichtigkeit der Verben her ist somit allenfalls die Bedeutung von *vor-* und *zurück-* zu erkennen, nicht aber die der jeweiligen Basen, die für sich genommen ja Verben der Fortbewegung sind. Von daher gesehen sind diese Verben so weit demotiviert, daß sie nur als ganze in ihrer Bedeutung verständlich sind und daher wohl auch nur aus Systematisierungsgründen des Wörterbuchs neben motivierten (Bewegungs)-varianten derselben Verben stehen; so ist *vorspringen* als Variante 2. in der hier relevanten Bedeutung gebucht. Variante 1. ist regelmäßig direktional im Sinn von HINVOR 2 bzw. HERVOR oder HERAUS.

(6.5.)(4)
"*aus einer bestimmten Stellung heraus (plötzlich) nach vorn springen*: aus einem Versteck, aus der Deckung v.; die Kinder sprangen hinter dem Auto vor"(Duden-WB S. 2821)

Von diesen Verhältnissen her wäre zu überlegen, ob man nicht für die andere Bedeutung dieses Verbs einen eigenen Eintrag vorsehen sollte. Zudem zeigen die Beispiele zu diesem Verb/diesen Verben deutlich, daß Bildungen mit der Einfachpartikel aufgrund der geringen formalen Markiertheit an eine Vielzahl von Situationen anpaßbar sind; ggf. ist sogar in der gleichen Situation eine Deutung nach verschiedenen miteinander sachlich kompatiblen Mustern - s. HERVOR und HERAUS - möglich.

4.3.2.3. Verben mit *vorne-*

Hatten wir oben bei (6.2.) schon festgestellt, daß es für die Richtung nach und von vorne keine unbehindert produktive Möglichkeit gibt, Partikelverben zu bilden, die voll motiviert sind, so gilt diese Beschränkung nicht nur für die direktionale Angabe. Verbindungen mit der statisch-lokalen Partikel *vorn(e)* sind sogar außerordentlich selten von der Festigkeit, daß sie als ein Wort empfunden werden. Das Duden-WB verzeichnet überhaupt keine solche Bildungen. Man könnte auch allenfalls daran denken, Bildungen die sich auf die räumlichen Verhältnisse in Objekten mit intrinsischer Orientierung beziehen, hier mit aufzunehmen.

(7) *vorn(e)sitzen*
(7.1.) *Wenn ich vornsitze, wird mir nicht so leicht übel.*

Sätze wie (7.1.) sind dadurch gekennzeichnet, daß sie sich auf einen ganz strikten Fall intrinsischer Orientierung, z. B. das Sitzen auf den Vordersitzen bzw. der Rückbank eines Autos beziehen, so daß von daher auch ein Antonym

(7.2.) *hintensitzen*

verständlich ist. Nur in solchen Fällen ist die Ebene, die vorne von hinten trennt, so klar, daß der Bezug nicht mit angegeben werden braucht. So sind diese Bildungen zwar motiviert, aber auch bezüglich der Verwendungsbereiche stark spezialisiert.

4.3.2.4. Verben mit *davor–*. Verhältnis von *davor–* und *vor–*

Aus dieser Begründung läßt sich auch schon ablesen, weshalb im Gegensatz dazu Bildungen mit dem Pronominaladverb *davor–* geläufig sind.

(8)(8 1.)
davorbleiben, davorliegen, davorsitzen, davorstehen
(8)(8.2.)
davorhalten, davorlegen, davorschieben, davorschreiben, davorspannen, (s.) davorstellen
(Mater (1968, S.37) & Duden-WB S.493)
(8)(8.3.)
Ich habe davorgestanden und mir gesagt: Es ist schön. (Mann 111)
Am Tisch angekommen, starrte er [...] auf den, der davorsaß. (Handke 68)

(8.1.')

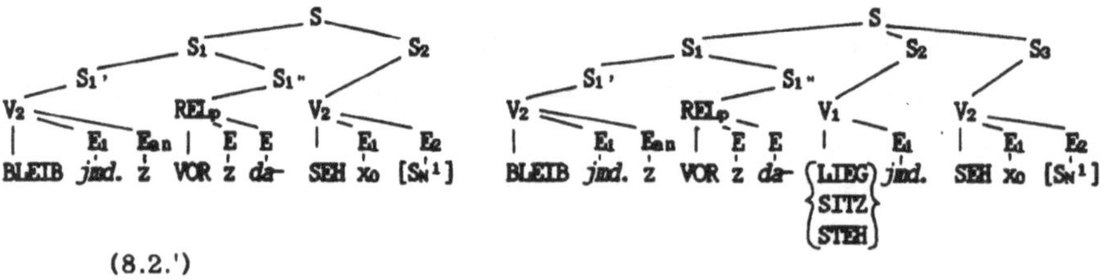

(8.2.')

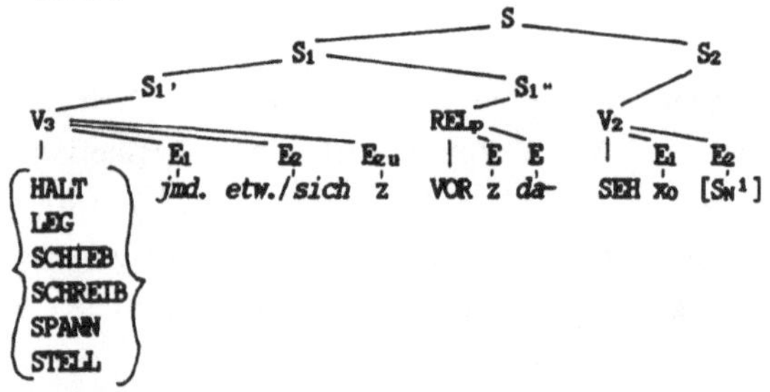

Aus dieser Darstellung wird auch klar, daß wir *davorbleiben* als das das Muster prägende prototypische statische Verb ansehen; die anderen Bildungen stellen in üblicher Weise modale Modifikationen dar. Die Modifikation in den behandelten Verben bezieht sich zudem durchwegs auf die Körperhaltung und ist somit einfach durch andere Basen ausdrückbar. Die Darstellung für die direktionalen Fälle wurde in der oben bereits begründeten Verkürzung gegeben. In einer expandierten Form würden auch hier die einzelnen Basen als modale Modifikationen eines Musters 'etwas davor bewegen' darzustellen sein: allerdings stellt die verkürzte Fassung in gewisser Weise auch angemessen dar, daß kein Verb aus den aufgezählten als archetypisch oder prototypisch musterbildend gelten kann, daß vielmehr das gesamte Muster abstrakt weiterwirkt. Solche Fälle halte ich im Gegensatz zu Hundsnurscher für durchaus üblich; ausführlicher wird diese Frage in der Diskussion der Arbeit von Hundsnurscher (1968) in Punkt II.4.4. dieser Arbeit wieder aufgenommen werden. Offenbar sind aber nach dem Muster der Partikelverben mit *davor-* sowohl statische als auch direktionale Bildungen möglich: die Bedeutungsangaben sind sämtlich 'vor diese Stelle, diesen Gegenstand x_{DIR}-*en*' bzw. 'vor dieser Stelle, diesem Gegenstand x_{STAT}-*en*' Die Verben sind auch alle voll motiviert und regelmäßig auf das syntaktische und semantische Verhalten der Basisverben zu beziehen. Alle Basisverben sind zweiwertig bzw. dreiwertig und fordern eine Raum- oder Direktionalergänzung. Bei den *davor*-Verben ist die Valenz um diese Stelle reduziert, sie wird, wenn man so sagen will, durch die Partikel pronominal gebunden und bezüglich der Art der Befindlichkeit spezifiziert. Aus den verschiedenen möglichen präpositionalen Anschlüssen, die räumliche oder direktionale Verhältnisse ausdrücken, ist hier die Präposition *vor* gewählt gemeinsam mit dem Pronominalisierungsmarker *da-*. Oben wurde im Zusammenhang mit den Bildungen mit *vor-* ausgeführt, daß ein Teil dieser Bildungen, wenn auch nur in direktionaler Bedeutung, topologisch ein 'vor etwas' ausdrückt. Parallelen und Unterschiede zu den hier behandelten Bildungen lassen sich im direkten Vergleich noch einmal zeigen:

(8.2.)
(1) a) ***davorhalten***
"*vor diese Stelle, diesen Gegenstand o. ä. halten*: er hat die Platte davorgehalten" (Duden-WB S. 493)
(1) b) ***vorhalten***
"*vor jmd., sich, etw. halten*: beim Husten die Hand v.; sie hielt sich ein Taschentuch vor"(ebd., S.2814)
(2) a) ***davorlegen***
"*vor diese Stelle, diesen Gegenstand o.ä. legen*: sie öffnete die Tür, um die Fußmatte davorzulegen." (ebd. S.493)
(2) b) ***vorlegen***
(i) "*etw. zur Sicherung, Befestigung vor etw. legen, anbringen*: leg einen Stein vor, damit das Auto nicht wegrollt!" (ebd. S.2816)
(ii) '*etw. nach vorne legen*': Kannst du das Buch noch etwas vorlegen?
(3) a) ***davorschieben***
"*vor diese Stelle, diesen Gegenstand o.ä. schieben*: er hatte den Riegel nicht davorgeschoben." (ebd. S.493)
(3) b) ***vorschieben***
(i) "*vor etw. schieben*: den Riegel v."
(ii) "*nach vorn schieben*: den Schrank, den Wagen (ein Stück) v."
(beide ebd. S.2819)

(4) a) ***davorspannen***
"*vor diese Stelle, diesen Gegenstand o.ä. spannen*: da müssen wir einen Stoff davorspannen; auch wie *vorspannen*"
(4) b) ***vorspannen***
"*(ein Zugtier, eine Zugmaschine) vor ein Gefährt o.ä. spannen*: dem Schlitten war ein Schimmel vorgespannt." (ebd. S. 2820)
(5) a) ***davorstellen***
"*vor diese Stelle, vor diesen Gegenstand o.ä. stellen*: sie schob das Bild etwas zurück, um ein paar Blumen davorzustellen." (ebd. S.493)
(5) b) ***vorstellen***
(i) "*vor etw. stellen*: eine spanische Wand v."
(ii) "*nach vorn stellen*: den Tisch, den Sessel weiter v.; er stellte das rechte Bein vor."
(beide ebd. S.2821)

Aufgrund dieses leicht ergänzten Befundes aus dem Duden-WB ergibt sich eine, wie es scheint, ganz einheitliche Bedeutung, die nach dem deiktischen Muster von HINVOR 2 operiert; von der Frage, warum das bei Mater verzeichnete *davorspannen* nicht aufgeführt wird, braucht nicht eingegangen werden: gerade bei relativ regelmäßigen Wortbildungen ist die Frage, was in ein Wörterbuch gehört und was erschlossen werden kann, nicht eindeutig zu beantworten. Die Verben werden aber alle nach einem Muster gebildet:

(8.2.)(6)
[GERICHTETE HANDLUNG$_{VERB}$ + IN RICHTUNG VOR X$_{vor}$ + PROFORM FÜR X$_{da}$]

Demgegenüber scheinen bei den homonymen Bildungen mit *vor-* zwei Muster systematisch aufzutreten.

Das eine ((ii)) ist die (dimensionale) Bewegung im Sinne von HINVOR 1; es berührt sich an keiner Stelle mit der Bedeutung der *davor*-Verben und ließe sich wie folgt andeuten.

(8.2.)(7)
[GERICHTETE HANDLUNG$_{VERB}$ + NACH VORNE$_{vor}$]

Die andere Bedeutung der *vor*-Verben ((i)) ist eine (topologische) HINVOR 2/ HERVOR-Bewegung und steht daher potentiell in Konkurrenz mit den Verben mit der Partikel *davor-*. Im Schema wäre sie folgendermaßen anzugeben:

(8.2.)(8)
[GERICHTETE HANDLUNG$_{VERB}$ + IN RICHTUNG VOR$_{vor}$ + FUNKTIONALISIERUNG GEMÄSS VERB]

Was bedeutet nun die Ähnlichkeit der Bedeutungsstruktur und die zusätzliche Funktionalisierung bei den Einfachpartikelverben für die Verwendung dieser Verben? Wenn man zunächst die Valenzverhältnisse betrachtet, so ist den obigen Beispielen leicht zu entnehmen, daß in beiden Fällen die Direktionalergänzung des Simplex verschwunden ist, nur daß sie bei *davor-* formal und inhaltlich in die Partikel aufgenommen wurde, sie steckt im *da-*. Es handelt sich bei diesen Verben also um anaphorische Formen, potentielle Substituentia, die daher in schriftlichen Texten - ohne die deiktischen Möglichkeiten - nicht in Textanfangssätzen auftauchen dürften. Bei den Verben mit *vor-* ist das etwas anders. Durch das Fehlen des pronominalen Elements handelt es sich beim Verschwinden der Ergänzung in diesem Fall um jenen auch schon mehrfach bei den Einfachpartikeln diskutierten Fall, daß nur sicher sein muß, daß die im Verb ausgedrückte Handlung überhaupt ausgeführt wird, d. h. ist unserem Fall auch, daß sie gerichtet ist, daß aber nicht wichtig ist, worauf sie sich nun richtet (Typ: *Otto ißt*). Zu dieser Gesamthandlung gehört zwar nicht die Direktionalergänzung, wohl aber die Art des Richtungsbezuges. Um das zu sichern, wird die Präposition als Verbpartikel integriert. In der Verwendung, u.d.h. auch je nach in der Basis ausgedrückter Bewegung unterschiedlich, greift nun die Funktionalisierung der Gesamthandlung in unterschiedlicher Weise ein. In einfachen Fällen bleibt der Bezug auf das Bezugsobjekt einfach ungefüllt, das Verb kann aber ggf. anaphorisch verstanden werden; dann kann der Unterschied zur entsprechenden Bildung mit *davor-* nicht groß sein. So ein Fall scheint etwa bei *stellen* vorzuliegen; die semantischen Paraphrasen des Duden sind ja hier für beide Partikelverben de facto identisch.

Allerdings zeigen die Beispiele schon einen verräterischen Unterschied, bei *davorstellen* wird ausdrücklich ein Kontext mitgeliefert, der den anaphorischen Bezug deutlich macht, bei *vorstellen* nicht. Tauscht man die Verben in den Beispielen aus, sieht man, daß das nicht Zufall ist:

(8.2.)(5.1.)
a) *Sie schob das Bild etwas zurück, um ein paar Blumen vorzustellen.*
b) *Eine spanische Wand davorstellen.*

Man sieht hier zumindest ganz deutlich, daß die Bildung mit der Einfachpartikel nicht für den anaphorischen Kontext geschaffen ist. Man tendiert dazu, den Satz jetzt gemäß der anderen Bedeutung von *vorstellen* ((8.2.)(5)b)(ii)) zu interpretieren. Daß das nicht an der im Beispielsatz zufällig auftretenden Antonymie von *vorstellen* und *zurückschieben* liegt, läßt sich durch eine entsprechende Veränderung leicht überprüfen: *Auf dem Kamin stand ein Bild. Sie wollte ein paar Blumen vorstellen*; diese "Verbesserung" gibt eher einen noch unmöglicheren Satz. Den Satz mit *davorstellen* in (8.2.)(5.1.) b) ist man geneigt als Wörterbuchsatz zu schlucken, weil da häufig die nötigen potentiellen Substituenda fehlen. Ohne deren Ergänzung ist er aber nicht akzeptabel, mit *vorstellen* aber schon. Die Unterscheidung der beiden Bedeutungen fällt uns deshalb schwer, weil wir hier in relativ strikter Weise die sprachliche Zusammenfassung von Sachverhalten von unserem Wissen über dieselben Sachverhalte in der Wirklichkeit trennen müssen. Was das genau heißen soll, läßt sich vielleicht am einfachsten durch ein Beispiel andeuten.

In einer Familie, die sich von einem neugierigen Nachbarn durch ein Fenster beobachtet fühlt, mögen die folgenden Sätze wahlweise geäußert werden.

(8.2.)(5.2.)
a) *Wenn das nicht besser wird, müssen wir eine spanische Wand davorstellen.*
b) *Wenn das nicht besser wird, müssen wir eine spanische Wand vorstellen.*

Bezieht sich der erste Satz auf irgendetwas Vorerwähntes, etwa das Fenster, so ist im zweiten Satz nur ausgesagt, daß es als wirkungsvolles Abwehrmittel betrachtet werden könnte, etwas in die Blickbahn zu stellen, ohne genau zu spezifizieren, vor was nun diese spanische Wand stehen sollte. Das ist genau das, was oben Funktionalisierung genannt wurde. Dem *vor-* wird in der jeweiligen Situation ein funktionaler Wert zugeordnet, der seine Interpretation erlaubt - in diesem Fall als Sichtschutz. In diesem Fall nun ist die Funktionalisierung wirklich offenbar relativ situationsabhängig, was sicher auch den Duden zu der mit dem *davor-*Verb praktisch identischen Bedeutungsangabe veranlaßt hat.

Bei anderen Verbpaaren ist die Funktionalisierung des Verbs mit der Einfachpartikel an ganz bestimmten Situationen festgemacht; semantisch bedeutet das die Idiomatisierung dieser Bildungen. Schön sichtbar ist diese Ausdifferenzierung etwa bei (8.2.)(2) *davorlegen/vorlegen.* Die Funktionalisierung des Verbs mit der Einfachpartikel geht hier offenbar durchgehend in Richtung 'etwas vor etwas hintun zum Zwecke der Sicherung'. Mit der Folge, daß die Durchsichtigkeit des Wortes zwar noch gewahrt bleibt, jedoch von der Situation eines 'Legens' auch schon deutlich abstrahiert wird. Auch bei *vorhalten* wird die räumliche Aktion als Schutzhandlung klassifiziert, *vorschieben* ist recht ähnlich wie *vorlegen,* soll aber weiters nicht diskutiert werden. *Vorspannen* ist als eine Art Variante von *einspannen, anspannen,* aber nur mit den eingespannten Tieren in Objektstelle, idiomatisiert, andrerseits auch, was im Duden nicht belegt erscheint, als eine Art 'vorblenden mit Stoff'; zu beiden Bedeutungen bildet *davorspannen* die anaphorische Entsprechung. Dieses Stichwort ist allerdings im Duden überhaupt nicht enthalten.

Die Gegenüberstellung dieser beiden Wortbildungstypen vermochte die regelmäßige, für Einfachpartikelverben typische - idiomatisierte - Bildungsweise und Bedeutungsstruktur zu zeigen. Dagegen kann die relative Üblichkeit und auch semantische Regelmäßigkeit der Bildungen mit *davor-* die besondere Lage bei der 'nach vorne'-Hälfte der HINTER/VOR-Dimension andeuten. In *davor-* ist der Bezugspunkt, im Verhältnis zu dem etwas vorn ist, mit pronominalisiert; es entspricht damit den Formen *drauf-/drunter* und *droben/drunten-* bei der AUF/AB-Dimension, bzw. in einem strengeren Sinn den Bezeichnungen für die AUF-Hälfte. Diese Partikel *davor-* bezeichnet dasselbe Raumverhältnis wie in der Dimensionsbezeichnung, nur unter Bezug auf ein Bezugsobjekt, das nicht der Sprecher ist, während die Oberflächenbedeutung von *auf-*, wie sie in *drauf-* vorliegt, nicht so eindeutig von der Dimensionsbezeichnung abgeleitet werden kann. Wenn man so will, ist *drauf-* zumindest nicht immer 'oben', *davor-* aber zumeist 'vorne'. Bezüglich der beiden bisher besprochenen Dimensionen kann man das auch noch andersherum deuten: im Vergleich zu der abstrakteren, auch für sich selbst bestehenden Unterscheidung von *oben* und *unten* ist die Feststellung, was *vorne* und *hinten* ist, wesentlich situationsabhängiger. Man kann etwa, ohne weitere Angaben zu machen, sinnvoll von *auf-* und *absteigen* reden, *nach vorne* und *nach hinten gehen* kann man aber nur dann sinnvoll gebrauchen, wenn man weiß, in Bezug auf was *vorne* und *hinten* definiert sind.

Wie oben gezeigt, ist bei einer Vielzahl von Basen – z. B. durchgehend bei normalen Fortbewegungsverben – eine sehr deutliche Präferenz dazu zu erkennen, schon entsprechende Simplicia als Ausdruck einer Bewegung 'nach vorne' zu verstehen. Als reine Richtungsangabe ist somit eine Präfigierung mit *vor-* häufig redundant, das komplexe Verb mit dieser Partikel kann infolgedessen funktional anders eingesetzt werden. Allgemein gesprochen stellt dann der Gebrauch der Einfachpartikel in solchen Verben eine Möglichkeit dar, den Ausdruck der Bewegung in Normalrichtung mit einer Intention zu verbinden, somit zu einer "gesamthaften" Handlung zu machen. Diese Intentionalisierung kann man ebenfalls als eine Art der Funktionalisierung ansehen; "Funktionalisierung" erweist sich somit mehr und mehr als Charakteristikum der komplexen Verben mit Einfachpartikeln, zumindest was die bisher behandelten lokalen Relationen betrifft.

Dieses ziemlich abstrakte reihenbildende Bedeutungsmerkmal scheint uns auch ein Hinweis darauf zu sein, daß man die homonymen selbständigen Entsprechungen der hier behandelten Partikeln und diese Verbpartikeln tatsächlich voneinander zu trennen hat; so daß es am Wortbildungscharakter dieser Bildungen – seien sie nun trennbar oder nicht, kaum zu zweifeln gibt (vgl. Šimečková (1984, S.134/45)).

Konkret auf unseren Fall, die Verben auf *vor-* bezogen, kommt diese Funktionalisierung beim dimensionalen Teil der Bildungen auch im paradigmatischen Gegensatz zu entsprechenden Verben mit *zurück-* zum Ausdruck:

(9)(9.1.)
(s.) vor- und zurückbewegen, vor- und zurückblicken, vor- und zurück-drücken, vor- und zurückeilen, vor- und zurückfahren, vor- und zurückgreifen
(nach Duden-WB S. 2964/65)
(9)(9.2.)
[...] *sie schob unaufhörlich die Unterlippe vor und wieder zurück* [...]
(Mann 83)

Die typische Bedeutungsbeschreibung für die einschlägigen *vor-*Verben 'nach vorne' wurde oben schon besprochen, die Antonyme mit *zurück-* werden durchgehend mit 'zum Ausgangspunkt zurück' umschrieben, vgl.z.B.

(9.3.)
zurückblicken
"nach hinten, bes. in Richtung auf etwas, was man soeben verlassen hat, blicken." (Duden-WB S.2964)

(9.4.)
Wenn man aber zurückblickt, ist [...] alles Ordnung und Ziel geworden. (Musil 172)

Hier zeigt sich, wie aufgrund des sachlichen Zusammenfalls und der funktionalen Differenziertheit der Bewegungen *hinter* und *zurück*, auch in *vor-* diese beiden Bedeutungselemente als Gesamtbedeutung einer somit terminierten und funktionalisierten Bewegung aktiviert werden. Ohne daß wir bisher weiter über die Dimensionshälfte 'nach hinten' gesprochen hätten, wird hier aufgrund der weiteren Verwendbarkeit die vordere als die unmarkierte Dimensionshälfte ausgewiesen. Um beim Beispiel (9.2.) zu bleiben, in einem Verb wie *vorblicken* ist ohne weitere Angaben über die Richtung des Blicks nichts weiter gesagt, als daß er mit normaler Körperhaltung in Richtung Normalgesichtsfeld geht, allerdings weist uns die reine Existenz der Einfachpartikel darauf hin, daß die Handlung des BLICKENs als funktionalisiert zu betrachten ist; wie das zu geschehen hat, zeigt uns erst das Gegenüber *zurückblicken*, im Gegensatz zu möglichem *hinterblicken/nach hinten blikken*, das nur eine Umkehr der Blickrichtung signalisieren würde, deutet *zurückblicken* den Richtungswechsel als eine Rückkehr zu einem Ausgangspunkt. Somit ist das 'Blicken' in diesem Fall als eine intentionale Handlung vom aktuellen Standpunkt des Sprechers aus zu verstehen. So zeigt sich in solchen funktionalen Doppeln besonders deutlich, daß die Bedeutung von *vor-* ohne Angabe des jeweiligen Bezugselements nicht beschrieben werden kann (vgl. Lyons (1977, S.720)).

4.3.2.5. Verben mit *voraus-*

Im Zusammenhang mit der Beschreibung der Präposition *vor* wurde von Reiter (1975) vorgeschlagen, nicht von einer räumlichen Bedeutung auszugehen, sondern ein abstrakttopologisches Darstellungsmodell zu wählen und infolgedessen "die Semantik von Präpositionen und vergleichbaren Konstruktionen auf der Grundlage von Richtung und Sequenz systematisch darzustellen" (Hanßon (1982, S.142)). "Eine weitere systematische Größe bei Reiter bildet die als 'funktionale Seite' definierte Vorderseite (...), von der aus die elementare 'Vorgänger'-'Nachfolger'-Relation festgelegt werden kann." (ebendort) Die generelle Geltung dieser Beschreibung wird von Eroms (1981, S.179) bezweifelt, für unseren Untersuchungsbereich gehen wir, aufgrund der Tatsache, daß die Verbalpartikeln immer kombiniert mit entsprechenden Basen vorkommen, von einer direkt lokal faßbaren Deutung aus (vgl. Eroms (1981, S.177ff.); Hanßon (1982, S.142ff.)).

Es gibt aber offenbar eine Reihe von Verbpartikeln, die Verläufe als Reihenfolgebeziehungen schildern: dazu gehören auf jeden Fall Bildungen mit *voraus-*:

(10)(10.1.)
vorauseilen, vorausfahren, vorausgehen, vorauslaufen, vorausreisen, vorausreiten, vorausschicken, voraussenden
(nach Duden-WB S.2809; Mater (1968, S.26))

(10)(10.2.)
[...] *wie um dem Zug einen ordentlichen Weg vorauszubahnen* [...] (Jonke 131)
Grüppchen, die dem Übergang vom Individualismus zum Kollektivismus vorauslaufen wie Kehrichthäufchen einem wirbelnden Wind. (Musil 225)
[...] *einer gleichsam der Vorplatz des größeren nächsten – den man freilich nirgends voraussah.* (Handke 27)
Die "Klugheit" ist doppelgesichtig dargestellt; nach vorne schaut ein junges vorausschauendes Gesicht, nach hinten blickt ein altes in die Vergangenheit. (Bretagne 83)
Dies vorausgeschickt [...] (Musil 178)

Die Darstellung der hier ausgedrückten Verhältnisse in einem Relationenbaum ist nicht einfach, geht es doch um eine Kombination von Zielorientierung und Folgebeziehung, wobei zudem der vordere "Punkt" nicht dieselbe Handlung ausführen muß wie der nachfolgende. Aus einer Art Darstellung wie der folgenden müßten sich aber beide Verbtypen ableiten lassen:

(10.2.) Fortbewegungsverben

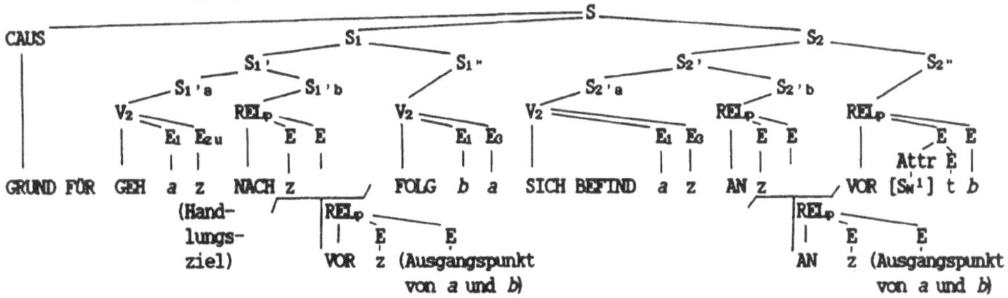

Dabei dient die Verknüpfung durch CAUS dazu, die Intentionalität des 'Vorausgehens' gegenüber dem 'vor jmd. gehen' bzw. umgekehrt für 'Nachgehen', anzugeben. Für Verben des Beförderns muß dann zusätzlich noch angenommen werden, daß in $S_{1'}$ bzw. S_2 jeweils die Alternanz zwischen BEFÖRDER und SICH BEWEG bzw. LASS FOLG (z. B. *werfen*) und FOLG anzusetzen ist.

Um den vorhandenen Zusammenhang zwischen Reihenfolgebeziehung und 'nach vorne'-Bewegung aufzuzeigen, sind die Verben in (10) ein gutes Beispiel: die durch sie zum Ausdruck gebrachte Bewegung ist als reiner Bewegungstyp gesehen eine sprecherbezogene 'nach vorne' -Bewegung im Sinne eines HINVOR 1. Bezeichnen doch diese Verben, abgesehen von ihren funktionalen Zusammenhängen, eine Bewegung vom Sprecher aus nach vorne, oder genauer, eine Bewegung in Gehrichtung des Sprechers. So kann denn auch die entsprechende Bewegung eines Einzelnen als Abfolge der von ihm nacheinander besetzten Raumpunkte verstanden werden. So schreibt Hanßon (1982, S.143) in diesem Zusammenhang über Reiters System:

> Wenn ich ihn richtig verstanden habe, unterteilt Reiter in seiner Systematik bewegte Objekte in einer Art Weltenlinie in soviel Duplikate ihrer selbst, wie Stationen der Bewegung festgehalten werden können.

Genauer erläutert noch Eroms (1981, S.177/178):

> Zum Beispiel können verschiedene Personen unterschiedlich viel 'vor' sich haben. Was sie 'vor' sich haben, ist ihr Vorderfeld. Die Vorderfelder können unter anderem diametral entgegengesetzt sein (...) Die Elemente der Vorderfelder sind geordnet. Es können gegenläufige Ordnungen auftreten. Objekte, die im Vorderfeld liegen, können je eins 'vor' oder 'hinter' dem anderen liegen, und weisen damit Ordnungswerte auf.(...) Die Relation des Vorderfeldes zu y [Bezugselement/L.E.] wird durch *vor* ausgedrückt (...) *Vorn* ist dasjenige Element z in c, das das erste ist (z_1), hinter das letzte (z_n). (...) Wenn eine Person (a) verschiedene Objekte als eines vor dem andern befindlich auffaßt und benennt, rekurriert sie dabei auf mögliche Bewegungsvorgänge, bei denen sich die Kapazitäts- oder Mächtigkeitsklassen ändern.

Es ist offenbar, daß sich diese Darstellungsweise – die aufgrund der Folgen, die sie für die zeitliche Deutung noch haben wird, hier so ausführlich belegt wurde – auf die Relationierung von zwei Bewegungen zueinander, wie sie die vorliegenden Verben ausdrücken, problemlos anwenden läßt. Denn diese Partikelverben setzen zwei auf der Linie der Gehbewegung sich hintereinander befindliche Einheiten zueinander in Bezug, ohne damit auf die Dimension 'nach vorne' als eine feste Raumlinie anzuspielen.

> (10.3.)
> *vorausgehen*
> "schon vorher, früher als ein anderer od. vor einem andern her irgendwohin gehen: er ging schon voraus, um einen Tisch zu besetzen" (Duden-WB S.2809)

Die Bedeutungsbeschreibung des Duden-WB spricht implizit drei Punkte an, die für die systematische Stelle dieser Verben bedeutsam sind. Dabei wollen wir einen Punkt, nämlich das Verhältnis zwischen örtlicher und zeitlicher Relation der expliziten Behandlung dieser Beziehung insgesamt in Punkt 5. dieser Arbeit vorbehalten. Die anderen beiden Punkte sind die Reihenfolgebeziehung, wie sie in 'vor einem andern her' ausgedrückt ist und die richtungsmäßige Undeterminiertheit, die durch 'irgendwohin' angesprochen wird. Diese Undeterminiertheit wird nur dadurch verdeckt, daß wir nicht eindeutig festgelegte Fälle im Zweifelsfall im Sinn der unmarkierten Besetzung zu verstehen trachten. Dadurch wird ein tendenzieller Zusammenfall von Bewegungsrichtung und Dimension nahegelegt.

Ungeachtet weiterer Merkmale, die die Art des implizierten Richtungssinnes und die notwendige Zielgerichtetheit der Handlung betreffen, kann zunächst festgehalten werden: Wenn Begriffe wie *vorne/vor* und *hinten/hinter* den Raum qua Gesichtsfeld und entsprechendem Gegenstück an der dadurch entstehenden Symmetrieebene in eine vordere und eine hintere Hälfte aufteilen, wobei diese Ebene durch den Standpunkt des ICH-HIER zu liegen kommt, beziehen sich *voraus, nach* und ähnliche Partikeln auf eine senkrecht zu dieser Ebene stehende Richtungslinie. Somit wird hier die raumhafte Gesamtvorstellung durch die Vorstellung einer Bewegungslinie ersetzt. Gerade diese Eigenheit der Bewegung entlang der HINTER/VOR-Dimension spielt, wie wir sehen werden, bei der zeitlichen Interpretation eine entscheidende Rolle; dazu soll vorerst nur intuitiv an das temporale Verständnis von Verben wie *voraussehen* erinnert werden, oder an die Tatsache, daß Verben mit der Partikel *vorher–* ausschließlich auf temporale Verhältnisse anzuwenden sind:

(11)(1) *vorhergehen, vorhersagen, vorhersehen* (Duden-WB S.2815)
(11)(2)
Da trat ein Sturm auf, den kein Gelehrter vorhergesehen hatte.
(Hacks 118)

Die Bedeutungsangabe zu *vorhergehen* "*zeitl. früher als etw. anderes stattfinden, ablaufen*" (ebd.) verdeutlicht das hier vorliegende Muster und auch, wie es – in genauer noch zu bestimmender Weise – auf den Bezug von zwei nacheinander auf einer Bewegungsachse angeordneten Punkten zur Beschreibung zeitlicher Verhältnisse zurückgreift.

4.3.2.6. Verben mit *vorwärts*

Aufgrund der bisherigen Oberlegungen zu den Richtungsangaben für die Dimensionshälfte 'nach vorn' ist anzunehmen, daß auch die Partikel *vorwärts* nicht in derselben Weise regelmäßig eingesetzt ist, wie wir das bei den Partikeln *aufwärts* und *abwärts* kennengelernt haben. Wenn wir annehmen, auch *vorwärts* gäbe, wie die genannten zwei Partikeln für die AUF/AB-Dimension ganz allgemein den betreffenden Richtungssinn an, müßte das wegen der Natürlichkeit der Vorwärtsbewegung, die somit vielen Bewegungsverben inhärent, mit anderen aber nicht kompatibel ist, zur Folge haben, daß dieser Richtungssinn allenfalls bei geeigneten Basen in kontrastiven Verwendungen gekennzeichnet würde; das wären Fälle wie:

(12.)
(12.1.)(1) *vorwärtsfahren – rückwärtsfahren*
(12.1.)(2)
[...] *worauf Piepsam wieder vorwärtszugehen begann.* (Mann 209)

Wie vorhin bei den entsprechenden statischen Verwendungen, handelt es sich auch bei den hier bewegten Objekten um Gegenstände mit einer deutlich kanonisierten Vorder- und Rückseite, hier typischerweise Fahrzeuge verschiedener Art.

Andere Partikelverben mit *vorwärts–* zeigen im Vergleich dazu bestimmte semantische Besonderheiten.

(12.2.)(1)
vorwärtsbrausen, vorwärtsdrängen, vorwärtskommen, vorwärtsmarschieren, vorwärtsschreiten, vorwärtstreiben
(Mater 1968, S.27).
(12.2.)(2)
Plötzlich stürzte er vorwärts. (Mann 210)
[...] *an dem vorwärtsstrebenden und balancierenden Zweirad.* (ebd.)

(12.2.')

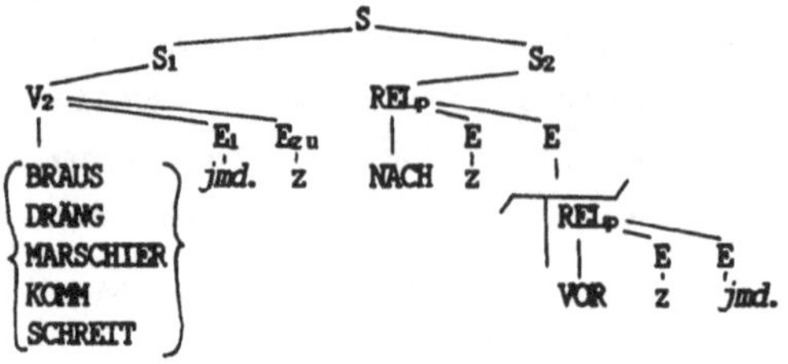

Das Gemeinsame mit entsprechenden Partikelverben mit *aufwärts-* und *abwärts-* ist, daß es sich auch bei denen mit *vorwärts-* um die absolute Richtungsangabe ohne eine bestimmte Zielmarkierung handelt, daß also lediglich die Direktion des Weges, durch den die Richtung definiert ist, angegeben wird. Stärker scheint aber bei *vorwärts-* die Tendenz zu sein, neben und gelegentlich sogar statt der eindeutigen Bestimmung der Richtung eine Verstärkung der Bewegungsintensität in diesem Richtungssinn auszudrücken. Auch hier beobachten wir also wieder eine gewisse Vagheit der Bedeutung der Partikel. Die Verstärkungsfunktion tritt auch schon bei Beispielen auf, bei denen die Hauptfunktion zweifellos noch die Bestimmung des Richtungssinnes ist.

(12.2.)(1.1.) *vorwärtsdrängen, vorwärtstreiben*
(12.2.)(1.2.)
[...] *so glich die Menschheit einem Mann, den ein unheimlicher Wandertrieb vorwärtsführt, für den es keine Rückkehr gibt und kein Erreichen* [...] (Musil 234)

Beleg für die direktionale Bedeutung dieser Verben ist, daß zu ihnen durchaus Antonyme mit *rückwärts-* oder auch *zurück-* oder sonstige Gegenbildungen mit anderen Richtungsangaben denkbar sind. Dagegen scheint schon bei Beispielen wie

(12.2.)(2.1.) *vorwärtskommen, vorwärtsmarschieren*
(12.2.)(2.2.)
[...] *er wäre vielleicht doch nicht so schnell vorwärtsgekommen* [...] (Musil 138)

die Verstärkung des Richtungssinnes von größerer Bedeutung zu sein; das zeigt sich entsprechend auch daran, daß ein Antonym allenfalls mit *zurück-* gebildet werden könnte. Ein Verb mit dieser Partikel wäre aber gemäß den oben dargestellten Verhältnissen bei diesen Bildungen eher als eine Vorwärtsbewegung zu einem auf einem bereits zurückgelegten Weg gelegenen Punkt zu verstehen, nicht aber sosehr als eine vom Bewegungstyp her gegensinnige Bewegung. Paraphrasierend könnte man sagen, daß so gesehen ein 'Zurückkommen' genausogut ein 'Vorankommen' ist wie ein 'Vorwärtskommen'. Noch deutlicher ist dieser Aspekt der Verdeutlichung und Intensivierung der Vorwärtsbewegung, die auch der verbalen Basis schon inhärent ist, bei

(12.2.)(3) *vorwärtsbrausen.*

Bedeutet doch *brausen* allein schon "sich (geräuschvoll) mit hoher Geschwindigkeit bewegen" (Duden-WB S.426), eine Bewegungsart, die nur als eine sowohl heftige als auch eine V o r w ä r t s bewegung verstanden werden kann. Sofern allerdings dieses Verständnis beim Simplex formal nicht explizit gemacht wird, stellt es eher einen impliziten Faktor der Gebrauchsbedingungen für dieses Verb dar. Im Partikelverb wird dann jedoch diese Bedeutungskomponente rhematisch und somit zweifellos auch gegenüber dem Simplex verstärkt; diese Rhematisierung zeigt sich auch an der entsprechenden Valenzreduktion. Syntaktisch hat also das *vorwärts-* hier wie in den anderen Fällen die Funktion, die Stelle der Direktionalergänzung in die Basisbedeutung verdeutlichender und modifizierender Weise zu füllen, so daß alle Falle eines *Brausens durch x, über x, in x* als Konkretionen eines abstrakteren *vorwärtsbrausen* auftreten.

4.3.2.7. Verben mit *vorwärts-*, *voraus-* und *voran-*

Bei einem nochmaligen Vergleich mit anderen Partikeln, die sich auf dieselbe Richtung beziehen, zeigt sich, daß in diesem Vergleichsrahmen *vorwärts-* semantisch in einem gewissen Umfang mit *voraus-* verwandt ist. Beide Partikeln sind prinzipiell nur auf eine Bewegungs l i n i e anwendbar, während analoge Partikelverben mit *vor-* sich auf den ganzen R a u m vorne beziehen können:

(12.3.)(1) *vorwärtstragen* (2) *voraustragen* (3) *vortragen*

Im Gegensatz zu *voraus-* bedeutet *vorwärts-* aber unbedingt eine Bewegung 'nach vorne', während *voraus-* sich auf die Relation zweier Punkte auf der gedachten Bewegungslinie bezieht, von denen einer auf dieser Linie ,vor' und der andere entsprechend 'hinter' dem anderen ist. 'Vorne' und 'hinten' sind dabei also lediglich intern durch die Relation der Punkte zueinander definiert, so daß man jemandem in entsprechender Situation durchaus

(12.4.)(1) *nach hinten vorausgehen*

kann, aber eben nicht

(12.4.)(2) **nach hinten vorwärtsgehen.*

Es leuchtet unmittelbar ein, daß die relative Bedeutungsstruktur der *voraus-*Verben wesentlich besser dazu geeignet ist, die Vorstellung der Beziehung von Zeitpunkten zueinander zu vermitteln. Bei der absoluten Bedeutung von *vorwärts-* ist eine solche Verwendung wesentlich weniger naheliegend. Auf Fragen der Übertragung der lokalen auf temporale Relationen wird aber in Punkt 5. noch ausführlich einzugehen sein. Auf jeden Fall bestätigt die Tatsache, daß die 'vorwärts'-Bedeutung nicht einfach umkehrbar ist,

(12.4.)(3) **nach hinten vorwärtsbrausen*

unsere Interpretation der Funktion dieser Partikel in solchen bereits orientierten Handlungsverben als Verstärkung der Bewegung 'nach vorn'. Zu einem solchen Verb wäre dann allenfalls ein Antonym

(12.4.)(4) **rückwärtsbrausen*

mit umgekehrter Richtungsbetonung konstruierbar, diese Bedeutung ist aber nicht mit den Vorgaben der Basis vereinbar. Verdeutlichen mag den Unterschied zwischen den beiden Partikeln die teilweise Ambiguität von Verben mit *voran-*:

(13)(13.1.)
(1)
voranbrausen, voranbringen, voraneilen, vorankommen, voranlaufen, voranstürmen u.a.m. (Mater (1968, S.26)).
(2)
[...] *an denen entlang du dich* [...] *vorankämpfen mußt.* (Jonke 97)

Dabei gibt es durchaus Fälle, bei denen *voran-* zweifelsfrei *vorwärts-* entspricht:

(13.2.) *vorankommen - vorwärtskommen*

Von diesen beiden Verben, die zudem denselben Idiomatisierungtyp 'es zu etwas bringen' zeigen, ist im Duden-WB aus nicht ganz einsichtigen Gründen nur *vorankommen* (S.2809) in lokaler Bedeutung verzeichnet, während bei *vorwärtskommen* (S.2823) nur die übertragene Bedeutung aufgeführt ist. Das bei *vorankommen* gebrachte lokale Beispiel wäre nämlich auch problemlos mit *vorwärtskommen* denkbar.

(13.3.) *vorankommen*:
"*sich nach vorn bewegen, einen Weg, eine Strecke zurücklegen*: das Boot konnte stromaufwärts kaum v."

Hier zeigt sich zudem, wie die Funktion "Verstärkung der Vorwärtsbewegung praktisch auftritt: als Äquivalent für die bei der Vorwärtsbewegung aufgewendete Mühe.

Neben diesem Konkurrenztyp gibt es recht ambivalente Fälle des Nebeneinanders von *voran-*, *vorwärts-* und *voraus-*.

(13.4.)

voraneilen → *vorwärtseilen*
voraneilen → *vorauseilen* (vgl. Duden-WB S.1808/09)

Voraneilen kann hier im Prinzip beide Relationen ausdrücken, wenn es auch in der Verwendung analog zu *vorwärtseilen* genau wie dieses zumeist in idiomatisierter Verwendung vorkommt. Zwischen *voran-* und *voraus-* besteht eine echte Konkurrenz, während die Akzeptabilität entsprechender Bildungen mit *vorwärts-* schwankend ist. Allerdings ist auch das Verhältnis zwischen den Bildungen mit *voran-* und *voraus-* noch stärker differenziert, als es bisher den Anschein hat:

(13.4.)
(1) *vorangehen*
"*vorne, an der Spitze gehen*: jmdn. v. lassen" (Duden-WB S.2808)
(2) *vorausgehen*
"schon vorher, früher als ein anderer od. vor (einem) andern her irgendwo hingehen" (Duden-WB S.2809/s.o.(10.1.)(1))
(3) *vorauslaufen*
"als erste(r), vor den andern laufen: die Kinder liefen voraus" (Duden-WB S.2809)

(13.4.)(1') *jmd. geht voran*

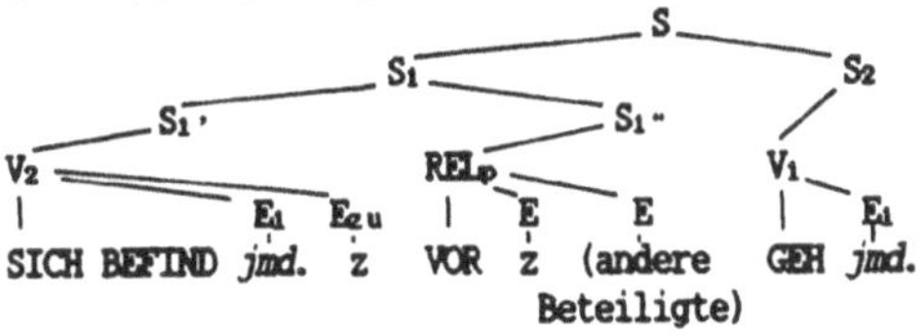

(13.4.)(2') *a geht (dem b) (nach z) voraus*

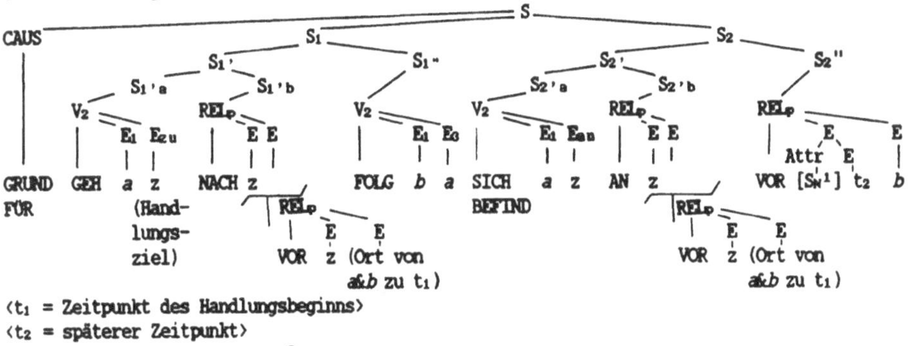

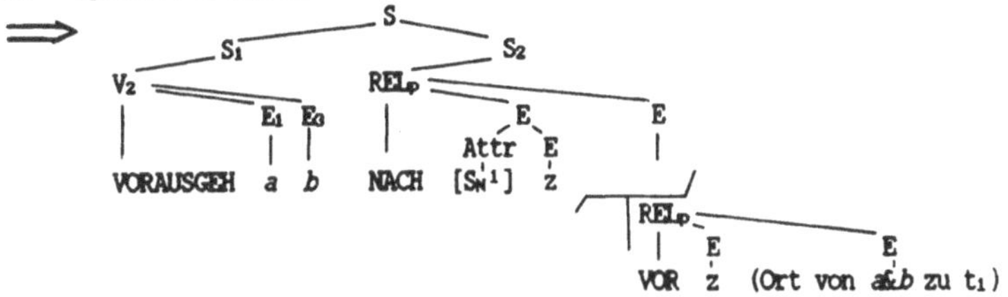

Für (13.4.)(3') sind beide Arten des Verständnisses anzunehmen. In (13.4.)(1) ist durch das *voran-* eine einfache Anordnungsbeziehung hergestellt, die Gesamthandlung wird nicht als auf ein Ziel finalisiert dargestellt. Das ist im Gegensatz dazu bei (13.4.)(2) eindeutig die Hauptfunktion der Präfigierung mit *voraus-*. So wurde das auch in (10.1.)(2) dargestellt und das im Duden gegebene Beispiel, das oben bei (10.1.)(1) schon zitiert wurde, bestätigt diese Deutung. In *vorauslaufen* fallen diese beiden Möglichkeiten in gewissem Umfang zusammen; das bestätigt auch die doppelte Paraphrasierung im Duden, das gegebene einfache Beispiel verdeckt die Ambivalenz allerdings eher, als daß es sie darstellt.

(13.4.)
(3.1.) *Die Kinder sind schon vorausgelaufen.*

(3.2.) *Wir lassen die Kinder vorauslaufen und kommen dann eine Viertelstunde später selber nach.*

Das Auseinandernehmen der beiden Funktionen in die beiden Beispiele zeigt, daß sie sich sachlich durchaus auf denselben Vorgang beziehen können, daß im Fall (3.1.) aber die Funktionalisierung auf die Folgehandlung hervortritt, in (3.2.) die Reihenfolgeanordnung auf der Bewegungslinie. Dieser vielleicht zunächst geringfügig erscheinende Unterschied wird hier auch deshalb relativ ausführlich beleuchtet, weil er im Bereich der zeitlichen Strukturierung nicht unerhebliche Folgen hat. Stellen wir einmal die entsprechenden Einträge des Duden-WB nebeneinander, ergibt sich das folgende Bild.

(13.5.)

(1)	*vorauseilen*	'eilig vorauslaufen'
	vorausfahren	'als erste(r), vor den andern fahren'
	vorausgehen	,schon vorher, früher als ein anderer od. vor (einem) andern her irgendwohin gehen'
	vorauslaufen	'als erste(r), vor den andern laufen'
	vorausreiten	'vgl. *-fahren*'
	vorausschicken	'als erstes, vorher schicken'
		(alle nach Duden-WB S.2809)
(2)	*voraneilen*	'schnell vorangehen'
	vorangehen	'vorne, an der Spitze gehen'
	voranschreiten	's. *-gehen*'
	vorantragen	'an der Spitze gehend tragen'
(3)	*vorankommen*	'sich nach vorn bewegen, einen Weg, eine Strecke zurücklegen'
		(alle nach Duden-WB S. 2808/2809)

Aus den Beispielen in (1) lassen sich zwei Bedeutungsmerkmale herauslesen: was oben als Reihenfolgebeziehung bezeichnet wurde, wird in den Duden-Paraphrasen typischerweise mit 'als erste(r)/(s)' wiedergegeben, was wir als 'zielorientiert' beschrieben haben als 'vor (einem) andern irgendwohin`; allerdings ist diese zweite Bedeutung nur für *vorausgehen* konsequent ausformuliert; bei den anderen Beispielen berücksichtigen die Paraphrasen nicht, daß diese zweite Bedeutung den Ausdruck des Zielpunktes impliziert, daß er nur weggelassen werden kann, wenn ausgedrückt werden soll, daß es zwar um ein Ziel geht, daß aber entweder aus dem Kontext klar ist, um welches es geht, oder daß die genaue Art des Ziels egal ist, sofern es sich immerhin um ein Ziel handelt. Wie auch immer, in den Verben in (13.5.) (2) tritt lediglich die erste dieser beiden Bedeutungen, die 'Reihenfolgebedeutung' also, auf, und das häufig in der terminologischen Form 'an die Spitze', in einer Spezialisierung somit, die man als "Prozessionsbedeutung" bezeichnen könnte. Die in (13.5.)(1) und (2) auftretenden transitiven Handlungsverben *vorausschicken* und *vorantragen* bestätigen diesen Befund besonders klar, zeigen sie doch in ihrer Idiomatisierungstendenz, wohin die Kernbedeutung der jeweiligen Partikel strebt. So ist bei *vorausschicken* die Tendenz spürbar, auch die 'Reihenfolgebedeutung` funktional zielbezogen zu deuten, während bei *vorantragen* die Reihenfolgebedeutung auch insofern als ,Prozessionsbedeutung` zu beschreiben ist, als die Selektionsbeschränkungen dieses Verbs relativ strikt sind. Ganz deutlich wird auch die Sonderstellung von *vorausgehen* in seiner Gruppe, das, was auch die wesentlich kompliziertere Duden-Paraphrase anzudeuten scheint, sehr stark auf die funktionale Ziel-Bedeutung festgelegt ist. Beispiel (3) letztlich soll zeigen, daß in Randfällen auch andere Beziehungen, hier eine Art Konkurrenz zu *vorwärts-*, möglich sind.

All diese genaueren Differenzierungen, Schwierigkeiten einer eindeutigen Beschreibung und Ambivalenzen der zu beobachtenden Verwendungen sind letztlich auf die hohe Natürlichkeit der Richtung 'nach vorne' zurückzuführen, die teils dem Menschen aufgrund seiner physischen und perzeptiven Voraussetzungen inhärent ist, in dieser Form dann teilweise (bei *voraus-* und z.T. *vor-*) sozusagen mit ihm mitwandert und zum anderen in verschiedener Weise auf andere Objekte übertragen wird. Dabei spielen für diese Übertragung auch noch Richtungseigenschaften der betroffenen Objekte eine Rolle. Im Einzelfall können diese verschiedenen Bezugssysteme dann miteinander interferieren. So ist eine Vielfalt von Aspektwechseln gerade für die Bezeichnungen für Bewegungen und Zustände auf der VOR/HINTER-Dimension typisch.

4.3.3. Relationshälfte HINTER

4.3.3.1. Allgemeines

Wie an einzelnen Bemerkungen zu möglichen Antonymen schon sichtbar wurde, gelten viele der bisher für die Hälfte 'nach vorne' gemachten Aussagen im Prinzip auch für die HINTER-Hälfte dieser Dimension. Allerdings kommt als entscheidender Unterschied dazu, daß HINTEN im Gegensatz zu VORNE vom ICH-HIER-JETZT des Sprechers aus gesehen auf die "unkommunikative" Seite des Sprechers zu- bzw. von ihr ausgeht. Das hat zur Folge, daß sie weniger natürlich und somit markierter ist. Dafür ist sie aber für die allgemeine und damit auch für Kommunikationspraxis eher unbedeutend und wird auch im Zweifelsfalle eher negativ eingeschätzt (vgl. Lyons (1977, S.691); Mayerthaler (1981, S.14)). Dementsprechend ist das System der Orts- und Richtungsbezeichnungen für diesen Bereich ohnehin relativ schwach ausgebaut, und die entsprechenden Partikeln spielen in der verbalen Wortbildung eher eine marginale Rolle.

(14)(14.1.)
hinterdrücken, hintergehen, hintergießen, hinterkommen, hinterlassen, hinterlegen, hinterschlingen, hinterschütten, hintersetzen, hinterziehen (Mater (1968, S.19))
(14.2.) *hintenbleiben* (Mater(1968, S.42))
(14.3.) *dahintergucken, dahinterknien, dahinterstehen*
(14.4.) *rückwärtsgehen*

Für die Richtung 'nach' bzw. 'von hinten' ist in der deutschen Standardsprache der Gegenwart die Differenzierung nach *her-* und *hin-* auch außerhalb der verbalen Wortbildung nicht vorgesehen (s.Eichinger (1980, S.28)). So bleibt als potentiell regulärste deiktische Richtungsangabe für diesen Bereich die einfache Richtungspartikel *hinter-*. Obwohl die entsprechende homonyme Präposition lokale oder direktionale Bedeutung haben kann, ist in Partikelverben dieses Typs lediglich die direktionale Variante realisiert. Darüberhinaus gibt es sowohl die schon bei *vor-* bemerkten grundsätzlichen, als auch weitere, darüber hinausgehende Beschränkungen. Zu den allgemeinen Beschränkungen gehört, daß aufgrund der möglichen Bezüge auf die Rückseiten verschiedener Objekte bzw. auch den Sprecher in seiner jeweils unterschiedlichen Position die Situationsbeschreibung lediglich mit dem deiktischen Verweis nicht eindeutig gemacht werden kann. Als eine spezielle Beschränkung ist zu notieren, daß die Verwendung von Verben des Typs (14.1.) regional, und zwar auf den (Süd)osten des deutschen Sprachgebiets beschränkt ist (vgl. Duden-WB S.1249ff.). Ob und wieweit das mit der anderen Strukturierung der Richtungspartikeln in den jeweiligen dialektalen Substraten zusammenhängt, kann hier nicht diskutiert werden.

4.3.3.2. Verben mit *hinter-*

Von den bisher gemachten Bemerkungen her ist schon nichts anderes zu erwarten, als daß Partikelverben mit *hinter-*, seien sie nun trennbar oder nicht, in der deutschen Standardsprache der Gegenwart keine bedeutsame Rolle spielen. M. Bornschier (1971, S. 47/48) bemerkt dazu:

> Mit *hinter-* gibt es nur noch untrennbare Verbindungen, und auch davon sehr wenige (...). Die Verbalverbindungen sind (...) ausnahmslos bildlich zu verstehen, wodurch die Assoziation des Präfixes mit der Präposition aufgehoben wird:
> *hintertreiben, hinterziehen, hinterbringen, hinterlegen, hintergehen, hinterlassen*
> Für betontes *hinter* führt Mater lediglich einige Bildungen auf, die einer regional begrenzten, populären Sprache angehören (z. B. *hintergießen* wohl von "hinter die Binde gießen", *hinterschlucken*). Henzen 1969, S. 111/112 bemerkt, dass *hinter-* in betonter Form durch "zurück" verdrängt wurde, das nicht nur eine Bewegung zum Ausgangspunkt zurück bezeichnen kann, sondern auch wie "hinter" einfach eine Bewegung 'nach hinten': "hintertreten", "zurücktreten".

Eine etwas weitere Verbreitung der ersten Konstituente (K1) *hinter-* nimmt offenbar Simecková (1984, S.133) an, die es unter die Konstituenten der Gruppe B, d.h. solche die distanzierbar und nicht distanzierbar vorkommen, rechnet. Sie führt dann auch (S.180) 10 Verben auf, die in beiden Verwendungen belegt sind: sofern sie nicht trennbar sind, gilt für sie, was Bornschier festgestellt hat: die Bedeutung ist so abstrakt, daß sie nicht mehr in unseren Untersuchungsbereich fallen.

Wir haben uns daher im folgenden mit den trennbaren Verben zu beschäftigen.

Bei den oben verzeichneten Verben mit trennbarem *hinter-* gibt es zwei Gruppen, deren eine, im Duden-WB (S.1249) durchgehend als ostmitteldeutsch bezeichnete, vom Typ *hintergießen*, eine etwas heftige Form der Nahrungsaufnahme umschreibt, und so von der lokalen Bedeutung her schon etwas als idiomatisiert anzusehen ist, und eine zweite, die als ostmitteldeutsch, süddeutsch, österreichisch und umgangssprachlich ausgezeichnet wird, und deren Verben ganz einfach die lokale Bedeutung 'nach hinten x-en' ausdrücken: das Duden-WB verzeichnet von diesem Typ:

(14.1.)(1)	
hinterbringen	'nach hinten bringen'
hinterdrücken	'nach hinten drücken'
hintergehen	'nach hinten gehen'
hinterlassen	'nach hinten lassen'
hinterlegen	'nach hinten legen'
hinterziehen	'nach hinten ziehen'

(nach Duden-WB S. 1249/50)

Es sind also Bildungen belegt, die zu den Fortbewegungs- und solche, die zu den Verben des Beförderns gehören. Aufgrund der Besonderheit der Dimension VOR/HINTER geht es hierbei ausschließlich um Verben topologischer Bezugnahme; dimensional tritt tatsächlich, wie von Bornschier irrtümlich generell angenommen, *zurück-* ein. Und *zurück-* seinerseits zeigt wiederum ein Ausweichen aus der dimensionalen Lokalbedeutung in eine funktionale Umdeutung. Davon wird aber später noch zu reden sein. Die relationalen Verhältnisse bei den in (14.1.)(1) aufgeführten Verben lassen sich folgendermaßen skizzieren:

(14.1.)(1') a) Fortbewegungsverben

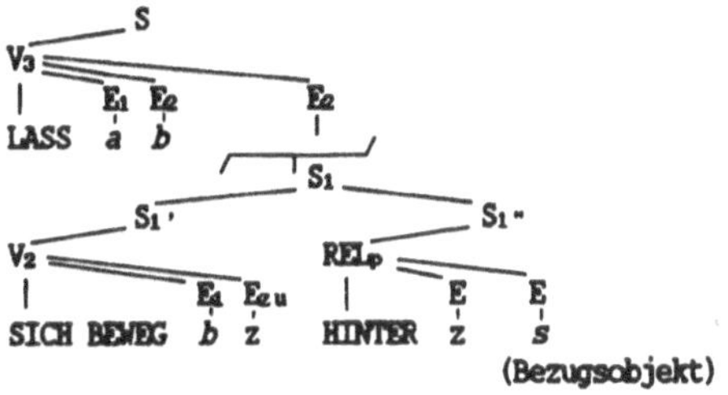

Aus diesem Baum läßt sich durch geeignete "Topikalisierung" *hintergehen* (oder auch weitere Bildungen wie das in (14.1.) genannte *hinterkommen*) herleiten. Dabei bildet offenbar *hintergehen* das Grundmuster. Häufiger ist aber offenbar der zweite Untertyp:

(14.1.)(1') b) Verben des Beförderns

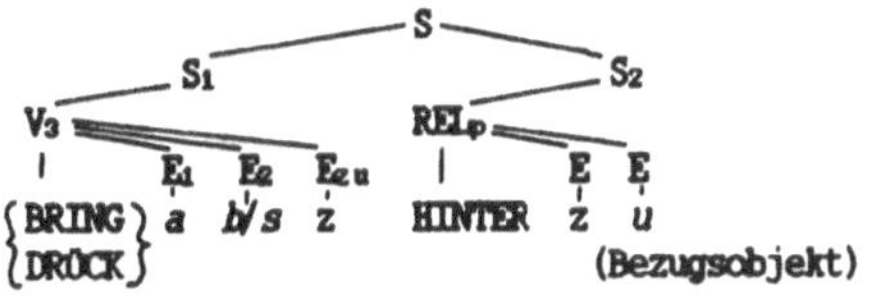

Diese soweit offenbar ganz systematische Entsprechung zu Verben mit topologischem *vor-* in der Gegenrichtung wird aber ebenso wie diese in der deutschen

Standardsprache der Gegenwart nicht regelmäßig genutzt. Stattdessen tritt die auch in den Paraphrasen auftretende syntaktische Umschreibung ein. Trotzdem gibt es aber offenbar einige Verben mehr, als von Bornschier angenommen wird, und die Einschränkung ihrer Bildbarkeit ist auf andere Weise begrenzt, als sie das angibt: es geht hier wirklich um den Gegensatz von unwichtiger Dimensionshälfte und handlungsmäßig markierter topologischer Relation. D. h. auch diese Verwendung ist durch die Markiertheit der Relation eingeschränkt, aber nicht so prinzipiell wie die dimensionale Verwendung. Unter den untrennbaren Verben, die wir insgesamt einmal ausgeschlossen haben, gibt es allerdings doch einige, die eine lokale Bedeutung in einer Art Konkurrenzverhältnis zu bestimmten Bildungen mit *unter-* und in ähnlichen fachsprachlichen Zusammenhängen gewahrt haben. Wir haben die entsprechenden Bildungen mit *unter-* oben schon behandelt.

(14.1.)(2)
hinterfüllen
"*den Hohlraum hinter, unter etw. mit stabilisierendem Material ausfüllen*: die Befestigung des vorher mit Kies hinterfüllten Bürgersteiges"
hintergießen
"*(Galvanos, Matern o. ä.) mit Hilfe des Bleigusses hinterlegen*"
hintermauern
"*durch Mauerung (...) auf der Rückseite verstärken.*"
(alle nach Duden-WB S.1250/1251)

Bei *unter-* entsprach diesen Verben die folgende Gruppe:

(14.1.)(3)
unterfüttern
"*mit einer Schicht unterlegen*"
"*mit einem Futter versehen*"
unterlegen
"*die Unterseite von etw. mit etw. aus einem anderen (stabileren) Material versehen*"
untermauern
"*mit Grundmauern versehen; mit stabilen Mauern von unten her befestigen, stützen*"
(alle nach Duden-WB S.2707/2708)

Die prinzipiellen Verhältnisse zeigen sich klar bei den Verben zu *mauern*; wie bei *unter-* der "Unterseitenkontakt" - und das v. a. in bestimmten fachsprachlichen Verwendungen - ausgedrückt wird, und dabei eine regelmäßige Idiomatisierung in Richtung 'zum Zwecke der Verstärkung' eintritt, so gilt für *hinter-* dasselbe, nur mit Hinblick auf den "Rückseitenkontakt". Allerdings zeigt das Beispiel, das das Duden-WB für *hinterfüllen* gibt und das offenbar aus einer Bauausschreibung stammt, deutlich, daß zwar auf jeden Fall 'Flächenkontakt an der abgewandten Seite' gefordert ist, die dimensionale Unterscheidung von *hinter-* und *unter-* aber überspielt werden kann. Verdeutlicht wird das noch, wenn man auch für *hinter-* das archetypische *hinterlegen* dazunimmt, das oben nicht aufgenommen wurde, da es der Duden ausdrücklich als "selten" bezeichnet. Seine Bedeutung wird im Duden-WB

(S.1251) einfach als 'unterlegen' angegeben. Im Sinne unserer Gesamtdeutung ist interessant, daß das, was wir als die negativen Enden der Dimensionen beschrieben haben, und dessen negative Bewertung wir auf die Abgewandtheit vom Sprecher zurückgeführt haben, gerade unter diesem Gesichtspunkt zusammengefaßt wird. Für das Verhältnis solcher Bildungen zu solchen entsprechender Bedeutung mit den Partikeln *vor–*, *über–* und *auf–* sei auf die obige Behandlung dieser Partikeln verwiesen.

Für die Darstellung im Basis-Valenzkonzept haben diese Zusammenhänge zur Folge, daß auch die Relationen ganz parallel den oben bei *unter–* angesetzten sind Es geht jeweils um ein funktionalisiertes 'hinter-etwas- Legen', das dann nach Art und Weise (*gießen*, *füllen*) oder Objekt weiter modifiziert wird:

(14.1.)(2')

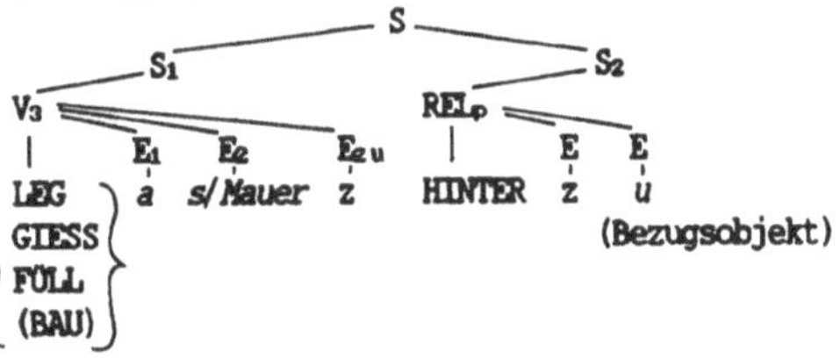

Nun hat aber die Topikalisierung mit dem Ziel des nichttrennbaren Verbs zur Folge, daß die Handlung als holistisch auf das Bezugsobjekt gerichtet verstanden wird: durch diese Fokussierung wird das Verständnis der lokalen Handlung als "flächendeckend" gesichert: die Reihenbildung im Rahmen eines bestimmten Sachbereichs sichert die Einheitlichkeit der Idiomatisierung.

Die relativ geringe Produktivität der Bildungen mit *hinter–* kommt im Rahmen unseres Beschreibungssystems nicht unerwartet: Handlungen bzw. Bewegungen überhaupt, die sich auf diese Relation beziehen, sind offenbar selten von der Üblichkeit, daß sie in Wortbildungen dieses Typs festwerden würden. Dabei bleiben die Produktivitätsbeschränkungen systematisch durchaus im vorgegebenen Rahmen: was völlig ausfällt, sind dimensional orientierte Bildungen. Handlungen gehen eben 'nach vorne', auch wenn man sich dazu umdrehen muß, um das etwas salopp zu formulieren. Dem trägt auch das Konkurrenzverhältnis mit *zurück–* Rechnung. Topologisch-objektbezogene Bildungen folgen, so sie existieren, durchaus den auch sonst zu findenden Mustern; wie wir gesehen haben, sind hier auch durchaus ad hoc Neubildungen möglich.[8]

8 Unser Befund zu *hinter–* ähnelt im sachlichen weithin dem, was Löhner (1889, S.124) feststellt:
"*hinter*: Es wurde an verschiedenen Stellen dieses Aufsatzes ersichtlich, daß Komposita mit *hinter* überhaupt nicht zahlreich, und fast nur untrennbar und in übertragener Bedeutung üblich sind. Gleichwohl fehlt es nicht an trennbaren Zusammensetzungen, die jedoch meist mundartlich sind: (...)".

4.3.3.3. Verben mit *hinten-* und weiteren Partikeln

Statisch-lokale Bildungen mit *hinten-* sind eben so selten wie solche mit *vorne-*; es gelten auch analoge Verwendungsbedingungen. Somit würde man auch hier am ehesten bestimmte konstrastiv im Hinblick auf kanonisierte Standardsituationen gebrauchte Verbpaare erwarten: *hintensitzen/ vornesitzen* (vgl. Goeppert (1970, S.60)). Im Gegensatz zu VOR sind bei HINTER Formen mit *dahinter-* offenbar so wenig üblich, daß im Duden-WB kein solches Verb verzeichnet ist, das noch lokale Bedeutung hätte, es gibt allerdings einige Einträge mit übertragenen Verben, die alle irgendwie die Bedeutung von *dahinterstecken* oder *dahinterkommen* (S.478) variieren, darunter auch die in (14.3.) genannten Beispiele. Sofern solche Verben lokale Bedeutung haben sollten, ist ihre Bedeutung leicht aus ihren Elementen zu ermitteln. Über (14.4.) bzw. auch über *rückwärts-* allgemein wurde oben im Zusammenhang mit *vorwärts-* schon gesprochen.

4.3.3.4. Verben mit *nach-/hinterdrein-/hintereinander-*

Auch bei der Richtung 'nach hinten' gibt es, wie oben auch für den Gegensinn 'nach vorne' diskutiert, neben den in (14) genannten und mehr oder minder systematisch genutzten Möglichkeiten, sich auf ein VORNE und HINTEN in Relation zu bestimmten Objekten, ggf. auch auf den Sprecher selbst als Fixpunkt zu beziehen, welche, die die inhärente VORNE-HINTEN-Orientierung des Menschen benutzen, um die Bewegung zweier Entitäten im Raum im Verhältnis zueinander zu beschreiben.

(15)(15.1.)(1.1.)
nachbellen, nachblicken, nachbringen, nacheilen, nachfahren, nachfliegen, nachgehen, nachhetzen, nachhinken, nachholen, u.a.m.
(Mater 1968,S. 19/20)
(15.1.)(1.2.)
[...] *dem beglückten oder vernichteten Menschen nachzublicken.* (Mann 116)
ein Hund, der einem rollenden Rad nachläuft (Musil 71)
[...] *seine Sachen ihm nachgeworfen wurden* [...] (Musil 237)
(15.2.)
hinterdreinkommen, hinterdreinlaufen (Mater 1968, S.55) *hinterherjagen, hinterherlaufen, hinterherrufen, hinterhertreiben, hinterherwerfen* (Mater (1968, S.36))
(15.3.)(1.1.)
hintereinanderfahren, hintereinandergehen, hintereinanderkommen, hintereinanderlaufen, hintereinanderlegen u.a.m. (Duden-WB S.1252)
hintereinanderschalten, hintereinanderschreiben (Mater (1968, S.60))
(15.3.)(1.2.)
Gruppenweise gingen wir den halben Kilometer zu den Weidegründen hintereinander (Brandstetter a79)

Gemeinsam gegenüber den bisher behandelten Verben ist den Beispielen unter (15), daß sie alle die Beziehung zwischen (mindestens) zwei Punkten, die auf einer gedachten Linie zueinander in Beziehung zu setzen sind, ausdrücken, wobei es jeweils um den hinteren der Bezugspunkte geht. Auch hier zeigen sich über diese gemeinsame Grundlage hinaus Unterschiede bzw. bedeutungsmäßige Differenzierungen zwischen den einzelnen Bildungstypen.

Dabei sind als erstes einmal die Verben mit *hintereinander–* relativ leicht von den übrigen Bildungen abzuheben, da sie mehr die Tatsache des 'Aufreihens' als solche als die, daß sich infolge dieses Aufreihens ein Element 'hinter' dem anderen befindet, bezeichnen. In einem gewissen Sinn gehören somit die Bildungen mit *hintereinander–* in die Nähe derer mit *voran–*, haben allerdings eine etwas schwierigere Struktur:

(15.3.')

a) Fortbewegungsverben

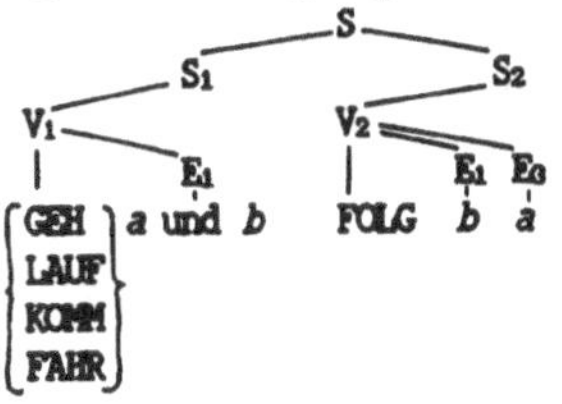

b) Verben des Beförderns

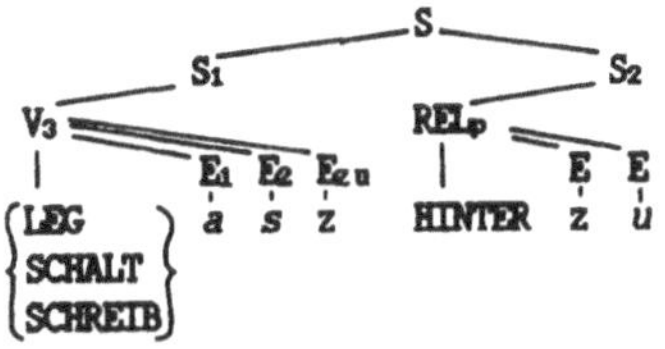

Das Bild des 'Hintereinander' wirkt aber immer soweit nach, daß man die entsprechenden von transitiven Handlungsverben ausgedrückten Handlungen konventionell 'von vorne' beginnt. *Hintereinander–* ist der unmarkierte Ausdruck für solch ein Anreihen von verschiedenen Handlungen und Bewegungen. Beleg dafür ist auch, daß entsprechende Bildungen mit *voreinander–* zumindest einigermaßen markiert sind, in manchen Fällen, etwa bei *–schalten, –schreiben, –gehen* gar keinen Bezug zur hier ausgedrückten Handlung hätten. So sind etwa Gegenbegriffe zu diesen Verben mit *hintereinander–*

(15 3.)(1)
parallelschalten, unter–/ über–/ nebeneinanderschreiben, nebeneinanderfahren, nebeneinandergehen, miteinanderkommen, nebeneinanderlaufen, aufeinander–/nebeneinanderlegen

Zu was jeweils die als unmarkierte Anreihung verstandene Handlung bzw. Bewegung, die durch *hintereinander–* ausgedrückt wird, in Opposition zu setzen ist, wird durch die in den Basen ausgedrückten Sachverhalte bestimmt. So ist etwa ein **voreinanderkommen* inhaltlich kaum vorstellbar, ein *voreinanderschreiben* dagegen vielleicht als ein Nebeneinanderschreiben in der nicht normalen Reihenfolge zu verstehen.

Der Unterschied zwischen den Verben in (15.1.) und (15.2.) ist demgegenüber geringer oder zumindest anderer, aspektueller, Art. Am deutlichsten zeigt sich das an Bildungen zur selben Basis.

(15.1.)(1)
nachlaufen
"*jmdm., einer Sache (eilig) zu Fuß folgen*: die Kinder liefen dem Eiswagen nach; der Hund läuft seinem Herrn nach" (Duden-WB S.1845)
(2)
[...] *daß die Baroness und ich als letztes Paar der Gesellschaft nachfolgten*. (Mann 53)
<die Post> *mir nachgeschickt wird*. (Jonke 20)
[...] *und seine Sachen ihm nachgeworfen wurden* [...] (Musil 237)
(15.2.)
(1)
hinterdrein-/hinterherlaufen
"*hinter jmd., hinter etw. herlaufen*" (Duden-WB S.1252)
(2)
[...] *ging er* [...] *einfach gleich hinterher*. (Mann 17)
[...] *das wir schwer nur uns nachschleppend hinterherschleifen müßten* [...] (Jonke 67)

Auch aus der im zweiten Fall vielleicht nicht sehr glücklichen Paraphrasierung dieser Beispiele geht der Unterschied zwischen diesen Bildungstypen mit wünschenswerter Deutlichkeit hervor. Die Verben mit *nach-* sind sehr viel stärker zielorientiert; gemeint ist nicht nur ein "in gewissem Abstand Folgen", sondern ein Folgen mit dem Ziel, das Objekt, dem man folgt, zur Erfüllung eines bestimmten Zwecks, auch zu erreichen. Für *-laufen* heißt das, wenn ich jemandem *nachlaufe*, daß ich letztlich am selben Punkt bin wie er; selbst wenn diese Handlung nicht glückt, wird bei Verwendung dieses Verbs diese Intention ausgedrückt. Die Intentionalität dieses Verbs hat ferner auch Folgen für das Verhältnis von direktionaler und temporaler Bedeutung. Wenn nämlich die ausgedrückte Bewegung großenteils durch das Merkmal 'Bewegung auf ein Ziel zu' definiert ist, bei dem einzelne Charakteristika des Weges keine Rolle spielen – lediglich die Bewegungsart wird ja in der Basis in verschiedener Weise modifiziert – müssen ja Verben wie *nachlaufen* nicht bedeuten 'auf dem selben Wege nachlaufen/kommen usw.', sondern im Hinblick auf das zu Erreichende einfach weiter hinten dran zu sein, u.d.h. dann eben, später dran zu sein. Und da das Ganze zum Erreichen eines auch auf der Zeitlinie weiter vorne liegenden Punktes dient, wirkt das lokale Bild als eine Art Beschleunigung auch des zeitlichen Ablaufes. Darüber wird bei der Behandlung der temporalen Verhältnisse insgesamt noch ausführlicher zu handeln sein. Gegenüber der so skizzierten Bedeutung bedeutet *hinterdrein-/hinterherlaufen* und die weiteren Verben dieser Gruppe 'in einem gewissen Abstand hinter etw. sich bewegen'. Daß sich hier die beiden Punkte irgendwann auch treffen, ist bei diesen Verben unintentional, ein gemeinsames Ziel ist nicht notwendig impliziert, was auch die Wendung belegt, es gebe Rennfahrer, die immer *hinterdreinfahren*. Daß das nicht nur für die häufigeren Bewegungsverben gilt, zeigt etwa auch das Verständnis, das man *nachbellen* und einem nicht belegten, aber konstruierbaren *hinterherbellen* beilegen würde. Hier ist das ganze insofern schwieriger, als bei ,Bellen' vom Erreichen eines Ziels nur mit Einschränkung gesprochen werden kann. Trotzdem scheint kein Zweifel daran zu bestehen, daß ein *Nachbellen* wesentlich ziel- u.d.h. objektgerichteter ist als ein eher allerdings in einer bestimmten Richtung flächendeckendes *Hinterdreinbellen*. Oder, vom Standpunkt der Intentionalität her gesprochen, der 'nachbellende' Hund möchte etwas von dem "Bebellten", der 'hinterdreinbellende' äußert sich möglicherweise lediglich in hundetypischer Weise bezüglich eines von ihm nach vorne befindlichen Objekts. Bezüglich der Relation zu zeitlichen Verhältnissen heißt das: diese lokale Bewegungsart ist mehr durch den Weg – Abstand auf einem Weg – definiert; der dahinterliegende Punkt ist dadurch zeitlich gesehen auf jeden Fall später: Weg und Zeit laufen parallel.

Wenn man die Ergebnisse des Vergleichs der Bildungen mit *nach-* und *hinterdrein-/ hinterher-* den entsprechenden Partikeln für die VOR-Richtung gegenüberstellt, so kann man zumindest bezüglich ihres Unterschieds in der ausgedrückten Finalität auf den entsprechenden Unterschied zwischen den beiden Bedeutungen der Verben mit *voraus-* bzw. den Verben mit *voraus-* und denen mit *voran-* hinweisen. Die Parallelität geht hier so weit, daß auch bei zielorientiertem *voraus-* der Weg mehr oder minder egal ist, während er bei *voran-* für die beiden Punkte der Relation identisch bleibt.

Die relationalen Verhältnisse für die *nach-* und *hinterdrein-/-her-*Verben lassen sich somit ganz analog den Schemata für *voraus-* und *voran-* in 4.3.2.7. entnehmen (s.Bornschier (1971, S.63)).

4.3.3.5. Verben mit *zurück-*

Schließlich findet sich die Ambivalenz der Bedeutung, die sich in manchen Fällen bei *vor-* gezeigt hat, in entsprechender Form bei Verben mit *zurück-* wieder. Das zeigt auch die Darstellung der Partikel bei Goeppert (1970, S. 60):

zurück *rückwärts*	Negative Dynamik in bezug auf die andere Seite einer gerichteten Grenze. Der Blickpunkt ist ingressiv. (1) "Fritz wich zurück (vor dem Hund)." (2) "Fritz kam bald zu uns zurück."

Trotz der Ungenauigkeit der Darstellung und des unklaren Einbezugs von *rückwärts* wird deutlich, daß eine 'nach hinten'- und eine ,zum Ausgangspunkt'-Variante unterschieden werden sollen. Nur im ersten Fall ist eine Parallelisierung mit *rückwärts* sinnvoll. Der Unterschied der beiden Verwendungen von *zurück-* scheint mir eine Unterscheidung in eine dimensional-lokale und eine handlungsbezogen-idiomatisierte zu sein, wie bei *vor-* der Unterschied zwischen 'Bewegung nach vorne' und 'Bewegung vom Ausgangspunkt weg'. Bemerkenswert ist auch hier, daß in beiden Fällen die idiomatisierte Verwendung einen aspektbezogenen Charakter zeigt, und zwar den Gegensatz von ingressivem (*vor-*) und resultativem (*zurück-*) Aspekt. Ingressiv im Hinblick auf die hintere Relationshälfte wäre dagegen *hinter-*. Für die Partikel *zurück-* ist von Verben der folgenden Art auszugehen.

(16)(16.1.)
zurückbefördern, sich zurückbegeben, zurückbegleiten, zurückbeordern, zurückbewegen, zurückbiegen, zurückbleiben, zurückblicken, zurückbringen, zurückdrängen, zurückdrehen, zurückdrücken, zurückeilen, zurückfahren, zurückfallen, zurückfinden, zurückfliegen, zurückfließen, zurückfluten, zurückgehen, zurückgleiten, zurückhalten, zurückklappen, zurücklaufen, zurückleiten, zurücklenken, zurückmarschieren, zurückpassen, zurückprallen, zurückreissen, zurückreiten, zurückrennen, zurückrollen, zuruckrutschen, zurückschaffen, zurückschaudern, zurückschieben, zurückschnellen, zurückschrecken, zurückschwimmen, zurückschwingen, zurücksehen, zurücksetzen, zurückspielen, zurückspringen, zurückstecken, zurückstehen, zurückweichen, zurückwerfen, zurückziehen. (Duden-WB S.2964-2969)[9]

Bei einem Großteil der Zustands- und Bewegungsverben mit *zurück-* ist in irgendeiner Form die Doppelheit der Bedeutung zwischen 'nach hinten; rückwärts' und 'zum Ausgangspunkt zurück` aufzuweisen.

(16.1.)
(1) ***zurückbleiben***
"*nicht mitkommen, nicht mitgenommen werden u. an seinem Standort, an seinem Platz bleiben*"
"*nicht im gleichen Tempo folgen*"
(2) ***zurückblicken***
"*nach hinten, bes. in Richtung auf etw., was man soeben verlassen hat, blicken*"
"*sich umblicken*"
(3) ***zurückdrängen***
"*wieder an, in Richtung auf den Ausgangsort drängen*"
"*nach hinten (weg) drängen*"
(4) ***zurückdrehen***
"*wieder in die Ausgangsstellung drehen*"
"*rückwärts drehen*"
(5) ***zurückdrücken***
"*nach hinten drücken*"
"*wieder in die Ausgangslage, an den Ausgangspunkt, -ort drücken*"
(alle nach Duden-WB S.2694/2695)

Diese Beispiele für Verben, in denen diese beiden Bedeutungen in verschiedener Mischung auftauchen, sollen genügen. (3), (4) und (5) repräsentieren in ihren Paraphrasen in reiner Form die beiden hier in Rede stehenden Bedeutungen. Man kann allerdings aus der unterschiedlichen Reihenfolge der Aufzählung der beiden Bedeutungen in (5) gegenüber allen anderen hier genannten Beispielen den Schluß ziehen, daß normalerweise die Bedeutung 'zurück zum Ausgangsort' überwiegt. Das ist auch von der Art der Bewegung her logisch, impliziert sie doch häufig faktisch jene Bewegung, die man eine 'nach hinten' nennen würde, und versieht sie zu-

9 Dabei sind allerdings zuvor die Verben wie *zurückbeugen*, 'nach hinten beugen', auszuklammern, die eine entsprechende Veränderung der Körperhaltung meinen. Verben dieses Typs wurden im Zusammenhang mit anderen Partikeln schon mehrfach besprochen, so daß es hier mit der Erwähnung genug sein soll.

sätzlich mit einer Terminierung. In (2) ist die Bedeutung des 'nach hinten' nur in für die Handlung des Blickens terminologisierter Weise ausgedrückt, ansonsten ist es wie die anderen Beispiele. Und in (1) ist ebenfalls die Bedeutung in einer Weise ausgedrückt, die die direktionale Seite des als Zustand geschilderten 'hinten bleiben' betont. Wie es bei Durchsicht weiterer Verben aussieht, sind bei allgemeineren Bewegungsverben die beiden Bedeutungsvarianten eher gleichberechtigt als bei denen, die speziellere Bewegungstypen ausdrücken.

(16.1.)
(6) ***zurückfahren***
"*wieder an den, in Richtung auf den Ausgangspunkt fahren*"
"*sich fahrend rückwärts, nach hinten bewegen*"
(7) ***zurückgehen***
"*wieder an den, in Richtung auf den Ausgangsort gehen*"
"*rückwärts gehen, sich nach hinten bewegen*"
(8) ***zurücklaufen***
"*an den, in Richtung auf den Ausgangsort laufen; zurückgehen*"
"*sich laufend zurückbewegen*"
(nach Duden-WB S. 2965-2967)
(9)
[...] *daß er als letzter zurückblieb.* (Musil 182)
Später, wenn die Kinder zurückbleiben [...] (Mann 154)
[...] *die im Frühjahr zurückgehen will in die Türkei.* (Brigitte 184)
Während wir zurückschritten [...] (Mann 65)
Da mußte der Igel erst in den Wald zurücklaufen [...] (Hacks 19)
<im fahrenden Gefängniswagen>[...] *hinter den Gitterstäben der Türe liefen die Pflastersteine zurück.* (Musil 212)

Man sieht, daß hier die beiden Bewegungstypen jeweils mit gleichem Recht nebeneinander stehen; bei (8) ist allerdings die 'nach hinten'-Bewegung auf technische Vorgänge beschränkt. Dagegen gibt es aber auch eine Vielzahl von Verben, bei denen die 'zurück zum Ausgangspunkt'-Bewegung in einem Maße dominiert, daß sie auch nicht mehr irgendwie mit 'nach hinten' in Verbindung gebracht werden kann:

(16.2.)(1)	
zurückfließen	"*wieder an den Ausgangsort fließen*"
zurückkehren	"*wieder an den Ausgangspunkt kommen*"
zurückleiten	"*wieder an den Ausgangsort, -punkt leiten*"

(nach Duden-WB S. 2965-2967)

(16.2.)(2)
[...] *zu einer Art halbmaterieller Konsistenz zurückzuverfestigen.* (Jonke 26)
[...] *um* [...] *in sein Haus zurückzukehren.* (Musil 182)
[...] *bis es* [...] *mit einer Schüssel Hafer zurückzulocken ist.* (Musil 176)
[...] *daß sie am Ende der Pause ins Vorzimmer zurückgestrebt hatte* [...] (Musil 180)

Bei diesen Verben geht es nicht darum, ob die Bewegung zum Ausgangspunkt zurück gleichzeitig eine Rückwärtsbewegung ist, sondern um die Tatsache des Handlungsabschlusses im Ausgangspunkt. Die Verabsolutierung der 'nach hinten'-Bedeutung allein scheint dagegen nicht Sache dieses Bildungsmusters zu sein.

(16.3.)(1)	
zurückprallen	"auf dem Weg irgendwohin plötzlich (...) innehalten u. zurückweichen"
zurückschaudern	"von einem Schauder ergriffen zurückweichen"
zurückweichen	"(um Abstand von jmdm., etw. zu gewinnen) einige Schritte zurücktreten, sich von jmdm., etw. wegbe- wegbewegen"
zurücktreten	"nach hinten treten"

(nach Duden-WB S. 2967-2969)

(16.3.)(2)
Moosbrugger drehte den Kopf langsam zurück [...] (Musil 212)
Sie [...] *lehnte sich zurück. Er saß vorgebeugt* [...] (Mann 93)
[...] *als er plötzlich innehielt, einen Schritt zurücktrat* [...] (Mann 84)
[...] *zuckte er in der Tür zurück* [...] (Mann 86)

Die hier aufgezählten Verben scheinen der reinen 'nach hinten'-Bedeutung am nächsten zu stehen, und auch hier scheint mir der Aspekt des 'Zurück in einen vorherigen, normaleren Zustand' nicht völlig verschwunden zu sein.

Es lassen sich die beiden Bedeutungsvarianten und das Schwanken zwischen ihnen auch auf die relationalen Verhältnisse zurückführen: es ist hierbei von drei Grundmustern auszugehen.

(16.4.)(1) Zustandsverben

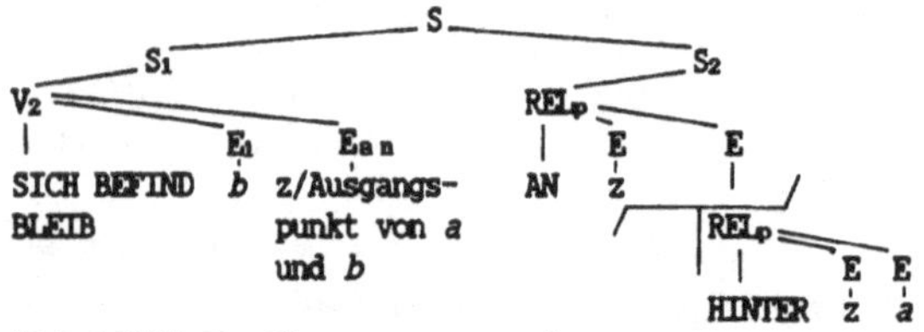

(16.4.)(2) Fortbewegungsverben

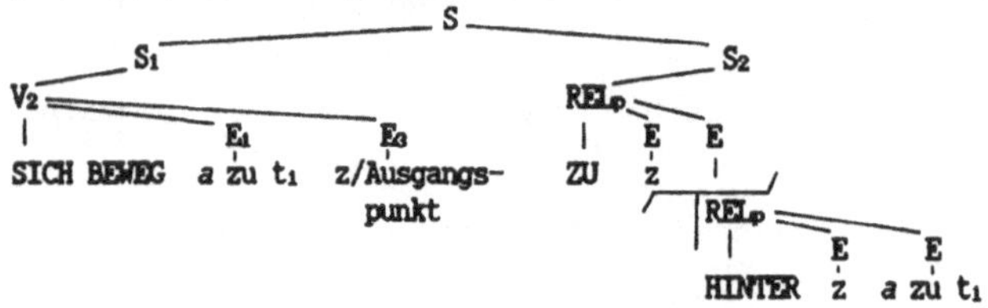

(16.4.)(3) Verben des Beförderns

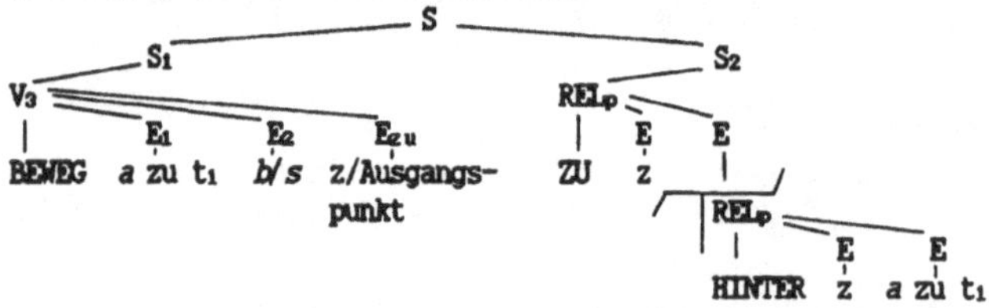

Je nach Auswahl aus diesem Relationenmuster und je nach den Erfordernissen des beschriebenen Sachzusammenhangs lassen sich die entsprechenden Bildungen mit der jeweiligen Bedeutung bzw. der jeweiligen Mischung aus den beiden Bedeutungselementen erklären. So läßt sich für die Bewegungsverben (Fortbewegungsverben und Verben des Beförderns) folgendes Begriffsmuster formulieren. Die - wenigen - Zustandsverben wären analog zu fassen.

> (16.4.)(2.1.) + (3.1.)
> Sich (AGENS; EXPERIENCER) oder jmdn./etw. (PATIENS) auf eine bestimmte Weise (MODUS) oder durch bestimmte Mittel (MITTEL oder INSTRUMENT) oder aus einem gewissen Grund (CAUS) hinter den derzeitigen Standpunkt oder zum Ausgangspunkt zurückbewegen.

Wir haben die Art der Ausbildung solcher Muster und die Darstellung der entsprechenden Modifikationen bei AUF/AB ausführlich beschrieben, so daß darauf verwiesen werden kann, daß es sich hier im Prinzip um analoge Fälle handelt. Das gilt auch für die Art, wie die Modifikationen in Basen umgesetzt werden.

Wie immer es sich hierbei im einzelnen verhält, im Vergleich zu den bei der Gegenrichtung festgestellten Verhältnissen kann man beobachten, daß die Bewegung, die mit diesem Muster ausgedrückt wird, offenbar eine nicht unbedeutende Rolle spielt, daß dieser Ausdruck des 'Zurück' In seiner verschiedenartigen Mischung aus 'nach hinten' und 'zum Ausgangspunkt' einen strukturell recht wichtigen Platz in der Darstellung von Handlungen einnimmt, und daß daher dieses Bildungsmuster gut ausgebaut ist.

4.4. AUS/EIN

4.4.1. Allgemeines

Die Unterteilung von EIN und AUS bzw. INNEN und AUSSEN ist nicht eigentlich von der Stellung und den perzeptuellen Gegebenheiten des Sprechers abhängig, sondern von einer davon relativ unabhängigen Interpretation der zu schildernden räumlichen Verhältnisse. Entsprechend erfaßt auch Goeppert (1970, S.70/71) die einschlägigen Relationen als Exempel von Beziehungen, die durch eine "doppelte Grenze mit homogener oder heterogener Relation" (S.66) gekennzeichnet sind. Die Stellung des Sprechers spielt keine Rolle. Die Gerichtetheit der Grenze beruht auf einer anderen Ursache:

in c. dat [x]	Homogene Statik in bezug auf die doppelte Grenze. (Auch "innen", "drinnnen") "Er sitzt im Zimmer" "Ich warte drinnen."
in c. acc [›x‹]	Positive Dynamik, die eine von zwei Grenzen überschreitet. Der Endpunkt ist homogen in bezug auf beide Grenzen. (Auch "herein", "hinein") "Geh ins Zimmer!" "Geh hinein!"
außen, draußen *außerhalb* x [ ] x	Heterogene Statik in bezug auf eine doppelte Grenze "Ich warte draußen auf dich." "Ich fand ihn außerhalb des Gartens."
aus x‹[ ]›x	Negative Dynamik, die eine von zwei Grenzen überschreitet. Der Endpunkt ist heterogen in bezug auf beide Grenzen. (Auch "heraus", "hinaus") "Er ging aus dem Haus." "Geh hinaus!"

Ganz ähnlich stellt das für die Verbpartikel *aus-* und *ein-* Bornschier (1971, S.53-55) dar:

> *ein-* ist nicht als Präposition verwendbar; es kann als die präfixale Variante von "in" angesehen werden: wie "in" vermittelt es die Richtung von aussen in das Innere eines Raums, der als Ganzes gedacht ist. (S.53)
> *aus-* ist die Oppositionspartikel zu *ein-*. Sie bezeichnet die Lösung aus dem Innern eines Raums. (S.54)

Mit diesen Partikeln ist eine Relation angesprochen, die nicht direkt mit dem Sprecherstandort zu tun hat. Die Art dieser Relation wird durch eine bestimmte Grenzkonstellation definiert. Dagegen ließen sich die bisher behandelten Relationen relativ direkt auf die Raumstrukturierung nach dem Bild des Menschen beziehen, denn sie hatten eine direkte Beziehung zum Bewegungs- und Perzeptionsapparat des Menschen. So konnte leicht eine Bewertung im Sinn universaler Implikationen oder im Sinn einer Natürlichkeits- und Markiertheitsstufung vorgenommen werden (vgl. dazu Mayerthaler (1981, S.15)). Im Vergleich dazu ist bei der AUS/EIN-Relation die abstrahierende Arbeit des Bewußtseins und damit der Abstand zu den natürlich gegebenen Voraussetzungen der Raumverarbeitung größer. Trotzdem läßt sich auch diese Art der Raumdeutung mit der EGO/HIC/NUNC-Fundierung des sprachlichen Raumbildes vereinbaren. Denn sprachlicher Egozentrismus kann ja nicht bedeuten, daß alle Sachverhalte nur danach eingeordnet würden, vielmehr bietet, wie besonders schon am Begriff der Deixis am Phantasma deutlich wurde, dieses grundsätzliche Orientierungsmuster auch die Möglichkeit zur Übertragung seiner Prinzipien. Der erwachsene Sprecher weiß, wie die EGO/HIC/NUNC-Orientierung als "Mittel" funktioniert und kann sie daher analog übertragen. Er kann auch einschätzen, wie die Chancen stehen, daß seine Rauminterpretation verstanden wird, bzw. er kann bei deiktischen "Konflikten" die Anwendung dieses Orientierungsmusters problematisieren (s. Tracy (1983, S.140)).

Das heißt auch, daß deiktische Systeme nicht jedesmal neu konstituiert werden müssen, sondern für bestimmte Schemata und Frames bereitstehen (s. Tracy (1983, S.100/101); Klein (1983, S.158)). Hierbei wird die Nähe zu Überlegungen sichtbar, die wir oben im Anschluß an das Luhmannsche Konzept der Reduktion von Komplexität durch sprachliche Mittel angestellt haben.

In solch einem Rahmen ist auch die EIN/AUS-Unterscheidung auf die EGO/HIC/NUNC-Orientierung zu beziehen. Die "Befindlichkeit in einem Raum" scheint eine grundlegende Erfahrung zu sein, die man mit Dingen, mit denen man umgeht, machen kann. Die Interpretation dieses Verhältnisses im Sinne der EGO/HIC/NUNC-Deixis mag durch die Existenz einer Proximitätsrelation gestützt sein, also von der Existenz einer innersten Umgebungszone, in der sich der Sprecher befindet, und die er als seinen eigentlichen Handlungsraum begreift (vgl. Tracy (1983, S.120/121); Wunderlich (1982)). Deshalb wird *in* oft eine Sonderstellung unter den lokalen Präpositionen zugesprochen:

> Die Präpositionen 'in', 'an' und 'auf' haben eine Sonderstellung im Zentrum des grammatischen Feldes, wo sie den Kern 'Lokativ' approximieren. Die Grundbedeutung dieser Präpositionen jedoch – vielleicht mit Ausnahme von 'in' – ist wahrscheinlich mehr außerhalb dieses Zentrums anzusiedeln. (Hanßon (1982, S.18))

Die Bedeutung dieser räumlichen Relation zeigt sich auch in ihrer relativ grundlegenden Stellung in Wildgens (1982, S.40-42) katastrophentheoretischer Semantik:

> The fold-catastrophe furnishes the *archetype of frontiers*, borderlines etc. (...) the archetypes derived from the fold are an explication of the first dimension in Hjelmslev's reconstruction of localistic cases, called direction and characterized by the features: 'approximation' (rapprochement) – 'rest' (repos) 'departure' (éloignement) (cf. Hjelmslev 1935, S.112, 134) (...)

Die Aufteilung in ein 'Draußen' und ein 'Drinnen' stellt eine Relation dar, die durch zwei gegensätzliche Pole gekennzeichnet ist (s.Hetzron (1981, S.81)). Der Unterschied zu den bisherigen Dimensionen liegt in der Art des Bezugspunkts, durch den sich die beiden Pole definieren und in der Vollständigkeit der Aufteilung, die durch diese Relation vorgenommen wird. So gilt für die Pole und eine Bewegung zwischen ihnen:

> If an entity travels from a source to a goal, it usually does so by taking a particular route or path, which may or may not be referred to (...) in descriptions of the journey. (...) If the source and the goal are conceived as areas, rather than points, departure and arrival will be achievements that have the more particular logical property of being describable as bordercrossings (...)(Lyons (1977, S.720); s.ebd. S.494; Gerling/Orthen (1979, S.109))

Dem entspricht auf der Ebene der Präpositionen, die sich auf diese Relation beziehen, daß bei Eroms (1981, S.150) sowohl *in* wie auch *aus* ein Merkmal (+Inklusion) haben, und daß ein Präpositionenpaar *innerhalb/außerhalb* existiert, wobei *in* in manchen Verwendungen für *innerhalb* stehen kann (vgl. Eroms (1981, S.138, 162); Bennett (1975, S.92/93)).

Wenn 'draußen' und 'drinnen' Räume sind und keine Punkte, was unserem Eindruck vom normalen Sprachgebrauch entspricht, so handelt es sich um eine Relation, die durch das Überschreiten eines Hindernisses definiert ist.

(1)

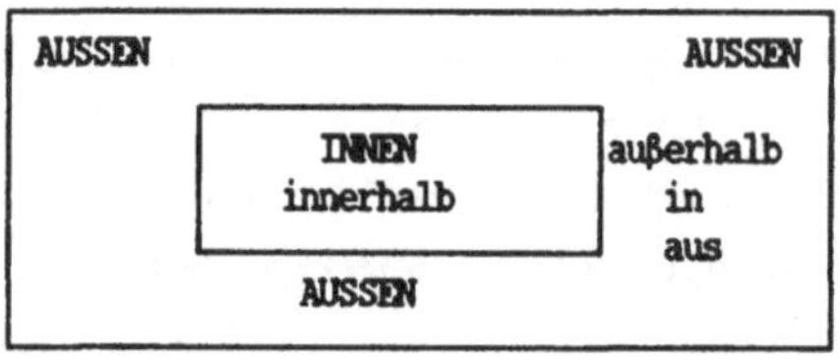

Das Hindernis hat die Merkmale einer Grenze, d.h. einer im Prinzip zusammenhängenden Abteilung, die ein abgeschlossen gedachtes Gebiet umgrenzt. Vor allem Bildungen mit der Partikel *hervor-*, aber auch mit *vor-*, sind so zu verstehen, wenn das Hindernis, hinter dem jemand ist und vor das er *hervor/ vorkommt*, sich im Sinne einer solchen Grenze deuten läßt. Nicht jede *vorne-hinten*-Unterscheidung ist aber so interpretierbar, die Alternative ist, wie dargestellt, eine Interpretation nach den dimensionalen Merkmalen. Das ist der Normalfall bei der oben-unten-Unterscheidung. Sicherlich ist von der sachlichen Situation her so manches 'vor etwas' oder 'oberhalb von etwas` als eine Art von ‚außerhalb etwas` interpretierbar, mit der Wahl der entsprechenden Partikeln aus der AUF/AB- bzw. der VOR/HINTER-Dimension wird aber gerade eine andere Interpretation gewählt. Berührungen gibt es an den Stellen, wo von der Situation und der intendierten Handlung her eine Interpretation besonders naheliegt, so daß auch z.B. die Wahl der Partikel *hervor-* nichts am *heraus*-Charakter der Situation ändert. Bei *hervor-* liegt diese Interpretation wegen Problemen mit der dimensionalen Deutung nahe.

Der zweite Punkt, der die AUS/EIN-Relation gegenüber den anderen bisher behandelten Dimensionen kennzeichnet, ist der, daß die Unterteilung in diesem Fall wesentlich absoluter, allumfassender ist. Im Prinzip wird die Welt durch ein Draußen und ein Drinnen vollständig aufgeteilt: tertium non datur. Dagegen kann man etwa bei *oben* und *unten* durchaus in der Mitte sein, bzw., was fast dasselbe ist, diese Dimensionsbeschreibung kann auch einfach irrelevant sein. Ebenso ist *vorne* entweder von mir als Sprecher aus gesehen in einem vergleichsweise engen Winkel, nämlich dem meiner Blickrichtung gelegen, oder an der Vorderseite eines begrenzten Objekts. Vor allem die letzte Einordnung kann man in manchen Verwendungen direkt als einen Untertyp einer generelleren außerhalb innerhalb-Unterscheidung betrachten.

(2)

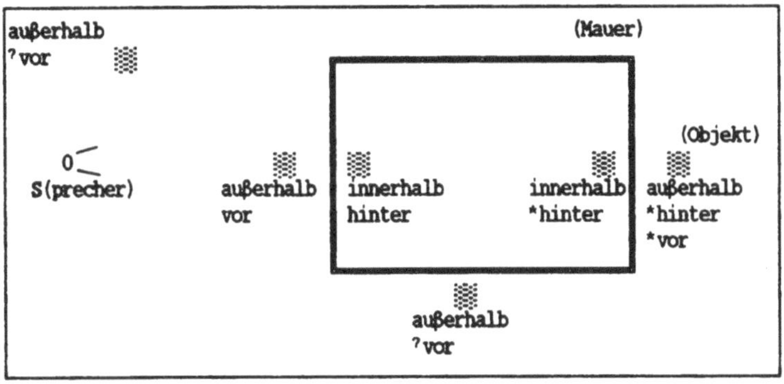

Wenn man diese Skizze als die Wiedergabe einer Szene mit real anwesendem Sprecher versteht, sieht man die Einschränkungen der VOR/HINTER-Unterscheidung gegenüber der INNEN/AUSSEN-Untergliederung, aber auch die Ähnlichkeiten. *Ausserhalb* umfaßt eine größere Menge von Fällen als *vor*, dasselbe gilt für *innerhalb* und *hinter*. Und selbst wenn man die Deixis am Phantasma mit betrachtet, würde das, bei genügender Entfernung des lokalisierten vom Bezugsobjekt, noch gelten. Das kommt daher, weil dieses Raumverhältnis nicht entlang einer bestimmten Dimension verläuft, sondern nur durch ein Hindernis bestimmt ist, das es uns erlaubt, alle Dinge diesseits und jenseits von ihm als 'innen' oder 'aussen' zu betrachten. Manche dimensionalen Unterscheidungen können dann als Sonderfall dieser Beschreibung gewertet werden. In diesem Sinn handelt es sich bei dieser Untergliederung um eine an den Erfordernissen des Handelns orientierte Abstraktion, die es erlaubt, in den verschiedenen dimensionalen Relationen diese Struktur zu erkennen. Ansonsten wird auch diese Möglichkeit in der gewohnten Weise in das deiktische Orientierungssystem eingebaut; in Verbindung mit der vorherrschenden EGO-HIC-NUNC-Orientierung ergibt das drei grundsätzlich Möglichkeiten der Festlegung dieser Relation.

(3) 1) 2) 3)

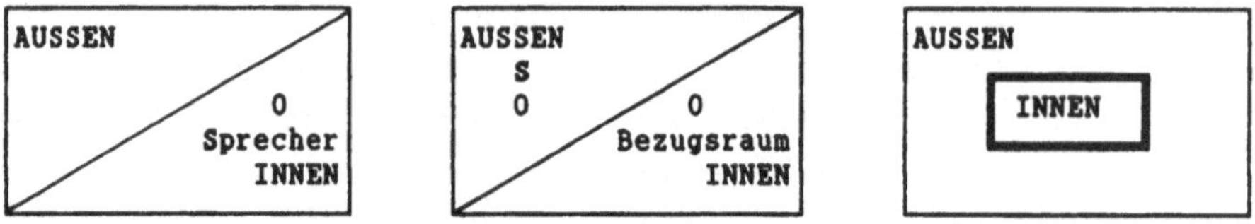

Diese Fälle mit realem (1)), mit phantasmatischem (2)) Sprecherbezug und mit kanonischer Orientierung, zeigen wichtige Merkmale der INNEN/AUSSEN-Relation.

Die Fälle 1) und 2) sehen so aus, als seien *innen* und *außen* praktisch gleichbedeutend mit *hier* und *dort*, als seien sie also in den Kategorien BEI-MIR bzw. NICHT-BEI-MIR grundgelegt. Abweichungen sind damit nur auf Fälle der Deixis am Phantasma zurückzuführen. Obgleich das bei der Fundierung dieses lokalen Verhältnisses zweifellos eine wichtige Rolle spielt, ist dadurch auf die Besonderheit der Relation AUS/EIN nicht genügend hingewiesen. Diese Besonderheit liegt in der Art der Begrenzung der Bereiche, die als *innen* oder *außen* klassifiziert werden können. Einen besonders deutlichen Hinweis darauf geben Fälle wie in 3), wo kanonisch festliegt, was man als *innen* und *außen* betrachten kann. *Innen* und *außen* sind hier besonders deutlich - aber das strahlt auf das ganze Muster aus - durch eine Grenze mit zwei unterschiedlich interpretierten Seiten getrennt. Gegenüber *hier/dort*, das dem reinen BEI-MIR bzw. NICHT-BEI-MIR entspricht, ergeben sich dadurch zwei wesentliche Unterschiede. Zum einen ist im Gegensatz zur *hier/dort*-Unterscheidung, wo diese Grenzziehung zwischen den beiden Bereichen auch höchst vage sein kann, die Unterscheidung zwischen 'innen' und 'außen' wesentlich präziser, die Grenze ist fester, was nicht unbedingt mit der Realität etwas zu tun haben muß. Zum anderen ist die Grenze mit zwei unterschiedlichen Seiten versehen, was es erlaubt, das Innen vom Außen zu unterscheiden. Somit ist das Raumverhältnis von *innen* und *außen* sowie das entsprechende direktionale Verhältnis von *aus* und *ein/in* durch die Existenz einer Grenze und durch die Art der Ausgestaltung dieser Grenze definiert. In der Wirklichkeit gibt es nun offenbar eine Menge von Konstellationen bzw. Bewegungen, die sich im Sinne dieser Unterscheidung deuten lassen.

4.4.2. Verben mit *aus-/ein-*

4.4.2.1. Übersicht

Die geschilderten Definitionsmomente der INNEN/AUSSEN-Relation begünstigen die Bildung von Partikelverben mit den Partikeln *ein-* und *aus-*. Denn die Beschränkungen durch den Bezug auf die Figur des Sprechers entfallen, die Relation ist durch ein Element definiert, das im Rahmen der jeweils in Rede stehenden

Handlung bzw. der jeweiligen Zustände und Vorgänge die Voraussetzung erfüllt, als Grenze in dem oben beschriebenen Sinne verstanden werden zu können. Unter den vielen so zu interpretierenden Elementen gibt es sicher eine Anzahl typischer solcher Barrieren und entsprechender semantischer Rahmen, bei denen durch Nennung der den Rahmen konstituierenden Handlung usw. bereits klar ist, um welches grenzkonstituierende Element es geht. Typische Barrieren bzw. Objekte in diesem Sinn wären etwa Gebäude oder Behältnisse, typische Handlungsmuster z. B. 'aufbewahren', 'füllen', 'leeren' usw. Nicht zufällig ist es darum, wenn Miller/Johnson-Laird (1976, S.377) auf "the extensive system of labels in English for various kinds of containers, pathways, and boundaries" hinweisen; dieser Hinweis gilt für das Deutsche entsprechend.

Dieser Bezug auf festgelegte Handlungsrahmen bzw. Bezugsobjekte unter dem Namen der neutralen Zustands- und Bewegungsbezeichnung ist genau das, was wir oben bei den Einfachpartikelverben zu den bereits behandelten Dimensionen als semantische Spezialisierung, und, wenn eine regelmäßige Bedeutungsabwandlung dazukommt, als Idiomatisierung behandelt haben. Wir haben diese Art der Verwendung der sprachlichen Mittel im komplexen Verb mit dem Begriff der "Funktionalisierung" zu fassen versucht. Damit haben wir auch die Voraussetzungen für analogische Reihenbildung, sofern sich diese Funktionalisierung auf Rahmen bezieht, die zu einer Handlungs- oder Ereignisfamilie (auch Zustandsfamilie) gehören.

Den Grad der Demotivierung zeigt auch der Versuch, unsere Standardverben als Basen in entsprechende Muster einzusetzen (vgl. auch Hundsnurscher (1968); Kühnhold (1973, S.184-187; 215)):

(4)(4.1.)

aussein	**einsein*
**ausstehen*	*einstehen*
ausgehen	*eingehen*
aussteigen	*einsteigen*

**austun*	**eintun*
auslegen	*einlegen*
ausheben	**einheben*

(4.2.)
Dann gehe ich aus und nehme die Kerle einfach fest. (Hacks 87)
Aus- und eingehende Welt: Seiten der Welt, die sich in einem Kopf zusammenbilden. (Musil 112)
Aussteigen! Abspringen! (Musil 32)
Stieg man in diesen Stiegenkasten ein [...] (Brandstetter 57)

Wenn man sich überlegt, nach welchen Mustern genau die einzelnen akzeptablen Bildungen gehen sollen, wird der hohe Idiomatisierungsgrad deutlich.

Auffällig ist, welch große Menge an solchen Partikelverben mit lokaler Bedeutung in den Wörterbüchern verzeichnet ist. So verzeichnet das Duden-WB (zumindest) folgende lokal verstehbaren Bildungen mit *aus-* und *ein-*:

(4.3.)(1)
ausatmen, ausbauen, ausbooten, ausbrechen, ausbringen, ausbröckeln, ausbuddeln, ausbürgern, ausdampfen, ausdeichen, ausdocken, ausdrehen, ausdrillen, ausdünsten, auseggen, auseisen, ausfädeln, ausfahren, ausfallen, ausfällen, ausfegen, ausfeuern, ausfinden, ausfliegen,

ausfließen, ausfressen, ausführen, ausgehen, ausgießen, ausgraben, ausharken, auskehren, auskippen, ausklammern, ausklopfen, ausknöpfen, auskragen, auskriechen, ausladen, auslassen, auslaufen, ausliefern, ausmarschieren, ausmieten (landwirtsch.), ausmontieren, ausnehmen, auspacken, auspumpen, ausräumen, ausrechen, ausreißen, ausreiten, ausrinnen, ausrippen, ausrücken, ausrupfen, ausscharren, ausschaufeln, ausscheren, ausschicken, ausschiffen, ausschirren, ausschlachten, ausschleusen, ausschließen, ausschlüpfen, ausschnappen, ausschöpfen, ausschoten, ausschütten, ausschwärmen, ausschwemmen, ausschwitzen, aussein (Duden-Variante 6.), aussetzen, aussiedeln, aussperren, ausspringen, ausspucken, ausspülen, aussteigen, ausstoßen, ausstrahlen, ausströmen, austreiben, austrennen, austreten, austrompeten, ausufern, auswandern, auswaschen, ausweiden, ausweisen, auswerfen, auswickeln, ausziehen, auszupfen.

(4.3.)(2)
einackern, einatmen, einbacken, einballen, einbauen, einbetten, einbinden, einblasen, einbohren, einbooten, einbrechen, einbringen, einbrocken, einbuchten, einbuddeln, einbügeln, einbunkern, eindeichen, eindocken, eindosen, eindrehen, eindringen, eindrucken, eindübeln, einernten, einfächern, einfädeln, einfahren, einfallen, einfiltrieren, einfinden, einflechten, einfliegen, einfließen, einflößen, einfluten, einfressen, einfugen, einfügen, einfühlen, einführen, einfüllen, einfüttern, eingeben, eingehen, eingießen, eingraben, eingravieren, eingreifen, einhämmern, einheften, einheilen, einimpfen, einkellern, einkerkern, einklammern, einkleben, einkommen, einknöpfen, einköpfen, einkratzen, s.einkuscheln, einladen, einlagern, einlassen, einlaufen, einlegen, einliefern, einlochen, einlöffeln, einmachen, einmarinieren, einmarschieren, einmauern, einmieten, einmischen, einmontieren, einmummeln, einmünden, einnähen, einnisten, einoperieren, einordnen, einpacken, einparken, einpassen, einpassieren, einpferchen, einpflanzen, einprägen, einpressen, einpuppen, einrahmen, einrammen, einranden, einrangieren, einräumen, einreiben, einreisen, einreiten, einrieseln, einritzen, einrücken, einrüsten, einsacken, einsäen, einsalzen, einsargen, einsaugen, einschalen, einscharren, einschaufeln, einschenken, einscheren, einschichten, ein- schieben, einschießen, einschiffen, einschirren, einschlagen, einschlämmen, einschleichen, einschleifen, einschleppen, einschleusen, einschließen, einschmuggeln, einschnappen, einschneiden, einschreinen, einschütten, einschwemmen, einsetzen, einsiegeln, einsilieren, einsinken, einsitzen, einsortieren, einspannen, einspeichern, einspeisen, einsperren, einspinnen, einspritzen, einspülen, einstallen, einstampfen, einstechen, einstekken, sich einstehlen, einsteigen, einstellen, einsticken, einstippen, einstopfen, einstöpseln, einstoßen, einstrahlen, einströmen, eintasten, eintätowieren, eintauchen, eintiefen, eintippen, eintitschen, eintopfen, einträufeln, eintreiben, eintreten, eintrichtern, eintrinken, eintröpfeln, eintunken, eintüten, einwalzen, einwandern, einwässern, einweichen, einweisen, einwerfen, einwickeln, einwindeln, einwinken, einwintern, einwölken, einwühlen, einwürgen, einwurzeln, einzäunen, einziehen, einzwängen.

Neben der relativ hohen Zahl an solchen Bildungen fällt auf, daß deutlich mehr Bildungen mit *ein-* als mit *aus-* verzeichnet sind. Daher kommt es, daß die direkten Gegenfälle nicht so häufig sind, wie man aufgrund der großen Belegzahl vermuten könnte; es wären hier zu nennen:

(4.3.)(3) AUS-/EIN-
-atmen, -bauen, -booten, -brechen, -bringen, -buddeln, -deichen, -docken, -drehen, -fädeln, -fahren, -fliegen, -fließen, -führen, -gießen, -graben, -klammern, -laden, -laufen, -liefern, -mieten, (landwirtsch.), -montieren, -packen, -reisen, -rücken, -schiffen, -schirren, -schleusen, -schnappen, -schwemmen, -sperren, -steigen, -strahlen, -strömen, -treiben, -treten, -wandern, -weisen, -werfen, -wickeln, -ziehen

4.4.2.2. Zur Bedeutungsbeschreibung

Die Aufstellungen im letzten Punkt zeigen, daß die lokaladverbiale Bedeutung der Verbpartikel für die Bedeutung dieser Bildungen eine entscheidende Rolle spielt. Nicht zuletzt das Ungleichgewicht zwischen den beiden Partikeln zeigt aber auch, daß weitere Faktoren nötig sind, um die vorliegenden Wortbildungsmuster zu erklären. Eine sich solcherart auf die Konstitution beschränkende Analyse ist nicht in der Lage, die funktionale Differenzierung zwischen den "regelmäßigen" Doppelpartikelverben und den semantisch spezialisierten, aber dennoch lokal verstehbaren, Einfachpartikelverben zu beschreiben oder gar zu erklären: vor allem in Fällen, wo nicht die Basis mit einem selbständig vorkommenden Bewegungsverb homonym ist, sind solche Erklärungen wenig überzeugend. Gerade solche Fragen und Schwierigkeiten brachten Hundsnurscher (1968) in seiner Arbeit über die Partikelverben mit *aus-* dazu, von M o d e l l p r ä g u n g e n zu reden. In deren Rahmen kommt weder der Partikel noch dem Stammverb allein prägende Kraft zu, sondern einer vorbildhaften Prägung, deren semantisches Muster sich zu einem modifizierenden Ausbau anbietet. So stellt Hundsnurscher (1968, S.18/19) gegen Kjellman (1945, S.165), der eine Ausdifferenzierung von Bedeutungsgruppen der Partikel durch Gruppen von Stammverben annimmt, fest:

> Kjellman versucht hier den sprachlichen Mechanismus der "Modellprägung" zu beschreiben, aber seine Erklärung steht auf dem Kopf, weil er die Partikel isoliert mit ihrer speziellen Bedeutung produktiv werden läßt. Richtig ist, daß der Kern einer Bedeutungsgruppe in der Regel von semantisch gleichwertigen Stammverben gebildet wird, aber nicht diese rufen eine an das Simplex angepaßte Bedeutung der Partikel hervor, sondern die Grundlage der Produktivität und Virulenz ist, zumindest synchron gesehen, immer ein geschlossener Modellrahmen, d. h. eine im konkreten Kontext eingebettete Verb-Partikel-Kombination, nicht eine isolierte Partikel.

So gerne man Hundsnurscher darin recht geben wird, daß das ganze Verb als Muster tätig wird, so wenig wird man von der völligen Vernachlässigung der Partikelbedeutung halten wollen, und so wenig wird man, wie oben schon angedeutet, von immer wiederkehrender ad-hoc-Konstitution im jeweiligen Kontext ausgehen wollen. Denn, wenn wir die als lokal beschreibbaren Bildungen mit *aus-* und *ein-* betrachten, ist durchaus eine gemeinsame Eigenschaft der Partikel erkennbar, die einerseits die Annahme einer einheitlichen Partikel und andrerseits die Ausbildung verschiedener analogischer Subgruppen als Unter-Wortbildungsmuster erlaubt. Von daher ist auch Hundsnurschers (1968, S.13) Feststellung kritisch zu sehen:

> Die Richtungsbedeutung der Partikel hat sich offenbar erst unter dem Einfluß der semantischen Bewegungskomponenten der Stammverben aktualisiert und ist weder die ursprüngliche noch die Hauptbedeutung der Partikel.

Was immer "Hauptbedeutung" genau heißen mag, immerhin werden bei Kühnhold (1973, S.188 u. 214) 88% des Gesamtbestandes der Verben mit *ein-* und noch 61,4% des Gesamtbestands der Verben mit *aus-*, soweit sie überhaupt lokale Bedeutung haben, der direktionalen Bedeutung zugeordnet. Zudem haben wir oben in Weiterführung von Gedanken von Bondzio (1974) gezeigt, daß die syntaktisch strukturelle Abhängigkeit direktionaler Bestimmungen von Bewegungsverben nicht mit den zugrundeliegenden semantischen Verhältnissen verwechselt werden darf. Denn diese Annahme führt v.a. bei komplexen Verben mit anderer als verbaler Basis zu unnötigen Verrenkungen, bzw. wenn man nur die Bildung nach einzelnen Modellprägungen gelten lassen will, in eine Aporie, nämlich den Bereich unbegründeter Zufälligkeit. Wir gehen davon aus, daß in einer, im Rahmen ihrer Verwendung als lokal erkennbaren Bildung die Partikel eine semantische Leerstelle eröffnet, die von einem Element gefüllt werden muß, das in einem semantischen Rahmen steht, so daß es als Ausdruck eines Zustands bzw. häufiger einer Bewegung gelten kann. Die Tatsache, daß prägnante Einzelbeispiele aber auch Reihen von gleichartigen Bildungen vorliegen, erlaubt dann die Gesamtaufnahme des Musters bei der Bildung weiterer komplexer Verben bzw. auch die Ausdifferenzierung des Musters. Wir nehmen also – z. B. auch mit Plank (1981) – an, daß der von Hundsnurscher als Ausnahme apostrophierte Fall, daß das Muster als solches weiterwirkt, eher der Normalfall ist, und auch die Reihenbildung nach einem vorbildhaften Verb erklärt, und nicht umgekehrt. Anders ist nämlich nicht recht zu verstehen, woher der Anstoß zu einer Musterprägung kommen soll. Hundsnurschers Hinweis auf den Kontext kann in diesem Zusammenhang nicht als Begründung gelten, wenn nicht gezeigt werden kann, wie ein Kontext aussieht, der eine Bildung nach einem gewissen Muster auslöst. Es geht nicht um zufällige Kontexte, sondern um Handlungsrahmen, aus denen bestimmte Relationen, durch Mittel der Wortbildung komprimiert, als Wortbildungsmuster herausgehoben werden können. Die funktionale Einbettung dieser Muster in bestimmte Sachzusammenhänge ergibt eine zusätzliche semantische Spezialisierung und Idiomatisierung. Das gesamte Muster wird dadurch wirksam, daß das in diesem Zusammenhang eigentlich als Komprimierung zu verstehende Wortbildungsprodukt in seiner komprimierten Verkürzung direkt als Wortbildungsmuster produktiv wird, ohne daß jeweils seine ("streckende") Auflösung vonnöten wäre. Damit ist einerseits die Bedeutung der Bildungen mit ihrer formalen Konstitution verbunden, ohne daß sie als eine jedesmal neue Addition aus ihren Bestandteilen verstanden werden müssen. Auch hierdurch heben wir uns von Hundsnurscher (1968, S.43/44) ab, denn wir sehen im Gegensatz zu ihm zwar keine Identität, aber doch einen Zusammenhang zwischen Strukturbedeutung und Gebrauchsbedeutung.

Wir können Annahmen über einen solchen Zusammenhang machen, da wir auch die lexematische Bedeutung solcher komplexer Verben auf ihre historische Entwicklung beziehen, während bei Hundsnurscher die strikte Trennung von Synchronie und Diachronie den Einblick in solche Zusammenhänge verhindert.

Die von uns angesetzten relationalen Zusammenhänge lassen sich für diese Bildungen in das folgende Begriffsschema fassen:

(4.3.)(4)
sich (AGENS, EXPERIENCER) oder etw.(PATIENS) durch eine geeignete Tätigkeit (MODUS) oder durch geeignete Hilfsmittel (MITTEL oder INSTRUMENT) von außen nach innen/ von innen nach außen bewegen.
(5)
sich (PATIENS) in bestimmter Art und Weise (MODUS) *innerhalb/ außerhalb* von etw. befinden.

Was zusätzlich nötig ist, und darin ist Hundsnurscher rechtzugeben, ist die Darstellung der Art von Handlungen und Geschehnissen, in deren Rahmen diese Begriffsschemata funktionalisierte Handlungen beschreiben können.

4.4.2.3. Fortbewegungsverben

a) **Grundlegendes**

Auf den Teil der in (4.3.)(4) dargestellten relationalen Verhältnisse, die Fortbewegungsverben im weitesten Sinne abbilden, lassen sich die folgenden Verben beziehen:

(4.3.)(6)
ausatmen, ausbrechen, ausbröckeln, ausdampfen, ausfahren, ausfallen, ausfinden, ausfliegen, ausfließen, ausgehen, auskragen, auskriechen, auslaufen, ausmarschieren, ausreiten, ausrücken, ausscheren, ausschlüpfen, ausschnappen, ausschwärmen, ausspringen, aussteigen, ausströmen, austreten, ausufern, auswandern, ausziehen.

(7)
einatmen, einbrechen, eindringen, einfahren, einfallen, einfinden, einfliegen, einfließen, einfluten, s.einfühlen, eingehen, einheilen, einkommen, einkuscheln, einlaufen, einmarschieren, einmünden, s.einnisten, einparken, einpassieren, einreiten, einrücken, einscheren, einschleichen, einsinken, s.einstehlen, einsteigen, einströmen, eintauchen, eintreten, einwandern, einwurzeln.

Offenbar handelt es sich um eine Vielzahl von Bildungen mit unterschiedlichen Selektionsbeschränkungen und auch mit unterschiedlichem syntaktischen Verhalten, d.h.z.T. ist eine direktionale Bestimmung als Ergänzung vorgesehen, z.T. nicht. Erkennbare semantische Subgruppen sind etwa die Verben, deren Basen sich auf die verschiedenen Modalitäten normaler menschlicher Fortbewegung beziehen:

(4.3.)
(6.1.) aus-:
-fahren, -fliegen, -gehen, -kriechen, -laufen, -marschieren, -reiten
(7.1.) ein-:
-fahren, -fliegen, -gehen, -kommen, -laufen, -marschieren, -reiten, -schleichen, -sinken, -stehlen, -treten

Ein Aufführen der Basen, wie hier geschehen, hinterläßt allerdings insofern ein ungutes Gefühl, als so die Funktionalisierung der jeweiligen Handlung bzw. auch die unterschiedlichen Grade an Idiomatisierung verdeckt werden. Mit den bisher gegebenen Informationen läßt sich, um das an einem unserer Standardbeispiele zu zeigen, nur folgendes feststellen:

(4.3.)(6.2.) *ausgeh-*

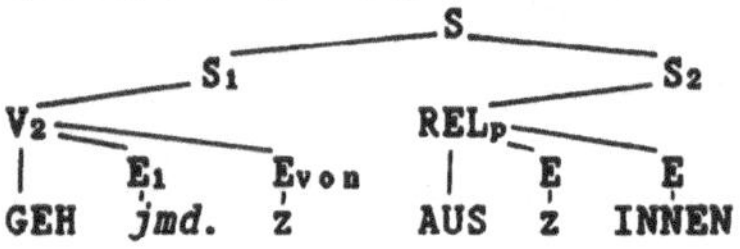

(7.2.) *eingeh-*

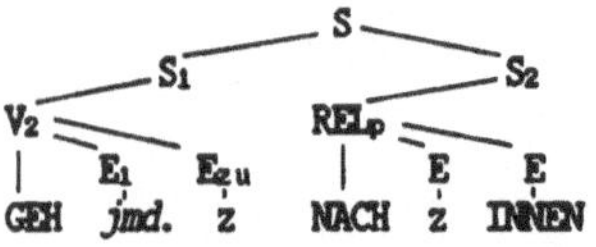

bzw.ggf.

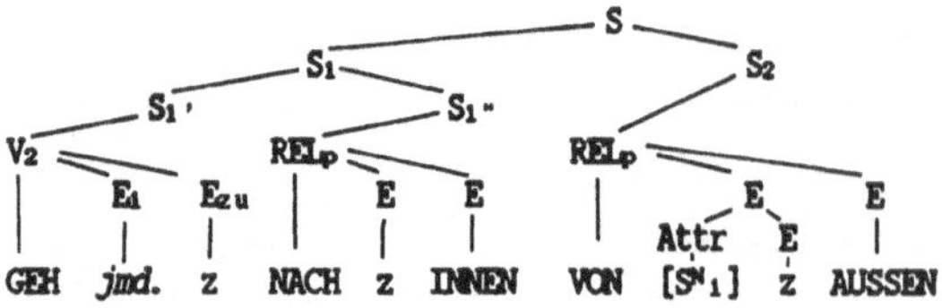

Ein Blick auf die entsprechenden Wörterbucheinträge zeigt allerdings, daß damit nur die halbe Wahrheit erfaßt ist:

(4.3.)(6.3.) *ausgehen*
"1a) (*zu einem bestimmten Zweck, mit einer bestimmten Absicht*) *die Wohnung verlassen, aus dem Haus gehen*: sie war ausgegangen, um einen Besuch, um Einkäufe zu machen. b) (*zum Vergnügen zum Essen, Tanzen u. ä.*) *ein Lokal o. ä. aufsuchen*: häufig, selten, sonntags a.(...)"(Duden-WB S.253)
(4.3.)(7.3.) *eingehen*
"1. (geh.) a) (selten) *hineingehen*: In welches Haus ich auch eingehe (...)" (Duden-WB S.632)

Die Idiomatisierung, die bei *ausgehen* auftritt, ist im Relationsschema so angelegt, daß Verschiebungen im Verhältnis von Ursprungs- und Zielorientierung auftreten.

(4.3.)(6.4.) 1 a)

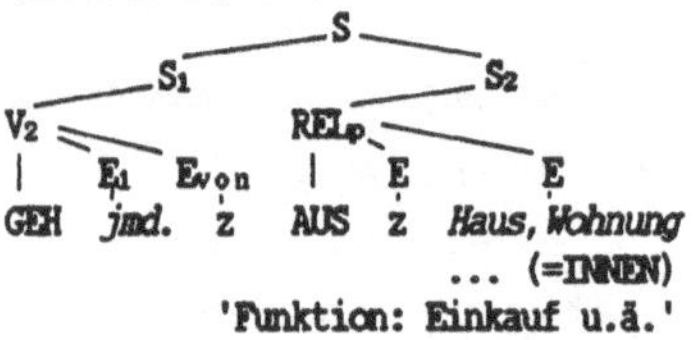

1 b)

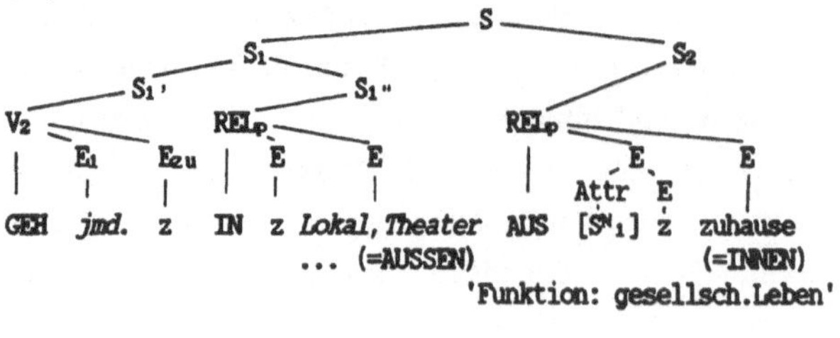

Die Angemessenheit dieser Analyse zeigen auch die Belege, die eine zielgerichtete Erweiterung bei 1 a) zulassen, nicht aber bei 1 b).

Anders müßte die Analyse im Fall von *ein-* aussehen:

(4.3.)(7.4.) (4.3.)(7.4.')

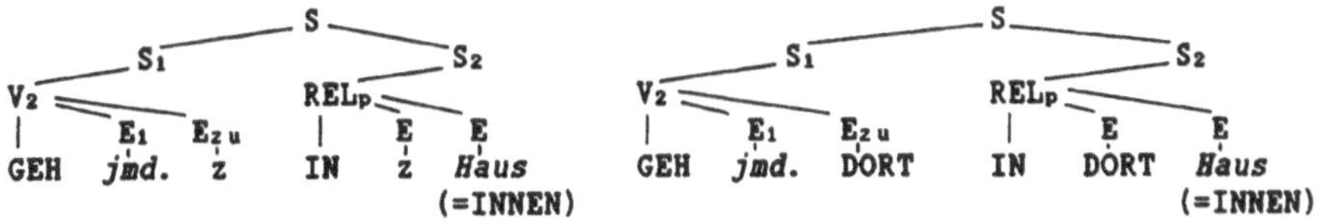

d.h. 'jmd. geht nach innen in das Haus', was tatsächlich nahe an einer Analyse von *hineingehen* (s.(7.4.')) steht. Das entspricht auch der Intuition, die man zu solchen Fällen hat. Sowohl beim Partikelverb *eingehen in* wie beim Doppelpartikelverb *hineingehen in* klassifiziert die Verbpartikel den Zielbereich als INNEN, das hier in der direktionalen Bestimmung genannte *Haus* gilt als ein Exempel für ein mögliches INNEN. Schon eine genauere Betrachtung der Verwendungsbedingungen von *eingehen* zeigt aber, daß trotz oder vielleicht auch wegen dieser relationalen Konkurrenz eine funktionale Differenzierung eingetreten ist, die über eine stilistische Abstufung hinausgeht.

Typisch scheint mir aber für die durch *ein-/aus-* konstituierte Relation zu sein, daß es hier um Bezugsbereiche geht - deshalb findet sich in unseren Stammbäumen auch der Eintrag *Haus* nicht an der Stelle z : es werden Innen- und Aussenräume aufeinander bezogen. Die normalerweise hochgradige Spezialisierung der Bildungen mit Einfachpartikel, die beim markierten Typ *aus-* eher noch weiter geht als beim unmarkierten *ein-*, zeigt sich auch an weiteren Bildungen:

> (4.3.)(8.1.) *ausfahren*
> "1. (ist) a) *hinausfahren, um (in der Ferne) ein Ziel zu erreichen*: am frühen Morgen fahren die Fischer zum Heringsfang aus; b) *aus etw. herausfahren, fahrend einen Ort verlassen* (Ggs. einfahren 1): das Schiff fuhr aus dem Hafen aus; aus einem Grundstück ausfahren" (Duden-WB S.247)
> (4.3.)(8.2.) *einfahren*
> "1. *in etw. (hinein) fahren; fahrend in etw. gelangen* (ist) (Ggs. ausfahren 1b) (...) das Schiff ist bereits in den Hafen eingefahren" (Duden-WB S.628)

Auch hier hat *einfahren* sozusagen die "normalere" Variante, ist nur auf gewisse Subjekte spezialisiert. Das hat aber zur Folge, daß *einfahren* nicht für alle Fälle von *Hineinfahren* verwendet werden kann: *Steig hier aus, ich fahre dann in die Garage hinein/*ein.* Dieses Beispiel belegt zudem, daß auch bei AUS/EIN die Partikelverben sehr häufig eine aspektuelle Differenzierung ausdrücken.

(4.3.)(8.3.) *das Schiff fährt in den Hafen ein*

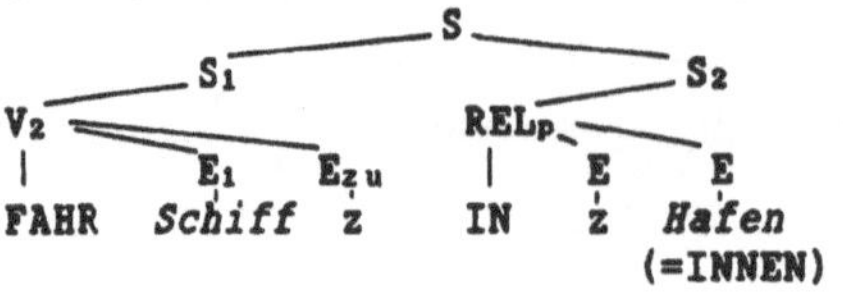

Im Gegensatz zu *hineinfahren* ist *einfahren* auf bestimmte Sachzusammenhänge beschränkt und bezieht sich direkt auf den Moment des Einfahrens. *Ausfahren* hat eine entsprechende, und eine weitere Variante:

(4.3.)(8.4.) 1.b) *das Schiff fährt aus dem Hafen aus*
(4.3.)(8.4.) 1.a) *die Fischer fahren (zum Heringsfang) aus*
(4.3.) (8.4.)

1 b) *das Schiff fährt aus dem Hafen aus*

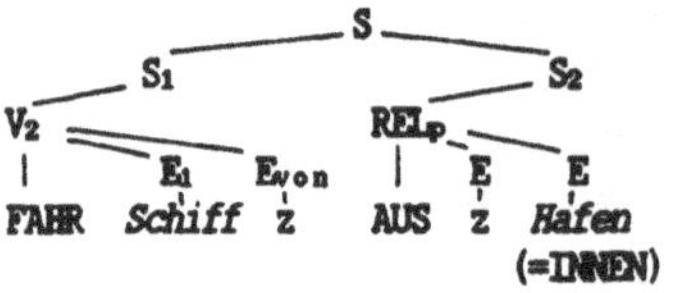

1 a) *die Fischer fahren (zum Heringsfang) aus*

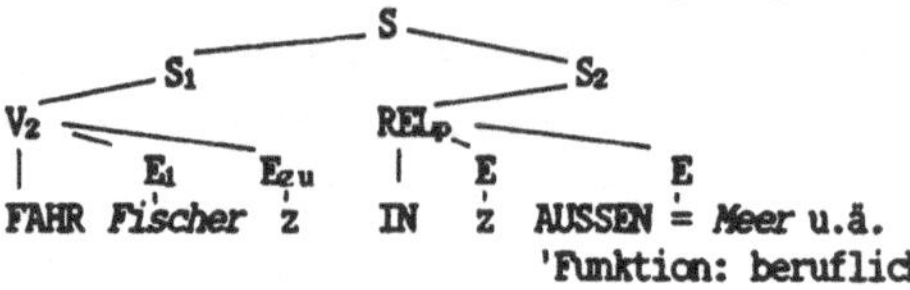

Die stärkere Idiomatisierung der Bildungen mit *aus-* zeigt sich daran, daß die Partikel anstelle einer eng begrenzten Menge von Zielbestimmungen steht; darum ist keine direktionale Ergänzung mehr möglich. Die im obigen Beispiel vorgesehene zusätzliche Angabe (S. Eroms (1981, S.253/54)) *zum Heringsfang* ist als Spezifikation der ohnehin vorhandenen Idiomatisierung in Richtung 'auf See fahren' zu verstehen. Diese Sachverhalte spiegeln sich z.T. in Hundsnurschers (1968, S.53-73) Behandlung der "intransitiven Gruppen":

> Die allgemeinen Bewegungsverben haben ihre konkrete Strukturbedeutung "die Wohnung verlassen und sich ins Freie begeben" zu der Gebrauchsbedeutung "spazieren" weiterentwickelt: "ich GEHE noch ein wenig AUS" (...) Zu den Kontextbedingungen gehören Gewohnheit, Muße, Erholung. (a.a.O. S.53)

Dagegen heißt es etwas später:

> Die Verben stehen vielfach in Oppositionsbindung zu EIN-Verben und sind dann auf einen konkreten Ort bezogen: AUSMARSCHIEREN/ EINMARSCHIEREN (Stadt); AUSRÜCKEN/EINRÜCKEN (Kaserne); AUSREITEN/ EINREITEN (Hof). Diese Oppositionsbindung läßt viele okkasionelle Bildungen zu. Die lokativen Beziehungsbegriffe werden mit kongruenten Präpositionen angeschlossen: aus der Stadt AUSMARSCHIEREN/ in die Stadt EINMARSCHIEREN. (a.a.O.S.55/56).

Wir wollen nicht diskutieren, ob die in dem obigen Zitat so bezeichnete Bedeutung tatsächlich eine "Strukturbedeutung" ist, wir wollen aber festhalten, daß, was bei Hundsnurscher als zufällige kontextuelle Einbettung für dasselbe Verb erscheint, eine wortbildungssystematische Differenzierung darstellt, die auch in der relationalen Grundstruktur erkennbar ist, so daß uns zwar auf dieser Ebene nicht die Art der geforderten Funktionalisierung gezeigt wird, wohl aber ihr Vorliegen. Das Vorliegen der Idiomatisierung ist gekennzeichnet durch die dargestellte Einbettung des AUS in die Zielrelation, so daß auch das komplexe Verb keine entsprechende Direktionalergänzung mehr zuläßt. Dagegen haben wir nur von sachbezogener Selektion verbunden mit aspektueller Präzisierung auszugehen, wenn AUS in einer ursprungsorientierten Relation steht und somit - im Verhältnis zum verbalen Simplex - lediglich die Ursprungsbereichsorientierung hinzugefügt wird. Diese Bildungen stehen in Symmetrie mit entsprechenden Bildungen mit *ein-*.

b) exemplarische Diskussion

Diese Doppelheit der Bildungen laßt sich offenbar für die meisten Verben der menschlichen Fortbewegung nachweisen; da das - im sachlichen entsprechend, wenn auch mit den angesprochenen theoretisch-methodischen Unterschieden - bei Hundsnurscher dargestellt ist, kann hier auf diese Darstellung verwiesen werden. Weitere Bildungen aus unserem Material, die speziellere Fortbewegungsweisen kennzeichnen, und für die auch die eben an gesetzte Unterscheidung gilt, wären etwa:

(4.4.)(1) *aus*:
-brechen, -finden, -rücken, -scheren, -schlüpfen, -schwärmen, -springen, -steigen, -treten, -wandern, -ziehen.
(4.4.)(2) *ein*:
-brechen, -finden, -kuscheln, -nisten, -parken, -passieren, -rükken, -scheren, -steigen, -tauchen, -wandern

Ohne daß hier alle Bildungen einzeln behandelt werden könnten, sei auf einige Punkte hingewiesen. Bezeichnend ist ein Verb wie *ausschwärmen*, das in typischer Weise das idiomatisierte Muster der *aus*-Verben dieses Typs repräsentiert:

(4.4.)(1.1.) *ausschwärmen*:
"*schwärmend, in Schwärmen aus-, wegfliegen*: die Bienen schwärmten aus. (Ü) die Touristen schwärmten aus (*zogen, fuhren massenweise (in die Umgebung) hinaus*); die Pfadfinder schwärmten aus (*verteilten sich im Gelände*)" (Duden-WB S.273)

Die Grundlage für all die Funktionalisierungen ist der Sonderfall eines 'ausfliegen', der 'ausschwärmen' genannt wird, d. h. auch dieser Typ geht auf eine bereits idiomatisierte Bildung zurück:

(4.4.)(1.2.) *die Bienen schwärmen aus*

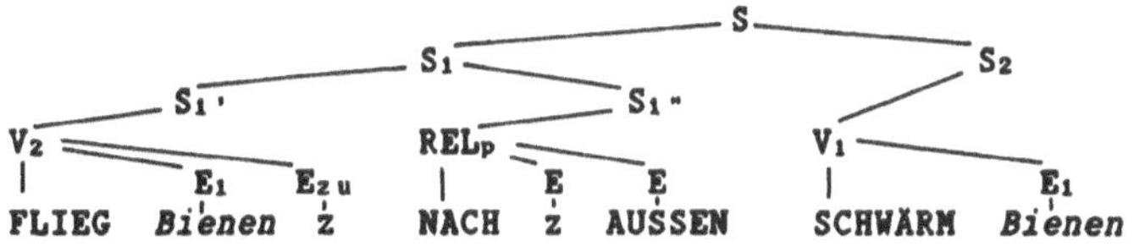

Die Funktionalisierung dieses Typs wird dann je nach Anwendung auf andere Sachbereiche übertragen. So zeigt dieses Beispiel im Ansatz nicht nur das Vorgehen der Idiomatisierungsprozesse, sondern auch die hier nur angedeutete, bei Hundsnurscher im Rahmen seines Konzepts ausgeführte, Differenzierung in Wortbildungsmuster, die analogisch weitergeführt werden.

Als ein Beispiel für den funktionierenden *ein-/aus-*Gegensatz sei jetzt noch das Paar (4.5.) *ausziehen* vs. *einziehen* behandelt; dafür, und für den Idiomatisierungsüberhang bei *aus-* (4.6.) *auswandern* vs. *einwandern.*

Folgende Fragen sollen an diesen Beispielen exemplarisch behandelt werden. Das ist 1) die Frage nach der praktischen Grundlage dieser Art von Kodierung und 2) die Frage, wie das lexikalische Umfeld bei der Ausbildung bestimmter Muster mitwirkt.

Für das syntaktische Verhalten dieser Verben sei zunächst auf die (ergänzten) Eintragungen in Engel/Schumacher (1978, S.133-135 und 165-166) verwiesen:

(4.5.)(1.1.)

ausziehen	0(6	*Der Mieter zieht (aus der Wohnung) aus.*
einziehen	0(6	*Der Mieter zieht (in die Wohnung) ein.*

(4.5.)(1.2.)
Frau Philipp wird aus ihrer Wohnung [...] ausziehen. (Hacks 97)
Was alles passiert, wenn er bei ihr einzieht. (Brigitte a5)

(4.6.)(1)

auswandern	0(6	*Viele Europäer wandern (nach Australien) aus.* *Er ist (aus Deutschland) ausgewandert.* (Duden-WB S. 282)
einwandern	0(6	*Viele Europäer wandern (in/nach Australien) ein.*

(4.6.)(2)
Er wanderte aus. In die Türkei. (Musil 71)
[...] *Nachfahren der* [...] *von Großbritannien eingewanderten Kelten.* (Bretagne 14)

Ausziehen/einziehen und mit Einschränkungen auch *auswandern/einwandern* repräsentieren den voll motivierten Typ dieser Bildungen. Dabei steht (4.5.) in folgender Wortfamilie:

(4.5.)(2)

ziehen	*Otto zieht (von A) nach B.*
umziehen	*Otto zieht ((von A)) (nach B) um.*
verzogen	*Otto ist ((von A)) (nach B) verzogen.*
<verziehen>	

All diese Wörter beziehen sich auf die Situation "Wohnungswechsel". Welche inhaltliche und funktionale Differenzierung entspricht nun den verschiedenen formalen Mustern?

Das Simplex *ziehen* in dieser Bedeutung bezeichnet eine zielorientierte Handlung: es fordert syntaktisch eine obligatorische Direktionalergänzung, während die ursprungsorientierte Direktivangabe es ermöglicht, die Gesamthandlung darzustellen, auch die normalerweise impliziten semantischen Potentiale des Verbs zu explizieren. Graduell davon unterschieden ist die Verwendung und Bedeutung von *umziehen*; denn obwohl hier die zielgerichtete E6 fakultativ ist, so daß der Satz *Otto zieht um* grammatisch ist, ist dennoch das Vorhandensein der zielorientierten E_{dir} die Voraussetzung für das Auftreten der ursprungsorientierten Angabe; d.h. ein Satz **Otto zieht von/aus A um* muß als ungrammatisch gelten. Dieselbe kategoriale

Struktur gilt im wesentlichen auch für *verziehen*, das häufig als Part.II *verzogen* auftritt; in dem Standardsatz *Empfänger unbekannt verzogen* muß somit *unbekannt* zielorientierte Direktivergänzung sein. Zielen die bisher besprochenen Mitglieder dieser Wortfamilie auf die Darstellung der Gesamthandlung, so dienen die im Mittelpunkt unserer Untersuchung stehenden *ausziehen* und *einziehen* speziell dazu, den Ursprungs- bzw. den Zielaspekt zu thematisieren. Im Verlassen bzw. "Betreten" eines Wohnsitzes wird ein funktionell eingebetteter Zeitpunkt festgehalten; am besten versteht man diese Verben als eine Spezifizierung des das Muster prägenden *umziehen*.

Diese Spezifizierung hat verschiedene Folgen. Sie bedeutet im sachlichen Bezug eine Zerteilung der durch *umziehen* ausgedrückten Bedeutung in zwei funktional getrennte Teile. *Umziehen* kann ja gerade deshalb als die unmarkierte Bezeichnung des in Frage stehenden Vorganges gelten, als es ihn als einen ganzen in der üblichen Abstufung der verschiedenen Einzelteile wiedergibt. Es schildert funktional angemessener als das Simplex, da es in der Verbpartikel den essentiellen Tatbestand eines Ortswechsels mitaufgenommen hat. Daß die zielorientierte Direktionalbestimmung syntaktisch präferiert wird, scheint der unmarkierte Normalfall für Bewegungsverben des Deutschen zu sein, also nicht allzuviel inhaltliche Interpretation zu erlauben. Wenn man versucht, die Szene mit dem Verb *umziehen* möglichst explizit - d.h. mit Ziel- und Ursprungsangabe - auszuformulieren, so sieht man, daß umziehen, außer den genannten generellen Abstufungen keine Einschränkungen zeigt.

(4.5.)(3)

Otto zieht	*von A*	—	*nach B*	*um.*
	aus seiner Wohnung in A	—	*in sein Haus in B*	
	aus der einen Wohnung	—	*in die andere*	

Alle in diesem Rahmen denkbaren lokalen Einheiten lassen sich anschließen (das gilt auch für *ziehen*). Die Bedingungen für *verziehen*, das inhaltlich einem *wegziehen* nahesteht, sind aufgrund der relativen Unüblichkeit dieses Verbs etwas unklar. Dagegen sind die Bedingungen für *ein-* und *ausziehen* strikter beschränkt. So gibt auch das Duden-WB (S.665) "mit seinem Besitz, seiner beweglichen Habe in eine Wohnung o.ä. ziehen" als Bedeutung für *einziehen* und "eine Wohnung, einen Arbeitsraum aufgeben u. verlassen" (S.284) für *ausziehen* an. Es ist also bei den Direktionalergänzungen in beiden Fällen nur die Bezeichnung eines Gebäudes/ Gebäudeteiles o. ä. möglich, nicht aber die eines Ortes, Gebietes oder Landes.

(4.5.)(4)
Otto zieht aus der einen Wohnung aus und in der anderen ein.
**Otto zieht von/aus München aus und nach/in Hamburg ein.*

Die Verwendungen mit Orten, Gebieten, Ländern werden nach dem Muster eines homonymen Verbpaares verstanden, das das offizielle, mit offiziellen Ereignissen verbundene Betreten bzw. Verlassen eines Orts usw. bezeichnet.

(4.5.)(5)
Die Soldaten zogen in die Stadt ein.
Die Soldaten zogen aus der Stadt aus.

Damit läßt sich der Skopus von *umziehen* und *ein-/ausziehen* folgendermaßen darstellen

(4.5.)(6)

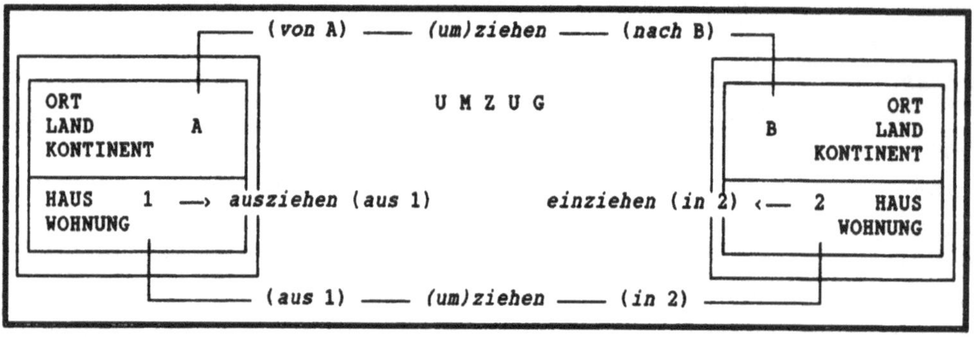

Etwas anders sind die Verhältnisse bei *ein-* und *auswandern*; eher als ein motivierender Bezug auf *wandern* ist hier Lehnübersetzung nach *immigrare/emigrare* anzunehmen; zusätzlich haben wir auch die entsprechenden Fremdwörter *emigrieren* und *immigrieren*. Im Gegensatz zum Fall *umziehen* gibt es hier offenbar kein unmarkiertes Verb, das den Gesamtvorgang bezeichnen würde. Das wirft ein bezeichnendes Licht auf die Art, in der der in diesen Verben ausgedrückte Vorgang perzipiert und damit kodiert wird. Vom Gesichtspunkt des einzelnen in einer solchen Situation Handelnden bzw. des einzelnen von einer solchen Situation Betroffenen geht es hier nicht um eine Aktion mit zwei beliebig aus der Handlung herauslösbaren Enden; vom Bewußtsein des Einzelnen her dürfte zumeist der 'Emigrations'-Aspekt überwiegen. Nur generell zusammenfassend, nicht auf den einzelnen Fall bezogen, kann die Gesamtheit der Bewegung in einem allerdings noch recht neuen Substantiv *Migration* anscheinend neutral benannt werden. Ansonsten ließe sich eine Übersicht über die Benennungen in diesem Rahmen folgendermaßen klassifizieren:

(4.6.)(2)

[WANDERUNGSBEWEGUNGEN]				
	/WANDER/		/MIGRIER/	
	Verb	Substantiv	Verb	Substantiv
NEUTRAL				Migration
V 0(6 AUS	auswandern (aus) (nach)	Auswanderung (aus) (nach)	emigrieren (aus) (nach)	Emigration (aus) (nach)

V 0(6 EIN	einwandern (nach)	Einwanderung (nach)	immigrieren (nach)	Immigration (nach)
ZUSTAND/AUS				Emigration

Die Verben aus diesem Bereich sind noch stärker zielorientiert als das beim vorigen Beispiel der Fall war; das bringt auch Engel/Schumacher dazu, auch bei *auswandern* nur eine zielgerichtete E6 anzunehmen. Unter dieser Voraussetzung gibt es für Sätze wie den folgenden zwei Analysemöglichkeiten:

(4.6.)(3) *Die ganze Familie wanderte aus Deutschland aus.*

Die direktionale Bestimmung *aus Deutschland* kann entweder zielgerichtet gedeutet werden, dann wäre diese Nominalgruppe die normal geforderte E6. Semantisch mag das in diesem Fall nicht besonders naheliegen, es gibt aber immerhin, wie wir sehen werden, Verwendungen, bei denen eine solche Umdeutung durchaus zulässig ist. Die andere Möglichkeit wäre, anzunehmen, daß die ja fakultative E6 in diesem Beispiel nicht realisiert wäre, unsere Nominalphrase wäre dann A_{loc} Beide Lösungen wirken nicht besonders befriedigend. Da bei *auswandern/einwandern* im Unterschied zu vorher behandeltem *ausziehen/ einziehen* die Gesamthandlung nicht in zwei absolut getrennte Teilhandlungen zerschnitten wird, sondern eine Akzentsetzung im Rahmen der Gesamthandlung vorgenommen wird, sollte das Postulat der Zielgerichtetheit der Direktionalergänzung fallengelassen werden, so daß Ursprung wie Ziel der Handlung in dieser syntaktischen Kategorie repräsentiert werden können. Das scheint auch den distributionellen Gegebenheiten bei diesen Verben eher gerecht zu werden.

(4.6.)(4)
die vor 250 Jahren aus der Pfalz nach Pennsylvania auswanderte
die von jetzt an nach Amerika auswanderten
wanderte kaum noch ein Deutscher dorthin aus
zwang die Psychoanalyse zur Auswanderung (Trommler S.250)
Ich kämpfe gegen die Beförderung der Auswanderung (Trommler S.2)
eine neue Auswanderung nach Kanada
Elite-Auswanderung

emigrierten Autoren
Hitler-Emigration
Emigration in die USA
die Emigration der dreißiger Jahre

deren Eltern eingewandert waren
[der] in Nordamerika einwanderte
wieviele Menschen aus welchen Ländern einwandern durften
von deutscher Einwanderung
gegen diese neue Masseneinwanderung
<Belege aus der STERN-Serie: Die Deutschen in Amerika>

Es zeigt sich, daß zur kategorialen Grundstruktur eines Lexems [AUSWANDER] außer der Angabe des Agens noch die Angabe des Ausgangspunkts/-bereichs und

Zielpunkts/-bereichs gehört. Unklar ist der syntaktische Status dieser Elemente. Auch die Wörterbücher, wie Klappenbach/Steinitz (S.386) oder das Duden-WB (S.282) sind in dieser Frage unentschieden; der Duden scheint die Angabe des Ausgangspunkts für fakultativ zu halten:

> *auswandern*
> *seine Heimat für immer verlassen (u. in einem andern Land eine neue Heimat suchen); emigrieren* (Ggs. einwandern): er ist (vor zwanzig Jahren, aus Deutschland) ausgewandert; nach Australien, in die USA a.

Die inhaltliche Paraphrase betont zwar den "Verlassensteil" einer Auswanderung zuungunsten der "Einwanderungsphase", die Darstellung der Beispiele erweckt aber einen anderen Eindruck; die Angabe der Herkunft wird mit einer Zeitangabe gleichbehandelt. Man muß sich fragen, ob hier die kategoriale Festlegung des Ausgangs- wie des Zielpunkts tatsächlich keine irgendwie einander entsprechende Rolle spielt. Auf jeden Fall ist die Bedeutung schon fest genug, daß *auswandern* auch ohne lokale Bestimmung auftreten kann, eine eventuell auftretende E6 also fakultativ ist. Dabei scheint aber sowohl aus der Bedeutungsangabe als auch aus den Beispielen hervorzugehen, daß eigentlich zunächst zu ergänzen ist, woher die Auswanderung kommt; die letzten Beispiele, die der Duden gibt, sind dafür insofern typisch, als sie typisch "europäische" Sätze darstellen: ohne weitere Angabe wird ein 'aus Europa' mitverstanden. Da nun, wie der Duden ganz richtig angibt, *auswandern* nicht bedeutet, irgendeinen Ort zu verlassen, sondern seine Heimat, gibt es, was für die Herkunftsbezeichnung eine Rolle spielt, eine Alternative zu einer entsprechenden Präpositionalphrase (vgl. e) und f)). Die Bewohnerbezeichnung impliziert den Herkunftsort; was man auch an der störenden Redundanz der Wendungen mit zusätzlicher Angabe des Herkunftsortes sehen kann. Bei auswandern gehört offenbar die Herkunftsbestimmung näher zum Verb als die des Ziels. Ein Problem liegt darin, daß *auswandern* im Vergleich mit *einwandern* die unmarkiertere Form darstellt. Dieser Tatsache trägt das Duden-WB dadurch Rechnung, daß 'in einem anderen Land eine Heimat suchen' als fakultatives Bedeutungsmerkmal angegeben wird. Aufgrund dieses Markiertheitsgefälles tendiert also *auswandern* dazu, zum Namen der Gesamthandlung zu werden und aus diesem Grund auch eine zielorientierte Richtungsbestimmung zu sich zu nehmen. Wie der Wörterbucheintrag für *einwandern* zeigt, ist ein umgekehrter Vorgang hier nicht zu erwarten:

> *in ein fremdes Land gehen, um sich dort anzusiedeln (u. die Staatsbürgerschaft zu erwerben); immigrieren*: nach Australien e. (Duden-WB S.661)

Hier ist die Herkunftsangabe sowohl inhaltlich eine zusätzliche Bestimmung wie syntaktisch Angabe.

Insgesamt zeigen sich folgende Verhältnisse. Bei *auswandern* kann wahlweise die eine oder die andere direktionale Bestimmung als E6 gelten. Wenn die Herkunftsbestimmung als Ergänzung gewertet wird, ist das Verb als 'weg von der Heimat' zu verstehen, im anderen Fall (auch) als 'weggehen und eine neue Heimat suchen'. Das wäre die unmarkiertest mögliche Bezeichnung für den Gesamtprozeß, verstanden als 'Auswanderung irgendwohin' mit der Möglichkeit, anzugeben, woher. Die Tatsache des 'woher' als solchen wäre aber dem Verb als solchem schon inhärent. Beschränkter ist demgegenüber der Gebrauch von *einwandern*: fakultative Ergänzung ist das 'wohin', es wird der Prozeß der Ankunft benannt; die Tatsache des Orts der Herkunft ist somit nicht mehr im engeren Handlungsrahmen enthalten.

Diese Analyse entspricht genau den Voraussagen, die man von der Relationendarstellung her machen könnte:

(4.6.)(5.1.) *jmd.wandert nach/in Amerika ein* (5.2.) *jmd.wandert aus Europa aus*

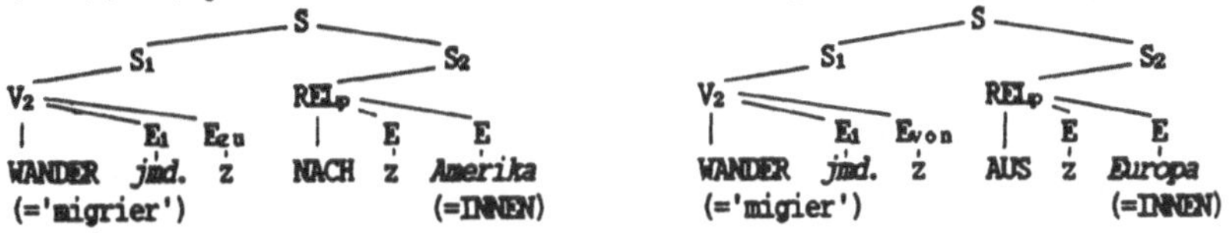

Dabei würde ich übrigens die Variante IN als eine Verdeutlichung des aspektuellen Charakters auf direktionaler Grundlage ansehen.

Diese beiden Stammbäume repräsentieren die entsprechenden lokalen Teile einer Gesamthandlung AUSWANDER, bezogen jeweils auf den ziel- bzw. den ursprungsbezogenen Aspekt. *Einwandern* ist als spezialisiert, aber lokal im Sinn seiner Konstitution zu verstehen:

(4.6.)(5.3.) *jmd. wandert aus Europa ein*

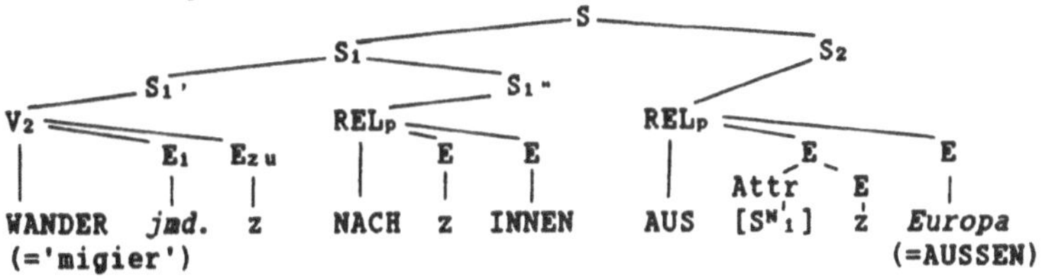

Demgegenüber ist *auswandern* mit zielorientierter Interpretation das Muster für den Gesamtnamen der Handlung; da hierbei das ggf. zusätzlich angegebene konkrete Ziel als ein Punkt in einem Großraum AUSSEN zu verstehen wäre, wäre dieser Fall wohl so zu symbolisieren:

(4.6.)(5.4.) *jmd. wandert (nach Amerika) aus*

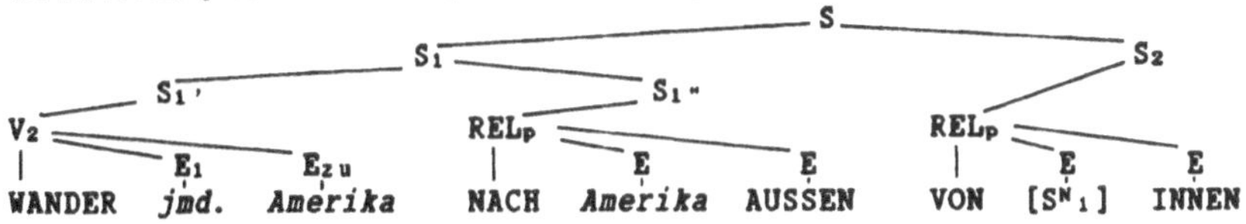

Eine systeminterne Klärung, warum das so ist, könnte nun nicht mehr weiter führen. Aber gerade am Nebeneinander von *auswandern* und *einwandern* zeigt sich, daß Wörter auch ihre, in diesem Fall politische, Geschichte haben. Ist die Entstehung des Begriffs *Emigrant* nach Schwarz (1967, S.109) und somit auch wohl die des Verbs *emigrieren* in die Zeit der französischen Revolution zu legen, so gehört der Begriff der *Auswanderung* und somit das Verb *auswandern* zu der Zeit der großen Auswanderungswellen der Europäer in die USA, also ins 19. Jahrhundert. Nicht so sehr genetisch, wie Goethes **Unterhaltungen deutscher Ausgewanderter** zeigen, die sich ja euch auf die nachrevolutionären Verhältnisse beziehen, aber in der jetzigen allgemeinen Einschätzung. So ist zumindest in unserem Jahrhundert das fremdwörtliche Lexem mit politischen Motiven verbunden, während *auswandern* ganz allgemein das Wort für das Verlassen der Heimat ist, aus welchem Grunde auch immer. Diese Bedeutung gibt auch die oben zitierte Duden-Paraphrase an, während zu *emigrieren* "sein Land (freiwillig) aus wirtschaftlichen, politischen, religiösen u.ä. Gründen verlassen" (Duden-WB S.681) angegeben wird, also im Unterschied zu *auswandern* zumindest Gründe mit genannt werden. In der Auswahl der Gründe würde ich allerdings eher der in dieser Hinsicht engeren Angabe im WdG (S.1028) zustimmen, wo als Bedeutungsangabe steht:"aus politischen oder religiösen Gründen die Heimat verlassen und in ein fremdes Land flüchten". Auch das Merkmal des fluchtartigen Verlassens kennzeichnet eine Eigenart von *emigrieren*. Diese Auseinanderdifferenzierung der beiden Verben in eine Bildung für das im weiteren Sinn politische Verlassen des eigenen Landes und eine neutrale Bildung, die das 'Auswandern' ohne weitere Differenzierungen beschreibt, wurde zweifellos durch die Ereignisse während des Dritten Reiches noch verstärkt, wo eine Vielzahl von Bürgern sich gezwungen sah, eben nicht *auszuwandern*, sondern zu *emigrieren*; sie waren *Emigranten* und gingen in die *Emigration* (s.WdG (S.1028)). Genauso läßt sich nur unter pragmatischen Gesichtspunkten etwas weiteres dazu sagen, warum die Form *auswandern* und nicht die Form *einwandern* als unmarkierte Form geeigneter sein könnte. Uber Jahrhunderte war der deutsche Sprachraum *Auswanderungsland*, wenn somit ohne weitere Angaben von *auswandern* gesprochen wurde, war das Ausgangsland ohnehin klar, allenfalls wichtig war, wohin es ging. Dasselbe gilt umgekehrt für *einwandern*: es wird aus dem Gesichtspunkt des 'Auswanderers' als ein eher punktueller Endpunkt des Geschehens angesehen.

Da es auf sprachlich verbalisierbaren Kategorien aufbaut und auch die Üblichkeit ("Lexikalisiertheit") bestimmter Ausdrucksweisen einbezieht, ist unser Relationenkonzept in der Lage, auch die Markiertheitsunterschiede mit ihren Folgen für die Idiomatisierung der verschiedenen Bildungen abzubilden. Es ist wegen dieser Sprachnähe Platz sowohl für konstitutionelle wie analogische Prozesse der Wortbildung. So konnte die Besonderheit von Bildungen mit *aus-* erfaßt werden. Daneben erscheint einleuchtend, daß sich okkasionelle lokal verstehbare Bildungen eher bei *ein-* finden: *sich einschleichen, sich einstehlen, sich einnisten*, um eine inhaltlich zusammengehörige kleine Gruppe zu nennen, aber auch Bildungen wie *einparken*, *einpassieren*, *eintreten* usw.

Ein Verb *einsteigen* ('zum Diebstahl') zeigt auch, daß selbst eine solche Idiomatisierung die Einbettung in den relationalen Rahmen nicht verändert. Eine Gegenbildung mit *aus-* wird man in diesem Fall nicht erwarten, denn das 'Einsteigen' ist eine derart "einsinnige" Handlung, daß der Ausdruck der Gegenbewegung nicht sinnvoll erscheint: die hier vorliegende Verbindung von 'eintreten' mit der Intention Diebstahl läßt keine sinnvolle oder kommunikativ interessante Umkehrung zu. Dagegen ist *aussteigen/einsteigen* ('bei Fahrzeugen') das normale Gegensatzpaar mit semantischer Spezialisierung auf derselben Ebene. Es geht um das Betreten und Verlassen bestimmter "Räume", bei denen man das Simplex *steigen* nur als Signal der Spezialisierung verstehen kann. Der paradigmatische Ausbau durch *auf-/absteigen* war oben schon zu besprechen. Wir werten diese Bedeutungsverhältnisse als eine Stütze für unser Konzept der semantischen Abhängigkeit der Basis von der Partikel. Die Beziehung quer durch die behandelten Relationen wiederum zeigt, daß die verschiedenen Partikeln als Differenzierungen einer als einheitlich gesehenen direktionalen Bestimmung zu werten sind.

c) **Resumé**

Bei den normalen Verben der Fortbewegung ist der Bildungstyp mit *ein-* als unmarkiert anzusehen, schon, weil die in diesen Fällen geforderte Zielergänzung eher einer normalen Bewegungsintention entspricht. Verben mit *aus-* und denselben Basen können zunächst als die ursprungsorientierte Entsprechung zu diesen Bildungen angesehen werden. Im Schwanken der *aus*-Verben zwischen Ursprungs- und Zielorientierung liegt der Ansatzpunkt für eine viel weitgehendere Idiomatisierung. Diese Fälle wurden ausführlich diskutiert. Das führt auch zum Auftreten scheinbarer Oppositionspaare wie etwa *eintreten* mit Normalbedeutung und *austreten* 'seine Notdurft verrichten' o. ä. In diesem Markiertheitszusammenhang ist vielleicht auch noch bemerkenswert, daß selbst die aspektuelle Betonung im Zweifelsfall bei den Bildungen mit *aus-* stärker zu sein scheint: vgl. *ausgießen* 'entleeren', aber *eingießen* nicht unbedingt 'füllen'. So kann man die Bildungen mit *ein-* einem semantischen Archetyp 'eintreten' zuordnen, während entsprechende Bildungen mit *aus-* z. T. auf die Gesamthandlung 'verlassen', also eine Art bereits gedeuteter Bewegung zu beziehen sind. Dem entsprechen etwa auch die im Duden-WB angegebenen Paraphrasen für entsprechende Verbpaare, so z.B.:

> (4.7.)(1) *ausfahren*
> "*aus etw. herausfahren, fahrend einen Ort verlassen.*" (Duden-WB S.247)
> (4.7.)(2) *einfahren*
> "*in etw. (hinein) fahren, fahrend in etw. gelangen.*" (Duden-WB S.628)

Vor allem die jeweils zweiten Paraphrasen entsprechen unserem Interpretationsvorschlag: 'gelangen' als Bewegungstyp, 'verlassen' als Handlungstyp und das jeweils modal 'fahrend' modifiziert. Diese Interpretation legt auch nahe, daß die Darstellung der semantischen Möglichkeiten dieses Wortbildungsmusters nicht im Bezug auf ein Musterverb zu lösen ist, sondern, daß archetypische Supernyme anzusetzen sind, daß aber die Untergliederung durchaus z. T. über Einzelmuster laufen mag:

(4.8.)(1.1.) *ein-*

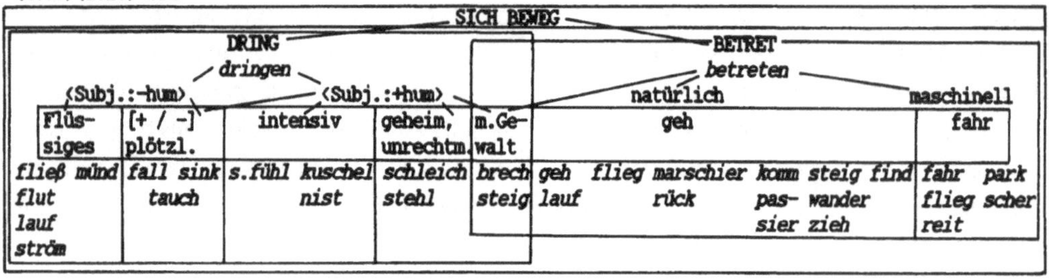

(4.8.)(1.2.) Beispiele

[...] *daß das Wasser einzusickern begann* [...] (Brandstetter a118)

einen Aufbau, durch den sie einströmen [...] *können.* (Musil 196)

[...] *und werde nur die Bedürfnisse wirklich moderner Menschen in deren Führung einströmen lassen.* (Musil 196)

das plötzliche Eintauchen in die Wärme der Stube (Brandstetter 58)

<Parasit>, der sich in sie einnisten wollte. (Musil 53)

[...] *das Übel müsse sich in neuerer Zeit eingeschlichen haben.* (Brandstetter a70)

[...] *Odysseus veranlaßt hatte, bei Tyndareos einzubrechen* [...] (Merkel 29)

Junge Leute [...] *wandern* [...] *in der Universität und der Staatsbibliothek aus und ein.* (Mann 215)

Wir mußten halten, Vater stieg aus [...] *Als er wieder einstieg* [...] (Brandstetter a71)

Als sie in den Hafen einfuhren [...] (Merkel 31)

Es handelt sich bei den verschiedenen Untergruppen um verschiedene Arten modaler Modifikation, die in verbalen Basen ausdrückbar ist. Ausgenommen von dieser Darstellung sind lediglich einige Verben, die technischere Vorgänge bezeichnen, wie *einschnappen*, einige schwerer einzuordnende Fälle wie *einwurzeln* (*Man blieb wie eingewurzelt stehen* (Musil 68))und das singuläre *einatmen* (*Nichts mehr unternehmen als ein- und ausatmen.* (Handke 61)). Bis auf die Tatsache, daß es hier wie dort Handlungen gibt, die durch ihre Einsinnigkeit definiert sind, ist das Bild für die Verben mit *aus-* sehr ähnlich; allerdings ist z.T. die Idiomatisierung der Bildungen weiter fortgeschritten. Daher seien zunächst diese Verben vom Typ 'verlassen' herausgenommen:

(4.8.)(2) *aus-₁*

VERLASS		
natürlich	zielgerichtet	maschinell
geh marschier schwärm lauf	*tret wander*	*fahr scher flieg reit*

Zum Teil allerdings gibt es zu diesen Verben auch homonyme Varianten vom Muster ,komm aus'.

(4.8.) (3) *aus-₂*

SICH BEWEG					
DRING *dringen*				KOMM *kommen*	
<Subj.:-bel>		<Subj.:+bel>		natürlich	maschinell
flüssiges	[+/-] plötzl.	heimlich	aus d. Ei	*geh*	*fahr*
fließ dampf ufer lauf ström tret	*fall brech bröckel*	*büx rück steig*	*kriech schlüpf*	*geh flieg marschier steig find lauf wander rück zieh*	*fahr scher flieg reit*

(4.8.)(4) Beispiele
[...] *blieb Walter weich, ausgelaufen und verloren* [...] *sitzen.* (Musil 48)
eine kleine [...] *Mulde, in die sie hineinsickern und aus der sie wieder austreten* (Musil 34)
Du fliegst aus, sagst du? (Hacks 168)
[...] *um entweder auszureiten* [...] (Musil 104)
eine Art Deichsel, die [...] *das Ein- und Ausscheren erlaubte* (Brandstetter 63)

Die Darstellung bei Hundsnurscher (1968, S.53-73) zeigt, daß die aufgrund derselben relational-konstitutionellen Grundlage erklärbaren Bildungen funktional unterschiedlich eingespannt werden können. Dennoch erweist ein Vergleich der relational-konstitutionellen Grundlage mit Hundsnurschers "Gebrauchsbedeutungen", daß die Beziehungen nicht beliebig sind, was zudem auch die unterschiedliche Möglichkeit von ad-hoc-Bildungen bestätigt (s.Hundsnurscher (1968, S.53/54)). Alle möglichen Funktionalisierungen lassen sich aus dem vorgegebenen Relationenmuster, ausgehend von der Valenz zweiter Stufe der Partikeln *ein-* und *aus-*, erklären. Dabei ist der Idiomatisierungs- oder Spezialisierungsgrad der Bildungen unterschiedlich: auch hier neigen jedoch die Bildungen mit den allgemeinsten Fortbewegungsverben als Basen, wie etwa *ausgehen*, am ehesten dazu, im Rahmen verschiedener funktionaler Einbettungen verwendet zu werden. Dagegen ist bei anderen, auch durchaus üblichen Bildungen, die Art der Bedeutung wesentlich eindeutiger festgelegt:

(4.9.)

ausatmen	*einatmen*
'den Atem aus der Lunge ausströmen lassen'	'den Atem in die Lunge einziehen'

auslaufen1 ,aus einem Gefäß herausfließen`	*einlaufen* 'in ein Gefäß hineinfließen'
auslaufen2 'den Hafen verlassen, in See stechen'	*einlaufen* 'in den Hafen einfahren'
ausreisen 'ins Ausland reisen, die Landesgrenze überschreiten'	*einreisen* 'ein Land betreten, die Grenze überschreiten'
ausschlüpfen 'aus dem Ei, aus der Puppe schlüpfen'	

(nach Duden-WB S. 237-277 u. S. 622-654)

Das gilt auch für entsprechende Verben des Beförderns wie etwa:

(4.10.)

ausbrüten '(Eier) bis zum Ausschlüpfen der Jungen bebrüten'	
ausklammern 'vor oder hinter die eingeklammerte algebraische Summe stellen'	*einklammern* 'in Klammern einschließen'
aussperren 'durch Verschließen der Tür jmdm. den Eintritt verweigern, ihn ausschließen'	*einsperren* 'in einem Raum einschließen'

Bei allen diesen Verben ist durch die ausgedrückte Handlung eindeutig festgelegt, welche Objekte u.ä. das abgegrenzte Gebiet darstellen, über dessen Grenze das 'aus' und 'ein' geht. Wie man sieht, sind in den - leicht vereinfachten - Duden-Paraphrasen teils die Objekte, teils auch die Grenzsignale genannt; dabei ist auch in jedem Fall klar, was die Innen- und was die Außenseiten sind. Durch die Verhältnisse der Wirklichkeit ist auch die Einsinnigkeit von *ausbrüten/-schlüpfen* hinreichend klargelegt. Wenn man bedenkt, daß mit den Beschränkungen für die semantische Besetzung dieser Räume notwendigerweise auch Beschränkungen für die Subjekte einhergehen, wird der paradigmatische Idiomatisierungseffekt in diesen Beispielen deutlich. Hier werden z. T. dieselben Handlungen für unterschiedliche Räume und unterschiedliche Subjekte eben darum als verschiedene Wörter kodiert.

4.4.2.4. Verben des Beförderns

Waren die Fortbewegungsverben mit *ein-* und *aus-* noch eine relativ übersichtliche Gruppe, so sind die verschiedenen transitiven Verben dieser Bildungstypen allein schon wegen ihrer Menge nicht so leicht zu überblicken. Das kann man auch der entsprechenden Darstellung Hundsnurschers (1968, S.73-123) entnehmen, die hier nicht wiederholt werden soll.

a) *aus*

Die Grundstruktur der Bildungen mit *aus-* sollte die folgende sein:

(5)(5.1.) *jmd. tut etw. aus etw. in etw. (mit Hilfe von etw.)*

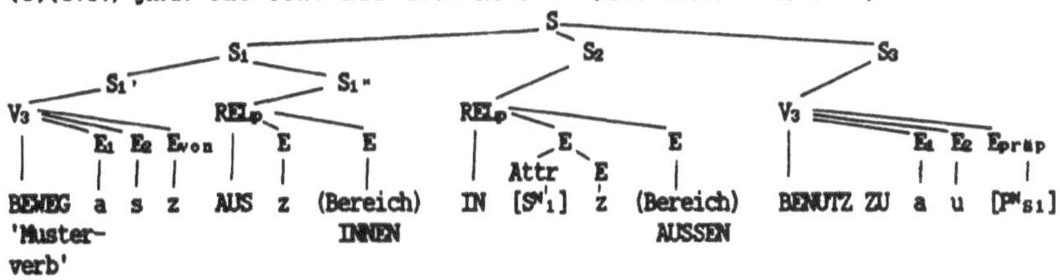

Denkbar ist aber auch die folgende Variante.

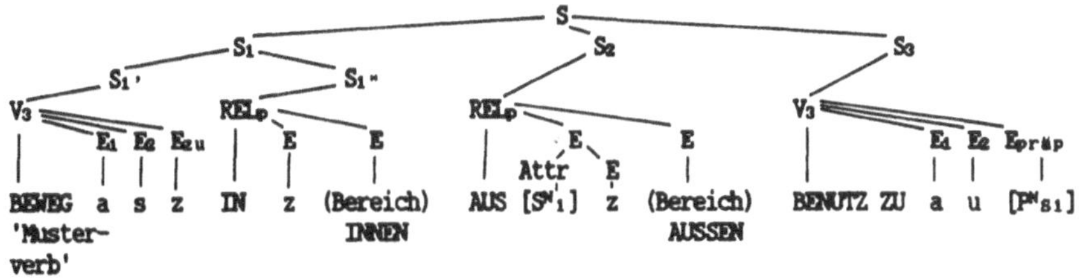

Das heißt natürlich, daß entsprechende Einzelverben bzw. Verbgruppen die entsprechenden Teile dieser Struktur realisieren, z. B.

(5.1.)(1) *er buddelt die Kiste aus*

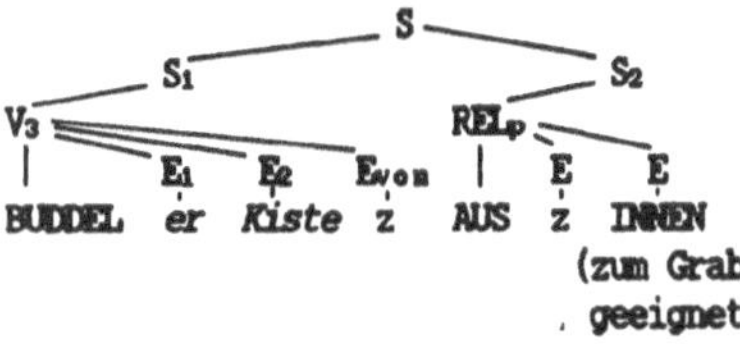

(1') Modifikation von *ausgraben*

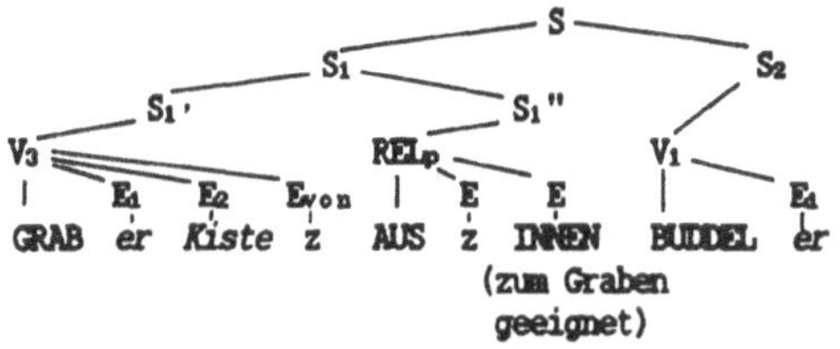

In (1') wird *ausbuddeln* als eine modale Modifikation des Musterverbs *ausgraben* angesehen. Dagegen ist in *ausschaufeln* die instrumentale Modifikation realisiert:

(5.1.)(2) *er schaufelt die Kiste aus*

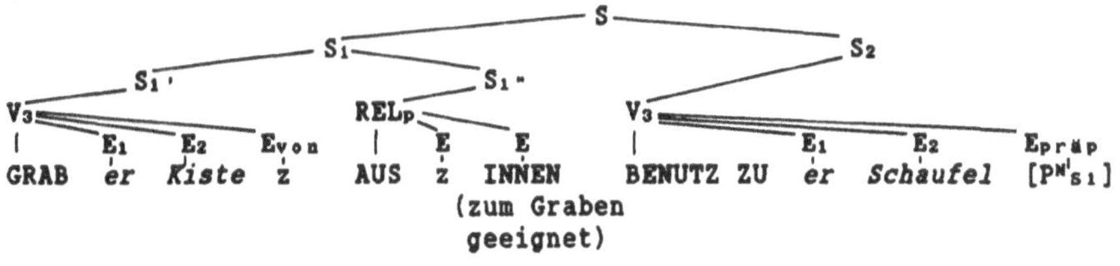

Unter dieses Muster *ausgraben* wären die folgenden Verben zu rechnen:

(5.2.)
(1.1.) *ausgraben, ausbuddeln, ausscharren*
Ich werde die Wurzel ausgraben [...] (Hacks 196)

(1.2.) *ausreißen, ausrupfen, auszupfen*
Haare und Härchen werden an den Wurzeln ausgezupft. (Brigitte 109)
(2) *auseggen, ausharken, ausschaufeln*

Dabei haben wir es in (1.1.) und (1.2.) mit verschiedenen Arten modaler Modifikation zu tun, während in (2) die instrumentale Modifikation realisiert ist. Wenn man diese Analyse mit den entsprechenden Punkten bei Hundsnurscher (1968, S.80 ff.) vergleicht, so sieht man, daß bei uns im Gegensatz zu ihm die Bedeutung - und auch die mögliche Idiomatisierung - mit der formalen Struktur in eine sinnvolle Beziehung gesetzt wird, worin sich die Regelhaftigkeit der Wortbildung bestätigt. Ambivalenz in der Deutung spiegelt sich in möglicher Zuordnung zu zwei verschiedenen Mustern. Nun ist der Aufweis der Regelhaftigkeit bei der gerade ausgesuchten Subgruppe einfacher als bei manch anderer Bildung, jedoch gehen wir dann ja auch davon aus, daß analogische Nachbildungen die wesentlichen Merkmale aufnehmen können, ohne sich unbedingt in entsprechende gestreckte Strukturen umwandeln lassen zu müssen (vgl. Eroms (1980, S.26ff.)). In dieser Weise erklärt sich auch - und hört auf zum Problem zu werden -, daß die relationalen Umschreibungen umso künstlicher werden, je spezialisierter die Bedeutung des komplexen Verbs ist. So würde ich etwa ein Musterverb *ausräumen* ansetzen, mit offenbar ausschließlich modalen Subgruppen, die sich unterscheiden lassen, auch wenn im einzelnen die Paraphrasierung zu keinem sprachlich besonders glücklichen Ergebnis führt:

(5.3.)(1.1.) *aus-*3

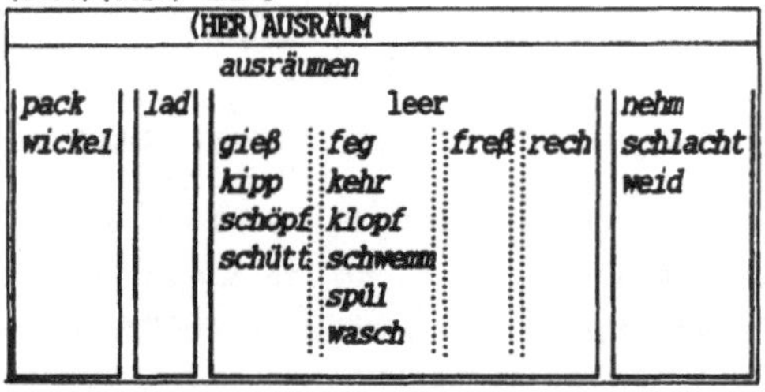

(5.3.)(1.2.)
Die Schachteln waren ausgepackt worden (Stifter 210)
mit dem Ein- und Ausladen von Paketen (Mann 186)
wie Brot, auf das Parfüm ausgegossen wurde (Musil 122)
daß ich gestern Unkraut ausgejätet habe. (Handke 10)
und wäscht sie <Figuren> aus. (Bretagne 145)

Wenn man dabei die Subgruppe *ausnehmen, ausschlachten, ausweiden* betrachtet, die alle in bestimmter Spezialisierung 'die Eingeweide aus einem geschlachteten oder erlegten Tier entfernen' (s.Duden-WB S.266) bedeuten, so lassen sich diese Bildungen zwar relational in das Muster AUSRÄUMEN einordnen, es ist aber keine natürliche gestreckte Form vorstellbar, die mit *ausräumen* formulierbar ist, und die in angemessener Weise der Bedeutung, dem "Sinn" dieser Verben Rechnung tragen könnte. Natürlich ließe sich hier allenfalls das Submuster direkt anhand des prototypischen Verbs der Gruppe, *ausnehmen*, darstellen:

(5.3.)(1) *jmd. nimmt die Eingeweide aus* (Duden-WB S.266)

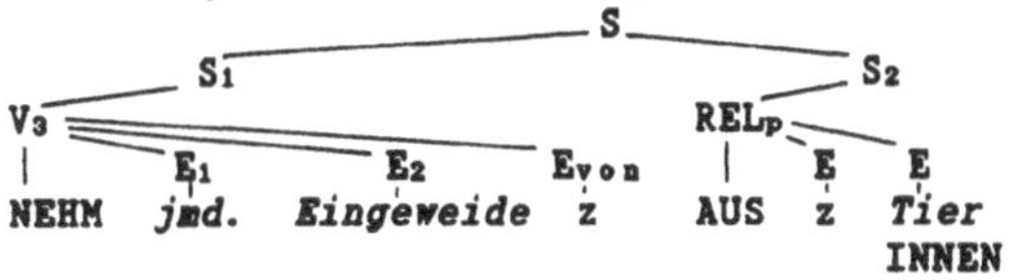

Da alle diese Fälle auch Beispiel für Objektvertauschung (s.Hundsnurscher (1968, S.124ff.)) sind, ist davon auch ableitbar:

(5.3.)(2) *jmd. nimmt das Tier aus*
Will man einen Fisch füllen, nimmt man ihn von oben aus. (Sacher 173)

Diese Ableitungsmöglichkeit hat als semantische Vorbedingung den holistischen Zugriff der Handlung, sie ist somit hier möglich, da *ausnehmen* und die verwandten Verben nicht die Einzelhandlung des 'Herausnehmens' von etwas beschreiben, sondern gesamthaft das entsprechende Zurichten der Eingeweide. Ebenso unmittelbar auf dieses Relationengefüge ließe sich - zumindest etymologisch gesehen - *ausweiden* zuruckführen (s.Kluge (1975, S.41;159)), wobei hier *Eingeweide* direkt in die Basis aufgenommen würde, also eine objektsbezogene Modifikation vorläge; ebenso ließe sich das zwar in dieser Bedeutung eher seltene *ausschlachten* auf ein 'Ausnehmen beim Schlachten', also eine Art konkomitativer Modifikation erklären. Insbesondere für *ausweiden* scheint aber diese Herleitung kaum mehr der Intuition über die Durchsichtigkeit des Worts zu entsprechen. Gegenwartssprachlich scheint die Differenzierung zu *ausnehmen* eher darin zu liegen, daß *ausnehmen* als unmarkierter Fall für alle Arten des Tötens bzw. Erlegens von Tieren gilt, während *ausweiden* auf den Zusammenhang "Jagd" hindeutet und *ausschlachten* in dieser wörtlichen Bedeutung speziell auf das "Schlachten". So gesehen sind beide Bildungen eher als modale Modifikationen des unmarkierten Typs anzusehen.

Bei den Gruppen *ausladen* und vor allem auch *auspacken, auswickeln* ist ganz deutlich, daß die bisherige Behandlung des Problems auch insofern eine Verkürzung darstellt, als gerade diese Bildungen im Zusammenhang mit und z. T. in Abhängigkeit von entsprechenden Bildungen mit *ein-* zu erklären sind; das zeigt sich auch, wenn man diese Bildungen in das Relationengefüge, wie es oben dargestellt wurde, einzubringen versucht. Da man dabei die Basen als Simplicia anzusetzen hätte, ergibt sich das Problem, daß die entsprechenden Simplicia nicht mit einer ursprungsorientierten Ergänzung zu verbinden sind, so daß die genannten Verben als Gegenbildungen zu den entsprechenden Verben mit *ein-* anzusehen sind, bei denen dann auch das syntaktische Muster der relationalen Einbettung entspricht. Das sei im folgenden am Beipiel von *einpacken/auspacken* ausführlicher diskutiert.

b) *einpacken/auspacken*

Beide Verben sind im Valenzlexikon von Engel/Schumacher (1978, S.133 und 164) vermerkt, so daß wir uns für die Beschreibung der syntaktischen Verbindbarkeit zunächst darauf beziehen können:

(6)

(6.1.)	*auspacken*	0(1	*Ich packe (den Koffer) aus.*
(6.2.)	*einpacken*	01(4	*Gabi packt das Buch (in Geschenkpapier) ein.*

(6.1.)(1) *Die Schachteln waren ausgepackt worden* (Stifter 210)
(6.2.)(1) *Ulrich packte die Mappen ein* (Musil 234)

Die Unregelmäßigkeiten in diesen beiden Einträgen, wo für *auspacken* nur die Variante mit Objektvertauschung, und für *einpacken* nur eine verzeichnet ist, die eigentlich nicht mehr als lokal verstanden wird, deutet einerseits darauf, daß Engel/Schumacher dieses Paar für recht idiomatisiert halten. Andrerseits lassen sich diese Angaben aus den Belegen im Duden-WB durchaus zur "Normalverteilung" ergänzen:

(6.3.)

(1)	*auspacken*	01(6	*Ich packe die Kleider (aus dem Koffer) aus.*(nach Duden-WB S.266)
		0(1	*Ich packe (den Koffer) aus.*
(2)	*einpacken*	01(6	*Ich packe die Kleider (in den Koffer) ein.*(nach Duden-WB S.643)
		01(4	*Ich packe das Buch (in Geschenkpapier) ein.*

(3) [...] *daß der junge Helmbrecht jetzt auspackt, was er an merkwürdigen Gegenständen mitgebracht hat* (Brandstetter a17)

Der Gegensatz der Darstellung im Duden-WB und bei Engel/Schumacher zeigt entweder eine unvollständige Erfassung der Sachverhalte bei den Letzteren, oder eine Isolierung von einpacken 01(4, durch die der Bezug auf die *aus-/ein*-Relation in lokaler Bedeutung eigentlich aufgehoben ist. Wir sind der ersten Ansicht; der Idiomatisierung des genannten Musters, die auch in der Konkurrenz zu *packen* zum Ausdruck kommt, ist natürlich trotzdem Rechnung zu tragen.

(6.4.)(1)

packen	0(1	*Die Ehefrau packt (ihre Koffer)*
packen	01(6	*Der Student packt die Bücher in die Kiste.*

(Engel/Schumacher (1978, S.232))

Die Darstellung der zitierten beiden Varianten vermag die vorliegenden Verhältnisse zu verdeutlichen. Jedoch ist der Beispielsatz für das Muster 0(1 äußerst unglücklich gewählt, besteht doch die starke Tendenz *Die Ehefrau packt ihre Koffer* als 'Die Ehefrau verläßt ihren Mann' zu verstehen. Da aber die E1 als fakultativ angesetzt ist, kann das nicht gemeint sein; man denke sich also stattdessen einen unverfänglichen Satz wie *Otto packt seine Reisetasche (immer in letzter Minute).*

(6.4.)(2)

VERB	O(1	O1(4	O16	O1(6
packen	x [+GEPÄCK]	x	x	-
einpacken	x [+Objekt] [+Gepäckstück]	x	-	x
auspacken	x [+Objekt] [+Gepäckstück]	-	-	x

Die Symmetrie zwischen *einpacken* und *auspacken* wird durch das Dazutreten von *packen* aufgehoben: die Richtungsorientierung von *aus-* und *ein-* bleibt zwar erhalten, die Spezialisierung verläuft aber in unterschiedlicher Weise. Die Handlung, auf die alle drei Verben Bezug nehmen, läßt sich folgendermaßen schematisieren.

(6.4.)(3)

	(AG)	TU HINEIN	(OBJ)	(in	LOC)	
	(AG)	TU HERAUS	(OBJ)	(aus	LOC)	
a)	x	packt	y	in	z	
b)	x	packt	y	in	z	ein
c)	x	packt	y	aus	z	aus

Packen kann nun einerseits diese Handlung mit Zielrichtung generell ausdrükken; wenn klar ist, welche Art von Handlung 'packen' ist, ist über die generellen Bedingungen dieses Handlungstyps hinaus keine klassematische Einschränkung der Mitspieler zu erkennen, d.h. Sätze mit *packen* sollten immer so zu verstehen sein, daß etwas in einer zum Verräumen geeigneten Weise verstaut wird; das unterscheidet z.B. *packen* von *schichten*, das eine Tätigkeit bezeichnet, die durchaus funktional als 'packen' einsetzbar ist:

(6.4.)(4) *Otto schichtet/packt das Geschirr in die Kiste.*

In dieser Verwendung von *packen* müssen sowohl (OBJ) als auch (LOC) als Ergänzungen realisiert sein, ein Weglassen dieser Elemente führt zu einer anderen semantischen Spezialisierung, wie sie mit dem Valenzmuster O(1 vorliegt; im Falle dieses Musters liegt eine Objektvertauschung vor, die sich in folgendem kategorialen Muster abbilden läßt.

(6.4.)(5)

x	pack	y	in z	
(AG)	(TU HINEIN)	(OBJ)	(IN&LOC)	SB
1 x	2 pack	3 z	4 5 mit y	
1	2 + 4	5	3	SV
(AG)	(TU HINEIN IN)	(OBJ)	(INSTR)	SB
1 x	2 pack	3	4	
1	2	0	0	SV
(AG)	(TU HINEIN IN)	(OBJ)	(INSTR)	SB

Wie die Tabelle in (6.4.)(2) ausweist, gilt dieselbe Spezialisierung auch für *aus-* und *einpacken*.

(6.4.)(6)
Otto packt die Kleider in den Koffer ein.
*Otto packt den Koffer (*mit den Kleidern) ein.*
Otto packt ein.

Otto packt die Kleider aus dem Koffer aus.
*Otto packt den Koffer (*von den Kleidern) aus.*
Otto packt aus.

Die Ableitungsprozedur läuft ganz wie oben dargestellt. Sowohl zu (6.4.)(5) wie zu (6.4.)(6) bleibt noch anzumerken, daß für den letzten Ableitungsschritt, die Tilgung, notwendig ist, daß mitverstanden wird, daß als (INSTR) bepackbare Behältnisse und unter (OBJ) alles, was man so verpacken kann, gemeint ist. Über diesen Vorgang hinaus ist bei *einpacken*, wohl aber auch bei *auspacken*, eine Ausweitung der Verwendung erkennbar, der eine inhaltliche Delokalisierung entspricht.

(6.4.)(7)
Otto packt die Kleider aus dem Koffer [LOC] *aus.*
?*Otto packt das Geschenk aus dem Papier* [INSTR] *aus.*
Otto packt die Kleider in den Koffer [LOC] *ein.*
Otto packt das Geschenk mit/in Geschenkpapier [INSTR] *ein.*

Damit wird der direktionale Gegensatz von *aus-* und *ein-* zu einem Verhältnis zu einem Instrument umgedeutet. Diese Differenz wird häufig nicht zur Kenntnis genommen. Man sieht das an dem Eintrag zu *packen* bei Helbig/Schenkel (1980, S. 436):[1]

1 Von der recht großen Zahl von Stellungnahmen zu Helbig/Schenkel sei hier nur die von Krohn (1975, S.41-50) genannt, weil er thematisch den semantischen

I. packen₃ (V1 einpacken)
II. packen- Sn, Sa, pS
III. Sn - +/- Hum (Der Urlauber packt den Mantel in den Koffer)
Sa- Anim(Er packt das Kind, den Hund, das Instrument in eine Decke)
p = auf, in, unter... (Richtungspräpositionen)
pSa - Dir (Er packt die Bilder in eine Kiste.)
(...)
Anmerkungen:
1. Wenn bei V1 Sa - -Anim(=Behälter), liegt Zweiwertigkeit vor. Es kann sogar formale Einwertigkeit auftreten: Er packt. In diesem Fall wird aber der 2. Mitspieler mitgedacht: Er packt sein Reisegepäck. Die Bedeutung verschiebt sich in diesem Falle zu "fertigmachen".

Was unser Thema, die Direktionalität bzw. Instrumentalität des präpositionalen Mitspielers betrifft, so wird von Helbig/Schenkel alles, was an der entsprechenden Stelle dieses Valenzmusters eintreten kann, als direktionale Ergänzung gewertet. Eine solche Darstellung ist unbefriedigend, stellt doch die Verwendung *Er packt...in eine Decke*, wie auch die Unmöglichkeit zeigt, die Valenz weiter zu reduzieren, von der ursprünglichen lokalen Bedeutung her gesehen eine Art metaphorischen Gebrauch dar. Bei ihr werden in der kritischen Präpositionalphrase typischerweise 'umhüllende' Elemente genannt, die nicht "lokalen" Behältnischarakter haben, sondern Mittel des Schutzes, des Schmuckes usw. sind; was sich auch an einem Vergleich mit entsprechenden Sätzen mit dem das Technische des "Einpackvorgangs" betonenden Verb *verpacken* verdeutlichen läßt:

(6.5.)(8)
a) *Er packt das Instrument in einen Koffer.*
b) *Er packt das Instrument in eine Decke.*
c) *Er verpackt das Instrument in einen Koffer.*
d) *Er verpackt das Instrument in eine Decke.*

Von diesen Beispielen sind auf jeden Fall a) und c) synonymer als b) und d); denn d) deutet die in b) ebenfalls ausgedrückte Tätigkeit im Sinn von a) - die Tätigkeit ist damit einmal als Verpackungsvorgang (d)) und einmal als Umhüllungsvorgang mit Schutzabsicht (b)) funktionalisiert. So ähnlich sollen wohl auch die Anmerkungen von Kim (1983, S.142) zu *verpacken* verstanden werden:

> '+human' wird durch die Präfigierung aus der semantischen Klasse der E_{akk} ausgeschlossen, aber es tritt im übertragenen Sinn auf, da ein gemeinsames Sem in der Verbalhandlung 'mit etw. umhüllen' vorliegt. *Etwas* in *mit etwas umhüllen* ist aber in diesem Fall kein Verpackungsmittel.

Gesichtspunkt in den Mittelpunkt stellt; teilweise ist seine Kritik, die, soweit sie die zu große Allgemeinheit der semantischen Beschreibungsbegriffe bei Helbig/Schenkel kritisiert, sicher berechtigt ist, aber etwas unbedacht, würde sie doch implizieren, man solle überhaupt nicht versuchen, Valenzwörterbücher zu schreiben, solange nicht alle klassematischen Beschränkungen angemessen beschrieben sind.

Offenbar versucht Kim zu beschreiben, wie in einer Übertragung auch Fälle wie d) nach b) verstanden werden sollen. Die inhaltliche Beschreibung, die er vorlegt, stimmt zwar zweifellos für *verpacken*, aber genausogut für die entsprechenden Verwendungen des Simplex und auch für *einpacken*. Kims Irrtum erklärt sich wohl daraus, daß er den oben zitierten Eintrag bei Helbig/Schenkel, auf den er verweist, nicht ernst genug nimmt: auch einen Fall wie *sie hatten ihn dick in Wolltücher gepackt* kann man als eine Übertragung von der ursprünglichen Verpackungsbedeutung betrachten, bei *sie hatten ihn dick in Wolltücher verpackt* mag das nur noch deutlicher sein, weil die Terminologisierung von *verpacken* für den technischen Verpackungsvorgang den Abstand der Verwendungen als größer erscheinen läßt. Entsprechendes gilt ja auch für *einpacken*, bei dem auch in Verwendungen wie: *sie hatten ihn dick in Wolldecken eingepackt* (s. Duden-WB S.643) die akute Phase des 'Einwickelns' stärker betont wird. Auch wenn man alle diese Bedeutungen als Übertragungen aus den lokalen Verwendungen verstehen will, kann man formal doch etwas genauer festmachen, worin die Übertragung besteht. Es handelt sich um eine Art von Bedeutungserweiterung, die relativ strikten semantischen Beschränkungen für die E_{akk} und die E_{adv} (vgl. Wolf (1982)) werden bei diesen Verwendungen aufgeweicht, statt einer strikt lokalen Relation wird eine allgemein instrumentale Relation gewählt, was dann entsprechende Auswirkungen auf die möglichen betroffenen Objekte und auf die Funktionalisierung der ausgedrückten Handlung hat. Mit dem syntaktischen Beschreibungshilfsmittel einer E_{adv} läßt sich gut das Graduelle dieses Übergangs andeuten, das es im Einzelfall schwermachen mag, zu entscheiden, ob man einen Beleg nach der einen oder nach der anderen Seite deuten soll. Die Untergruppen der E_{lok} bzw. $E_{instr.}$, die die syntaktische Entsprechung für die beiden Interpretationen darstellen, sind semantisch nicht sehr weit voneinander entfernt. Ähnlichkeit in der Struktur und Unterschied in der Art der Modifikation zeigen sich auch in der Position, die Bartsch (1972, S.135;175) diesen adverbialen Bestimmungen zuweist. Nach den dort gegebenen Beispielen müßten Paraphrasen für unsere Fälle folgendermaßen lauten:

(6.4.)(9)
Otto packt/verpackt/packt ein die Kleider in den Koffer -
Otto packt/verpackt/packt ein (etw.), indem er die Kleider in den Koffer tut.
Otto packt/packt ein/verpackt das Kind in die Decke -
Otto packt/packt ein/verpackt jmdn./etw. wozu er eine Decke benutzt.
(6.4.)(10) vgl.
[...] *das Schwein in Stroh einzuwickeln.* (Brandstetter 50)
Die Szene war eingehüllt in Dampf und Rauch (Brandstetter 66)

Hier ändert sich die Sichtweise auf eine Tätigkeit: das direkte Ziel im ersten Fall wird zum pseudo-aktiven Instrument in der zweiten Deutung.

Ansetzen kann diese Bedeutungsveränderung am besten an einem Verb, das aus der 'Pack'-Szene ohnehin schon einen instrumental verstehbaren Teil heraushebt. Das ist eindeutig *einpacken*, das als ein Spezialfall von *einwickeln* verstanden werden kann, sofern das Verpackungsmittel eine solche Interpretation zuläßt. Da *einpacken* und *packen* sehr nahe aneinander stehen, scheint auch *packen* diese Deutung übernommen zu haben. Da diese Bedeutung aber nicht einfach von anderen Verwendungen von *packen* abzuleiten ist, wie das bei *einpacken* der Fall ist, hat man von einem eigenen Verb *packen* mit der Bedeutung 'wickeln in' auszugehen (so auch Duden-WB S.1938)). Bei *verpacken* letztlich vertragen sich beide Paraphrasen mit zwei Aspekten der technischen Vorgänge, die durch dieses Verb benannt werden; wenn das nicht der Fall ist, ist bei diesem Verb von einer metaphorischen Übertragung auszugehen; so kennzeichnet auch das Duden-WB (S.2764) den Beleg: *sie hatte die Kinder in Wolldecken verpackt* als übertragenen Gebrauch.

Daß die Kontaktstelle für die beiden Bedeutungen bei *einpacken* liegt, zeigt auch ein Blick auf die jeweiligen präpositionalen Anschlüsse. Beide Bedeutungen werden ja mittels der Präposition *in* mit den Merkmalen "(+Kontakt) (+/-Vektor) (+Inklusion)" (Eroms (1981, S.162)) formuliert, nur bei *einpacken* in eindeutig instrumentaler Verwendung treten außerdem noch verbdependente *mit*-Phrasen vom Typ "3w5 E_1 (Person) E_2 (Person/Sache) E_{mit} (Sache/ Ausstattung), Ornative Verben" (Eroms (1981, S.383)) an gleicher Stelle auf. Man muß daher beschreiben können, daß und in welchem Maße man sich mit solchen Fällen in einem Zwischenbereich befindet, was die Bedeutung der Adverbialergänzung betrifft. Schwierig ist das beim Engel/Schumacherschen Vorgehen, wo E4 (Präpositionalergänzungen) neben E5 (Situativergänzungen) und E6 (Direktivergänzungen) stehen. Ein möglicher Bezug zwischen E5 und E6, mit dem wir es hier zu tun haben, geht dadurch verloren. Eine weitere Möglichkeit ist die von Kim (1983) genutzte Klassifikation Wolfs (1982). Bei ihm wird zwischen $E_{präp}$ und E_{adv} unterschieden. In diesem Rahmen wurden die Verhältnisse oben beschrieben, als Entwicklung innerhalb vergleichbarer E_{adv}. Allerdings ist auch dieser Vorschlag aus systematischen Gründen nicht ganz problemlos, bringt er doch eine semantische Klassifikation in die Ebene der syntaktischen Valenz ein (vgl. Greule (1982, S.205)). Von daher wäre ein Beschreibungsmodell, das zunächst formal klassifiziert und dann eine semantische Subklassifikation liefert, am konsequentesten; diese Idee liegt ja auch dem Ansatz von Helbig/Schenkel (1980) zugrunde, allerdings in recht unausgeführter Form. Konsequent so gehandhabt wird das auch bei Heringer (1973, S.198), der nur eine Präpositionalergänzung E5 kennt, und damit den Präpositionen zunächst nur den Status von Kasustranslativen zuschreibt:

> Allerdings ist die translative Bedeutung der KT nicht in allen Fällen so unbestreitbar (...) Sie können nämlich auch informative Bedeutung haben. Dafür finden wir Beispiele bei den Präpositionen der E5. Bei

> manchen Prädikaten regelt die Präposition nur den Anschluß ans Prädikat und hat keine eigene informative Bedeutung. Das gilt für *über* in: (...) *Man wundert sich über seine Güte*, wo die Präposition nicht kommutiert und nicht ihre sonstige räumliche Bedeutung hat. Es kann aber auch die Präposition eines E5 kommutieren, und dann hat sie auch informative Bedeutung:(...) *Keiner sitzt auf/unter dem Stuhl.* Hier kumulieren in der Präposition translative und informative Bedeutung. (S.198/199).

Allerdings bringt dann Heringers Skizze einer Inhaltssyntax keinen Hinweis darauf, wie man sich das Ablaufen der entsprechenden Differenzierung vorzustellen habe (vgl. Eroms (1981, S.234ff.)). Aus den Mängeln der geschilderten Beschreibungsversuche zieht Eroms (1981, S.260) die Konsequenz, bei verbdependenten wie bei Präpositionen in unfixierten Gebrauchsweisen gleichermaßen jeweils den Beitrag zur Satzbedeutung zu ermitteln, d. h. de facto würde eine $E_{präp}$ angesetzt, dann aber nicht unmittelbar in die semantische Klassifikation gegangen, sondern zunächst in E_{in}, E_{mit} usw. differenziert. Der Beitrag zur Satzbedeutung wird erst in Abhängigkeit vom jeweiligen Verb oder der jeweiligen Verbgruppe ermittelt. Implizit wurde oben auch schon nach diesem Muster argumentiert, wenn man davon ausgeht, daß der Bedeutungswandel innerhalb einer Bestimmung mit der Präposition *in* stattfindet.

Das lokal die Gegenbedeutung zu *einpacken* bildende *auspacken* scheint nicht im selben Maße instrumental verwendet werden zu können. So ist auch im Duden-WB (S.266) keine entsprechend "übertragene" Verwendung verzeichnet. Schon bei den obigen Paraphraseversuchen hat sich gezeigt, daß eine instrumentale Fassung mit diesem Bewegungstyp nicht gut vereinbar ist.

Diese genauere Diskussion eines Einzelfalls konnte zumindest drei Dinge von generellerer Wichtigkeit belegen:

- im Falle von Verben, die paarweise als Bildungen mit *ein* - und *aus-* vorkommen, ist normalerweise die Bildung mit *ein-* der unmarkierte Fall, von dem auch bei der Interpretation auszugehen ist.
- die lokale als adverbale Relation steht - auch von der Form ihres Ausdrucks in Partikeln (Verbpartikeln, Adverbien, Präpositionen) - verschiedenen anderen adverbalen Relationen so nahe, daß die entsprechenden Übergänge als Wege der Idiomatisierung für die entsprechenden Wortbildungsmuster verstanden werden können.
- eine Darstellung der Bedeutungsverhältnisse in diesem Bereich setzt eine Art der syntaktischen Beschreibung voraus, die diesen beiden Faktoren Rechnung trägt. Eine semantisch-kategorial fundierte und syntaktisch anwendbare Valenzgrammatik bietet die Möglichkeit, die Übergänge an den "Nahtstellen" (s.Šimečková (1984, S.135)) von Kategorien ebenso zu beschreiben wie den Vorrang der unmarkierten Form.

c) Differenzierung der Bildungen mit *aus-*

Damit sei nochmals auf unsere oben angedeuteten Subgruppen eines Musters AUSRÄUMEN zurückgekommen, da sie in anderer Weise einen Weg zu - delokalisierender - Idiomatisierung weisen. Es sind das die Verben, die dort unter *ausleeren* geführt sind.

(7)(7.1.) *ausleeren*
a) *(aus einem Gefäß) herausschütten; wegschütten*: das Abwaschwasser a.;
b) *(durch Ausschütten des Inhalts) völlig leer machen, leeren*: einen Eimer a.; sein Glas in einem Zug a. (austrinken)

Bei Hundsnurscher (1968, S.124ff.; v.a.S.137/138) werden diese Verben unter den "Gruppen mit Subjekt- und Objektvertauschung (perfektive und resultative Gruppen)" und unter den "Verben des Entfernens" (5. 89ff.) behandelt. Mit Hundsnurscher sind wir der Meinung, daß von lokal verstehbaren Verben hier nur im zweiten Falle, den oben der Beleg a) charakterisiert, zu reden ist. Wie seine Charakteristik und der Beleg für das Verb *ausleeren* schon zeigen, geht die Delokalisierung auch hier über eine Deutung der Bewegung im aspektuellen Sinne. Es handelt sich um Partikelverben, die einen bestimmten Subtyp des AUSRÄUMENs mit resultativer Aktionsart verknüpfen. Wenn die Akkusativergänzung durch das Objekt, das irgendwo herausgetan wird, besetzt ist, ist die aspektuelle Differenzierung nur ein Zusatz zu der lokalen Handlung. Dagegen prägt sie im Falle der Objektvertauschung - Behältnis als E_{akk} - das gesamte Muster resultativ, d.h. in Richtung 'leer machen'. Daran können sich dann weitere Konnotationen knüpfen:

(7.2.)(1)
ausgießen
a) *eine Flüssigkeit aus einem Gefäß gießen, weggießen*(...)
b) *ein Gefäß durch Ausgießen der Flüssigkeit leeren* (...) (Duden-WB S.255)
auskippen
a) *(aus einem Gefäß o.ä.) durch Kippen ausschütten* (...)
b) *(ein Gefäß o.ä.) durch Kippen leeren* (a.a.O.S.259)
ausschöpfen
a) *durch Schöpfen herausholen, herausschöpfen*
b) *leer schöpfen* (a.a.O.S.272)
ausschütten
a) *aus etw. schütten; wegschütten* (...)
b) *durch Ausschütten des Inhalts leer machen* (...) (a.a.O.S.273)

(7.2.)(2)
ausfegen
a) *durch Herausfegen entfernen* (...)
b) *(einen Raum o.ä.) durch Fegen reinigen* (a.a.O.S.248)
auskehren
a) *durch Kehren aus etw. entfernen* (...);
b) *(einen Raum o.ä.) durch Kehren reinigen* (a.a.O.S.259)
ausklopfen
a)*durch Klopfen aus etw. entfernen; aus etw. herausklopfen* (...);
b) *durch Klopfen von etw. befreien, reinigen, säubern* (...) (a.a.O.S.260)
ausschwemmen
a) *herausschwemmen, herausspülen, (her)auswaschen* (...);
b) *ausspülen, durch Fließen aushöhlen, auswaschen* (a.a.O.S.273)

ausspülen
a) *aus etw. herausspülen, durch Spülen entfernen* (...);
b) *durch Spülen reinigen* (a.a.O.S.277)
auswaschen
a) *durch Waschen aus etw. entfernen* (...);
b) *durch Ausspülen o.ä. von etw. säubern* (a.a.O.S.282)

(7.2.)(3)
ausrechen
a) *mit dem Rechen aus einem Bereich entfernen*
b) *mit dem Rechen von etw. frei machen*

(7.2.)(4)
ausfressen
a) *aus etw. fressend herausholen* (....) ;
b) *(ein Gefäß, eine Frucht o.ä.) leer fressen* (a.a.O.S.250).

In den a)-Beispielen ist das Leersein des Gefäßes, aus dem etwas getan wird, ein mehr oder minder wahrscheinliches Ergebnis einer im Prinzip lokal verstandenen Handlung des 'etwas irgendwo Heraustuns'. Dagegen ist bei Fokussierung der jeweiligen räumlichen Einheit, zumeist eine Art Gefäß, die das Innen und Außen definiert, Leersein das Ergebnis einer dezidiert zu diesem Ziel führenden Handlung. Dabei bringen die Modifikationen in der Art des Heraustuns Unterschiede in der Art der idiomatisierten Bedeutung mit sich. Im großen und ganzen sind dabei die einfach auf 'leer' zielenden Verben ((1)) von denen zu trennen, die ihren Spezialfall von 'leer' als 'sauber' interpretieren ((6)). (3) und (4) sind nicht so eindeutig zuzuordnen.[2] Des weiteren sind innerhalb der festgestellten Grundstrukturen Gruppen von Bildungen zu erkennen, die sich nicht so einfach über bestimmte Musterverben zusammenfassen lassen; dazu scheinen einerseits die Bildungen zu gehören, die Hundsnurscher (1968, S.74/75) folgendermaßen beschreibt:

> Der Bedeutungstyp 'jemanden zum Verlassen eines Bereiches zwingen' ist, ähnlich wie sein intransitives Gegenstück AUSBRECHEN von der Konkurrenz der ent-Verben (entwischen), von der der ver-Verben (jemanden verjagen (...)) bedrängt und nur schwach ausgebildet; dazu kommt noch die starke Konkurrenz der HERAUS/HINAUS- Verben (jemanden HINAUSJAGEN, HINAUSTREIBEN, HINAUSDRÄNGEN).

Im Gegensatz zu Hundsnurschers Paraphrase, die sich auf eine ursprungsorientierte Variante bezieht, weisen die Konkurrenzbildungen tatsächlich auf einen Typ, bei dem das 'nach außen Bringen' stärker betont ist als dieser Aspekt; weniger partikularisiert als bei Hundsnurscher ließen sich diesem Typ zurechnen:

---

2 Die Bedeutung des 'Saubermachens' steckt auch in nicht doppelt verwendbaren Verben wie *ausmisten* (vgl. Duden-WB S.250). Andrerseits gibt es Bildungen nach dem 'heraustu'-Muster ohne Objektvertauschung wie *ausbauen, ausdrehen, ausmontieren*; wir streben hier aber keine Vollständigkeit an.

(8) (8.1.)
HINAUSBEFÖRDER

schick	*schließ*	*weis*	*führ*	*boot*
setz	*sperr*	*bürger*	*liefer*	*deich*
stoß		—		*klammer*
treib		*siedel*		

(8.1.) (1)
Der junge Tristan wird ausgeschickt [...] (Bretagne 151)
[...] *die gleichen sinnlosen Schreie ausstoßen* [...] (Musil 143)
[...] *der Teufel des Frosts mit dem Beelzebub der Kälte ausgetrieben.* (Brandstetter 58)
[...] *habe ich mich ausgeschlossen von den andern auf Lebenszeit.* (Handke 73)

Alle diese Bildungen könnte man auf die folgende Variante der Grundrelation abbilden:

(8.2.)

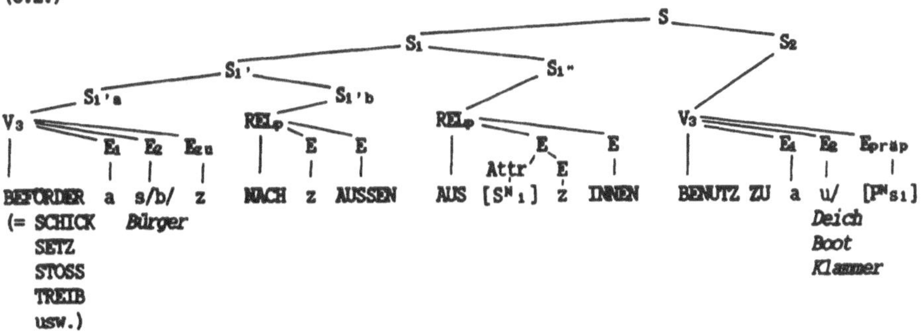

Diese Übersicht kann den Bezug auf den jeweiligen Sachbereich und damit die Art der angesprochenen Funktionalisierung nur so pauschal andeuten; im einzelnen wären für die Verben Darstellungen wie die folgende für *ausbooten* anzunehmen:

(8.2.) (1)

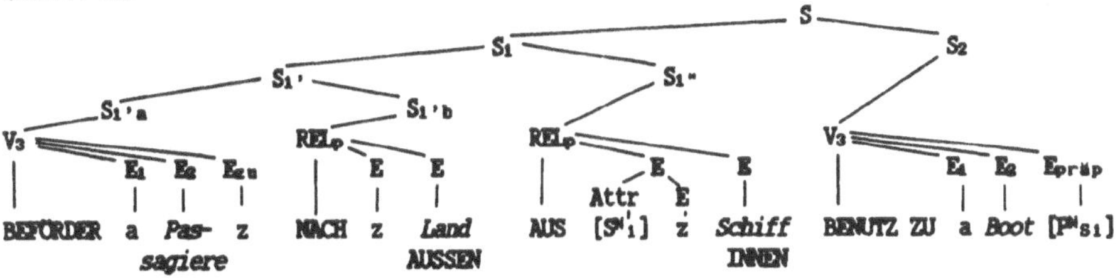

Die instrumentale Modifikation des Grundmusters ist für die Demonstration der Idiomatisierung besonders günstig, da der Gebrauchsbereich dieses Verbs sehr stark eingeschränkt ist. Bei den modalen Modifikationen, die sich in den verschiedenen verbalen Basen niederschlagen, läßt sich die Bedeutungsisolierung gegenüber der formalen Konstitution nicht so einfach darstellen, vgl.z.B. *ausschicken*

(8.2.)(2)

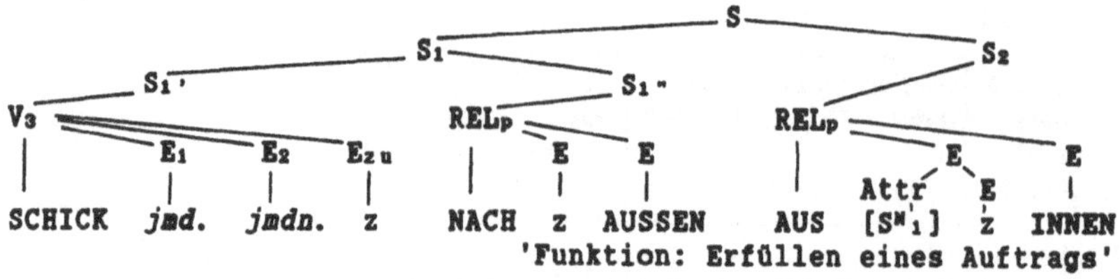

Diese Funktion kann im Satz durch entsprechende finale Angaben weiter modifiziert werden: *jmdn. auf Kundschaft ausschicken*. Auf jeden Fall können in dieser Darstellung die verschiedenen modalen und instrumentalen Modifikationen angemessen und voneinander unterschieden dargestellt werden. Der das Muster charakterisierende Status der Baumdarstellungen wird auch daraus klar, daß auch nicht eindeutig oder gar nicht vollständig auflösbare Bildungen wie *ausbürgern* oder *aussiedeln* entsprechend zugeordnet werden können. So ist für *ausbürgern* ein eher abstraktes INNEN wie *Bürgerrecht* anzusetzen, wobei diese ursprungsorientierte Modifikation in Art einer modalen Modifikation auftritt. Nach der in den Relationenmustern ausgewiesenen Darstellung könnte man dieses Muster als ein zielorientiertes HINAUS-Muster kennzeichnen - was die Randstellung von *ausbürgern* nochmals unterstreicht -, das davor behandelte vom Typ AUSRÄUMEN dagegen als eine Art HERAUS-Muster. Eine Zwischenstellung bezüglich einer solchen Klassifikation nehmen einige der Verben ein, die in der Basis den betroffenen Ort nennen:

(9) (9.1.) *aus-*₄
BEFÖRDER AUS

boot *dock* *miet* *schiff* *schleus*	*schirr*	*schot*

Und zwar handelt es sich hierbei um diese Verben, sofern sie die folgenden Bedeutungen haben:

(9.2.)	
ausbooten	*aus einem Boot herausschaffen* (Duden-WB S.240)
ausdocken	*(ein Schiff) aus dem Dock holen* (a.a.O.S.242)
ausmieten	*aus der Miete herausnehmen* (a.a.O.S.265)
ausschiffen	*vom Schiff an Land bringen* (a.a.O.S.271)
ausschleusen	*aus der Schleuse ausfahren lassen* (a.a.O.S.271)
ausschirren	*einem Pferd das Geschirr abnehmen* (ebendort)
ausschoten	*aus den Schoten herauslösen, enthülsen* (a.a.O.S.272)

Typisch, und einem einheitlichen Sachbereich zugehörend, sind die Verben *ausbooten*, *ausschiffen* und *ausdocken*, *ausschleusen*:

(9.3.)(1)

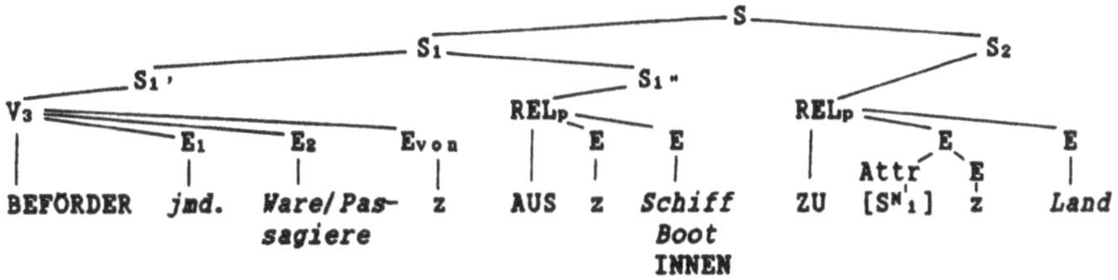

'Funktion: entladen'

(9.3.)(2)

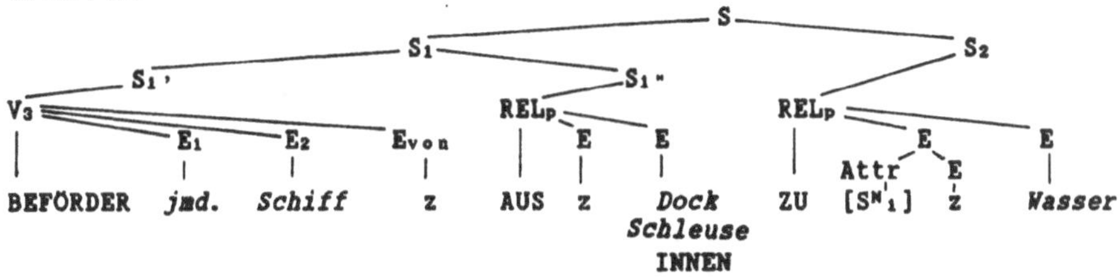

Entsprechend ließen sich die anderen Verben unter Bezug auf die jeweiligen Sachbereiche beschreiben. Auf den ersten Blick scheint hier auch ein HERAUS-Muster vorzuliegen, allerdings ist im Rahmen der dem Muster inhärenten idiomatisierten Bedeutung besonderes Gewicht auf das erreichte Ziel gelegt: die funktionale Orientierung läuft mit der Hinbewegung auf ein Ziel parallel. So scheint in der Gesamtbedeutung dieser Verben die konstitutionelle Ursprungsorientierung in der funktionalisierten Musterbedeutung aufgehoben.

Die bisher gegebenen Beispiele mögen genügen, um an einer Gruppe, die die HERAUS-Orientierung, an einer, die die HINAUS-Orientierung betont und letztlich einer in dieser Hinsicht etwas ambivalenten zu demonstrieren, wie stark und funktional vielseitig einsetzbar die Relation ist, die durch die Partikeln *ein-* und *aus-* ausgedrückt wird. Es konnte auch gezeigt werden, wie die Bedeutung dieser Bildungen auf ein einheitliches Relationenmuster, das die Bewegung, ihren Ursprung, ihr Ziel und verschiedene adverbiale Modifikationen vorsah, zurückzuführen ist, wobei die Ausbildung der verschiedenen Muster in einer regelmäßigen Hervorhebung eines der Elemente des Rahmens besteht, das dann in der einen oder anderen Form in der Basis des komplexen Verbs auftaucht. Dazu kommt, daß im Hinblick auf die postulierte Funktionalisierung der Einfachpartikeln gezeigt werden konnte, daß die Idiomatisierungsrichtung bestimmter Bildungen aus diesen relationalen Gegebenheiten in Verbindung mit einer stereotypen Deutung der jeweiligen Sachverhalte der Lebenswirklichkeit erklärt werden kann. Alle diese Merkmale zusammen bilden dann das in der Folge gesamthaft aufgenommene Muster heraus, das infolgedessen reihenbildend wirken kann. Konkret ließ sich auch hier die Angemessenheit der Beschreibung der Idiomatisierung als Funktionalisierung und andrerseits die Bedeutung der aspektuellen Differenzierung für delokalisierte Verwendungen zeigen.

d) *ein*

Wir haben schon mehrfach darauf hingewiesen, daß die Bildungen mit *aus-*, in den Fällen, wo das zur Diskussion steht, gegenüber den Bildungen mit *ein-* als markiert zu gelten haben. Im folgenden soll nun auf diesen, im Rahmen der Bezeichnungen für die AUS/EIN-Relation unmarkierten, Typ eingegangen werden. Es geht hierbei um folgende Verben des Beförderns:

(10)(10.1.)
einackern, einbacken, einballen, einbauen, einbetten, einbinden, einblasen, einbohren, einbooten, einbringen, einbrocken, einbuchten, einbuddeln, einbügeln, einbunkern, eindeichen, eindocken, eindosen, eindrehen, eindrucken, eindübeln, einernten, einfächern, einfädeln, einfiltrieren, einflechten, einflößen, einfugen, einfügen, einführen, einfüllen, einfüttern, eingeben, eingießen, eingraben, eingravieren, einhämmern, einheften, einimpfen, einkellern, einkerkern, einkleben, einknöpfen, einköpfen, einkratzen u.v.a.

Aufgrund eines höheren Benennungs- und Spezifizierungsbedarfs für Verben des Hineintuns besteht ein deutliches Übergewicht der Bildungen mit *ein-* gegenüber denen mit *aus-*. Nur in einer geringen Zahl von Fällen drücken die *ein-* und die *aus-*Verben eine Gegenbewegung im Rahmen eines einheitlichen Musters aus:

(10.2.)

ausbauen	*einbauen*
ausbooten	*einbooten*
ausbuddeln	*einbuddeln*
ausdeichen	*eindeichen*
ausdocken	*eindocken*
ausdrehen	*eindrehen*
ausfädeln	*einfädeln*
ausführen	*einführen*
ausgießen	*eingießen*
ausgraben	*eingraben*
ausklammern	*einklammern*
ausladen	*einladen*

ausliefern	*einliefern*
ausmieten	*einmieten*
ausmontieren	*einmontieren*
auspacken	*einpacken*
ausschiffen	*einschiffen*
ausschirren	*einschirren*
ausschleusen	*einschleusen*
ausschwemmen	*einschwemmen*
aussperren	*einsperren*
austreiben	*eintreiben*
ausweisen	*einweisen*
auswerfen	*einwerfen*
auswickeln	*einwickeln*

Die Verteilung in Muster ist sehr ähnlich dem, was wir bei *aus-* schon kennengelernt haben; es fehlt allerdings die Komplikation durch den Wechsel von Ziel- und Ursprungsbezug:

(10.3.)(1)

HINEINBEWEG										
HINEINRÄUM einräumen					HINEINBEFÖRDER					
-fädel	*-bau* *-montier*	*-pack* *-wickel*	*-lad*	*-gieß* *-schwemm*	*-führ* *-liefer*	*-treib*	*-weis*	*-sperr* *-schließ*	*-deich* *-klammer*	*-boot* *-dock* *-miet* *-schiff* *-schirr* *-schleus*
OBJ	MOD	MOD	MOD	MOD	MOD	MOD	MOD	MOD	INSTR	LOC

(10.3.)(2) Beispiele
Schließlich mußte sie wegen ihrer Länge regelrecht in die Stadt eingefädelt werden. (Brandstetter 82)
die üblicherweise eingebaute Verbundlenker-Hinterachse (ams 17)
Ulrich packte die Mappen ein [...] (Musil 243)
Je dicker [...] *eingewickelt sie wurden* [...] (Musil 144)
[...] *als wieder ein Mensch eingeliefert wurde* [...] (Musil 159)
[...] *mit dem ich mich ganz allein in meinem Zimmer einschloß.* (Mann 117)
wie ein von dunklen Büschen eingesäumter Bach (Musil 189)
[...] *daß sich die Stute nicht einschirren lassen wollte.* (Brandstetter 123)
[...] *wo wir uns auf einer der regelmäßig verkehrenden Autofähren einschiffen.* (Bretagne 118)

Alle diese Verben lassen sich auf den folgenden relationalen Typ beziehen:

(10.4.)(1) *jmd.tut etw.mittels etw.in etw.*

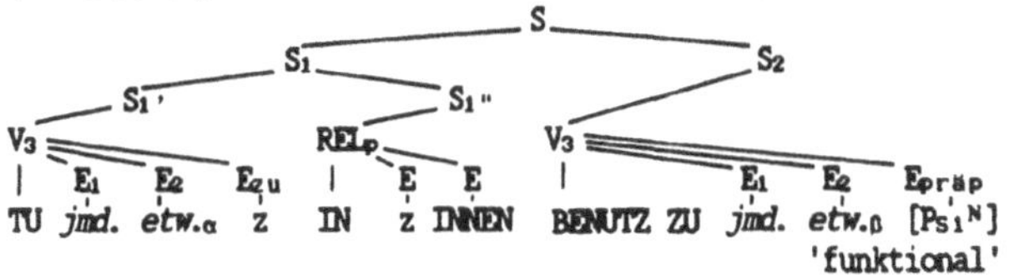

Daraus ableitbar sind die verschiedenen modalen Modifikationen, z.B. *einpacken*:

(10.4.)(2) *jmd.packt (etw.) ein*

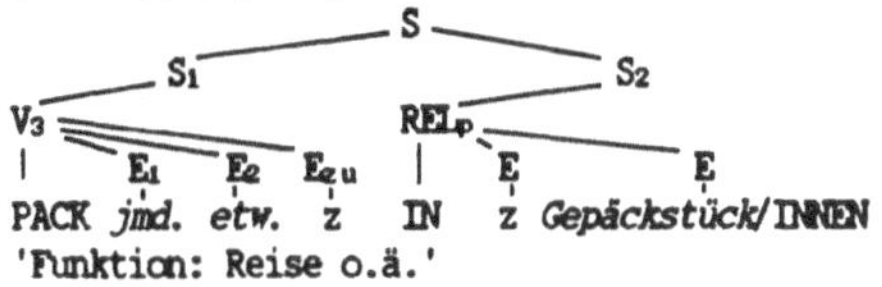

Der Objekt-Typ: *einfädeln*

(10.4.)(3) *jmd. fädelt (etw.) ein*

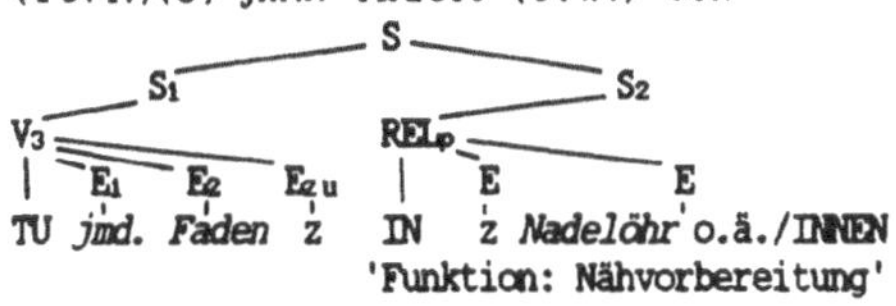

Der Instrumental-Typ: *eindeichen*

(10.4.)(4)

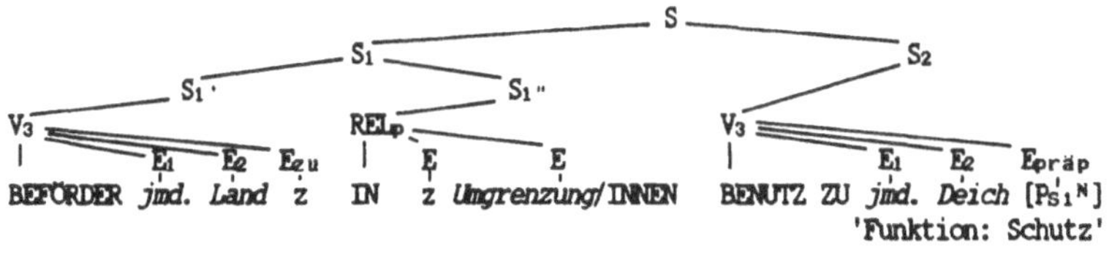

Letztlich der lokale Typ: *einbooten*

(10.4.)(5)

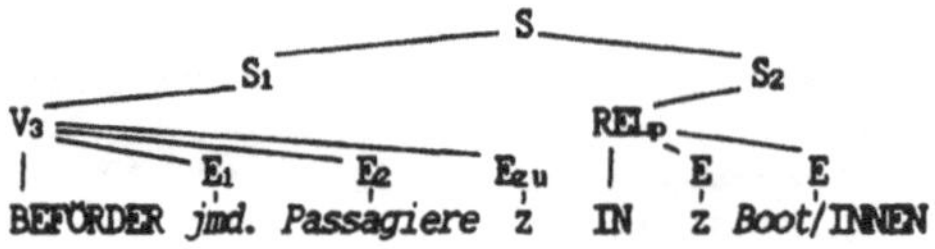

Begriffsschema und Ausprägung der Untermuster sind zwar sehr ähnlich wie bei den "Parallelverben" mit *aus-*, aufgrund der geringeren Markiertheit der *ein-*Bildungen ist häufig der Grad an Idiomatisierung geringer, so daß auch bei der oben aufgeführten Liste nur von Teil-Antonymie zu sprechen ist. Am Beispiel von *auspacken* und *einpacken* wurde das oben schon ausführlich diskutiert. Deutlich sind die Unterschiede auch beim Muster *ausgießen* und *eingießen*. Haben die entsprechenden Verben mit *aus-* ganz regelmäßig den Aspekt 'leermachen', so ist die Konsequenz 'füllen' den *ein-*Verben nicht im selben Maße zu eigen. Nur bei Objektvertauschung gibt es eine gewisse Tendenz zur resultativen Interpretation.

(10.5.)(1)
einfiltrieren. einflößen. einfüllen. einlöffeln. einschaufeln. einschlämmen. einschütten. einschwemmen. einspritzen. einspülen. eintröpfeln
(10.5.)(2)
[...] *zwei Eßlöffel Teig einfüllen.* (Brigitte o.S.)

Hier ist aber in keinem Fall Objektvertauschung möglich und so bedeutet nicht einmal *einfüllen* 'füllen', d.h. 'voll machen'.

Andrerseits sind Gruppen. die bei *aus-* nur Randphänomene darstellen. wie etwa *ausmieten*, im Zentrum der Funktionen von *ein-*; zu diesen "Verben der Vorratshaltung" als semantischer Subgruppe der lokalen Variante (s.(10.4.)(5)) könnte man zählen:

(10.6.)(1) 'Vorrat'
einbunkern, einkellern, einlagern, einschreinen, einsilieren

Lediglich durch die Art der Idiomatisierung unterschieden, aber vom selben lokalen Untertyp, ergänzt durch instrumentale und modale Bildungen sind:

(10.6.)(2.1.) 'einpacken'
einbetten, eindosen, einmummeln, einnähen, einpferchen, einrahmen, einsacken, einsargen, einschlagen, eintüten: einrüsten, einschalen, einwickeln, einwindeln, aber auch: *einbuchten, einkerkern, einlochen*; dann auch: *einzäunen* und Verben des Ordnens: *einfächern, einordnen, einsortieren*
(10.6.)(2.2.)
einen eingegitterten [...] *Grasstreifen* (Mann 589)
[...] *die Ärmel einnähen.* (Brigitte 120)
[...] *besondre Gäste verstand sie* [...] *einzurahmen.* (Musil 100)
[...] *und hat sie allmählich eingewickelt* [...] (Musil 131)
die [...] *von Häusern eingezäunte Straße* (Musil 176)

In beiden Beispielgruppen haben wir es großenteils mit lokalen bzw. instrumentalen, in seltenen Fällen (*einlagern, einnähen*) mit modalen Modifikationen des

Grundmusters zu tun. Das singuläre *einwintern* zeigt kausale Modifikation. Daneben ist eine Vielzahl weiterer inhaltlicher Subgruppen zu erkennen, die aber alle nach der Art der Funktionalisierung im Rahmen des Begriffsschemas klassifiziert werden können, so z.B. eine Gruppe des 'Befestigens':

(10.6.)(3.1.) 'befestigen'
eindübeln, einflechten, einheften, einkleben, einknöpfen, einmauern, einoperieren, einpflanzen, einrammen, einstöpseln, eintiefen, eintopfen.
(10.6.)(3.2.)
die Bilder [...], *die* [...] *eingemauert wurden* (Bretagne 212)
Und welchen Hammer kann wohl ein Hammerwerfer mit seinem sogenannten Hammer einschlagen... (Brandstetter a42)

wo auch MOD (*einoperieren*), LOC (*eintopfen*) oder INSTR (*einrammen*) als Modifikation auftreten kann. Eine andere Bedeutungsgruppe wird durch die folgende Verbgruppe repräsentiert, diese Verben meinen alle ein ,Anbringen einer Aufschrift o.ä.'

(10.6.)(4.1.) 'beschriften'
eindrucken, eingraben, eingravieren, einhämmern, einkratzen, einprägen, einritzen, einschleifen, einschneiden, einstechen, eintätowieren
(10.6.)(4.2.)
Da [...] *auf dem unteren* [...] *Teil fünf Schlangenlinien eingraviert sind* [...] (Bretagne 31)
[...] *auf der* [...] *eine kleine Strahlensonne eingemeißelt ist.* (Bretagne 114)

Hier herrscht die modale Modifikation vor, d.h. eine Modifikation der Tätigkeit, die lexikalisch als ein jeweils eigenes Basisverb realisiert wird, allenfalls *einhämmern* zeigt INSTR-Modifikation.

Des weiteren gäbe es – um eine ganz andere Gruppe zu nennen – Verben, die verschiedene Arten des **'Einlegens' von Speisen meinen.** ***Einlegen*** kann als das Musterverb gelten, von dem die anderen Verben geprägt sind.

(10.6.)(5.1.) 'konservieren'
einlegen, einmachen, einmarinieren, einsalzen, einwässern, einweichen.
(10.6.)(5.2.)
[...] *gestern habe ich Holunderbeeren eingelegt.* (Hacks 100/01)
die ganze Arbeit beim Einwecken und Einmachen (Brandstetter 53)

Letztlich sei die kleine Gruppe von Verben mit der Bedeutung '(als Essen, Trinken u.ä.) aufnehmen' aufgeführt:

(10.6.)(6.1.) '(in den Körper) aufnehmen'
einatmen, einsaugen, eintrinken
(10.6.)(6.2.)
ein ständiges Ein- und Ausatmen (Bretagne 9)
[...] *während meine Augen gierig alles Licht und Leben um mich her einsaugen.* (Mann 60)
[...] *und sog den kühlen, kellerigen Geruch ein* (Mann 89)
[...] *die Morgenluft einziehend* [...] (Mann 591)

Ähnlich eine von technischen Gegebenheiten geprägte kleine Gruppe um '(Daten) eingeben':

(10.6.)(7) 'Daten eingeben'
eingeben, einfüttern, einspeichern, einspeisen, eintippen

4.4.2.5. Folgen für das Raumkonzept

Ohne im einzelnen alle weiteren Subgruppierungen aufführen zu wollen, können wir aus der bisherigen exemplarischen Darstellung folgendes schließen:[3]

Von den Verbalpartikeln *ein-* und *aus-* stellt *ein-* die unmarkierte Form dar. So sind mit *ein-* wesentlich mehr Bildungen belegt als mit *aus-*, zudem sind viele der lokal verstehbaren Bildungen mit *aus-* nur auf der Folie entsprechender Bildungen mit *ein-* zu verstehen bzw. im Handlungablauf ihnen zeitlich nachgeordnet. Daher sind viele Bildungen mit *ein-* trotz der dargestellten Idiomatisierung ohne größere Schwierigkeiten örtlich zu interpretieren, während bei *aus-* bald die Grenze eines lokalen etwa zugunsten eines aspektuellen Verständnisses erreicht ist.

Die Produktivität der Bildungen mit beiden Partikeln aber zeugt von der Variabilität des zugrundeliegenden Musters, eine Deutung als INNEN bzw. AUSSEN ist offenbar in viel mehr Fällen möglich und nützlich, als das bei den bisher behandelten dimensionalen Relationen der Fall war. Man kann das mit der Art der so konstituierten Raumvorstellung in Zusammenhang bringen. Im Gegensatz zu den - zumindest auch - dimensionalen Relationen AUF/AB und VOR/HINTER, ist die AUS/EIN-Relation im Prinzip nur topologisch definiert. Zur Art der beiden Raumkonzepte schreiben Miller/Johnson-Laird (1976, S.57/58):

> The history of man's efforts to abstract a formal concept of space from his experience of it has featured two rival theories, relative and absolute. Relative space is defined by spatial relations among things; absolute space is defined by a coordinate system independent of any things the space might contain. Relativistic theories dominated Western thought until Descartes and Newton and now have reappeared in modern relativity theory.
> Absolute space seems to be simple comson sense to those educated under the influence of Newtonian thought. Cognitive theory should allow for both conceptions, of course but the perceptual space to be characterized by a theory of perception must be relative in character.

Nun ist offenbar jede Fundierung eines sprachlichen Raumkonzepts, die von einem unterschiedlichen Grad der Generalisierung des Sprecherstandpunkts ausgeht, wie das in dieser Arbeit geschieht, im Prinzip relativistisch, durch die Annahme von Generalisierungen ist aber die "Sinnkonstanz" (s.Hörmann (1978, S.179ff; 394ff.)) der Ausdrücke für die räumliche Orientierung zu sichern. Diese Aufgabe

3 Auffällige weitere Gruppen wären etwa: Verben den 'Einfügens': *einbetten, einfugen, einfügen, einführen, einrücken, einsetzen, einspannen, einstecken, einstopfen, einzwängen*; fachsprachlich 'ein Tor erzielen': *einköpfen, einschießen, einwerfen* (das letzte Verb auch anders).

kann in unserem Kulturkreis eine Interpretation mittels des euklidisch-newtonschen dreidimensionalen Raumbildes leisten. Wenn aber, wie wir gesehen haben, dimensionale und topologische Bedeutung wechseln bzw.z.T. untrennbar miteinander verwoben sind, so sind hier auch die beiden Raumdeutungen in die sprachliche Ausdrucksweise eingegangen. So gesehen greift die folgende Kritik von Miller/Johnson-Laird (1976, S.58) nicht ganz an der richtigen Stelle an:

> Defining spatial coordinates in terms of a point of origin at the perceiver is necessary but not sufficient, because his orientation is constantly changing, whereas the fact to be accounted for is that perceptual space is stable and stationary in spite of the observer's movement.

Die behauptete Tatsache ist wohl richtig, nicht aber die Art der Begründung: es gibt eben nicht nur die jeweils situationell wechselnde Orientierung an der aktuellen EGO/HIC/NUNC-Position, deren Anwendbarkeit damit jeweils wechselt, sondern auch eine konventionelle oder abgemachte generalisierte Anwendung im Sinne eines abstrahierten Koordinatensystems, das aber nichts desto trotz egozentrisch fundiert ist. Es lassen sich in den jeweiligen Situationen typische Konstellationen erkennen, die - bei vergleichbarer Welterfahrung - eine entsprechende Anwendung dieses Systems erlauben. Zu einer entsprechenden psychologischen Deutung schreibt Hörmann (1978, S.401-403):

> Die Situation liefert "stoffliche Ordnungshilfen", Aufmerksamkeitsausrichter, auf denen dann die sprachlichen Ordnungshilfen der Äußerung aufbauen können, weil "es zur Lebensgewohnheit der gewöhnlichen Gebraucher von Sprachzeichen gehört, dem, wofür sie als Symbole stehen, die ganze Aufmerksamkeit und eigene innere, schaffende oder nachschaffende Aktivität als Sprecher oder Hörer zuzuwenden. Man läßt die konstruierende oder rekonstruierende innere Tätigkeit zum guten Teil vom Gegenstand selbst, den man schon kennt oder soweit er durch den Text bereits angelegt und aufgebaut ist, gesteuert werden". (Bühler 1934, S. 171)
> Halten wir zunächst fest, daß BÜHLER die Verwendung von Sprache als Teil einer "Lebensgewohnheit" kennzeichnet, der die im Hörer ablaufende Tätigkeit mit steuert - wir denken an WITTGENSTEIN zurück und an unser Konzept der Änderungsintention des Sprechers.
> (...)
> Diese Harmonie des Orientiertseins von Sprecher und Hörer ist genau das, was wir im Kapitel über die Sinnkonstanz als jene gemeinsame Basis vorgestellt haben, die vor jeder sprachlichen Kommunikation, jeder Vermittlung sprachlicher Information vorhanden sein muß.
> (...)
> Das Ich erweist sich also, mehr noch als Jetzt und Hier, als ein Zentrum der Äußerung nicht nur im physikalischen Raum, sondern auch im Bewußtseinsraum meines Gedächtnisses und meiner Phantasie. Der Zustand, die Lage des apperzipierenden Bewußtseins bestimmt, wie die Äußerung verstanden werden soll.

Solche Gedanken, wie im praktischen unsere Darlegungen zur zweifachen Bedeutung von *auf-*, *vor-*, *hinter-*, zum Unterschied von *ab-* und *unter-* sowie entsprechende Bedeutungsvagheiten und -mischungen zeigen, daß die strikte Trennung der Raumbilder ein analytisches Instrument ist, das die historisch gewordene Raumstrukturierung zu beschreiben erlaubt. In der systematischen Abstraktion, die sich in der sprachlichen Wiedergabe der Raumverhältnisse spiegelt, spielen beide Raumbilder eine Rolle, sie sind eingebettet in eine kulturspezifische und historische Handlungswelt. In unserem Untersuchungsobjekt finden sich Spuren beider Arten von Deutung, in einer Weise eingebaut, daß in beiden Fällen der Bezug auf den Sprecher vorgenommen wird, sei es direkter als generalisierte Grundlage des Koordinatensystems, das den dreidimensionalen Raum ausmacht, sei es als grundlegend bedeutsamer Faktor für die sprachliche Strukturierung von Handlungen - auch im Verhältnis zu beteiligten oder unbeteiligt benachbarten Objekten:

> BÜHLER arbeitet das Handlungsklischee als das grundlegende und übergreifende Schema der indogermanischen Sprachen heraus und erkennt, daß das Anlegen dieses Schemas einen Nullpunkt, einen Koordinationsausgangspunkt erfordert. (Hörmann (1978, S.227))

Über die Bedeutung dieses Handlungsklischees, d.h. die Natürlichkeit agentischer Subjekte und die "Aktionsdinghaftigkeit" (Mayerthaler 1982) von Objekten, läßt sich auch die AUS/EIN-Unterscheidung, die zunächst nur durch die Relation von Objekten zueinander definiert ist, auf den beteiligten Agenten beziehen. Anders wären etwa die festgestellten Unterschiede in der Produktivität der Bildungen mit *ein-* und mit *aus-* nicht zu erklären.[4]

Nach der Kategorisierung in topologische, projektive und euklidische Raummerkmale, mit denen Pinxten (1976, S.140) versucht, universale Grundlagen der Raumstrukturierung zu beschreiben, liegen den von uns untersuchten Verben topologische und projektive Strukturen zugrunde. Bei der AUS/EIN-Relation handelt es sich um die sprachliche Realisierung eines, wenn auch komplexen, topologischen Konzepts, das Pinxten (a.a.O. S.131) im Anschluß an Piaget folgendermaßen beschreibt:

> *Enveloppement* will be translated as enclosure. This is a complex phenomemon, entailing some other concepts. It implies the direct relation of ordering as well as its inversion. 'Enclosure' of an element is to be conceived im opposition to elements of an outer world that are not enclosed. The fundamental cognitive instrument that is needed to distinguish between in and out, or enclosed and nonenclosed, consists in a borderline, the *boundary*.

Auf der folgenden Stufe des "projective space" (a.a.O.S.132), im wesentlichen einem Koordinatensystem ohne Maßeinheiten, werden die bestehenden Beziehungen von u.a. Voisinage, Séparation, Relation d'ordre und Enveloppement durch das Subjekt in eine deutende Perspektive gebracht: so werden die Relationen AUF/AB, VOR/HINTER geschaffen, die sich direkt auf den Sprecher beziehen (s.ebd.S.134).

---

4 Ähnlich würde ich die Ausführungen in Goeppert (1970, S.3/4) deuten, v.a. was die Typen des "Aktionsraumes" und des "Anschauungsraumes" betrifft; dort auch ältere Literatur.

Dabei wird dann die Stufe erreicht, daß die Relativität jeder Einzelperspektive in einem Koordinatensystem, das die unterschiedlichen Perspektiven aufhebt, neutralisiert wird. An diesem Koordinatensystem hat AUS/EIN keinen Anteil, im Rahmen unserer Untersuchung kommt aber Perspektive auch in diese Relation dadurch, daß wir Bewegungsverben beschreiben, und zwar, wie schon mehrfach gesagt, als Veränderung von Zuständen; dadurch wird eine Perspektivierung des Handlungsablaufs u.d.h. auch der Raumpunkte, die im Rahmen von AUS/EIN als Grenze interpretiert werden, erreicht. Offenbar ist aber die AUS/EIN-Relation ein sehr weithin anwendbares Konzept, was auch zur Folge hat, daß die Produktivität entsprechender Muster in der Wortbildung recht hoch ist (vgl. Miller/Johnson-Laird (1976, S.377ff.)). In Rückgriff auf die zu Anfang dieser Arbeit geführte Diskussion können wir auch feststellen, daß wir uns hier auch in der Nähe von Reiters Zählltheorie befinden, und zwar gerade in dem Bereich, über den Hanßon (1982, S.143) schreibt, daß "Reiter in seiner Systematik bewegte Objekte in soviel Multiplikatoren ihrer selbst" unterteilt, "wie Stationen der Bewegung festgehalten werden können". Das heißt also, die Befindlichkeit in Bereichen, die als INNEN oder AUSSEN klassifiziert werden, wird durch die Einbettung in das Konzepts eines Bewegungsverbs geordnet. Die wenigen statischen Bildungen, wie etwa *einsitzen*, sind damit rein topologisch; gerade dieses Verb hat aber auch eine von der konkreten Situation weithin abgelöste Bedeutung 'gefangen sein'. Ähnlich argumentiert Hanßon (1982, S. 187/188), der ein Darstellungmodell vorschlägt, das diesen Reihenfolgebeziehungen Rechnung trägt und sie gleichzeitig hierarchisch deutet. Diese hierarchische Deutung über "sekundäre Essive" (a.a.O.S.188; auch 196/97) könnte auch dazu genutzt werden, prinzipielle Idiomatisierungsrichtungen von den räumlichen Vorgaben her zu deuten (vgl. die Übersichtsdarstellung a.a.O.S.200).

Diese Aufführungen sollten den unterschiedlichen Charakter der AUS/EIN-Relation im Vergleich zu den zuvor behandelten dimensionalen Relationen beleuchten und darstellen, daß sie dennoch alle drei im Rahmen desselben Bedeutungskonzepts, das allerdings im Hinblick auf die Raumvorstellung ein Mischkonzept darstellt, zu erfassen sind. Dabei hat sich die topologische AUS/EIN-Relation als die erwiesen, die sozusagen am wenigsten Voraussetzungen macht, in der Erklärung damit in gewisser Weise auch grundlegender ist. Letztlich diente der Vergleich mit anderen Beschreibungsmodellen für diesen sprachlichen Bereich der Überprüfung der Annahmen unserer Darstellung. Dabei ließ sich vor allem auch unsere Grundannahme bestätigen, daß die zu beschreibende Relation innerhalb des komplexen Verbs von der Partikel her zu definieren ist; sie bestimmt die Art der Leerstelle. Im Hinblick auf die Einfachpartikelverben mit *aus-* und *ein-* läßt sich aus der theoretischen Stellung der durch sie ausgedrückten Relation eine Begründung für die Produktivität selbst der spezialisierten Bildungen mit Einfachpartikeln herleiten. Diese topologische Relation kann zur Beschreibung einer Vielzahl von konkreten Situationen dienen, die mit typischen Arten von Handlungen verbunden und somit sprachlich "standardisierbar" sind. Die typischen Arten von Handlungen und der Grad ihrer Bewußtheit und Bedeutsamkeit für die jeweilige Kommunikationsgemeinschaft sind die Grundlegung für die Produktivität - und für die Unterschiede in der Produktivität - der verschiedenen Bildungsmuster und ihrer Subgruppen.[5]

4.4.3. Verben mit *herein-/heraus-* und *hinein-/hinaus-*

4.4.3.1. Übersicht und Distribution

Aufgrund unserer bisherigen Erfahrungen mit Einfach- und Doppelpartikelverben - v.a. bei der Dimension AUF/AB - ist zu erwarten, daß manches von dem, was gerade im Anschluß an die Bildungen mit *aus-* und *ein-* an Generellem über diese Relation zu sagen war, bei den entsprechenden Doppelpartikelverben noch deutlicher werden dürfte, gelten doch für sie im Prinzip dieselben relationalen Beziehungen, nur ohne die zusätzlichen selektionalen Beschränkungen (s.Hanßon (1982, S.215 ff.)).

Für die Doppelpartikelverben mit Angabe der Sprecherperspektive wäre somit zu erwarten, daß sie die uneingeschränkt produktive Möglichkeit darstellen, vollmotivierte Bildungen zum Ausdruck einer gegengerichteten Bewegung auf der Achse der AUS/EIN-Relation zu bilden (s. Wunderlich (1982, S.11/12; S.54)).

5 Nicht behandelt wurden bisher die Beschränkungen bestimmter Verben auf die Verbindung mit einer der beiden Partikel - wenn man die obigen Anmerkungen zu einem instrumentalen *auspacken* ausnimmt. Im wesentlichen lassen sich diese Fälle auf drei Gründe zurückführen: 1. Handlungen haben einen eindeutigen Richtungssinn: *ausschlüpfen*; *einschlagen* 2. Handlungen sind funktional (konventionell) gerichtet: *einzäunen* 3. Durch den Unterschied der Partikeln wird nicht die Gegenläufigkeit derselben Handlung, sondern die Zugehörigkeit zu verschiedenen Mustern ausgedrückt: *auskratzen* - *einkratzen*
Vor allem der letzte Typ zeigt ganz deutlich, daß die Rückführung auf eine morphologische Zerlegung eigentlich nicht viel mehr als ein Kunstgriff ist. Wenn man die Beispiele unter 3. unter dem Coseriuschen Bedeutungsbegriff zu beschreiben versucht, dann sind das von der Bedeutung her tatsächliche Gegenverben, bedeuten sie doch beide irgend etwas mit 'kratzen' + 'hinein/heraus' Daß damit verschiedene Handlungen gemeint sind, ist dem Muster zunächst nicht anzusehen, sondern hängt mit den Gegebenheiten der Wirklichkeit zusammen und mit der unterschiedlichen Spezialisierung der jeweiligen Partikelverben in ihren Bedeutungsfeldern.

(11)(11.1.)(1)

hereinbitten	***hineinbitten***	***herausbitten***	***hinausbitten***
hereinblicken	***hineinblicken***	***herausblicken***	***hinausblicken***
hereinbringen	***hineinbringen***	***herausbringen***	***hinausbringen***
hereindrängen	***hineindrängen***	***herausdrängen***	***hinausdrängen***
hereindringen	***hineindringen***	***herausdringen***	***hinausdringen***
hereindürfen	***hineindürfen***	***herausdürfen***	***hinausdürfen***
hereineilen	***hineineilen***	***herauseilen***	***hinauseilen***
hereinfahren	***hineinfahren***	***herausfahren***	***hinausfahren***
hereinfallen	***hineinfallen***	***herausfallen***	***hinausfallen***
hereinfliegen	***hineinfliegen***	***herausfliegen***	***hinausfliegen***
hereinfließen	***hineinfließen***	***herausfließen***	***hinausfließen***
hereinführen	***hineinführen***	***herausführen***	***hinausführen***
hereingeben	***hineingeben***	***herausgeben***	***hinausgeben***
hereingehen	***hineingehen***	***herausgehen***	***hinausgehen***
hereingreifen	***hineingreifen***	***herausgreifen***	***hinausgreifen***
hereingucken	***hineingucken***	***herausgucken***	***hinausgucken***
hereinheben	***hineinheben***	***herausheben***	***hinausheben***
hereinhelfen	***hineinhelfen***	***heraushelfen***	***hinaushelfen***
hereinhumpeln	***hineinhumpeln***	***heraushumpeln***	***hinaushumpeln***
hereinhüpfen	***hineinhüpfen***	***heraushüpfen***	***hinaushüpfen***
hereinhuschen	***hineinhuschen***	***heraushuschen***	***hinaushuschen***
hereinklettern	***hineinklettern***	***herausklettern***	***hinausklettern***
hereinkommen	***hineinkommen***	***herauskommen***	***hinauskommen***
hereinkönnen	***hineinkönnen***	***herauskönnen***	***hinauskönnen***
hereinkrabbeln	***hineinkrabbeln***	***herauskrabbeln***	***hinauskrabbeln***
hereinkriechen	***hineinkriechen***	***herauskriechen***	***hinauskriechen***
hereinlassen	***hineinlassen***	***herauslassen***	***hinauslassen***
hereinlaufen	***hineinlaufen***	***herauslaufen***	***hinauslaufen***

usw.
(aus Duden-WB S.1196ff.u.1241ff.; Mater 1968, S.49 und 53; Brockhaus-Wahrig S.499ff. und 571ff.)

(11.)(11.1.)(2)
In diesem Augenblicke ging der Großvater bei der hintern Tür [...] *herein* [...] (Stifter 23)
Als sie wieder hineingingen [...] (Hacks 37)
Und er ging hinaus - [...] (Mann 58)
[...] *klopfte es, und Frau Philipp kam herein.* (Hacks 33)
Worte kamen aus dem Inneren herauf, von denen nicht zu begreifen war, wie sie vorher hineingekommen waren. (Musil 157)
[...] *so tief in die Schneewände bohrte, daß ich nur mit Mühe wieder herauskam.* (Brandstetter 41)
[...] *daß man auf diesem Wege über einen Abgrund von Reden nicht hinauskommen werde.* (Musil 195)
diese weit ins Meer hineinragenden Klippen (Bretagne 149)
<Graben>, aus dem nur noch sein Hut herausragte. (Handke 16)
<Gatter>, das [...] *über das Ufer in das Bachbett hinausragte.* (Brandstetter 64)
Tatsächlich mußten das Bett von Henriette und sogar das von Onkel Titus hereingeholt werden [...] (Hacks 73)
Mit Ochsen [...] *kannst du die Dreschmaschine* [...] *aus der Hölle herausholen.* (Brandstetter 122)

Diese Beispiele, die aus den weiteren Buchstaben des Alphabets entsprechend vermehrt werden könnten, zeigen jene vollkommene Bedeutungssymmetrie, die wir aufgrund der oben gegebenen Erklärung für die durch AUS/EIN vorgenommene Aufteilung des Raumes erwarten konnten. Wenn die Gesamteinteilung zunächst auf einer BEI MIR/NICHT-BEI-MIR-Unterscheidung beruht, die dann aufgrund der Art der Grenze zwischen diesen Bereichen als ein INNEN/AUSSEN-Gegensatz interpretierbar ist, und dann sowohl das Drinnen wie auch das Draußen 'bei mir' sein kann, kann auch der Ausdruck des Sprecherstandorts entsprechend wechseln. Wenn nun auch etliche der Verben idiomatisierte Varianten haben, z. B. *herausbringen* 'durch genaues Forschen erkennen' oder *auf etw. hinauslaufen* 'zur Folge haben', die zweifellos in einem Wörterbuch verzeichnet gehören, so stellt sich freilich sowohl für diese Verben in der normalen direktionalen Bedeutung und noch mehr für die Verben, die überhaupt nur die normale direktionale Bedeutung haben, die Frage, ob tatsächlich alle diese Verben im Lexikon aufgezählt werden müssen, ob nicht stattdessen bei *heraus-*, *herein-*, *hinaus-*, *hinein-* besser eine allgemeine Regel anzugeben wäre, die etwas zur Bildbarkeit dieser Verben sagte, und dazu einige Beispiele. Von der Bedeutung der Basen her handelt es sich um Bewegungsverben, Geschehensverben, Handlungsverben, entsprechende Kausativa und einige modalisierte Formen.

(11.2.)

BEWEGUNG	GESCHEHEN	HANDLUNG	KAUSATIVA	MODAL
eilen	*dringen*	*blicken*	*bitten*	*dürfen*
fahren	*fallen*	*bringen*	*drängen*	
fliegen	*fliegen*	*geben*	*führen*	
gehen	*fließen*	*greifen*	*helfen*	
humpeln		*gucken*	*lassen*	
hüpfen		*heben*		
huschen				
klettern				
kommen				
krabbeln				
kriechen				
laufen				

Für die relationalen Verhältnisse genügt es zunächst, auf die Darstellung bei den Verben mit *ein-* und *aus-*, mit der eindeutigen Zielorientierung bei *ein-* und dem Wechsel zwischen Ursprungs- und Zielorientierung bei *aus-*, zu verweisen, bzw. auf die Darstellung der Funktion *her-* und *hin-* bei AUF/AB.

Analysieren wir zunächst die Verwendung dieser Simplicia näher, kommt man zu dem Ergebnis, daß auf jeden Fall eine Direktionalergänzung obligatorisch ist. Sie kann den Ausgangs- oder den Zielbereich bezeichnen. Die genauen semantischen Verhältnisse sind dabei im einzelnen allerdings noch etwas unterschiedlich. Jedoch ist in der Mehrzahl der Falle auch die E_{aus} als zielgerichtete Wegangabe zu verstehen: an der Bewegung wird eher festgehalten, daß sie in Richtung AUSSEN geht, als daß sie von INNEN kommt. Anders ist das nur im Fall von *kommen* und andrerseits natürlich dann, wenn im Satz sowohl eine Präpositionalphrase mit *in* und eine mit *aus* vorkommen.

(11.3.)
Otto geht aus dem Haus in den Garten.
Otto geht aus dem Garten ins Haus.

Hier zeigt die dann üblicherweise als Angabe gewertete PP_{aus} den Ursprung an, die PP_{in} das Ziel. Ganz deutlich ist hierbei der Unterschied zu den oben behandelten Verben mit *aus-*, wo aufgrund unregelmäßigerer Bedeutungsverhältnisse die Bewertung der verschiedenen lokalen Bestimmungen nicht so pauschal zu lösen war. Man sieht auf jeden Fall, daß durch die Präpositionen allein eher der Weg bezeichnet als ein Bezug auf das Innen und das Außen hergestellt wird. Durch die Doppelpartikelverben, die valenzmäßig von ihren Basisverben nicht unterschieden sind, wird nun erreicht, daß sowohl dieser Bezug, als auch die Ausrichtung auf den Ort des Sprechers in das Verb selbst mit aufgenommen wird.

(11.4.)(1)

aus dem Haus bitten *in das Haus bitten*	*aus dem Haus herausbitten* *aus dem Haus hinausbitten* *in das Haus hereinbitten* *in das Haus hineinbitten*
aus dem Fenster blicken *in das Fenster blicken*	*aus dem Fenster herausblicken* *aus dem Fenster hinausblicken* *in das Fenster hereinblicken* *in das Fenster hineinblicken*
aus dem Haus bringen *in das Haus bringen*	*aus dem Haus herausbringen* *aus dem Haus hinausbringen* *in das Haus hereinbringen* *in das Haus hineinbringen*

(11.4.)(2)
[...] *und blickte aus der Aufnahme heraus* [...] (Musil 59)
Er selbst stand hochaufgerichtet am Fenster und ließ nicht ab, unbeweglich hinauszublicken [...] (Mann 60)

Waren somit oben vom Verb aus gesehen die Art der Direktionalergänzung noch frei wählbar - eben durch die Anbindung durch die Präposition - und die Frage nach dem Sprecherstandpunkt unerheblich, so handelt es sich bei den Doppelpartikelverben nicht nur um Verben, die irgendeine Direktionalergänzung erfordern. Die Art der Direktionalität wird durch die im Verblexem enthaltene Information bereits mitgeliefert: mit den entsprechenden Folgen für die syntaktische Konstruktion: die Art der E als E_{aus} oder E_{in} ist bereits festgelegt; zusätzlich wird die Sprecherperspektive notiert, was aber nicht von syntaktischer Bedeutsamkeit ist. Rein syntaktisch ist Identität des Anschlusses gefordert (s.Andresen/Bahr (1977), Engelen (1977), v.Polenz (1977;1978), Šimečková (1978), Trost (1979)):

(11.5.)

A_{aus}	E_{in}	
INNEN *aus dem Haus* *aus dem Haus*	AUSSEN *in den Garten* *in den Garten*	 *gehen* *hinausgehen*
AUSSEN *aus dem Garten* **aus dem Garten*	INNEN *in das Haus* *in das Haus*	 *gehen* *hinausgehen*

E_{aus}	A_{in}	
INNEN	AUSSEN	
aus dem Haus	*in den Garten*	*herausgehen*
**aus dem Garten*	*in das Haus*	*herausgehen*

Die Partikeln *heraus-/hinaus-* – und entsprechend *herein-/hinein-* – legen die mögliche Direktionalbestimmung darauf fest, daß die Bewegung aus dem Bereich, der als INNEN gilt, in einen führt, der als AUSSEN gilt, und auf keinen Fall umgekehrt – genau gegengleich ist das Verhältnis bei *herein-/hinein-*. Hier scheint mir die eigentliche Funktion dieser Verben zu liegen: schon von der Struktur her wird das Bedeutungsmuster vereindeutigt. Denn bei den Simplicia war die Bewegungsrichtung beliebig festlegbar, die Ursprungs- und Zielbereiche, die gewählt werden können, sind – durch die Präpositionen – nur dahingehend spezialisiert, daß es sich hierbei um die Benennung für mögliche Innen- und Außenräume handeln muß. Irgendwie sollte dieser Unterschied auch in einer Valenzbeschreibung zum Ausdruck kommen.

(11.6.)(1)

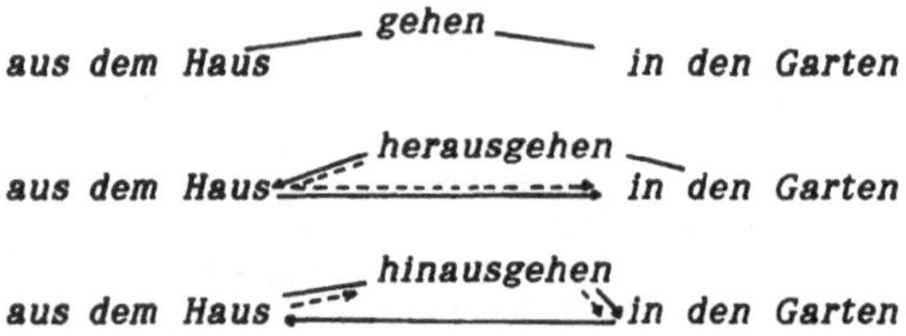

bzw. in unserer expliziteren Basis-Notation:

(11.6.)(2)

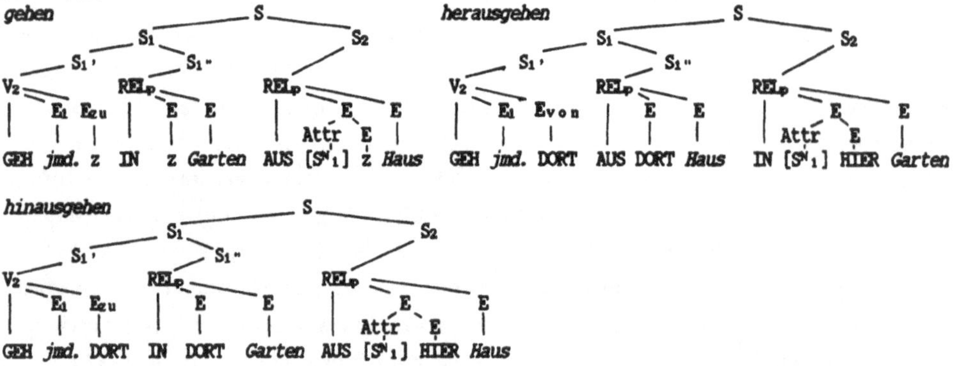

Auch aus dieser Darstellung wird deutlich, wie die Doppelpartikeln zu einer präzisen Schilderung von Bewegungen und Handlungen im Raum beitragen. Selbst die Darstellung mit Simplex und Präpositionalphrasen ist ungenauer als diese Konstruktionen. Denn zwar ist *aus dem Haus in den Garten gehen* mit E_{in} und A_{aus} als eine Bewegung dargestellt, die in einen Raum geht, der als ein INNEN verstander Zielort ein AUSSEN ist; dadurch handelt es sich auch bei dem Ursprungsort um ein mögliches INNEN. Diese Deutung wird zweifellos auch durch die Art des Beispiels noch erleichtert, denn *Garten* und *Haus* sind Einheiten, die nicht nur über die (zufällige) Position des Sprechers als INNEN oder AUSSEN definiert werden können, sondern sie sind im alltäglichen Leben als kanonische Innen- (*Haus*) bzw. Außenräume (*Garten*) anzusehen. Das wurde deshalb so gewählt, um den Satz mit dem Simplex mit den beiden anderen Fällen vergleichbarer zu machen. Die Normaldeutung für Bewegungverben verteilt die Rollen im Satz: mit E_{aus} und A_{in} ist er kaum interpretierbar. Dazu paßt, daß formal entsprechendes *aus dem Haus gehen* fast wie *ausgehen* (gesellschaftlich) idiomatisiert ist.

Die Doppelpartikelbildungen zu dieser Basis erlauben eine differenziertere Anpassung an die jeweilige Situation. Über die Angabe der Sprecherperspektive werden die räumlichen Verhältnisse in einer Weise dargelegt, daß die direktionalen Bestimmungen in jeweils eindeutiger Weise darauf abbildbar sind.

(11.6.)(3)

herausgehen:	PP_{aus}	=	E_{aus};	PP_{in}	=	A_{loc}
hinausgehen:	PP_{in}	=	E_{in};	PP_{aus}	=	A_{loc}

Diese Unterschiede in den Abhängigkeiten sind oben durch die durchgezogenen Pfeile angedeutet; die gestrichelten Pfeile kennzeichnen den Weg, den jeweils die Interpretation nimmt. Die Zusammenhänge werden vielleicht klarer, wenn man die jeweilige Partikel vom Verb trennt, als potentielle Angabe betrachtet und dann nachsieht, was die Folgen für die Struktur des Satzes sind:

(11.6.)(4)
Otto geht aus dem Haus heraus.
Otto geht in den Garten hinaus.

Das Zusammenspiel von Sprecherorientierung, die in *hin* und *her* ausgedrückt ist, Bereichsangabe, in Form von *aus*, und Ursprungs- bzw. Zielangabe, durch *aus* bzw. *in* realisiert, ermöglicht die Bereichsklassifikation in INNEN und AUSSEN. Für die Ausführung der einzelnen Muster ergibt sich daraus Folgendes. Wenn der Standpunkt des Sprechers, wie hier bei *her+aus*, nicht INNEN ist, ist das dahingehend markiert, daß dann dieses INNEN als Ausgangspunkt der Bewegung notwendig spezifiziert werden muß, d.h. es tritt, wie im ersten Satz von (11.6.)(4), eine E_{aus} auf. Im zweiten Satz - mit *hinaus-* - wird das Ziel als nicht beim Sprecher befindlich charakterisiert, bereichsmäßig als AUSSEN. Damit ist im unmarkierten Normalfall - d. h. wenn nichts weiteres angegeben wird - das INNEN, das EGO-HIC-NUNC des Sprechers, Ausgangspunkt, und nur der Zielort m u ß näher bestimmt werden. Somit sind die PP für einen anderen Zielort im ersten und einen anderen Ausgangsort im zweiten Fall syntaktisch als Angaben zu werten.

(11.6.)(5)

Otto geht aus dem Haus heraus in den Garten.
└──E_{aus}──── ─ ─ ┘

Otto geht aus dem Haus in den Garten heraus.
└──E_{aus}──┘ └───A_{dir}──── ─ ─ ┘

Otto geht aus dem Haus in den Garten hinaus.
└──A_{orig}──┘ └───E_{in}──── ─ ─ ┘

?*Otto geht aus dem Haus hinaus in den Garten.*
└──A_{orig}──── ─ ─ ┘ └─E_{in}─────┘

Diese Stellungsvarianten verdeutlichen, wie mögliche Unterschiede im Bezug der Partikel zur Reliefgebung im Bereich der räumlichen Strukturierung genutzt werden. Man sieht auch, daß das Partikelverb und die dazugehörige E_{dir} eine Einheit bilden, die durch das Hinzutreten der A in gewissem Umfang aufgelöst wird. Allerdings sind die Stellungsvarianten, die gemäß dem Behaghelschen Gesetz, daß inhaltlich Zusammengehöriges auch nahe beieinander stehen sollte, einen sehr starken Bezug auf die A nahelegen, auf jeden Fall markiert und streifen zum Teil die Grenzen der Akzeptabilität.

Entsprechendes gilt natürlich auch für *herein* und *hinein*, sachlich sind die Verhältnisse dann genau umgekehrt.

(11.7.)(1)

**Otto geht aus dem Haus herein in den Garten.*
└──A_{orig}──── ─ ─ ┘ └─E_{in}─────┘

Otto geht aus dem Haus in den Garten herein.
└──A_{orig}──┘ └───E_{in}──── ─ ─ ┘

**Otto geht aus dem Haus hinein in den Garten.*
└──A_{orig}──── ─ ─ ┘ └─E_{in}─────┘

Otto geht aus dem Haus in den Garten hinein.
└──A_{orig}──┘ └───E_{in}──── ─ ─ ┘

Abgesehen davon, daß Gärten und Häuser kanonisch als AUSSEN und INNEN gewertet werden, kann hier doch festgestellt werden, daß *hinein* so eindeutig zielorientiert ist, daß eine Angabe des Ursprungs eigentlich nur als zu dem Gesamtprädikat aus *herein-/hinein*-Verb + E_{in} gehörig verstanden werden kann. Kompliziertere Verhältnisse, wie sie für die Verben mit den Doppelpartikeln mit -*aus*- oben dargestellt wurden (s.(11.6.)(1) u.(2)), treten somit hier nicht auf. Bei den Verbpartikeln mit -*ein*- ist aufgrund dieser Einsinnigkeit der ausgedrückten Richtung zusätzlich die Modifikation mit *hin*- die natürlichere, dieser Handlung entsprechendere; damit sind auch diese Bildungen im Prinzip am besten dazu geeignet, als unmarkiert übergreifende, die Sprecherposition nicht berücksichtigende Ausgleichsform verwendet zu werden (s. Eichinger (1980)). Aus der Aufstellung in (11.7.)(1) gehen folgende Strukturen als unmarkiert hervor:

(11.7.)(2)

(wenn) Otto aus dem Garten in das Haus hereingeht.
(wenn) Otto aus dem Garten in das Haus hineingeht.

Der Bezug auf (11.6.)(1) und (2), wo die Abhängigkeits- und Inhaltsverhältnisse für das Simplex mit einer PP_{aus} sowie für die Doppelpartikelverben mit *her*-

aus/hinaus dargestellt wurde, gilt somit ungebrochen nur für das Simplex; in den Doppelpartikelverben ist die dort angesprochene Ambiguität aufgehoben. Da nun bei den Doppelpartikelverben *herein-* und *hinein-* im Gegensatz zu *heraus-/hinaus* ausschließlich zielorientiert sind, existiert der oben in den Graphen skizzierte Unterschied hier nicht.

(11.7.)(3)

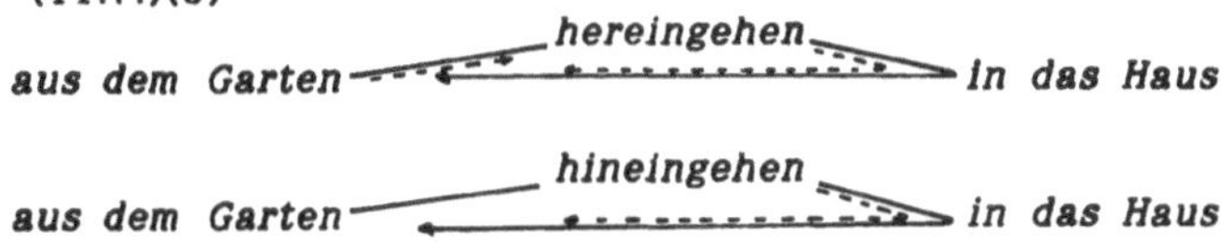

(11.7.)(4)

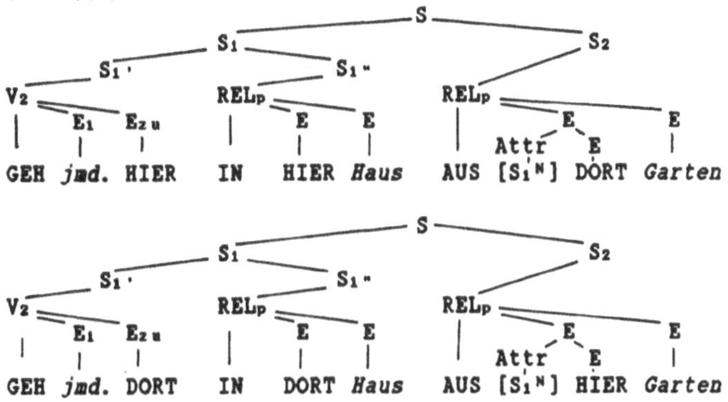

Somit ergibt sich bei *herein-/hinein-* eine ähnliche relationale Eindeutigkeit wie bei *ein-* und eine ähnliche Ambivalenz bei *heraus-/hinaus-* wie bei *aus-*. Lediglich die jeweilige Idiomatisierung "fehlt".

In beiden Fällen ist *aus dem Garten* A_{orig} und *in das Haus* E_{in} Das Auftreten der A ist zudem an das Vorhandensein der E gebunden; selbst bei der möglichen Ellipse der E_{in} kann die lokale E_{orig} nicht auftreten:

(11.7.)(5) **Otto geht aus dem Garten herein/hinein.*

Das ist eine Bestätigung der These, daß die direktionalen Ergänzungen zum engsten Prädikatsbereich gehören, so daß manche Angaben sich gesamthaft darauf beziehen können. Diese Zusammengehörigkeit versuchen auch die "Grundzüge" (1981, S.238ff.) zu erfassen, wenn sie die Richtungsergänzungen zum engeren Prädikatsverband nehmen, die mit dem Verb in enger Weise verbunden sind. Logischerweise sind damit Ambivalenzen, wie bei den entsprechenden Bildungen mit *-aus-* geschildert, ausgeschlossen. Die Bewegungsrichtung ist bei *-ein-* immer eindeutig, *her-* und *hin-* dienen, soweit der durch sie ausgedrückte Unterschied überhaupt beachtet wird, der Differenzierung gemäß dem Sprecherstandpunkt. Dabei ist von den Natürlichkeitsvoraussetzungen her zu erwarten, daß die Form mit *hin-* gewählt wird, wenn eine Ausgleichsform benötigt wird.

Wie es sich damit nun tatsächlich - nach Ausweis der Wörterbücher - verhält, kann der folgenden Übersicht zum Gebrauch der Bildungen mit *heraus-/hinaus-*, *herein-/hinein-* (sowie ggf. auch *aus-/ein-*) entnommen werden.

(11.8.)

	HERAUS	HINAUS	HEREIN	HINEIN
Brockhaus-Wahrig	von (dort) drinnen nach (hier) draußen	von (hier) drinnen nach (dort) draußen	von (dort) draußen nach (hier) drinnen/ in etwas	von (hier) draußen nach (dort) drinnen/ in etwas
Duden	aus dem Inneren nach außen (zum Sprechenden)	nach draußen/ (hinaus) aus etwas	von außen nach innen (zum Sprechenden)	nach (dort) drin/ ins Innere/ in etwas
blicken	v.(dort)drinnen n. (hier)draußen b.: *die alte Frau blickte zu uns heraus*	v.(hier)drinnen n. (dort)draußen b.: *er blickte aus dem Fenster hinaus*	v.(dort)draußen n. (hier)drinnen blicken	von(hier)draußen n. (dort)drinnen blicken
	aus dem Inneren n. außen (zum Sprechenden) blicken	n. draußen blicken: *zum Fenster/aus dem Fenster h.; auf den Hof h.*	v.außen n.innen (zum Sprechenden) blicken	in etw.blicken
dringen	dringt v.(dort)drinnen n.(hier)draußen; dringt durch etw. hindurch n.außen: *aus dem Behälter dringt Flüssigkeit heraus*	dringt v.(hier)drinnen n.(dort)draußen: ich glaube, jetzt *kein Licht mehr hinaus*	in etw.dringen; von (dort)draußen nach (hier)drinnen,ins Innere dringen: *der Regen drang durchs Dach ins Zimmer herein*	v.(hier)draußen n. (dort)drinnen dringen *wir konnten nicht in das Dickicht h.*
	aus dem Inneren nach außen (zum Sprechenden) dringen	(hinaus) aus etwas dringen	v.außen n.innen (zum Sprechenden) dringen	in etwas dringen
dürfen	herauskommen dürfen: *Ob du zu mir herausdarfst?*	hinausgehen, -kommen dürfen: *darf ich mal hinaus?*	hereinkommen dürfen: *darf ich herein?* OPPOSITION AUFGEHOBEN	hineingehen, -kommen dürfen: *es darf niemand z.d.Kranken h.*
	aus d.Inneren n.aussen (z.Sprechenden) kommen dürfen	hinausgehen,-kommen, -fahren usw.dürfen: *die Kranken dürfen bei schlechtem Wetter nicht hinaus*	v.außen n.innen (zum Sprechenden) kommen dürfen	hineingehen, -kommen, -fahren usw. dürfen: *Kinder dürfen hier nicht hinein*
eilen	v.(dort)drinnen nach (hier)draußen eilen: *die Leute eilen aus dem Gebäude heraus*	v.(hier)drinnen nach (dort)draußen eilen: *er eilte hinaus*	eilends hereinkommen OPPOSITION?	v.(hier)draußen nach (dort)drinnen eilen; eilend hineingehen: *alle eilten(ins Haus) hinein*
		nach draußen eilen OPPOSITION AUFGEHOBEN		n.(dort)drin,ins Innere eilen Z.T. OPPOSITION AUFGEHOBEN

fahren	aus etw.nach (hier) draußen fahren: *aus dem Hof herausfahren*	mit e.Fahrzeug aus etw.n.(dort) draußen fahren: *aus dem Hof hinausfahren* OPPOSITION?	v.(dort)draußen nach (hier)drinnen fahren; mit e.Fahrzeug hereinkommen: *Sie können in den Hof hereinfahren* Z.T. OPPOSITION AUFGEHOBEN	v.(hier)draußen nach (dort)drinnen fahren; mit d.Fahrzeug hineinkommen: *der Zug fährt in den Tunnel hinein* Z.T. OPPOSITION AUFGEHOBEN
	aus d.Inneren n.aussen(z.Sprechenden)f. *der Zug fährt aus dem Bahnhof heraus*	aus etw.n.draußen f. *der Zug fährt aus dem Bahnhof hinaus* OPPOSITION?	vgl.herausfahren	in etw.,n.drinnen f.: *der Zug fährt in den Bahnhof hinein* OPPOSITION AUFGEHOBEN
fallen	v.(dort)drinnen nach (hier)draußen fallen *das Messer ist ihm aus der Tasche herausgefallen*	v.(hier)drinnen nach (dort)draußen fallen *aus dem Fenster hinausfallen*	fällt v.(dort)draußen n.(hier)drinnen, dringt herein: IDIOMATISIERT	in etw. fallen, von (hier)draußen nach (dort)draußen fallen: *das Kind ist (in den Teich) hineingefallen*
	v.innen n.außen (z. Sprechenden) fallen	nach draußen fallen OPPOSITION AUFGEHOBEN	(selten) n.innen, in etw.fallen: *der in d. Bunker hereinfallende Unteroffizier*	in etwas fallen: *in ein Loch hineinfallen* OPPOSITION AUFGEHOBEN
fliegen	aus etw.nach (hier) draußen fliegen: *der Vogel ist aus dem Käfig herausgeflogen*	aus etw.nach (dort) draußen fliegen: *der Vogel ist zum Fenster hinausgeflogen*	v.(dort)draußen nach (hier)drinnen fliegen *weil Mücken hereinfliegen*	v.(hier)draußen nach (dort)drinnen fliegen *mein Ball ist zu Ihnen hineingeflogen*
	aus d.Inneren v.etw. nach außen fliegen OPPOSITION AUFGEHOBEN	nach draußen fliegen OPPOSITION AUFGEHOBEN	v.außen n.innen (zum Sprechenden) fliegen	nach draußen fliegen: *der Vogel flog (zum Fenster, aus d.Käfig, ins Freie) hinaus* OPPOSITION AUFGEHOBEN
gehen	v.(dort)drinnen nach (hier)draußen gehen: *ich sah ihn aus dem Haus herausgehen*	v.(hier)drinnen nach (dort)draußen gehen, ein Zimmer, Gebäude u.ä.verlassen: *ich möchte mit dir in d. Garten hinausgehen* Z.T.OPPOSITION AUFGEHOBEN	hereinkommen, eintreten OPPOSITION AUFGEHOBEN	v.(hier)draußen nach (dort)drinnen gehen, ins Innere v.etw.g., eintreten: *tief in den Wald hineingehen* Z.T. OPPOSITION AUFGEHOBEN
	aus d.Inneren n.aussen(z.Sprech.)gehen: *die Kinder sollen herausgehen*	nach draußen gehen: *in den Garten h.* OPPOSITION AUFGEHOBEN		n.(dort)drin, ins Innere gehen: *wollen wir ins Haus hineing.* OPPOSITION AUFGEHOBEN
gucken	v.(dort)drinnen nach (hier)draußen gucken *er guckte aus dem Fenster heraus*	v.(hier)drinnen nach (dort)draußen gucken	hereinsehen,v.(dort) draußen n.(hier)drinnen gucken: *er guckte zur Tür herein*	in etwas gucken; von (hier)draußen nach (dort)drinnen gucken:

humpeln	v.(dort)drinnen nach (hier)draußen h.: *er kam aus dem Haus herausgehumpelt*	v.(hier)drinnen nach (dort)draußen h.: *langsam humpelte er hinaus*	humpelnd in etw.hereinkommen,v.(dort) draußen n.(hier)drinnen humpeln: *sie kam auf e.Bein hereingeh.*	humpelnd in etw.hineinkommen, v.(hier) draußen n.(dort)drinnen humpeln: *sie humpelte ins Haus hinein*
hüpfen	v.(dort)drinnen nach (hier)draußen hüpfen *der Vogel ist aus d. Käfig herausgehüpft*	v.(hier)drinnen nach (dort)draußen hüpfen *der Vogel ist z.Fenster hinausgehüpft*	hüpfend in etwas hereinkommen; v.(dort) draußen n.(hier)drinnen hüpfen: *der Vogel ist durchs Fenster hereingehüpft*	hüpfend in etwas hineinkommen; v. (dort) draußen n.(hier)drinnen hüpfen: *der Vogel ist wieder in den Käfig hineingehüpft*
huschen	v.(dort)drinnen nach (hier)draußen husch. *aus dem Loch huscht eine Maus heraus*	v.(hier)drinnen nach (dort)draußen husch. *die Katze huschte in den Garten hinaus*	in etw.huschen; von (dort)draußen nach (hier)drinnen huschen *die Katze war unbemerkt zu uns h.* Z.T. OPPOSITION AUFGEHOBEN	in etw. huschen; von (hier)draußen nach (dort)drinnen huschen *das Kind ist ins Haus hineingehuscht* Z.T. OPPOSITION AUFGEHOBEN
klettern	v.(dort)drinnen nach (hier)draußen klettern: *aus dem Flurfenster hier zu uns hereinklettern*	v.(hier)drinnen nach (dort)draußen klettern: *bei irgendeinem Fenster hineinklettern*	kletternd in etw.hereinkommen, v. (dort) draußen n.(hier) innen klettern: *die Einbrecher sind durch d.Dachluke hereingek.*	kletternd in etw.hineinkommen, v. (hier) draußen n. (hier) innen klettern: *er kletterte ins Zimmer hinein*
	aus d.Inneren n.aussen (z. Sprechenden) klettern	(hinaus)aus etw.; n. draußen klettern: Z.T. OPPOSITION AUFGEHOBEN	v.außen n.innen (zum Sprechenden) klettern	in etw.; ins Innere klettern OPPOSITION AUFGEHOBEN
kommen [s. auch *dürfen, eilen*]	v.(dort)drinnen nach (hier)draußen komm.; hervorkommen: *daß wir möglichst schnell h.* Z.T.OPPOSITION AUFG.	v.(hier)drinnen nach (dort)draußen komm.: *sie braucht nicht mit hinauszukommen* IDIOMATISIERUNG	v.(dort)draußen nach (hier)drinnen kommen; in etw.eintreten: *Kommen Sie doch herein!* Z.T. OPPOSITION AUFG.	v.(hier)draußen nach (dort)drinnen kommen: *Du sollst mal zum Chef hineinkommen.* "Phantasma"
	aus d.Inneren v.etw. n.außen(z.Sprech.)k. *langsam aus der Tür herauskommen*	nach draußen kommen: *auf die Straße hinauskommen* IDIOMATISIERUNG	v.außen n.innen (zum Sprechenden) kommen:	nach (dort) drin, ins Innere kommen: *Kommen Sie mit hinein!* IDIOMATISIERUNG
krabbeln	v.(dort)drinnen nach (hier)draußen krabbeln: *der Käfer ist aus der Erde herausgekrabbelt*	v.(hier)drinnen nach (dort)draußen krabbeln: *das Kind krabbelte aus dem Zimmer hinaus*	v.(dort)draußen nach (hier)drinnen krabbeln, krabbelnd hereinkommen:	krabbelnd in etw.hineinkommen, v.(hier) draußen n.(dort)drinnen krabbeln: *in deine Tasche ist eben ein Käfer hineingekr.*
	aus d.Inneren n.aussen(zum Sprechenden) krabbeln			n.(dort)drin, ins Innere krabbeln

kriechen	kriechend herauskommen: *aus dem Ei herauskriechen*	v.(hier)drinnen nach (dort)draußen kriechen: *durch ein Gitter hinauskriechen*	v.(dort)draußen nach (hier)drinnen kriechen, kriechend hereinkommen: *er kam auf allen Vieren in das Zimmer hereingekr.*	kriechend in etw.hineinkommen, v.(hier) draußen nach (dort) drinnen kommen: *wir mußten auf dem Bauch hineinkriechen*
	aus d.Inneren n.aussen(z.Sprechenden) kriechen	aus etw.n.draußen kriechen Z.T.OPPOSITION AUFGEHOBEN	v.außen n.innen (zum Sprechenden) kriechen	nach(dort) drin, ins Innere kriechen Z.T. OPPOSITION AUFGEHOBEN
laufen	v.(dort)drinnen nach (hier)draußen laufen *er lief aus dem Haus heraus*	v.(hier)drinnen nach (dort)draußen laufen *in den Garten hinauslaufen*	v.(dort)draußen nach (hier)drinnen laufen: *sie kamen hereingelaufen*	v.(hier)draußen nach (dort)drinnen laufen: *lauf schnell hinein*
	aus d.Inneren v.etw. n.außen(z.Sprechenden) laufen	nach draußen laufen OPPOSITION AUFGEHOBEN	v.außen n.innen (zum Sprechenden) laufen	nach(dort) drin, ins Innere laufen Z.T. OPPOSITION AUFGEHOBEN

Zur Vervollständigung des Bildes, das sich aus den Bedeutungsangaben und Belegen im Duden-WB und im Brockhaus-Wahrig ergibt,[6] seien ihre Verwendungen nochmals von denen entsprechender Verben mit den Einfachpartikeln abgesetzt; die dazu anzusetzende Liste ist wesentlich kleiner; wie oben schon ausgeführt, sind Verben mit entsprechender lokaler Bedeutung unter denen mit Einfachpartikeln nicht so häufig:

(11.9.)

	EIN	AUS
blicken		Ausschau halten
dringen	(durch etw.hindurch) sich einen Weg bahnend in etw.dringen, hineingelangen	
fahren	(hinein)fahren, fahrend in etw.gelangen	hinausfahren, um (in der Ferne) ein Ziel zu erreichen aus etw.herausfahren, fahrend einen Ort verlassen
fallen		sich aus einem organischen Zusammenhang lösen, herausfallen

6 In den Valenzwörterbüchern finden sich Angaben zu folgenden Verben: *blicken* (Helbig/Schenkel (1980, S.136/137)), *dürfen* (a.a.O.S.261), *eilen* (a.a.O.S.231 und Engel/Schumacher (1978, S.164)), *fahren* (Helbig/Schenkel (1980, S.239) und Engel/Schumacher (1978, S.175)), *fallen* (Helbig/Schenkel (1980, S.282) und Engel/Schumacher (1978, S.175)), *fliegen* (Helbig/Schenkel (1980, S.248) und Engel/Schumacher (1978, S.178)), *gehen* (Helbig/Schenkel (1980, S.232) und Engel/Schumacher (1978, S.186)), *klettern* (Engel/Schumacher (1978, S. 207)), *können* (Helbig/Schenkel (1980, S.250/251) und Engel/Schumacher (1978, S.208)), *laufen* (Helbig/Schenkel (1980, S.244) und Engel/Schumacher (1978, S.215)).

fliegen	in einen best.Raum (hinein)fliegen	(von Vögeln, Insekten) hinausfliegen, ausschwärmen
gehen	geh.(selten) hineingehen	(zu einem best.Zweck...) die Wohnung verlassen
gucken		ausschauen, Ausschau halten
kommen	(bes.Sport) ins Ziel gelangen	(südd., österr.) entkommen, entfliehen, entwischen
kriechen		(von Vögeln, Insekten) aus dem Ei kriechen, ausschlüpfen
laufen	(hinein)fließen in den Hafen hineinfahren fahrend im Bahnhof ankommen	aus einem Gefäß o.ä. herauslaufen den Hafen verlassen, in See stechen

4.4.3.2. Funktionale Deutung

Aus diesen Übersichten läßt sich die unterschiedliche Verteilung der Funktion, aber auch die unterschiedliche funktionale Belastung der einzelnen Partikeln nachvollziehen. Außer acht soll dabei einmal bleiben, ob man allen Beschreibungen der Wörterbücher zustimmen kann; die sich herauskristallisierende Tendenz scheint aber eindeutig zu sein und scheint auch nicht der Sprecherintuition zu widersprechen. Am einfachsten ist es, die Sonderstellung der Verben mit den Einfachpartikeln, die wir oben schon behandelt haben, hier im Kontrast noch einmal herauszuheben. Alle in (11.9.) aufgeführten Verben, die als solche mit lokaler Bedeutung ausgesucht wurden, zeigen eine deutlich spezialisierte Bedeutung. Bezüglich der in ihnen ja nicht explizit enthaltenen Angabe der Sprecherperspektive stellen sie großenteils von der jeweiligen Handlung abhängige Neutralisierungen dar, die **womöglich, wie von unseren Natürlichkeitsvoraussagen her zu erwarten, Neutralisierungen auf ein HIN zu darstellen, lediglich *ausfallen*, *ausschlüpfen* sowie *ausfahren2*** und ***auslaufen1*** drücken Bewegungstypen aus, bei denen die Neutralisierung einen Ausgleich zum HER hin bedeutet. Auch hierin zeigt sich die Idiomatisierung dieser Bildungen, die eben nur auf gewisse der Situationen, auf die die räumlichen Verhältnisse im Prinzip zutreffen, angewandt werden können. Die Simplicia, soweit sie in den hier zitierten Fällen zur Deutung der komplexen Verben herangezogen werden können, sind dadurch gekennzeichnet, daß die Direktionalergänzung, die bei ihnen gefordert ist, in der Regel zielorientiert verstanden wird, so daß die direktionale Bestimmung, die den Ursprung angibt, in der Regel als A zu werten ist. So schreibt ganz generell auch Eroms (1981, S.224) : "Bei Sätzen mit Origo und Direktionale ist die Origo unbezweifelbar A." Diese Deutung ist jedoch, wie oben schon angedeutet, nicht in allen Fällen unzweifelhaft. Denn die Bezeichnung des Ursprungs kann ja wohl nicht schon deshalb als zielorientiert gedeutet werden, weil unbestreitbar eine Bewegung, die irgendwo ausgeht, auch irgendwo hinführt.

(12) (12.1.) ***Er kommt um 5 Uhr aus dem Büro***

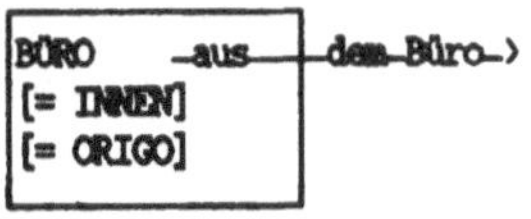

(12) (12.2.) ***Er kommt direkt aus dem Büro ins Konzert***

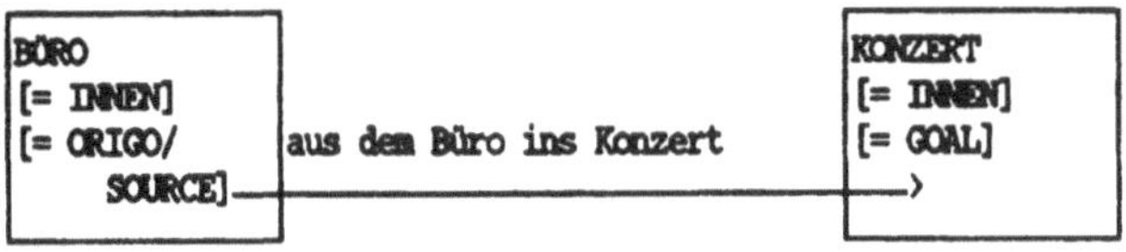

(12) (12.3.) ***Er kommt um 5 Uhr ins Konzert***

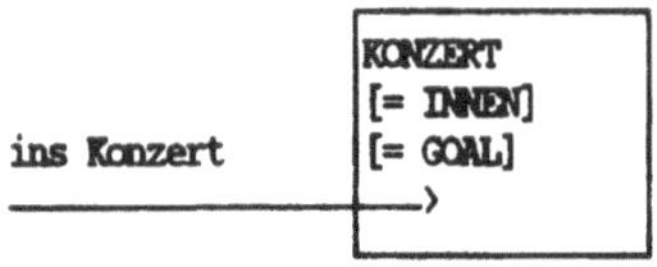

Handelt es sich in (12.1.) eindeutig um eine E_{aus} und in (12.3.) ebenso eindeutig um eine E_{in}, so macht die Zwischenstellung von (12.2.) deutlich, daß es sich hierbei nicht um dieselbe direktionale Ergänzung handelt, die unterschiedlich gerichtet ist und daher mit unterschiedlichen Präpositionen angeschlossen wird, sondern daß es de facto um zwei Verben *kommen* geht, deren zielorientierte Alternative auch bei zwei direktionalen PP gewählt wird. Das zeigt sich auch an den entsprechenden Paraphraseunterschieden:

(12.1.)(1) **Er kommt. Und das tut er aus dem Büro.*
(12.2.)(1) **Er kommt aus dem Büro. Und das tut er ins Konzert.*
(2) *Er kommt ins Konzert. Und das tut er aus dem Büro.*
(12.3.)(1) **Er kommt. Und das tut er ins Konzert.*

Die PP_{aus} in (12.2.) erweist sich somit als eine Angabe. Nur der Beleg (12.2.)(1) zeigt damit die eigentliche Besonderheit von *kommen*, die auf den Sprecherstandort zielende "eingebaute" Sprecherperspektive dieses Lexems dazu zu nutzen, ein den Ursprung einer Handlung thematisierendes Valenzmuster auszubilden. Die normale Wortfrage lautet daher auch: *Woher kommst Du?* und nicht *Wohin kommst Du?*. Auch im absoluten Gebrauch ist die Ursprungsorientierung mitverstanden. Diese Verhältnisse spiegeln sich auch in den Verwendungsbedingungen für die entsprechenden Doppelpartikelverben, bei denen die Formen mit *hin-* durch Idiomatisierung oder Spezialisierung als zielgerichtet ausgewiesen werden oder unter Hinblick auf die "eigentliche" Bedeutung von *kommen* als Standpunktwechsel gedeutet werden müssen. Ein Satz wie *Du sollst mal zum Chef hineinkommen*. wird auf jeden Fall außerhalb des Chefzimmers gesprochen: damit ist die Handlung, zu der aufgefordert wird, vom Chef aus tatsächlich ein 'Hereinkommen', nur durch die Daruntermischung des Standpunkts des Sprechenden wird ein 'Hinein' daraus.

Außer bei *kommen* scheint hier bei allen anderen in Frage stehenden Simplicia die zielorientierte Interpretation die einzige und problemlos mögliche zu sein, wie etwa die Pronominalisierungs-/Frageprobe zeigt: *wohin* ist das Standardpronomen. In einem gewissen Sinn wie *kommen* funktioniert nur noch *fallen*, das eine eingebaute 'nach unten'-Richtung hat, und bei dem von daher der syntaktische Status mancher ursprungsorientierten Verwendung zweifelhaft ist.

(12.4.)
(1) *Die Uhr fällt ihm auf das Pflaster.*
(2) *Die Uhr fällt ihm aus der Tasche auf das Pflaster.*
(3) *Die Uhr fällt ihm aus der Tasche.*
(4)
Wie wenn Fäden aus einem Knäuel herausfallen. (Musil 57)
Ein Windloch entsteht, wenn die Luft vor lauter Langeweile in sich selber hineinfällt. (Hacks 7)

Obwohl man (3) als einen Satz mit weggelassener Ziel-Ergänzung und A_{aus} interpretieren kann: *Die Uhr fiel. Und das tat sie aus der Tasche.*, ist doch bemerkenswert, daß *ausfallen* die HER-Variante idiomatisiert, und daß bei den Doppelpartikelverben sowohl *hinaus-* wie *hereinfallen* semantische Unregelmäßigkeiten zeigen, so daß der unmarkierte Gegensatz der zwischen *herausfallen* und *hineinfallen* ist ((4): zu den anderen Fällen keine Beispiele im Material). Zu den sonstigen verbalen Basen braucht nichts mehr gesagt zu werden und auch die Spezialisierung der Einfachpartikelverben wurde oben schon hinreichend behandelt, so daß es hier genügen mag, auf die Beispiele in (11.9.) zu verweisen, wo die Art der Spezialisierung aus den Bedeutungsangaben und Beispielen zu ersehen ist.

Somit können wir uns im folgenden mit den Bewegungsverben mit Doppelpartikeln beschäftigen, wie sie oben in (11.8.) aufgeführt sind. Schon ein erster Blick zeigt, daß die Regelmäßigkeit bei diesen Bildungen recht hoch ist, auf jeden Fall unvergleichlich höher als bei den Verben mit Einfachpartikeln: eine Vielzahl von solchen Verben werden ohne größere Umschreibung in den Wörterbüchern auf die in der obersten Spalte dieser Tabelle angegebenen und auch bei den einzelnen Belegen angeführten Paraphrasen zurückgeführt. Allerdings kann man den in der Tabelle doch an mehreren Stellen enthaltenen Anmerkungen zur Aufhebung der eigentlich zu erwartenden Opposition entnehmen, daß auch dieses System nicht gänzlich symmetrisch ist, und ein Blick auf die Verteilung der Asymmetrien zeigt, daß es sich dabei nicht um Ausnahmen handelt, sondern um eine Art systematischer Störung. Von der Kombination Doppelpartikel + Bewegungsverb her sind ja für die Bedeutung der Partikel zunächst folgende Kombinationsmöglichkeiten vorgegeben:

(12.5.)

<table>
<tr><td></td><td>HER</td><td>HIN</td></tr>
<tr><td>AUS</td><td>heraus-</td><td>hinaus-</td></tr>
<tr><td></td><td colspan="2">raus-</td></tr>
<tr><td></td><td colspan="2">rein-</td></tr>
<tr><td>EIN</td><td>herein-</td><td>hinein-</td></tr>
</table>

Anhand der Belege aus den Wörterbüchern sind aber Ungleichmäßigkeiten der Bedeutung zu erkennen, die über die in dieser Tabelle aufgenommenen umgangssprachlichen Ausgleichsformen hinausgehen und die tendenziell so angelegt sind, daß sie das System aus Direktional- und Sprecherperspektivenangabe auflösen (vgl.Eichinger (1980)). Die Auflösung dieses Systems setzt mit der Umdeutung der Opposition *her-/hin-*, die den Sprecherstandpunkt ausdrückt, ein. Wenn man dazu die Belege mit *heraus-/hinaus-* betrachtet, so ist bei ihnen die Gegenläufigkeit der Bewegung noch recht systematisch aufrechterhalten. Wenn nicht verbale Basen betroffen sind, die sich auf kanonische Außen- und Innenräume beziehen, wie etwa *herausgehen/hinausgehen*, oder die spezielle Handlungstypen betreffen, wie etwa *herauskriechen*, das sich durch eine Bedeutung wie 'ausschlüpfen' von *hinauskriechen* abzusetzen scheint, werden die verzeichneten Verben durchgehend mit den Standardparaphrasen "von (dort) drinnen nach (hier) draußen/ von (hier) drinnen nach (dort) draußen" bzw. "aus dem Inneren nach außen (zum Sprechenden)/ nach draußen, (hinaus) aus etw." erläutert. Durch die Einklammerung der entsprechenden Angaben und andrerseits - bei Brockhaus-Wahrig - in der ununterschiedenen Verwendung von *draußen* und *drinnen* als sprecherstandpunktneutralen Benennungen, bzw. die Verwendung von Raumbezeichnungen wie *Inneres, draußen* - im Duden-WB - wird allerdings die Sprecherorientierung schon relativiert. Was bei den Formen mit *-aus-* eher eine Tendenz in einem insgesamt symmetrischen System ist, ist bei *herein-/hinein-* wesentlich weiter fortgeschritten; dabei ist uns zumindest ein Teil dieses Neutralisierungsprozesses schon bekannt, es ist dies die als umgangssprachlich angesehene Neutralisierung in der *rein-*Form, die auch in der Vollform *herein-* auftreten kann (zu regionalen Differenzierungen s.Eichinger (1980)). Nun kann man auch versuchen, diesen Typ des Ausgleichs als eine Deutung im Sinn einer charakteristischen Ausprägung der Sprecherperspektive zu verstehen. Verwendungen, die sich so erklären ließen, wären über die möglichen regionalen Unterschiede hin als potentiell akzeptabel anzusehen. Es handelt sich unter unseren Beispielen um die Verben *hereindürfen, hereineilen, hereinfahren, hereinfallen* (Licht), *hereinhuschen, hereinkommen* (s.o.(11.1.)(2)), dazu vielleicht noch einige der unüblicheren Bildungen, über deren Verwendung keine so genaue Vorstellung besteht. Der Kern dieser Bildungen liegt beim Lexem *kommen*, von dem ja auch die entsprechenden Varianten von *dürfen, eilen, können* usw. abhängig sind. Das kann nicht weiter verwundern, expliziert doch gerade *herein-* die eingebaute Ausrichtung auf den Sprecher zu, die *kommen* charakterisiert. Der explizite Ausdruck für diese inhärente Relation schafft also für diese Bewegung die unmarkierte Form par excellence.

Mit dem Ausgleich zur *(he)r*-Form ist erst die eine Seite dieser Asymmetrien erfaßt. Es wird aber auch bei den Verben mit *hinein-* an verschiedenen Stellen notiert, daß die Opposition im Sprecherstandpunktbereich aufgehoben oder abgeschwächt sei. Das müßten dann nach den Natürlichkeitserwartungen in den Kernfällen Verben sein, die eine Bewegung ausdrücken, die typischerweise vom Sprecher weggeht, bzw. die er tendenziell mitmachen würde. Den Wörterbüchern ist solch eine Neutralisierung in folgenden Fällen zu entnehmen: *hineindringen, hineineilen, hineinfahren, hineinfallen* (s.o.(12.4.)(4)), *hineinfliegen, hineingehen* (s.o. (11.1.)(2)), *hineinklettern, hineinkommen, hineinkrabbeln, hineinkriechen* und *hineinlaufen.*

(12.6.)
Ihre leer gewordene Wohnung [...] *kam ihr wie eine Hose vor, in die Arnheim hineingefahren war.* (Musil 183)
[...] *ein Glühwurm herankurvt, ins offene, dunkle Haus hineinfliegt* [...] (Handke 67)

Offenbar wird die ursprünglich sprecherbezogen definierte Bewegung, in deren Richtung sich der Sprecher hineindenken kann, gerne zu einer generellen Bewegung in ein Inneres verallgemeinert. Das bedingt in Fällen wie *hineineilen, hineinkommen* die oben an *kommen* beschriebene Finalisierung ('gelangen') der Bedeutung. In anderen Fällen, wie *hineinkrabbeln* ist offenbar das ganze Oppositionssystem im Sinne höherer Natürlichkeit vereinfacht: *her-* ist der typische Fall für *-aus-* und *hin-* für *-ein-*. In anderen Fällen werden offenbar die praktischen Verhältnisse so gesehen, daß für *-aus-* und *-ein- hin-* als der angemessene Richtungssinn gilt. In wieder anderen Fällen, so etwa *hineinfahren*, ist das Verständnis dieses Verbs schon recht nah am entsprechend idiomatisierten Verb mit der Einfachpartikel (*einfahren*). Sofern auch in diesen Fällen die umgangssprachliche Neutralform *rein-* eintritt, wird deutlich sichtbar, daß es sich hier wirklich um eine Neutralform handelt und nicht um eine Neutralisierungsform im Sinne der unmarkierten Bewegungsrichtung. Der Ausgleich auf die unmarkierte Form hin, wie ihn die Wörterbücher belegen entspricht der Regel, die Mayerthaler (1981, S.14) angegeben hat: "‹sem <+ibi +hic>" gemeinsam mit der zugehörigen Hypothese "Beim Zusammenfall von ‹m und ›m in einer Form gewinnt normalerweise die ‹m-Form." (Mayerthaler (1982, S.5)). Denn für die Bewegungen mit dem Sprecher ('fahren') entspricht *hin-* dem ibi, für Bewegungen gegen die Sprecherbewegung ('kommen') *her-*. Nur im Kontext des Gesamtverbs und nicht von der Partikel allein her ist somit zu entscheiden, wie die Markiertheitsfestlegung "‹sem<Sprecher, Nicht-Sprecher>" (Mayerthaler (1981, S.14)) in bezug auf die verschiedenen Partikeln zu deuten ist.

Für einen generellen Ausgleich in *her-/r-* gilt dann, daß er nicht mehr auf dieser Ebene zu interpretieren ist, sondern tendenziell eine Angleichung an das "sprecherperspektivelose" System der europäischen Nachbarsprachen darstellt.

(12.7.)
Neon auf Schwarz oder Weiß knallt schön aus dem Schnee raus. (Brigitte 58)
[...] *da mußten wir erst einmal die Gebrauchsanleitung für die Waschmaschine rauskramen.* (Brigitte 147)

4.4.3.3. "Einsinnige" Fälle

Bisher wurden nur Fortbewegungsverben mit *-aus-* und *-ein-* betrachtet. Andere Verbtypen brauchen nicht mehr systematisch behandelt zu werden, da sie für die Art der hier in Frage stehenden Raumstrukturierung keine prinzipiell neuen Ergebnisse bringen. Vielmehr sollen zum Abschluß dieses Punkts noch einige Bildungen betrachtet werden, bei denen Beschränkungen in der Kombination von Richtung und/oder Sprecherstandpunkt bestehen:

(13)
(13.1.)
hereinbrechen
(13.2.)
hineinbohren, hineinbrennen, hineinbrummen. hineinbugsieren, hineindrücken. hineinfeilen. s.hineinfressen, hineinfügen. hineinfüllen, hineinhalten, hineinhauen u.a.m. (Mater (1968, S.49 u.53), Brockhaus-Wahrig S.573ff.)
[...] *und strich es bei den scharfen Rändern des Spundloches hinein.* (Stifter 21)
(14)
(14.1.)
herausbohren, herausbrechen. herausbrennen, herausbröckeln, herausbuddeln, herausdampfen, herauseitern, herausfeilen, herausfiltern, heraushauen u.a.m.
Zunächst war es notwendig. den Block aus dem anstehenden Gestein herauszulösen. (Bretagne 21)
(14.2.)
hinausbugsieren, hinausdrängeln, hinausekeln, hinausfenstern, hinausfuhrwerken, hinauskomplimentieren (Mater (1968, S.48 u.52), Brockhaus-Wahrig S.485ff.)
[...] *ergriff er den seltsamen Besucher am Kragen und warf ihn kurzerhand hinaus.* (Hacks 74)
[...] *zu keinem andern Zweck und Sinn, als um dich aus der Anstalt hinauszukomplimentieren!* (Jonke 117)
[...] *bist du* [...] *hinausintrigiert worden,* [...] *hat man dich* [...] *hinausgeekelt.* (ebd.)

In den Beispielen (13) und (14) stehen offenbar ganz verschiedene Fälle nebeneinander. Die Gruppen (13.1.) und (14.2.) erscheinen gegenüber (13.2.) und (14.1.) peripher, sie sind auch nicht durch eine systematische Beziehung zueinander gekennzeichnet. Während aber *hereinbrechen* tatsächlich als singulär erscheint, was heißt, daß Bewegungen, die mit Verben mit der Doppelpartikel *herein-* ausgedrückt werden, prinzipiell umkehrbar sind, bildet die Gruppe mit *hinaus-* eine semantisch geschlossene Nische. Es ist das die Nische des 'sich und andere mehr oder minder grob nach außen Beförderns', wobei die Basen die Art und die Modalitäten dieses Beförderns oder Befördertwerdens näher bestimmen. Diese Handlungsform ist offenbar kaum von der Gegenrichtung her betrachtbar und führt - zumindest gedanklich - vom Sprecher weg. Was fast gleichbedeutend damit ist, daß sie von ihrem Ausgangspunkt weg in der normalen Bewegungsrichtung des sich in den Ausgangspunkt versetzenden Sprechers führt. Das Engagement für die Handlung, das zudem aus diesen Verben spricht, legt die Wahl von *hinaus-* selbst dann nahe, wenn die Situation ein *heraus-* erlauben würde. Hier gibt es aber noch graduelle Unterschiede; scheint etwa bei *-bugsieren* denkbar, ein Partikelverb mit *hinaus-* und mit *heraus-* für akzeptabel zu halten, so ist das bei einem Verb wie *hinausekeln* wohl kaum der Fall.

Weitaus interessanter sind die Beispiele aus (13.2.) und (14.1.), wo der Gegensatz von *hinein-* und *heraus-* zum Ausdruck jeweils anderer Aspekte derselben Handlung dient:

(15)
(15.1.)

hineinbohren	*Löcher in die Wand h.*	V+OBJ+LOC
herausbohren	*Eine alte Füllung aus dem Zahn h.*	V+MAT+LOC

(15.2.) ebenso:

hineinbrennen	*herausbrennen*
hineinfeilen	*herausfeilen*
hineinhauen	*heraushauen*

Bei diesen - zum Teil nicht sehr geläufigen - Verbpaaren wird die gleiche Tätigkeit als Ausformung zwei verschiedener Handlungsmuster dargestellt. Welche Sichtweise angemessen ist, wird in der jeweiligen Situation entschieden, allerdings sagt die Art der in den Wörterbüchern vertretenen Lexeme etwas darüber aus, welche Sichtweise die praktisch häufigere für bestimmte Handlungen ist (die WB - außer Mater - kennen von (15) nur *hineinbohren/herausbohren*, *hineinbrennen*, *heraushauen*). Gleichen Rang scheinen die beiden Bildungen mit *-bohren* zu haben, mit einer Tendenz, die beiden Verben jeweils unterschiedlichen Sachbereichen zuzuordnen. Das geht auch schon aus den obigen Beispielen hervor. Von der Art der ausgedrückten Handlung her läßt sich der Unterschied folgendermaßen beschreiben, daß es, wenn man Löcher in die Wand *hineinbohrt* normalerweise völlig unerheblich ist, welches Material dabei aus den Löchern herauskommt. Dagegen ist es umgekehrt bei *herausbohren* nicht erheblich, daß am Schluß ein Loch vorhanden ist, sondern daß z. B. die alte Füllung des Beispiels entfernt worden ist. Die andere mögliche Variante von *hineinbohren* ist damit auch keine, die sich auf MAT bezieht, sondern auf INSTR: *Das Messer in etw. hineinbohren*. (Duden-WB S.1244). Nur unter ganz speziellen Bedingungen können die ersten beiden Verwendungen gelegentlich zusammenfallen:

(15) (15.3.) *Einen Nagel in die Wand hineinhauen.*
(15.4.) *Einen Nagel aus der Wand heraushauen.*

Im ersten Satz ist aber einen Nagel zweifellos OBJ, im zweiten Fall MAT. Somit gilt auch hier, trotz oberflächlicher Gleichheit, das geschilderte Verhältnis einer semantischen Objektsvertauschung. Die Verwendungen der Simplicia entsprechen meist den Verben mit *hinein-*. Die Form mit *heraus-* kann als markierter gelten: man kann zwar *Löcher bohren*, nicht aber *eine alte Füllung bohren*. Was die Gesamtrelation AUS/EIN betrifft, ist zudem als weitere Beschränkung zu konstatieren, daß EIN und AUS so verteilt sind, daß nur INNEN DORT und AUSSEN HIER sein kann: damit können auch *hin*-Bewegungen nur nach innen, *her*-Bewegungen nur nach außen gehen. Das kann gewisse ambivalente Verwendungen erklären:

(15.5.)

Eine Schraube herausfeilen	'durch Feilen herausbringen'
Einen Buchstaben herausfeilen	'durch Feilen als Hochrelief produzieren.'

Wahrscheinlich wäre ohne Kontext sogar der zweite der beiden Beispielsätze ambivalent zu verstehen. Aus den geschilderten Verhältnissen geht aber auch hervor, daß und warum Gegenbildungen mit *hinaus-* und *herein-* keinen real vorkommenden Situationen entsprechen würden. Die prinzipielle Unterscheidung von Vertiefung (OBJ) und potentieller Füllung (MAT) als mögliche Objekte dieser Verben ist auch die Basis für weitere Typen, bei denen aufgrund der Basisbedeutung jedoch nur eine der beiden Richtungsvarianten möglich ist.

(16)
(16.1.)
hineindrucken, s.hineinfressen, hineinfügen, hineinfüllen
(16.2.)
herausbrechen, herausbröckeln, herausdampfen, herauseitern, herausfiltern
(16.3.)

	WER WAS WOHIN AG OBJ LOC_{Ziel}	SIMPLEXPARAPHRASE
hineindrucken	*wenn er wieder einen Fehler in das Buch hineindruckt*	*jmd. druckt etw. auf Büttenpapier*
hineinfügen	*wenn er ein Brett in den Zwischenraum hineinfügt*	*er fügte das Brett wieder in die Tür*
hineinfüllen	*wenn er die Gartenabfälle in die Mülltonne hineinfüllt*	*die Kartoffeln in Säcke füllen.*
	WER WAS WOHER AG OBJ LOC_{orig}	SIMPLEXPARAPHRASE
herausbrechen	*wenn er ein paar Fliesen aus der Wand herausbricht*	*er bricht die Steine aus der Wand*

	WAS WOHER OBJ LOC_{orig}	SIMPLEXPARAPHRASE
herausbrechen	*Die Fliesen brechen aus der Wand heraus*	*Die Fliesen brechen aus der Wand*
herausbröckeln	*Das Gestein bröckelt aus den Ritzen heraus*	*Der Putz ist von der Mauer gebröckelt.*
herausdampfen	*radioaktives Wasser dampfte aus dem Loch heraus*	*es dampfte aus dem Topf*
	WAS OBJ	SIMPLEXPARAPHRASE
herauseitern	*der Splitter ist herausgeeitert*	*der Splitter ist aus der Wunde geeitert*

4.4.3.4. Verhältnis zu *ein-/aus-* und *rein-/raus-*

Bei den Handlungen und Geschehnissen, die diese Verben ausdrücken, könnte man aus systematischen Gründen annehmen, sie könnten durch Verben mit Einfachpartikeln ausgedrückt werden; ist doch die Angabe der Sprecherperspektive überflüssig, da sie aufgrund der sachlichen Verhältnisse ohnehin feststeht. Tatsächlich aber werden diese "einsinnigen" Verben nach dem Gegensatzmuster von *hinein-* und *heraus-* behandelt. Man kann diese Angabe als eine Verdeutlichung der gemeinten Richtung verstehen.

Besonders deutlich ist der Deutungstyp nach den obigen Mustern bei den von der Basis her einschlägigen Verben *fügen* und *füllen*: ein als DRINNEN verstehbarer "Hohlraum" wird ausgeglichen.

(17)(17.1.)
Der Wein wird in die Flaschen gefüllt/ eingefüllt/ hineingefüllt.
Das fehlende Brett wird in die Lücke gefügt/ eingefügt/ hineingefügt.

In beiden Fällen lassen sich die Gemeinsamkeiten und Unterschiede in der Funktion der verschiedenen Partikelverben gegenüber dem Simplex in einheitlicher Weise fassen. Die Partikel *hinein-* verstärkt noch den auch schon im Simplex vorhandenen Richtungssinn, während die Bildung mit *ein-* im wesentlichen dazu dient, das Objekt zu fokussieren bzw. den Vorgang als ganzen benennen zu können: die Zielbestimmung wird dadurch zur fakultativen Ergänzung:

(17.2.) *Wein *füllen/ einfüllen/ *hineinfüllen.*

Mit *hineinfüllen* ist ein solcher Satz nur als Nachfolgesatz für einen anderen möglich, in dem das in Frage stehende Gefäß als mögliches Substituendum vorgekommen ist. Diese Beschränkung kommt von daher, daß in den Simplicia dieser

Gruppe, bzw. in den entsprechenden Basen der komplexen Verben, die Art der Handlung in näherer Spezifikation bezeichnet wird. Daneben gibt es auch eine nicht unerhebliche Gruppe von Wörtern, in deren Basen die Mittel der Handlung ausgedrückt sind; sie finden ihren absoluten Ausdruck ebenfalls in Verben mit der Einfachpartikel *ein-*.

(18)(18.1.)
einbetonieren, eingipsen, einglasen, einkerkern, einkitten, einpferchen, einpflastern, einsacken, einsargen, einschreinen, eintüten (Duden-WB S.621ff.)

Auch hier werden nicht umkehrbare Varianten eines *hineintun* ausgedrückt, mit Modifikation nach dem verwendeten Mittel (*Beton, Gips* usw.) bzw. nach dem Zielort (*Kerker, Pferch, Sack, Sarg, Schrein, Tüte*), wobei die Übergänge zum Teil fließend sein können: ist eine *Tüte* in diesem Fall eher ein lokal gesehenes Behältnis oder ein Mittel der Verpackung? Im groben lassen sich aber deutlich voneinander abgehobene Gruppen erkennen:

(18.2.) 'mittels einer Masse befestigen':
einbetonieren, eingipsen, einkitten; m. E. *einglasen, einpflastern.*
'in ein dafür gehöriges Behältnis tun/einsperren':
einkerkern, einpferchen, einsacken, einsargen, einschreinen, eintüten.

Mit den Verben mit *ein-* findet sich eine komprimierte Ausdrucksweise für Sachverhalte, die ohne ein solches Mittel nur mit relativ hohem syntaktischen Aufwand darzustellen wären.

Die Bildungen mit *heraus-* nehmen im Normalfall auf eine Bewegung eines Objekts in Relation zu einem Ausgangsort Bezug: im Vergleich zu den Bildungen mit *herein-* und Bildungen wie *herausbrechen1* handelt es sich um Rezessiva, bei denen kein Verursacher des Vorgangs genannt wird. Besonders typisch sind für dieses Muster die Verben *herausbröckeln, herausdampfen* und *herauseitern*. Sie drücken die Art und Weise, wie etwas nach außen kommt, aus, beziehen sich genauer gesagt auf den Aggregatzustand, in dem diesen Nach-Außen-Kommen geschieht. Eine Besonderheit der syntaktischen Verwendung zeigt, wie oben in (16.3.) angegeben, *herauseitern*; nachdem hier qua ausschließlicher Situierung dieses Vorgangs am menschlichen und tierischen Körper der Ursprungsbereich nicht wechseln kann, wird im syntaktischen Muster auch diese direktionale Bestimmung nicht realisiert. Bei *herausbrechen* sind zwei Varianten vermerkt, da hier das Basisverb eine kausative und eine rezessive Interpretation zuläßt: der Effekt in Bezug auf das betroffene OBJ ist allerdings derselbe. Die Richtung der erreichten Ortsveränderung ist in beiden Fällen gleichläufig und unumkehrbar. Die Unumkehrbarkeit gilt auch für das Beispiel *hinausfördern*, wo die Intention der Handlung FÖRDER keine sinnvolle Umkehrung der Bewegung zuläßt. Zusammenfassend kann man sagen, daß die Doppelpartikeln in den Oppositionspaaren, die sich zusätzlich auf das gegensätzliche

Ende der Relation beziehen, in dem Teil, der die Sprecherorientierung ausdrückt, eine Verdeutlichung des Sinns der im Gesamtverb ausgedrückten Bewegung leisten.

Hat hier schon die Opposition nach Sprecherposition eine, wenn man so will, idiomatisierte Funktion, so ist der Abstand zur ursprünglichen Funktion bei den oben schon erwähnten Tendenzen zur Ausbildung einer verkürzten Neutralform *raus-/rein-* noch sehr viel größer. Wie oben schon dargelegt, ist die auch realisierte Alternative der Ausbildung von Neutralisierungsformen, die gemäß einer Einschätzung der jeweiligen Handlung jedem Verb die unmarkierte Doppelpartikelform zuordnen, ein Verfahren, das den Vorteil einer natürlichen Kodierung mit einem relativ hohen Kodierungsaufwand bezahlt. Demgegenüber tritt die Neutralform automatisch ein, die Frage der natürlichen Ausrichtung der Bewegung braucht zumindest sprachlich nicht geklärt zu werden. Gerade beim Paar EIN/AUS ist eine solche Neutralform noch besonders von Vorteil, da sie komplizierte Deixis-am-Phantasma-Situationen vermeiden hilft. Denn die Unterscheidung in AUS/EIN kennt prinzipiell keine Grenze ihrer Wirksamkeit. Das hat relativ schwierige sprachliche Verhältnisse mit dem Zwang zum häufigen Perspektivewechsel für alle Beteiligten an einer Kommunikation zur Folge. Eine Neutralform für diese Verhältnisse gibt demgegenüber die Möglichkeit zu einem distanzierten Schildern von INNEN/AUSSEN-Verhältnissen, ohne den eigenen, für die intendierte Kommunikationsabsicht womöglich irrelevanten Standpunkt ins Gespräch zu bringen. So kann man z.B. eine Warnung *Paß auf, daß du nicht rausfällst!* unabhängig davon äußern, ob der Sprecher sich selbst im jeweiligen INNEN oder AUSSEN der befürchteten Aktion befindet oder befindlich denkt. Der Satz bezieht sich lediglich auf die Gefahr aus einem dazugehörigen INNEN nach AUSSEN zu fallen, und zwar in einer Situation, bei der klar ist, was als INNEN respektive AUSSEN zu gelten hat. Bedarf für eine solche Verbalform herrscht besonders in den Fällen, bei denen die Deixis am Phantasma und die in der konkreten Situation ununterscheidbar zusammenfallen. Das ist typischerweise bei *heraus-* der Fall, da ja von der Definition her alles, was nicht INNEN ist, als AUSSEN zu gelten hat, und somit der unbeteiligte Sprecher im Normalfall sich AUSSEN befände. Allerdings gibt es für diese Konstellation dann aber eine zusätzliche pragmatische Beschränkung, durch die in konkreten Sprechhandlungen doch eine zusätzliche Grenze gezogen wird, jenseits derer man sich außerhalb und damit in Neutralposition zum INNEN/AUSSEN-Gegensatz befindet. Man könnte sie, da sie sicherlich im wesentlichen nicht eigentlich lokal zu bestimmen ist, eine Grenze der Beteiligtheit nennen. Durch sie, die wohl nur für den Einzelfall bzw. bestimmte Situationstypen zu definieren ist, wird eingeschränkt, was im konkreten Fall noch als außen zu gelten hat und wo die Position des unbeteiligten Beobachters anfängt. Für die Kommunikationsbedürfnisse des so skizzierten unbeteiligten Beobachters erleichtert eine Neutralform des genannten Typs das sprachliche Leben sehr. Da in vielen Situationen andrerseits sicher nicht eindeutig festliegt, wo diese

Beteiligungsgrenze verläuft, liegt es nahe, daß eine Form, die eine diesbezügliche Festlegung vermeidet, weiter um sich greift. Dies umso mehr, da die Angabe der Sprecherperspektive häufig ohnehin redundant ist, da sie einerseits bei bestimmten Handlungen als Beschreibungsfaktor nicht greift, in anderen Fällen durch Kontextmerkmale hinreichend vereindeutigt wird.[7]

4.4.4. Verben mit statischen Partikeln

Die statisch-lokalen Partikeln *innen, drinnen, herinnen* und *außen, draußen, heraußen* tauchen weitaus weniger in verbalen Wortbildungen auf als die entsprechenden direktionalen Pronominaladverbien. Diese Verteilung, die ja auch schon bei den anderen behandelten Dimensionen galt, ist nicht unerwartet. Denn während direktionale Adverbialia bei Bewegungsverben in der Regel als Ergänzungen zu gelten haben, ist das bei lokalen Adverbialia seltener; sie sind häufiger fakultativ oder sind Angaben (vgl. Tarvainen (1979, S.125 u.149)). Somit ist bei den statischen Belegen die Neigung zur einfachen Bedeutungsaddition bei den adverbialen "Verbalkomposita" gegenüber den direktionalen Fällen noch verstärkt. Faktisch keine Rolle spielt die präpositionale Partikel *ein-* in diesem Zusammenhang, die lediglich in dem stark idiomatisierten Fall

(19) *einsitzen* 'im Gefängnis sein (als Gefangener)'

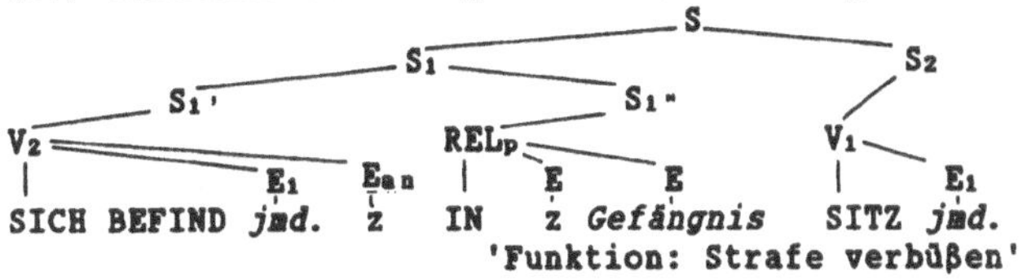

in solch einigermaßen lokaler Bedeutung aufzutreten scheint. Wenn lokale Bildungen überhaupt vorkommen, gelten sie im Regelfall als umgangssprachlicher als die direktionalen Partikelverben. Beiden Faktoren entspricht, daß Mater (1968, S.38) aus diesem ganzen Bereich lediglich folgende Verben verzeichnet:

(20) *drinliegen, drinsitzen, drinstecken, drinstehen* (Duden-WB S.571)

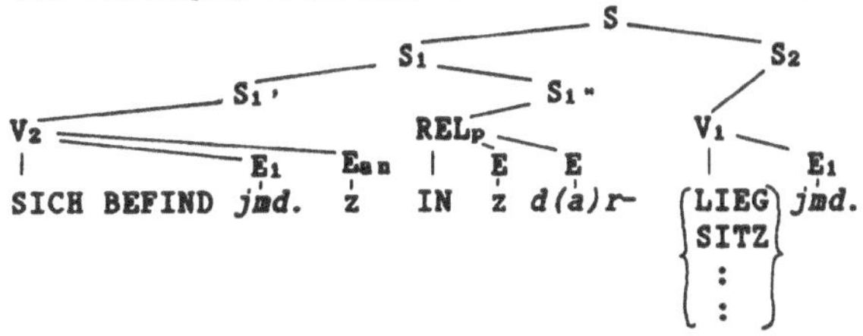

7 Die den bei den bisher behandelten Relationen aufgetretenen allgemeinen Richtungsbezeichnungen entsprechenden Formen *auswärts/einwärts-* kommen in verbalen Wortbildungen nicht in Bedeutungen vor, die uns interessieren, vgl. Duden-WB S.282 und 661.

Auch bei diesen Beispielen wird üblicherweise nur eine übertragene Bedeutung angenommen. Allerdings wäre zumindest für *drinliegen, drinsitzen* auch vom Vorkommen einer lokalen Verwendung 'irgendwo drinnen sein + bestimmte Zustandsmodifikation' auszugehen. Der kommunikative Vorzug solcher Formen wäre es, über das *(irgendwo) drinsitzen/-liegen* als solches eine Aussage machen zu können, ohne sich um das 'Wo' kümmern zu müssen. Zu denken wäre dabei an Verwendungen wie:

(20.1.) *Schau, wie er wieder drinsitzt!*

Äußerungen dieser Art weisen auf eine Qualifikation nicht des Sitzens sondern des Drinsitzens als ganzen hin, wobei und weswegen die lokale Ergänzung weglaßbar wird, was wiederum nur in der Form eines solchen Partikelverbs möglich ist, nicht aber beim Simplex mit entsprechender Präpositionalphrase (eine solche Wortbildungsregel findet sich WDG S.575).

Wiewohl die Wörterbücher keine entsprechenden Bildungen verzeichnen, müßten ähnliche Formen mit *draußen-* und *drinnen-* möglich sein:

(21)
(21.1.) *draußenbleiben, draußenliegen, draußensitzen, draußenstehen*
(21.2.) *drinnenbleiben, drinnenliegen, drinnensitzen, drinnenstehen*
(zu *-bleiben* vgl. Eroms (1981, S. 213/214)).

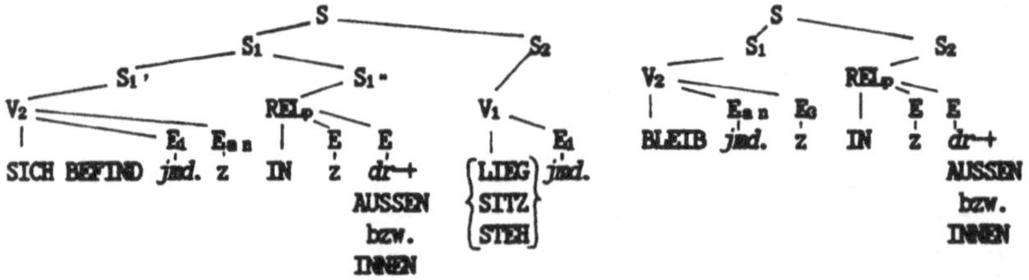

Soweit solche, zumeist paarig angeordneten Verben akzeptiert werden, tendieren sie dazu, in dieser Gegenüberstellung eine relativ situationsunabhängige Gesamtbedeutung zu entwickeln.

(21.3.) *Heuer konnte man schon im Mai am Abend draußensitzen.*
Bei diesem Wetter kann man nur drinnenbleiben.

In solchen Verwendungen bedeutet *draußen-* ziemlich durchgängig 'im Freien', *drinnen-* entsprechend 'im Hause'. In rein situativ bezogener lokaler Bedeutung scheinen diese Partikeln allerdings tatsächlich nur in der syntaktischen Funktion lokaler Ergänzungen vorzukommen. Somit ist in diesem Fall der Status der Sprecherperspektivenangabe über die regionale Beschränkung der *her*-Typen hinaus, besonders kritisch. Wie schon die in der Tabelle in (11.8.) gegebenen Bedeutungsparaphrasen zeigen, ist hier stark in Richtung auf die - ja auch regional unbeschränkte - HIN-Form *dr-* systematisiert worden; was wiederum den obigen Natürlichkeitsbewertungen entspricht.

4.5. ABSCHLIEßENDE BEMERKUNGEN

Bei allen drei behandelten Teilgebieten der sprachlichen Raumaufteilung, OBEN/UNTEN, VORNE/HINTEN und INNEN/AUSSEN, ergab sich, daß ihre Abbildung in den behandelten Verben und die Funktionsverteilung zwischen den verschiedenen Ausdrucksmitteln mit einer morphologischen Analyse allein nicht angemessen wiederzugeben sind; vielmehr vermag nur eine Gebrauchstheorie der Bedeutung die Strukturen des sprachlichen Raumbildes in ihrem gegenseitigen Zusammenhang darzustellen. Das betrifft vor allem auch die Frage, um die es in dieser Arbeit spezieller geht, nämlich die, in welcher Weise sich die Bedeutung der bei diesen Verben beteiligten Partikeln in der Bedeutung der komplexen Verben niederschlägt, bzw. auch, wo es sich bei diesen Fällen tatsächlich um Wortbildungen und wo eher um zusammengeschriebene Syntagmen handelt. Dabei ergab sich eine durchgehende Stufung - jetzt einmal in Motivationsgraden ausgedrückt - von rein syntaktischer Zusammensetzung bis hin zu völliger Lexikalisierung. So heißt die Faustregel, daß die Richtungsangaben mit Angabe des Sprecherstandpunkts ihre auch im selbständigen Gebrauch auftretende Bedeutung in das komplexe Wort einbringen, während die komplexen Verben mit einer präpositionalen Partikel als Verbzusatz eine spezialisierte oder idiomatisierte Bedeutung zeigen (vgl. Grundzüge S.454/455). Daran schließt die Frage an, ob man die "Doppelpartikelverben", soweit sie keine semantische Besonderheit zeigen, überhaupt zu den Wortbildungen rechnen will. Bestimmte, v.a. textuelle Umstände scheinen nahezulegen, in dieser Hinsicht großzügig zu sein und dann die Bereiche innerhalb der Wortbildung stärker zu separieren und auch entsprechend unterschiedlich zu behandeln. Dem wurde auch in der obigen Darstellung schon Rechnung getragen. Eine gemeinsame Behandlung hat aber den Vorteil, daß die unterschiedliche Gliederungsweise im Bereich der räumlichen Verben insgesamt in den Blick kommt. Wie sich die verschiedenen Bildungstypen in einer Differenzierung des Systems ergänzen, konnte an den einzelnen Beispielen gezeigt werden.

Die zeitliche Dimension ist zerbrochen, wir leben und denken nur noch in Fragmenten von Zeit, die jeweils auf einer eigenen Bahn davonfliegen und im Nu entschwinden. Zeitliche Dauer finden wir nur noch in Romanen aus jener Epoche, als die Zeit nicht mehr stillzustehen und noch nicht explodiert zu sein schien.
I.Calvino, Wenn ein Reisender in einer Winternacht, München 1983, S.13.

5. LOKALE UND TEMPORALE RELATIONEN

5.1. ALLGEMEINES

5.1.1. Zum Wandel des Zeitbegriffs

Es ist bekannt, daß, wie in vielen anderen Sprachen auch, die sprachliche Darstellung der Zeit im Deutschen tatsächlich so etwas wie einen Zeitraum erschafft: Zeiterfahrungen werden analog zur Darstellung lokaler Verhältnisse kodiert. So stellt z.B. Wunderlich (1982, S.112) fest:

> Meine Grundthese (die in dieser oder ähnlicher Form schon vielfach vertreten wurde) ist diese: der Raum ist für die Organisation von Sprache fundamentaler als die Zeit (...) Wo raum- und zeitbezogene Kategorien nebeneinander existieren (z.B. bei den Präpositionen und Adverbien), scheinen die raumbezogenen die primären, die zeitbezogenen die abgeleiteten zu sein. Man kann die zeitbezogenen Kategorien dadurch erhalten, daß man etwas auf eine Dimension projiziert und diese Dimension als Zeit deutet.(s.Bennett (1975, S.94)).

Und Klein (1983, S.154) schreibt:

> In unseren Kulturkreisen stellt man sich die Zeit gewöhnlich als eine kontinuierliche Folge von Zeitpunkten vor, die mit einer strikten linearen Ordnung versehen ist. Es gibt Alternativen, aber wir wollen das einmal so annehmen. Eine solche Struktur bilden auch die reellen Zahlen R mit der üblichen 'kleiner als' -Relation, die wir deshalb zur Darstellung übernehmen. Die genügt natürlich nicht, denn in unserer Zeitvorstellung haben wir auch Einheiten. Man kann sich deshalb R in der üblichen Weise mit einer Topologie versehen denken: die Umgebungen eines jeden Punktes $r \varepsilon R$ sind die offenen Intervalle, die r enthalten. Wir wollen diese Intervalle (oder die entsprechenden abgeschlossenen - darauf soll es hier nicht ankommen) als Zeitspannen bezeichnen.

Letztlich sei auf die bedeutsame philosophische Geschichte dieses Zeitbildes verwiesen:

> So ist nach Aristoteles die Grundlage des Begriffs "Zeit" die Bewegung, durch die die Relationen 'vor' und 'nach' begründet werden. Nach Aristoteles ist die "Zeit" kontinuierlich, homogen und durativ. Der Zeitpunkt 'jetzt' wird als der kritische Zeitpunkt angesehen. Alle anderen lassen sich von diesem durch die Relationen 'vor' und 'nach' definieren (...) (Dorfmüller-Karpusa (1983, S.6/7)).

Alt sind auch Gedanken über den Zusammenhang von temporaler und modaler Struktur, die prinzipiell geeignet sind, das einfache Bild der Zeitlinie, des Zeitvektors, in Frage zu stellen.

> It is often implied, if not actually asserted, that the distinction of past, present and future is essential to the notion of tense and that the future is like the past, except that it follows, rather than precedes, the present in the infinitely extensible unidimensional continuum of time. But the future is not like the past from the point of view of our experience and conceptualization of time. Futurity is never a purely temporal concept; it necessarily includes an element of prediction or some related modal notion (Lyons (1977, S.677)).

Wenn auch die Bewegungsmetaphorik auf solche Zusammenhänge zunächst nicht abgestimmt erscheint, gibt es doch Mittel, die Bewertung bestimmter Bewegungen auszudrücken. Zu fragen ist, welche Bewegungstypen geeignet erscheinen, den Unterschied im existentiellen Status von Ereignissen u.d.h. Zeitpunkten in der Vergangenheit, der Gegenwart und der Zukunft zu repräsentieren.

> Erfahrung ist gegenwärtige Vergangenheit, deren Ereignisse einverleibt worden sind und erinnert werden können. Sowohl rationale Verarbeitung wie unbewußte Verhaltensweisen, die nicht oder nicht mehr im Wissen präsent sein müssen, schließen sich in der Erfahrung zusammen Ferner ist in der je eigenen Erfahrung, durch Generationen oder Institutionen vermittelt, immer fremde Erfahrung enthalten und aufgehoben. (...)
> Ähnliches läßt sich von der Erwartung sagen: auch sie ist personengebunden und interpersonal zugleich, auch Erwartung vollzieht sich im Heute, ist vergegenwärtigte Zukunft, sie zielt auf das Noch-Nicht, auf das nicht Erfahrene, auf das nur Erschließbare. Hoffnung und Furcht, Wunsch und Wille, die Sorge, aber auch rationale Analyse, rezeptive Schau oder Neugierde gehen in die Erwartung ein, indem sie diese konstituieren. Trotz ihrer beiderseitigen Gegenwärtigkeit handelt es sich nicht um symmetrische Ergänzungsbegriffe, die etwa spiegelbildlich Vergangenheit und Zukunft aufeinander zuordnen. (Koselleck (1979, S.349ff.))

Deshalb sei auch die räumliche Metapher des Raums für die Vergangenheit, dagegen die des Horizonts für die Zukunft angemessener:

> Daß die aus der Vergangenheit herrührende Erfahrung räumlich sei, ist zu sagen sinnvoll, weil sie sich zu einer Ganzheit bündelt, in der viele Schichten früherer Zeiten zugleich präsent sind, ohne über deren Vorher und Nachher Auskunft zu geben. (...) Umgekehrt ist es präziser, sich der Metapher eines Erwartungshorizontes zu bedienen statt der eines Erwartungsraumes. Der Horizont meint jene Linie,

> hinter der sich künftig ein neuer Erfahrungsraum eröffnet, der aber noch nicht eingesehen werden kann. (...) das für die Zukunft Erwartete ist offensichtlich in anderer Weise endlich begrenzt als das in der Vergangenheit bereits Erfahrene. (a.a.O.S.356/357)

Die beiden Konzepte sind aber nicht strikt voneinander getrennt, sondern konstituieren in ihrer gegenseitigen Verflechtung das jeweilige Verständnis von Gegenwart (s.Koselleck (1979, S.357–359)). Seit dem Beginn der Neuzeit verliert das Bild von der gleichmäßig ablaufenden Zeit mehr und mehr an Geltung; gleichzeitig verringert sich die Möglichkeit, von den Erfahrungen der Vergangenheit auf die Ereignisse in der Zukunft zu schließen. Außerdem wird die Zeit einer verläßlichen Gegenwart immer kürzer. Und sie ist zudem durch die Erfahrung der Gleichzeitigkeit von Ungleichzeitigem geprägt (a.a.O.S.363). Ob diese Veränderungen in den sprachlichen Ausdrücken für zeitliche Abläufe auf räumlicher Grundlage einen Niederschlag finden bzw. in diesem Rahmen überhaupt aufgenommen werden können, ist noch nicht untersucht. Denn eigentlich bedeutet die geschilderte Änderung ein Abheben der Aussagen über die Zukunft von der eigenen Erfahrungswelt: "Prognose" heißt die Devise und wird zur Domäne verschiedener prognostizierender bzw. futurologischer Wissenschaften (vgl.Weinrich (1984, S.83–85)). Systemtheoretisch wurden diese Zusammenhänge unlängst von Luhmann (1980, S.235–300; 1982) behandelt: die moderne Gesellschaft habe einen Grad an Komplexität erreicht, daß die gesamten dadurch konstituierten Beziehungen nicht mehr in der Begrenzung der Gegenwart darstellbar wären, sondern prozeßhaft in die Zeit ausgreifen müßten.

> Umformung des Differenzierungsprinzips der Gesellschaft in Richtung auf funktionale Differenzierung führt zur Steigerung der Systemkomplexität. Höhere Komplexität auf der Basis von immer schon temporalisierten Einheiten (Handlungen) erfordert in zunehmendem Maße einen Wechsel der Relationierungen und verlagert damit mehr und mehr Ordnungsnotwendigkeiten aus der Simultaneität in die Sequenz. Das wiederum hat Korrelate (...) in der Zeitsemantik mit Einschluß der auf Zeit beziehbaren Begrifflichkeit. (Luhmann (1980, S.296))

Die Selbstreflexivität der Zeit, die erinnernd und planend ausgedehnt wird, bringt es nach Luhmann (1980, S.294–296) mit sich, daß eine Modellierung der Zeitabläufe durch Bewegungsausdrücke nicht als adäquat gelten könne, denn, wie oben schon zitiert, "was man als Bewegung erfahren kann, gleitet nicht nur über die Diskontinuitäten und die Minimierbarkeiten der Punkte hinweg; es bringt auch die Horizontstruktur der Zeit in ihrer internen Selbstbespiegelung nicht zum Vorschein (...) Systeme mit temporalisierter Komplexität müßten (...) Zeit auf der Basis wechselnder Ereigniszusammenhänge, nicht auf der Basis von Bewegung konstituieren." (a.a.O.S.294/295). Unter diesem Gesichtspunkt wären bewegungsbezogene Darstellungsweisen "Phänomene eines cultural lag." (a.a.O.S.296)

> Es liegt dann auf der Hand, daß die moderne Gesellschaft sich selbst, was Zeit angeht, nicht zureichend begreifen kann, solange sie Zeit noch bewegungsbezogen sieht und nur Tempozunahmen, Verkür-

> zungen der Gegenwart, Umwertung des Neuen gegenüber dem Alten, Beweglichkeit auch des Konstanten und dergleichen Verständnishilfen hervorkehrt. Viel Streß und Eile wären dann nur Konsequenzen eines Mißverhältnisses von Struktur und Semantik, und die adäquate Reflexion des Gesellschaftssystems stünde uns, was die Zeit betrifft, noch bevor. (ebd.)

Mit diesen, den Sprachwissenschaftler merkwürdig an Gedanken von der inneren Sprachform gemahnenden, Überlegungen wollen wir die Diskussion eines modernen Zeitverständnisses abschließen, die uns helfen soll, die sprachliche Deutung der zeitlichen Verhältnisse besser interpretieren zu können.

5.1.2. Zur sprachlichen Kodierung

Die sprachliche Darstellung der Zeit ist nicht als unmittelbarer Reflex der für den handelnden Menschen relevanten Zeitstrukturierung anzusehen; zwischen der Motivation der Bildungen und der räumlichen Metaphorik einerseits sowie der zeitlichen Bedeutung ist kein unbedingter Gleichlauf anzunehmen.

Die oben zitierte Stelle aus Wunderlich (1982) gibt die übliche linguistische Stellungnahme zu diesem Problem, gestützt im wesentlichen auf die Arbeiten amerikanischer Psycholinguisten. Miller/Johnson-Laird (1976, S.411) stellen pauschal fest:

> The intimate relation of space and time concepts is most apparent in motion, which involves both spatial and temporal changes.

Ungeachtet der ontologischen Begründungsverhältnisse zwischen Raum und Zeit (vgl.z.B.Luhmann (1980, S.295)) hat sich die Sprache "entschieden", Bewegung im Raum als unmarkierter zu behandeln als zeitliche Abläufe (s.Mayerthaler (1981, S.90)).

Das Verhältnis von räumlichen und zeitlichen Ausdrucksweisen wird vorzugsweise an Präpositionen und Adverbien untersucht, und tatsächlich sind in dem in dieser Arbeit favorisierten Konzept solche Partikel die Auslöser und Spezifikatoren der lokalen oder temporalen Relation. Die Behandlung von komplexen Verben mit solchen Relatoren hat darüberhinaus den Vorteil, sich auf sinnvolle Einheiten sprachlicher Handlungsstrukturierung zu beziehen. Denn in der menschlichen Praxis ist die reine chronologische Zeitstruktur überlagert durch Handlungs- und Ereignisstrukturen, die den Zeitablauf in Zeiträume und Zeitspannen zu unterteilen erlauben, d.h. auch Zusammenhänge zwischen Zeitpunkten bzw. auch Arten von Zeiträumen schaffen. Bewegungsverben der hier behandelten Art benennen und konstituieren über die Benennung des zeitlichen Ablaufs Handlungs- bzw. Ereigniseinheiten. Im Sinne von Kosellecks und Luhmanns Überlegungen zur historischen Zeit ist eine Untersuchung der Handlungsmuster vonnöten, um über das Konstatieren reiner Reihenfolgebeziehungen hinauszukommen.

Wie das zu verstehen ist, ist an der Differenzierung sprachlicher Ausdrucksmittel für diesen Bereich gut zu erkennen:

(1)
(1.1.)
Es ist möglich, das Kommende vorherzusagen, nur daß man das einzelne nicht prophezeien wolle. (L.v.Stein, nach Koselleck (1979, S.87))
(1.2.)
Um zu wissen, was prognostizierende Wissenschaften sind, braucht man nur an den Wetterbericht zu denken (...) Manchmal, das hat jeder schon erfahren, ist das Wetter gar nicht so, wie es heute vorhergesagt wird (...) (Weinrich (1984, S.83))

Wie hier *prophezeien* als sprachlicher Ausdruck des Zukunftsbezugs abgelöst wird durch *vorhersagen* und *prognostizieren*, paßt ganz zu dem oben skizzierten Umschwung des Zeitbegriffes. Es geht auch nicht um ein 'vorher sagen', die Dynamisierung, die in der Wortbildung steckt, stellt die Verbindung von Gegenwart und Zukunft in einer sehr viel bestimmteren Weise her. Diese Art von Umdeutung der Zeit fällt nicht zufällig mit dem Umbruch im naturwissenschaftlichen Weltbild, wie es durch Relativitätstheorie und Quantenmechanik ausgelöst wurde, zusammen. Auf jeden Fall sind die Folgerungen, die von dieser Seite für die Struktur der Zeit gezogen werden, sehr ähnlich denen, die wir oben in der geisteswissenschaftliche Diskussion neuer Zeitbegriffe besprochen haben. Beleg dafür sei die Feststellung von Whitrow (1976, S.530):

> The past is the determined, the present is the moment of 'becoming' when events become determined, and the future is the as-yet undetermined.

Diese Ansicht hat auch ihre Folgen für die Art der Vorstellung des Zeitverlaufs:

> We seem to think that we sit in an boat and are carried down the stream of time, and that on the bank there is a row of houses with numbers on the door. And we get out of the boat and knock at the door of No. 19, and reentering the boat suddenly find ourselves opposite No. 20, and having done the same we go on to No. 21. And all this while the firm fixed row of the past and future stretches in a block behind us and before us. (Bradley, nach Whitrow (1976, S. 529))

Tatsächlich sei aber weder mit einem derart gleichmäßigen Fortschreiten noch mit der Präexistenz der gesamten Zukunftslinie zu rechnen. Das angemessenere Bild ist nach Bradley (s. Whitrow (1976, S.529)) das folgende:

> If it is really necessary to have some image, perhaps the following will save us from worse. Let us fancy ourselves in total darkness, hung over a stream and looking down on it. The stream has no banks and its current is covered and filled continuously with moving things. Right under our faces is a bright illuminated spot on the water, which ceaselessly widens and narrows its area and shows us what passes away on the current, and this spot is our now, our present.

Allerdings ist hierbei der Zukunftsbezug ausgeblendet. Bemerkenswerte Parallelen zu den Aussagen des Historikers Koselleck finden sich an dem Punkt, wo Whitrow (1976, S.529) feststellt:

> (...) in quantum mechanics we find that the past history of an individual system does not determine its future in any absolute way but merely the probability distribution of possible futures. (vgl.Čapek (1976, S.LIV)).

Diese erhebliche Verschiebung im Zeitverständnis, kann, wie die Ausführungen von Luhmann und Koselleck gezeigt haben, nicht ohne Auswirkungen auf die Lebenspraxis und das menschliche Bewußtsein bleiben. Sprachwissenschaftlich bleibt dabei zu untersuchen, wie es denn mit der Verarbeitung dieser Verhältnisse im sprachlichen Ausdruck steht, ob also die Tendenz besteht, die von Luhmann beklagte "cultural lag" sprachlich zu füllen. Allerdings bleibt zu fragen, ob hier die Verbindung von Sprache und Denken nicht zu direkt gesehen wird. Realistischer scheint mir da - obwohl nur indirekt von sprachlichen Verhältnissen sprechend - Čapek (1976, S.XLIX) in der Kritik des seiner Ansicht nach (zu) statischen Zeitverständnisses Grünbaums:

> There is no harm in using this spatial symbolism as long as it is understood as a mere symbolism, i.e. as a static translation of genuinely successive terms into spatial imagery; but it becomes a vicious distortion of the true nature of time as soon as it is taken literally.

Unser Objektbereich, der sich ja auf Handlungen und die Lokalisierung von Ereignissen in der Zeit bezieht, scheint besonders geeignet, zu untersuchen, wie die Sprache solche Verhältnisse symbolisiert und inwieweit hier - auch ein Beispiel für die Gleichzeitigkeit des Ungleichzeitigen - in einem wörtlichen Verständnis dieser komplexen Verben unterschiedliche Fassungen des Zeitbegriffs in einem System realisiert sind.

5.1.3. Zeitbilder

Es gibt sprachliche Darstellungsweisen für beide der genannten Zeitbilder. Zum einen kann die Zeit als eine Linie ohne festen Anfangs- und Endpunkt, aber mit einer inhärenten Richtung, also als eine Art Vektor, verstanden werden, auf dem sich der Sprecher irgendwo - in Bewegungsrichtung ausgerichtet - befindet. Logischerweise kann kein Zielpunkt angegeben werden. Ein Ursprungspunkt kann dort gedacht werden, wo die relevanten Ereignisse anfangen, da ja die Zeit über den Ablauf von Ereignissen und ihre Verarbeitung als Vergangenheit definiert ist. Was letztlich die Gerichtetheit und Unumkehrbarkeit des Zeitablaufs in dieser Darstellung angeht, so ist sie durch die oben diskutierten unterschiedlichen Eigenschaften von Vergangenheit und Zukunft bestimmt, d.h. durch die Unterschiede der Ereignisse hinter einem von denen vor einem (s. auch Bohm, Weyl in: Čapek (1976)). Die

Vorstellung der solcherart ablaufenden Zeit läßt sich mit räumlichen Verhältnissen in einer Weise analogisieren, wie das z.B. Givon (1973, S.918) dargestellt hat.

(1)

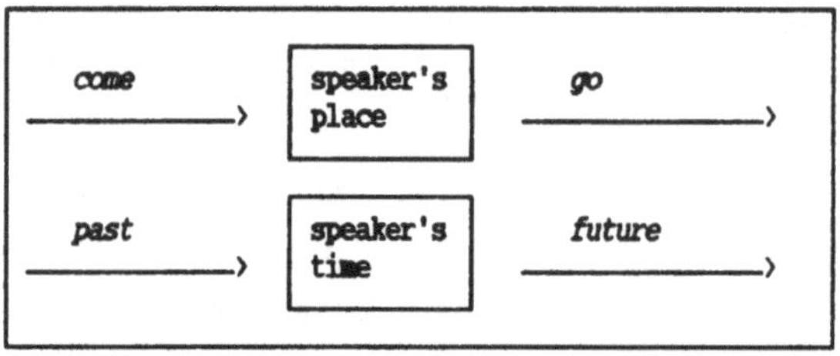

Wenn man speaker's place mit unserem ICH-HIER-JETZT gleichsetzt, wäre das rein lokale Äquivalent ein ICH-HIER, während das ICH-JETZT, das diesem auf der Zeitachse entsprechen würde, als eine Art HIER verstanden würde. Somit ist eigentlich in der alten Beschreibung Bühlers das Phänomen genauer erfaßt als in der obigen Skizze, die die Doppelheit, auf die auch das Zitat von Miller/Johnson-Laird anspielt, nicht als solche abbildet. Die Darstellung der Zeitachse als einer Linie, so wie sie üblich ist, ist außerdem eine Vereinfachung gegenüber der Vorstellung dieser Zeitlinie, die sich zwar als kontinuierlich, aber als kontinuierlicher Ablauf einer ununterbrochenen Folge von lauter ICH-JETZT-Punkten darstellt, die in kanonischer Richtung durchgangen wird. Schon das Bild des Durchgehens mag andeuten, daß es die normale Richtung der Gehbewegung ist, die als unmarkiertes Muster der Zeitbewegung dienen soll.

Dieser Symbolisierungstyp ist von den beiden oben geschilderten eher der des Boots auf dem Fluß der Zeit.

Nun ist es aber ebenso üblich, daß die Zeit selbst als in Bewegung, bzw. der Sprecher als ortsfest gedacht wird, was oben mit dem "Blick von der Brücke"-Bild erläutert wurde. Dabei kommt die Zeit auf den Sprecher zu, damit die zukünftigen Ereignisse, sobald sie vorbei sind, auch hinter ihm, u.d.h. vergangen, sind. Sehr anschaulich wird diese Zeitvorstellung und auch der Eindruck, den sie macht, bei Pottier (1980, S.34/35) beschrieben:

> <u>T^1, le temps d'avant</u>
> 1) Dans le schema
>
> Temps ——> [Homme] Espace ——>
>
> on a affaire à un temps T^1 qui est celui qui s'impose à l'homme, et dont la perception instaine <u>l'instant vécu</u> (i) toujours fuyant, toujours renouvelé, transfert perpétuel d'une fraction de temps à venir en temps venu (...) Ce sentiment de vivre l'instant permet de distinguer le non-arrivé et l'arrivé par rapport à i_o (du JE):
>
> réel \\i_o/ virtuel
> <————————————————
> [ou actuel] [ou irréel]

Man hat diesen Unterschied der beiden Sehweisen auf zeitliche Abläufe als den Unterschied zwischen einer Moving-Ego- und einer Moving-Time-Interpretation terminologisch zu fassen versucht.

> This ambivalent metaphor is reflected in the distinction between such descriptions as "He has yet to reach his best period" or "His best period is yet to come" (Miller/Johnson-Laird (1976, S.463))

(2)

Moving-time:	Past	in front/ preceding
	Future	behind/ following
Moving-ego:	Past	behind
	Future	in front

Das eine Mal wird also eine Bewegung des ICH-HIER-JETZT entlang der Richtung der Zeitlinie dargestellt, das andere Mal eine Bewegung der Ereignisse relativ zum Bezugspunkt des wirklichen oder vorgestellten ICH-HIER-JETZT. Allerdings bleibt bei der Terminologisierung als moving time die Rolle des Sprecher-Ichs etwas im Dunkeln.

Der in diesem Zusammenhang gemachte Vorschlag der Annahme einer zusätzlichen darüberliegenden Zeitlinie ohne Orientierung scheint nicht sehr glücklich, da eine solche Linie keinerlei perzeptueller Realität beim Sprecher entspricht (vgl.Heger (1963, S.24-26)). Wir werden bei unserer Deutung davon ausgehen, daß, wie bei den räumlichen Verhältnissen, die Stellung und die perzeptive Ausstattung des Sprechers mit ihren sprachlichen Folgen dazu dienen sollten, und auch hinreichen, um die Interpretation der Zeit analog nach räumlichen Mustern zu erklären (s.Closs-Traugott (1975, S.214)).

Bisher haben wir festgestellt, daß die Zeit in Form einer gerichteten Linie - in der einen oder anderen Weise orientiert - gedanklich abgebildet und sprachlich dargestellt wird. Es können allerdings verschiedene Modifikationen, die den Verlauf der Linie betreffen, interferierend dazwischenkommen. So haben wir zum einen gerade für die Zeit ein äußerst übliches, auch sprachlich populäres, Maßsystem für Zeit: es geht hierbei um die Einheiten Sekunde, Minute, Stunde, Tag, Monat, Jahr sowie entsprechende pragmatisch bedingten weiteren Ober- und Unterbegriffen, die sprachlich recht fest fixiert sind: Viertelstunde, Tag und Nacht usw. Im Rahmen dieses Deutungs- und Meßsystems kann der Zeitverlauf zwar auch linear vorgestellt werden, jedoch als die lineare Abfolge identischer Einheiten, über deren formal-geometrische Interpretation man sich weitere Gedanken machen muß. Deutlich drückt diese Wiederkehr des Identischen etwa die Anordnung auf analogen Uhren aus (Miller/Johnson-Laird (1976, S.415)). Dennoch ist festzuhalten, daß in der deutschen Sprache für die Zeitdarstellung zunächst das Bild der geraden Linie gilt, daß für andere Darstellungen Sonderbedingungen gelten. Die genaue Anordnung der Linie in den graphischen Darstellungen, die wir bringen werden, ist beliebig, sie verläuft im konventionellen Sinne unseres Schriftsystems von links nach rechts.

Ähnliche Erkenntnisse, wie sie hier im Gefolge von Arbeiten amerikanischer Psycholinguisten skizziert wurden, spielen - in anderem theoretischen Rahmen - schon länger eine Rolle. So schreibt Cassirer (1964, S.170) zur Entstehung der Zeitvorstellung:

> Da die Elemente der Zeit als solche nur dadurch sind, daß das Bewußtsein sie durchläuft und in diesem Durchlaufen gegeneinander unterscheidet, so geht eben dieser Akt des Durchlaufens, dieser '*discursus*' in die charakteristische Form des Zeitbegriffs selbst ein.

Auch hier wird letztlich die Reihenfolge Ort-Zeit über menschliche Handlungsmuster begründet. Damit führt die sprachphilosophische Deutung zu einem ähnlichen Ergebnis wie die sprachwissenschaftliche Einschätzung dieser Relation als eines Quasi-Universales (s.Miller/Johnson-Laird (1976, S.410/411)), die auch von Natürlichkeitstheoretikern geteilt wird (Mayerthaler (1981, S.19; 90/91)).

5.2. AUSWIRKUNGEN IM BEREICH DER PARTIKELVERBEN

5.2.1. Allgemeine Vorüberlegungen

5.2.1.1. Temporale Partikelverben

Standardbeispiele für die Ableitung von temporalen aus lokalen Ausdrücken sind die Adverbien und Präpositionen (s.Clark (1973, S.50/51); Miller/Johnson-Laird (1976, S.423)).

In Wirklichkeit ist es aber das Element der Bewegung entlang einer gedachten Linie, das die Verbindung zwischen räumlicher und zeitlicher Vorstellung ausmacht. Die typische sprachliche Kategorie dafür sind die (komplexen) Bewegungsverben, die den Ausdruck der Bewegung mit dem der Richtung kombinieren. In diesem Zusammenhang sind die entsprechenden Adverbien und Präpositionen die Elemente, die die entsprechenden lokalen Relationen stiften, also die Direktion der Bewegung anzeigen. Komplexe Verben verbinden diese beiden Faktoren Richtung und Bewegung zu einer mehr oder minder festen lexikalischen Einheit. So sollten sie auch zum Ausdruck temporaler Relationen dienen können. Darüber hinaus ist zu erwarten, daß auch diese Bildungen durch die Sachzusammenhänge eine spezialisierte Bedeutung bekommen, auf deren Grundlage dann selbständige Reihenbildung zu erwarten ist. D.h. daß nicht jedes lokal aussehende Verb unmittelbar auf die lokale Relation rückführbar sein muß.

Vorherzusagen ist auch, daß die gewählten Bewegungsbilder es erlauben müssen, die beiden für die Zeitdarstellung angenommenen Bewegungstypen darzustellen. Von daher ist die Dimension der normalen Fortbewegung, VOR/HINTER, prädestiniert dazu, zur Kodierung der zeitlichen Verhältnisse genutzt zu werden. Wir werden sehen, daß Abweichungen von dieser Wahl gesondert interpretiert werden können. Die Basen dieser Bewegungsverben müssen mit den möglichen Subjekten, d.h. einerseits dem Agens, andererseits der Zeit, kompatibel sein und müssen zudem die Besonderheit der Bewegung in die Vergangenheit und in die Zukunft abbilden können, so daß andere Modifikationen der Bewegungsweisen eine Rolle spielen werden. Die Ungleichheit der Erinnerung (an die Vergangenheit) und der Erwartung (für die Zukunft) hat bei der VOR/HINTER-Relation eine deutliche Entsprechung in der Abstufung der Wichtigkeit der beiden Richtungshälften. Wie dabei das Problem gelöst wird, daß bei der Zeit der Weg nach hinten leichter zu gehen ist als nach vorne, wird bei der Behandlung der einzelnen Verbtypen zu sehen sein.

5.2.1.2. Verben mit *vor-* und die Unterscheidung VORHER/VORAUS

Bei Kühnhold (1973) stehen an der Spitze der temporal zu verstehenden Bildungen die Verben mit *vor-*[2] und *nach-*[2].

> In 56 Stichwörtern (22,4 % seines Gesamtbestands) signalisiert das Präfix *vor-* ein temporales V o r h e r s t a t t f i n d e n bzw. ein auf die Zukunft bezogenes Handeln. Ersatzprobe: 'vorher', 'im voraus'. (S.272)
> In 85 Stichwörtern (= 37,8 % seines Gesamtbestands) signalisiert das Präfix *nach-* das Stattfinden einer Handlung im z e i t l i c h e n N a c h h i n e i n , ein erneutes Handeln. Ersatzprobe: 'später als etw. Nichtgenanntes'. - Ebenso wie im lokalen Bereich (...) steht *nach-* auch im temporalen Bereich in Opposition zu *vor-*. (S.274)

In den semantischen Beschreibungsversuchen wird eine Unterscheidung angedeutet, die den angenommenen beiden Bewegungstypen entspricht. Denn das 'vorher stattfinden' bezieht sich auf eine Bewegung der Zeit, während 'ein auf die Zukunft bezogenes Handeln' ein Handeln und damit eine Bewegung des Subjekts ist. Im Anschluß an die Kühnholdschen Paraphrasierungsvorschläge könnte man die beiden Typen auch den VORAUS-Typ 'Bewegung des Subjekts' und den VORHER-Typ 'Bewegung der Zeit in Bezug auf das Subjekt' nennen. Wir werden im folgenden diese Bezeichnungen gegenüber moving ego bzw. moving time bevorzugen, da vor allem der zweite Terminus den gemeinten Typ zu sprechend, und damit zu ungenau charakterisiert. Dagegen drücken die beiden Partikeln die beiden typischen Varianten aus, die zeitliches *vor-* und auch die anderen in diesen Zusammenhang gehörenden Partikeln haben können. Im wesentlichen wird dadurch eine Gruppe von Verben, die ein einfaches, absichtslos aufeinanderfolgendes Handeln (VORAUS) ausdrücken, von einer getrennt, wo es um eine in die Zukunft zielende absichtsvolle Bewegung geht (VORHER). Der Nachteil dieser rein intensionalen Wiedergabe der Bedeutung dieser Verben ist aber, daß in ihr nicht sichtbar wird, wie sich diese Mittel auf eine temporale Interpretation räumlicher Verhältnisse stützen, d.h. auch als Wortbildungsmuster wirksam werden können.

In einer Skizze lassen sich die beiden Typen folgendermaßen voneinander abheben:

(1)

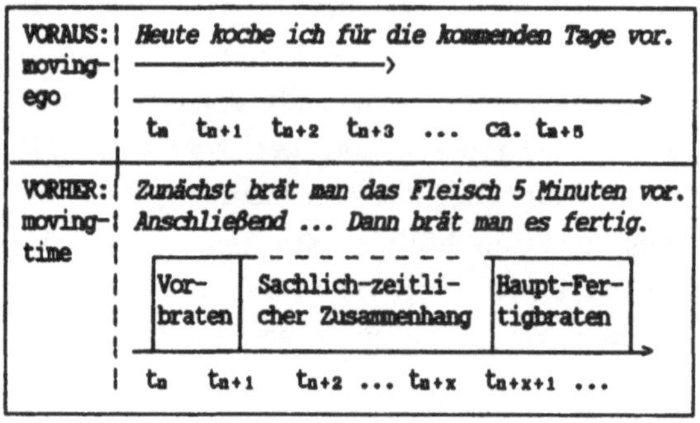

Die hier dargestellte Unterteilung in zwei große Bedeutungsgruppen ist bei Kühnhold schon angelegt: für den VORAUS-Typ steht bei ihr exemplarisch *vorgreifen*, für den VORHER-Typ *vorordnen*. Von anderer Art ist dagegen ihre Abtrennung eines dritten Typs, für den sie als Beispiel *vorberechnen* gibt und den sie mit 'im voraus' zu paraphrasieren versucht. Wenn man meint, eine Aussonderung dieser Verben sei nötig, etwa weil sich die ihr angehörigen Verben in den Basen ausschließlich auf mentale Handlungen beziehen, die vielleicht nicht so eindeutig zielgerichtet sind wie *vorbraten*, sollten sie eine Untergruppe des VORHER-Typs bilden.

Die Zweiteilung der Verben in einen VORAUS- und einen VORHER-Typ bezieht sich auf grundsätzliche Annahmen, die wir zur Symbolisierung der Zeit nach räumlichen Mustern gemacht haben. Deutlich wird vor allem die unterschiedliche Rolle des Sprechers, allgemeiner des Subjekts: wie lokal heißt *vor-* einmal 'nach vorne', und zum anderen 'vor etw.'. Dadurch entstehen Deutungsschwierigkeiten. Es wird im weiteren noch zu behandeln sein, welche Arten von Bewegungen bzw. Handlungen sich für die jeweilige Kodierungsweise eignen.

Unproblematischer ist auf jeden Fall der VORAUS-Typ, bei dem Sprecher- und Zeit-Bewegung parallel laufen. Dabei bezieht sich die Qualifizierung als unproblematisch auf die Eindeutigkeit des lokalen Bezugs 'nach vorne'; daß diese Zeitinterpretation vielleicht generell nicht unproblematisch ist, wurde oben schon erwähnt, und wird sich auch bei der Einzelbehandlung zeigen. Auf jeden Fall wird hierbei nicht so sehr auf einen Punkt, d.h. ein Ereignis in der Zukunft gewiesen, sondern auf eine Zeitstrecke, die, den Zeitablauf symbolisierend, ausgehend vom Handlungszeitpunkt nach vorne abgetragen wird. Da diese Handlung nicht unmittelbar beim JETZT beginnen muß, kann sich der Bezug auf Zeitstrecken und kürzere Zeiteinheiten bzw. Ereignisse auch etwas verwischen. Der Bezug auf eine Zeitstrecke gilt aber auch, wenn sie nicht, wie im obigen Beispiel, auf ein bestimmtes

Maß eingegrenzt ist. Der einzige Unterschied ist dann, daß sich über die Länge der abzutragenden Zeitstrecke nichts so Genaues sagen läßt. Daß sie je nach Kommunikationssituation aber nicht beliebig variieren kann, zeigt unser Beispiel auch: für wie lange - salopp gesprochen - wird man schon vorauskochen? Etwas abstrakter: es hängt von den Gegebenheiten eines Sachbereichs und unseren Annahmen darüber ab, welche Länge des gemeinten Zeitraums als möglich und angemessen und welche Variationsbreite als adäquat erscheint. Auch im zeitlichen Bereich ist von Handlungsregionen auszugehen, die es erlauben, den Zeitbezug solcher Verben zu erklären.

Der Typ VORHER, wie er oben im zweiten Beispiel vorliegt, "signalisiert" nach Kühnhold (1973, S.272) "eine Vorbereitungsphase vor dem eigentlichen Beginn von BV" (=Basisverb/L.E.); Vorbereitungs- und folgende Haupthandlung lassen sich als Zeitpunkte auf der Zeitachse in Richtung ihres Normalverlaufs nacheinander abtragen: dabei kommt ein die Zeitachse ablaufender Sprecher zuerst zu dem 'vor'-Punkt und dann zu dem 'Haupt'-Punkt. Wie bei örtlichem VOR bedeutet 'vor etwas' 'im Gesichtsfeld des Sprechers vor etwas anderem', also eine zeitliche vorne/hinten-Schichtung, bei dem das Frühere vor dem Späteren liegt. Allerdings "belebt" die zeitliche Deutung die statische Szene: die hier miteinander verbundenen Ereignisräume sind im Bewegungssinn der Zeit angeordnet, wo vorhergehende vor nachfolgenden Ereignissen auf das Subjekt treffen, das aber seinerseits im Zeitpunkt dieses Ereignisses auch als aktiv gedacht ist. So verlangt eine solche Symbolisierung eine Vorhersage über einen bestimmten Punkt in der Zukunft.

Damit kommen wir zur zweiten Annahme, die über die Rolle des Sprechers. Hier läßt sich der Unterschied zwischen den beiden Verbgruppen so beschreiben, daß beim VORAUS-Typ ein Handlungspunkt auf der Zeitachse festgelegt wird, in dem sich der Sprecher bzw. der in der jeweiligen Situation als handelnd Dargestellte befindet, wobei seine Bewegungsrichtung der gedachten Richtung der Zeit parallel läuft. VOR ist damit im Sinne der Normalbewegungsrichtung definiert. In der oben vorgeführten Terminologie wäre das als Moving-ego-Struktur zu bezeichnen, wie die Bezeichnungen für Vergangenheit und Zukunft zeigen: *vorwärts* steht für die Bewegung in die Zukunft, *rückwärts* für die in die Vergangenheit (s.Closs-Traugott (1975, S.217)). Dem entspricht, daß man hier von den *vor einem liegenden* und nicht von den *kommenden* Tagen sprechen möchte: *vor einem liegen* akzentuiert die Bewegung entlang der Zeitachse. *kommen* dagegen bezieht sich auf einen Punkt der Linie als zeitlichen Referenzpunkt, wenn auch im Bild einer Gegenbewegung interpretiert, und gehört daher prinzipiell zum anderen, dem VORHER-Typ. Im Gegensatz zum VORAUS-Typ nimmt der VORHER-Typ nicht den Sprecherstandort (in der Zeit) als Bezugspunkt für die Beschreibung der zeitlichen Abfolge. Bei ihm werden vielmehr zwei Zeitpunkte, d.h. Handlungen, Ereignisse u.ä. auf der Zeitachse zueinander in Verbindung gesetzt, wobei in unserem Beispiel und bei ähnlichen Fällen das "eigentliche" Ereignis, auf das das "Vor"-Ereignis verweist, den notwendigen Bezugspunkt abgibt. In diesen Fällen nimmt die Struktur nicht sosehr darauf Rücksicht, wie und daß der Sprecher, Handelnde usw. die Zeitachse entlanggeht, vielmehr stellt der Bezug zwischen nacheinander auf der Zeitachse angeordneten und sachlich aufeinander bezogenen Punkten die Zeit als eine kontinuierlich ablaufende Kette von Ereignissen dar. Allerdings geht auch hier die Deutung als VORNE und HINTEN davon aus, daß die Zeitachse im Hinblick auf die kanonische Stellung eines potentiell darauf befindlichen Menschen gerichtet ist. Die andere Annahme, einfach eine weitere unabhängige Zeitachse anzunehmen, die ein VORNE und HINTEN hat, das man nicht erklären kann, erscheint mir demgegenüber als weniger befriedigend.

Allerdings ist auch bei uns der Unterschied zwischen VORAUS- und VORHER-Typ über die Beteiligtheit des Sprechers bzw. seines Standpunkts definiert. Bei einer Interpretation vom VORAUS-Typ versetzt sich der Sprecher immer, real oder vorgestellt, an die Stelle und in den "Richtungssinn" des Handelnden, bei VORHER-Interpretationen steht er im Prinzip unbeteiligt daneben, was nicht ausschließt, daß er die prinzipielle Organisation der Zeitdarstellung analog zur menschlichen Normalbewegung übernimmt und hier in einer Weise deutet, die wir bei lokalem VOR als den Bezug auf Gegenstände definiert hatten. Wie gesagt, ist auch hier der Bezugspunkt ein Ereignis, das später ist, von einem potentiellen Sprecher aus hinter dem liegt, von dem mittels VOR die Rede ist.

Bevor wir die einzelnen Verben und Verbgruppen behandeln, sei nochmals darauf verwiesen, daß über die morphologisch-konstitutionelle Struktur hinaus auch die paradigmatische Einbettung der gesamten Lexeme zu behandeln sein wird.

5.2.1.3. Ambivalente Fälle

Bei konkreten Beispielen sieht man als erstes, daß der in den obigen Belegen so deutliche Unterschied bei weitem nicht immer so klar ist. Vielmehr legen weitere Analysen den Schluß nahe, daß das Problem der Unterscheidung, ob die Zeit einmal in ihrem Ablauf und einmal als eine Art Relation zwischen festen Punkten verstanden werden soll, zumindest z.T. darauf beruht, daß es sich um verschiedene Sehweisen im wesentlichen derselben Tatbestände handelt. Wie verwirrend das wirken kann, sei am Beispiel der Verben:

(2) (2.1.) *vordatieren*
(2.2.) *nachdatieren*

diskutiert. Für Kühnhold (1973, S.272) ist (2.1.) ein VORAUS-Verb, es steht in der Beispielliste z.B. neben *vorgehen* (*Die Uhr geht vor.*); es müßte also bedeuten 'ein späteres Datum auf etw. schreiben':

(2.3.)

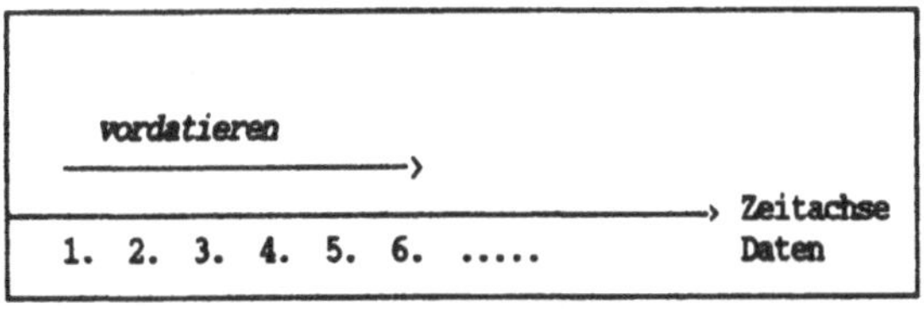

Ganz entsprechend wird als Gegensatz *nachdatieren* eingeführt (ebd.S.274).

(2.4.)

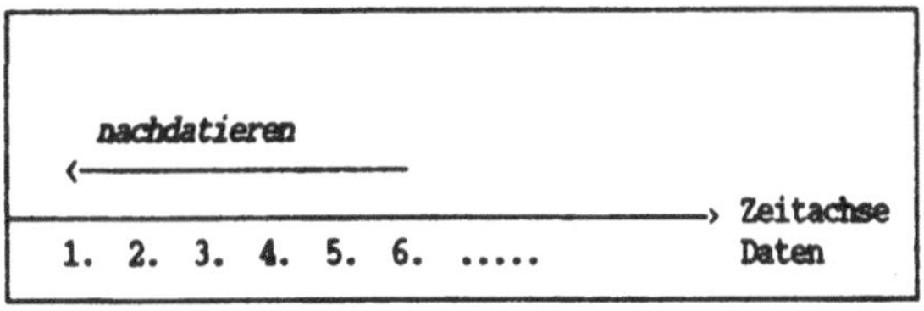

Auch diese Einordnung spiegelt ganz deutlich die VORAUS-Interpretation, wie sie oben geschildert wurde. Im Duden-WB finden sich zu den beiden Verben folgende Einträge:

> vordatieren (...)
> *1. mit einem späteren, in der Zukunft liegenden Datum versehen;* ***vorausdatieren*** (Ggs. nachdatieren a): einen Brief v.; ein vordatierter Scheck (Bankw.) 2. (seltener) zurückdatieren (2). (Duden-WB S.2811).
> nachdatieren (...)
> a) *(auf einen Brief, ein Schriftstück) ein früheres, zurückliegendes Datum schreiben* (Ggs. vordatieren); b) (selten) *(auf einen Brief, ein Schriftstück o.ä.) nachträglich das richtige Datum schreiben.* (Duden-WB S.1841)

Um ein gesamtes Bild von den Verben für diesen Handlungstyp zu bekommen, seien auch noch die entsprechenden Ausschnitte der Einträge für *voraus-* und *zurückdatieren* aufgeführt:

> vorausdatieren
> (...) *mit einem späteren Datum versehen* (Ggs. zurückdatieren 1) (Duden-Wb S.2809).
> zurückdatieren
> (...) 1. *mit einem früheren Datum versehen* (Ggs. vorausdatieren): eine Rechnung z. 2. *für etw., für die Entstehung von etw. einen früheren Zeitpunkt ansetzen*: eine Überprüfung mit moderneren Methoden führte dazu, daß man die Statue um etwa 200 J. z. mußte. (Duden-WB S.2965).

In den Haupteinträgen zu *vor-* und *nachdatieren* wird genau der gleiche VORAUS-Standpunkt vertreten, wie in Kühnhold (1973). Allerdings werden die Verhältnisse durch die Paraphrasierung 'in der Zukunft' bzw. 'zurückliegend' für den absolut unmarkierten Fall beschrieben, der sich dann folgendermaßen skizzieren ließe:

(2.5.)

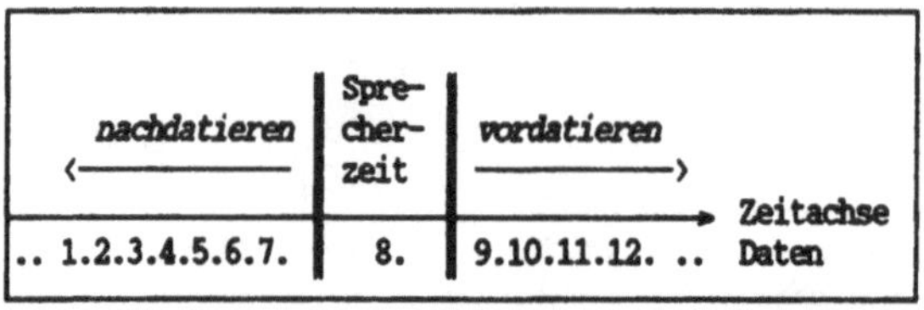

Diese Konstellation wird in anderen Fällen auch durch die Deixis am Phantasma hergestellt. Ganz deutlich zeigt sich die Struktur des VORAUS-Verständnisses, die Zukunft ist vorne und die Vergangenheit hinten. Unproblematisch ist die Interpretation der mit den expliziteren Raum-/ Zeitpartikeln gebildeten Verben *vorausdatieren* und *zurückdatieren*, die den oben geschilderten Verhältnissen bei *vor-* und *nachdatieren* entsprechen. Auch die zweite für *zurückdatieren* angegebene Bedeutung, die einen anderen Sachbereich betrifft, läßt sich von der zeitlichen Struktur her genauso darstellen. Interessant ist aber, daß das Duden-WB für *vordatieren* und *nachdatieren* weitere Bedeutungen angibt, die mit der bisher gegebenen Interpretation nicht übereinstimmen, sondern eine VORHER-Interpretation der zeitlichen Verhältnisse vornehmen. In dieser zweiten Verwendung bedeutet *vordatieren* genau das Gegenteil von dem, was oben als Bedeutung dieses Verbs beschrieben wurde, nämlich 'ein früheres Datum draufschreiben', ist damit synonym mit *zurückdatieren*, aber auch mit *nachdatieren* in der ersten Bedeutung, was die Sache etwas verwirrend macht. Da im Duden-WB zudem angegeben ist, diese zweite Bedeutung sei selten, habe ich als Stichprobe etwa 50 Studenten über ihr Verständnis dieses Verbs befragt: nur drei davon gaben die VORAUS-Interpretation als ihr Verständnis an, die anderen alle die VORHER-Interpretation. Die oben skizzierte erste Bedeutung wurde insgesamt als steuertechnisch-fachsprachlich, das Verb *nachdatieren* als weitgehend unüblich angesehen, mit entsprechend disparaten Ergebnissen, was die Verwendung dieses Verbs betrifft. Auf jeden Fall läßt sich damit an *vordatieren* die Sichtveränderung vom VORAUS- zum VORHER-Standpunkt demonstrieren. Die Darstellung der Zeitstruktur bei *vordatieren*[2] entspricht der bei *zurückdatieren*:

(2.6.)

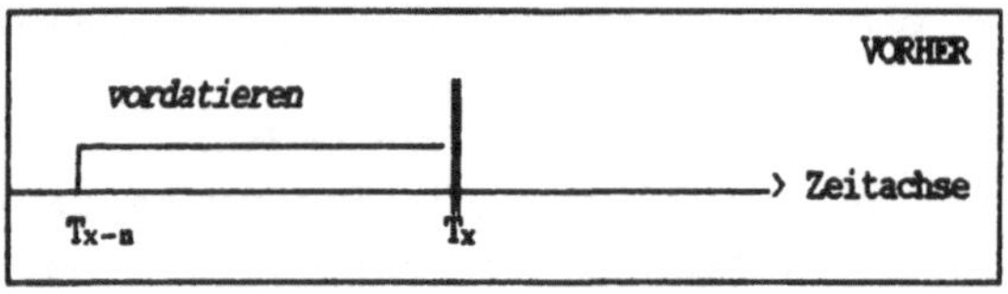

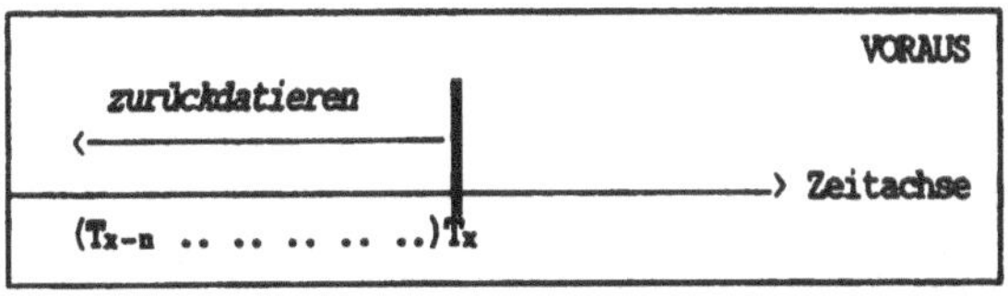

Trotz der offenbar gleichen Richtung des bezeichneten zeitlichen Verlaufs darf man nicht über die unterschiedliche Strukturierungsleistung der beiden zugrundeliegenden Muster hinwegsehen. Die Unterschiede beziehen sich auf die Rolle des Sprecherstandpunkts für die zeitliche Organisation und auf die Verlaufs- vs. Zielorientierung der beiden Strukturierungstypen. *Vordatieren*[1], also in VORAUS-Interpretation, bezieht sich auf den Verlauf der Zeit in der Bewegungsrichtung des Sprechers, und zwar auf das Segment, das vor ihm liegt. Dagegen bezieht sich *vordatieren*[2] auf einen "dahinter" liegenden Zeitpunkt T_x, von dem aus gesehen der angestrebte Zeitpunkt (und eben nicht die Strecke) davor liegt. 'Davor' ist hier durch die kanonische Stellung eines Sprechers in bezug zur Zeitachse definiert. Die räumliche Normalbewegung ist damit auch hier Grundlage der zeitlichen Struktur. Bei *vordatieren* treten nun ausnahmsweise die beiden Deutungen der Zeit ohne sonstige funktionale Differenzierung auf. Schon bei *nachdatieren* ist das anders: bei der zweiten angegebenen Bedeutung ist das gesamte Verb in Richtung "Punktualität" umgedeutet, so daß hier ein typischerer Fall für die VORHER-Strukturierung vorliegt.

(2.7.)

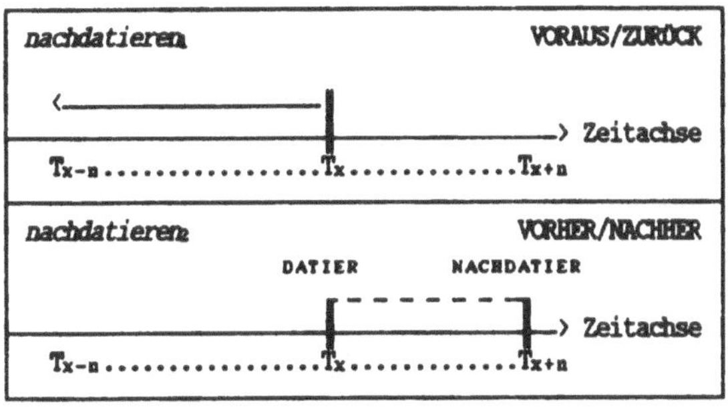

Wenn man sucht, woraus sich die unregelmäßige Verteilung der Bedeutung zwischen *vor-* und *nachdatieren* im Vergleich zu dem regelmäßigen Paar *vorausdatieren/zurückdatieren* erklärt, ist es hilfreich, nachzusehen, welchem der beiden Bedeutungsmuster die Bildungen mit den Partikeln *vor-* und *nach-* sonst folgen. Dabei stellt sich vor allem heraus, daß die Bildungen mit *nach-* sehr stark zur VORHER/NACHHER-Interpretation tendieren. Da die so erzeugte Erwartung gegenüber diesem Muster auch für *nachdatieren* gilt, lassen sich so drei Probleme klären. Zum ersten, warum *nachdatieren* eine Variante *nachdatieren*[2] zeigt, zum zweiten, warum über den Gebrauch von *nachdatieren*[1] relativ hohe Unklarheit herrscht, und zum dritten, warum eine Variante *vordatieren*[2] aus paradigmatischen Gründen zu erwarten ist.

5.2.1.4. *nach-* und *vor-*

Wir haben die allgemeine Klassifikation der Bewegungstypen in der Zeit zunächst am Beispiel von *vor-* diskutiert, da ja *nach-*, wie wir oben schon kurz angemerkt haben, nur für den VORHER-Typ genutzt wird, den man, um den etwas paradoxen Eindruck der Benennung zu vermeiden, als einen VORHER/NACHHER-Typ bezeichnen könnte.

Die NACHHER-Interpretation der *nach*-Verben läßt sich schon aus Kühnholds Umschreibung 'später als etwas Nichtgenanntes' herauslesen, wenn auch in dieser Bedeutungsangabe nicht sichtbar wird, wie diese Darstellung auf einem lokalen Kodierungsmuster beruht; wenn es sich auch in einem gewissen Grade selbständig gemacht hat. Von Ablösung kann hier nur soweit gesprochen werden kann, als damit nicht eine Auflösung der raumzeitlichen Gemeinsamkeit in jeder Situation gemeint sein kann. Das Muster der VORHER-NACHHER-Deutung ist am klarsten und vollständigsten, wenn alle drei Bezugspunkte lexikalisch realisiert sind; solche Fälle sind aber selten:

(3)(3.1.)

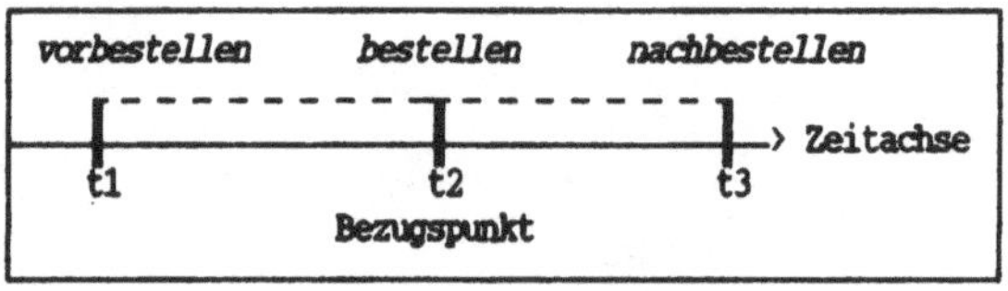

Außer *vor-/nachgehen* und dem oben besprochenen Fall von *vordatieren/ nachdatieren* passen alle bei Kühnhold (1973, S.274) aufgeführten Verben mit *nach-* in das VORHER/NACHHER-Konzept, so z.B.:

(3.2.)

Bezugspunkt t_x
gären
messen
erleben
dunkeln
färben
hallen
liefern

'dahinter'- Punkt t_{x+n}
nachgären
nachmessen
nacherleben
nachdunkeln
nachfärben
nachhallen
nachliefern

Die statistischen Angaben bei Kühnhold zeigen zudem, daß *nach-* eine wesentlich ausschließlicher temporale Partikel ist als *vor-*; lokal fällt es in eine relativ geringfügige Nische (s.Kühnhold (1973, S.236)). Auch alle im Duden-WB verzeichneten Verben passen in dieses temporale Muster, allerdings gibt es neben morphologisch regulären Formen wie in den folgenden Beispielen (3.3.) welche, die Kontaminationen von Bildungsmustern darstellen (3.4.):

(3.3.)(1)
nacharbeiten, nachbehandeln, nachberechnen, nachbereiten, nachbestellen, nachbezahlen, nachbluten, nachbohren, nachdunkeln, nacheichen, nachentrichten, nacherleben, nachfeiern, nachfiltern, nachformen, nachklingen, nachlernen, nachliefern, nachlösen, nachsalzen, nachspülen.
(3.3.)(2)
[...] *aus einer massiven schweren Stahlschale* [...], *mit Wachs oder Öl gegen Rost geschützt (gelegentlich nachbehandeln!).* (Brigitte 210)
umständliche Nachbehandlungen (ams 265)
vor allem zum Nachheuen beim Einführen bestimmt. (Brandstetter 37)
(3.4.)(1)
nachbrennen, nachbrummen, nachdieseln, nachfedern, nachhallen, nachklingen, nachschwingen.
(3.4.)(2)
[...] *daß sie Nachbesserungen* [...] *nicht mehr vorschreiben.* (ams 265)
schwang noch eine Schaukel, der man so lange zuschauen konnte, bis die Nachbewegung des Kindes übergegangen war in ein bloßes Zittern der Seile im Schneewind. (Handke 61)
ein heftiger, nachzitternder Krampf (Merkel 26)

Während die Bedeutung der regulär motivierten Formen aus der Bedeutung des Basisverbs und dem Merkmal 'später als ein bestimmter Bezugspunkt' zusammensetzbar ist - ggf. zu einer systematischen Modifikation 'wiederum' neigt -, gehen die Verben nach (3.4.) nach prototypischen Mustern:

(3.5.)		
nachbrummen *nachhallen* *nachklingen*	*nach* + (GERÄUSCH)	'langsam verschwindendes Folgegeräusch zu einem Lautvorgang'
nachfedern *nachschwingen*	*nach* + (BEWEGUNG)	'Rhythmisch aus schwingende (Nach)bewegung.'
nachbrennen *nachdieseln*	*nach* + (TECHN. VORGANG)	'Technische "Nachlauf"-erscheinung.'

Wenn sich die Verben auch in unterschiedlicher Weise auf das Verhältnis zwischen Haupt- und Nachereignis beziehen, so das es sich zum Teil um ein Vorereignis von der Art des in der Basis genannten Typs handelt, zum Teil aber um Folgeereignisse anderer Vorhandlungen oder -ereignisse, so bleibt doch insgesamt die Struktur des VORHER/NACHHER-Typs unangetastet.

Weitaus uneinheitlicher, daher aber auch für die lokale Deutung der Verhältnisse ergiebiger, sind die semantischen Eigenschaften der Verben mit *vor-*. Zwar gibt es auch hier eine Menge von Verben mit VORHER/NACHHER-Interpretation der Verhältnisse; es handelt sich dabei typischerweise um Benennungen für vorbereitende oder vorläufige Tätigkeiten:

(4)(4.1.)(1)
vorahnen, vorarbeiten[1], *voraufführen, vorbedenken, vorbehandeln, vorberaten, vorbereiten, vorbestellen, vorbilden, vorbohren, vordrukken, vorfabrizieren, vorfertigen, vorfinanzieren, vorformen, vorheizen, vorkauen, vorkeimen, vorkochen*[1], *vorkosten, vorschneiden, vorstreichen, vorwählen, vorwärmen, vorwaschen.*
(4.1.)(2)
[...] *als habe er sie <eine Rede> in der Wartezeit vorbereitet.* (Handke 78)
Vorbilder, die ihnen das Rätsel der Freiheit vorkonstruieren [...] (Musil 87)

Dagegen zusätzlich auch noch eine Anzahl von Verben nach dem VORAUS-Muster:

(4.2)(1)
vorarbeiten[2], *vorbestimmen, vorbeugen, vorgehen, vorgreifen, vorkochen*[2], *vorsorgen.*
(4.2.)(2)
Auch wäre es unrichtig, zu sagen, daß meine Phantasie den Ereignissen vorgegriffen und mir einen Brand des Elternhauses entsetzlicher ausgemalt hätte. (Mann 109)
[...] *wie eine Expeditionsroute, wo die Karawanenstraßen und die Dschungelpfade, die Furten und die Pässe mitsamt den Stützpunkten vorgeplant werden.* (Handke 76)

Der unterschiedliche Grad funktionaler Differenzierung von Bildungen mit *nach-* und mit *vor-* entspricht der lokalen Verwendung dieser Partikeln. Auch dort kann *vor-* sowohl auf die Normalbewegungsrichtung des ICH-HIER-JETZT-Ego wie auf die dem Sprecher zugewandte Seite von Objekten bezogen werden.

Aufgrund dieses doppelten Bezugs sind auch im lokalen Bereich schon Wortbildungsmuster vorhanden, die eine "doppelte Sicht" bestimmter Vorgänge zulassen. Diese Unterscheidung wird dann auch bei der Darstellung zeitlicher Verhältnisse genutzt. Welcher Bezug gewählt wird, hängt von der in der Basis bzw. im Gesamtverb ausgedrückten Handlung ab. Verweist der Verbinhalt auf die Zeit vor dem Sprecher, wird die VORAUS-Interpretation gewählt, geht es dagegen darum, daß ein Ereignis vor einem anderen liegt, die VORHER-Interpretation, bei der der Sprecher nur in potentieller, generalisierter Form als Grund für die Richtung der vor-hinter-Beziehung vorkommt. Damit sind Handlungen, die ohne ein punktuelles Ziel nach vorne weisen, prädestiniert für die VORAUS-Interpretation. Wesentlich häufiger scheint aber zu sein, daß zwei Zeitpunkte (verschiedenen Umfangs) zueinander in Beziehung gesetzt werden. Dabei kann auch hier das Verhältnis zwischen dem *vor-* Verb und seinem Bezugsvorgang recht unterschiedlich sein: Einige Verben weisen auf eine Haupthandlung vom selben Typ, andere auf das Ergebnis der vorher abgelaufenen Handlung hin. Bei diesem letzten Typ brauchen keine morphologischen Ähnlichkeiten den Zusammenhang zwischen den Zeitpunkten zu markieren. Auf der Grundlage dieser generellen Überlegungen läßt sich noch einmal wahrscheinlich machen, warum gerade *vordatieren* nicht nur im VORAUS-Sinn, sondern auch im VORHER-Sinn zu verstehen ist. Zum einen legt ein punktuell deutbares

Verb eine solche Interpretation ohnehin schon nahe und muß dann auch den entsprechenden – rückwärtsgewandten – Richtungssinn ausdrücken. Zum zweiten stützen Verben aus derselben formalen und Bedeutungsgruppe diese Richtung der Interpretation. Vor allem ist dabei das Muster von *vorziehen*: *er hat die Besprechung um zwei Stunden vorgezogen*, zu nennen. Hier drückt schon das Basis-Verb, das das räumliche Bild liefert, eine Bewegung auf den angenommenen Sprecherstandpunkt zu aus, wobei das Hindernis, vor das der Termin *vorgezogen* wird, sein ursprünglicher Lagepunkt ist. Entsprechend wird nun *vordatieren*, ein Verb mit rein temporaler Bedeutung, nach diesem Muster interpretiert; *einen Termin vorziehen* – *einen Brief vordatieren*: die zeitliche Relation ist im Prinzip dieselbe. Es geht auf jeden Fall auf den kanonischen im Anfangspunkt der Zeitachse stehenden Sprecher zu. Ein weiteres Verb, das zu dieser semantischen Gruppe gehört, nämlich *vorverlegen*, verhält sich im Verhältnis von räumlicher und zeitlicher Kodierung so, wie wir es nach dem bisherigen erwarten möchten. Die verbale Basis legt keine bestimmte Bewegungsrichtung nahe. Im Duden-WB (S.2823) wird diesem Verb aber im räumlichen und temporalen Gebrauch eine gegenläufige Interpretation beigelegt:

1. *weiter nach vorn legen*: während des Umbaus ist der Eingang 22 m vorverlegt worden.
2. *auf einen früheren Zeitpunkt verlegen*: die Abfahrt v.

Zeitlich wird die VORHER-Deutung gewählt. Diese Interpretation fügt dieses Verb in die Reihe seiner Feldnachbarn ein. Offenbar hat sich hier aufgrund eines räumlichen Musters wie *vorziehen* im temporalen Bereich ein Muster gebildet, das der Bezeichnung der Verschiebung von Zeitpunkten dient und das die dazu gehörenden Verben stärker prägt als der auch mögliche Bezug auf ein homonymes Verb der räumlichen Bewegung. Der Fall *vordatieren* zeigt dabei den Widerstreit zweier Muster, typischerweise an einem rein temporalen Verb. Wenn man versucht, die dargestellten Unterschiede auf unser Valenzmodell zu projizieren, kommt man zu folgenden Ergebnissen:

(5)(5.1.) VORHER/NACHHER
(1)
vorbehandeln
vorher in geeigneter Weise behandeln, damit die eigentliche Prozedur besser und sicherer vor sich gehen kann. (Duden-WB S.2810)

(2) *jmd. behandelt etw. vor*

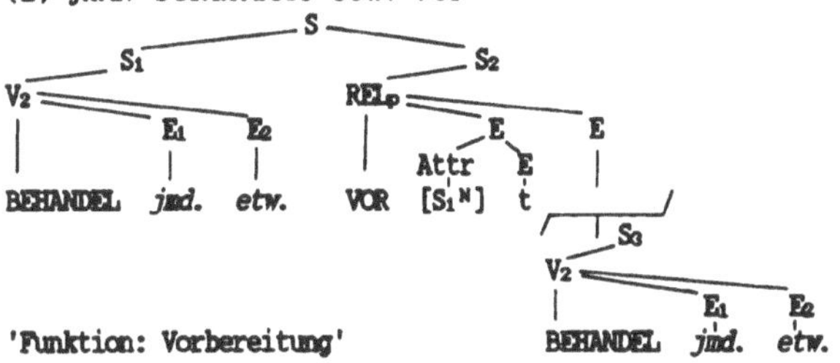

Unsere Symbolisierung zeigt die weitgehende Analogie der räumlichen und der zeitlichen Ausdrucksweisen (s.Eroms (1981, S.226 Anm. 596)). Das zeigt sich auch darin, daß man auch einen Zeitpunkt als einen Zeitraum mit einem aus dem Sachzusammenhang erklärbaren Umfang erklären kann (s.Eroms (1981, S.227ff)).

Zum zweiten läßt sich aus dem obigen Stammbaum ablesen, daß auch hier eine rein syntaktische Analyse zu (scheinbaren) Tautologien bzw. hochgradigen Redundanzen führt, aus der nur das an der Spezialisierung der Verwendung belegbare Konzept der Funktionalisierung der Wortbildung herausführt. Bei den meisten Verben dieser Gruppe läßt sich die Funktionalisierung von *vor-* als 'vorläufig oder vorbereitend' fassen. Da dieser Faktor so einheitlich ist, könnte man auch versuchen, ihn direkt in die Darstellung einzubauen:

(5.1.)(3)

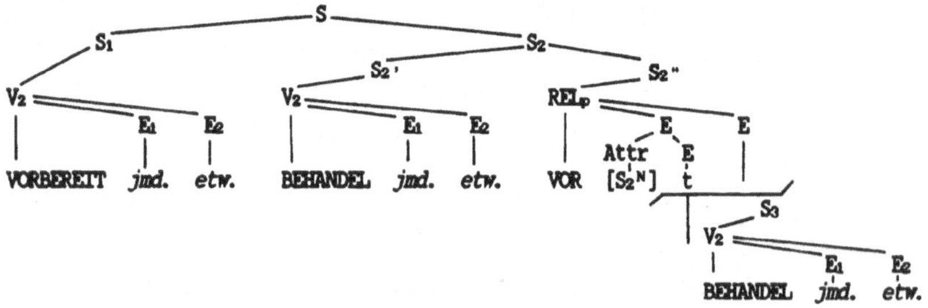

d.h. also: 'jmd. bereitet etwas vor indem/da er es vor der (eigentlichen) Behandlung (mit entsprechenden Mitteln) behandelt'

Wegen der holistischen Erfassung solcher Wortbildungsmuster haben die Paraphrasen keinen das Muster begründenden, sondern explizierend streckenden Wert, so daß ihre hohe Redundanz, die sich in sprachlich geringer Akzeptabilität spiegelt, keine Rolle spielt.

Ganz entsprechende Gegebenheiten finden sich bei den entsprechenden Verben mit *nach-*

(5.2.)
(1) nachbehandeln
1. *(Einen Gegenstand, ein Material) nach einer bereits erfolgten Behandlung nochmals behandeln*: Flecken n.
2. *nach einem medizinischen Eingriff, einer Operation, nach anderweitiger ,ärztlicher Behandlung o.ä. weiter versorgen*: einen Patienten (mit Medikamenten) n.; die Operationsnarbe muß nachbehandelt werden. (Duden-WB S.1840).

(2) *jmd. behandelt etw. nach*

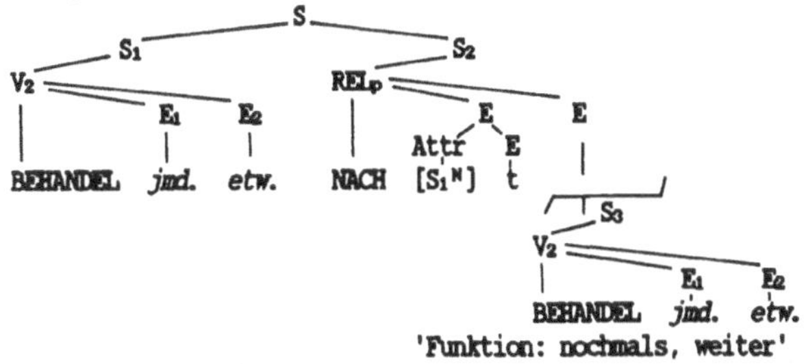

Auch hier könnte man versuchen, die Modifikation 'nochmals' direkt in die relationale Darstellung dieser Gruppe mit aufzunehmen, etwa in folgender Form:

(5.2.)(3)

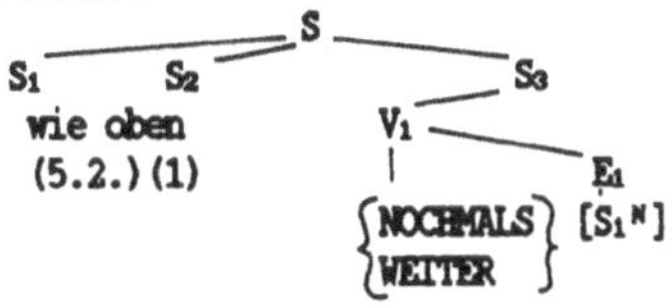

Die beiden im Lexikoneintrag oben angegebenen Varianten beruhen nicht auf Unterschieden in den relationalen Verhältnissen, sondern auf der Polysemie der Basis, in der das medizinische 'Behandeln' eine in der Kommunikation herausgehobene Rolle spielt und daher terminologisiert ist. Gerade beim Typ dieser Nach-Handlungen ist offenkundig, daß die verschiedenen so zueinander in Beziehung gesetzten Handlungen bzw. Ereignisse in der Regel Zeiträume von ganz erheblicher Erstreckung umfassen, daß aber sprachlich das Ganze doch als ein Handlungsschema gefaßt wird. Durch den Ansatz eines festen Handlungsschemas wird das Ausgreifen in Zukunft und Vergangenheit gleichermaßen als unproblematisch dargestellt. Daß sich auch innerhalb der dargestellten Begriffsschemata Subgruppen bilden können, die sich auf Musterverben beziehen, läßt sich aus der diskursiven Darstellung entnehmen: ihre Integration in das Basis-Valenz-Modell erfolgt nach dem bereits mehrfach dargestelltem Muster. Generell läßt sich die Symbolisierung aber nach dem VORHER-Schema interpretieren. Es werden die zeitlichen Verhältnisse entsprechend von Pottiers (1980, S.39/40) "T3: l'aspect 3. Le déroulement" und "T4 : la chronologie relative" weiter differenziert. Was Pottier als aspektuelle Hervorhebung einzelner Elemente eines einheitlichen Ablaufs beschreibt, läßt sich auch auf unsere Handlungsschemata anwenden:

> *Le deroulement*
> Nous nous limitons au schéma suivant, qui donne les principales positions remarquables dans ce mouvement

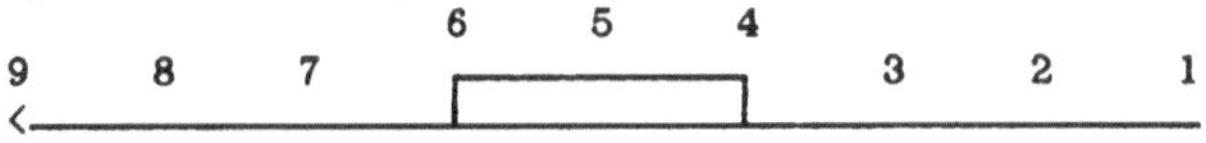

9 =	je n'écris plus (relatif d'après)	1 =	je n'écris pas encore (relatif d'avant)
8 =	je viens d'écrire (proximité d'après)	2 =	je vais écrire (proximité d'avant)
7 =	je cesse d'écrire (cessatif)	3 =	je me mets à écrire (inceptif)
6 =	je finis d'écrire (terminatif)	4 =	je commence à écrire (inchoatif)
	5 =	je suis en train d'écrire (cursif)	

(S.39)

Man kann dieses Schema auch als Symbolisierung einer Vor-, Haupt- und Nachhandlung bzw. eines entsprechenden Ereignisses verstehen.

Die Voraussagekraft des *vor*–Verbs ist durch die Haupthandlung, und das Verständnis des Simplex, das die Handlung bezeichnet, durch ein mögliches *nach*–Verb gesichert, was nur geht, wenn man die drei Verben zusammen als Ausdruck eines Handlungsschemas begreift, das auf den Handelnden zukommt.

In Kombination mit dem anderen von Pottier genannten Ablaufmuster, der relativen Chronologie, läßt sich das noch verdeutlichen:

la chronologie relative
Un evenement A peut être mis en relation chronologique avec un autre evenement B. C'est le temps relatif:

postériorité [B] antériorité
<————————————————————
contemporanéité
A3 A2 A1 (S.39)

Auch dieses Verhältnis kompliziert sich bei uns durch die Dynamik des B, das den Sprecherstandspunkt repräsentieren muß; somit ist dieses Verhältnis mit Pottiers (a.a.O.S.40) "temps spatialisé" zu kombinieren:

passé [JE] futur
<————————————————————
postériorité [B] antériorité
<————————————————————
contemporanéité
A3 A2 A1

Es ist schon aus dieser Skizze ablesbar, daß die Gegenläufigkeit (d.h. eine VORAUS-Deutung) der Bewegung für die Zukunft Probleme bringen kann, weniger die gleichlaufende Bewegung der Ereignisse in der Vergangenheit und des Blickes auf sie. Somit überrascht das deutliche Überwiegen der VORHER-Muster bei *vor*- nicht, können ja viele VORAUS-Situationen auch im Sinne einer VORHER-Interpretation verstanden werden, während das Umgekehrte nicht der Fall ist. Ein repräsentatives Verb aus der VORAUS-Gruppe ist *vorgreifen*; hier ist auch das lokale Bild direkt analogisierbar:

(6)(6.1.)(1)
[...] *daß meine Phantasie den Ereignissen vorgegriffen* [...] *hätte*. (Mann 109)
(6)(6.1.)(2) *auf die Zukunft vorgreifen*

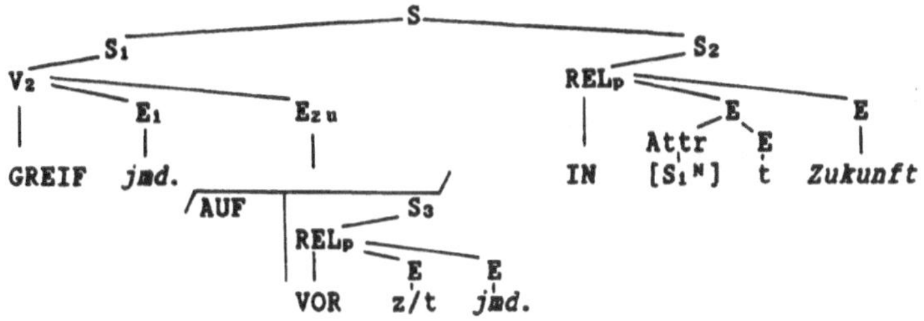

Nach diesem Muster sind dann weitere Bildungen verständlich, d. h. es ist von verschiedenen Modifikationen eines SICH BEWEG auszugehen. Dabei wird, wie oben an den lokalen Verhältnissen demonstriert, die Direktionalität bei Basen wie *arbeiten*, *datieren* usw. durch Einbettung in dieses Muster gesichert. Schon ein Vergleich der Symbolisierungen für die beiden temporalen Typen macht klar, daß die VORAUS-Typisierung sehr viel direkter an räumlichen Bewegungsbildern hängt, und von einer Kontinuität der Bewegung in die Zukunft ausgeht, wie sie der Vorstellung von typischen Ereignisabläufen nicht zu häufig entspricht. Entsprechendes gilt für die später noch genauer zu behandelnde Bildung mit *zurück-*.

(7)(1) *Wenn man aber zurückblickt, ist* [...] (Musil 172)
(7)(2) *jmd. blickt auf die letzten Jahre zurück*

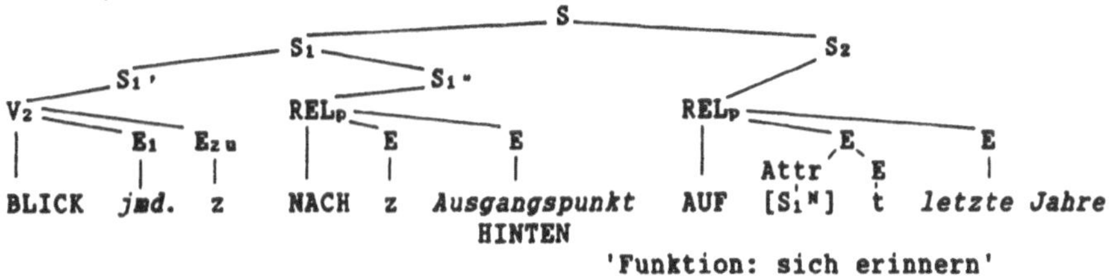

5.2.2. Zukunftsbezogene Verben mit komplexeren Partikeln

5.2.2.1. Verben mit *voraus-*

Haben wir uns bisher mit den Partikelverben mit *vor-* beschäftigt, die als Einfachpartikelverben auch im lokalen Bereich eine Reihe von Besonderheiten zeigten, so soll im folgenden von spezielleren temporalen Partikeln die Rede sein, deren Bedeutung, als strenger umgrenzt und somit einfacher vorhersagbar anzusehen ist. Die bedeutsamsten sind die oben schon zur Demonstration benutzten Partikeln *voraus-* und *zurück-*.

(1)
(1.1.)(1)
vorausahnen, vorausberechnen, vorausbezahlen, vorausdatieren, vorausdenken, vorausplanen, voraussagen, vorausschauen, voraussehen, vorauswissen, vorauszahlen
(aus: Mater (1968, S.26/27) und Duden-WB S.2809).
(1.1.)(2)
Vielleicht ist es gerade der Spießbürger, der den Beginn eines ungeheuren, neuen kollektiven, ameisenhaften Heldentums vorausahnt. (Musil 13)
[...] *und was der Pfarrer vorausgesagt hatte, geschah.* (Stifter 56)
ein junger, vorausschauendes Gesicht (Bretagne 83)
Walters mit Zeichnungen, Notizen und Notenblättern bedeckten Schreibtisch, der den Glanz der Zukunft eines berühmten Mannes vorausstrahlte [...] (Musil 56)

Man kann auch in diesen Fällen trotz der morphologischen Form nicht einfach von einer VORAUS-Struktur der zeitlichen Darstellung ausgehen. Um die Verhältnisse genauer zu klären, sollen zunächst die sich zu Bildungen mit *vor-* ergebenden Oppositionen aufgeführt werden:

(1.2.)

vorausahnen	*vorahnen*
vorausberechnen	*vorberechnen*
vorausdatieren	*vordatieren*
vorausplanen	*vorplanen*
vorauswissen	*vorwissen*

Diese Konkurrenzen können die funktionale Verteilung zwischen den beiden Bildungsmitteln sichtbar machen. Im einzelnen ergibt sich dabei folgendes: Für *vorahnen* gibt Kühnhold (1973, S.272) an, es bedeute, 'im voraus ahnen', Bildungen mit *voraus-* verzeichnet sie nicht. Im Duden-WB (S.2808) ist *vorahnen* nicht verzeichnet: wohl in einer realistischen Einschätzung des Gebrauchs findet man nur die Nominalisierung *Vorahnung* 'unbestimmtes Gefühl, Ahnung von etw. Drohendem, Unheilvollen', *vorausahnen* bedeutet nach Duden-WB (S.2809) 'ahnend vorhersehen, ein Vorgefühl von etw. haben'. Sprengel (1977, S.196 u. S.207), gibt in seinem Vergleich der deutschen und der englischen Verhältnisse für beide Fälle dieselbe Übersetzung 'forebode, have a presentiment of'; *vorausahnen* hält er darüberhinaus für erklärungsbedürftiger und belegt es daher mit zwei Originalzitaten: *er hat die Koalition wohl nicht vorausgeahnt und vorausgeplant; die totalitären Verirrungen vorausgeahnt.* Für *ahnen* gibt das Duden-WB (S.93) zwei Bedeutungen, und zwar erstens 'ein undeutliches Vorgefühl von etw. Kommendem haben' und zweitens 'ein undeutliches Wissen von etw. haben, vermuten'. Auch in der dazugehörigen Funktionsverbfügung *eine Ahnung haben* sind diese beiden Bedeutungsvarianten realisiert. Was die zeitliche Komponente der Bedeutung betrifft, verhalten sich die drei Verben *ahnen, vorahnen* und *vorausahnen* danach ziemlich gleich. Allerdings ist ein rein zeitliches Verständnis vor allem beim Simplex durch den Einfluß der zweiten oben angegebenen Bedeutung nicht mehr durchgehend gesichert. Die bei dieser zweiten Bedeutungsvariante vorherrschende Komponente des Vermutens bleibt auch nicht ohne Auswirkungen auf die Gesamtbedeutung des Verbs *ahnen*:

(1.2.)
(1)
1. *ein undeutliches Vorgefühl von etw. Kommendem haben*: ein Unglück, nicht das mindeste a.; (geh.) mir ahnte nichts Gutes; 2. a) *ein undeutliches Wissen von etw. haben vermuten*: die Wahrheit a.; er ahnte dunkel ein Geheimnis; wer konnte a., daß sie selbst den Plan ausgeheckt hatte; (geh.) ihm ahnte nichts von den Schwierigkeiten (...) (Duden-WB S.93).
(2)
etw. vermuten a) *etw. im voraus wissen, fühlen*: als ob er es geahnt hätte; das konnte ich nicht a.; in nie geahnter Weise (...); er ahnte seinen nahen Tod; *etw. undeutlich, ungenau wissen*: ich ahne seine Gedanken; Man ahnte große Zusammenhänge(...) b) *etwa befürchten*: etw. dumpf, dunkel, bang a.; Böses, Schlimmes a.; nichts ahnend rannte er in sein Verderben; umg. mir ahnt (schwant) nichts Gutes." (WdG S.98).
(3) vgl.
Auch wäre es unrichtig, zu sagen, daß meine Phantasie den Ereignissen vorgegriffen und mir den Brand des Elternhauses entsetzlicher ausgemalt hätte. Aber ein vages Ahnen, eine gestaltlose Vorstellung von etwas noch weit Gräßlicherem hatte in mir gelebt, und im Vergleich damit erschien die Wirklichkeit mir matt. Die Feuersbrunst war mein erstes großes Erlebnis; eine furchtbare Hoffnung wurde damit enttäuscht. (Mann 109/10)

Die Schwierigkeiten der genauen Unterteilung sind im Zurücktreten der rein temporalen Bedeutung begründet: so ist schon die erste Bedeutung im Duden-WB in dieser Hinsicht recht vage formuliert, und die in dieser Hinsicht härtere Formulierung a) bei Klappenbach/Steinitz wird durch die Unterordnung unter eine Gesamtbedeutung 'vermuten' relativiert. Ungeachtet der Aufteilung im einzelnen ist auch in beiden Wörterbüchern die zeitlich neutrale Bedeutung des 'undeutlich wissen' aufgeführt. Vom Gesichtspunkt der ausgedrückten Temporalität her scheint dabei die Abtrennung des Duden-WB konsequenter zu sein, wird doch eine Bedeutung mit immerhin noch vorhandenem Zeitbezug von der atemporalen Bedeutung des 'Vermutens' geschieden. Auch in der Bedeutung b) bei Klappenbach/Steinitz haben wir, wie an den Beispielen dort auch zu sehen, nur eine Variante der temporalen Unterbedeutung 1) im Duden-WB vor uns, die durch eine Selektion der Objekte gekennzeichnet ist. Bei *vorahnen* fällt gegenüber diesem Befund zweierlei auf: zum einen ist die temporale Ausrichtung deutlicher als beim Simplex, zum anderen zeigt sich, daß auch im zeitlichen Bereich die Partikelverben mit der präpositionalen Einfachpartikel zur Idiomatisierung bzw. Spezialisierung neigen. Vor allem diese zweite Tendenz ist bei *vorahnen* so stark, daß man in ihr sogar den Grund für die ungewisse Akzeptabilität dieses Verbs sehen kann. Die inhaltliche Spezialisierung läßt sich vielleicht über die Bedeutung der im Duden-WB verzeichneten Nominalisierung beschreiben: ein 'Vorahnen' wäre damit weitgehend ein 'an Vorahnungen leiden', also eine futurische Verselbständigung der oben bei Klappenbach/Steinitz als b)-Variante von *ahnen* angegebenen Bedeutung. Die Üblichkeit der negativen Bedeutung, die in dem 'leiden' zum Ausdruck kommt, erlaubt auch erst E. Kästners ironische Variante, *jemand leide an Ahnungen*. Das Vorherrschen der nominalen Fügung spiegelt sich in Verwendungsbeschränkungen für das Verb; es scheint so, als könne es nicht in Distanzformen, also in präsentischen und präteritalen Aussagesätzen nicht in flektierter Form vorkommen:

(1.2.)(3) **Ich ahne ein Unglück vor* usw.

Ähnlich wie bei den sogenannten Pseudokomposita scheint die Verwendung in infiniten Formen eher noch möglich zu sein:

(1.2.)(4)
?*Er hat das Unglück vorgeahnt.*
?*Er ist groß darin, Unglücke vorzuahnen.*

Dieses Lexem soll offenbar ohne genau ausgedrückten Bezug auf das "vorgeahnte" Objekt einfach die Tatsache, daß jemand dieses schlechte Gefühl im Hinblick auf die Zukunft hat, zum Ausdruck bringen. Für diese Art auch von Valenzreduktion gegenüber dem Simplex ist gerade die Funktionsverbfügung mit der Nominalisierung besonders geeignet:[1]

(1.2.)(5)
Er ahnt das Unglück.
Er ahnt das Unglück vor.* /Er ahnt vor.*
Er leidet unter Vorahnungen (?von Unglücken).
Er ahnt das Unglück voraus.

bzw.

(5.1.)

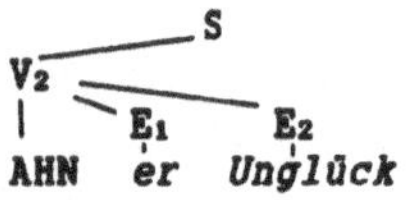

(5.2.)

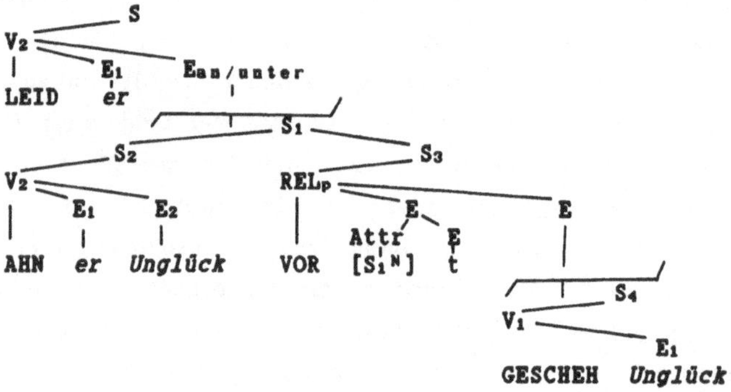

1 Nur nebenher sei auf die noch näher zu untersuchende Tatsache hingewiesen, daß es offenbar bei etlichen verbalen Wortbildungmittel eine der Hauptfunktionen ist, partizipiale, d.h. adjektivisch verwendbare handlungsbasierte Eigenschaftsbezeichnungen zu erzeugen; vgl.z.B. für *be-* Eroms (1987).

(5.3.)

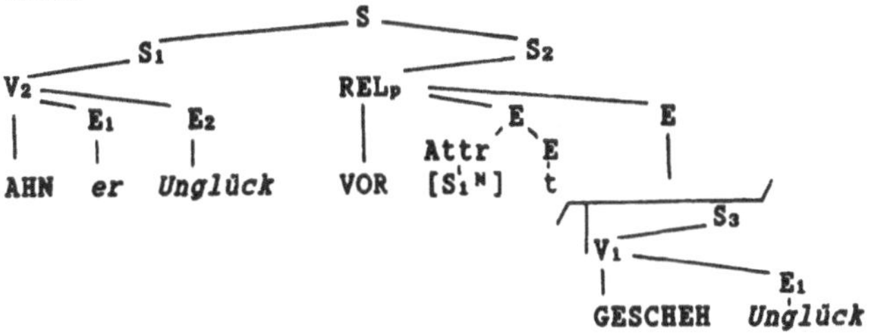

Vorausahnen letztlich bezieht sich auf das Eintreten eines Ereignisses, das "vor einem" in der Zukunft liegt. Dabei sind gegenüber den bisher behandelten beiden Verben keine besonderen Spezialisierungen dieser allgemeinen temporalen Struktur zu erkennen. Es ist auch keine besondere Neigung zum Vorausahnen von negativen Ereignissen in der Zukunft zu erkennen, wie auch das erste der beiden von Sprengel (1977, S.207) gegebenen und oben zitierten Beispiele zeigt: hier ist, wie die Kombination mit *vorausplanen* zeigt, von einer positiven Einschätzung des Ereignisses auszugehen.

Das Auffällige an dieser Form ist, daß sich, wenn man so will, bei ihr Form und Bedeutung widersprechen: wie die Erläuterungen, die eindeutig auf einen punktuellen Bezug hinweisen, gezeigt haben, ist vorausahnen ein Verb vom VOR-HER-Typ, allerdings von der Gruppe, die Kühnhold (1973, S.272) mit 'im voraus' paraphrasiert. Auf jeden Fall ist die hier auftretende Partikel *voraus-* nicht das Richtungsadverb voraus und in dieser funktionalen Verwendung auch nicht auf lokale Bildungen mit dieser Partikel zu beziehen. Allerdings ist diese Verwendung nicht die einzige, in der die Partikel *voraus-* temporal eingesetzt wird. Das geschilderte Verhältnis zwischen *ahnen*, *vorahnen* und *vorausahnen* mag nun einiges Idiosynkratische, bzw. Typisches für bestimmte Basistypen enthalten, es läßt sich aber daraus folgern, daß die undifferenzierte Gleichsetzung bei Sprengel (1977) nicht den Tatbeständen des Deutschen entspricht, sondern vielleicht eher seinem sprachlichen Ausgangspunkt, dem Englischen. Das Systematische der Relation zwischen diesen Verben wird daran sichtbar, daß es sich bei dem semantisch ähnlichsten Verb in (1.2.), nämlich *vorauswissen*, ganz ähnlich verhält. Die strukturellen Verhältnisse zwischen *wissen*, *vorwissen* und *vorauswissen* sind denen bei *ahnen*, *vorahnen* und *vorausahnen* analog, Unterschiede gehen auf das Konto der Unterschiede an Gewißheit, die in den Basisverben ausgedrückt sind und die auch für die zeitliche Interpretierbarkeit Folgen haben. Das Simplex *wissen* hat somit, wenn man das überhaupt als einen temporalen Aspekt interpretieren will, den Aspekt der Gleichzeitigkeit, für ein aktuelles ICH-HIER-JETZT gesprochen also einen präsentischen, gegenüber dem der Nachzeitigkeit bei *ahnen* (vgl. Duden-WB S.28/92/93). *Vorwissen* mit Bedeutungsangabe 'foreknow' ist nur bei Sprengel (1977, S.206) belegt, das Duden-WB (S.2824) bucht auch hier zu Recht nur das substantivische

Lexem *Vorwissen*, das seinerseits wieder häufig in der Funktionsverbfügung *Vorwissen haben* auftritt. *Vorauswissen* bedeutet nach dem Duden-WB (S.2809) 'im voraus wissen'; mit folgenden Belegen: *die Zukunft vorauswissen*; *das konnte niemand vorauswissen*. Sprengel (1977, S.209) gibt an: 'foreknow, have prescience of (s.th.)'.

(1.2.)(6)

ahnen	?*vorahnen*; *eine Vorahnung haben*	*vorausahnen*
'nicht genau wissen' 'vorher'	'nicht genau wissen 'bedrohlich'	'nicht genau wissen 'vorher+zielorientiert'
wissen	**vorwissen*; *Vorwissen haben*	*vorauswissen*
'genau wissen' 'gleichzeitig'	'genau wissen' 'allgemeine Kenntnisse'	'genau wissen' 'vorher+zielorientiert'

Aus dieser Gegenüberstellung lassen sich die Parallelen und die Unterschiede zwischen den beiden verbalen Wortfamilien ziemlich deutlich ablesen. Offenbar gipfeln die Parallelen in den Bildungen mit *voraus-*. Am unterschiedlichsten verhalten sich von der Art der temporalen Situierung her die Simplicia, allerdings bewirken sie die sachlichen Zusammenhänge, die abstrakt als Gewißheitsunterschiede in einem bestimmten Zustand des Bewußtseins beschrieben werden können. Diese Gewißheitsunterschiede bringen es mit sich, daß *wissen* temporal unmarkiert ist, Gleichzeitigkeit konstituiert. Demgegenüber ist *ahnen* tendenziell als nachzeitig markiert, obgleich daneben eine Tendenz besteht, die Bedeutung im Sinn von 'vermuten' festzulegen, das auch gleichzeitig sein kann. In beiden Fallen ist das Partikelverb mit *vor-* zumindest einigermaßen unüblich. In den dagegen üblichen Funktionsverbfügungen mit den entsprechenden Nominalisierungen tritt die Objektvalenz zurück, dafür sind deutliche Idiomatisierungstendenzen zu erkennen: durch die knappen Bedeutungshinweise in der obigen Tabelle soll die Richtung der jeweiligen Idiomatisierung angedeutet werden. In der gänzlich unterschiedlichen Richtung dieser Idiomatisierung in den beiden Fällen wird sichtbar, daß hier eigentlich der parallele Zusammenhang, der für die Simplicia und auch für die *voraus*-Verben anzunehmen ist, nicht gilt. Die Verben mit *voraus-* sind dagegen innerhalb des durch die Basisbedeutung vorgegebenen Musters regelmäßig interpretierbar: es geht, wie beschrieben, in beiden Fällen um eine zielorientierte VORHER-Bildung, analog zu entsprechenden lokalen *voraus*-Bildungen. Aus der Art der generellen Verbbedeutung, die eine bestimmte Art von geistigem Zustand repräsentiert, der dann lokal auch nicht in einem Bewegungsbild, sondern in einem Relationsbild von Bezugspunkten dargestellt wird, erklärt sich der Ausbau dieser *voraus*-Verben, die der Kühnholdschen 'im voraus'-Paraphrase entsprechen. Diese Gruppe wollen wir, als eine mentale Verhältnisse bestimmter Art betreffende Sondergruppe des VORHER-Typs ansehen.

Mit dem nächsten Verbpaar in (1.2.), *vordatieren/vorausdatieren*, brauchen wir uns hier nicht mehr länger zu beschäftigen, da oben gerade bei Verben mit dieser Basis einiges Grundsätzliche geklärt wurde. Es soll nur mehr der wesentlichste Punkt noch einmal aufgenommen werden. Es handelt sich hier offenbar, trotz der oben diskutierten Angabe des Duden-WB, im allgemeinen Sprachgebrauch doch um ein Gegensatzpaar (s.auch Sprengel (1977,S.198)). Das Verb mit der Partikel *voraus-* hat somit hier, VORAUS-Bedeutung, die Variante mit *vor-* gehört aber bei 'rückwärts'-Interpretation zu einem VORHER-Muster. So bedeuten die beiden Verben, trotz der ähnlichen Partikeln, in diesem Fall etwas Verschiedenes. Außer den oben genannten systematischen Gründen, die v.a. vom Status der dazugehörigen Bildung mit *nach-* ausgingen, wäre für diese umgangssprachliche Bedeutung auch noch an folgende pragmatische Begründung zu denken. Partikelverben mit *vor-* sind weitaus üblicher als alle anderen hier denkbaren Möglichkeiten: es liegt nahe, diesen Wortbildungstyp auch für das am häufigsten vorkommende Handlungsmuster zu nutzen. Das scheint aber das Daraufschreiben eines früheren Datums zu sein. Letztlich ist zu nennen die ohnehin starke Idiomatisierungstendenz der Bildungen mit Einfachpartikeln, die Terminologisierung im Sinne des Normalfalls nahelegt.

Haben von den bisher besprochenen Fällen die ersten Verben ein Muster repräsentiert, das einen systematischen Randfall darstellt, und hat der Fall mit *-datieren* seine individuellen Probleme, so befinden wir uns mit den im folgenden zu besprechenden Fällen *vorberechnen/vorausberechnen* und *vorplanen/vorausplanen* beim zentralen Muster des jeweiligen Typs. D.h., daß die Bildung mit *vor-* im VORHER-Sinne, die mit *voraus-* als VORAUS-Typ verstanden wird. Schon an der Länge der beiden Beispiellisten in (5) ist abzulesen, daß Bildungen mit VORHER-Struktur bei *vor-*Verben wesentlich häufiger sind als solche mit VORAUS-Struktur. Umso mehr ist - wenn es die inhaltliche Vorgabe der Basis erlaubt - die VORAUS-Interpretation bei Verben mit *voraus-* zu erwarten. Das gilt besonders, wenn man die lokalen Bildungen als Maßstab nimmt. So wird *voraus-* das Standardmittel für den Ausdruck einer zeitlichen Bewegung nach vorne, wobei die dem lokalen Verständnis inhärente voraus-hinterdrein-Relation in der Weise genutzt und nachvollzogen wird, als in diesen temporalen Verben ja Handlungen ausgedrückt werden, die vor dem HIC-NUNC des Sprechers liegen, der Hinterdrein-Effekt kommt dann dadurch zustande, daß der Sprecher in seiner Bewegung auf der Zeitachse notwendig auch an diesen Punkt kommt. Sofern das aber implizit bleibt, ist *voraus-* von einem nach vorne, also der neutralsten Bezeichnung für diese Bewegung, nicht zu unterscheiden. Damit läßt sich der Unterschied zwischen den genannten Verbpaaren folgendermaßen beschreiben. Verben mit *voraus-* beziehen sich auf einen vor dem Sprecher liegenden Zeitraum, über den hin man *berechnen* oder *planen* kann, solche mit *vor-* auf ein Ereignis, einen Punkt auf der Zeitlinie, relativ zu dem der jetzige Zeitpunkt, von dem aus *vorberechnet/-geplant* wird, als davor (auch vorläufig oder vorbereitend) interpretiert wird. Sowohl bei Sprengel (1977, S.197 und 203/208) als auch im Duden-WB (S.2809), wo allerdings diese Verben mit *vor-* nicht verzeichnet sind, wird dieser Unterschied nicht gemacht. Das mag dadurch zu erklären sein, daß durch Übertragungen die Grenze zwischen den beiden Mustern verwischt ist, im Prinzip ist aber von der Existenz eines solchen aspektuellen Unterschieds auszugehen:

(1.2.)(7) *Er hat das Semester vorgeplant.*

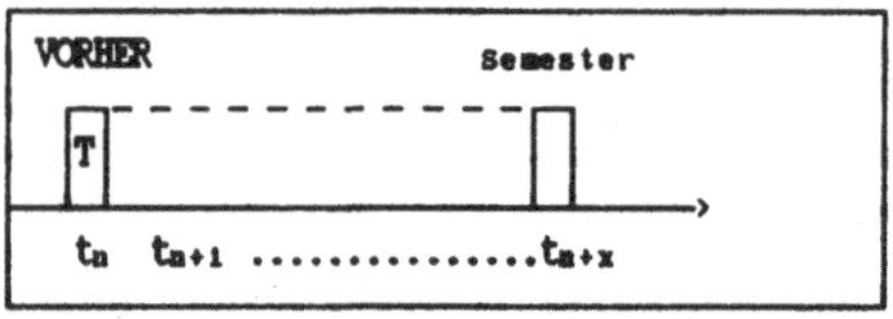

(1.2.)(8) *Er hat das Semester vorausgeplant.*

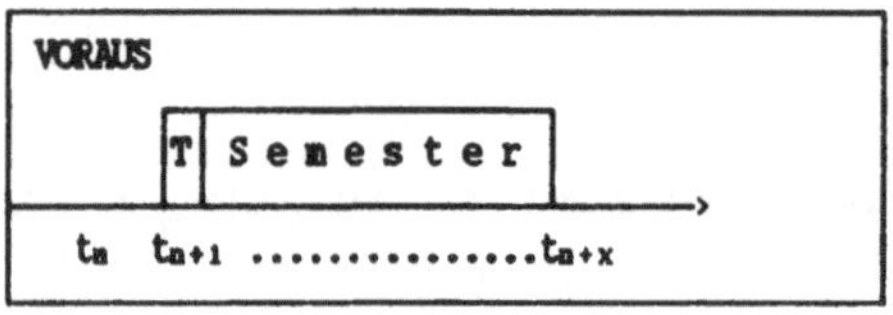

Der kritische Punkt bei dieser Unterscheidung ist, daß sich Verben wie *vorausplanen/ vorausberechnen* zwar auf einen kontinuierlichen Zeitraum beziehen, daß sich aber diese Kontinuität als die Kontinuität einer Folge von Zeitpunkten darstellt, so daß der Bezug auf ein spezielles Ereignis in der "Vorausplanung" wie eine "Vorplanung" eines bestimmten Ereignisses aussehen kann. Demgegenüber behandelt ein Verb wie *vorplanen/ vorberechnen* das gesamte Objekt als einen Zeitpunkt. Wenn er somit praktisch fast zusammenfallen kann, bleibt im systematischen der Unterschied zwischen der holistischen VORAUS-Interpretation, die den Bezug auf den Zeitverlauf betont und der punktuellen VORHER-Interpretation, die einen Zusammenhang zwischen zwei Punkten darstellt, bestehen. Paraphrasierend ließe sich der Unterschied zwischen den beiden obigen Beispielsätzen etwa folgendermaßen darstellen:

(1.2.)(7.1.)
'er hat zum Termin T den Termin Semester geplant, und T liegt vor SEMESTER'
(8.1)
'er hat (für) die vor ihm liegende Zeitstrecke, die durch die Menge der Zeitpunkte t_n–t_{n+x} (namens SEMESTER) eingegrenzt wird, geplant.'

(7.2.)

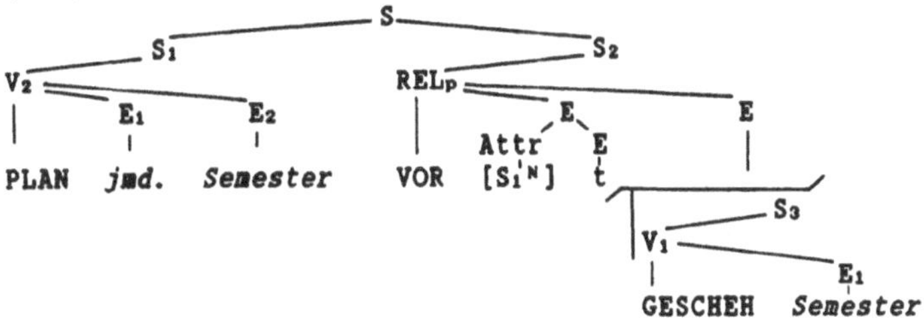

(8.2.)

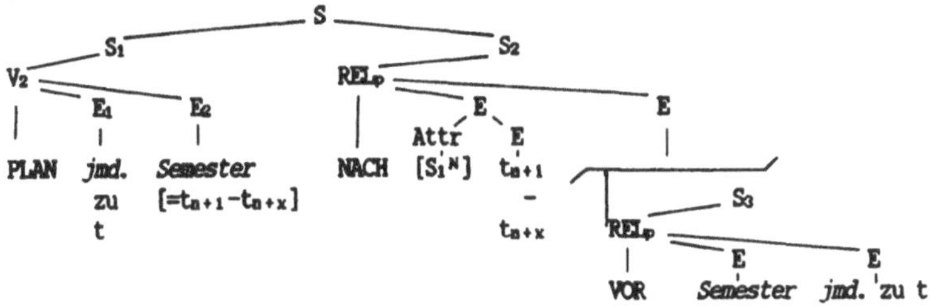

Wir nehmen an, daß die das Muster VORHER prägende finale Komponente lexikalisch über ein Musterverb wie *-planen* eingebracht wird, das so nicht weiter analysiert zu werden braucht.

Aus diesen Paraphrasen wird auch deutlich, daß neben dem holistischen gegenüber dem punktuellen Bezug auch eine unterschiedliche Involviertheit des Sprechers anzunehmen ist. *Vorplanen* braucht auf die aktuelle Stellung des Sprechers nicht Rücksicht zu nehmen, während *vorausplanen* durch diese Stellung definiert wird. Verwischt wird dieser Unterschied dadurch, daß bei Anwendung auf dieselbe zeitliche Situation der Sprecher auch bei *vorplanen* in derselben Position ist wie bei *vorausplanen*. Letztlich läßt sich ein Unterschied in der Intentionalität der Handlung feststellen: so ist eine *vorgeplante* Koalition "gewollter" als eine *vorausgeplante*. Versuchen wir nun noch, diese Feststellungen an den weiteren Paaren zu überprüfen, also an: *vorbezahlen/ vorausbezahlen*, *vordenken/ vorausdenken*, *vorschauen/ vorausschauen* und *vorzahlen/ vorauszahlen*. Zum Zwecke des Vergleichs sollen im folgenden Verwendungskontexte konstruiert werden, und zwar auch für die *vor*-Verben, deren Existenz ja zum Teil ziemlich fraglich zu sein scheint.

(1.2.)(9)
Sie können die Miete auch schon vor(be)zahlen/voraus(be)zahlen.
(1.2.)(10)
Wenn man nur bis zum 1.April vordenkt/vorausdenkt.
Wenn man nur zum 1.April vorschaut/vorausschaut.

Man mag von der Üblichkeit der jeweiligen Partikelverben her schließen,daß die Beziehung auf den Ablauf der Zeit (Bildungen mit *voraus-*) naheliegender ist als die punktuelle Bezugnahme auf zwei miteinander in Beziehung gesetzte Zeitpunkte (Bildungen mit *vor-*). Das ist umso leichter möglich, da ja der Bezug auf den Gesamtablauf nicht ein Bezug auf ein unstrukturiertes "Fließen" ist, sondern in der Regel ein Bezug auf eine ununterbrochene Abfolge von Zeitpunkten, wobei die Angabe der Endpunkte der Erstreckung bzw. der betroffenen Strecke einen Hinweis auf die Größe dessen, was in einer Situation jeweils als Zeiteinheit gelten soll, gibt (s.Miller/Johnson-Laird (1976, S.421)). Das könnte erklären, warum das Wortbildungsmuster, das sich auf die Relation zwischen zwei Punkten bezieht, in diesem Fall so unakzeptable Bildungen produziert: wo nicht, wie bei Handlungen wie PLANEN oder BERECHNEN, der Gedanke naheliegt, den von dieser Handlung betroffenen Zeitraum als eine Art Zielpunkt der Handlung zu verstehen, ist eine solche Sichtweise zunehmend künstlich. So sind z.B. DENKEN oder SCHAUEN Handlungsmuster, die eher ein kontinuierliches Nach-Vorne-Blicken nahelegen. Das Fehlen von Bildungen mit *vor-* an diesen Stellen ist umso unproblematischer, als es andere Möglichkeiten gibt, den beschriebenen Aspektunterschied kenntlich zu machen.

(1.2.)(11) *Wenn man auf das /zum Jahr 2000 vorausdenkt.*

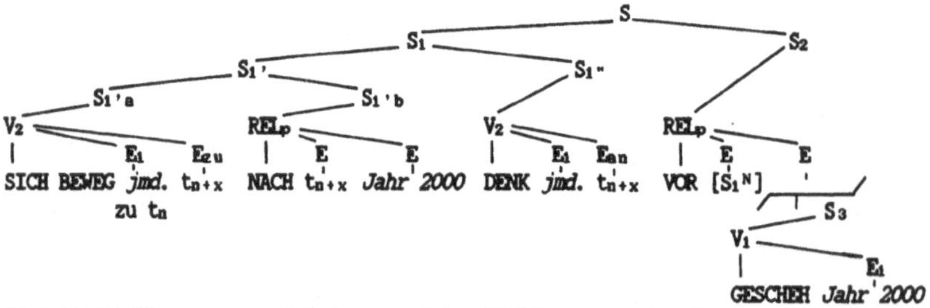

(1.2.)(12) *Wenn man (bis) zum Jahr 2000 vorausdenkt.*

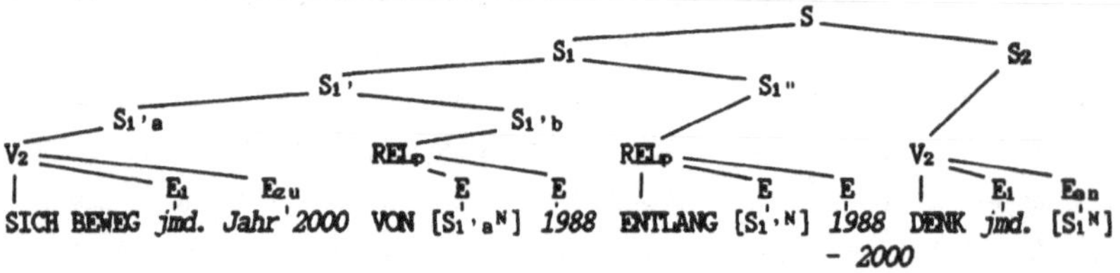

Was im Anschluß mit *zum* verborgen bleibt, wird durch die Ausdrucksalternativen sichtbar: das Verb mit *voraus-* ermöglicht es, sich neben dem Verlauf (12) auf herausgehobene Punkte dieses Verlaufs zu beziehen (11). So ergibt sich aus unserer bisherigen Darstellung nebenher, daß Partikelverben mit *voraus-* zu unrecht als nur "additiv" (Hinderling (1982, S.83)) aus dem eigentlichen Bereich der Wortbildung ausgeschieden werden. *Voraus-* ist funktional nicht mit der selbständig vorkommenden Partikel *voraus* identisch, zumindest nicht in allen Fällen. Aus den im vorherigen unterschiedenen Funktionen läßt sich eine graduelle Abstufung herauslesen, die unterschiedlichen Behandlungsphasen in einer Wortbildungslehre entspricht (s.Dressler (1977)), d.h. die jeweiligen Wortbildungsmuster werden in verschiedenen Abteilungen der Wortbildungslehre behandelt.[2]

5.2.2.2. Verben mit *vorher-*

Zur Abrundung der Übersicht über die funktionale Verteilung der Bildungen, die sich in verschiedener Weise auf ein temporales ‚vor' beziehen, sei nun noch auf die Verben mit *vorher-* eingegangen. Rein formal gesehen, handelt es sich hierbei um eine Temporalpartikel, die in der strukturellen Aufteilung des Zeitraumes einem lokalen *davor-* entspricht. Solche Verben wären etwa:

(2)
(2.1.)(1)
vorherahnen, vorherberechnen, vorherbestellen, vorherbestimmen, vorherempfinden, vorhergehen, vorhersagen, vorhersehen, vorherwissen (Duden-WB S.2815; Sprengel (1977, S.209))
(2.1.)(2)
[...] *um Mondfinsternisse vorherzusagen* [...] (Bretagne 22)
Da trat ein Sturm auf, den kein Gelehrter vorhergesehen hatte. (Hacks 118)

Dabei sind alle Verben, die ein personales Subjekt verlangen, d.h. alle außer *vorhergehen* analog wie oben *vorausdenken* in (1.2.) (11) zu symbolisieren, während bei *vorhergehen* tatsächlich die Ereignisse (e) Subjekt werden. Als Relationenmuster ist infolgedessen etwas wie (13.4.)(1') (s.o.S.249) in temporaler Interpretation anzusetzen.

(2.1.)(3)

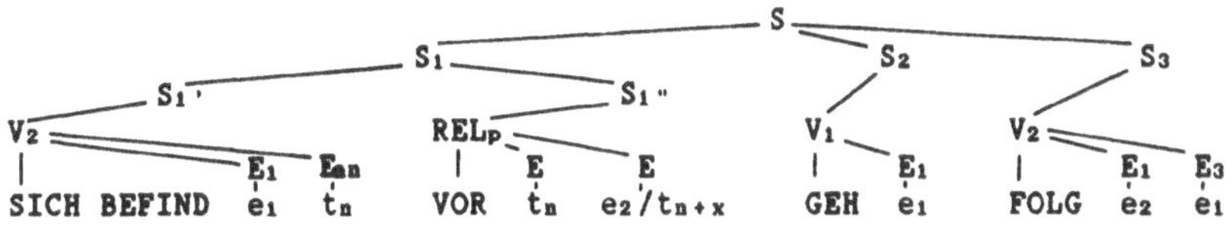

(2.2.)

ahnen	*vorahnen*	*vorausahnen*	*vorherahnen*
berechnen	*vorberechnen*	*vorausberechn.*	*vorherberechn.*
bestellen	*vorbestellen*		*vorherbestell.*
bestimmen	*vorbestimmen*	*vorausbestim.*	*vorherbestimm.*
empfinden			*vorherempfind.*
		vorausgehen	*vorhergehen*
		voraussagen	*vorhersagen*
		voraussehen	*vorhersehen*
wissen	*vorwissen*	*vorauswissen*	*vorherwissen*

2 Somit kann man syntax- bzw. lexikonferne Teile der Wortbildungslehre herausfinden; vgl. Eichinger (1982, S.40ff.), Toman (1983, S. 29ff. v.a.S.33/34), dazu auch die Diskussion zwischen Höhle (1982) und Reis (1983), sowie die Einschätzung der Entwicklung der neueren Wortbildungsdiskussion in Ortner (1984, v. a.S.141-144). Von hier aus ist zudem auch die Apodiktik der Herbermannschen Dichotomie zu widerlegen (so jetzt auch Ortner 1984, S.145/146).

Bei Sprengel (1977), bei dem alle in der Liste (2.2.) vorkommenden Partikelverben belegt sind, wird weithin Synonymie zwischen den verschiedenen Formen angenommen, da praktisch durchgehend dieselben Übersetzungsgleichungen angegeben werden.

(2.3.)

ahnen	forebode, have a presentiment of	*vorgehen*	[veraltet]
vorausahnen	forebode, have a presentiment of	*vorausgehen*	precede
vorherahnen	forebode, have a presentiment of	*vorhergehen*	precede, predate
vorberechnen	precalculate	*vorsagend*	predicting
vorausberechnen	precalculate	*voraussagen*	foretell, predict, prophesy
vorherberechnen	precalculate	*vorhersagen*	foretell, predict, prophesy
vorbestellen	order in advance, reserve	*vorsehen*	[veraltet]
vorausbestellen	order in advance	*voraussehen*	forebode, foresee
vorherbestellen	order in advance	*vorhersehen*	[?]
vorbestimmen	predestine, predetermine	*vorwissen*	foreknow
vorausbestimmen	predestine, predetermine	*vorauswissen*	foreknow, have prescience of
vorherbestimmen	predestine, predetermine	*vorherwissen*	foreknow, have prescience of
vorempfinden	feel beforehand		
vorausempfinden	feel beforehand		
vorherempfinden	feel beforehand		

Nach dieser Angabe wäre von der Existenz von drei verschiedenen Wortbildungstypen auszugehen, die Wörter mit derselben Bedeutung erzeugen würden; ein zumindest recht unökonomisches Vorgehen. Oder aber das Deutsche differenziert bei diesen Bildungen in einer Weise, die das Englische nicht mit Wortbildungsmitteln dieses Typs nachzuvollziehen vermag; diese Frage wird bei Sprengel nicht diskutiert. Wie bereits für das Nebeneinander von Bildungen mit *vor-* und *voraus-* nachgewiesen werden konnte, beruht eine generelle Synonymieannahme auf einer zu ungenauen Analyse der Bedeutung der entsprechenden Verben. Erst wenn man dem grundsätzlichen Unterschied auf die Spur gekommen ist, kann man auch zeigen, unter welchen Bedingungen und in welchen Fällen er neutralisiert ist. Eine Spur dieser Verhältnisse zeigt sich in den Sprengel entnommenen Gleichungen darin, daß die Bildungen mit *vor-* als nicht ganz regelmäßig beschrieben werden. Das Problem ist tatsächlich, daß durch die verschiedenen Verbtypen dieselben Situationen beschrieben werden können, so daß unter dem Eindruck dieser Tatsache feinere aspektuelle Differenzierungen zu verschwinden drohen. Wieweit sie noch Gültigkeit haben, kann auch eine genauere Untersuchung der Bildungen mit *vorher-* zeigen. Nach den Angaben im Duden-WB (S.2815) hat diese Partikel schon im selbständigen Vorkommen nur noch temporale Bedeutung: "vor einem bestimmten, diesem Zeitpunkt, Ereignis, Geschehen." Was leistet hier die Wortbildung:

(3)(3.1.)

1)	*vorherahnen*	*vorher ahnen*
2)	*vorherberechnen*	*vorher berechnen*
3)	*vorherbestellen*	*vorher bestellen*
4)	*vorherbestimmen*	*vorher bestimmen*

5)	*vorherempfinden*	*vorher empfinden*
6)	*vorhergehen*	*vorher gehen*
7)	*vorhersagen*	*vorher sagen*
8)	*vorhersehen*	*vorher sehen*
9)	*vorherwissen*	*vorher wissen*

Um beim ersten der Beispiele zu bleiben: *vorher ahnen* wäre folgendermaßen zu verstehen:

(3.1.) 1)

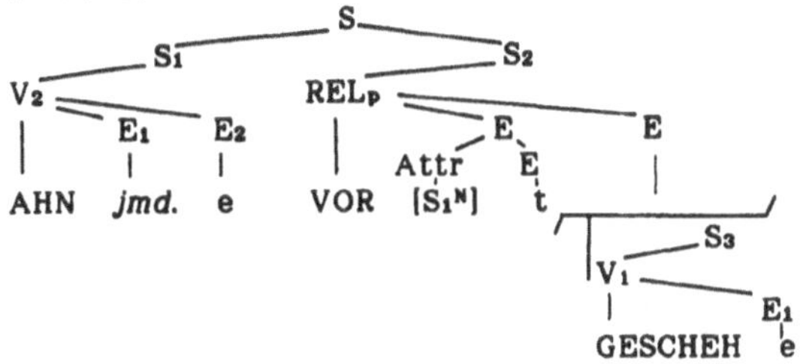

Dagegen ist *vorherahnen* finalisiert, also analog zu (1.2.)(11) darzustellen.

Ein deutlicher Unterschied in der Bedeutung des Verbs und der syntaktischen Fügung fällt natürlich auf, wenn die Basis des Partikelverbs nicht mehr eigentlich vom Simplex her motiviert ist. Eindeutig ist das bei den Beispielen 6), 7) und 8), in etwas geringerem Maße auch 1) und in seinem Sog 9). Dabei wurde das Verhältnis von *ahnen* und *wissen* oben schon diskutiert; in den anderen Fällen beziehen sich die Simplicia nicht auf zeitliche Abläufe, und selbst in Fällen, bei denen eine solche Interpretation möglich ist, wie bei den folgenden Beispielen:

(3.2.) *Das hätte man vorher sehen können.*
(3.3.) *Das hätte man vorhersehen können.*

sind die Sätze nicht gleichbedeutend, auch wenn sie sich auf die gleichen Sachverhalte beziehen können. (3.3.) ist zielgerichtet von einem vergangenen Punkt zu einem späteren hin, während (3.2.) die Beurteilungsmöglichkeit für den Zustand vor dem Eintreten ohne eine inhärente Finalität beschreibt. Wenn somit etwa nach einer Scheidung (3.2.) geäußert wird, so soll damit zum Ausdruck gebracht werden, daß bereits der Augenschein des Ehelebens vor der Scheidung ein Indiz für kommendes Unglück gewesen sei, während (3.3.) feststellt, daß man das konkrete Ereignis der Scheidung von einem Zeitpunkt vorher her hätte prognostizieren können. Um das zu verdeutlichen, könnte man sagen: um die Scheidung vorherzusehen, hätte man die Ehe nur vorher sehen brauchen.

Vom Gegenüber dieser beiden Fälle her kann man die Umsetzung der syntaktischen Fügung in die VORHER-Deutung der verbalen Wortbildung als eine Dynamisierung und Zielausrichtung der Handlung verstehen. Durch das Beispiel wird noch einmal klar, daß die Bezeichnung als VORHER-Typ, der sich ursprünglich auf den Paraphrasierungsvorschlag Kühnholds bezog, eher von der Funktion der Verbalpartikel her motiviert ist als von einer syntaktischen Umschreibung.

Unter diesen Voraussetzungen lassen sich nun die Verhältnisse zwischen den verschiedenen Verben aus dem Gesamtbereich VOR insgesamt beschreiben: ein Verb *vorsehen* mit hier einschlägiger Bedeutung existiert gegenwartssprachlich nicht; sowohl der Hinweis von Sprengel (1977, S.204) auf ein angebliches *vorsehend*, das mit einem Solschenyzin-Zitat belegt wird: *Die Grundarten der Bestrafung zwar vorsehend und vorsagend* wie auch der Hinweis auf lediglich Veraltetheit dieses Verbs vermögen nicht zu überzeugen und bestärken uns in dem Verdacht, daß auch hier, wie für den lokalen Bereich schon oben festgestellt, die Formen mit der einfachen Partikel zur Idiomatisierung neigen bzw. aufgrund ihrer "Irregularität" aussterben (s.Sprengel (1977, S.204)) Für die Darstellung der regulären Bedeutungsverhältnisse treten die ausführlicheren Partikeln *voraus-* und *vorher-* ein. Zusätzlich läßt sich schon aufgrund der bisher diskutierten Fälle feststellen, daß die Auswahl dieser Partikeln ihrerseits durchaus beschreibbaren Regeln folgt, wobei die Existenz von historisch bedingten Ausnahmen nicht bestritten sein soll. Einen Hinweis auf die Art der dabei geltenden Regularitäten geben auch die entsprechenden Einträge im Duden-WB (S.2809 und 2815) zu *voraussehen* und *vorhersehen*.

> (4)(4.1.)
> *etw., den Ausgang eines Geschehens im voraus ahnen od. erwarten*: die Entwicklung hat er schon lang vorausgesehen."
> (4)(4.2.)
> *im voraus erkennen, wissen, wie etw. verlaufen, ausgehen wird*: die Niederlage ließ sich nicht v.

Die Vorsicht, mit der in (4.1.) für *voraussehen* der Konkretheitsgrad der Voraussicht formuliert wird, in Verbindung mit den kontrastierenden Beispielen stützt unsere Argumentation. So ist in (4.1.) von einer Entwicklung die Rede, in (4.2.) für *vorhersagen* dagegen von einer Niederlage: es geht also exemplarisch um den Gegensatz zwischen einem Ablauf in der Zeit, der voraus- und einem Punkt, der vorhergesehen wird. Entsprechend ist auch die inhaltliche Paraphrase in (4.2.) wesentlich definiter und zielgerichteter. Daß diese Differenzierung nicht zufällig und somit etwa auf dieses Verbpaar beschränkt ist, zeigen weitere Beispiele; man vergleiche die entsprechenden Angaben zu *voraussagen* und *vorhersagen*. *Vorsagen* wurde ja oben schon als ein ernsthafter Kandidat für unsere Frage ausgeschieden.

> (4.3.)
> voraussagen:
> *eine Voraussage machen*; *vorhersagen, prophezeien*: daß das nicht gutgeht, habe ich längst vorausgesagt; man sagte ihm eine große Zukunft voraus. (Duden-WB S.2809)
> (4.4.)
> vorhersagen:
> *im voraus sagen, wie etwas verlaufen, ausgehen wird*: das Wetter v.; ich kann dir die Folgen v. (prophezeien); es ist unmöglich, den Wahlausgang vorherzusagen. (Duden-WB S.2815)

Zwar ist in diesen beiden Fällen v. a. der Querverweis mit prophezeien vielleicht dazu geeignet, die Verhältnisse etwas zu verwirren, dennoch ist auch hier die Tendenz der Artikel deutlich; zwischen dem Partikelverb mit *voraus-* und dem mit *vorher-* wird ein Unterschied gemacht. Auch in diesem Fall ist *voraus-* auf Objekte, die einen VERLAUF kennzeichnen, ausgerichtet, *vorher-* auf punktuelle Objekte, d.h. Ereignisse und allenfalls deren Folgen. Die in den Beispielsätzen aufgeführten Substantive belegen das hinreichend: *Zukunft* vs. *Wetter, Folgen* (*von etw.*), *Wahlausgang*.

5.2.2.3. Zusammenfassung

Es ergibt sich letztlich eine deutliche funktionale Differenzierung zwischen den verschiedenen Bildungstypen. Klar verteilt sind im Kernbereich dieser Bildungen die Aufgaben der Verben mit *voraus-* = VORAUS und *vorher-* = VORHER. Dagegen sind die Verben mit *vor-* erstens in ihrem Muster der zeitlichen Strukturierung nicht eindeutig festgelegt und zweitens häufig idiomatisiert. Sie können grundsätzlich nach dem VORAUS- oder nach VORHER-Typus gehen. Dabei steht insgesamt einer großen Gruppe von *vor-*Verben eine kleinere mit *voraus-* und eine sehr kleine mit *vorher-*Verben gegenüber. Die Verben mit *vor-* werden weitaus überwiegend im Sinn der VORHER-Strukturierung verstanden. So kann die Hypothese aufgestellt werden, daß *vorher-*Bildungen eine Möglichkeit darstellen, lexikalische Lücken mit dieser Bedeutungsstruktur zu füllen, die dadurch entstehen, daß *vor-*Bildungen zur entsprechenden Basis veraltet, idiomatisiert oder überhaupt nicht vorhanden sind. Oben wurde andrerseits schon dargelegt, daß dasselben Verhältnis, wenn auch logischerweise in geringerem Umfang, auch für *vor-*Verben in VORAUS-Interpretation und *voraus-*Verben gilt. Unter dieser Voraussetzung läßt sich die Vollständigkeit und der Umfang der Gruppen von verschiedenen Bildungen funktional einsichtig erklären, außerdem auch die Tatsache, daß und warum die drei Bildungstypen semantisch so nahe beieinanderliegen, daß sie zum Teil als bedeutungsäquivalent angesehen werden. Die VORHER- bzw. VORAUS-Interpretation können in diesen Fällen als verschiedene Interpretationen derselben Ereignisse angesehen werden, wie das oben am Beispiel von *vorplanen*, *vorherplanen* und andrerseits *vorausplanen* schon gezeigt wurde. Aus der funktionalen Belastung der einzelnen Typen erklärt sich auch, warum der Erklärungswert syntaktischer Paraphrasen nicht so weit reichen kann, wie das eine Beschreibung der Kühnholdschen Art annimmt. Bei ihrem Untersuchungsobjekt ist allerdings der Bezug auf die Paraphrase aus dem Grund etwas unproblematischer, weil sie sich nur mit den Bildungen mit *vor-* beschäftigt, bei denen ohnehin mit dem normalen Idiomatisierungsprozeß und seiner zusätzlichen Wirksamkeit gerechnet wird. Die jetzt angestellten Vergleiche mit den anderen Bildungsmustern zeigen allerdings, daß Verben mit *vorher-* und *voraus-* eigentlich zu Unrecht aus einer Behandlung bei Kühnhold (1973) ausgeschlossen worden sind. Der Ausschluß dort ist offenbar gerechtfertigt, wenn man annimmt, daß solche Verben als eine Art von Komposita anzusehen sind, d.h., wenn man die in Ortner/Ortner (1984) dazu dargestellte Konzeption richtig interpretiert, wenn sie sich aus der Bedeutung der enthaltenen Elemente relativ unproblematisch konstituieren lassen. Das ist bei den Bildungen mit *voraus-* und *vorher-* aber nicht der Fall. Aus diesem Grund wird hier vorgezogen, durchgehend von Partikelverben zu sprechen, d.h. den Terminus Präfixverben für die nicht trennbaren Bildungen vorzubehalten, und sogar eher von Doppelpartikelverben als von Komposita mit der Doppelpartikel zu sprechen. Damit ist klar, daß der in dieser Arbeit aus semantischen Gründen zusammengefaßte Untersuchungsbereich morphologisch-konstitutionell unterschiedlich zu beurteilende Fälle enthält. Die verschiedenen Bildungen bilden ein Kontinuum, das von direkt an die Präfixbildungen anzugliedernden Fällen auf der einen Seite bis hin zu vielleicht wirklich nur zufällig zusammengeschriebenen und problemlos in die entsprechende syntaktische Fügung auflösbaren Verben auf der anderen Seite geht. Diese liberale Handhabung ermöglicht es am besten, die Verhältnisse in der semantischen Grundstruktur und ihre Verteilung auf die verschiedenen Bildungsmuster darzustellen.

5.2.2.4. Verben mit *vorwärts-*

An den bisherigen Beispielen im Bereich von VOR wurde dargelegt, wie sich die temporalen Bildungen einerseits auf die Vorgaben einer räumlichen Strukturierung beziehen, andrerseits diese vorgängigen Strukturen gemäß dem temporalen Beschreibungsbereich umsystematisieren. Das soll noch an weiteren Partikeln überprüft werden. Gemäß den räumlichen Verhältnissen müßte *vorwärts-* ganz generell die Orientierung einer Handlung nach vorne ausdrücken und damit, was die Relation von reiner Direktion im VORAUS-Sinne und Zielorientierung betrifft, zwischen den Verben mit *voraus-* und mit *vorher-* stehen. Allerdings waren Bildungen mit dieser Partikel schon bei der Darstellung des Raums sehr selten, die vorhandenen neigen sehr stark zu spezialisierten Verwendungsweisen. Typische Verwendungen im lokalen Bereich waren Fälle von kontrastivem Gebrauch und andrerseits solche, in denen durch die Partikeln die Vorwärtsintensität der im Gesamtverb ausgedrückten Bewegung verstärkt wurde. Beides sind schon rein intuitiv keine besonders guten Ansatzpunkte für eine temporale Interpretation. So verzeichnet das Duden-WB überhaupt keine temporal verstehbaren Verben mit *vorwärts-*.

Allein Beispiele wie das wohl nur als Part I vorkommende (5)(5.1.) *vorwärtsweisend* 'in die Zukunft weisend' (nach Duden-WB S.2823) lassen eine Art der Idiomatisierung erkennen, die sich lediglich erklären läßt, wenn eine temporale (Um)-deutung des gesamten Verbs angenommen wird. Eine Idiomatisierung, die das lokale Bild metaphorisch für die Zeit nutzt, liegt dagegen bei Verben mit Intensitätssteigerung vor, z.B.:

(5.2.)(1)
vorwärtsstreben 'streben, vorwärtszukommen' (nach Duden-WB S.2823).
(5.2.)(2)
[...] *worauf Piepsam ebenfalls wieder vorwärtszugehen begann.* (Mann 209/10)
[...] *an dem vorwärtsstrebenden und balancierenden Zweirad.* (Mann 210)

Aus diesen Einschränkungen wird nun auch schon klar, daß es sich hier, entgegen den Annahmen zu ihrem selbständigen Vorkommen, um eine Partikel handelt, die sehr dezidiert nur eine VORAUS-Interpretation zuläßt. Und auch hier scheinen zusätzliche Beschränkungen einzutreten, wie sie sich vielleicht in einer kontrastiven Verwendung wie im folgenden Beispiel zeigen.

(5.3.) *Die Vergangenheit liegt hinter uns, laßt uns nun vorwärts-blicken.*

Hier scheint die Tendenz sehr stark zu sein, die Zukunft, in die man blickt, als eine "leuchtende" zu interpretieren. Dieser Bedeutungsaspekt war ja auch in den Verben in (5.1.) und (5.2.) schon zu erkennen. Daß eine solche Deutung nach vorne reichender temporaler Vorgänge, die mit *vorwärts-* ausgedrückt werden, nicht nur im Deutschen vorkommt, zeigt die entsprechende englische Bildung, deren Idiomatisierung in diese Richtung noch viel weiter fortgeschritten ist:

(5.4.) *to look forward to* 'sich freuen auf'

Die funktionale Randstellung der Bildungen mit *vorwärts-* im Deutschen zeigt sich daran, daß sie auch in dieser Funktion nicht konkurrenzlos sind, vielmehr überschneiden sie sich hier mit dem Funktionsbereich der Verben mit *voraus-*.

(5.5.) *vorausschauen*
kommende Entwicklungen einschätzen u. die eigenen Planungen danach einrichten (...) er ist sehr vorausschauend; vorausschauend hat er sich rechtzeitig mit allem eingedeckt. (Duden-WB S.2809)

Wie auch immer das genaue Verhältnis zu solchen, die ‚Voraussicht' betonenden Bildungen ist, die Partikelverben mit *vorwärts-* spielen im temporalen Bereich nur eine marginale Rolle. Die Bedeutungsmerkmale, die diese Partikel in der lokalen Verwendung zeigt, lassen kaum eine einfache und regelmäßige Übertragung auf zeitliche Verhältnisse zu.

5.2.2.5. Verben mit *voran-*

Die Partikel *voran-* kann im temporalen Bereich nur in ihrer 'voraus'- und nicht in ihrer 'vorwärts'-Bedeutung produktiv werden. Insbesondere geht es dabei um das Verb *vorangehen*.

(6)

(6.1.)(1)

die Erfolge eines vorangegangenen guten Abschnitts (Musil 55)
Nach der Meinung des Sektionschefs Tuzzi war dies freilich ganz und gar ausgeschlossen, außer es ginge ein Weltuntergang voran. (Musil 96)

(6.1.)(2) *vorangehen*

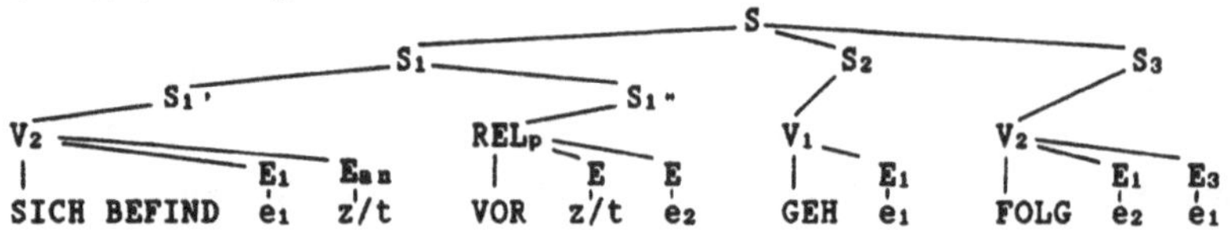

Typologisch haben wir hier eigentlich den Standardfall der VORHER-Struktur vor uns, bekommen aber den umgekehrten Anordnungstyp; wenn man so will, wird hier die Zeit als eine dargestellt, die sich gegen ihre eigene Richtung bewegt. Dieser Unterschied der Strukturierung je nach den Subjekten der Verben wird häufig unterschlagen:

> (...) the relation *earlier/in front, later/behind* remains constant, wherever the speaker places himself with respect to the event. Given two events, A and B, the earlier event is always ,before', 'preceding' or 'in front', while the later event is 'after', 'following' or 'behind' (...) (Closs-Traugott (1975, S.218))

Diese Analyse, obwohl in sich korrekt, stellt den oben angedeuteten Unterschied, was die Raum- und Zeitverhältnisse betrifft, nicht dar. Auf jeden Fall können wir aber Closs-Traugott (1975, S.218) rechtgeben, daß "sequencing" oder wie wir formuliert haben, Reihenfolgebeziehungen zwischen Elementen auf der Zeitachse die VORHER-Interpretation hervorrufen. Gleichzeitig kann man hier aber sehen, wie in diese Sequenzierung zwei Arten der Reihenfolgebeziehung eingegangen sind, bzw. wie in der zeitlichen Interpretation zwei Reihenfolgen in einer zusammenzufallen scheinen. Allerdings lassen sie sich bei einer genaueren Betrachtung der beteiligten Verben doch wieder auseinandernehmen. Die hier zu behandelnden Verben zeigen eben, daß 'preceding' bzw. 'following' sich auf ein Raumbild bezieht, das nur dann nicht als verschieden erkannt wird, wenn man den Verlauf der Zeitachse insgesamt nicht unter Bezug auf einen generischen Sprecher definiert, sondern "einfach so" ablaufen läßt. Verben wie *vorangehen* und *nachfolgen* situieren die Zeiträume auf der Zeitachse genau umgekehrt wie etwa *vorausbestellen/nachbestellen*. Wenn man etwas moving-time-Interpretation nennen möchte, dann den Typus *vorangehen*, bei dem tatsächlich der Zeit eine, von der Zeitachse her paradoxe Eigenbewegung zugeschrieben wird. Anders ist es nicht zu erklären, daß die *vorangegangenen Jahre* tatsächlich als auf der Zeitachse vor den *nachfolgenden Jahren* liegend verstanden werden. Die Zeit in ihren Einheiten läuft also offenbar gegenläufig zur Bewegung des Zeitsinnes ab. Bei den anderen Verben - bei denen nicht eine solche Zeiteinheit Subjekt ist - ist die Vorstellung einer Umkehrung des Zeitablaufs nicht nötig. Wenn dann die Bewegung herausgenommen und nur das statische Bild betrachtet wird, ergibt sich die gleiche Relation: und das ist das Bild, das in dem obigen Zitat gezeichnet wird.

(7)(7.1.)

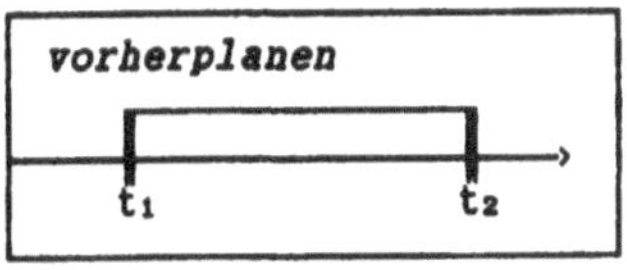

(7.2.)

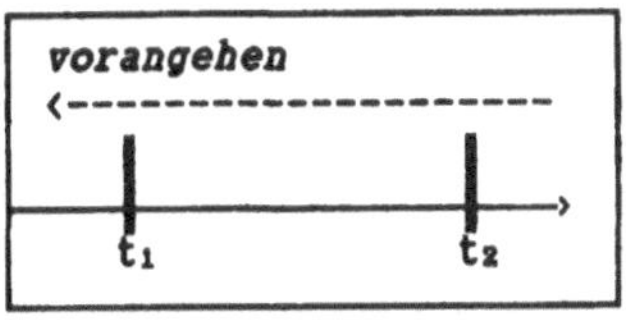

D. h. sofern die Bewegung der Ereignisse bzw. Einheiten auf der Zeitachse als Ablauf thematisiert wird, wird sie als gegenläufig zum moving-ego-Typ der Bewegung auf der Zeitachse gedacht. Das ist das Bild, daß die Zeit auf uns zukommt: *die kommenden Jahre* (s.Closs-Traugott (1975, S.218)).

5.2.3. ZURÜCK und NACH

Nachdem wir uns bisher bei der Behandlung der zeitlichen Strukturierung mit den Partikelverben beschäftigt haben, die irgendwie mit VOR zu tun haben, und dabei strukturelle Ähnlichkeiten mit der räumlichen Bedeutung, aber auch interne temporale Umsystematisierungen und Eigenentwicklungen feststellten, ist im nächsten Punkt auf die Bezeichnungen für die Gegenrichtung und ihre Rolle für die temporale Gliederung einzugehen. Die VORAUS-VORHER-Typisierung ist ja gleichzeitig auch eine ZURÜCK-NACH-Typisierung. Damit sollten die Partikeln *zurück-* und *nach-* eine zentrale Rolle spielen. Auf die Einordnung von *nach-* in diesem Zusammenhang wurde oben schon hingewiesen.

5.2.3.1. Verben mit *zurück*

Lokales *zurück-* hat zwei Bedeutungen: einerseits im Kontrast zu *voraus-* eine Variante 'nach hinten', andrerseits 'zum Ausgangspunkt (zurück[1])'. Im temporalen Bereich spielt die Opposition zu Verben mit *vor-* eine entscheidende Rolle:

(1)
(1.1.)(1)
zurückblenden, zurückblicken, zurückdatieren, zurückdenken, zurückerinnern, zurückgreifen, zurückrechnen, zurückschauen, zurücksehnen, zurückweisen (Mater (1968, S.27/28); Duden-WB S.2964-2969).
(1.1.)(2)
Er sprach vom Weg der Geschichte. *Wenn wir vor uns blicken - sagte er -: eine undurchsichtige Wand. Wenn wir links und rechts blikken: ein Übermaß wichtiger Geschehnisse, ohne erkennbare Richtung!*

[...] *Wenn man aber zurückblickt, ist wie durch eine wunderbare Fügung alles Ordnung und Ziel geworden.* (Musil 172)
Tage, an denen ich zurückdenken kann und in Erinnerungen mich verlieren, sind selten. Wie viele Jahre sind es, daß ich nur vorwärts zu denken vermag [...] (Mann 67)

Wenn man versucht, diese Verben in Beziehung zu setzen mit antonymen oder sonst vergleichbaren Bildungen aus dem Bereich der zeitlichen Bewegung nach vorne, kommt man zu folgender Gegenüberstellung:

(1.2.)

ZURÜCK	VORAUS	VOR
zurückblenden	*vorausblenden*	*vorblenden*
zurückblicken	*vorausblicken*	*vorblicken*
zurückdatieren	*vorausdatieren*	*vordatieren*
zurückdenken	*vorausdenken*	
zurückerinnern		
zurückgreifen	*vorausgreifen*	
zurückrechnen	*vorausrechnen*	
zurückschauen	*vorausschauen*	*vorschauen*
zurücksehnen		
zurückweisen	*vorausweisen*	

Offenbar bestehen, wie aus den Untersuchungen zu den VOR-Verben schon abzuleiten war, kaum regelmäßige Antonymiebeziehungen zwischen Verben mit *zurück-* und solchen mit *vor-*. Der Ausnahmefall *vordatieren* wurde oben schon ausführlich diskutiert. Verben mit *zurück-* sind im Gegensatz zu solchen mit *vor-* offenbar regelmäßig motiviert und stehen vom semantischen Muster entsprechenden Bildungen mit *voraus-* gegenüber. Die in der Tabelle besonders gekennzeichneten Bildungen, bei denen sich auch kein Bezug zu einem Verb mit *voraus-* herstellen läßt, bringen schon in der Basis eine Bedeutung mit, die als möglichen zeitlichen Bezug nur eine "Rückwendung" erlaubt: schon die der Basis homonymen Simplicia *sich erinnern an* und - wenn auch eingeschränkter - *sich sehnen nach* weisen auf etwas schon Gewesenes zurück: deshalb sind sowohl **sich vorauserinnern an* als auch **sich voraussehnen nach*, bei den angedeuteten Unterschieden im einzelnen, keine möglichen Lexeme des Deutschen. In allen weiteren Fällen sind die Verben mit *voraus-* und mit *zurück-* Antonyme zueinander; das andere semantische Ende, also Verben, bei denen die Basis schon eine 'voraus'-Bedeutung hat und bei denen von daher keine Bildungen mit *zurück-* vorkommen, liegt in Verben wie *planen/ vorausplanen* vor. Diese reinen Vertreter eines Musters sind es offenbar, die die Bedeutungsstruktur auch weiterer Verben prägen. Vergleicht man z.B. *vorausschauen* und *zurückschauen*, so geht die in diesen Bildungen angelegte Idiomatisierung in einem Fall zum "vorausschauenden" Planen, im anderen zum "rückschauenden" Sich-Erinnern.

(1.3.)(1)
Die Klugheit ist doppelgesichtig dargestellt; nach vorne schaut ein junges vorausschauendes Gesicht, nach hinten blickt ein altes in die Vergangenheit. (Bretagne 83)

(1.3.)(2)
[...] *schloß sie in diesem Zustand gerne rückschauende Betrachtungen an die Kostbarkeiten an, die sie verspeist hatte.* (Musil 24)

Diese Analogieprägung nach einem besonders typischen Muster fällt bei den einzelnen Verben unterschiedlich deutlich aus, in unseren Beispielen ist sie noch besonders gut an den Verbpaaren *zurückdenken/ vorausdenken* und *zurückblicken* (*wenn ich die folgenden fünf Jahre* [...] *rückblickend betrachte* (Brandstetter a86))/ *vorausblicken* zu erkennen. Weniger klar ist diese Prägung in den anderen Fällen, bei denen die Idiomatisierung in diese Richtung weniger weit geht. Beim *Zurückrechnen*, um zu einem bestimmten Datum zu kommen, etwa scheint mir der Gesichtspunkt der Erinnerung nicht explizit enthalten zu sein.

Im Hinblick auf unsere grundsätzliche Unterscheidung in eine sprecherbezogene (VORAUS; moving ego) oder eine ereignisbezogene (VORHER; moving time) Struktur aber läßt sich über die Partikeln, die sich auf eine zeitliches HINTER beziehen lassen, eine eindeutige Aussage machen. Eine Einfachpartikel, die *vor-* entsprechen würde, existiert nicht, die funktionale Verteilung zwischen *zurück-* und *nach-* entspricht genau dem Unterschied der beiden Strukturtypen. Der Bezug auf die lokale Bedeutung der beiden Partikeln läßt sich herstellen, allerdings ist bei der zeitlichen Interpretation von *zurück-* nicht die lokale Hauptvariante betroffen, und *nach-*, das im lokalen Bereich nur eine marginale Rolle spielt, hat in der temporalen Strukturierung einen wesentlich gewichtigeren Part. Genauer läßt sich die Disambiguierung der zeitlichen im Verhältnis zur räumlichen Bedeutung von *zurück-* so beschreiben, daß unter Berücksichtigung der Ausrichtung auf die Stellung des Sprechers und die eindeutige Orientierung des Zeitablaufs der Verweis nach 'hinten' und 'dorthin, wo man schon war' in jedem Fall zusammenfallen. Bewegung in die Gegenrichtung zur Normalbewegung und Rückkehr zum Ausgangspunkt sind in keinem Fall voneinander unterscheidbar, wenn damit zeitliche Verhältnisse beschrieben werden sollen. Wenn es in der Zeit zurückgeht, dann geht es auf jeden Fall vom Sprecher aus nach hinten zu einem "Ort" bzw. Zeitpunkt, wo er schon gewesen ist. Daher ist auch *erinnern* der Paradefall für dieses Wortbildungsmuster.

(1.3.)(3)

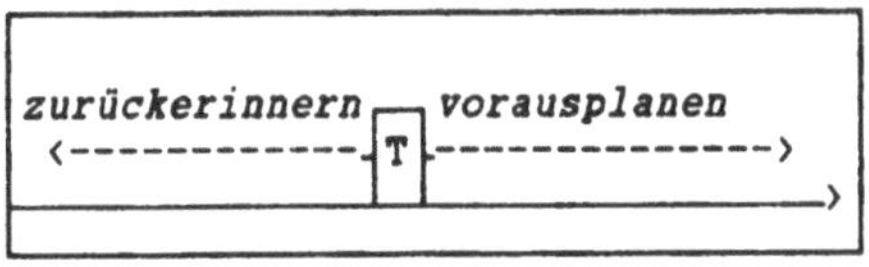

5.2.3.2. Verben mit *nach-*

Verben mit dieser Partikel stellen Reihenfolgebeziehungen her, es geht um ein 'Hintereinander' von Ereignissen. Damit ist der Sprecher unmittelbar aus dem Spiel: es geht um Vor-, Haupt- und Nach-Ereignisse oder Handlungen. Nicht in allen

Fällen sind alle drei Positionen besetzt. Sofern aber das VOR und das NACH besetzt sind, ergeben sich Antinomien mit Bildungen zu denselben Basen und der Partikel *vor-*. Die unterschiedlichen Typen von Relationen lassen sich an den folgenden Beispielen ablesen.

(2)(2.1.)(1)

vorarbeiten		*nacharbeiten*
vorbehandeln	*behandeln*	*nachbehandeln*
voraufführen	*aufführen*	
	bluten	*nachbluten*
		nachbessern
		nachdunkeln
vorstreichen	*streichen*	*nachstreichen*

(2)(2.1.)(2) vgl.
[...] *aus denen mittelgroße Säcke im Geschäft nachgefüllt* [...] *wurden.* (Brandstetter a5)
mit einem nachschluchzenden Atemzug (Mann 791)
Das muß er nachsprechen. (Mann 763)
Abmalen und Nachzeichnen. (Brandstetter a92)

Unproblematisch sind die Fälle, bei denen alle drei aufeinander bezogenen Teilhandlungen besetzt sind und gemeinsam eine Gesamthandlung ausmachen. Für die Lücken in den anderen Fällen sind verschiedene Faktoren verantwortlich. So gehören - sowohl von den ausgedrückten Verhältnissen wie den Valenzbeziehungen her - *nach-* und *vorarbeiten* nicht zu intransitivem *arbeiten*, sondern allenfalls zu einer Gesamthandlung *bearbeiten* und wären damit weitgehend parallel zu dem regelmäßigen Muster bei *behandeln*. Ähnlich sind auch die Verhältnisse bei *nach-* und *vorstreichen*, die Phasen einer Gesamthandlung *streichen* ausmachen. Gegenüber diesen drei zusammenzunehmenden Verbreihen stellen die Typen *bluten* und *aufführen* einen anderen Fall dar, gehören allerdings in gewisser Weise auch zusammen. Denn die jeweilige Lücke bei *vor-* bzw. *nach-* ist dadurch bedingt, daß die in diesen Verben ausgedrückten Ereignisse bzw. Handlungen in der Wirklichkeit zeitlich nur auf eine Seite hin offen sind. Was man im Zusammenhang von *aufführen* eine *Nachaufführung* nennen könnte, ist eben nichts anderes als eine normale *Aufführung*. Ähnlich bei *bluten*: was man sich als *vorbluten* denken könnte, wird man normalerweise *bluten* nennen. Bei den noch verbleibenden beiden Beispielen sind die Verhältnisse noch insofern komplizierter, als der Bezugspunkt, nach dem etwas passiert, nicht mit dem Inhalt der Basis identisch ist, d.h. *nachbessern* bzw. *nachdunkeln* sind nicht Folgehandlungen zu *bessern* oder *dunkeln*. Vielmehr ist *nachbessern* eine Art von 'nachträglich ausbessern', *nachdunkeln* bedeutet 'nachträglich dunkel werden, insbesondere von Farben'. Bis auf diesen letzten Typ aber liegt aufgrund der ausgedrückten zeitlichen Relation eine Art der Idiomatisierung nahe, die auch tatsächlich weithin eingetreten ist, nämlich eine Idiomatisierung die von 'nachträglichem Handeln nach demselben Typ' über 'erneutes Handeln' zu 'Wiederholung' führt (entsprechend bei Ereignisverben). Es handelt sich um die Realisation des VORHER-NACHHER-Typs: in diesem Zusammenhang wird auch klar, daß er bei Kühnhold (1973, S.274) als zweistellige Opposition zu einfach charakterisiert wird, es handelt sich vielmehr um eine mindestens zweistellige transitive Relation.

Die grundsätzlichen Unterschiede, die das Verhältnis der Bildungen mit *vor-* und *nach-* zu denen mit *voraus-* und *zurück-* kennzeichnen, lassen sich zwar an der funktionalen Differenzierung der Partikeln aufzeigen, sie betreffen tatsächlich aber die ganzen Verben. Nur den Verben vom *voraus-/zurück*-Typ ist ein Merkmal der Direktionalität inhärent, seien sie nun lokal-metaphorisch oder direkt temporal zu verstehen, dagegen beziehen sich die Verben mit *vor-* und *nach-* auf punktuelle Ereignisse oder Handlungen, die allenfalls in dem Sinn metaphorisch-lokal zu verstehen sind, als die Abbildung auf das geometrische Bild der Zeitachse überhaupt eine räumliche Metapher für die Zeit ist. Entsprechend treten bei diesem zweiten Typ Basen auf, die zeitlich nicht aus sich selbst hinausverweisende, voneinander abgrenzbare Handlungen und Ereignisse bezeichnen. Dagegen gibt es für die erste Gruppe zwei Arten charakteristischer Basen: direkt semantisch typisch sind die Verben des oben diskutierten Musters:

(2.2.) *sich erinnern, planen, sich sehnen.*

Diese Verben drücken entweder Zustände aus oder Handlungen, die über sich selbst hinausverweisen, wobei zudem meist recht klar ist, in welche Richtung, d. h. nach vorne oder hinten, jeweils die Erstreckung geht. In anderer Weise typisch für dieses Muster sind dann Basen, die "eigentlich" körperliche u.d.h. räumliche Handlungen ausdrücken, die dann nicht als körperliche, sondern als gedankliche Handlungen genommen werden und deren räumliche Komponente als eine zeitliche interpretiert wird:

(2.3.) *blicken, schauen*

Diese Verben einer optischen Sinneswahrnehmung sind ja nun a priori nicht auf vorne oder hinten beschränkt und sie können somit mit beiden Partikeln kombiniert werden. In gewisser Weise ein Verbindungsglied zwischen diesen beiden Untergruppen stellt

(2.4.) *denken*

dar, das zwar eine gedankliche Handlung, wie die Beispiele in (2.2.), zum Ausdruck bringt, aber in einer Weise, bei der die Richtung der zeitlichen Erstrekkung nicht schon festgelegt ist: diese "Freizügigkeit" stellt dieses Verb näher zu den Beispielen in (2.3.). Weitere Verben schließen sich an das eine oder andere dieser Muster an: *berechnen* etwa an *denken*, *empfinden* an *sehnen*, wo durch die Präfigierung die Ambivalenz der Richtung zugunsten der Ausrichtung nach vorne, auf die Zukunft zu, aufgehoben wird. Die Tatsache dieser Anlehnung an sich ambivalenter Verben, die ohne diese Systematisierung sowohl als abgeschlossen wie als unabgeschlossen gedacht werden könnten, kann die Vagheit mancher Bildungen, wie etwa von *vorausbezahlen*, erklären.[3]

Zusammenfassend läßt sich über die bisher behandelten Verben temporaler Bedeutung sagen, daß die vorgängige räumliche Strukturierung der HINTEN/VORNE-Dimension in zwei grundsätzlichen Oppositionspaaren dazu genutzt wird, zwei wesentliche Elemente zeitlicher Einordnung auszudrücken. So sind auf der Zeitachse voraus- und zurückgreifende Handlungen als eine Art Vektoren, die vom Sprecherstandpunkt ausgehen, zu beschreiben, andrerseits Ereignisse und punktuelle Handlungen relativ zueinander mit Bezug auf ihre Reihenfolge auf der Zeitachse. Im Gegensatz zu den räumlichen Verhältnissen, wo die Lage der Gegenstände zueinander und somit ihre Interpretation als VORNE und HINTEN nicht a priori festliegt, ist das bei den zeitlichen Verhältnissen durch die festgelegte Richtung, in der der Sprecher die Zeitachse abläuft, der Fall, diese universale Orientierung gibt die VORNE/HINTEN- Relation vor. Dieses "ordentliche", auf die genannten zwei Arten interpretierte System hat allerdings auch einige kritische Punkte, und zwar dort, wo ein lokales Bild eine diesem System nicht entsprechende Bewegung ausdrückt. Das beste Beispiel dafür sind die bereits besprochenen Verben, die die Bewegung von Zeiteinheiten relativ zum Sprecher ausdrücken. Die *vorausgegangenen* Jahre liegen eben nur dann VOR den *nachfolgenden*, wenn die Bewegung dieser Zeiteinheiten gegenläufig zur Bewegung des Sprechers auf der Zeitachse, d. h. dann gegenläufig zum Verlauf der Zeitachse gedacht wird: darum sind auch der Gegensatz zu den *voraus-/vorangegangenen Jahren* nicht irgendwelche *zurückgehenden*, sondern eben *nachfolgende*, d.h., wenn *gehen* hier überhaupt einem lokalen Bild entspricht, dann einem, das eine moving-time-Struktur mit auf den Kopf gestellten moving-ego-Mitteln erreicht. Die Zeit kommt unserem Ego in umgekehrter Reihenfolge entgegen: das Ich steht still und läßt die Zeit an sich vorbeikommen, dabei wird die entgegenkommende Zeit umgekehrt auf der Zeitachse abgetragen, was eben im Sinn der moving-time-Interpretation die richtige Reihenfolge produziert: alle früheren Elemente bewegen sich vor den späteren, kommen damit auf unserer Zeitachse weiter vorne zu stehen.

Trotz des Ergebnisses, das der VORHER-Struktur entspricht, ist hier die Zeit in einem Bewegungsmodell abgebildet. Von daher könnte man die Kodierungsmöglichkeiten für zeitliche Verhältnisse auch so sortieren, daß die Zeit einerseits in zweierlei Weise als beweglich gedacht werden kann, und daß zum anderen auf der Zeitachse, die als eine Abfolge von Zeitpunkten gedacht ist, eine Relation zwischen verschiedenen dieser Punkte, die Ereignisse oder Handlungen repräsentieren, her-

3 Über den Status von *rückwärts-* braucht hier nichts mehr gesagt zu werden; nach dem bisher Ausgeführten ist es schwer vorstellbar, welche Bedeutungslücke Bildungen mit dieser Partikel füllen sollten. Idiomatisiert sind allerdings einige Bildungen vorstellbar und vorhanden, dann signalisieren sie 'Rückschrittlichkeit' [!]: *rückwärtsgewandt*.

gestellt werden kann. Wir werden aber im Prinzip bei der Zweiteilung in den VORAUS- und VORHER-Typ bleiben.

5.2.4. Andere "lineare" Darstellungsweisen

Die bisherigen Ergebnisse zur Zeitkodierung ergaben sich aus der Verwendung der HINTEN/VORNE-Dimension. Im folgenden sollen noch einige Erscheinungen angesprochen werden, die sich einerseits daraus ergeben, daß andere lineare Relationen die HINTEN/VORNE-Relation überlagern können, andrerseits daraus, daß die HINTEN/VORNE-Gerade nicht die einzig Kodierungsmöglichkeit für alle Zeitabläufe darstellt (s.Miller/Johnson-Laird (1976, S.414/415)). Andere Raumbilder können gewählt werden, um bestimmte Ausschnitte von Bewegungen und gewisse Bewegungsarten zu thematisieren.

5.2.4.1. Verben mit *durch-*

Kjellman (1945), der die Verben mit *durch-* ausführlicher behandelt, bennt zwei Gruppen mit temporaler Bedeutung (s.auch Eroms (1982), Kühnhold (1973, S. 277-279), Schanen (1979), Szabo (1983)). Die erste, seine Gruppe 13, wird folgendermaßen umschrieben:

> Die Zusammensetzungen mit *durch* drücken eine Betätigung aus, mit der die als Objekt stehende Zeitperiode verbracht wird. Die Zusammensetzungen sind teils untrennbar, teils trennbar, oft bei demselben Verb.

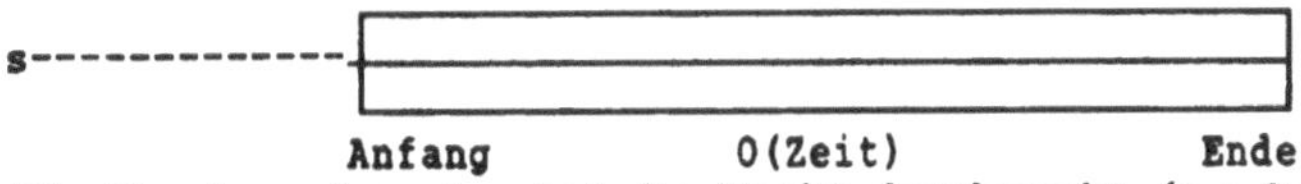

Die Krankenschwester hat die Nacht durchwacht. (a.a.O.S.67)

Anschließend werden 72 Verben aufgezählt, die Kjellman zu dieser Gruppe stellt. Die Verben seiner zweiten temporalen Gruppe (Gruppe 7) besagen,

> daß die Verbalhandlung, meistens nach Überwindung eines Hindernisses oder einer Schwierigkeit, zu einem Ziel oder Ende gelangt. Nicht selten ist darin die Erreichung eines besseren Zustandes enthalten. Trennbare Zusammensetzungen. (a.a.O.S.48)

Auch bei Kühnhold (1973) sind zwei einschlägige Bedeutungsgruppen angegeben, die eine bedeutet "ohne Unterbrechung" (S.277), die andere "die vollständige Durchführung einer Handlung" (S.322), zum Teil ist nach Kühnhold auch bei temporalem Gebrauch von metaphorischer Verwendung von lokalen Verben mit *durch-*1 auszugehen (S.261ff.).

Anscheinend lassen sich an lokalem *durch-* bzw. bei entsprechenden Verben zwei Bedeutungselemente feststellen, die sich für eine mögliche zeitliche Interpretation anbieten, erstens das 'Durchqueren eines als Hindernis gedachten Bereichs', zweitens die 'Zielgerichtetheit der ablaufenden Handlung; Perfektivität'.

Beide Arten einer räumlichen Interpretation lassen sich auf sinnfällige Weise auf die Verhältnisse entlang der Zeitachse übertragen. Jeder im jeweiligen Handlungszusammenhang abgrenzbare Zeitraum läßt sich als eine zusammengehörige Folge von Zeitpunkten, folglich als Zeit"raum" verstehen, der bei der jeweiligen Handlung durchschritten wird bzw. werden muß (s. "espace" und "lieu" bei Dervillez-Bastuji (1982, S.196ff. und 208ff.)). Auch in diesem Fall ist die Richtung des Durchschreitens durch die Gerichtetheit der Zeitachse festgelegt. Da die Handlung auf das Ende, den Abschluß hin ausgerichtet ist, handelt es sich um finalisierte Abläufe. Je nach der ausgedrückten Handlung tritt das eine oder das andere der beiden genannten Bedeutungselemente in den Vordergrund bzw. verschwindet möglicherweise ganz.

(1)(1.1.)
durchbacken, sich durchbeißen, durchbummeln, durchfahren, durchfechten, durchfeiern, durchlaufen, durchleben, durchleiden, durchpennen, durchsaufen, durchschlafen, durchtrinken, durchwintern (Duden-WB S.582ff.).
der [...] *einen süßen Taumel voller alkoholisierter und sexueller Räusche durchlebt* [...] (Brigitte 194)
nach einer durchzechten Nacht (Brandstetter a55)

Die Basen dieser Verben drücken zumeist Handlungen aus, die man eine bestimmte, abgegrenzte Zeit lang ausführt, andrerseits metaphorisch (*sich durchbeißen*) das zielgerichtete 'Sich-Hindurcharbeiten' durch einen Zeitraum anzeigen. Dabei treten trennbare und nicht trennbare Verben auf, auch entsprechende homonyme Varianten, die voneinander durch typische Unterschiede in den Verwendungsbedingungen getrennt sind.

(1.2.)

VERB	dúrch-x-en	durch-'x-en
-backen	1. ganz und gar backen, zu Ende backen: *der Kuchen ist nicht richtig durchgeb.* 2. (über einen bestimmten Zeitraum) ohne Pause backen: *der Bäcker hat die ganze Nacht durchgebacken.*	
-beißen	sich erfolgreich (durch Schwierigkeiten) durchkämpfen: *es waren schwere Zeiten, aber wir haben uns durchgebissen*	
-bummeln	(über eine bestimmte Zeit) ohne Pause bummeln; durchzechen, durchfeiern: *er sah aus, als hätte er die Nacht durchgebummelt*	bummelnd verbringen: *eine durchbummelte Nacht*
-fahren	ohne Unterbrechung fahren: *wir sind die ganze Nacht durchgefahren*	

VERB	dúrch-x-en	durch-'x-en
-fechten	1. bis zum (erfolgreichen) Ende durchstehen, durchkämpfen: *einen Prozeß durchf.* 2. sich durch Widrigkeiten einen Weg bahnen, sich durchkämpfen: *ich mußte mich im Leben immer durchkämpfen*	fechtend, kämpfend durchstehen: *eine Dichterin, die ihre Zeit durchlitten und durchfochten hat.*
-feiern	(über eine bestimmte Zeit) ohne Pause feiern: *wir haben (die ganze Nacht) durchgef.*	feiernd verbringen: *er hat manche Nacht durchfeiert, eine durchfeierte Nacht.*
-kämpfen	1. über einen bestimmten Zeitrauem ohne Unterbrechung kämpfen: *die Soldaten hatten drei Tage und drei Nächte durchgekämpft.* 2. Durch die Überwindung von Schwierigkeiten zu einem guten Abschluß bringen: *die Versetzung selbst d.müssen* eine schwierige Zeit des Lebens durchstehen: *in den Nachkriegsjahren hatte sie sich mühsam d. müssen.*	(eine bestimmte Zeitspanne) unter körperlichen oder seelischen Qualen hinbringen: *manche durchkämpfte Nacht.*
-laufen		hinter sich bringen, absolvieren: *die Schule durchlaufen*
-leben		(eine bestimmte Zeit, eine Situation) von Anfang bis Ende erleben: *eine schöne Jugend durchleben; eine solche Zeit möchte ich nicht noch einmal durchleben; eine schreckliche Angst d.; Augenblicke höchsten Glücks d.*
-leiden		(eine bestimmte Zeit, eine Situation) leidend durchleben, erleiden: *eine schreckliche Zeit durchleiden müssen.*
-pennen	s.-schlafen	
-saufen	kräftig trinkend durchfeiern: *sie haben (bis morgens um 6 Uhr) durchgesoffen.*	(eine bestimmte Zeit) kräftig trinkend verbringen: *eine durchsoffene Nacht*
-schlafen	(einen bestimmten Zeitraum) ohne Unterbrechung schlafen: *der Patient hat (die ganze Nacht) durchgeschlafen.*	schlafend verbringen, hinbringen: *durchschlafene Vormittage.*
-tanzen	(eine bestimmte Zeit) ohne (größere) Unterbrechung tanzen: *sie haben die ganze Nacht durchgetanzt.*	tanzend verbringen: *Trotzdem durchtanzt sie ganze Nächte.*
-toben		lärmend, tobend verbringen: *sie durchtobten die ganze Nacht.*
-trinken	(eine bestimmte Zeit) trinkend durchfeiern: *wir haben die ganze Nacht durchgetrunken.*	(eine Zeit) trinkend verbringen: *durchtrunkene Nächte.*
-wintern		(Pflanzen) über den Winter bringen: *ich habe die Knollen im Keller durchwintert.*

VERB	dúrch-x-en	durch-'x-en
-wachen	(eine bestimmte Zeit) ohne Unterbrechung wachen: *sie haben (die ganze Nacht) durchgewacht.*	wachend verbringen: *sie haben mehrere Nächte durchwacht.*
-zechen	(eine bestimmte Zeit) ohne Unterbrechung zechen: *sie haben (die ganze Nacht) durchgezecht.*	zechend verbringen: *sie haben die Nacht durchzecht.*

(nach Duden-WB S.583-598)

Die trennbaren Partikelverben und die nicht-trennbaren Präfixverben dieses formalen Bildungsmusters unterscheiden sich systematisch im realisierten Valenzmuster: dessen Art gibt auch Hinweise auf die entsprechende semantische Differenzierung. An einem einigermaßen neutralen Beispiel resumiert:

(1.3.)
(1) *weil er (die ganze Nacht) dúrchfeiert/dúrchgefeiert hat.*
(2) *?weil er die ganze Nacht durchféiert/durchféiert hat; nach durchféierter Nacht.*

Auf der kategorialen Ebene sind die Unterschiede noch nicht sichtbar: DURCH-FEIER braucht auf jeden Fall ein AGENS und einen abgeschlossenen Zeitraum TEMP zur Vervollständigung des Handlungsmusters. Auf der Ebene der semantischen Valenz, die ja bereits gewisse Thematisierungspräferenzen widerspiegelt (s.Eroms (1981, S.114)), werden allerdings schon Unterschiede sichtbar. Während bei den Partikelverben die Betonung auf das ununterbrochene Feiern über eine abgegrenzte Zeitstrecke im Vordergrund steht und infolgedessen aufgrund kultureller Gegebenheiten bzw. Annahmen darüber, wann man so feiert, die Zeitergänzung auch weggelassen werden kann - wenn jmd. *durchfeiert*, ist normalerweise impliziert, daß er *die ganze Nacht durchfeiert* -, ist, wie auch das weitgehende Vorherrschen von attributiven Fügungen mit dem Partizip II des Verbs belegt, bei den Präfixverben der Fokus auf einer Handlung FEIER und dem Zeitraum, über den sie sich erstreckt: *eine durchfeierte Nacht*. Beim Partikelverb steht also der Agens und die abgeschlossene Handlung im Vordergrund, während beim Präfixverb die Handlung und der Zeitraum, in dem sie abläuft, besonders hervorgehoben werden. Dieser Gegensatz findet sich bei allen oben angeführten Verben bzw. er kann auch erklären, warum die eine oder die andere Position in dieser Liste nicht gefüllt ist. Für das Auftreten eines Partikelverbs ist damit Bedingung, daß die im Verb ausgedrückte Handlung so beschaffen ist, daß man sie im geforderten Maße kontinuierlich betreibt, und daß sich ihre Ausübung auf eine abgeschlossene Zeitspanne, die zudem häufig kulturell determiniert ist, abbilden läßt. Beide Faktoren sind etwa bei *-leben* und *-leiden* nicht gegeben. Bei *-laufen* ist die zweite Bedingung schon von der

Voraussetzung her nicht erfüllt: so gebraucht, wird dieses Partikelverb lokal verstanden. An diesen drei Beispielen kann man somit auch deutlich sehen, daß das Präfixverb als ganzes eine wesentlich weniger durchsichtige Bildung darstellt: das DURCH ist in die Handlungsbezeichnung integriert und fordert daher relativ strikt die Zeitbestimmung, auf die es sich beziehen soll. So gesehen liegt im Partikelverb andrerseits die der lokalen Fügung nähere Bildung vor. Das legt auch den Grund zu dem in einigen Bildungen, exemplarisch wohl bei *durchkämpfen* vorliegenden Idiomatisierungsprozeß, wie er dort unter 2. aufgeführt ist: es herrscht die finale Bedeutung von *durch-* vor, angereichert mit den Bedeutungselementen 'mühevoll', 'mit gutem Ende'. Damit ändert sich auch der Charakter der möglichen Objekte: reine Bezeichnungen von Zeiträumen treten zugunsten von Bezeichnungen, die sich direkt auf das Mühevolle beziehen, zurück, Zeitbestimmungen müssen sich so interpretieren lassen, es kann sich z.B. um per se schwierige Zeiten wie etwa *die Nachkriegszeit* handeln. Bildgebend ist die noch stärker finale Konstruktion mit dem nochmaligen *durch*: *sich durch die Schwierigkeiten durchkämpfen*. Dabei wird die Verbpartikel final verstanden, so daß die Permeation eines Zeitraums durch die Präposition eigens ausgedrückt werden muß: das erklärt auch, warum es hier keine untrennbare Entsprechung geben kann. Auch die für *durchbacken* 1. angegebene Bedeutung gehört in diesen Bereich, ist aber wohl nicht mehr temporal und hier nur mit aufgeführt, um zu zeigen, wie die verschiedenen semantischen Muster ineinander übergehen. *Durchbacken* 2. entspricht dem Muster von *dúrchfeiern*; daß auch hier eine Präfixbildung kaum vorstellbar ist, weist auf eine pragmatische Bedingung, die die Handlung, die von solch einem Präfixverb ausgedrückt werden soll, erfüllen muß. Sie muß den Zeitraum, durch den sie ununterbrochen durchgeführt wird, "ausfüllen": das gilt anscheinend für backen nicht, von *durchbackten Nächten* würde man wohl ohne Ironie nicht sprechen. Singulär, und im Gegensatz zu den anderen Verben auch nicht produktiv, ist die Bildung *durchwintern*, die den Zeitraum, um den es geht, in der Basis nennt.

Das Typische der temporalen <u>Partikel</u>verben mit *durch-* wird an den Verben *dúrchfeiern*, *durchkämpfen* und *sich durchbeißen* sichtbar: allen dreien ist gemeinsam, daß es um den Agens und die Handlung, die im Partikelverb ausgedrückt ist, geht, bei *durchfeiern* liegt die reine Permeationsbedeutung vor, bei *sich durchbeißen* die reine Finalbedeutung, *durchkämpfen* zeigt beide Varianten. Dagegen ist für die <u>Präfix</u>verben eine Bildung wie *durchwachen* typisch: durchlaufene Zeit und Handlung spielen die entscheidende Rolle, dabei muß die Handlung nach allgemeiner Ansicht den angesprochenen Zeitraum angemessen ausfüllen. Der letzte Punkt erklärt auch, warum das von dieser Beschreibung her fast archetypische *durchlaufen* doch schon wieder eine Spezialisierung der Objekte zeigt: das reine 'Verbringen einer Zeit' ist sozusagen nicht ausfüllend genug, so wird die Verbalhandlung durch die Art der zeitlich verstehbaren Objekte wie *Schule* inhaltlich stärker aufgefüllt, was striktere Selektionsbeschränkungen zur Folge hat. Wie sich die finalisierenden Varianten, die es nur bei den Partikelverben gibt, bezüglich der syntaktischen Valenz verhalten, wurde oben bereits festgestellt. Die Valenz der Verben mit Permeationscharakter, die als Partikelverben und als Präfixverben vorkommen können, zeigt ebenfalls eine im Sinn der gegebenen Interpretation sinnvolle Struktur. Bei den Partikelverben entspricht dem semantischen Zurücktreten des eigentlich vorgesehenen Zeitraums seine Fakultativität, dagegen ist seine Angabe bei den Präfixverben obligatorisch: die vor allem auch der textlichen Kondensation dienende adnominale Verwendung im Partizip II belegt das hinreichend. Wohl auch von der textuellen Funktion her ist bedingt, daß von diesen Präfixverben in nichtusuellem Gebrauch eine Vielzahl von Bildungen vorkommt, die alle irgendwie das Muster "DURCHLAUF+Modifikation" zeigen. Kjellman bietet dazu eine Vielzahl von allerdings zeitlich nicht näher beschränkten Beispielen, die zeigen, wie solche "zeitausfüllenden" Handlungen aussehen können:

(14.)

DURCHLAUFEN + ZUSTAND	DURCHLAUFEN + HANDLUNG		
	ALLGEMEIN	FREUDEN-ÄUSSERUNGEN	SCHMERZ ÄUSSERUNGEN
durchdulden *durchfrieren* *durchgähnen* *durchleiden* *durchruhen* *durchschlafen* *durchschlummer* *durchsorgen* *durchtaumeln* *durchtrauern* *durchwachen* *durchwarten*	*durcharbeiten* *durchbeten* *durchfahren* *durchkämpfen* *durchküssen* *durchlärmen* *durchlieben* *durchschlemmen* *durchschmausen* *durchtändeln* *durchtrinken* usw. *durchtanzen* *durchzanken*	*durchalbern* *durchjauchzen* *durchjubeln* *durchlachen* *durchplaudern* *durchscherzen* *durchspielen*	*durchächzen* *durchfluchen* *durchjammern* *durchseufzen* *durchstöhnen* *durchweinen*

Diese relativ große Anzahl von Bildungen kann allerdings nicht darüber hinwegtäuschen, daß die nichttrennbaren Bildungen stilistisch markiert bis unüblich sind (s.Eroms (1982, S.38/39)); weitaus produktiver sind die trennbaren Verben. Wie auch die semantische Analyse gezeigt hat, realisieren sie in beiden vorkommenden Varianten, also auch in der, die der nichttrennbaren Variante parallel geht, ein zielorientiertes Muster. Bei der rein zielorientierten Variante muß das Ziel offenbar notwendig erreicht werden, Valenzmuster und Reflexivität belegen diese Annahme. Bei allen geht es um ein irgendwie modifiziertes 'sich durcharbeiten, sich durchkämpfen', wobei die Modifikation 'mühselig` systematisch zu sein scheint; die typische Verwendung zeigt ein von Kjellman (1945, S.51) gegebenes Grimmelshausen-Zitat:

> *[...] die sich etliche Jahr mit höchster Gefahr auf den untersten Ästen beholfen, durchgebissen und das Glück gehabt hatten, dem Tod bis dahin zu entlaufen.*

5.2.4.2. Verben mit *über–*; Verhältnis von *über–* und *durch–*

In beiden genannten Mustern werden bei den *durch*–Verben eine lokale Bilder problemlos auf temporale Verhältnisse übertragen (s.Eichinger (1980, S.34)). Dabei wird der WEG einer Bewegung unterschiedlich interpretiert, einmal als Permeation, die als Analogon des Zeitverlaufs genommen wird, und einmal final, damit auf die Zielpunkte der Handlungen besonders abhebend.

Ein Hindernis auf dem zurückzulegenden Weg bestimmt die Bedeutung von *über–*, lokal wie dann auch temporal. Solche Bildungen mit zeitlicher Bedeutung waren nie sehr produktiv und sind es auch heute nicht. Nach Kühnhold (1973, S. 276) ist in "8 Stichwörtern (= 2,1 % seines Gesamtbestands) (...) das Präfix *über–* ersetzbar durch 'über eine Zeitspanne hinweg'. Leitformen: *überleben* (für die intransitive Anwendung, die 50 % der Gruppe ausmacht), *etw. überdauern* (für die trans. Anwendung, die 37,5 % beträgt)und *überwacht* (als Fall, der nur im Part II vorkommt 12,5 %)". Aus den Angaben bei Kühnhold lassen sich folgende 7 einschlägigen Verben entnehmen:

(2)
(2.1.) *überdauern, überleben, überstehen*
Ist es überhaupt noch möglich, einen Abend in Manhattan ohne Chemikalien zu überstehen? (Brigitte 196)
(2.2.) *übernachten, überwintern; überleben*
[...] *wenn sie in meinem Haus übernachteten* [...] (Brandstetter a91)
(2.3.) *überwacht*

Das vierte transitive Verb ist nicht angegeben. Unklar ist die Bedeutung und Verwendung des unter (2.3.) aufgeführten *überwacht*. Bei allen Verben handelt es sich um Präfixverben. Dabei bestätigt sich mutatis mutandis auch hier, was oben für die Bildungen mit *durch–* im Hinblick auf den Unterschied von trennbaren und nicht–trennbaren Verben festgestellt wurde: die nicht–trennbaren Bildungen, und nur solche haben wir ja hier, sind wesentlich stärker demotiviert als trennbare Verben, zudem sind die entstandenen Muster kaum produktiv. Semantisch sind die von Kühnhold als Leitformen genannten Verben typisch für das durch sie repräsentierte Muster: wie auch bei zielorientierten *durch*–Bildungen ist in der Bedeutung dieser *über*–Verben das Mühevolle der Überwindung des jeweiligen Zeitraums hervorgehoben. Trotz der zum Teil starken Demotivierung, bzw. geringen Durchsichtigkeit der Bildungen – vgl. z.B. *überstehen* – bringt *über–* wesentliche Elemente seiner direktionalen Bedeutung in diese temporalen Verben ein: es muß auf jeden Fall ein als relativ kompakt und begrenzt gedachtes Hindernis – hier eben dann eines in Form eines Zeitraums – überwunden werden. Im Gegensatz selbst zu den zielorientierten Verben mit *durch-* aber wird bei den Verben mit *über-* praktisch kein Gewicht auf den Ablauf, die Art der Überwindung dieses Hindernisses gelegt. Wichtig ist lediglich die Tatsache, daß man an der anderen Seite dieses Hindernisses wieder herauskommt, es wird in seinem Ausmaß sozusagen bewußtseinsmäßig komprimiert. Das läßt sich am Nebeneinander zweier formal und inhaltlich soweit wie möglich ähnlicher Verben aus diesen Gruppen zeigen.

(2.4.) *überstehen*
(2.5.) *dúrchstehen*

Aus den Erläuterungen zu den Verben mit *durch-* ging schon hervor, daß, wenn hier Ähnlichkeiten zwischen diesen Typen bestehen, sie zwischen den Partikelverben mit *durch-* und nicht den in anderer Weise systematisierten Präfixverben mit dieser Partikel bestehen. Im Duden-WB (S.2662 und S.596) sind die beiden Verben, um die es hier gehen soll, folgendermaßen umschrieben:

(2.4.)(1) *überstehen*
etw. (was jmdm. Probleme, Schwierigkeiten, Mühen o. ä. bereitet) hinter sich bringen, ohne Schaden zu nehmen: eine Gefahr, eine Krise, eine Reise, den Winter, die Strapazen ü.; das Schlimmste ist jetzt überstanden; das hätten wir/wäre überstanden (...)
(2.5.)(1) *dúrchstehen*
durchhalten, überstehen, bestehen: das Tempo d.; er hat die schwierige Situation gut durchgestanden (...)

Aus diesen Beschreibungen ergibt sich, warum in vielen Fällen das eine wie das andere Verb zur Beschreibung derselben Situation in der Wirklichkeit eingesetzt werden kann:

(2.4.)(2) *Otto hat die schwierige Situation gut überstanden.*
(2.5.)(2) *Otto hat die schwierige Situation gut durchgestanden.*

Die Angaben zu unseren beiden Stichwörtern legen nahe, daß es sich nicht um Synonyme handelt. Daß sie aber als in irgendeiner Form äquivalent gelten, wird dadurch angezeigt, daß 'überstehen' als Bedeutungsangabe für *durchstehen* genommen wird. Tatsächlich mag nun der Otto unserer Beispielsätze in beiden Fällen genau dasselbe getan oder erlebt haben, jenseits dieser Bezeichnungsäquivalenz treten die Bedeutungen der beiden Verben auseinander. Die Bedeutungen unterscheiden sich in einer Weise, die sich von den Unterschieden in der Bedeutung der Partikeln *über-* und *durch-* herleiten läßt (s.Eichinger (1980, S.34 u.30/31)). So ist in Satz (2.5.)(2) ausgesagt, daß Otto sich im Verlaufe der schwierigen Situation, von der die Rede ist, gut gehalten hat, womit letztlich auch gesagt ist, daß er gut aus ihr herausgekommen ist. D.h. (2.5.)(2) impliziert den Satz (2.4.)(2), der nur vom "guten Ende" der Situation, spricht. (2.4.)(2) impliziert aber nicht (2.5.)(2): man kann auch etwas gut *überstehen*, was man gar nicht gut *durchgestanden* hat. *Durchstehen* bezieht sich also auf Handlungsweisen, *überstehen* auf passierte Ereignisse und einen erreichten Zustand.

(2.6.)

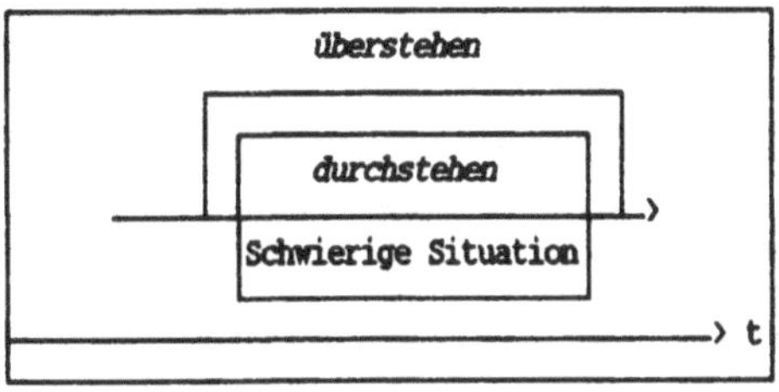

Der zu überwindende Zeitraum wird bei *durch-* als ein Raum mit zeitlicher Erstreckung angesehen, der im Rahmen der im Verb geschilderten Vorgänge abgelaufen werden muß, bei *über-* dagegen als ein Hindernis, dessen Ausdehnung zunächst egal ist, das nur auf jeden Fall überwunden werden muß. Dieser Wortbildungstyp ist abstrakter bezüglich der Darstellung des Zeitablaufs und kann daher auch leichter als idiomatisiert verstanden werden. Die zeitliche Relation tritt zugunsten der Abgeschlossenheit des Vorgangs mehr und mehr in den Hintergrund. Trotz dieser einmal normalen und einmal komprimierten Zeitdarstellung stellen beide Typen eine Bewegung entlang der Zeitachse dar, wobei die handelnde Person auf einen Zeitraum als eine Art Hindernis trifft, mit dem dann sprachlich verschieden umgegangen wird. Die ganze Situation wird also gemäß einer entsprechend modifizierten VORAUS/moving ego-Struktur geschildert.

5.2.4.3. Verben mit *vorbei-/vorüber-*

Dagegen stellen diese Partikeln Mittel dar, die Bewegung der Zeit zum Ausdruck zu bringen. So kann man sagen, daß eine schwierige Situation, die man *überstanden* hat, *vorübergegangen* ist. Bei komplexen Verben dieses Typs werden Zeiteinheiten, die in der Zukunft liegen, als kommend gedacht und dargestellt. Es handelt sich vor allem um:

(3)
(3.1.)(1) *vorbeigehen, vorübergehen.*
(3.1.)(2) *Es wird vorübergehen.* (Mann 91)

Hier bewegt sich die Zeit und der Mensch bleibt stehen. Ähnlich wie die zuletzt behandelten Verben beziehen sich aber diese Verben ebenfalls auf einen abgeschlossenen Zeitraum, in Bezug auf den die dargestellte Bewegung zu verstehen ist. Welches räumliche Bild wird hier für welche zeitlichen Ablaufe genutzt? Im Duden-WB (S.2823) sind örtliche und zeitliche Varianten gleichmäßig nebeneinander verzeichnet. Dabei wird *vorüber-* als eine Variante von *vorbei-* betrachtet, so daß ich mich nur darauf beziehe.

(3.2.) *vorbei*
1. *räumlich von weiter hinten kommend in (etwas) schnellerer Bewegung ein Stück neben jmdm., etw. her u. weiter nach vorn; vor-*

über (...) 2. *zeitlich vergangen, verschwunden, zu Ende* (...) (Duden-WB S.2810).

Daß hier kein Zusammenhang zwischen der lokalen und der temporalen Bedeutung hergestellt wird, mag für die Verwendung der selbständigen Partikel in der Gegenwartssprache sogar korrekt sein, wo temporales *vorbei* nicht viel mehr bedeutet als 'aus'. Man kann von einer allmählichen Auseinanderidiomatisierung der beiden Lexeme ausgehen, die sich anscheinend seit Beginn unseres Jahrhunderts vollzogen hat. Paul (1897, S.525) spricht davon, daß bei der zeitlichen Variante die lokale Bedeutung "[a]uf die Zeit übertragen" sei. Problematischer ist die Bedeutungsangabe des Duden-WB, was die lokale Variante angeht: die enge Beschränkung auf Bewegungen, die von hinten kommen, widerspricht der Intuition des Sprechers und kann nicht einmal durch die gegebenen Beispiele eindeutig belegt werden; ein oben noch nicht aufgeführtes lautet: *Wir hatten den Wagen kaum bemerkt, da war er schon (an uns) vorbei.* Dieser Satz kann sich nicht nur auf die Situation "überholendes Auto" beziehen, die der obigen Duden-Bedeutungsangabe entspricht, sondern paßt auch zu dem Szenario "begegnendes Auto". Dieser Typ des Aufeinandertreffens ist im Duden-WB nicht vorgesehen. Das ist auch ein Grund dafür, daß sich die lokale und die temporale Bedeutung nicht mehr aufeinander beziehen lassen. Offenkundig existiert aber eine solche Verwendung, wie auch weitere Beispiele aus dem Duden-WB zeigen.

(3.3.)
(1) *Die Fahrt ging weit durch das Land, vorbei an Wiesen und Äckern.*

Ist schon in dieser Form nicht sicher, ob die angenommene Bedeutungsbeschreibung wirklich trifft, so umso mehr, wenn man die Sehweise umkehrt:

(3.3.)
(2) *die Fahrt ging weit durch das Land, Wiesen und Äcker zogen vorbei.*

Entsprechendes gilt für:

(3.4.)
(1) *der Zug ist schon an Gießen vorbei.*
(2) *(der Bahnhof) Gießen ist schon vorbei.*

Gerade dieser letzte Satz ist schon sehr nahe an einer temporalen Interpretation. Die einseitige Bedeutungsanalyse im Duden-WB verdeckt, daß es sich bei *vorbei/vorüber* um ein dynamisiertes *neben* handelt, das gleichläufiges und gegenläufiges Begegnen gleichermaßen einschließt. Bei den einzelnen Partikelverben wird dann z.T. in dieser Weise differenziert, es ist unklar, warum das bei der selbständigen Verwendung so völlig anders gehandhabt wird. Vor allem in der Bedeutungseingrenzung im Rahmen des Partikelverbs wird ja nur ein Ausschnitt aus der in dieser Hinsicht undeterminierten selbständigen Verwendung realisiert, so daß bei den verbalen Wortbildungen je nach Verb die eine oder die andere Variante als die unmarkierte gelten mag.

Die Bedeutung der temporalen Partikelverben mit *vorbei-* läßt sich folgendermaßen einordnen. Es handelt sich um eine Realisierung des VORHER/moving time-Typs. Eine Darstellung dieses Sachverhalts sieht so aus, daß die *kommenden Jahre* VOR, d.h. im Blickfeld des Sprechers liegen, das nächste kommende Jahr aber bezüglich des ihm folgenden ein *vorangegangenes Jahr* ist. In unserem Zusammenhang wird die Sache an dem Punkt so richtig interessant, wo diese "kommende" Zeiteinheit auf den Sprecher stößt. Da kommt es nämlich dazu, daß sie an ihm vorbeigeht und dann hinter ihm ist.

(3.5.)

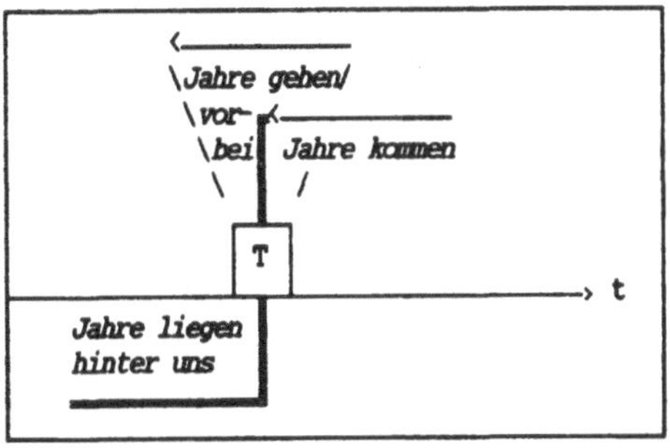

Diese Darstellung zeigt neben der Gegenläufigkeit von normaler zeitlicher Sprecherbewegung und dem Bewegungssinn der Zeiteinheiten als solcher die Bedeutung der Zeitpunkte als potentielle Sprecherzeitpunkte. Allerdings scheint es so zu sein, daß diese Deutung zusammenbricht, sofern der Zustand ihres Vergangenseins dargestellt werden soll.

Insgesamt dienen die Bildungen mit *durch-/über-* und mit *vorbei-* (*vorüber-*) dazu, darzustellen, wie der Ablauf fester Zeiteinheiten bzw. der Ereignisse innerhalb einer solchen Zeiteinheit verstanden werden kann. Während nun *durch-* und *über-* die Bewegung des Sprechers im Sinn der Zeitachse als Darstellungsmuster wählen, beziehen sich *vorbei-/vorüber-* auf eine gegenläufig gedachte Bewegung der Zeit. Wie aus den im Duden-WB (S.2810) verzeichneten entsprechenden Verben mit temporaler Bedeutung, *vorbeigehen* 'zu Ende gehen, vorüber-, vergehen' und *vorbeilassen* 'vergehen, verstreichen lassen', deutlich wird, ist diese Bewegung im Normalfall anthropomorph durch das unmarkierte Bewegungsverb *gehen* ausgedrückt. Dieses Bewegungsbild bietet den Vorzug, daß man Modifikationen der Geh-Bewegung auf das entsprechende Bild des Zeitablaufes übertragen kann.

Hierbei sind verschiedene Arten solcher Modifikationen denkbar: zunächst einmal solche, die sich auf die Geschwindigkeit, bzw. an der Wirklichkeit gemessen, den Geschwindigkeitseindruck der Zeitbewegung beziehen:

(3.6.)(1)
vorbei-/vorübereilen, s.vorbei-/vorüberquälen, vorbei-/vorübersausen.
(3.6.)(2)
Dann wurde die Verhandlung geschlossen, und alles war vorbei. (Musil 76)

Ebenso kann allerdings auch durch eine Änderung der verwendeten lokalen Bildebene die Intensität der zeitlichen Fortbewegung modifiziert werden:

(3.7.)(1)
vorbei-/vorüberfliegen, vorbei-/vorüberfließen, vorbei-/vorüberrauschen, vorbei-/vorüberströmen, vorbei-/vorüberziehen.
(3.7.)(2)
Ich habe gelegen und die Zeit vorbeischwinden lassen. (Mann 68)

Während hierbei *-fliegen* nur einen geringfügigen Wechsel der Bildebene gegenüber *-gehen* darstellt, im wesentlichen über das Merkmal 'hohe Geschwindigkeit' interpretierbar ist, ist bei den restlichen Beispielen von (3.7.) die Alternative zu all den Mustern, die von der anthropomorphen Fortbewegung ausgehen, gewählt: ist es in (3.6.) der *Lauf der Zeit*, der hinter den Verben steht, so liefert uns (3.7.) Illustrationen zum Bildbereich des *Flusses der Zeit*. Auch dieser *Fluß* nun kann verschieden schnell fließen, so ist ein *Vorbeirauschen* sicher schneller als ein *Vorbeiströmen* oder ein *Vorbeiziehen*. Gegenüber dem Bild eines irgendwie gearteten Gehens, dem eher etwas Punktuelles anhaftet, wird bei der Flußmetaphorik vom kontinuierlichen, unwiderstehlichen Dahinfließen der Zeit gesprochen, besonders deutlich z. B. bei einem Verb wie *vorbeiströmen*. Unverkennbar ist auch, daß das Naturereignishafte, das dieser Wechsel der Bildebene mit sich bringt, Folgen für die Wichtigkeit des Sprecherstandpunkts hat: die exakte Stellung des Sprechers zu diesem "Fließen" ist nicht mehr so wichtig bzw. nicht eindeutig feststellbar.

5.2.4.4. Subjektive Modalisierungen

Wenn noch stärker als in den bisher genannten Beispielen nicht der mehr oder minder objektive Zeitablauf, sondern seine subjektive Wahrnehmung zum Ausdruck gebracht werden soll, können weitere lokale Bilder gewählt werden, die den Eindruck von der Bewegungsart der Zeit schildern:

(4.1.) *sich fortschleppen, sich hinziehen*

Dabei paßt vor allem sich *fortschleppen* noch recht gut zu den in (3.6.) genannten Modifikationen der Gehbewegung: allerdings geht diese Bildung mit dem Bild der Hinfälligkeit, die die Zeit so schlecht vorankommen läßt, über die oben genannten reinen Geschwindigkeitsmodifikationen noch einen Schritt hinaus (s.Duden-WB S.884). Ein anderes Bild liegt *sich hinziehen* zu Grunde: einer zeitlichen Einheit wird ein Raumbedarf zugesprochen, der ihren objektiven Raumanspruch auf der Zeitachse überschreitet, die Zeit wird gegenüber dem gehörigen Ablauf gedehnt. Die dabei zugrundeliegende räumliche Relation soll nicht weiter diskutiert werden, da wir uns auf die Darstellungen der Zeit konzentrieren wollen, für die im lokalen Teil dieser Arbeit zumindest generell die Grundlagen gelegt worden sind. Das ist noch der Fall bei bestimmten Darstellungen, bei denen die Zeit explizit in Verbindung mit dem Sprecher gesetzt wird. Dabei geht es jetzt um beides, die Bewegung der Zeit, die eine bestimmte Bewegung des Sprechers zur Folge hat, was zunächst paradox erscheint, da doch die Bewegung von Zeit und Sprecher zueinander naturgesetzlich festzuliegen scheinen. Es geht hier um Verben des folgenden Typs:

(4.2.) *davonlaufen, hinterherjagen, hinausschieben*
Aber könnten wir es vielleicht noch ein wenig hinausschieben?
(Mann 172)

Die Zeit, die *davonläuft* - ein Bild mit prominenter Tradition: **tempus fugit** - kann man versuchen, wieder zu erwischen, indem man ihr z. B. *hinterherjagt.*

Zur Interpretation dieser Handlung auf der Zeitachse braucht es eine etwas komplizierte Anwendung unseres VORAUS/moving ego-Schemas. Wenn einem die Zeit *davonläuft*, befindet man sich im Rückstand zu dem Zeitpunkt, an dem man sich eigentlich befinden sollte, die davonlaufende Zeit, als eine Art 'vorauslaufende' hat einem sozusagen den zeitlichen Boden unter den Füßen weggezogen, und man muß, um sie wieder zu erwischen, die Differenzzeit schneller, als sie tatsächlich läuft, hinter sich bringen. Eigentlich folgt, da ja das Ich von seiner Zeit so nicht zu trennen ist, ein unpünktliches einem pünktlichen Ich. Und auch dieses Bild läßt sich nur im Lichte eines arbeitsethischen kategorischen Imperativs verstehen, demzufolge eine ordentlich ablaufende Zeit eine solche ist, die mit einer angemessenen Anzahl von Handlungen, "Arbeiten" ausgefüllt ist. Wird dieses Verhältnis in einer Weise gestört, daß der jeweilige Sprecher nicht soviel Handlungen in der Zeiteinheit unterbringt, wie es das nach seiner Norm bräuchte, beginnt dieses als Davonlaufen der Zeit interpretierte Auseinanderklaffen des Norm- und des tatsächlichen Standpunkts, das nur durch eine Überfüllung weiterer Zeiteinheiten mit Handlungen wieder ausgeglichen werden kann, das ist das 'Hinterherjagen'. Für die Alternative der Normanpassung nach unten scheint kein entsprechendes Lexem zu existieren, das diese Art des Bremsens der davongelaufenen Zeit ausdrücken würde.

Hinausschieben betrifft von vorneherein nicht den Zeitablauf als solchen, sondern bestimmte einzelne Zeitpunkte, Ereignisse, ist somit ein Verb, das generell zu einer VORHER-Struktur gehört:

(4.3.)(1) *hinausschieben*
eine S a c h e *auf später verschieben*; Termine, Vorhaben-; seinen Urlaub um eine Woche -; die Beratung des Gesetzentwurfs -; willst du es in alle Ewigkeit -; (Brockhaus-Wahrig S.567).

Hier ist ein wesentliches Merkmal der AUS/EIN-Relation genommen, um zeitliche Gegebenheiten zu modellieren. Es wird von einem sprachlichen Zeit-Innenraum ausgegangen, der, wie bei den Gegebenheiten der Zeitachse nicht anders zu erwarten, beim Sprecherstandpunkt beginnt, und seine andere Begrenzung in einem zukünftigen Termin hat, und der durch weiteres nach-vorne-Schieben dieses Grenzpunkts vergrößert wird.

(4.3.)(2)

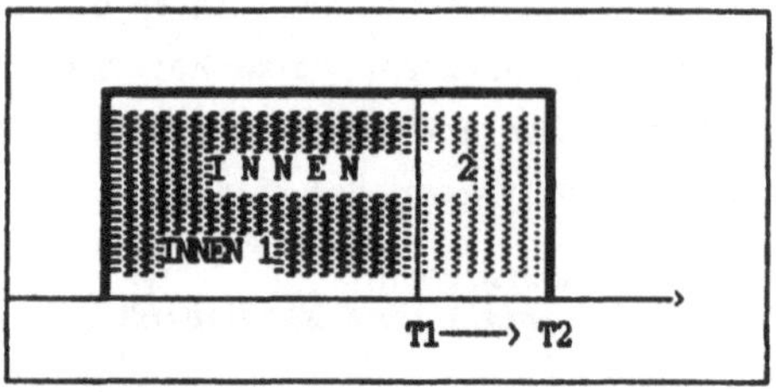

Eine ähnliche Deutung gilt auch für die folgenden Verben:

(4.3.)(3)	*hinausziehen*	'hinauszögern, verzögern, hinziehen'
	hinauszögern	'durch Verzögerung hinausschieben'
		(nach Duden-WB S.1243)

Entsprechend auch für die zugehörigen Reflexiva, die die Bewegung des Zeitpunkts im Rahmen dieser Deutung in den Mittelpunkt stellen. Die aus dem Duden-WB übernommenen Inhaltsparaphrasen verweisen darauf, daß *hinausschieben*, das die Übertragung einer lokalen Deutung rein formal am leichtesten zuläßt, das Muster prägt. Durch den Anschluß weiterer Verben konstituiert sich dann aber im Laufe der Zeit ein selbständiges Analogiemuster, das nicht mehr in jedem Fall auf die lokale Grundlage bezogen werden muß.

5.2.4.5. Zusammenfassung

Alle komplexen Verben, die wir bisher betrachtet haben, haben sich auf die HINTEN/VORNE-Dimension und die Bewegung, die ihr entlang abläuft, als Interpretationsmuster für die temporalen Vorgänge bezogen. Diese Richtung hat sich zur Kodierung zeitlicher Sachverhalte als so passend erwiesen, da sie eine starke inhärente Polarität hat und da sie die normale Bewegungsrichtung des Menschen abbildet, was dem unausweichlichen Ablauf der Zeit zugutekommt. Aus der Normalbewegungsrichtung wird also die Zeitachse, die so ihre prinzipielle Gerichtetheit erhält und auf der als festem Bezugspunkt dann so allerlei passieren kann. Was hier so vorläufig angesprochen wird, sind einerseits die beiden grundsätzlichen Möglichkeiten der Kodierung, die wir verkürzend als den VORAUS- und den VORHER-Typ beschrieben haben: sie beziehen in unterschiedlicher Weise die Stellung des Sprechers bezüglich der Zeitachse mit ein. Ist sie nämlich für den VORAUS-Typ konstitutiv, so für den VORHER-Typ nur insofern, als die generellen Eigenheiten der Zeitachse über einen generischen Sprecher, der vorstellungsmäßig im Beginn des Zeitstrahls steht, definiert sind. Auf beide Typen muß die diskutierte dritte Kodierungsweise, nämlich die von der sich gegenläufig zur Zeitachse bewegenden Zeit, zurückgreifen. Des weiteren wurde an einigen weiteren Beispielen sichtbar, daß verschiedene Modifikationen des Zeitablaufs entlang der generell definierten Richtung sich lokaler Bilder bedienen können; das wurde nur exemplarisch, v.a. an *durch-* und *über-* diskutiert, da für eine extensive Behandlung auch eine entsprechende Ausweitung des Teils der Arbeit, der sich mit den lokalen Relationen befaßte, nötig gewesen wäre. Daß die Kodierung der Zeit nach dem Muster der HINTEN/VORNE-Richtung erfolgte, war intuitiv nicht überraschend, und es scheint zumindest für die indogermanischen Sprachen insgesamt eine Präferenz zu dieser Art der Kodierung vorzuliegen, die nur durch eine Natürlichkeitsregel beschrieben und begründet werden kann (vgl. Vennemann (1982)). N a t ü r l i c h ist diese Kodierung unserer Zeitvorstellung zumindest insofern, als sie die Einsinnigkeit des Zeitablaufs deutlich macht, und aufgrund des Bezugs auf die sprachlich stark differenzierten Benennungen für normale menschliche oder sonst natürliche Bewegungsvorgänge die Möglichkeit zum Ausdruck verschiedenartigster Modifikationen bietet. Die Linearität, d.h. das Nicht-Flächenhafte dieser Dimension gerade im Zusammenhang mit der menschlichen Bewegung und die eindeutige Auszeichnung des Teils der Dimensionslinie, die vor dem Sprecher liegt, erlauben es, ohne Verwirrung des prinzipiellen Befundes weitere kompatible lokale Relationen anzuwenden. Notwendig ist dabei zusätzlich, daß die Zeitlinie im Prinzip als eine Kette von Standpunkten für Sprecher bzw. Ereignisse, Vorgänge und Handlungen, die sich als Zeitpunkte oder -räume abbilden, verstanden wird. In der Bewegung entlang dieser Punkte wird die Zeit in verschiedener Weise symbolisiert. Erst diese aus Einzelelementen, deren Größe sich je nach dem Bedarf der Kommunikationssituation bestimmt, konstituierte Kontinuität ermöglicht es, zeitliche Einheiten als Abschnitte einer räumlichen Bewegung unterschiedlichen Ausmaßes und unterschiedlicher Struktur abzubilden: deutlich zu sehen ist das bei den besprochenen Partikel- bzw. Präfixverben mit *durch-* und *über-*. Auch die Intrepretation nach dem Muster *vorüber-/vorbei-* braucht das Bild von der kontinuierlichen Linie von Zeitpunkten, und auch komplexere Typen wie *davonlaufen* fungieren auf der Basis von Bewegungsrichtung und Reihenfolgebeziehungen zwischen Punkten. Sie sind aber vor allem Beispiel für die Möglichkeit, mit räumlichen Bildern nicht so sehr Merkmale des "objektiven" Zeitablaufs, sondern vielmehr ihre Deutung im Rahmen bestimmter Handlungsrahmen zu modellieren: es geht hierbei um die besprochenen Verlangsamungs-, Beschleunigungs- und sonstigen modifikatorischen Prozesse.

5.2.5. Nicht-"gerade" Darstellungsweisen

5.2.5.1. Neigung der Zeitachse

Die bisher besprochenen Darstellungen der Zeit, vor allem auch die beiden grundsätzlichen Modi ihrer Darstellung, haben also gemeinsam, daß sie sich auf das

Bild einer stetigen Gerade, die in der Bewegungsrichtung des Menschen ihren Bildbereich findet, beziehen. Abschließend seien nun noch zwei weitere Typen kurz besprochen, die zeitliche Verhältnisse in einer von diesem Bild abweichenden Form deuten, dazu aber auch - andere - Eigenheiten räumlicher Darstellung nutzen. So kann in manchen Fällen eine adverbiale Partikel dazu genutzt werden, die Zeitlinie als geneigt darzustellen. Das gilt für den selbständigen Gebrauch der Partikeln im Rahmen von Zeitangaben:

(1)
(1.1.) *Bis in unsere Zeit herauf haben sich primitive Lebensformen gehalten.*
(1.2.) *Bis auf unsere Tage herab hält sich der Glaube, daß...*

Allerdings sind solche Modifikationen und die damit verbundenen Bewertungen von zeitlichen Abläufen eher akzidentiell und spielen keine so regelmäßige Rolle. Dennoch ist in Einzelfällen die Zuordnung bestimmter Zeitpunkte als "am höherliegenden" bzw. "am tieferliegenden Ende" durchaus mit den entsprechenden Wertungen "positiv" und "negativ" verbunden, wie wir das entsprechend für die lokalen Verhältnisse bei der Behandlung der AUF/AB-Dimension kennengelernt hatten (s. aber auch: *vorwärtsweisend* vs. *rückwärtsgewandt*). Das gilt für die Verwendung der Adverbien wie für die entsprechenden Verbpartikel:

(1.3.) *Nimmt man nun noch hinzu, daß (...) Manche (...) bis in die grauesten Zeiten des Alterthums hinaufreichen.* (Görres)
(1.4.) *Je tiefer man in die Vorzeit hinabsteigt, desto mehr schmilzt (...) die Masse (...) des Stoffes* (v. Humboldt S.385).

Dabei ist es nicht untypisch, daß sich gerade bei einem Autor der "frühen Germanistik" das Bild findet, das die frühere Zeit höher stellt als die heutige: liegt doch von der zu dieser Zeit und in diesen Kreisen üblichen Höherbewertung des Altertums her die Wahl des positiv besetzten 'oben' für die Vergangenheit nahe. Umgekehrt ist das natürlich in einem Fall wie in Satz (1.4.), wo sich die Zeit in ihrem Ablauf aufwärtsbewegt; nahezuliegen scheint hier zusätzlich das Bild vom "Hinabsteigen zu den Vätern" mit all seinen Konnotationen und antik-unterweltlichen Vorfahren von Homer bis Dante. Beide hier vorgeführten Deutungsmöglichkeiten für eine Neigung der Zeitachse drücken Modifikationen des die Vergangenheit betreffenden Teils aus; im Zusammenhang mit der Zukunft scheint diese mögliche Alternation noch weniger genutzt zu werden.

5.2.5.2. Kreisbewegung

a) allgemein

Wesentlich systematischer, aber auch einschneidender nimmt sich demgegenüber die zweite hier zu betrachtende Modifikation der Abbildung des Zeitverlaufs aus. Es geht hierbei darum, daß gewisse zeitliche Abläufe als kreisförmige Bewegungen abgebildet werden können: eine Abfolge solcher kreisförmigen Bewegungsstrukturen würde dann die Zeitachse bilden. Besonders nahe liegt eine solche Interpretation bei den Einheiten, die als Maßeinheiten für das Zeitsystem terminologisiert sind: ***Sekunde, Minute, Stunde, Tag, Woche, Monat.*** Nicht umsonst wählt auch die traditionelle Analoguhr diese Form der Symbolisierung. Die offiziellen Einheiten der Zeitmessung und ihre exakte Anwendung spielen – im Gegensatz zu den Maßeinheiten für den Raum – eine große Rolle im Alltagsleben und sind daher als für den Sprecher ganz natürlich anzusehen.

> With respect to time (...) the coordinate system given in terms of the cyclical names and numbers of the Gregorian calender is known and used by almost everyone, even though it burdens memory and requires frequent recourse to clocks and calendars to establish the correct coordinate value. (...) In industrialized societies, coordinate representation of time is much more important than coordinate representation of space, a fact that links time concepts and number concepts in a most intimate relation. (Miller/Johnson-Laird (1976, S. 421)).

So kann unter gewissen Umständen die Zeit als eine Abfolge immer gleicher kreisförmiger Einheiten, die ihrerseits durch eine Abfolge immer gleicher Elemente gebildet sind, dargestellt werden. So wird in Äußerungen mit Elementen wie ***nächsten Montag*** auf eine Folge von Wochen verwiesen, die ihrerseits jeweils aus einer Abfolge der sieben Wochentage bestehen. Bei den Jahren schlägt das System um, da diese nur noch als eine einfache Abfolge 0 – 1 – 2 – 3 –.......... – 1984 – 1985..... verstanden werden (s.Miller/Johnson-Laird (1976, S.422)).

b) ***wieder-***

Bei Kühnhold (1973, S. 279-281) sind zwei Beispiele genannt, bei denen die kreisförmige Interpretation des Zeitablaufs in der verbalen Wortbildung eine Rolle spielt. Es handelt sich dabei einmal um bestimmte Verben mit dem Präfix ***wieder-***.

> In 46 Stichwörtern (= 100 % seines Bestandes) signalisiert das Präfix ***wieder-*** eine Wiederholung (bzw. die erneute Durchführung der Grundverbhandlung); Ersatzprobe ,wiederum' (a.a.O. S. 279).

Der Kernbeleg ist das nicht trennbare Verb:

(2)
(2.1.) *wiederholen.*
[...] *während die Schleicherin neben ihm wie eine ganz weit ausschwingende Uhr immer wieder nach einer Weile ihre Bitte wiederholte.* (Musil 73)

Diese Verben benennen das Ansetzen derselben Handlung an hintereinanderliegenden Punkten der Zeitlinie, d.h. das 2(+n)-malige Ausführen derselben Handlung. Weitere Beispiele, zumindest in einer Variante, wären:

(2)(2.2.)
wiederaufführen, wiederbegegnen, wiederentdecken, wiedererscheinen, wiederfinden, wiedertun, wiederverheiraten, wiederverwenden, wiederwählen (Kühnhold (1973, S.280); Duden-WB S.2878/2879).

Am reinsten ist die Bedeutungsbesonderheit dieser Gruppe in den Verben *wiederholen* und *wiedertun* ausgedrückt; dabei wiederlegt *wiederholen* nebenher Kühnholds (1973, S.279) Behauptung: "Alle 46 Stichwörter dieser einzigen Funktionsgruppe von *wieder-* haben eine verbale Basis." Die Frage nach der Basis läßt sich aber bei *wiederholen* gar nicht sinnvoll stellen. Daß aber bei diesen Bildungen nicht, wie es auch aussehen könnte, um eine Variante der linear zu verstehenden, oben schon diskutierten Verben mit *nach-* handelt, zeigen Verben wie *wiederaufführen*, das tatsächlich das Wiederansetzen desselben Ablaufs an späterer Stelle der Zeitachse beschreibt; entsprechendes gilt für *wiederwählen*.

c) *um-*, *herum-*

Während bei den Verben mit *wieder-* die Interpretation des ausgedrückten Ablaufs als eine Art von kreisförmiger Bewegung formal nicht direkt ausgedrückt wird, so ist das bei Bildungen mit *um-* anders; hier läßt sich die präpositionsähnliche Partikel durchaus auf die generelle Bedeutung der entsprechenden Präposition abbilden. Verben mit diesem Präfix bilden also den Kernbereich der Verben, die einen kreisförmigen Ablauf von Zeiteinheiten nahelegen. Die geringe Zahl an solchen Bildungen zeigt allerdings, daß offenbar der Ausdruck einer solchen Zeitinterpretation nicht für besonders wichtig gehalten wird. Auf jeden Fall erwähnt aber in diesem Fall auch Kühnhold (1973, S.281) die Herkunft der Bedeutung dieser Bildungen aus dem lokalen Bereich:

> Eine v e r e i n z e l t e temporale Verwendung, die wohl an lokale Vorstellungen anschließt, findet sich bei *um-*, das in dieser Funktion lediglich in einem einzigen Stichwort (= 0,2 % seines Gesamtbestands) vertreten ist: umg. *umsein* (= 'vorbei', 'vorüber' sein).

In einer Fußnote werden dann allerdings zusätzlich zwei - etwas ungewöhnliche - weitere Beispiele genannt, so daß sich folgender Bestand ergibt:

(3)(3.1.) *úmsein*: *die Pause ist um* (s.Eroms (1982, S.45ff.))
Als wieder ein Tag um war [...] (Hacks 30)
úmgehen: *acht Tage sind umgegangen*
úmlaufen: *die Zeit ist umgelaufen* (Paul (1897, S.483/84)).

Zweifellos ist diese Gruppe nicht gerade üppig besetzt; *umsein* teilt zudem mit den anderen komplexen Verben mit *-sein* die Besonderheit, daß es nur in den infiniten Formen zusammengeschrieben wird. Unabhängig davon ist aber hier die kreisförmige Interpretation gut zu erkennen; die - zweifellos korrekte - Bedeutungsangabe 'vorbei', 'vorüber' sein beschreibt eben nicht das beim *um-*Verb genutzte Bild, sondern lediglich den Inhalt - zudem mit einem anderen lokalen Bild, das wir oben schon besprochen haben. Noch deutlicher als die Verben mit der Einfachpartikel, die auch in diesem Fall der Idiomatisierung, wie sie in der Bedeutungsangabe gespiegelt wird, unterliegen, nutzen entsprechende Doppelpartikelverben das Bild des Kreises zur Darstellung zeitlicher Abläufe:

(3.2.)

herumbekommen:	s. *herumbringen*
herumbringen:	*Auf die Art brachte er seine vierstündige Wache schnell herum.*
herumgehen:	*der Urlaub ist viel zu rasch herumgegangen.*
herumkriegen:	s. *herumbringen*
herumsein:	*Es sind schon viele Stunden herum.*

(nach Duden-WB S.1210-1213).

Bei den homonymen lokalen Verben wird durch *herum-* eine kreisförmige Bewegung ausgedrückt. *Herum-* bezeichnet Bewegungen, die um etwas einen Kreis beschreiben, um zum Standpunkt des Sprechers zurückzukehren. Die Bedeutung einzelner temporaler Verben läßt sich bestimmten Phasen einer solchen Bewegung zuordnen. Allerdings ist zu fragen, was in einem solchen Fall, wenn es nicht um den oben geschilderten Ablauf von ohnehin zirkulär gedachten Zeiteinheiten geht, kreisförmiger Ablauf heißen kann. Das Beispiel mit dem *herumgegangenen Urlaub* vermag das zu verdeutlichen. Die kreisförmige Interpretation trennt zwei Arten von Zeit auch in ihrem Verlauf voneinander: man kommt von der 'Arbeitszeit', verläßt sie für einen abgegrenzten Zeitraum, den 'Urlaub' und kommt dann wieder zur Arbeitszeit zurück. Dadurch wird einerseits der Ablauf der Zeitlinie nicht unterbrochen, die Variation im Ablauftyp kodiert aber Gleichheit bzw. Verschiedenheit der Art des Zeitraums, sowie auch ihre Relation zueinander in der Weise, daß die abgeschlossene Urlaubszeit als ein Ausscheren aus der Normalzeit verstanden wird, in die man nach dieser Ausnahme psychologisch an derselben Stelle wieder einschert. Dasselbe gilt natürlich mutatis mutandis für das entsprechende Kausativum *herumbringen* mit seinen Ausdrucksalternativen und auch für das Zustandsverb *herumsein*, das sich auf den Zustand beim Wiedereinscheren in den Normal- bzw. Bezugsablauf anwenden läßt. Dabei wird zusätzlich deutlich, daß auch hier die Verben mit der Doppelpartikel stärker lokal verstehbar sind als die mit der Einfachpartikel. Daß hier in der Doppelpartikel offenbar auf jeden Fall *her-* und nicht *hin-* gewählt wird, läßt sich sowohl aus der umgangssprachlichen Tendenz zur Bevorzugung dieser Form erklären, als auch aus der Eigenheit des beschriebenen Bewegungstyps. Da das Ende der Bewegung im Ausgangspunkt liegt, hat ein *hin-* auf jeden Fall auch schon das *her-* des Endes im Blick, jede Benennung mit *hin-* isoliert einen Ausschnitt aus der Gesamtbewegung.

Wenn hier davon gesprochen wird, daß hier der Ablauf der Zeit als eine Art Kreis dargestellt wird, so ist auch das nicht von der Realität vorgegeben. Zwischen *Er hat die Zeit herumgebracht* und *Er hat die Zeit durchgestanden* dürfte im tatsächlichen Ablauf nicht allzuviel Unterschied bestehen. Wie an den beiden Sätzen allerdings ablesbar ist, wird der Unterschied zwischen den Kodierungsmustern zur Bedeutungsunterscheidung genutzt, allerdings nicht mehr in jedem Falle im Sinne der zugrundeliegenden Bildlichkeit, sondern aufgrund paradigmatischer, innerlexikalischer Zusammenhänge.

LITERATUR

1. Quellen

1.1. Wörterbücher

Brockhaus-Wahrig. 1980-1983. Deutsches Wörterbuch in sechs Bänden, hg. v. Gerhard Wahrig, H. Krämer, H. Zimmermann, Bd. 1-5, Stuttgart/Wiesbaden: Brockhaus.

DUDEN. 1976-1981. Das große Wörterbuch der deutschen Sprache in sechs Bänden, hg. u. bearb. vom Wissenschaftlichen Rat der Dudenredaktion unter Leitung von Günther Drosdowski, Bd. 1-6, Mannheim,Wien,Zürich, Duden-Verlag.

DUDEN. 1972. Die Zweifelsfälle der deutschen Sprache. Wörterbuch der sprachlichen Hauptschwierigkeiten. Mannheim, Wien, Zürich, Duden-Verlag.

DUDEN. ^{18}1980. Die Rechtschreibung. Mannheim, Wien, Zürich, Duden-Verlag.

Engel, Ulrich, Helmut Schumacher. ^{2}1978. Kleines Valenzlexikon deutscher Verben. (IdS 33) Tübingen, Narr.

Helbig, Gerhard, Wolfgang Schenkel. ^{5}1980. Wörterbuch zur Valenz und Distribution deutscher Verben. Leipzig, VEB Bibl.Inst.

Klappenbach, Ruth, Wolfgang Steinitz (Hg.). 1964-1978. Wörterbuch der deutschen Gegenwartssprache. Bd.1-6. Berlin, Akademie-Vlg.

Mater, Erich. 1968. Deutsche Verben 4: Art der Zusammensetzung. Leipzig, VEB Bibl.Inst.

Paul, Hermann. 1897. Deutsches Wörterbuch. Halle, Niemeyer.

1.2. Bücher und Zeitschriften

auto, motor und sport. Heft 21 vom 7.Oktober 1988. [= ams].

Brandstetter, Alois. 1979. Vom Schnee der vergangenen Jahre. Salzburg, Residenz.

- 1982. Über den grünen Klee der Kindheit. Salzburg, Residenz. [= a].

Brigitte. Das Magazin für Frauen. 23/88 vom 2.11.1988. [= Brigitte] und 4/89 vom 8.2.1989. [= a].

Görres, Joseph. 1980. Die deutschen Volksbücher (Einleitung). Eine Wissenschaft etabliert sich 1810-1870. Wissenschaftgeschichte der Germanistik III, hg. von Johannes Janota. (dt 53). Tübingen, Niemeyer. 67-79.

Hacks, Peter. 1978. Das Windloch. Das Turmverlies. Berlin (O), Eulenspiegel.

Handke, Peter. 1987. Nachmittag eines Schriftstellers. Salzburg, Residenz.

Jonke, Gert. 1979. Der ferne Klang. Salzburg, Residenz.

Kinder, Hermann. 1979. Der Schleiftrog. Zürich, Diogenes.

Maier-Bruck, Franz. 1975. Das Große Sacher Kochbuch. Die österreichische Küche. München, Schuler. [= Sacher]

Mann, Thomas. 1986. Die Erzählungen. Frankfurt/M., Fischer-Taschenbuch Verlag.

Merkel, Inge. 1987. Eine ganz gewöhnliche Ehe. Odysseus und Penelope. Salzburg, Residenz.

Musil, Robert. 1978. Der Mann ohne Eigenschaften. Erstes Buch Kapitel 1-80. (Gesammelte Werke I) Reinbek, Rowohlt.

Rother, Frank und Almut. ^{8}1983. Die Bretagne. Im Lande der Dolmen, Menhire und Calvaires. Köln, DuMont Buchverlag. [= Bretagne]

stern. 1976. Hefte 11 - 21 <"Die Deutschen in Amerika">.

Stifter, Adalbert. 1979. Bunte Steine und Erzählungen. München, Winkler.

Trommler, Frank (Hg.). 1986. Amerika und die Deutschen. Opladen, Westdeutscher Verlag.

2. Wissenschaftliche Literatur

Abusamra, Farida Mohammed. 1971. Untersuchungen zur Funktion der Elemente *ober* und *über*, *nieder* und *unter* in der Wortbildung der deutschen Gegenwartssprache. Leipzig (Diss.).

– 1974. Die Funktion der Elemente *ober*, *über*, *nieder*, *unter* in der Wortbildung der deutschen Gegenwartssprache. WZUL 23. 141– 163.

Afonkin, Juri. 1980/81. Adverbiale Partikeln als Mittel der Differenzierung der Aktionsarten. DaF 17. 354-358 und DaF 18. 19-24.

Andresen, Henriette, Joachim Bahr. 1977. *Laufen + ... durch* oder *durchlaufen*? ZGL 5. 218-219.

Arai, Yasiaki. 1971. Co-occurence relations of German decomposite verbs with double determinants and prepositional phrases. Energeia 3. 1-6.

Askedal, John Ole. 1984. Über die Unterscheidung von Ergänzungen und Angaben in der Valenzgrammatik. Eine Ideenskizze. Arbeitsberichte des Germanistischen Instituts der Universität Oslo. 43-78.

– 1985. Einige kritische Überlegungen zur Unterscheidung von Ergänzungen und Angaben in der Valenzlehre. Nouveaux cahiers d'Allemand 3. 113-121.

Baader, Theodor. 1929. Die identifizierende Funktion der Ich-Deixis im Indoeuropäischen. Eine ethnologisch-sprachwissenschaftliche Untersuchung, Heidelberg, Winter.

Bangerter, Lowell A. 1973. The Nature of Separable and Inseparable Prefixes. Unterrichtspraxis 6. 83-88.

Bartsch, Renate. 1972. Adverbialsemantik. Die Konstitution logisch-semantischer Repräsentationen von Adverbialkonstruktionen. (Linguistische Forschungen 6) Frankfurt/M., Athenäum.

Bartsch, Renate, Theo Vennemann. 1972. Semantic Structures. A Study in the relations between semantics and syntax. (Athenäum-Skriptum Linguistik 9). Frankfurt/M., Athenäum.

Barz, Irmhild. 1972. Semantische Untersuchungen zu den Lokaladverbien der deutschen Gegenwartssprache. Versuch einer Semanalyse. Leipzig (Diss.).

– 1982. Motivation und Wortbildungsbedeutung. Eine Diskussion sowjetischer Forschungsergebnisse. Beiträge zur Erforschung der deutschen Sprache 2. 5-21.

– 1983. Wortbedeutung und Wortbildungsbedeutung. Zeitschrift für Germanistik 4. 65-69.

Bayer, Hans. 1975. Sprache als praktisches Bewußtsein. Grundlegung einer dialektischen Sprachwissenschaft. Düsseldorf, Schwann.

Behaghel, Otto. 1932. Deutsche Syntax. Eine geschichtliche Darstellung. Bd.IV. Wortstellung. Periodenbau. (Germanische Bibliothek. Reihe Grammatiken Bd.10/IV) Heidelberg, Winter.

Bennett, David C. 1975. Spatial and Temporal Uses of English Prepositions. An Essay in Stratificational Semantics. London, Longman.

Benveniste, Emile. 1977. Probleme der allgemeinen Sprachwissenschaft. Frankfurt/M., Syndikat.

Bergenholtz, Henning, Joachim Mugdan. 1979. Einführung in die Morphologie. Stuttgart usw., Kohlhammer.

Bierwisch, Manfred. 1970. Einige semantische Universalien in deutschen Adjektiven. Vorschläge für eine strukturale Grammatik des Deutschen, hg. von Hugo Steger. (Wege der Forschung CXLVI) Darmstadt, Wiss.Buchgesellschaft. 269-318.

Bollnow, Otto Friedrich. [3]1976. Mensch und Raum. Stuttgart u.a., Kohlhammer.

Bondzio, Wilhelm. 1969. Das Wesen der Valenz und ihre Stellung im Rahmen der Satzstruktur. WZUB XVIII. 233-239.

– 1974. Die Valenz zweiter Stufe als Grundlage der Adverbialsyntax. WZUB XXIII. 245-257.

Bornschier, Marion. 1971. Die Verbalpräfixe im Französischen und Deutschen. Ein Vergleich der Systeme. Zürich, Juris.

Bouillon, Henri. 1984. Zur deutschen Präposition "auf". (Studien zur deutschen Grammatik 23) Tübingen, Narr.

Braunroth, Manfred u. a. 1975. Ansätze und Aufgaben der linguistischen Pragmatik. (FAT 2091) Frankfurt/M., Fischer-Athenäum-Taschenbuchverlag.

Bremerich-Vos, Albert. 1983. Zeitbegriffe - Materialien für eine Unterrichtsreihe. Praxis Deutsch 10, H.59. 55-60.

Brennenstuhl, Waltraud. 1977. The Primary and Secondary Directional Meaning of 'herunter' in German. Linguistische Berichte 47. 28-54.

Brinkmann, Hennig. ²1971. Die deutsche Sprache. Düsseldorf, Schwann.

Bühler, Karl. 1934. Sprachtheorie. Die Darstellungsfunktion der Sprache. Jena, Fischer.

Bull, William E. 1960. Time, Tense and the Verb. A Study in theoretical and applied linguistics, with particular attention to Spanish. Berkeley/Los Angeles, University Press.

Čapek, Milic (Hg.). 1976. The Concepts of Space and Time. Their Structure and Their Development. (Synthese Library 74) Dordrecht/Boston, Reidel.

Cassirer, Ernst. 1964. Philosophie der symbolischen Formen. Erster Teil: Die Sprache. Darmstadt, Wiss. Buschgesellschaft.

Clark, Herbert H. 1973. Space, Time, Semantics, and the Child. Cognitive Development and the Acquisition of Language. hg.v.T.E.Moore. New York,San Francisco, London: Academic Press. 27-63.

Closs-Traugott, Elizabeth. 1975. Spatial Expressions of Tense and Temporal Sequencing. A contribution to the Study of Semantic Fields. Semiotica 15. 207-230.

Coseriu, Eugenio. 1955/56. Determination y entorno. Romanistisches Jahrbuch 7. 29-54.

- 1974. Synchronie, Diachronie und Geschichte. Das Problem des Sprachwandels. (IBAL 3) München, Fink.

- 1977. Inhaltliche Wortbildungslehre (am Beispiel des Typs "coupe-papier"). Perspektiven der Wortbildungsforschung. Beiträge zum Wuppertaler Wortbildungskolloquium vom 9. - 10. Juli 1976. Anläßlich des 70. Geburtstags von Hans Marchand am 1. Oktober 1977 hg. von Herbert Ernst Brekle und Dieter Kastovsky. (GHS Wuppertal Schriftenreihe Linguistik 1), Bonn, Bouvier. 48-61.

- ²1981. Textlinguistik. Eine Einführung. Herausgegeben und bearbeitet von Jörn Albrecht. (TBL 109) Tübingen, Narr.

Danes,Frantisek. 1966. The relation of centre and periphery as a language universal. TLP II. 9-12.

Dervillez-Bastuji, Jacqueline. 1982. Structures des relations spatiales dans quelques langues naturelles. Introduction à une theorie semantique. (Langue & Cultures 13) Genf,Paris, Slatkine.

Desportes, Yvon. 1984. Das System der räumlichen Präpositionen im Deutschen. Strukturgeschichte vom 13. bis zum 20. Jahrhundert. Heidelberg, Winter.

Diersch, Helga. 1972. Verben der Fortbewegung in der deutschen Sprache der Gegenwart. Eine Untersuchung zu syntagmatischen und paradigmatischen Beziehungen des Wortinhalts. Berlin, Akademie-Vlg.

Dittmer, Ernst. 1982. Zusammengesetzte Verben im Deutschen. Augias 5. 2-21.

Dokulil, Milos. 1964. Zum wechselseitigen Verhältnis von Wortbildung und Syntax. TLP I. 215-224.

- 1968. Zur Theorie der Wortbildung. WZUL 17. 203-211.

Doll, Ruth. 1967. Der deutsche Verbzusatz als Richtungsträger und seine Wiedergabe im Französischen und Italienischen. Tübingen (Diss.).

Dorfmüller-Karpusa, Käthi. 1983. Temporalität, Theorie und Allgemeinwissen in der Textinterpretation. Eine sprachübergreifende Analyse. (PTL 47). Hamburg, Buske.

Dreier, Ted. 1981. Wissen und Welt in den modernen Naturwissenschaften und bei den Navajo. Der Wissenschaftler und das Irrationale. Bd.1: Beiträge aus Ethnologie und Anthropologie, hg. von Hans Peter Dürr. Frankfurt/M, Syndikat. 126-142.

Dressler, Wolfgang U. 1977. Elements of a polycentristic theory of word formation. Wiener Linguistische Gazette 15. 13-32.

Ehrich, Veronika. 1983. *Da* im System der lokalen Demonstrativadverbien des Deutschen. Zeitschrift für Sprachwissenschaft 2. 197-219.

Eichinger, Ludwig M. 1979. Überlegungen zum Adverb. Sprachwissenschaft 4. 82-92.
- 1980. Wandel und System der Richtungsadverbien in der deutschen Standardsprache und in einem mittelbairischen Dialekt. Rowley, A. (Hg.) (1980) 17-36.
- 1982. Syntaktische Transposition und semantische Derivation. Die Adjektive auf *-isch* im heutigen Deutsch. (Linguistische Arbeiten 113) Tübingen, Niemeyer.
- 1982a. Zum Ausdruck lokaler und temporaler Relationen in der verbalen Wortbildung. Eichinger, L.M. (Hg.) (1982) 51-80.
- (Hg.). 1982. Tendenzen verbaler Wortbildung in der deutschen Gegenwartssprache. Mit einer Einleitung von R. Hinderling. (BBS 4), Hamburg, Buske.
- 1984a. Unpolitisches zum politischen Lied. Zur Geschichte eines Adjektivs auf *-isch*. Linguistica et Philologica. Festschrift für Klaus Matzel zum sechzigsten Geburtstag (...), hg. von Hans-Werner Eroms, Bernhard Gajek, Herbert Kolb. Heidelberg, Winter. 201-214.
- 1984. Wortartspezifische Wortbildung. Das Beispiel der Adjektive auf *-isch* im heutigen Deutsch. Grazer Linguistische Studien 21. 99-118.
- 1987. Zum Passiv im althochdeutschen Isidor. Versuch einer valenzsyntaktischen Beschreibung. Das Passiv im Deutschen. Akten des Kolloquiums über das Passiv im Deutschen, Nizza 1986, hg.vom CRLG (Nice). (Linguistische Arbeiten 183) Tübingen, Niemeyer. 129-145.
- 1988. Die Wörter, die mein Sohn macht. Grazer Linguistische Studien 30. 21-36.

Eisenberg, Peter. 1986. Grundriß der deutschen Grammatik. Stuttgart, Metzler.

Engel, Ulrich. ²1977. Syntax der deutschen Gegenwartssprache. (Grundlagen der Germanistik 22) Berlin, E.Schmidt.
- 1988. Deutsche Grammatik. Heidelberg, Groos.

Engelen, Bernhard. 1975. Untersuchungen zu Satzbauplan und Wortfeld in der geschriebenen deutschen Sprache der Gegenwart. Bd. 1 und 2. (Heutiges Deutsch. Reihe 1: Linguistische Grundlagen, Band 3.1 und 3.2) München, Hueber.
- 1978. Zum status des elements *durch* in sätzen wie *Er ist durch den wald durchgelaufen*. ZGL 6. 178-186.
- 1985/86. Einführung in die Syntax der deutschen Sprache. Baltmannsweiler, Schneider.

Erben, Johannes. ²1983. Einführung in die deutsche Wortbildungslehre. (Grundlagen der Germanistik 17) Berlin, E.Schmidt.
- 1984. Deutsche Syntax. Eine Einführung. Bern usw., Peter Lang.

Eroms, Hans-Werner. 1980. Be-Verb und Präpositionalphrase. Ein Beitrag zur Grammatik der deutschen Verbalpräfixe. (Monographien zur Sprachwissenschaft 9) Heidelberg, Winter.
- 1981. Valenz Kasus und Präpositionen. Untersuchungen zur Syntax und Semantik präpositionaler Konstruktionen in der deutschen Gegenwartssprache. (Monographien zur Sprachwissenschaft 11) Heidelberg, Winter.
- 1982. Trennbarkeit und Nichttrennbarkeit bei den deutschen Partikelverben mit *durch* und *um*. Eichinger (Hg.) 1982. 33-50.
- 1982a. Zur Analyse kompakter Texte. Sprachwissenschaft 7. 329-347.
- 1987. "Was man nicht bespricht, bedenkt man nicht recht". Bemerkungen zu den verbalen Präfixen in der Wortbildung. Neuere Forschungen zur Wortbildung und Historiographie der Linguistik. Festgabe für Herbert E.Brekle zum 50. Geburtstag, hg. von Brigitte Asbach-Schnitker und Johannes Roggenhofer. (Tübinger Beiträge zur Linguistik 284) Tübingen, Narr. 109-122.

Fanselow, Gisbert. 1981. Zur Syntax und Semantik der Nominalkomposition. Ein Versuch praktischer Anwendung der Montague-Grammatik auf die Wortbildung im Deutschen. (Linguistische Arbeiten 107) Tübingen, Niemeyer.

Fillmore, Charles J. 1972. How to know whether you're coming or going, Linguistik 1971. hg. von Karl Hyldgaard-Jensen. Frankfurt/M., Athenäum. 369-379.
- 1977. The Case for Case reopened. Kasustheorie, Klassifikation, semantische Interpretation, hg. von Klaus Heger, Janos S.Petöfi. (PTL 11) Hamburg, Buske 3-26.
- 1977a. Scenes-and-Frames-Semantics. Linguistic Structures Processing, hg. von Antonio Zampolli. Amsterdam, North-Holland. 55-81.

Finke, Peter. 1977. Aristoteles, Kant, Fillmore. Ein Diskussionsbeitrag zur Metaphysik der Kasusgrammatik. Kasustheorie, Klassifikation, semantische Interpretation, hg. von Klaus Heger, Janos S.Petöfi. (PTL 11) Hamburg, Buske. 27–41.
Fleischer, Wolfgang. 1969. Wortbildung der deutschen Gegenwartssprache. Leipzig, VEB Bibl.Institut (⁵1982. Tübingen, Niemeyer).
Fourquet, Jean. 1972. L'association particule-verbe. Particule séparable et particule inséparable. Cahiers d'allemand 3. 3–7.
– 1974. Die verbalen Zusammensetzungen des Neuhochdeutschen. Trennbare und untrennbare Partikeln. Sprachsystem und Sprachgebrauch. Festschrift für Hugo Moser zum 65. Geburtstag (Teil 1), hg. von Ulrich Engel, Paul Grebe. (SdG 33) Düsseldorf, Schwann. 98–111.
von der Gabelentz, Georg. ²1901. Die Sprachwissenschaft. Ihre Aufgaben, Methoden und bisherigen Ergebnisse. Leipzig, Tauchnitz. [Nachdruck ³1984 Tübingen, Narr].
Gauger,Hans Martin. 1971. Durchsichtige Wörter. Zur Theorie der Wortbildung. Heidelberg, Winter.
Gerling, Martin, Norbert Orthen. 1979. Deutsche Zustands- und Bewegungsverben. Eine Untersuchung zu ihrer semantischen Struktur und Valenz. (Studien zur deutschen Grammatik 11) Tübingen, Narr.
Gersbach,Bernhard, Rainer Graf. 1984. Wortbildung in gesprochener Sprache 1. (Idiomatica 12) Tübingen, Niemeyer.
Gersbach,Bernhard, Rainer Graf. 1985. Wortbildung in gesprochener Sprache 2. (Idiomatica 13) Tübingen, Niemeyer.
Givon, Talmy. 1973. The Time-axis Phenomenon. Language 49. 890–925.
Goeppert, Herma Corinna. 1970. Die sprachliche Strukturierung des Raumes. Eine Bedeutungsanalyse, zugleich ein Versuch zur Abgrenzung des bedeutungsbezogenen und des werkzeugbezogenen Aspektes der Sprache. Tübingen (Diss.).
Greenberg, Joseph H. (Hg.). ²1966. Universals of Language, Cambridge/Mass., London, M.I.T.Press.
Greule, Albrecht. 1982. Valenz, Satz und Text. Syntaktische Untersuchungen zum Evangelienbuch Otfrids von Weißenburg auf der Grundlage des Codex Vindobonensis. München, Fink.
Grünbaum, Adolf. ²1983. Philosophical Problems of Space and Time. (Synthese Library) Dordrecht,Boston, Reidel.
Grundzüge einer deutschen Grammatik, von einem Autorenkollektiv unter der Leitung von Karl Erich Heidolph, Wolfgang Flämig und Wolfgang Motsch. Berlin (O), Akademie-Vlg.
Günther, Hartmut. 1987. Wortbildung, Syntax, *be*-Verben und das Lexikon. PBB 109. 179–201.
Hagège, Claude. 1987. Der dialogische Mensch. Sprache – Weltbild – Gesellschaft. (rowohlts enzyklopädie 442) Reinbek, Rowohlt.
Hanßon, Gerd. 1982. Studien zur grammatikalischen Topik. Die Dynamik elementargrammatischer Intensionen, dargestellt am Beispiel Lokativ. (Ars Linguistica 11) Tübingen, Narr.
Harnisch, Karl-Rüdiger. 1982. "Doppelpartikelverben" als Gegenstand der Wortbildungslehre und Richtungsadverbien als Präpositionen. Ein syntaktischer Versuch. Eichinger (Hg.) 1982. 107–134.
Hecht-Kroes, B.M. 1967/69. Präpositionen in Übersetzungsmaschinen. ZPSK 20. 143–146 und ZPSZ 22. 10–15.
Heger, Klaus. 1963. Die Bezeichnung temporal-deiktischer Begriffskategorien im französischen und spanischen Konjugationssystem. (Beih. z. ZfRomPh 104) Tübingen, Niemeyer.
Helbig, Gerhard. 1983. Zur semantischen Subklassifizierung von Verben. Helbig, Gerhard, Studien zur deutschen Syntax 1. (LS) Leipzig, VEB Bibl.Inst. 67–105.
Helbig, Gerhard, Joachim Buscha. ⁸1984. Deutsche Grammatik. Ein Handbuch für den Ausländerunterricht. Leipzig, Enzyklopädie.
Henzen, Walter. 1969. Die Bezeichnung von Richtung und Gegenrichtung im Deutschen. (Hermaea Germanistische Forschungen N. F. 23) Tübingen, Niemeyer.

Herberg, D. 1974. Semantische Merkmalanalyse und Lexikographie. (LS/ZISW/A 13) Berlin, Akdemie-Vlg.
Herbermann, Clemens-Peter. 1981. Wort, Basis, Lexem und die Grenze zwischen Lexikon und Grammatik. Eine Untersuchung am Beispiel der Bildung komplexer Substantive. München, Fink.
Heringer, Hans-Jürgen. 1968. Präpositionale Ergänzungsbestimmungen im Deutschen. ZDPh 87. 426-457.
- [2]1973. Theorie der deutschen Syntax. (Linguistische Reihe 1) München, Hueber.
- 1984a. Gebt endlich die Wortbildung frei! Sprache und Literatur in Wissenschaft und Unterricht. 43-53.
- 1984b. Sinn aus dem Chaos. Deutsche Sprache. 1-13.
- 1984c. Neues von der Verbszene. Pragmatik in der Grammatik. (Jahrbuch 1983 des IdS) hg. von Gerhard Stickel. Düsseldorf, Schwann. 34-64.
Hetzron, Robert. 1978. On the relative order of adjectives. Language Universals. Papers from the Conference held at Gummersbach/Cologne, Germany, October 3-8, 1976, hg. von Hansjakob Seiler (Tübinger Beiträge zur Linguistik 111) Tübingen, Narr. 165-184.
Heynick, Frank. 1982. From Einstein to Whorf: Space, time, matter, and reference frames in physical and linguistic relativity. Semiotica 45. 35-64.
Hilty, Gerold. 1965. Strukturunterschiede zwischen deutschem und französischem Richtungsausdruck. Moderne Sprachen 9. 25-35.
Hinderling, Robert. 1980. Die Richtungsadverbien im Bairischen und im Alemannischen. Versuch einer Synopse. Rowley, A. (Hg.) 249-293.
- 1982. Konkurrenz und Opposition in der verbalen Wortbildung. Eichinger, L.M. (Hg.) 81-106.
Hirsch, Eike Christian. 1980. Es gibt nur zwei Dinge, die mich stören. Der öffentliche Sprachgebrauch. Bd.1: Die Sprachnorm-Diskussion in Presse, Hörfunk und Fernsehen, bearb. v. Brigitta Mogge. Stuttgart, Klett-Cotta. 121-127.
Hjelmslev, Louis. 1935/37. La catégorie des cas. Etude de grammaire générale. I und II. Aarhus, Universitetsforlaget. [Neudruck München, Fink 1972].
Höhle, Tilman N. 1982. Komposition und Derivation: zur Konstituentenstruktur von Wortbildungsprodukten im Deutschen. Zeitschrift für Sprachwissenschaft 1. 76-112.
Hörmann, Hans. 1978. Meinen und Verstehen. Grundzüge einer psychologischen Semantik. (stw 230) Frankfurt/M., Suhrkamp.
Horlitz, Bernd. 1976. Untersuchung deutscher Richtungsbestimmungen am Beispiel von *hin*. Göttingen (Diss.).
- 1982. Valenz und Bedeutung bei den mit *durch-* verbundenen Verben. Valenztheorie und historische Sprachwissenschaft, hg. von Albrecht Greule. (RGL 47) Tübingen, Niemeyer 259-270.
Howey, Gerd. 1966. Das EGO-HIC-NUNC-System der subjektiven Orientierung dargestellt am Gebrauch der Demonstrativa in den romanischen Sprachen, im Deutschen und Englischen. Tübingen (Diss.).
Humboldt, Wilhelm von. 1836/1979. Über die Verschiedenheit des menschlichen Sprachbaues und ihren Einfluß auf die geistige Entwicklung des Menschengeschlechts. Humboldt, Wilhelm von, Werke in fünf Bänden, hg. von Andreas Flitner und Klaus Giel, Bd. III: Schriften zur Sprachphilosophie, Darmstadt, Wiss. Buchgesellschaft. [5]1979. 368-756.
Hundsnurscher, Franz. 1968. Das System der Partikelverben mit AUS in der Gegenwartssprache. (GAG 2) Göppingen, Kümmerle.
- 1970. Partikelverben und Wörterbücher. Muttersprache 80. 353-362.
- [2]1971. Neuere Methoden der Semantik. Eine Einführung anhand deutscher Beispiele. (Germ. Arbeitshefte 2) Tübingen, Niemeyer.
Itälä, Marja-Leena. 1984. Die lokosemantischen Interrelationen zwischen Verb und Lokativbestimmung. Eine kontrastive deutsch-finnische Untersuchung. (Annales Universitatis Turkuensis. Ser.B - Tom.166) Turku, Universität.
- 1986. Verbvalenz - Valenzsemantik. (Annales Universitatis Turkuensis. Ser.B - Tom.172) Turku, Universität.

Jansen, Louise M. 1977. Aspekte der Klassifikation von Verben. Kasustheorie, Klassifikation, semantische Interpretation, hg. von Klaus Heger, Janos S.Petöfi. (PTL 11) Hamburg, Buske 211–230.

Jarvella, Robert J., Wolfgang Klein (Hg.). 1982. Speech, place, action. Studies in deixis and related topics. Chichester, Wiley.

Kant, Immanuel. 1956. Werke in sechs Bänden, hg. von Wilhelm Weischedel, Band II: Kritik der reinen Vernunft. Darmstadt, Wiss.Buchgesellschaft.

Kaznelson, Solomon D. 1974. Sprachtypologie und Sprachdenken, München, Hueber.

Kegel, Günter, Günter Saile, Sprachliche Korrelate des Raumkonzepts. Linguistische Berichte 28. 23–35.

Kempcke, Günter. 1965/66. Die Bedeutung der verbalen Kompositionspartikeln *an-* und *auf-* in synchronischer und diachronischer Sicht. PBB (O) 87. 392–426 und PBB (O) 88. 276–305.

Kim, Gyung-Uk, Valenz und Wortbildung. Dargestellt am Beispiel der verbalen Präfixbildung mit *be-*, *ent-*, *er-*, *miß-*, *ver-*, *zer-*. Würzburg, Könighausen.

Kjellman, Nils. 1945. Die Verbalzusammensetzungen mit "durch". Lund, Gleerups.

Klein, Wolfgang. 1978. Wo ist hier? Präliminarien zu einer Untersuchung der lokalen Deixis. Linguistische Berichte 58. 18–40.

– 1983. Der Ausdruck der Temporalität im ungesteuerten Spracherwerb. Rauh (1983) 149–168.

Koselleck, Reinhart. 1979. Vergangene Zukunft. Zur Semantik geschichtlicher Zeiten. Frankfurt/M., Suhrkamp.

Krohn, Dieter. 1975. Verbinhalt und semantische Merkmale. Studien zu paradigmatischen und syntagmatischen Relationen im Bedeutungsfeld der menschlichen Fortbewegung im heutigen Deutsch und Schwedisch. (Göteborger Germanistische Forschungen 13) Göteborg, Universität.

Kühnhold, Ingeburg. 1969. Über das Verhältnis von *auf-* und *er-*. Germanistische Studien, hg. von Johannes Erben, Eugen Turnher. Innsbruck, Sprachwiss. Inst. d. Universität 327–335.

– 1970. Beobachtungen zu den Verbalpräfixen *ab-*, *aus-*, *ent-*. Studien zur Syntax des heutigen Deutsch. Paul Grebe zum 60. Geburtstag. (SdG 6). Düsseldorf, Schwann. 269–274.

– 1973. Präfixverben. Kühnhold, Ingeburg, Hans Wellmann, Das Verb. (Deutsche Wortbildung. Typen und Tendenzen in der Gegenwartssprache; Erster Hauptteil) Düsseldorf, Schwann. 141–362.

Kummer, Werner. 1975. Grundlagen der Texttheorie. Zur handlungs-theoretischen Begründung einer materialistischen Sprachwissenschaft. (rororo studium 51) Reinbek, Rowohlt.

Kunsmann, Peter. 1973. Verbale Gefüge. Transformationsgrammatische Untersuchungen im Deutschen und Englischen. (Linguistische Reihe 14) München, Hueber.

Kuryłowicz, Jerzy. 1975. The Role of Deictic Elements in Linguistic Evolution. Kuryłowicz, Jerzy, Esquisses Linguistiques II. (IBAL 37) München, Fink.

Latzel, Sigbert, Die Raumdeiktika 'hin' und 'her' und die Sprachtheorie der Dichtung. Muttersprache 80. 256–279.

Lauth, Reinhard. 1981. Die Konstitution der Zeit im Bewußtsein. Hamburg, Meiner.

Leden, Astrid. 1982. Bedeutungen und Gebrauchsmöglichkeiten einiger Komposita: *ausgehen*, *herausgehen*, *hinausgehen* und *eingehen*, *hereingehen*, *hineingehen*, in: Eichinger, L.M. (Hg.) 1982. 183–196.

Leisi, Ernst. [5]1975. Der Wortinhalt. Seine Struktur im Deutschen und Englischen. (UTB 95) Heidelberg, Quelle & Meyer.

Leist, Anton. 1979. Sprachen und Dinge. Der Gegenstandsbereich instrumentellen Handelns. Stuttgart, Metzler.

Lerner, Jean Yves. 1973. Syntagmatisierungs- und Lexikalisierungsprozesse im Bereich "Bewegung auf ein Ziel hin". Eine theoretische Studie unter Berücksichtigung von deutschem, französischem, finnischem und schwedischem Sprachmaterial. (Univ. of Umeå. Dep. of Germ. Ling.Publ.4), Umeå, Universität.

Lipka, Leonhard. 1971. Ein Grenzgebiet zwischen Wortbildung und Wortsemantik: Die Partikelverben im Englischen und Deutschen. Interlinguistica. Sprachvergleich und Übersetzung. Festschrift für Mario Wandruszka zum 65. Geburtstag, hg. von Karl-Richard Bausch und Hans-Martin Gauger. Tübingen, Niemeyer. 180-189.

- 1972. Semantic Structure and Word-Formation. Verb-Particle Constructions in Contemporary English. (IBAL 17) München, Fink.

Löhner, Rudolf. 1899. Trennbare und untrennbare Verbalkomposition mit *durch, hinter, über, um, unter, wider* (*wieder*). Zeitschrift für den deutschen Unterricht 3. 117-127.

Luhmann, Niklas. 1971. Sinn als Grundbegriff der Soziologie. Habermas, Jürgen, Niklas Luhmann. Theorie der Gesellschaft oder Sozialtechnologie - Was leistet die Systemforschung?. Frankfurt/M., Suhrkamp 25-100.

- 1980. Gesellschaftsstruktur und Semantik. Studien zur Wissenssoziologie der modernen Gesellschaft. Bd. 1. Frankfurt/M., Suhrkamp.

- 1982. Liebe als Passion. Zur Kodierung von Intimität. Frankfurt/M., Suhrkamp.

Lutzeier, Peter R. 1977. Reflections on the aspects space and time in a natural language like English or German. Linguistische Berichte 51. 12-20.

Lyons, John, Semantics, Bd. 1 und 2. Cambridge usw., Cambridge University Press.

Marchand, Hans. 1971. Die Präpartikelverben im Deutschen: Echte Präfixbildungen, synthetische Präfixbildungen, pseudopräfixale Bildungen. Sprache und Geschichte. Festschrift für Harri Meier, hg. von Eugenio Coseriu und Wolf-Dieter Stempel. München, Fink. 313-326.

Marcq, Philippe. 1972. Prépositions spatiales et particules mixtes en allemand. Paris, Vuibert.

Mayer, Rolf. 1981. Ontologische Aspekte der Nominalsemantik. (Linguistische Arbeiten 104) Tübingen, Niemeyer.

Mayerthaler, Willi. 1980. Ikonismus in der Morphologie. Zeitschrift für Semiotik 2. 19-37.

- 1981. Morphologische Natürlichkeit. (Linguistische Forschungen 28) Wiesbaden, Athenaion.

- 1982. Das hohe Lied des Ding- und Tunwortes bzw. Endstation "Aktionsding": eine Wortartstudie im Rahmen der Natürlichkeitstheorie. Papiere zur Linguistik 27. 25-61.

Miller, George A. 1972. English Verbs of Motion: a case study in semantics and lexical memory. Coding Processes in Human Memory, hg. von A.W.Melton und E. Martin. New York u.a., Academic Press. 335-372.

Miller, George A., Philip N. Johnson-Laird, Language and Perception. Cambridge usw., Cambridge University Press.

Moilanen, Markku. 1979a. Statische lokative Präpositionen im heutigen Deutsch. Wahrheits- und Gebrauchsbedingungen. (Linguistische Arbeiten 70) Tübingen, Niemeyer.

- 1979b. Zur pragmatischen Funktion der Demonstrativadverbien *hier, da* und *dort*. Die Partikeln der deutschen Sprache, hg. von Harald Weydt. Berlin/New York, de Gruyter. 187-200.

Motsch, Wolfgang. 1977. Ein Plädoyer für die Beschreibung von Wortbildungen auf der Grundlage des Lexikons. Perspektiven der Wortbildungsforschung, hg.v. Herbert Ernst Brekle und Dieter Kastovsky. Bonn, Bouvier. 180-202.

- 1979. Zum Status von Wortbildungsregularitäten. Réflexion sur le statut de la composition et dérivation lexicales. Application à l'allemand, hg. von Danielle Clément und Barbara Grunig. (DRLAV 20). Paris, Univ.Paris VIII. 1-40.

Mugdan, Joachim. 1984. Grammatik im Wörterbuch: Wortbildung. Germ.Ling.1./3. 309-360.

Mungan, Güler. 1986. Die semantische Interaktion zwischen dem präfigierenden Verbzusatz und dem Simplex bei deutschen Partikel- und Präfixverben. Frankfurt, M./ Bern/ New York, Peter Lang.

Nagy, Gabriele. 1983. Deutsche Verben der orientierten Fortbewegung und ihre Wiedergabe im Mongolischen. ZPSK 36. 204-207.

Olsen, Susan. 1986. Wortbildung im Deutschen. Stuttgart, Kröner.

Ortner, Hanspeter. 1984. Neuere Literatur zur Wortbildung. Deutsche Sprache. 141-158.

Ortner, Hanspeter, Lorelies Ortner. 1984. Zur Theorie und Praxis der Kompositaforschung. (IdS 55). Tübingen, Narr.

Paprotté, Wolf. 1979. Zur Interaktion sprachlicher und nichtsprachlicher Strategien im Erwerb der lokativen Präpositionen *in, auf, unter*. Die Partikeln der deutschen Sprache, hg. von Harald Weydt. Berlin/New York, de Gruyter. 201–214.

Paul, Hermann. 1920. Deutsche Grammatik. Band V: Teil V: Wortbildungslehre. Halle, Niemeyer.

– 1880/1920/[9]1975. Prinzipien der Sprachgeschichte. (Konzepte der Sprach- und Literaturwissenschaft 6) Tübingen, Niemeyer [=unveränderter Abdruck der 5. Aufl. von 1920].

Piitulainen, Marja-Leena. 1980. Zum Problem der Satzglieder in dr deutschen Grammatik der Gegenwart. (Studia Philologica Jyväskyläensia 14) Jyväskylä, Universität.

Pinxten, Rik. 1976. Epistemic Universals. A Contribution to Cognitive Anthropology. Universalism versus Relativism in Language and Thought. Proceedings of a Colloquium on the Sapir-Whorf Hypotheses, hg. von Rik Pinxten (= Contributions to the Sociology of Language 11), The Hague, Paris, Mouton. 117–175.

Plank, Frans. 1981. Morphologische (Ir-)Regularitäten. Aspekte der Wortstrukturtheorie. (Studien zur deutschen Grammatik 13) Tübingen, Narr.

Polenz, Peter von. 1977. Wie wär's mit präpostpositionen? ZGL 5. 219–221.

– 1978. Syntax ohne satzsemantik? Nochmals zu präpostpositionen und präpositionalzusätzen. ZGL 6. 186–188.

– Deutsche Satzsemantik. Grundbegriffe des Zwischen-den-Zeilen-Lesens. (Slg.Göschen 2226) Berlin/New York, de Gruyter.

Porzig, Walter. 1930. Die Leistung der Abstrakta in der Sprache. Blätter für deutsche Philosophie 4. 66–77.

Pottier, Bernard. 1980. Temps et Espace. Travaux de Linguistique et de Littérature XVIII. 31–42.

Pulman, S. G. 1983. Word, Meaning and Belief. London, Croom Helm.

Putnam, Hilary. 1978. Meaning, Reference and Stereotypes. Meaning and Translation. Philosophical and Linguistic Approaches, hg. von F. Guenthner, M. Guenthner-Reutter. London. Duckworth. 61–81.

Rath, Rainer. 1965. Trennbare Verben und Ausklammerung. Wirkendes Wort 15. 217–238.

Rauh, Gisa. 1978. Linguistische Beschreibung deiktischer Komplexität in narrativen Texten. (TBL 106) Tübingen, Narr.

– 1981. On 'coming' and 'going' in English and German. Papers and Studies in Contrastive Linguistics 13. 53–68.

– 1983 (Hg.). Essays on Deixis. (TBL 188) Tübingen, Narr.

– 1984 Aspekte der Deixis. Sprachwissenschaft 9. 23–84.

Reiher, Ruth. 1974. Zu einigen Aspekten der dialektischen Kategorien Ort, Zeit und Grund und dem Problem ihrer sprachlichen Realisierung. WZUB XXIII. 281–286.

Reinhardt, Werner. 1964. Der semantische und syntaktische Wert der verbalen Präfixe in der deutschen Sprache der Gegenwart. WZPHP 8. 47–58.

Reining, Charles. 1916. A Study of Verbs Compounded with Aus, Ein etc. as Contrasted with those Compounded with Heraus, Hinaus, Herein, Hinein etc. Stanford University.

Reis, Marga. 1983. Gegen die Kompositionstheorie der Affigierung. Zeitschrift für Sprachwissenschaft 2. 110–131.

Reiter, Norbert. 1975. Die Semantik deutscher und russischer Präpositionen. (Veröffentlichungen der Abteilung für slavische Sprachen und Literaturen des Osteuropainstituts an der FU Berlin 43) Wiesbaden, Harrasowitz.

Rosch, Eleanor. 1977. Human Categorization. Studies in Cross-cultural Psychology. vol. 1, hg. von N.Warren. London, New York, San Francisco, Academic Press. 1–49.

Rowley, Anthony (Hg.). 1980. Sprachliche Orientierung 1: Untersuchungen zur Morphologie und Semantik der Richtungsadverbien in oberdeutschen Mundarten. (Bayreuther Beiträge zur Sprachwissenschaft-D1) Bayreuth: Universität.

Russell, Bertrand. 1973. An Inquiry into Meaning and Truth, Harmondsworth, Penguin.

Saltveit, Laurits. 1973. Präposition, Präfix und Partikel als funktionell verwandte Größen im deutschen Satz. Linguistische Studien IV. Festgabe für Paul Grebe zum 65. Geburtstag. Teil 2. (SdG 24)) Düsseldorf, Schwann. 173-195.

Sasse, Hans-Joachim. 1978. Subjekt und Ergativ: Zur pragmatischen Grundlage primärer grammatischer Relationen. Folia Linguistica XII. 219-252.

Savigny, Eike von. ²1974. Die Philosophie der normalen Sprache. (stw 29) Frankfurt/M., Suhrkamp.

Schanen, François. 1976. Principes méthodologiques pour l'analyse des verbes à "particules": le preverbe UM. Cahiers d'allemand 10. 12-27.

- 1977. Le préverbe UNTER. Cahiers d'allemand 12. 58-80.
- 1979 Le préverbe DURCH. Cahiers d'allemand 14. 17-34.

Scherer, Anton. 1957. Die Erfassung des Raumes in der Sprache. Studium Generale 10. 574-582.

Schröder, Jochen. 1976. Bemerkungen zu einer Semantik deutscher Präpositionen im lokalen Bereich. DaF 13. 336-341.

- 1976. Zum Zusammenhang von Lokativität und Direktionalität bei einigen deutschen Präpositionen. DaF 15. 9-15.
- 1978. Überlegungen zu zwei weiteren Untergruppen von Präpositionen im lokalen Bereich. DaF 15. 356-361.
- 1983. Fortbewegungsverben als Beschreibungsproblem (Simplicia - Adverbialzusatz - *be*-Präfixe). DaF 20. 213-219 und 270-277.

Schwarz, Ernst. 1967. Kurze deutsche Wortgeschichte, Darmstadt, Wiss.Buchgesellschaft.

Seamon, David. 1980. Body-Subject, Time-Space Routines and Place-Ballets. The Human Experience of Space and Place, hg. von A.Buttimer und David Seamon. London, Croom-Helm. 148-165.

Seiler, Hansjakob. 1968. Probleme der Verb-Subkategorisierung mit Bezug auf Bestimmungen des Ortes und der Zeit. Lingua 20. 337- 367.

- 1977. 1. The Cologne Project on Language Universals: Questions, Objectives, and prospects. 2. Determination: A Functional Dimension for Inter-Language Comparison. (akup 23) Köln, (Mskr.).
- 1978. Determination: A functional dimension for interlanguage comparison. Language Universals. Papers from the Conference held at Gummersbach/Cologne, Germany, October 3-8, 1979, hg.von Hansjakob Seiler (TBL 111) Tübingen, Narr. 301-308.

Simecková, Alena. 1978. *Laufen durch* oder *durchlaufen*? ZGL 6. 62.

- 1981. Zum Ausdruck der Richtung bei deutschen und tschechischen Präfixverben. Zeitschrift für Slawistik 26. 89-92.
- 1984. Komplexe Verben im Deutschen. Ein Beitrag zur Untersuchung der distanzierbaren Verbaleinheiten. Beiträge zur Erforschung der deutschen Sprache 4. 132-184.

Sklar, Lawrence. 1977. Space, Time and Spacetime, Berkeley/Los Angeles/London, UCP.

Sprengel, Konrad. 1977. A Study in Word-Formation. The English Verbal Prefixes *Fore-* and *Pre-* and their German Counterparts. (Tübinger Beiträge zur Linguistik 89) Tübingen, Narr.

Staub, Marianne. 1949. Richtungsbegriff - Richtungsausdruck. Versuch zu einem Vergleich von deutscher und französischer Ausdrucksweise. Bern, Francke.

Szabo, Helga. 1983. "durch-" séparable et inséparable. Nouveaux Cahiers d'allemand 1. 15-27.

Tarvainen, Kalevi. Dependentielle Satzgliedsyntax des Deutschen. Mit sprachgeschichtlichen Erläuterungen. (Univ.Oulu/ Veröffentlichungen des Instituts für germanische Philologie 3) Oulu, Universität.

Toman, Jindrich. 1983. Wortsyntax. Eine Diskussion ausgewählter Probleme deutscher Wortbildung. (Linguistische Arbeiten 137) Tübingen, Niemeyer.

Tracy, Rosemarie. 1983. Cognitive Processes and the Acquisition of Deixis. Rauh (Hg.) 1983. 99-148.

Trost, Pavel. 1979. Noch einmal *Er ist durch den Wald durchgelaufen*. ZGL 7. 209.
- 1982. Zur Deutung von *über* und *über*-. Zeitschrift für Germanistik 3. 156-158.

Trubetzkoy, Nicolai S. 1939. Le rapport entre le déterminé, le déterminant et le défini. Melanges de linguistique offerts à Charles Bally. Genf, [1972 Nachdruck Genf,Slatkine]. 75-82.

Untermann, Jürgen. 1978. Zu semantischen Problemen des Verbums. Language Universals. Papers from the Conference held at Gummersbach/Cologne, Germany, October 3-8, 1976, hg. von Hansjakob Seiler. (TBL 111). Tübingen, Narr. 229-247.

Vennemann, Theo. 1981. Überlegungen zu einer Theorie der linguistischen Präferenzen. Akten der 9. österreichischen Linguistentagung 1981 (Klagenfurter Beiträge zur Sprachwissenschaft) [zitiert nach dem Manuskript].

Vernay, Henri. 1974. Essai sur l'organisation de l'espace par divers systèmes linguistiques. München, Fink.

Vögeding, Heinrich. 1981. Das Halbsuffix *frei*-. Zur Theorie der Wortbildung. (Studien zur deutschen Grammatik 14) Tübingen, Narr.

Watanabe, Yuji. 1976. Eine generativ-statistische Untersuchung über die Wortbildungsstruktur am Beispiel der deutschen trennbar - untrennbaren Verben [Japanisch]. Keisei 40. 69-91.

Weinrich, Harald. 1973. System, Diskurs, Didaktik und die Diktatur des Sitzfleisches. Theorie der Gesellschaft oder Sozialtechnologie. Beiträge zur Habermas-Luhmann-Diskussion [...], hg. von Franz Maciejewski. (Theorie-Diskussion Supplement 1) Frankfurt/M., Suhrkamp. 145-161.
- 1976. Sprache in Texten. Stuttgart, Klett.
- 1984. Die Zukunft der deutschen Sprache. Die deutsche Sprache der Gegenwart. Vorträge gehalten auf der Tagung der Joachim-Jungius-Gesellschaft der Wissenschaften Hamburg am 4. und 5. November 1983 [...] (Veröffentlichung der Joachim-Jungius-Gesellschaft der Wissenschaften Hamburg Nr. 51) Göttingen, Vandenhoeck & Ruprecht. 83-108.
- 1985. Für eine nichtaristotelische Theorie der Aktiv-Passiv-Diathese in der deutschen Sprache. Studien zur deutschen Grammatik. Festschrift für Johannes Erben [...] hg. von Erwin Koller und Hans Moser. Innsbruck, Institut für Sprachwissenschaft der Universität. 357-374.
- 1985a. Wege der Sprachkultur. Stuttgart, DVA.
- 1986. Deutsch als Klammersprache. Sprachnormen in der Diskussion. Beiträge vorgelegt von Sprach-freunden. Berlin/ New York, de Gruyter. 116-146.

Welke, Klaus. Hans-Joachim Meinhard,Valenzstruktur und Konstituentenstruktur. WZUB XXIII. 259-265.

Wellander, Erik. 1911. Die Bedeutungsentwicklung der Partikel *ab* in der mittelhochdeutschen Verbalkomposition. Ein Beitrag zur wissenschaftlichen Bedeutungslehre. Uppsala (Diss.).

Whitrow, Gerald J. 1976.'Becoming' and the nature of time. Capek 1976. 525-531.
- ^{2}1980. The Natural Philosophy of Time. Oxford, Blackwell.

Whorf, Benjamin L. 1963. Sprache, Denken, Wirklichkeit. Beiträge zur Metalinguistik und Sprachphilosophie. (rde 174). Reinbek, Rowohlt.

Wildgen, Wolfgang. 1979. Verständigungsdynamik. Bausteine zu einem dynamischen Sprachmodell. Regensburg (Habil.).
- 1981. Archetypal Dynamics in Word Semantics: An Application of Catastrophe Theory. Words, Worlds and Contexts. New Approaches in Word Semantics, hg. von Hans-Jürgen Eickmeyer und Hannes Rieser. (Untersuchungen zur Texttheorie 6) Berlin/New York, de Gruyter. 234-296.
- 1982. Catastrophe Theoretic Semantics. An Elaboration and Application of René Thom's Theory. Amsterdam, Mouton.
- 1983. Skizze einer katastrophentheoretisch fundierten dynamischen Semantik. Linguistische Berichte 84. 33-51.

Wittgenstein, Ludwig. 1969. Philosophische Untersuchungen. Frankfurt/M., Suhrkamp.
- 1973. Philosophische Grammatik, hg. von Rush Rhees, Frankfurt/M., Suhrkamp.

Wolf, Norbert R. 1972. Probleme einer Valenzgrammatik des Deutschen. (MISIN 3) Innsbruck: Institut für Sprachwissenschaft der Universität.

Wotjak, Barbara. 1982. Untersuchungen zu Inhalts- und Ausdrucksstruktur ausgewählter deutscher Verben des Beförderns. (LS/ZISW A 103). Berlin, Akademie-Vlg.

Wunderlich, Dieter. 1970. Tempus und Zeitreferenz im Deutschen. (Linguistische Reihe 5) München, Hueber.

- 1980. Arbeitsbuch Semantik. (AT 2120) Königstein/Ts., Athenäum.
- 1981. Linguistic Strategies. A Festschrift for Native Speaker, hg. von Florian Coulmas. The Hague/Paris/New York, Mouton. 279-296.
- 1982. Sprache und Raum. Studium Linguistik 12. 1-19 und Studium Linguistik 13. 37-59.
- 1983. On the compositionality of German prefix verbs. Meaning, Use and Interpretation of Language, hg. von Rainer Bäuerle, Christoph Schwarze, Arnim von Stechow. Berlin/New York, de Gruyter. 452-465.
- 1984. Zur Syntax der Präpositionalphrasen im Deutschen. Zeitschrift für Sprachwissenschaft 3. 65-99.
- 1986. Probleme der Wortstruktur. Zeitschrift für Sprachwissenschaft 5. 209-252.

Zintl, Josef. 1982. Zur Syntax von *hinaus/hinein, heraus/herein*. Eichinger, L.M.(Hg.) 1982. 135-172.

VERBREGISTER

In diesem Register sind die behandelten Partikel- und Doppelpartikelverben aufgeführt. Außer bei den Verben, die der einleitenden Übersicht über Bewegungs- und Zustandsverben entstammen (S.25-37), sind die aufgeführten Simplicia in der Regel als Basen der verbalen Wortbildungen zu verstehen. Sie stehen in dieser Form vor allem in Übersichten, die die Distributionsverhältnisse verschiedener Bildungstypen darstellen.

abbröckeln 189
abbücken 183
abdachen 189
abducken 183, 185, 186
abfahren 190
abfallen 183, 184, 187, 189, 190
abfangen 63
abflachen 189
abflanken 183
abflauen 63
abfließen 184, 185, 190
abgehen 101, 178, 179, 183
abgleiten 183, 184
abheben 101, 178, 179, 180, 183
abhocken 181, 183
abkippen 5
abladen 180, 182
ablaufen 190
ablegen 100, 178, 179, 180, 183
abliegen 178
abmachen 183
abnehmen 128
abnutzen 64
abperlen 184
abplatten 189
abplatzen 189
abpolstern 64
abreisen 63
abrinnen 184
abrunden 180, 182
abrutschen 183
absacken 183, 187
absaufen 183, 187
absaugen 36
abschwingen 183
absenken 183, 187
abservieren 42
absetzen 183
absickern 184
absinken 108, 183, 184, 187, 188, 189, 190, 191, 207, 234
absitzen 180, 181
abspringen 180, 182
absteigen 13, 55, 63, 101, 121, 162, 178, 179, 180, 183, 241
abstellen 183
abströmen 184, 185
abstürzen 183, 184, 185, 186, 187
abtauchen 207
abteufen 183, 187
abtragen 189
abtropfen 184
abwärtsgehen 101, 162, 214
abwärtsgerichtet 214
abwärtsklettern 163, 214
abwärtslegen 100
abwärtssteigen 101, 163
abwärtsverbannt 214
abwerfen 183
ahnen 362, 363, 364, 365, 366, 371, 372, 373
angeln 32
anspannen 240
arbeiten 147, 382
auf- und niedersenken 215
auf-/abladen 181, 190
auf-/abrunden 181
auf-/absitzen/-hocken 183
aufbahren 128, 129
aufbiegen 114, 116, 172
aufbinden 114, 116, 128, 172, 173, 213
aufblicken 113, 115, 135, 173
aufblinzeln 113, 115
aufblühen 63
aufbocken 128, 172, 173
aufbrausen 113
aufbrennen 128, 130
aufbringen 130
aufbrodeln 113
aufbuckeln 110
aufbügeln 64
aufbürden 128
aufdampfen 113, 130
aufeinanderlegen 257
aufessen 63, 64
auffahren 109, 111, 112, 135, 169, 175
auffallen 131
auffangen 63
auffassen 119
auffischen 119
aufflattern 113, 115
aufflicken 130
auffliegen 108, 111, 113, 114, 115, 135, 188
aufführen 382
auffüttern 114
aufgabeln 128, 129, 130
aufgehen 5, 100, 102, 103, 105, 106, 107, 108, 113, 114, 138, 175, 207
aufgießen 129
aufgleisen 128
aufgleiten 31
aufgrätschen 123
aufgucken 113, 115
aufhalsen 128, 130
aufhasten 111
aufhämmern 128
aufheben 100, 102, 103, 104, 105, 106, 113, 116, 117, 118, 165, 166, 171, 180
aufheften 130
aufhelfen 135
aufhieven 119
aufhissen 114, 116
aufhocken 37, 109, 110, 123, 181

aufholen 119, 174
aufhöhen 114
aufhucken 128
aufhüpfen 113, 115, 135
aufjagen 113, 116
aufkaden 114
aufkehren 119
aufkitten 128
aufklappen 175
aufklatschen 131
aufklauben 119
aufkleben 128, 129, 130
aufkleistern 128, 130
aufklopfen 130
aufknien 109, 110, 123
aufkönnen 135
aufkrempeln 114, 116
aufkupfern 130
aufladen 130, 131, 180, 182
auflagern 130
auflasten 128, 130
auflaufen 135
auflecken 119
auflegen 63, 100, 102, 103, 104, 118, 121, 122, 124, 126, 127, 128, 129, 131, 132, 133, 179, 183, 213
aufleimen 130
aufleuchten 114
aufliegen 47, 48, 100, 102, 103, 104, 118, 121, 124, 132, 133, 134, 213
auflodern 113
auflohen 113
aufmalen 130
aufmontieren 128, 129, 130
aufnageln 128
aufnähen 128, 129
aufnehmen 119, 135
aufnieten 128
aufpacken 130
aufpinseln 128
aufprägen 128, 130
aufquellen 64, 114
aufraffen 119
aufragen 172
aufranken 113
aufrauschen 113
aufrichten 110, 112
aufrunden 180, 182
aufsammeln 119
aufschauen 113, 115
aufschäumen 113
aufscheuchen 112, 113, 116
aufschießen 113
aufschleudern 114
aufschließen 63
aufschmelzen 130
aufschmieren 130
aufschnallen 130
aufschnellen 109, 111
aufschrecken 111, 112, 113, 116
aufschürzen 114, 116
aufschütten 114, 116
aufschweben 113, 174
aufschweißen, 130
aufschwimmen 123
aufschwingen 123
aufsehen 113, 115
aufseilen 119, 174
aufsetzen 124, 130
aufsitzen 109, 110, 123, 180, 181
aufspießen 128
aufsprayen 130
aufspringen 109, 111, 175, 180
aufspritzen 113, 130
aufsprudeln 113
aufsprühen 113, 130
aufstecken 114, 116
aufstehen 100, 102, 103, 105, 106, 108, 109, 110, 113, 114, 175
aufsteigen 9, 11, 12, 13, 16, 54, 55, 63, 98, 100, 102, 103, 105, 106, 107, 108, 111, 113, 114, 121, 122, 123, 131, 142, 162, 174, 179, 180, 183, 241
aufstellen 114, 116
aufstemmen 130
aufsteppen 130
aufsticken 130
aufstören 113, 116
aufstreichen 113, 115
aufstreuen 130
aufstuhlen 128
auftauchen 113, 115, 207, 213
auftauen 64
auftischen 128, 130
auftragen 128
auftreffen 131
auftreiben 114
auftrocknen 119
auftunken 119
auftupfen 119
auftürmen 114, 116
aufwachen 63
aufwachsen 174
aufwallen 113
aufwalzen 130
aufwärtsgehen 100, 161, 162
aufwärtsgewölbt 163
aufwärtsgewulstet 163
aufwärtsheben 100
aufwärtsklettern 163
aufwärtslegen 100
aufwärtssteigen 163
aufwärtsstrecken 161
aufwehen 114
aufwerfen 114, 116
aufwirbeln 114
aufwischen 119

aufwogen 113
aufziehen 114, 116
aufzüngeln 113
aufzwirbeln 114, 116
ausatmen 269, 271, 273, 287
ausbauen 269, 271, 300, 304
ausbooten 269, 271, 301, 302, 304
ausbrechen 269, 271, 273, 277, 287
ausbringen 269, 271
ausbröckeln 269, 273, 287
ausbrüten 288
ausbuddeln 269, 271, 289, 304
ausbürgern 269, 301, 302
ausbüxen 287
ausdampfen 269, 273, 287
ausdeichen 269, 271, 301, 304
ausdocken 269, 271, 302, 304
ausdrehen 269, 271, 300, 304
ausdrillen 269
ausdünsten 269
auseggen 269, 290
auseisen 269
ausfahren 269, 271, 273, 274, 275, 276, 285, 287, 324
ausfallen 269, 273, 287, 324, 326
ausfädeln 269, 271, 304
ausfällen 269
ausfegen 269, 290, 299
ausfeuern 269
ausfinden 269, 273, 277, 287
ausfliegen 55, 269, 271, 273, 274, 287
ausfließen 270, 271, 273, 287
ausfressen 270, 290, 300
ausführen 270, 271, 301, 304
ausgehen 55, 269, 270, 273, 274, 287, 317
ausgießen 270, 271, 285, 290, 299, 304, 306
ausgleiten 184
ausgraben 270, 271, 289, 304
ausharken 270, 290
ausheben 269
aushöhlen 208
ausjäten 290
auskehren 270, 290, 299
auskippen 270, 290, 299
ausklammern 270, 271, 288, 301, 304
ausklopfen 270, 290, 299
ausknöpfen 270
auskragen 270, 273
auskriechen 270, 273, 274, 287
ausladen 270, 271, 290, 291, 304
auslassen 270
auslaufen 13, 270, 271, 273, 274, 287, 288, 324
ausleeren 299
auslegen 269
ausliefern 270, 271, 301, 304
ausmarschieren 270, 273, 274, 287
ausmieten 270, 271, 302, 304
ausmisten 300
ausmontieren 270, 271, 300, 304
ausnehmen 270, 290, 291
auspacken 270, 271, 290, 291, 292, 293, 294, 298, 304
auspumpen 270
ausräumen 270, 290
ausrechen 270, 290, 300
ausreisen 271, 288
ausreißen 270, 290
ausreiten 270, 273, 274, 287
ausrinnen 270
ausrippen 270
ausrupfen 270, 290
ausrutschen 184
ausrücken 270, 271, 273, 277, 287
ausscharren 270, 289
ausschaufeln 270, 289, 290
ausscheren 270, 273, 277, 287
ausschicken 270, 301, 302
ausschiffen 270, 271, 302, 304
ausschirren 270, 271, 302, 304
ausschlachten 270, 290, 291
ausschleusen 270, 271, 302, 304
ausschließen 270, 301
ausschlüpfen 270, 273, 277, 287, 288, 324
ausschnappen 270, 271, 273
ausschoten 270, 302
ausschöpfen 270, 290, 299
ausschütten 270, 290, 299
ausschwärmen 270, 273, 277, 287
ausschwemmen 270, 271, 290, 299, 304
ausschwitzen 270
aussein 269, 270
aussetzen 270, 301
aussiedeln 270, 301, 302
aussperren 270, 271, 288, 301, 304
ausspringen 270, 273, 277
ausspucken 270
ausspülen 270, 290, 300
aussteigen 39, 270, 269, 271, 273, 277, 285, 287
ausstoßen 270, 301
ausstrahlen 270, 271
ausströmen 270, 271, 273, 287
austreiben 270, 271, 301, 304
austrennen 270
austreten 270, 271, 273, 277, 285, 287
austrompeten 270
ausufern 270, 273, 287
auswandern 270, 271, 273, 277, 278, 280, 281, 282, 283, 284, 287
auswaschen 270, 290, 290, 300
ausweiden 270, 290, 291

ausweisen 270, 271, 301, 304
auswerfen 270, 271, 304
auswickeln 270, 271, 290, 291, 304
ausziehen 270, 273, 277, 278, 279, 280, 281, 287
auszupfen 270, 290

bammeln 192, 193, 195
baumeln 192
bäumen 170, 171
bearbeiten 382
befördern 32, 76, 147, 153, 154, 192, 193, 200
begeben 76, 192, 193
begleiten 76, 147, 153, 155, 192, 193, 194, 200
behalten 70, 71, 72
behandeln 382
bekommen 76, 192, 193, 195
bemühen 147, 153, 192
beordern 76
berechnen 368, 371, 372, 383
bergwandern 139
bestellen 76, 354, 371, 372
bestimmen 371, 372
beugen 192, 215
bewegen 76, 147, 153, 155, 200
biegen 147, 153, 170, 171
binden 170, 171
bitten 76, 147, 153, 192, 194, 199, 314, 315
biwakieren 36
blasen 32
bleiben 36, 70, 71, 72
blicken 76, 147, 150, 170, 171, 174, 192, 194, 195, 314, 315, 320, 323, 383
blinzeln 170, 171, 174
bluten 382
bocken 170, 171
bohren 331
brauchen 76
brausen 25, 247
brechen 192, 193, 195
brennen 192, 195
bringen 32, 35, 76, 77, 147, 153, 170, 171, 192, 194, 199, 234, 314, 315
brodeln 170, 171
bröckeln 192, 193, 194
brüllen 88
buckeln 32
bummeln 25

campen 36

dabehalten 70, 71, 83
dableiben 70, 71, 73, 74
dahintergehen 218
dahintergucken 251
dahinterknien 251
dahinterkommen 256
dahinterlegen 218
dahinterliegen 218
dahintersein 218
dahinterstecken 256
dahinterstehen 218, 251
dahintertun 218
dalassen 70, 72, 73, 74
darauffallen 159
daraufhauen 159
daraufladen 159
daraufschlagen 159
daraufschreiben 159
daraufstellen 159
darauftreten 159
darunterbleiben 201
daruntergehen 201
darunterheben 201
darunterlegen 201
darunterliegen 214
darunterschreiben 201
daruntersetzen 201
darunterstellen 201
dasein 70, 72
davonlaufen 397
davorbleiben 236
davorgehen 218
davorhalten 236, 237
davorlegen 218, 236, 237, 240
davorliegen 218, 236
davorschieben 236, 237
davorschreiben 236
davorsein 218
davorsitzen 236
davorspannen 236, 238, 240
davorstehen 218, 236
davorstellen 236, 238, 239, 240
davortun 218
dämmern 147, 148, 170, 171
denken 383
deuten 76
dienen 147
donnern 215
dortbehalten 70, 72
dortbleiben 70, 72, 74
dortlassen 70
dortsein 70
draufbinden 161
drauffallen 153
draufgehen 100
draufheben 100
drauflegen 100, 159
draufliegen 100, 156, 159
draufsein 156
draufsetzen 160, 161
draufstehen 156, 159
draufsteigen 100
draufstellen 159

draußenbleiben 336
draußenliegen 336
draußensitzen 336
draußenstehen 336
drängen 32, 35, 76, 147, 150, 153, 314
drehen 170, 171
dringen 147, 148, 170, 171, 174, 314, 320, 323
drinliegen 335, 336
drinnenbleiben 336
drinnenliegen 336
drinnensitzen 336
drinnenstehen 336
drinsitzen 335, 336
drinstecken 335
drinstehen 335
drobenliegen 100, 156
drobensein 156, 157
drobenstehen 100, 156, 158
druntenbleiben 201
druntenliegen 100
druntenstehen 101
druntergehen 101
drunterlegen 100
druntersteigen 101
drücken 32, 35, 192, 199
ducken 185, 215
dunkeln 354
durchalbern 390
durcharbeiten 390
durchbacken 386, 389
durchächzen 390
durchbeissen 391
durchbeten 390
durchbummeln 386
durchdulden 390
durchfahren 386, 390
durchfechten 386, 387
durchfeiern 386, 387, 388, 389
durchfluchen 390
durchfrieren 390
durchgähnen 390
durchjammern 390
durchjauchzen 390
durchkämpfen 387, 389, 390
durchküssen 390
durchlachen 390
durchlaufen 386, 387, 389
durchlärmen 390
durchleben 386, 387
durchleiden 386, 387, 390
durchlieben 390
durchpennen 386, 387
durchplaudern 390
durchruhen 390
durchsaufen 386, 387
durchscherzen 390
durchschlafen 386, 387, 390
durchschlemmen 390
durchschlummern 390
durchschmausen 390
durchseufzen 390
durchsorgen 390
durchspielen 390
durchstehen 392, 393, 403
durchstöhnen 390
durchtanzen 387, 390
durchtaumeln 390
durchtändeln 390
durchtoben 387
durchtrauern 390
durchtrinken 386, 387, 390
durchwachen 388, 390
durchwarten 390
durchweinen 390
durchwintern 386, 387, 389
durchzechen 386, 388
dürfen 76, 77, 147, 149, 192, 194, 195, 320, 327

eilen 76, 147, 149, 192, 194, 195, 314, 320, 327
einackern 270, 304
einatmen 270, 271, 273, 286, 287, 307
einbacken 270, 304
einballen 270, 304
einbauen 270, 271, 304, 305
einbetonieren 333
einbetten 270, 304, 306, 308
einbinden 270, 304
einblasen 270, 304
einbohren 270, 304
einbooten 270, 271, 304, 305
einbrechen 270, 271, 273, 277, 286
einbringen 270, 271, 304
einbrocken 270, 304
einbuchten 270, 304, 306
einbuddeln 270, 271, 304
einbunkern 270, 304, 306
einbügeln 270, 304
eindeichen 270, 271, 304, 305
eindocken 270, 271, 304
eindosen 270, 304, 306
eindrehen 270, 271, 304
eindringen 270, 273
eindrucken 270, 304, 307
eindübeln 270, 304, 307
einernten 270, 304
einfahren 270, 271, 273, 274, 275, 276, 285, 286, 328
einfallen 270, 273, 286
einfächern 270, 304, 306
einfädeln 270, 271, 304, 305
einfiltrieren 270, 304, 306
einfinden 270, 273, 277, 286
einflechten 270, 304, 307

einfliegen 270, 271, 273, 274, 286
einfließen 270, 271, 273, 286
einflößen 270, 304, 306
einfluten 270, 273, 286
einfressen 270
einfugen 270, 304, 308
einfügen 270, 304, 308, 332
einfühlen 270
einführen 270, 271, 304, 308
einfüllen 270, 304, 306, 332
einfüttern 270, 304, 308
eingeben 270, 304, 308
eingehen 269, 270, 273, 274, 275, 286
eingesprengt 39
eingießen 270, 271, 285, 304, 306
eingipsen 333
eingittern 306
einglasen 333
eingraben 270, 271, 304, 307
eingravieren 270, 304, 307
eingreifen 270
einhämmern 270, 304, 307
einheften 270, 304, 307
einheilen 270, 273
einhüllen 296
einimpfen 270, 304
einkellern 270, 304, 306
einkerkern 270, 304, 306, 333
einkitten 333
einklammern 270, 271, 288, 304
einkleben 270, 304, 307
einknöpfen 270, 304, 307
einkommen 270, 273, 274, 286
einköpfen 270, 304, 308
einkratzen 270, 304, 307
einkuscheln 273, 277
einladen 270, 271, 290, 304
einlagern 37, 270, 306
einlassen 270
einlaufen 13, 270, 271, 273, 274, 286, 288
einlegen 269, 270 307
einliefern 270, 271, 304, 305
einlochen 270, 306
einlöffeln 270, 306
einmachen 270, 307
einmarinieren 270, 307
einmarschieren 270, 273, 274, 286
einmauern 270, 307
einmeißeln 307
einmieten 270, 271, 304
einmischen 270
einmontieren 270, 271, 304
einmummeln 306, 370
einmünden 270, 273, 286
einnähen 270, 306
einnisten 270, 277
einoperieren 270, 307
einordnen 270, 306
einpacken 270, 271, 291, 292, 293, 294, 295, 296, 297, 298, 304, 305
einparken 270, 277, 285, 286
einpassen 270
einpassieren 270, 273, 277, 285, 286
einpferchen 270, 306, 333
einpflanzen 270, 307
einpflastern 333
einprägen 270, 307
einpressen 270
einpuppen 270
einrahmen 270, 306
einrammen 270, 307
einranden 270
einrangieren 270
einräumen 270, 304
einreiben 270
einreihen 42
einreisen 270, 271, 288
einreiten 270, 273, 274, 286
einrieseln 270
einritzen 270, 307
einrücken 270, 271, 273, 277, 286, 308
einrüsten 270, 306
einsacken 270, 306, 333
einsalzen 270, 307
einsargen 270, 306, 333
einsaugen 270, 307
einsäen 270
einsäumen 305
einschalen 270, 306
einscharren 270
einschaufeln 270, 306
einschenken 270
einscheren 270, 273, 277, 286
einschichten 270
einschieben 270
einschießen 270, 308
einschiffen 270, 271, 304, 305
einschirren 270, 271, 304, 305
einschlagen 270, 306, 307
einschlämmen 270, 306
einschleichen 270, 273, 274
einschleifen 270, 307
einschleppen 270
einschleusen 270, 271, 304
einschließen 270, 305
einschmuggeln 270
einschnappen 270, 271, 286
einschneiden 270, 307
einschreinen 270, 306, 333
einschütten 270, 306
einschwemmen 270, 271, 304, 306
einsetzen 270, 308
einsickern 286
einsiegeln 270
einsilieren 270, 306

einsinken 270, 273, 274, 286
einsitzen 47, 48, 270, 311, 335
einsortieren 270,306
einspannen 240, 270, 308
einspeichern 270, 308
einspeisen 270, 308
einsperren 270, 271, 288, 304
einspinnen 270
einspritzen 270, 306
einspülen 270, 306
einstallen 270
einstampfen 270
einstechen 270, 307
einstecken 270, 308
einstehen 269
einstehlen 274
einsteigen 39, 121, 269, 270, 271, 273, 277, 285, 286
einstellen 270
einsticken 270
einstippen 270
einstopfen 270, 308
einstoßen 270
einstöpseln 270, 307
einstrahlen 270, 271
einströmen 270, 271, 273, 286
eintasten 270
eintauchen 270, 273, 277, 286
eintätowieren 270, 307
eintiefen 270, 307
eintippen 270, 308
eintitschen 270
eintopfen 270, 307
einträufeln 270
eintreiben 270, 271, 304
eintreten 270, 271, 273, 274, 285
eintrichtern 270
eintrinken 270, 307
eintröpfeln 270, 306
eintunken 270
eintüten 270, 306, 333
einwalzen 270
einwandern 270, 271, 273, 277, 278, 280, 281, 282, 283, 284, 286
einwässern 270, 307
einwecken 307
einweichen 270, 307
einweisen 270, 271, 304
einwerfen 270, 271, 304, 308
einwickeln 270, 271, 297, 304, 305, 306
einwindeln 270, 306
einwinken 270
einwintern 270, 307
einwölken 270
einwurzeln 270, 273, 286
einwühlen 270
einwürgen 270
einzäunen 270, 306
einziehen 270, 278, 279, 280, 281, 286, 307
einzwängen 270, 308
emigrieren 280, 281, 284
empfinden 371, 373, 383
emporbäumen 163
emporblicken 163
emporblühen 163
emporbringen 163
emporbrodeln 163
empordrängen 163
empordringen 163
emporfahren 163, 169
emporflattern 163, 174
emporfliegen 163
emporführen 163
emporgehen 100, 163
emporgetragen 164
emporhalten 163, 166
emporheben 100, 163
emporhelfen 163
emporlegen 100
emporrecken 163
emporrollen 164
emporsteigen 55, 100, 164, 174
emporstreben 164, 173
emporwachsen 174
erleben 354

fahren 26, 29, 30, 32, 35, 76, 77, 147, 149, 153, 170, 171, 175, 192, 194, 195, 215, 314, 321, 323
fallen 26, 29, 30, 147, 150, 159, 187, 192, 194, 195, 215, 314, 321, 323, 326
fausten 32
färben 354
fegen 26
fertig- 212
feuern 32
finden 76, 147, 151, 192, 193, 194, 199
fingern 32
fischen 32
flackern 170, 171
flammen 171
flattern 26, 171
flehen 192, 193, 194
fliegen 26, 29, 32, 35, 76, 147, 151, 170, 171, 192, 194,195, 314, 321, 324
fliehen 26
fließen 26, 29, 31, 76, 77, 185, 192, 314
flitzen 26
fluten 26
fügen 332
führen 32, 35, 76, 147, 153, 192, 194, 199, 314

füllen 32, 332

galoppieren 26
gären 354
geben 147, 153, 192, 193, 195,196, 200, 314
gehen 26, 29, 30, 35, 76, 77, 95, 96, 98, 140, 147, 150, 151, 152, 170, 171, 175, 178, 192, 194, 195, 196, 215, 218, 314, 315, 316, 317, 318, 319, 321, 324, 373, 384, 395
gehören 76
gelangen 76, 147, 151, 192, 193, 194, 199
geleiten 147, 153, 192, 193, 200
geraten 76, 77
gießen 32, 35, 192, 199
gleiten 26, 29, 31, 76, 184, 192, 194, 195, 215, 314
gucken 170, 171, 314, 321, 324

haften 36
hageln 192, 193, 194
hallen 354
halten 76, 170, 171, 215
hasten 26
hauen 77, 159, 215
hausen 36
hängen 32, 36, 76, 192, 195, 215
heben 32, 35, 95, 96, 117, 136, 140, 143, 147, 153, 170, 171, 172, 192, 193, 195, 199, 314
hechten 26
heften 32
helfen 147, 153, 155, 170, 171, 192, 194, 199, 200, 314
herabblasen 193
herabblicken 190
herabducken 191
herabeilen 190
herabfahren 190
herabfallen 190, 193
herabflehen 195
herabfließen 190
herabführen 190
herabgehen 101, 197
herabgießen 190
herabgleiten 191
herabhängen 193
herabheben 101, 180
herabhelfen 190
herabholen 190
herabklappen 194
herabklettern 190
herabkommen 190, 193
herabkurbeln 193
herablassen 190
herablaufen 190
herablegen 100
herabreichen 190
herabrieseln 197, 198
herabrutschen 191
herabsausen 190
herabschaffen 190
herabschweben 193, 197
herabsenken 193
herabsinken 191
herabstarren 193
herabsteigen 13, 101
herabstürzen 191, 193
herauf- und herniederglitzernd 144
heraufarbeiten 135
heraufbefördern 154
heraufbitten 154
heraufblicken 135
heraufbringen 135, 143
heraufdämmern 144, 146
heraufdonnern 144
herauffahren 135
herauffliegen 135
heraufflitzen 135
heraufführen 135
heraufgehen 100, 135, 140, 142
heraufheben 100, 135, 180
heraufhelfen 135
heraufholen 135, 144, 153
heraufhüpfen 135
heraufklappen 194
heraufklettern 135
heraufkommen 135, 142, 144
heraufkönnen 135
heraufkrabbeln 134
heraufkriechen 144
herauflangen 135
herauflassen 135
herauflaufen 135
herauflegen 100, 135
heraufmarschieren 135
heraufnehmen 135
heraufpumpen 135
heraufquellen 144
heraufreichen 135
heraufsehen 149
heraufsetzen 145
heraufsprudeln 144
heraufsteigen 13, 52, 100, 135, 140, 141, 142
heraufwimmern 148
heraufziehen 144
herausbitten 313, 315
herausblasen 36
herausblicken 226, 227, 313, 315
herausbohren 329, 330
herausbrechen 329, 331, 332, 333
herausbrennen 329, 330
herausbringen 313, 315
herausbröckeln 329, 331, 332, 333

herausbrüllen 88
herausbuddeln 329
herausdampfen 329, 331, 332, 333
herausdrängen 313
herausdringen 313
herausdürfen 313
herauseilen 313
herauseitern 329, 331, 332, 333
herausfahren 313
herausfallen 313, 326
herausfeilen 329, 330, 331
herausfiltern 329, 331
herausfliegen 313
herausfließen 313
herausführen 313
herausgeben 313
herausgehen 313, 316, 317, 318, 327
herausgreifen 313
herausgucken 313
heraushauen 329, 330, 331
herausheben 313
heraushelfen 313
herausheuen 42
herausholen 313
heraushumpeln 313
heraushuschen 313
heraushüpfen 313
herausklettern 313
herauskommen 313
herauskönnen 313
herauskrabbeln 313
herauskriechen 313, 327
herauslassen 313
herauslaufen 13, 313
herauslösen 329
herausquellen 226
herausragen 313
Herausrappeln 111
hereinbitten 313, 315
hereinblicken 313, 315
hereinbrechen 329
hereinbringen 313, 315
hereindrängen 313
hereindringen 313
hereindürfen 313, 327
hereineilen 313, 327
hereinfahren 313, 327
hereinfallen 313, 326, 327
hereinfliegen 313
hereinfließen 313
hereinführen 313
hereingeben 313
hereingehen 313, 318, 319
hereingreifen 313
hereingucken 313
hereinheben 313
hereinhelfen 313
hereinholen 313
hereinhumpeln 313
hereinhuschen 313, 327
hereinhüpfen 313
hereinklettern 313
hereinkommen 313, 327
hereinkomplimentieren 88
hereinkönnen 313
hereinkrabbeln 313
hereinkriechen 313
hereinlassen 313
hereinlaufen 13, 313
hereinstecken 17, 52, 53
hereinwehen 39
herobenliegen 100, 156
herobensein 156, 157
herobenstehen 100, 156
herumbekommen 403
herumbringen 403
herumgehen 403
herumkriegen 403
herumsein 403
heruntenbleiben 201
heruntenliegen 100
heruntenstehen 101
herunterblicken 201
herunterbringen 201
herunterdoktern 194
herunterfallen 193
heruntergehen 101
herunterhängen 37, 193
herunterheben 101
herunterkommen 193
herunterlegen 100
herunternehmen 182
herunterpusten 36
herunterschrauben 193
heruntersteigen 101
herunterziehen 193
hervorangeln 221
hervorblicken 221, 223, 226, 232
hervorbrechen 221, 223
hervordrängen 221, 223, 225
hervordringen 221, 223
hervorflackern 223
hervorgehen 218, 225, 226
hervorgucken 221, 223, 225, 232
hervorgurgeln 224
hervorholen 221, 223, 224
hervorhuschen 223
hervorkehren 221
hervorklauben 221
hervorkommen 221, 222, 223, 224
hervorkramen 221
hervorkriechen 221, 223
hervorlegen 218, 225, 226
hervorleuchten 221, 223
hervorlocken 221
hervorlugen 221, 223
hervorquellen 221, 223, 226, 232
hervorragen 221, 223

hervorrufen 221, 225
hervorrücken 221, 225
hervorschauen 221, 223
hervorscheinen 221, 223
hervorschießen 221, 223, 225
hervorschimmern 221, 223
hervorschnellen 221, 223, 225
hervorsehen 232
hervorspringen 221, 223, 225
hervorsprudeln 221, 223
hervorstechen 221, 223
hervorstehen 221, 223, 225, 226
hervorstoßen 221, 223
hervorstrecken 13, 221
hervorströmen 221, 223
hervorstürzen 221, 223, 225
hervortrauen 221, 223
hervortreiben 221
hervortreten 221, 223, 225, 232
hervortrippeln 223
hervortun 218, 221, 225, 226
hervorwagen 221, 223, 225
hervorzerren 221, 224
hervorziehen 221, 224
herwinken 83
hetzen 33
hierbehalten 70, 72, 73
hierbleiben 70, 72, 74
hierlassen 70, 72
hiersein 70, 72
hieven 33, 170, 171
hinabblicken 190, 193
hinabdrücken 193
hinabducken 191
hinabeilen 190
hinabfahren 190
hinabfallen 190
hinabflattern 193
hinabfließen 190
hinabführen 190
hinabgehen 101, 197
hinabgießen 190
hinabgleiten 191
hinabheben 101
hinabhelfen 190
hinabholen 190
hinabklettern 190
hinabkommen 190
hinablassen 190
hinablaufen 190
hinablegen 100
hinabreichen 190
hinabrutschen 191
hinabsausen 190
hinabschaffen 190
hinabsinken 191, 193
hinabsteigen 13, 101, 193, 400
hinabstoßen 193
hinabstürzen 191
hinabwallen 193
hinabziehen 193
hinaufarbeiten 135
hinaufbefördern 154
hinaufbestechen 146
hinaufbinden 116, 153
hinaufbitten 154
hinaufblicken 135, 149
hinaufboxen 146
hinaufbringen 135
hinaufeilen 149
hinauffahren 135, 149
hinauffallen 146
hinauffliegen 135
hinaufflitzen 135
hinaufführen 135
hinaufgabeln 65
hinaufgeben 155
hinaufgehen 100, 135, 137, 138, 139, 146
hinaufheben 100, 135, 139, 140, 143
hinaufhelfen 135
hinaufholen 135
hinaufhuschen 32
hinaufhüpfen 135
hinaufkämpfen 146
hinaufklettern 134, 135
hinaufkommen 135
hinaufkönnen 135
hinaufkurbeln 154
hinauflangen 135
hinauflassen 135
hinauflaufen 135
hinaufleeren 65
hinauflegen 100, 135, 140, 175
hinaufleiten 153
hinaufmarschieren 135
hinaufmogeln 146
hinaufnehmen 135
hinaufpumpen 135
hinaufreflektieren 153
hinaufreichen 135, 400
hinaufrufen 149
hinaufrutschen 175
hinaufsaufen 146
hinaufschlurfen 152
hinaufsetzen 153
hinaufsteigen 13, 52, 55, 100, 135
hinauftraben 152
hinaufwälzen 152
hinaufwerfen 153
hinausbefördern 85
hinausbitten 313, 315
hinausblicken 313, 315
hinausbringen 313, 315
hinausbugsieren 329
hinausdrängeln 329
hinausdrängen 313
hinausdringen 313

hinausdürfen 313
hinauseilen 313
hinausekeln 329, 330
hinausfahren 313
hinausfallen 313, 326
hinausfenstern 329
hinausfliegen 313
hinausfließen 313
hinausfördern 333
hinausfuhrwerken 329
hinausführen 313
hinausgeben 313
hinausgehen 93, 313, 315, 316, 317, 318, 327
hinausgrasen 39
hinausgreifen 313
hinausgucken 313
hinausheben 313
hinaushelfen 313
hinaushumpeln 313
hinaushuschen 313
hinaushüpfen 313
hinausintrigieren 329
hinausklettern 313
hinauskommen 313
hinauskomplimentieren 85, 88, 329
hinauskönnen 313
hinauskrabbeln 313
hinauskriechen 313, 327
hinauslassen 313
hinauslaufen 13, 313, 314
hinausragen 313
hinausrauschen 39
hinausreden 85
hinausschieben 397
hinausvespern 65
hinauswerfen 85, 329
hinausziehen 398
hinauszögern 398
hineinbitten 313, 315
hineinblicken 313, 315
hineinbohren 329, 330
hineinbrennen 329, 330
hineinbringen 313, 315
hineinbrummen 329
hineinbrüllen 88
hineinbugsieren 329
hineindenken 42
hineindrängen 313
hineindringen 313, 328
hineindrucken 331
hineindrücken 329
hineindürfen 313
hineineilen 313, 328
hineinfahren 275, 276, 313, 328
hineinfallen 313, 326, 328
hineinfeilen 329, 330
hineinfliegen 55, 313, 328
hineinfließen 313
hineinfügen 329, 331, 332
hineinführen 313
hineinfüllen 329, 331, 332
hineingeben 313
hineingehen 275, 313, 318, 319, 328
hineingreifen 313
hineingucken 313
hineinhalten 329
hineinhauen 329, 330, 331
hineinheben 313
hineinhelfen 313
hineinhumpeln 313
hineinhuschen 313
hineinhüpfen 313
hineinklettern 313, 328
hineinkommen 313, 325, 328
hineinkönnen 313
hineinkrabbeln 313, 328
hineinkriechen 313, 328
hineinlassen 313
hineinlaufen 13, 313, 328
hineinragen 313
hineinschielen 17
hineinstreichen 329
hineinwerfen 52, 53
hinken 26
hinkommen 78
hinstellen 75
hintenbleiben 251
hintenliegen 218
hintensein 218
hintensitzen 236, 256
hintenstehen 218
hinterblicken 242
hinterbringen 253
hinterdreinbellen 259
hinterdreinfahren 258
hinterdreinkommen 256
hinterdreinlaufen 256, 258
hinterdrücken 251, 253
hintereinanderfahren 256
hintereinandergehen 256
hintereinanderkommen 256
hintereinanderlaufen 256
hintereinanderlegen 256
hintereinanderschalten 256
hintereinanderschreiben 256
hinterfüllen 254
hintergehen 218, 251, 253
hintergießen 251, 253, 254
hinterherbellen 259
hinterhergehen 258
hinterherjagen 256, 397
hinterherlaufen 256, 258
hinterherrufen 256
hinterherschleifen 258
hinterhertreiben 256
hinterherwerfen 256
hinterkommen 251, 253

hinterlassen 251, 253
hinterlegen 218, 251, 253, 254
hintermauern 254
hinterschlingen 251
hinterschütten 251
hintersetzen 251
hintertun 218
hinterziehen 251, 253
hinunterbegleiten 193
hinunterblicken 193, 201
hinunterbringen 201
hinuntergehen 101, 193
hinunterheben 101
hinunterklettern 193
hinunterlegen 100
hinunterrennen 193
hinunterschwimmen 194
hinuntersteigen 101, 193
hinunterstürzen 193
hinunterwerfen 193
hinunterziehen 193
hissen 33
hocharbeiten 163, 164
hochbiegen 168, 172
hochbinden 163, 168, 172, 173
hochblicken 168, 173
hochbocken 163, 168, 172, 173
hochbringen 163, 167, 168, 170
hochdrehen 163, 168
hochdrücken 163, 167
hochfahren 112, 168, 169
hochfedern 163
hochflattern 164, 174
hochfliegen 168
hochgehen 100, 163, 167, 168
hochgucken 168
hochhalten 163, 166, 167, 168
hochheben 55, 100, 164, 165, 166, 168, 170, 171
hochhieven 163, 167, 168
hochholen 168
hochhüpfen 168
hochjagen 168
hochklappen 163, 167, 175
hochklettern 163, 168
hochkommen 163, 164, 168
hochkrempeln 163, 168
hochkurbeln 168
hochlegen 100, 168, 175
hochnehmen 163, 168
hochpäppeln 168
hochragen 168, 172
hochranken 168
hochrappeln 163
hochrecken 168
hochreichen 168
hochrutschen 168, 175, 184
hochscheuchen 168
hochschichten 168
hochschnellen 168
hochschürzen 168
hochspringen 168
hochspülen 168
hochstecken 168
hochsteigen 100, 164, 168, 174
hochstemmen 168
hochstrecken 168
hochstürzen 164
hochtragen 168
hochtreiben 168
hochtürmen 168
hochwirbeln 168
hochwölben 168
hochwuchten 168
hochziehen 164, 168
hochzwirbeln 168
hocken 36
holen 33, 35, 76, 77, 145, 147, 153, 170, 171, 192, 195, 234
hoppeln 26, 29
hopsen 26, 29
humpeln 26, 29, 147, 149, 314, 322
huschen 26, 314, 322
hüpfen 26, 115, 170, 171, 314, 322

immigrieren 280, 281
irren 26

jagen 33, 76, 147, 150, 153, 155, 170, 171, 192, 193, 194, 199, 200

karren 33
katapultieren 33
kauern 215
kämmen 170, 171
kippen 33, 192, 193, 200
klagen 195
klappen 147, 153, 170, 171, 192, 193
klauben 33
klemmen 33
klettern 26, 29, 31, 39, 147, 149, 170, 171, 192, 194, 195, 314, 322
klimmen 147, 150, 151, 170, 171, 175
klingen 147, 148
knallen 33
knien 36, 215
kommen 26, 29, 30, 76, 77, 140, 145, 147, 148, 149, 170, 171, 192, 194, 195, 234, 314, 322, 324, 325, 326, 327, 328, 349, 379, 395
können 76, 77, 147, 149, 175, 192, 194, 195, 327
krabbeln 26, 29, 147, 314, 322
krempeln 170, 171, 192, 193, 195
kriechen 26, 29, 30, 147, 149, 170, 171, 192, 194, 195, 314, 323, 324
kriegen 76, 77, 192, 193, 195
kullern 27, 29

kurbeln 147, 153, 170, 171, 192, 194, 199
kutschieren 27, 33

laden 33, 159
lagern 36
langen 76, 147, 150, 151, 153, 192, 194, 199
lassen 70, 71, 72, 73, 76, 147, 192, 194, 199, 314
latschen 27
laufen 27, 29, 30, 76, 147, 149, 170, 171, 192, 194, 195, 215, 314, 323, 324, 388
lauschen 147, 150
leben 36, 388
legen 33, 35, 76, 95, 96, 98, 126, 127, 128, 136, 140, 143, 147, 153, 170, 171, 178, 192, 193, 194, 200, 215, 218
lehnen 33, 36
leiden 388
leiten 76
lenken 76, 192, 193, 200
liefern 354
liegen 36, 37, 95, 96, 97, 132, 133, 178, 218
locken 76, 77, 147, 153
lodern 170, 171
lohen 170, 171

machen 76, 77
marschieren 27, 29, 31, 76, 77
messen 354
miteinanderkommen 257
müssen 147, 149, 192, 194, 195

nacharbeiten 355, 382
nachbehandeln 355, 358, 359, 382
nachbellen 256, 259
nachberechnen 355
nachbereiten 355
nachbessern 355, 382
nachbestellen 354, 355, 378
Nachbewegung 355
nachbezahlen 355
nachblicken 256
nachbluten 355, 382
nachbohren 355
nachbrennen 355
nachbringen 256
nachbrummen 355
nachdatieren 350, 351, 352, 353
nachdieseln 355
nachdunkeln 354, 355, 382
nacheichen 355
nacheilen 256
nachentrichten 355
nacherleben 354, 355
nachfahren 256
nachfärben 354
nachfedern 355
nachfeiern 355
nachfiltern 355
nachfliegen 256
nachfolgen 258, 378, 384
nachformen 355
nachfüllen 382
nachgären 354
nachgehen 256
nachhallen 354, 355
nachhetzen 256
nachheuen 355
nachhinken 256
nachholen 256
nachklingen 355
nachlaufen 256, 258
nachlernen 355
nachliefern 354, 355
nachlösen 355
nachmessen 354
nachsalzen 355
nachschicken 258
nachschluchzen 382
nachschwingen 355
nachsprechen 382
nachspülen 355
nachstreichen 382
nachwerfen 256, 258
nachzeichnen 382
nachzittern 355
nebeneinanderfahren 257
nebeneinanderlaufen 257
nebeneinanderlegen 257
nehmen 147, 170, 171, 192, 194, 199
neigen 76
niederbeugen 214
niederbiegen 214
niederblasen 214
niederblicken 214
niederboxen 214
niederbrausen 214
niederbrechen 214
niederbrennen 214
niederbücken 214
niederdonnern 214
niederdrücken 214
niedergehen 101
niederhalten 214
niederknien 214, 215
niederlassen 215
niederlegen 100, 215
niederschießen 215
niederschlagen 215
niedersetzen 215
niedersitzen 111, 215
niedersteigen 101
niederstürzen 215

niedertreten 215
niederwerfen 113

obenliegen 100, 156
obenliegend 157
obensein 156
obenstehen 100, 156, 158

packen 33, 292, 293, 294, 295, 296, 297
paddeln 27, 29
parallelschalten 257
parken 36
passieren 33
päppeln 170, 171
pennen 36
perlen 27, 184
pflanzen 76, 77
pfropfen 33
pilgern 27
planen 368, 369, 380, 383
poltern 27, 29
prangen 36
prasseln 192, 193, 194, 215
pressen 170, 171
prognostizieren 342
prophezeien 342
prügeln 22
pumpen 147, 153, 170, 171
purzeln 192, 195
pusten 33

quellen 147, 148, 170, 171

radeln 27, 29
ragen 170, 171, 172
ranken 170, 171
rappeln 170, 171
rasen 27, 29, 147, 151, 192, 193, 194, 199
rasten 36
rattern 27
raufbringen 167
raufdrücken 167
raufgehen 167
raufhieven 167
raufklappen 167, 175
raufpaddeln 32
rauschen 170, 171
rausfallen 334
rausknallen 329
rauskramen 329
räumen 33
recken 170, 171
regnen 192, 193, 194, 215
reichen 76, 147, 153, 170, 171, 192, 194, 199
reisen 27, 76
reißen 76, 170, 171, 192, 199
reiten 27, 29, 147, 151, 192, 193, 194, 199
rennen 27, 30, 76, 147, 149, 192, 194, 195
richten 170, 171
rieseln 27, 192, 195, 196, 198
rinnen 27, 192, 195, 196
robben 27
rodeln 27
rollen 27, 29, 33, 147, 150, 151, 153, 192, 195
rudern 27, 29, 33
rufen 76, 77, 147, 149, 192, 194, 195
ruhen 36
runterblicken 201
runterbrausen 201
runterbringen 201
runterpaddeln 32
rutschen 27, 170, 171, 184, 192, 195
rückblickend 381
rücken 33, 76, 234
rückschauend 381
rückwärtsfahren 245
rückwärtsgehen 218, 251
rückwärtsgewandt 384, 400

s.abstützen 63
s.arbeiten 149, 170, 171
s.aufrappeln 109, 111
s.aufrichten 109, 111
s.aufsetzen 110, 111
s.aufstützen 63
s.begeben 147, 151, 194, 199
s.bemühen 147, 149, 194, 195
s.bewegen 147, 151
s.dienen 150, 170, 171
s.durchbeißen 386, 389
s.einfühlen 273, 286
s.einkuscheln 270, 286
s.einnisten 284, 286
s.einschleichen 284, 286
s.einstehlen 270, 273, 284, 286
s.emporrichten 113, 164
s.erinnern 380, 383
s.fortschleppen 397
s.heraufarbeiten 145
s.heraufbemühen 146
s.hinaufarbeiten 145
s.hinaufbemühen 146
s.hinaufdienen 146
s.hinauftasten 146
s.hinaufwagen 146
s.hineinfressen 329, 331
s.hinlegen 185
s.hinsetzen 185
s.hinziehen 397
s.hoch-/raufarbeiten 175
s.hocharbeiten 168
s.hochdienen 168

s.kämpfen 170, 171
s.niederlassen 215
s.niedersetzen 111
s.schleppen 151
s.schwingen 147, 150, 151, 195
s.sehnen 380, 383
s.tasten 147, 150, 151
s.unterstellen 202
s.vorbeiquälen 397
s.vorlegen 228, 232
s.vorlehnen 228, 232
s.vortasten 228, 233
s.vorüberquälen 397
s.vorwagen 228, 233
s.zurückbegeben 260
sagen 373
sausen 27, 76, 192, 195
schaffen 33, 76, 147, 153, 192, 194, 199
schallen 147, 148
schauen 76, 147, 149, 170, 171, 174, 192, 194, 195, 383
schaufeln 33
scheuchen 33, 170, 171, 173
schichten 170, 171, 293
schicken 34, 35, 76, 147, 153, 170, 192, 194, 199
schieben 34, 35, 76, 147, 153, 155, 170, 171, 192, 193, 194, 200
schießen 34, 35, 147, 149, 153, 154, 170, 171, 173, 192, 194, 195, 199
schippen 34
schlafen 36
schlagen 130, 159, 170, 171, 173, 192, 195
schlängeln 170
schleichen 27, 29, 31, 76, 147, 151, 170, 171, 192, 194, 195
schleifen 34
schlendern 27
schleppen 76, 147, 153, 155, 192, 193, 194, 200
schleudern 147, 153, 170, 171, 173
schlittern 27
schlurfen 28
schlüpfen 27
schmeißen 192, 199
schmettern 34
schnellen 28, 29, 170, 171, 173
schöpfen 34
schrauben 147, 153, 192
schrecken 170, 171
schreiben 159, 212
schreiten 28, 29
schrumpfen 130
schubsen 34
schürzen 170, 171
schütten 34, 35, 76, 192, 199
schweben 28, 29, 76, 147, 150, 151, 170, 171, 192, 193, 194, 215
schwimmen 28, 76
schwingen 170, 171, 192, 194
segeln 28, 76, 192, 193, 194
sehen 76, 147, 149, 170, 171, 174, 192, 194, 195, 373
sehnen 76
seihen 34
seilen 170, 171
sein 70, 71, 73, 192, 218
senden 34
senken 34, 187, 192, 193, 199
setzen 34, 35, 76, 153, 160, 215
sieben 34
sinken 28, 29, 107, 108, 187, 188, 191, 192, 195, 215, 234
sitzen 36
sollen 76, 192, 195
spazieren 28
speien 34
sprayen 34
springen 28, 29, 30, 76, 147, 149, 170, 171, 173, 175, 192, 195, 196
sprinten 28
spritzen 34
sprudeln 28, 147, 148, 170, 171
sprühen 34, 170, 171
spucken 34
spülen 170, 171, 192, 193, 200
staken 34
stapeln 170, 171
stapfen 28
starren 76, 147, 151
stecken 34, 36, 53, 54, 170, 171
stehen 36, 37, 95, 96, 97, 108, 109, 110, 158, 178, 218
steigen 28, 29, 30, 40, 95, 96, 121, 123, 136, 140, 147, 148, 149, 170, 171, 176, 182, 192, 194, 215, 285
stellen 34, 35, 75, 76, 202, 239
stemmen 34, 170, 171, 175
steuern 76, 77
stieben 28, 170, 171
stiefeln 28
stolpern 192, 193, 199
stolzieren 28
stopfen 34
stoßen 34, 35, 77, 170, 171, 192, 199
streben 170, 171
strecken 170, 171
streichen 382
streifen 170, 171, 192, 193, 195
streuen 34
streunen 28
strömen 28, 29, 76, 185, 192, 193, 194
stürmen 28

stürzen 28, 29, 30, 34, 76, 147, 149, 170, 171, 185, 186, 187, 192, 194

tappen 28
tasten 151
tauchen 35, 170, 171, 192, 193, 200
taumeln 28
tönen 147, 148
traben 28
tragen 35, 76, 77, 147, 153, 170, 171, 176, 192, 194, 199
trampeln 28
transportier 35
trappen 28
träufeln 35
treiben 35, 76, 147, 153, 155, 170, 171, 176, 192, 193, 194, 200
treppensteigen 139
treten 159
tropfen 35, 184, 192, 194
trödeln 28
tun 76, 77, 147, 153, 155, 218
türmen 170, 171

umgehen 402
umlaufen 402
umsein 402
umziehen 278, 279, 280
untenliegen 100
untenstehen 101
unter-/über-/nebeneinanderschreiben 257
unterackern 203
unterarbeiten 205
unterbauen 205, 206, 207, 208, 211, 212
unterbinden 200, 204, 206, 208, 213
unterbreiten 200, 202, 204, 206, 208
unterbringen 204
unterducken 200, 206, 208
untereggen 204
unterfahren 200, 205, 206, 207, 208, 211, 213
unterfangen 206, 207, 208, 211, 212
unterfassen 200, 204, 206, 207, 208, 209
unterfertigen 200, 205, 206, 208
unterfliegen 200, 203, 205, 206, 207, 208, 211, 213
unterführen 200, 205, 206, 208, 211
unterfüttern 200, 203, 205, 254
untergehen 101, 107, 178, 200, 202, 203, 204, 206, 207, 208
untergraben 204, 205
unterhaken 204
unterheben 101
unterhöhlen 200, 203, 205, 206, 208, 212
unterjochen 205
unterkeilen 205
unterkellern 200, 205, 206, 207, 208, 212, 213
unterkommen 203, 204
unterkreuzen 205
unterkriechen 203, 204
unterkriegen 204
unterlaufen 205, 206, 208, 211
unterlegen 100, 178, 200, 204, 205, 206, 207, 208, 209, 211, 213, 254
unterliegen 178, 200, 204, 205, 206, 208, 213
untermalen 200
untermauern 200, 207, 208, 211, 212, 254
unterminieren 205
unternehmen 204
unterpflügen 204
unterqueren 200, 202
unterscharren 204
unterschieben 200, 202, 204, 206, 208
unterschlagen 204
unterschlüpfen 203, 204
unterschneiden 205
unterschreiben 200, 202, 203, 205, 207, 208
untersetzen 200, 204, 206, 208
untersiegeln 205
untersinken 200, 202, 203, 204, 206, 207, 208
unterspülen 200, 205, 207, 208, 212
unterstecken 204
unterstehen 178, 200, 203, 204, 206, 208
unterstellen 200, 202, 203, 204, 206, 208
unterstempeln 205
unterstopfen 200, 206, 208
unterstreichen 200, 205
unterstreuen 200, 206, 208
untertauchen 200, 202, 204, 205, 206, 207, 208, 209, 213
untertiteln 207, 208
untertreten 204
untertunneln 200, 205, 207, 208, 212, 213
unterwaschen 205
unterwühlen 204
unterzeichnen 200, 202, 205, 207, 208
unterziehen 200
überbrücken 213
überdachen 213
überdauern 391
überfahren 213
überfliegen 213
überleben 391
übernachten 391
überstehen 47, 391, 392, 393

überwacht 391
überwintern 391

verpacken 295, 296, 297
verscheuchen 116
verziehen 278
verzogen 278, 279
vor- und zurückbewegen 241
vor- und zurückblicken 241
vor- und zurückdrängen 241
vor- und zurückeilen 241
vor- und zurückfahren 241
vor- und zurückgerissen 228
vor- und zurückgreifen 241
vor- und zurückschieben 241
vorahnen 356, 362, 363, 364, 365, 366, 371
voranbrausen 248
voranbringen 248
voraneilen 248, 250
vorangehen 218, 249, 250, 378, 379, 384, 395
vorankämpfen 248
vorankommen 248, 250
voranlaufen 248
voranschreiten 250
voranstürmen 248
vorantragen 250
vorarbeiten 356
voraufführen 356
vorausahnen 362, 364, 365, 366, 371, 372
vorausbahnen 243
vorausberechnen 362, 367, 368, 371, 372
vorausbestellen 372, 378
vorausbestimmen 371, 372
vorausbezahlen 362, 369, 384
vorausblenden 380
vorausblicken 380, 381
vorausdatieren 351, 352, 353, 362, 367, 380
vorausdenken 362, 369, 370, 380, 381
vorauseilen 242, 248, 250
vorausempfinden 372
vorausfahren 242, 250
vorausgehen 218, 242, 244, 247, 249, 250, 371, 372, 384
vorausgreifen 380
vorauslaufen 242, 243, 249, 250
vorausplanen 362, 365, 367, 368, 369, 375, 380, 381
vorausrechnen 380
vorausreisen 242
vorausreiten 242, 250
voraussagen 362, 371, 372, 374
vorausschauen 243, 362, 369, 377, 380
vorausschicken 242, 243, 250
voraussehen 243, 362, 371, 372, 374
voraussenden 242
vorausstrahlen 362
voraustragen 247
vorausweisen 380
vorauswissen 362, 365, 366, 371, 372
vorauszahlen 362, 369
vorbauen 229
vorbedenken 356
vorbehandeln 356, 357, 358
vorbeieilen 397
vorbeifliegen 397
vorbeifließen 397
vorbeigehen 393, 395
vorbeilassen 395
vorbeirauschen 397
vorbeisausen 397
vorbeisein 394, 397
vorbeiströmen 397
vorbeiziehen 394, 397
vorberaten 356
vorberechnen 348, 362, 367, 368, 371, 372
vorbereiten 356
vorbestellen 354, 356, 372
vorbestimmen 356, 371, 372
vorbeugen 356
vorbezahlen 369
vorbilden 356
vorbinden 229
vorblenden 229, 230, 231, 380
vorblicken 229, 232, 242, 380
vorbohren 356
vorbraten 348
vorbringen 228, 232, 233
vordatieren 350, 351, 352, 353, 356, 357, 362, 367, 380
vordenken 369
vordringen 228
vordrucken 356
voreinanderschreiben 257
vorempfinden 372
vorfabrizieren 356
vorfahren 87, 93, 228, 229, 231, 233
vorfallen 227, 228, 229, 231, 232
vorfertigen 356
vorfinanzieren 356
vorformen 356
vorgeben 228, 232
vorgehen 218, 228, 233, 350, 356, 372
vorgelagert 229
vorgeneigt 228
vorgesetzt 229
vorgreifen 228, 232, 348, 356, 361, 363
vorgucken 228, 229, 232, 233
vorhalten 229, 231, 237, 240
vorhängen 37, 193, 229, 230, 231

vorheizen 356
vorherahnen 371, 372, 373
vorherberechnen 371, 372
vorherbestellen 371, 372
vorherbestimmen 371, 372
vorherempfinden 371, 372, 373
vorhergehen 245, 371, 372, 373
vorherplanen 375, 379
vorhersagen 245, 342, 371, 372, 373, 374
vorhersehen 245, 371, 372, 374
vorherwissen 371, 372, 373
vorholen 233, 234
vorkauen 356
vorkeimen 356
vorkochen 348, 356
vorkommen 233, 234
vorkonstruieren 356
vorkosten 356
vorkragen 228, 229, 233
vorlaufen 233
vorlegen 218, 228, 229, 230, 231, 233, 237, 240
vornehmen 228, 232
vorneliegen 218
vornesein 218
vornesitzen 235, 256
vornestehen 218
vorordnen 348
vorplanen 356, 362, 367, 368, 369, 375
vorprellen 228, 233
vorpreschen 228, 233
vorquellen 229, 232
vorrücken 228, 229, 231, 232, 234
vorsagen 374
vorsagend 372
vorschauen 369, 380
vorschieben 228, 229, 231, 233, 237, 240
vorschneiden 356
vorsehen 229, 232, 372, 374
vorsein 218
vorsetzen 228, 232
vorsitzen 89, 91
vorsorgen 356
vorspannen 229, 231, 238, 240
vorspringen 228, 233, 234, 235
vorstecken 229, 231
vorstehen 228, 233
vorstellen 228, 229, 231, 232, 238, 239, 240
vorstoßen 228, 233
vorstrecken 13, 228, 233
vorstreichen 356
vorstürmen 228, 233
vortragen 228, 232, 247
vortreten 228, 229, 232, 233
vortun 218, 228
vorübereilen 397
vorüberfliegen 397
vorüberfließen 397
vorübergehen 393
vorüberrauschen 397
vorübersausen 397
vorüberströmen 397
vorüberziehen 396
vorverlegen 228, 232, 357
vorwaschen 356
vorwählen 356
vorwärmen 356
vorwärtsblicken 377
vorwärtsbrausen 245, 246, 247
vorwärtsdrängen 245, 246
vorwärtseilen 248
vorwärtsfahren 245
vorwärtsführen 246
vorwärtsgehen 218, 245, 247, 377
vorwärtskommen 245, 246, 248
vorwärtsmarschieren 245, 246
vorwärtsschreiten 245
vorwärtsstreben 245, 377
vorwärtsstürzen 245
vorwärtstragen 247
vorwärtstreiben 245, 246
vorwärtsweisend 376, 400
vorwerfen 228, 229, 231, 232
vorwissen 362, 365, 366, 371, 372
vorwölben 228, 233
vorzahlen 369
vorziehen 228, 229, 230, 231, 232, 357

wachsen 147, 170, 171
wackeln 28
wagen 76, 147, 151, 192, 193, 194, 199
wallen 170, 171
wandern 29, 76
wanken 29
waten 29
watscheln 29
wälzen 35
wegziehen 279
wehen 147, 153, 170, 171
weilen 36
weisen 147, 150, 151
wenden 76
werfen 35, 52, 53, 52, 53, 76, 147, 153, 170, 171, 192, 194, 199
wiederaufführen 401, 402
wiederbegegnen 401
wiederentdecken 401
wiedererscheinen 401
wiederfinden 401
wiederholen 401, 402
wiedertun 401, 402
wiederverheiraten 401

wiederverwenden 401
wiederwählen 401, 402
winden 170, 171
winken 76, 77, 147, 149
wirbeln 170, 171, 173
wissen 365, 366, 371, 373
wogen 170
wohnen 36
wollen 76, 147, 148, 192, 195, 196
wölben 170, 171
wuchten 147, 153, 155, 170, 171, 175, 200
wurzeln 36
würgen 192, 193, 200

zeichnen 212, 213
zeigen 76, 147, 150, 151, 170, 171, 192, 193, 194, 199
zerren 35, 153, 192, 193, 195
ziehen 29, 30, 35, 76, 77, 147, 153, 170, 171, 176, 192, 199, 215, 278
zitieren 76, 77
zittern 29
zotteln 29
zurückbefördern 260
zurückbegleiten 260
zurückbeordern 260
zurückbewegen 260
zurückbiegen 260
zurückbleiben 260, 261
zurückblenden 379, 380
zurückblicken 241, 242, 260, 361, 379, 380, 381
zurückbringen 260
zurückdatieren 351, 352, 353, 379, 380
zurückdenken 379, 380, 381
zurückdrängen 260
zurückdrehen 260, 262
zurückdrücken 260
zurückeilen 260
zurückerinnern 379, 380, 381
zurückfahren 260, 261
zurückfallen 260
zurückfinden 260
zurückfliegen 260
zurückfließen 260, 261
zurückfluten 260
zurückgehen 218, 260, 261, 384
zurückgleiten 260
zurückgreifen 379, 380
zurückhalten 260
zurückkehren 74, 261
zurückklappen 260
zurücklaufen 260, 261
zurücklegen 218
zurücklehnen 262
zurückleiten 260, 261
zurücklenken 260
zurücklocken 261
zurückmarschieren 260
zurückpassen 260
zurückprallen 260, 262
zurückrechnen 379, 380
zurückreißen 260
zurückreiten 260
zurückrennen 260
zurückrollen 260
zurückrutschen 260
zurückschaffen 260
zurückschaudern 260, 262
zurückschauen 379, 380
zurückschieben 260
zurückschnellen 260
zurückschrecken 260
zurückschreiten 261
zurückschwimmen 260
zurückschwingen 260
zurücksehen 260, 379, 380
zurücksetzen 260
zurückspielen 260
zurückspringen 235, 260
zurückstecken 260
zurückstehen 260
zurückstreben 261
zurücktreten 235, 262
zurücktun 218
zurückverfestigen 261
zurückweichen 260, 262
zurückweisen 379, 380
zurückwerfen 260
zurückziehen 260
zurückzucken 262
zwirbeln 170, 171

FSC
www.fsc.org
MIX
Papier | Fördert
gute Waldnutzung
FSC® C083411

Kolibri 360 GmbH
Ferdinand-Jühlke-Straße 7
99095 Erfurt, Deutschland
produktsicherheit@kolibri360.de